Blotevogel · Heineberg
Bibliographie zum Geographiestudium
Teil 2

Herrn Hard
mit freundlichen Grüßen
H. Blotevogel
H. Heineberg

Blotevogel · Heineberg
Bibliographie zum Geographiestudium

Teil 1: Bestell-Nr. 71117
Teil 2: Bestell-Nr. 71118

Bibliographie zum Geographiestudium

Teil 2

Kulturgeographie · Sozialgeographie
Raumplanung · Entwicklungsländerforschung
Statistische Quellen

Bearbeitet und kommentiert von

Hans H. Blotevogel und Heinz Heineberg

unter Mitarbeit von Jörg Beyer, Jürgen Blenck, Klaus Brand, Dirk Bronger, Hanns Jürgen Buchholz, Jürgen Dodt, Gert Duckwitz, Lothar Finke, Horst Förster, Zlatko Gračanin, Horst-Heiner Hilsinger, Manfred Hommel, Herbert Kersting, Wolfgang Linke, Alois Mayr und Josef Niggemann

Ferdinand Schöningh · Paderborn

Alle Rechte, auch die des auszugsweisen Nachdrucks, der fotomechanischen Wiedergabe und der Übersetzung, vorbehalten. Dies betrifft auch die Vervielfältigung und Übertragung einzelner Textabschnitte, Zeichnungen oder Bilder durch alle Verfahren wie Speicherung und Übertragung auf Papier, Transparente, Filme, Bänder, Platten und andere Medien, soweit es nicht §§ 53 und 54 URG ausdrücklich gestatten.

© 1976 by Ferdinand Schöningh at Paderborn. Printed in Germany.

ISBN 3-506-71118-0

Inhaltsverzeichnis

Einführung XIII

6 ANTHROPOGEOGRAPHIE/KULTURGEOGRAPHIE/SOZIALGEOGRAPHIE UND NACHBARGEBIETE

6.1 <u>Gesamtdarstellungen und Lehrbücher der Kultur- und Sozialgeographie</u> 1
    Zur ersten Einführung 1
    Anspruchsvollere einführende Lehrbücher 2
    Sammelwerke und Lesesammlungen 3
    Lehrbuchartige Darstellungen der empirischen Regionalforschung / Regional Science 5
    Nachschlagewerke und Lexika 7

6.2 <u>Konzeption und Methodik der Kultur- und Sozialgeographie</u> . . . 8
    Zur Einführung 8
    Umfassendere Darstellungen kultur- und sozialgeographischer Forschungsansätze und ihrer Entwicklung 10
    Wichtige Beiträge zur jüngeren Disziplingeschichte 10
    - Anthropo- und Kulturgeographie 10. - Die Sozialgeographie im deutschsprachigen Raum 10.
    Zur neueren Diskussion um Aufgaben und Stellung der Sozialgeographie im deutschen Sprachraum 11
    - Allgemeine konzeptionelle Beiträge 11. - Konzeptionelle Beiträge zur Geographie einzelner Grunddaseinsfunktionen 13. - Zur neomarxistischen Kritik der Kultur- und Sozialgeographie in der BRD 13.
    Zum Konzept einer sozialwissenschaftlichen Geographie des Menschen ('human geography') 14
    Forschungs- und Literaturberichte zur sozialwissenschaftlichen Geographie des Menschen 15
    Theoretische Beiträge einer marxistisch orientierten 'Ökonomischen Geographie' 16
    Spezielle Ansätze der Sozialgeographie bzw. der Geographie des Menschen . 17
    - Lebensformen und Lebensformengruppen 17. - Zum Problem der Bestimmung sozialgeographischer Gruppen 18. - Indikatoren sozialgeographischen Verhaltens 18. - Prozessuale Betrachtungsweise 19. - Sozialgeographie und Kulturraumforschung 19. - Sozialgeographische Strukturforschung und Raumgliederung 19. - Faktorenanalytische Sozialökologie ('Faktorialökologie') 20. - Sozialindikatoren und Lebensqualität 20. - Sozial engagierte, überwiegend marxistisch orientierte Beiträge aus der angelsächsischen Geographie 21. - Zur Anwendung der Informationstheorie 22. - Systemtheoretische Ansätze 22. - Modelltheoretische Ansätze 22. - Ansätze zu einer räumlichen Verhaltenstheorie 25.
    Empirische Methoden 27
    - Fragestellungen und Methoden der interdisziplinären empirischen Regionalforschung 27. - Methoden der empirischen Sozialforschung 28. - Empirische Methoden in der Kultur- und Sozialgeographie 28.
    Beiträge aus Nachbargebieten der Sozialwissenschaften 28
    - Zur ersten Einführung in die Soziologie 28. - Wörterbücher und Handbücher der Soziologie 29. - Allgemeine Systemtheorie und Sozialwissenschaften 29. - Soziologische Verhaltensforschung 30. - Theorien des sozialen Wandels 30. - Soziologie der Entwicklungsländer 31. - Sozialstruktur und soziale Schichtung 31. - Siedlungssoziologie / Gemeindesoziologie 32.

6.3 Physische Anthropogeographie / Humanökologie / Medizinische Geographie ... 33

Zur Konzeption der Physischen Anthropogeographie ... 33
Geographie und Anthropologie ... 33
Konzeptionelle Beiträge zur Ökologie des Menschen / Humanökologie ... 34
Lehrbücher und Sammelbände zur Humanökologie ... 35
Wichtige Einzelaspekte ... 36
    - Studien zu Mensch-Umwelt-Systemen 36. - Bevölkerungswachstum und Welternährung 36. - Die Grenzen des Wachstums' 36. - Humanökologische Aspekte von Naturrisiken (natural hazards) 37.
Umfassende Darstellungen (Sammelbände) zur Medizinischen Geographie ... 37
Beispiele empirischer medizinisch-geographischer Untersuchungen ... 38
Geomedizinische Monographien und Karten ... 38

6.4 Bevölkerungsgeographie / Wanderungsforschung ... 39

Einführungen in die Bevölkerungsgeographie ... 39
Bevölkerungsgeographische Grundbegriffe ... 40
Umfassende Darstellungen der Bevölkerungsgeographie ... 40
Forschungs- und Literaturberichte zur Bevölkerungsgeographie / Sammelbände ... 41
Einführungen in die Bevölkerungswissenschaft ... 43
Umfassende Darstellungen zur Bevölkerungswissenschaft / Demographie ... 43
Spezielle bevölkerungsgeographische bzw. bevölkerungswissenschaftliche Beiträge (außer Wanderungsforschung) ... 44
    - Räumliche Bevölkerungsverteilung und Bevölkerungswachstum 44. - Bevölkerungswachstum und Tragfähigkeit 46. - Bevölkerungsdichte, Verdichtung 46. - Bevölkerung und Konfession 47. - Bevölkerungsgeographische Aspekte der Verstädterung 47. - Tagbevölkerung 47.
Wanderungsforschung ... 48
    - Theoretisch-konzeptionelle Beiträge 48. - Regionale Wanderungen 50. - Innerstädtische Wanderungen 52. - Regionale Präferenzen und Wanderungen 52. - Mobilität und Integration ausländischer Arbeitnehmer 53. - (Berufs-)Pendelwanderung 54. - Bibliographie zur Wanderungsforschung 54.
Darstellungen zur Bevölkerungskartographie ... 55
Bevölkerungsstatistik ... 55

6.5 Politische Geographie ... 57

Einführende Darstellungen ... 57
Ein Klassiker der Politischen Geographie ... 57
Zur jüngeren Entwicklung der Politischen Geographie ... 58
Umfassende Gesamtdarstellungen, Lehrbücher und Sammelbände zur Politischen Geographie ... 58
Weltpolitik und Staatensysteme ... 59
Spezielle Aspekte ... 60
    - Grenzen 60. - Raumwirksame Staatstätigkeit 60. - Räumliche Aspekte des Wahlverhaltens / Wahlgeographie 60. - Neugliederung 61.

6.6 Religionsgeographie ... 64

Gesamtdarstellungen ... 64
Zur Entwicklung der Religionsgeographie ... 64
Größere Regionalstudien ... 64
Forschungskonzeptionen der Religionsgeographie ... 65
    - Der deterministisch-environmentalistische Ansatz 65. - Der landschaftskundliche Ansatz 65. - Der sozialgeographische Ansatz 65. - Der kulturökologische Ansatz 66. - Verhaltens- und wahrnehmungstheoretische Ansätze 66.
Die Religionsgeographie aus religionswissenschaftlicher Sicht ... 67
Religiöse Geisteshaltung und Wirtschaftsentwicklung ... 67
Religionsgeographische Einzelaspekte ... 67

6.7 Geographie des Bildungswesens und des Bildungsverhaltens ... 69

Einführende konzeptionelle Beiträge ... 69
Sammelbände zur regionalen Bildungsforschung und -planung ... 69
Bildungsverhalten und Bildungsbeteiligung / Standorte und Einzugsbereiche von Bildungseinrichtungen ... 69

	Hochschule und Stadt	71
	Hochschulplanung	72
6.8	Geographie des Freizeitverhaltens / Fremdenverkehrsgeographie	73

    Zur Konzeption der Geographie des Fremdenverkehrs bzw. des Freizeitverhaltens   73
      - Einzelbeiträge 73. - Sammelbände 73. - Zwei 'Klassiker' der Fremdenverkehrsgeographie 75.
    Lehrbücher und umfassendere Darstellungen 75
    Spezielle Aspekte 76
      - Ausstattung von Erholungsorten 76. - Bewertung von Freizeitteilfunktionen 76. - Landschaftsbewertung für Erholungszwecke 76. - Zweitwohnsitze 77. - Einflüsse des Fremdenverkehrs auf die Wirtschafts- und Sozialstruktur von Fremdenverkehrsgemeinden 77.
    Regional- und Lokalstudien 78
      - Größere Räume 78. - Regionalstudien 78. - Lokalstudien 79.
    Nachbarwissenschaften 80
      - Allgemeine Fremdenverkehrslehre 80. - Soziologie und Sozialpsychologie 80.
    Praktische Arbeitsweisen 81
    Lexikon zur Fremdenverkehrslehre 81
    Freizeit- und Erholungsplanung 82
    Zur Fremdenverkehrsstatistik 82
    Bibliographien, Literaturberichte 82

6.9 Geographische Innovations- und Diffusionsforschung 84

    Zur Einführung in die geographische Innovationsforschung 84
    Der 'klassische' Ansatz der geographischen Innovationsforschung . . . 84
    Zusammenfassende Darstellungen und Forschungsberichte zur geographischen Diffusionsforschung 85
    Geographische Einzelstudien 86
    Umfassende Darstellungen der allgemeinen sozialwissenschaftlichen Innovationsforschung 87

6.10 Geographie der Umweltwahrnehmung und Raumbewertung 88

    Zur ersten Einführung 88
    Umfassende Forschungsberichte und übergreifende Darstellungen 88
    Interdisziplinäre Sammelbände 89
    Spezielle Ansätze und Methoden 90
      - Landschaftswahrnehmung 90. - Wahrnehmung von Naturrisiken 90. - Wahrnehmung der städtischen Umwelt 90. - Regionale Präferenzen und Stadtimage 92. - Symbolische Ortsbezogenheit 92. - Bewertung neuer Wohnsiedlungen 93. - Zur Wahrnehmung und Bewertung von Erholungsgebieten und innerstädtischen Freiräumen 93. - Raumbewertung und Konfessionszugehörigkeit 94. - 'Mental Maps' (kartographische Darstellungen räumlicher Vorstellungsbilder) 94.
    Bibliographie 94

6.11 Lehrbücher und allgemeine Aspekte der Siedlungsgeographie . . . 95

    Einführende Lehrbücher 95
    Umfassendes Lehrbuch 95
    Theoretische Ansätze zur Erklärung der räumlichen Siedlungsverteilung . . 96
    Spezielle Ansätze 96
      - Grenzen der Ökumene 96. - Siedlungssoziologie 97.
    Methoden und Beispiele der Gemeinde- und Siedlungstypisierung 97
      - Darstellungen zur Methodik konventioneller Typisierungen 97. - Regionale Einzelstudien und spezielle Siedlungstypen 97. - Typisierung mit Hilfe multivariater statistischer Verfahren 99.
    Forschungsberichte und Bibliographien 99

6.12 Geographie der ländlichen Siedlungen und des ländlichen Raumes . 100

    Einführende Lehrbücher und konzeptionelle Beiträge 100
    Forschungsberichte 100
    Zur Terminologie der Geographie des ländlichen Raumes 100
    Standorttheoretische Ansätze 101
    Siedlungsformen und Siedlungstypen im ländlichen Raum 101
    Monographische Darstellungen und spezielle Fallstudien 102

	Raumordnung im ländlichen Raum	103
	Probleme ländlicher Siedlungen in Entwicklungsländern	104
	Zur Soziologie des ländlichen Raumes	104
	Siedlungskartographie	104

6.13 Stadtgeographie / Stadtforschung ... 105

Zur ersten Einführung ... 105
Zum Stadtbegriff ... 105
Zur Einführung geeignete Forschungsberichte ... 106
Einführende Darstellungen empirischer Methoden der Stadtgeographie ... 106
Umfangreichere Lehrbücher ... 107
Sammelbände zur interdisziplinären Stadtforschung ... 108
Die Stadt in der Gesellschaft ... 110
Komplexe stadtgeographische Arbeiten: Monographien und Städtegruppen ... 111
Städtesysteme ... 116
Stadtmodelle ... 117
Stadtwirtschaft ... 118
Städtische Bodenwerte und Bodeneigentumsverhältnisse ... 119
Stadtverkehr ... 120
Methoden und Beispiele innerstädtischer Gliederung ... 120
Die Innenstadt: City, Stadtkern, Central Business District ... 122
Empirische Untersuchungen von Geschäftszentren und Geschäftsstraßen ... 124
Stadtbevölkerung ... 125
Städtisches Leben ... 126
Ghettos und Slums ... 127
Wohngebiete und Wohnverhalten ... 127
Probleme der Verstädterung ... 130
Verdichtungsräume, Stadtregionen ... 131
Grundlegende Beiträge aus Nachbarwissenschaften ... 133
Stadtkartographie und Luftbildwesen ... 134
Städtestatistik ... 135
Bibliographien ... 135

6.14 Zentralitätsforschung ... 136

Einführende Darstellungen ... 136
Empirische Regionalstudien ... 136
  - Zentralörtliche Bereichsgliederungen mit Hilfe der 'Umlandmethode' 136. - Zentralitätsbestimmungen mit Hilfe statistisch erfaßbarer Merkmale 137. - Differenzierte Analysen einzelner zentralörtlicher Bereiche 138. - Innerstädtische Zentralität 139. - Zur Zentralitätsentwicklung in Ost und West 140. - Bereichsbildung spezieller zentraler Funktionen 140. - Kartographische Darstellungen zentralörtlicher Systeme 140.
Die klassische Theorie ... 141
Die Weiterentwicklung der Theorie der zentralen Orte ... 141
Übergreifende Sammelbände ... 142
Moderne theoretische Ansätze ... 143
  - Zur Problematik der Prämissen 143. - Zum Problem der Quantifizierung von Zentralität 143. - Zentralörtliche Hierarchie und Ranggrößenregel 144. - Räumliche Regelhaftigkeit und Zufälligkeit zentralörtlicher Systeme 144. - Modellhafte Erfassung räumlichen Versorgungsverhaltens 145. - Zentralität in Stadtregionen 146. - Zur Optimierung zentralörtlicher Systeme 146.
Zentralität in Entwicklungsländern ... 146
Zentralität und Raumplanung ... 147
Bibliographien ... 147

6.15 Lehrbücher und allgemeine Aspekte der Wirtschaftsgeographie / Raumwirtschaftslehre ... 148

Einführungen in die allgemeine Wirtschaftsgeographie ... 148
Umfassende Lehrbuchdarstellungen der theoretisch-systematischen Wirtschaftsgeographie ... 148
Sammelbände ... 149
Lehr- und Handbücher der Weltwirtschaftsgeographie ... 150
Methoden und Beispiele wirtschaftsräumlicher Gliederungen ... 151
Beispiele komplexer wirtschaftsgeographischer Regionalstudien ... 153
Spezielle Aspekte ... 154

Einführungen in die allgemeine Volkswirtschaftslehre	154
Wirtschaftliche Entwicklungsstadien	155
Abhandlungen zur allgemeinen Betriebswirtschaftslehre bzw. betriebswirtschaftlichen Standortbestimmungslehre	155
Wirtschaftsgeographie und Raumwirtschaftslehre bzw. Wirtschaftswissenschaften	156

- Einführende Darstellungen 156. - Kürzere Grundsatzbeiträge und Überblicksdarstellungen der Raumwirtschaftstheorie 157. - Geographische Einzelbeiträge zur Theorie der wirtschaftlichen Raumorganisation 158. - Umfassende Darstellungen der Raumwirtschaftslehre 158. - Allgemeine und regionale Wachstumstheorie 159. - Stadtwirtschaft 160. - Quantitative Methoden der ökonomischen Raumanalyse 161.

Einführungen in die allgemeine Wirtschaftspolitik	162
Regionale Wirtschaftspolitik / Wirtschaftliche Problemgebiete	162
Lexika, Bibliographien und Systematiken	163
Wirtschaftsgeographische Atlanten	164

6.16 Geographie der Agrarwirtschaft / Agrargeographie 165

Zur ersten Einführung	165
Umfassendere Einführungen und Lehrbücher	165
Sammelband zur Entwicklung der Agrargeographie	166
Umfassende Darstellungen agrarwissenschaftlicher Nachbardisziplinen	167
Theoretische Konzepte zur landwirtschaftlichen Bodennutzung	168
Spezielle Aspekte	169

- Zum Formationsbegriff 169. - Raumgliederung nach landwirtschaftlichen Merkmalen 169. - Agrarische Tragfähigkeit 170. - Innovationen in der Landwirtschaft 170. - Nebenberufliche Landwirtschaft 170. - Brache, Sozialbrache, Grenzertragsböden 171. - Ländliche Problemgebiete 172. - Prognose landwirtschaftlicher Nutzflächen 172. - Landwirtschaft und Geoökologie 172. - Verhaltenstheoretische Ansätze 172.

Regionale Darstellungen und Fallstudien	173
Ländliche Raumordnung	176
Agrargeographische Kartierungen	177
Landnutzung und Luftbild	177
Landwirtschaftsstatistik und amtliche Berichte	177
Atlanten	178
Bibliographien	178

6.17 Geographie der Fischereiwirtschaft / Meereswirtschaft 179

Einführungen in die Meeresforschung und Meereswirtschaft	179
Umfassende Darstellungen der Geographie der Fischereiwirtschaft	179
Regionale Fallstudien	179
Amtliche Statistiken und Berichte	180

6.18 Forstgeographie / Forstwissenschaften 181

Einführungen	181
Forstwirtschaftliches Wörterbuch	181
Forstgeographische Fallstudien	181
Lehrbücher des Waldbaus	183
Bäume und Sträucher (Dendrologie)	183
Waldgesellschaften	184
Regionale und globale Darstellungen der Forstwirtschaft	184
Spezielle Aspekte und Probleme der Forstwirtschaft	185
Praktische Arbeitsweisen	186
Karten, Atlanten	186
Bibliographien	187

6.19 Industriegeographie / Geographie der Energiewirtschaft 188

Einführende Darstellungen	188
Zur Entwicklung und Konzeption der Industriegeographie	188
Lehrbücher der Industriegeographie (mit überwiegend regional-deskriptiver Ausrichtung)	189
Lehrbücher der Industriegeographie (mit überwiegend theoretisch-systematischer Ausrichtung)	189
Zur Entwicklung der industriellen Standortlehre	190

Lehrbuch zur Industriebetriebslehre	191
Empirische wirtschaftswissenschaftliche Studien zur industriellen Standortlehre	191
Industrielle Standorttheorie und Industriegeographie	192
Regionale Fallstudien der Industriegeographie	193
Berichte zur industriellen Standortentwicklung der BRD	197
Die Shift-Analyse als Forschungsinstrument	198
Industrieansiedlung im Rahmen der regionalen Wirtschaftspolitik und Raumplanung	198
Geographie der Energiewirtschaft	199
Bibliographien	200

6.20 Geographie des tertiären Wirtschaftssektors 201

Zur Geographie des Welthandels	201
Darstellungen einer Geographie des Binnenhandels	201
Methoden und Beispiele geographischer Analyse tertiärer Einrichtungen in Stadtzentren	201
Umfassendere Darstellungen zur Zentrenanalyse aus Nachbarwissenschaften	203
Ansätze zu einer Standorttheorie des tertiären Wirtschaftssektors	204
Beiträge zur Planung von Geschäftszentren	207

6.21 Verkehrsgeographie 209

Einführende konzeptionelle Beiträge	209
Einführende Lehrbuchdarstellungen	209
Umfangreichere Gesamtdarstellungen und Sammelbände zur Handels- und Verkehrsgeographie	210
Verkehrswissenschaftliche Gesamtdarstellungen	210
Verkehr als wirtschaftlicher Standortfaktor	211
Verkehr als räumliche Interaktion	211
Quantitative Analysemethoden	212
Regionalstudien	213
Studien zu einzelnen Verkehrsarten	214
Spezielle Aspekte	215
Verkehrsplanung	217
Verkehrsstatistik	217
Bibliographien	217

6.22 Lehrbücher und allgemeine Aspekte der Historischen Geographie . 218

Zur Einführung in die Historische Geographie	218
Gesamtdarstellungen der Historischen Geographie	218
Sammelbände zur Historischen Geographie	218
Konzeptionelle Aspekte der Historischen Geographie	219
Spezielle Aspekte der Historischen Geographie	220
Zur Konzeption der Geschichtlichen Landeskunde	221
Zur Methodologie der Geschichtswissenschaft	221
Geschichtswissenschaftliche Arbeitsmethoden	222
Darstellungen zur Sozial- und Wirtschaftsgeschichte Deutschlands	222
Handbücher und Nachschlagewerke zur Landes- und Regionalgeschichte im deutschsprachigen Raum	223
Nachschlagewerke und Darstellungen zur Weltgeschichte	224
Bevölkerungsgeschichte	224
Allgemeine Darstellungen zur historischen Kartographie	225
Historisch-geographische Themakartographie	225
Geschichtsatlanten	226

6.23 Historische Wirtschafts- und Verkehrsgeographie / Wirtschaftsgeschichte 227

Einführung in das Studium der Wirtschaftsgeschichte	227
Darstellungen zur Wirtschaftsgeschichte	227
Agrargeschichte	227
Einzelstudien zur Wirtschaftsgeschichte im Mittelalter	228
Zur Entwicklung in der Industriellen Revolution	229
Regionalstudien zur Historischen Wirtschaftsgeographie	230
Historische Verkehrsgeographie	231

6.24 Historische Geographie des ländlichen Raumes / Genetische Kulturlandschaftsforschung 232

 Grundfragen und Gesamtdarstellungen der ländlichen Kulturlandschaftsentwicklung 232
 Regionale Fallstudien und spezielle Untersuchungen zur Genese der ländlichen Kulturlandschaft 233
 Spezielle Beiträge zur historisch-genetischen Flurformenforschung 236
 Zur Wüstungsforschung 238
 Ortsnamenkunde und Siedlungsgeschichte 239
 Historisch-geographische Hausforschung 239

6.25 Historische Stadtgeographie / Stadtgeschichte 240

 Zum historischen Stadtbegriff 240
 Gesamtdarstellungen und Sammelbände zur Entwicklung des Städtewesens . . . 240
 Zur Entwicklung des Städtebaus 241
 Historische Zentralität 241
 Zur Entstehung und Entwicklung regionaler Städtegruppen 242
 Beispiele lokaler Fallstudien 243
 Städtewachstum und Verstädterung im Zeitalter der Industrialisierung . . . 245
 Spezielle Aspekte 246
 Nachschlagewerke zur Stadtgeschichte 248
 Städteatlas 248
 Bibliographie 249

7 ANGEWANDTE GEOGRAPHIE/RAUMPLANUNG/ENTWICKLUNGSLÄNDERFORSCHUNG

7.1 Lehrbücher und allgemeine Aspekte der Angewandten Geographie und Raumplanung 250

 Zum Begriff und Konzept der 'Angewandten Geographie' 250
 Beispiele komplexer geographischer planungsorientierter Regionalanalysen . 250
 Zur Einführung in allgemeine Aspekte der Raumordnung / Raumplanung 251
 Zur Theorie der Raumplanung 252
 Zum Begriff und zur Konzeption der Entwicklungsplanung 253
 Nachschlagewerke 254
 Zur Entwicklung der Raumordnung in Deutschland 254
 Methoden der Raumplanung und der planungsorientierten Raumanalyse 255
 Einzelaspekte der Raumplanung 257
 Karten und Atlanten zur Raumplanung 259
 Bibliographien 259

7.2 Landes- und Regionalplanung / Regionale Wirtschaftspolitik . . . 260

 Zur ersten Einführung 260
 Zur Konzeption regionaler Entwicklungsplanung 260
 Methoden der Raumanalyse als Grundlage für die Landes- und Regionalplanung 261
 Rechtliche Grundlagen der Landes- und Regionalplanung 263
 Programme und Berichte zur Bundesraumordnung, Landes- und Regionalplanung . 264
 Zur Entwicklungsplanung der Bundesländer 265
 Bürgerbeteiligung am Planungsprozeß 265
 Räumliche Konzeptionen zur Landes- und Regionalentwicklung 266
 Planung im ländlichen Raum 266
 Regionale Wirtschaftspolitik 268
 Verschiedene Fachplanungen 271
 Regionale Darstellungen 275
 Nachschlagewerk 276

7.3 Stadtplanung / Ortsplanung 277

 Einführende Darstellungen der Stadtplanung bzw. des Städtebaus 277
 Umfassende Darstellungen und Sammelbände der Stadtplanung bzw. des Städtebaus 277
 Zur historischen Entwicklung des Städtebaus 278
 Städtebaubericht der Bundesregierung 279

  Methoden und Darstellungen der planungsbezogenen Stadtforschung bzw.
   Siedlungsstrukturforschung 279
  Statistik und Stadtplanung 280
  Stadtmodelle und Stadtplanung 280
  Zur Konzeption und Zielbestimmung einer umfassenden Stadtentwicklungsplanung 281
  Rechtsgrundlagen 282
  Zur Praxis der Stadtentwicklungsplanung 282
  Bürgerbeteiligung am Planungsprozeß 283
  Stadtsanierung, Stadterneuerung 283
  Einzelne Fachplanungen und spezielle Aspekte 287
  Soziologie und Stadtplanung 290
  Ortsplanung im ländlichen Raum 291

7.4 Angewandte Physische Geographie / Landespflege / Umweltschutz . 292

  Thematisch übergreifende Beiträge 292
  Theoretische und konzeptionelle Beiträge 294
  Methodische Darstellungen 295
  Umfassende Darstellungen zur Landespflege 296
  Geofaktoren und -teilkomplexe 297
  Anwendungs- bzw. Planungsmöglichkeiten und -beispiele 298
  Thematische Kartographie und ökologische Planung 302

7.5 Allgemeine (theoretische) Entwicklungsländerforschung . . . 303

  Entwicklungstheorien 303
  Sammelwerke, allgemeine Darstellungen 304
  Beziehungen zwischen Industrie- und Entwicklungsländern / Imperialismus-
   theorien 306
  Entwicklungsplanung 308
  Entwicklungsstrategien 308
  Entwicklungsländerforschung versus Entwicklungspolitik 309
  Entwicklungshilfe 309

7.6 Regionale (empirische) Entwicklungsländerforschung 311

  Geographie und Entwicklungsländerforschung 311
  Allgemeine Informationen 312
  Gesamtdarstellungen 313
  Fragen der Didaktik 315
  Probleme des Bevölkerungswachstums 315
  Entwicklungsprobleme der Landwirtschaft 316
  Probleme der Industrialisierung und Verkehrsentwicklung 318
  Verstädterung, Slumbildung 319
  Entwicklungs- und Innovationsbereitschaft 320
  Studien zentralörtlicher Systeme als Grundlage einer Regionalplanung . . 321
  Komplexe Regionalanalysen als Grundlage der Regionalplanung und Regionalpolitik 322

8 STATISTISCHE QUELLEN

8.1 Statistische Quellenkunde / Wirtschafts- und Sozialstatistik . 324

  Darstellungen und Lehrbücher zur Kommunal- und Regionalstatistik 324
  Zur Wirtschafts- und Sozialstatistik 325

8.2 Deutsche Statistiken 326

  Bundesrepublik Deutschland 326
  Deutsche Demokratische Republik 328

8.3 Internationale Statistiken 329

  Thematisch übergreifende internationale Übersichten 329
  Nationalstatistiken 329
  Statistiken der Europäischen Gemeinschaften 330
  Fachstatistiken 331

Personenregister des vorliegenden zweiten Bandes 333
Orts- und Regionalregister beider Bände 342

Einführung

Umfangreiche Literaturlisten und Studienbibliographien rufen - das wissen wir aus eigener Erfahrung - beim Benutzer eher Unlustgefühle hervor. Insofern haben wir den Leser gleich zu Beginn um Entschuldigung zu bitten. Aber leider ist es wohl die denkbar schlechteste Lösung, dem Dilemma sprunghaft ansteigender Literaturfülle mit einer Art 'Vogel-Strauß-Politik' zu begegnen und zu resignieren, bzw. den Kopf in ein veraltetes Lehrbuch zu stecken. Denn wer als Geographiestudent auf ein gründliches Studium der neueren Fachliteratur verzichtet, wird später kaum in der Lage sein, vor den ansteigenden Anforderungen der Berufspraxis zu bestehen. Um so wichtiger ist - bei der Masse des heute Geschriebenen und Gedruckten und bei der gegenwärtigen Umbruchsituation im Fach Geographie - eine sorgfältige Auswahl dessen, was als erste Einführung und zur weiteren Vertiefung empfohlen werden kann - jedenfalls nach den heutigen Anforderungen der geographischen Fachwissenschaft und Fachdidaktik.

Diesem Zweck soll die vorliegende 'Bibliographie zum Geographiestudium' dienen. Und deshalb muß auch gleich zu Beginn mit aller Deutlichkeit darauf hingewiesen werden, was diese Bibliographie <u>nicht</u> sein soll: eine Leseliste. Es dürfte wohl kaum einen Geographen geben, der sämtliche in dieser Bibliographie aufgeführten und kommentierten Titel gelesen hat; und selbst die Titel, die - durch einen Pfeil ▶ gekennzeichnet - von uns zum ersten Einstieg in die jeweilige Teildisziplin und - durch einen Stern * hervorgehoben - zur möglichen Anschaffung besonders empfohlen werden, bilden keine Kernauswahl, die man im Laufe eines Studiums hintereinander lesen und abhaken sollte. Außer einer gewissen Mindestbreite, die man sich entweder durch wenige übergreifende Lehrbücher oder durch eine begrenzte Anzahl von zur Einführung empfohlenen Titeln der einzelnen Teilgebiete aneignen sollte, ist schon in den ersten Semestern eine gewisse Vertiefung einzelner Themenkomplexe ratsam, die möglichst nach den eigenen Interessen erfolgen sollte und nach und nach durch weitere Vertiefungen anderer Gebiete zu ergänzen ist. Hierzu bietet sich unserer Meinung nach vor allem das Studium neuerer fachtheoretisch, -methodisch und -didaktisch interessanter kürzerer Beiträge an, die aktuelle Forschungsprobleme paradigmatisch behandeln. Derartige Aufsätze sind jedoch über eine Vielzahl unterschiedlichster in- und ausländischer Fachzeitschriften verstreut und bei dem Fehlen eines zentralen Dokumentationsorgans der geographischen Fachliteratur in Deutschland in der Regel für den Studierenden nur schwer auffindbar.

Allerdings kann auch mit einer sorgfältigen Auswahl derartiger Texte und übergreifender Lehrbücher, Nachschlagewerke und anderer Studienhilfen diese 'Bibliographie zum Geographiestudium' eine vernünftige Studienplanung nicht ersetzen. Sie ist also kein 'Leitfaden', sondern eher ein <u>Studienhandbuch</u>, das zur Begleitung von Lehrveranstaltungen gedacht ist und darüber hinaus dem fortgeschrittenen Studenten und allen, die als Geographen im Beruf stehen, die Möglichkeit geben soll, sich selbständig in Teilgebiete des Faches neu einzuarbeiten und sich rasch über die wichtigere neuere Literatur und die modernen Tendenzen der Ausrichtung des Faches Geographie zu informieren.

Nach dieser Zielsetzung wurden die <u>Auswahlprinzipien</u> bestimmt:

1. Der ursprüngliche Plan einer kurzen, vielleicht 200-300 Titel umfassenden Auswahl und Kommentierung 'grundlegender' Literatur der gesamten Geographie wurde rasch aufgegeben. Eine derartige Auswahl wäre der <u>Pluralität der Forschungsansätze</u> in der Geographie nur unzureichend gerecht

und damit insgesamt zu willkürlich geworden und hätte eventuell den Anstrich einer didaktisch absurden 'standardisierten Pflicht-Lektüreliste' der Geographie bekommen. Der vielleicht ungewöhnlich erscheinende Umfang dieser Bibliographie liegt somit weniger an der Scheu der Bearbeiter vor Auswahlentscheidungen, sondern an der hochschuldidaktisch begründbaren Pflicht, bei den unterschiedlichen Interessen und Fähigkeiten der Studierenden und den unterschiedlichen Fachkonzeptionen verschiedene alternative Möglichkeiten zur Einarbeitung in die wissenschaftliche Geographie anzubieten. Daß dadurch die Bibliographie den Herausgebern bei der Bearbeitung gewissermaßen unter den Händen anschwoll, (den Erscheinungstermin verzögerte und eine Teilung in zwei Bände erforderlich machte,) sollte vom Benutzer daher nicht unbedingt als Mangel, sondern eher als Aufforderung zur Auswahl der Studienlektüre nach den eigenen Interessen und Neigungen angesehen werden. Das bisherige Echo auf den ersten Band bestärkte uns in dieser Konzeption und bewog uns, eine im Vergleich zum ersten Band etwas breitere Titelauswahl vorzunehmen. Unter anderem daraus entstand allerdings eine gewisse Unausgewogenheit hinsichtlich des Umfangs der einzelnen Kapitel innerhalb der gesamten Bibliographie, so daß wir ausdrücklich betonen, daß der äußere Umfang der einzelnen Teilgebiete und Teildisziplinen nicht als Abbild der fachwissenschaftlichen Bedeutung interpretiert werden darf.

Um den Bedürfnissen der gegenwärtigen Studienpraxis vor allem in der BRD Rechnung zu tragen, wurde allerdings eine Einschränkung der von uns angestrebten Pluralität in zweierlei Hinsicht vorgenommen: zum einen durch eine bewußte Überrepräsentation der bundesrepublikanischen Fachliteratur, zum andern durch eine nur randliche Berücksichtigung marxistischer Ansätze.

2. Ein besonderes Problem ergab sich für den <u>Aufbau der Bibliographie</u>. Es ging uns nicht darum, den zahlreichen vorliegenden Entwürfen für ein 'System der Geographie' eine neue Variante hinzuzufügen, sondern um eine schlichte pragmatische Gruppierung der Literatur, um das, was uns thematisch am ehesten zusammengehörig erschien, zusammenzufassen und eine möglichst übersichtliche Klassifizierung zu erreichen. Damit ließ sich sicherlich kein logisch konsistentes System entwickeln, sondern es entstand - nach mehrfachen Umgruppierungen - eine Gliederung, die in gewisser Weise die Umbruchsituation der Geographie widerspiegelt: Das Grundgerüst bildet das 'traditionelle' Gliederungsschema der Allgemeinen Geographie, ergänzt und modifiziert jedoch durch zahlreiche neue Forschungsschwerpunkte, die sich in diese Systematik nicht einordnen lassen und die deshalb hier als eigene Kapitel ausgewiesen sind. Die sich ergebende - wissenschaftstheoretisch sicherlich unbefriedigende - Gliederung hatte also vorrangig eine <u>deskriptive</u> (und keine normative) Aufgabe zu erfüllen, und dafür erwies sich das traditionelle Gliederungsschema der Allgemeinen Geographie als adäquater als beispielsweise eine Aufgliederung nach 'Daseinsgrundfunktionen'.

Es braucht kaum besonders betont zu werden, daß diese Problematik in dem vorliegenden zweiten Band, vor allem im Teil 6, ein besonderes Gewicht gewinnt. Schon die Bezeichnung für diesen Bereich der Geographie ist umstritten, noch mehr die Aufgliederung im einzelnen, wie die Stellung der Sozialgeographie und der Historischen Geographie und die Einordnung neuerer Forschungsschwerpunkte, wie z.B. Innovations- und Diffusionsforschung, Umweltwahrnehmung und Raumbewertung, Zentralitätsforschung. Das Kernproblem liegt in dem gegenwärtigen Nebeneinander unterschiedlicher wissenschaftstheoretischer Ausrichtungen und Fachkonzeptionen, aus denen sich jeweils verschiedene Fachsystematiken ableiten lassen, die zwar aus der jeweiligen Perspektive durchaus schlüssig erscheinen mögen, jedoch der Literatur der jeweils anderen Richtungen nicht gerecht zu werden vermögen.

Eine grundsätzlich andere Möglichkeit der Anordnung wäre eine länderkundlich-regionale Gliederung gewesen. In diesem Fall hätte allerdings das Auswahlprinzip grundsätzlich geändert und das Kriterium der länderkundlichen bzw. regional-geographischen Information in den Mittelpunkt gestellt werden müssen, was jedoch in diesem Rahmen nicht zu leisten war.

Allerdings wurde dem vorliegenden zweiten Band ein Orts- und Regionalregister beider Bände beigefügt, um die primär nach theoretisch-methodischen Gesichtspunkten zusammengestellte Literatur auch in räumlicher Hinsicht aufzuschlüsseln.

3. Die Auswahl mußte sich im wesentlichen auf neuere Beiträge der Fachliteratur, insbesondere der letzten zwei Jahrzehnte, beschränken. Berücksichtigt wurden jedoch auch zahlreiche Forschungsberichte und andere Quellen, über die weitere ältere, forschungsgeschichtlich interessante Arbeiten leicht erschlossen werden können.

4. Der Umfang der 'Bibliographie zum Geographiestudium' ergibt sich nicht zuletzt aus der verhältnismäßig starken Berücksichtigung der modernen englischsprachigen Literatur, da diese vor allem in den letzten beiden Jahrzehnten sehr innovatorisch für die gesamte fachwissenschaftliche Entwicklung war. Die Bearbeiter hoffen, daß durch die Kommentierungen besonders der Einstieg in die wichtige neuere englischsprachige Literatur wesentlich erleichtert wird. Da das Englische als internationale Wissenschaftssprache auch in der Geographie dominant geworden ist, sollte bereits vom ersten Studiensemester an damit begonnen werden, die Sprachbarriere durch gezielte Lektüre mehr und mehr abzubauen.

Die weitgehende Vernachlässigung anderer Sprachen (es wurden lediglich noch einige französischsprachige Beiträge aufgenommen) bedeutet keine Diskriminierung der Veröffentlichungen bzw. Leistungen der Geographen anderssprachiger Staaten, ergab sich jedoch aus den gebotenen Umfangsbeschränkungen und der Einsicht, daß nur ein geringer Teil der Studierenden der Geographie über entsprechende spezielle Sprachkenntnisse, vor allem im Hinblick auf die Fachterminologie, verfügt.

5. Wir haben uns bei der Literaturauswahl weiterhin darum bemüht, neue Entwicklungstendenzen im Fach stärker zu berücksichtigen (z.B. Innovations- und Diffusionsforschung), dabei die fachlichen Grenzen der Geographie nicht zu eng zu stecken und auch die für das Geographiestudium als grundlegend und besonders anregend angesehenen Arbeiten aus Nachbarwissenschaften zu berücksichtigen und in der Kommentierung deren Stellenwert zu kennzeichnen. Die Beiträge aus Nachbarwissenschaften wurden - falls sie für mehrere geographische Teildisziplinen von Bedeutung sind - in eigenen Kapiteln zusammengefaßt, sonst jedoch den einzelnen Teildisziplinen der Geographie zugeordnet, mit denen sie inhaltlich am stärksten im Zusammenhang stehen. Selbstverständlich mußte gerade bei den Nachbarwissenschaften die Auswahl der zu berücksichtigenden Aspekte besonders streng vorgenommen werden. Zahlreiche Querverweise zwischen den einzelnen Kapiteln (auch zu dem im Februar 1976 erschienenen ersten Band mit den Teilen 1-5) sollen den zahlreichen fachwissenschaftlichen Überschneidungen und Verzahnungen, die auch die Einteilung nach traditionellen Teildisziplinen der 'Allgemeinen Geographie' immer mehr in Frage stellen, Rechnung tragen und vor allem die Benutzung unter den verschiedensten Gesichtspunkten erleichtern.

6. Da das heutige Geographiestudium nicht nur stärker fachmethodisch und -didaktisch ausgerichtet ist, sondern auch - und das nicht nur im Rahmen der Diplomgeographenausbildung - Fragen der Raumplanung, Umweltgestaltung und Entwicklungsländerforschung in zunehmendem Maße mitumfaßt, wurden diese Aspekte bei der Auswahl der Literatur besonders berücksichtigt. Dies erklärt, daß einige traditionelle Teildisziplinen der Geographie, die durch gute Lehrbücher und Lesesammlungen gerade für das Studium gut aufbereitet sind, in ihrem Umfang hinter anderen Kapiteln zurückstehen, die, wie z.B. Regional- und Stadtplanung, zu einem großen Teil Literatur aus den verschiedensten Nachbarwissenschaften enthalten.

Es ergibt sich, daß auch bei der vorliegenden Breite Auswahlentscheidungen erforderlich waren. Wenngleich versucht wurde, die 'wichtigste' Literatur zu erfassen - wobei sich 'wichtig' nicht nur auf den fachwissenschaftlichen Kontext, sondern vor allem auf die Anforderungen an die Lehrer- und Diplomgeographenausbildung bezieht -, so muß betont werden, daß es sich bei den Auswahlen um subjektive Entscheidungen entsprechend den persönlichen wissenschaftstheoretischen Überzeugungen (und auch Kenntnissen) der einzelnen Bearbeiter handelt, die insgesamt weder ein exaktes Abbild der fachwissenschaftlichen Forschungspraxis noch der Ausbildungsanforderungen im Studium wiedergeben können und wollen.

Die Bibliographie konnte in der vorliegenden Form nur durch die Zusammenarbeit mit 24 weiteren Hochschulgeographen der benachbarten Universitäten Bochum und Dortmund entstehen, die über einen langen Bearbeitungszeitraum in ständigem Kontakt mit den Hauptbearbeitern standen, wodurch Auswahl und Kommentierungen teilweise gemeinsam erarbeitet wurden. Den einzelnen Mitarbeitern wurde zwar ein Katalog von Kriterien über Art und Inhalt der Kommentare an die Hand gegeben, ansonsten aber weitgehende Freiheit bei der Bearbeitung überlassen, woraus auch die individuellen Abweichungen im Stil der Kommentare resultieren. Angemerkt sei, daß sich auch die kollegiale Atmosphäre an unserem Bochumer Institut günstig für die Erstellung einer derartigen Gemeinschaftsarbeit auswirkte. Trotz der großen Streubreite der von den zahlreichen Mitarbeitern in Forschung und Lehre vertretenen Spezialgebiete blieben jedoch in mehreren Kapiteln immer noch einige Lücken offen, die von den Hauptbearbeitern notgedrungen geschlossen werden mußten. Wir sind in besonderem Maße den Mitarbeitern zu Dank verpflichtet für die Mühen und Sorgfalt, mit der sie Auswahl und Kommentierungen vorgenommen und auch unsere zum Teil abweichenden Meinungen sowie Überarbeitungen und Kürzungen (z.B. bei den Forstwissenschaften) ertragen haben.

Wir möchten nicht unerwähnt lassen, daß sowohl die innere Gesamtkonzeption wie auch die von uns zugrunde gelegten Auswahlkriterien und Bewertungsmaßstäbe vor allem in diesem zweiten Band wesentlich geprägt sind durch die außerordentlich anregende langjährige Zusammenarbeit der beiden Hauptverfasser mit unserem Lehrer Herrn Professor Dr. Peter Schöller.

Außerdem bedanken wir uns bei den zahlreichen Fachkollegen für ihre ganz überwiegend positiven Zuschriften auf den ersten Band, insbesondere bei den Herren Professoren G. Bahrenberg, D. Bartels, H. Jäger, W. Sperling, H. Voerbeck und E. Wirth sowie den Herren Dr. J. Güßefeldt und E. Liehl für ihre ausführlicheren Stellungnahmen, deren Einzelanregungen teilweise bereits in diesem Band berücksichtigt werden konnten.

Bei der umfangreichen organisatorischen Kleinarbeit, insbesondere bei der Literaturbeschaffung und den bibliographischen Kontrollen und Überarbeitungen sowie bei der Erstellung der Register halfen uns Frau U. Baldenbach, Frau H. Miermann und Frau D. Winkelmann sowie Herr W. Baldenbach, Herr H. Klein und vor allem Herr Ch. Veith, die wesentlich zum Gelingen und zu der verhältnismäßig zügigen Fertigstellung der Arbeit beigetragen haben. Frau B. Klaas und Herrn D. Rühlemann danken wir für die Unterstützung bei der technischen Herstellung.

Dem Verlag Ferdinand Schöningh, Paderborn, sind wir besonders dankbar für die uns gewährte Freizügigkeit bei der Gesamtgestaltung der Bibliographie und für die Veröffentlichung des von uns druckfertig erstellten Manuskripts.

Die Verfasser sind dankbar für Kritik, Verbesserungsvorschläge und Hinweise auf Fehler, mögliche Ergänzungen sowie auf neu erschienene Literatur für eine vorgesehene zweite Auflage. Auf Wunsch des Verlages Schöningh bitten wir darum, Zuschriften dieser Art - gegebenenfalls auch Beleg- bzw. Rezensionsexemplare - direkt an die beiden Hauptbearbeiter im Geographischen Institut der Ruhr-Universität, Universitätsstr. 150, 4630 Bochum 1, zu richten.

Bochum, im Mai 1976

Hans H. Blotevogel   Heinz Heineberg

6 Anthropogeographie/Kulturgeographie/ Sozialgeographie und Nachbargebiete

6.1 Gesamtdarstellungen und Lehrbücher der Kultur- und Sozialgeographie

Zur ersten Einführung

Das Geographische Seminar. Hrsg. v. Edwin FELS, Ernst WEIGT und Herbert WILHELMY. Siehe 3.1.

HAGGETT, Peter: Geography: a modern synthesis. Siehe 1.1.

HAMBLOCH, Hermann: Allgemeine Anthropogeographie. Eine Einführung. 2. Aufl. Wiesbaden: Franz Steiner 1974 (^{1}1972). 194 S., 40 Abbildungen. = Erdkundliches Wissen 31, Geographische Zeitschrift, Beihefte. 15,00 DM.
Sorgfältig formulierte, gehaltvolle Darstellung fundamentaler Aspekte und Grundbegriffe wichtiger Teildisziplinen der Anthropogeographie (vor allem Bevölkerungs-, Siedlungs-, Wirtschafts- und Verkehrsgeographie) in zumeist erdweiter Betrachtungsweise. Ein ausgezeichneter kartographischer Anhang, zahlreiche ergänzende und weiterführende Literaturangaben und ein umfangreiches Sachregister sind zusätzliche Lernhilfen. Hei

JOHNSTON, R.J.: Spatial structures. Introducing the study of spatial systems in human geography. Siehe 6.2.

TAAFFE, Edward J. (Hrsg.): Geography. Englewood Cliffs, N.J.: Prentice-Hall 1970. 143 S. = The Behavioral and Social Sciences Survey, Geography Panel.
Knappe Übersicht über den Standort der Geographie (hier ausschließlich als Sozialgeographie) in den USA gegen Ende der sechziger Jahre. Anhand anschaulicher Darstellungen wird exemplarisch in Problembereiche, Forschungsrichtungen und -methoden der neueren amerikanischen Geographie - auch für den mit der Materie wenig vertrauten Leser verständlich - eingeführt. Gute Information über neue Sichtweisen und Tendenzen in der Geographie. Bra

VOPPEL, Götz: Wirtschaftsgeographie. Siehe 6.15.

WAGNER, Julius: Kulturgeographie. 4. Aufl. München: List 1969. 383 S. = Harms Erdkunde 9.
Dieser besonders für die Aufgaben der Schulgeographie konzipierte, thematisch sehr breit angelegte Band besitzt insgesamt propädeutischen Charakter. Dieses 'Lehrerhandbuch' wurde vom Autor bewußt nicht als systematische Behandlung der gesamten Kulturgeographie geplant, sondern sollte eine ausführliche Darstellung ausgewählter kulturgeographischer Probleme zur Vertiefung und Erweiterung einer kulturgeographisch orientierten Länderkunde, vor allem im Oberstufenunterricht, sein. Entsprechend der starken zwischenzeitlichen Entfaltung der Forschungsansätze und -methoden, vor allem im Hinblick auf die verstärkte Theorie- und Modellbildung, die Anwendung quantitativer Methoden sowie neuere Forschungsergebnisse der Kultur- und Sozialgeographie, ist eine Neubearbeitung des Bandes dringend erforderlich. Das somit in weiten Teilen als methodisch und inhaltlich 'überholt' geltende Werk ist daher nur noch sehr bedingt als Lehrerhandbuch zu empfehlen, erst recht nicht als Einführung in die Kulturgeographie für Studierende an Hochschulen. Hei

**6.1
Gesamtdarstellungen und Lehrbücher der Kultur- und Sozialgeographie**

Raum für Zusätze

Anspruchsvollere einführende Lehrbücher

▶ ABLER, Ronald, John S. ADAMS und Peter GOULD: Spatial organization. The geographer's view of the world. Englewood Cliffs, N.J.: Prentice Hall 1971. Paperbackausgabe 1972. XIX, 587 S. Paperbackausgabe ca. 26,00 DM.
* *Ursprünglich als einführendes Lehrbuch konzipiertes, nach Konzeption und Inhalt jedoch weit darüber hinausgehendes grundlegendes Standardlehrbuch der modernen theoretisch-quantitativ ausgerichteten Kultur- und Sozialgeographie. Schwerpunkte: wissenschaftstheoretische Grundlagen, allgemeine forschungsmethodische Probleme (Messen, Skalieren, Klassifizieren), Theorien räumlicher Bewegungen, Standorttheorien, räumliche Diffusionsprozesse, räumliche Auswirkungen individueller Entscheidungsprozesse. Zahlreiche Abbildungen und Verweise auf weiterführende Literatur.*
Bl

AMEDEO, Douglas und Reginald G. GOLLEDGE: An introduction to scientific reasoning in geography. New York: John Wiley 1975. XVI, 431 S.
Dieses jüngste der modernen angelsächsischen Textbücher bietet eine besonders gründliche und konsequente Einführung in die Theoriebildung der neueren angelsächsischen Kultur- und Sozialgeographie. Nachdem in den ersten Kapiteln zunächst wissenschaftstheoretische und statistische Grundlagen (nach dem Verständnis des 'logischen Empirismus') behandelt werden, enthalten die Kapitel 5 bis 14 eine umfassende Darstellung moderner theoretischer Ansätze, wie z.B. Regionalisierung, Form und Prozeß, Marktmodelle, Informationsfeld, Diffusionen, Raumwirtschaftstheorien, verhaltenstheoretische Ansätze. Im Unterschied zu dem Lehrbuch von ABLER, ADAMS und GOULD wird weniger die Fachliteratur zitiert, sondern eher eine eigenständige systematische Fassung der theoretischen Grundgedanken versucht. Relativ wenige Abbildungen.
Bl

▶ BROEK, Jan O. M. und John W. WEBB: A geography of mankind. 2. Aufl. New York: McGraw-Hill 1973 ([1]1968). XVI, 640 S.
Einführendes Lehrbuch der allgemeinen Kulturgeographie in weltweiter Betrachtungsweise. Das Buch, dessen Schwerpunkt auf den sozio-kulturellen Differenzierungen der Menschheit liegt, ist leicht verständlich geschrieben und durch zahlreiche Karten, Diagramme und Fotos anschaulich illustriert.
Bl

▶ COX, Kevin R.: Man, location and behavior: an introduction to human geography. New York: John Wiley 1972. 399 S.
Sorgfältig und leicht verständlich formulierte, didaktisch gut konzipierte Einführung in wichtige Aspekte der neueren Kultur- und Sozialgeographie des englischsprachigen Raumes. Behandelt werden vor allem: menschliche Bewegungen im Raum, auf Information und Perzeption basierende Entscheidungsprozesse, Kommunikationsnetze und ihre Beziehungen zu Standortfaktoren, Siedlungs- und Industriestandorte als Netz'knoten', agrarische Landnutzungsmuster, die Krise der Stadt im standorttheoretischen Kontext, Geographie der wirtschaftlichen Entwicklung und Geographie der Umweltqualität. Das sehr lesenswerte Buch zeichnet sich auch durch die Heraushebung von Merksätzen und gute Kapitelzusammenfassungen als zusätzliche Lernhilfen aus.
Hei

ELIOT HURST, Michael E.: A geography of economic behavior. Siehe 6.15

HAGGETT, Peter: Locational analysis in human geography. London: Edward Arnold 1965. 352 S. Deutsche Übersetzung unter dem Titel: Einführung in die kultur- und sozialgeographische Regionalanalyse. Berlin/New York: de Gruyter 1973. XXIV, 414 S.
Berühmtes Lehrbuch des führenden Vertreters der quantitativ-theoretisch ausgerichteten 'Neuen Geographie'. Gibt eine umfassende Darstellung der theoretischen Ansätze und empirischen Methoden der ersten Forschungsphase nach der sog. 'quantitativen Revolution', die sich unter Anknüpfung an ältere 'geometrische Traditionen' schwer-

**6.1
Gesamtdarstellungen und Lehrbücher der Kultur- und Sozialgeographie**

Raum für Zusätze

punktmäßig um die Entwicklung formaler Raummodelle bemühte. Nach einer Einführung in methodologische Voraussetzungen wird der Stoff in 2 Hauptteile gegliedert: Teil 1 ('Modelle räumlicher Verteilungen') behandelt die modelltheoretischen Ansätze nach geometrisch-formalen Gliederungsaspekten (Bewegung, Knotenpunkte, Netze, Hierarchien, Oberflächen), während Teil 2 ('Methoden räumlicher Analyse') eine Darstellung empirischer Methoden unter Einschluß geostatistischer Verfahren und Probleme enthält. Wenn das Buch auch in mancher Hinsicht nicht den neuesten fachlichen Entwicklungsstand repräsentiert, bleibt es doch von grundlegender Bedeutung zur Einarbeitung in die modelltheoretisch-statistische Raumanalyse, vor allem in Anbetracht des Fehlens ähnlicher bzw. besserer deutschsprachiger Lehrbücher. Kann wegen des hohen Preises (56,00 DM) nur sehr eingeschränkt zur Anschaffung empfohlen werden, zumal die englische Ausgabe weniger als ein Drittel kostet. Blo

KARIEL, Herbert G. und Patricia E. KARIEL: Explorations in social geography. Reading, Mass.: Addison-Wesley 1972. XVII, 398 S.
Didaktisch sehr gut aufgebautes nordamerikanisches Einführungslehrbuch. Während in den ersten Kapiteln kulturgeographische Themen (Architektur, Religion, Sprache etc.) mehr qualitativ-deskriptiv dargestellt sind, folgen nach einem dazwischen geschalteten methodologischen Kapitel mehr modelltheoretisch ausgerichtete Themen zur sozialgeographischen Regionalanalyse (Landnutzung, Siedlungen, räumliche Interaktionen, räumliche Diffusionen etc.). Geeignet zur ersten Einführung, da der Leser in leicht verständlicher Form mit einem breiten Spektrum kultur- und sozialgeographischer Themen und Denkweisen bekannt gemacht und zielstrebig zum abstrakten Denken geführt wird. Blo

▶ KOLARS, John F. und John D. NYSTUEN: Human geography. Spatial design in world society. New York: McGraw-Hill 1974. XVII, 281 S.
Diese sehr gehaltvolle, didaktisch geschickt aufgebaute Einführung in wichtige Fragestellungen und Forschungsmethoden der modernen Kultur- und Sozialgeographie ist die ergänzte Fassung des ersten Teils des von den gleichen Verfassern veröffentlichten Lehrbuchs für die gesamte Geographie ('Geography. The study of location, culture, and environment'. New York: McGraw-Hill 1974. 448 S.), in dem außerdem die 'natürlichen Systeme' in ihrer Bedeutung für die 'menschlichen Systeme' behandelt werden. Die Menschheit wird jedoch als 'ökologisch dominant' angesehen. Beide Bände zeichnen sich durch klare Diktion und zahlreiche anschauliche Darstellungen aus. Wenngleich die Beispiele zumeist aus den USA stammen, kann die 'human geography' auch als allgemeine Einführung sehr empfohlen werden. Hei

LLOYD, Peter E. und Peter DICKEN: Location in space: a theoretical approach to economic geography. Siehe 6.15.

OTREMBA, Erich: Der Wirtschaftsraum - seine geographischen Grundlagen und Probleme. Siehe 6.15.

Sammelwerke und Lesesammlungen

ALBAUM, Melvin (Hrsg.): Geography and contemporary issues: studies of relevant problems. New York: John Wiley 1973. XIV, 590 S.
Dieser Sammelband mit insg. 39 Beiträgen zu aktuellen gesellschaftlichen Problemen der USA dokumentiert die wachsende Tendenz der nordamerikanischen Geographen, ihre Tätigkeit stärker als bisher an den Problemen der Gesellschaft auszurichten und diese mit den durch die 'quantitative Revolution' entwickelten Forschungsmethoden anzugehen. Die zumeist zwischen 1968 und 1972 entstandenen Aufsätze behandeln 6 Themenkreise: 1) Armut und Arme, 2) Negerghettos, 3) soziale Probleme der Stadt, 4) Umweltprobleme, 5) Bevölkerungswachstum und -druck, 6) soziale Konflikte. Da nahezu alle Beiträge auf die USA bezogen sind, eignet sich der Band auch als Beitrag zu einer problemorientierten regionalen Geographie der USA. Blo

6.1
Gesamtdarstellungen und Lehrbücher der Kultur- und Sozialgeographie

Raum für Zusätze

▶ AMBROSE, Peter J. (Hrsg.): Analytical human geography. A collection and interpretation of some recent work. 3. Aufl. London: Longman 197 (¹1969). XVII, 297 S. = Concepts in Geography 2.
Als preiswertes Taschenbuch (ca. 20 DM) konzipierter Sammelband mit 14 teilweise klassischen Beiträgen der sog. 'Neuen Geographie', die jeweils durch Herausgeberkommentare erläutert werden und denen ein einführendes methodologisch ausgerichtetes Kapitel des Herausgebers vorangestellt ist. Thematische Schwerpunkte: Wissenschaftstheorie, quantitative Techniken, Theorie der zentralen Orte, Umweltwahrnehmun und prognostische Modelle. Besondere Vorkenntnisse werden nicht vorausgesetzt. Bl

* BARTELS, Dietrich (Hrsg.): Wirtschafts- und Sozialgeographie. Köln/Berlin: Kiepenheuer & Witsch 1970. 485 S. = Neue Wissenschaftliche Bibliothek 35. 18,00 DM.
Grundlegender Sammelband mit 25 Aufsätzen und einer längeren theoretischen Einleitung des Herausgebers (siehe diese gesondert in 6.2). Enthält überwiegend angelsächsisch/skandinavische Beiträge (in deutscher Übersetzung!), die betont theoretisch und/oder quantitativ-empirisch ausgerichtet sind. Die Lesesammlung gibt einen guten Überblick über Konzeption, Ansätze und Möglichkeiten einer sozialwissenschaftlichen Geographie des Menschen, auch wenn die Auswahl der von seiten der deutschen Geographie stammenden Aufsätze weniger überzeugt als die angelsächsischen. Bis auf einige Ausnahmen sind die Beiträge ohne besondere Vorkenntnisse lesbar. Sehr lesenswerter 'Reader', der darüber hinaus (für deutsche Verhältnisse) gegenwärtig außerordentlich preiswert ist (Verkauf der Restbestände). Blo

BLUNDEN, John, Christopher BROOK, Geoffrey EDGE und Alan HAY (Hrsg.): Regional analysis and development. London: Harper & Row, The Open University 1973. 318 S.
Als 'Reader' konzipierter interessanter Sammelband mit 27 knappen Aufsätzen (Reprints) zur modernen wirtschafts- und sozialgeographischen Regionalanalyse, die sich vor allem auf Großbritannien und die USA beziehen. Die 4 Hauptkapitel mit den Titeln 'Maßstäbe regionalen Ungleichgewichts, Makroanalyse, Mikroanalyse und raumwirksame Staatstätigkeit' werden jeweils durch kurze Einführungen in die auf diese Weise gruppierten Beiträge erläutert. In den Arbeiten kommen nur teilweise quantitative Ansätze (z.B. Markov-Ketten) zum Tragen, die entsprechende spezielle Vorkenntnisse voraussetzen. Hei

▶ CHISHOLM, Michael und Brian RODGERS (Hrsg.): Studies in human geography. London: Heinemann Educational Books 1973. IX, 305 S. Paperback-
* ausgabe ca. 12,00 DM.
Diese Aufsatzsammlung, die ausschließlich Originalbeiträge enthält, gibt durch 7 Forschungsberichte einen guten Überblick über einige aktuelle und sich rasch entwickelnde Forschungsgebiete der Kulturgeographie. Durch eine (im Hinblick auf nichtgeographische Leser angestrebte) bemerkenswert leichte Lesbarkeit eignet sich der Band sowohl zur ersten Orientierung über das Fachgebiet (gute Einführung von M. WISE) wie auch zur Einarbeitung in den Forschungsstand der berücksichtigten Themenkomplexe: Entwicklungsprobleme der Agrarwirtschaft, Bevölkerungsgeographie, Standorttheorie des tertiären Sektors, Städtesysteme, Sozialökologie der Stadt, Regionalentwicklung in Großbritannien (ein Teil der Aufsätze ist in den entsprechenden Kapiteln gesondert genannt). Blo

CHORLEY, Richard J. und Peter HAGGETT (Hrsg.): Socio-economic models in geography.
CHORLEY, Richard J. und Peter HAGGETT (Hrsg.): Integrated models in geography. Siehe 1.1.

DAVIES, Wayne K. D. (Hrsg.): The conceptual revolution in geography. Siehe 1.1.

6.1
Gesamtdarstel-
lungen und
Lehrbücher der
Kultur- und
Sozialgeographie

Raum für Zusätze

ENGLISH, Paul Ward und Robert C. MAYFIELD (Hrsg.): Man, space, and environment. Concepts in contemporary human geography. New York/London/Toronto: Oxford University Press 1972. 623 S.
Einführende Lesesammlung mit insg. 38 meist kürzeren Beiträgen aus den letzten Jahren, die 6 wichtige Forschungsschwerpunkte der (angelsächsischen) Kultur- und Sozialgeographie repräsentieren: 1) Kulturlandschaft (MIKESELL, SAUER, DARBY u.a.), 2) Human- und Kulturökologie (GOULD, STODDART u.a.), 3) Umweltwahrnehmung und Verhalten (BURTON, KATES, WOLPERT u.a.), 4) Räumliche Diffusion (HÄGERSTRAND, MORRILL, BERRY u.a.), 5) Die Region (GRIGG, BUNGE u.a.), 6) Räumliche Ordnung (SKINNER, CHRISTALLER, CURRY u.a.). Die Aufsätze - darunter auch mehrere 'Klassiker', deren Titel auch hier in den jeweiligen Kapiteln aufgenommen wurden - geben einen ausgezeichneten einführenden Überblick über das Fachgebiet, ohne besondere Vorkenntnisse vorauszusetzen.   Blo

JONES, Emrys (Hrsg.): Readings in social geography. London: Oxford University Press 1975. 328 S.
Dieser lesenswerte Sammelband enthält 22, zum Teil von bekannten Autoren aus dem englischsprachigen Raum verfaßte Einzelbeiträge (Reprints) und eine gute Einführung durch den Herausgeber, die wichtige Forschungsansätze der modernen Sozialgeographie (vor allem des englischsprachigen Raumes) aufzeigen. Die Aufsätze sind 3 Leitthemen zugeordnet: Muster räumlicher Verteilungen sozialer Gruppen und ihr Verhalten, Raumkonzepte und Prozesse.   Hei

✱ STORKEBAUM, Werner (Hrsg.): Sozialgeographie. Darmstadt: Wissenschaftliche Buchgesellschaft 1969. VII, 530 S. = Wege der Forschung 59. 38,00 DM (Preis der Wiss. Buchgesellschaft).
Sammlung von 22, größtenteils grundlegenden deutschsprachigen Aufsätzen aus der Zeit zwischen 1937 und 1965, teilweise leicht gekürzt. Der Band gibt einen guten Überblick über den theoretischen und empirischen Stand der deutschsprachigen Sozialgeographie der fünfziger und beginnenden sechziger Jahre, entsprechend der mehr forschungsgeschichtlichen Konzeption der Reihe 'Wege der Forschung'. Als einführende Lesesammlung durchaus geeignet, jedoch zu ergänzen durch wichtige neuere Literatur.   Blo

WAGNER, Philip L. und Marvin W. MIKESELL (Hrsg.): Readings in cultural geography. Chicago/London: The University of Chicago Press 1962. 589 S.
Umfassender Sammelband mit 34 Einzelbeiträgen (Reprints oder Übersetzungen, z.B. des Aufsatzes von H. BOBEK: Die Hauptstufen der Gesellschafts- und Wirtschaftsentfaltung in geographischer Sicht, 1959). Wenngleich ein großer Teil der Darstellungen hauptsächlich von disziplingeschichtlichem Interesse ist - z.B. der klassische Aufsatz von Carl O. SAUER: 'Cultural Geography' (1931) - so lohnt sich doch eine Durchsicht und gezielte Lektüre einzelner Artikel. Hinzuweisen ist auch auf die allgemeine Einführung durch die Herausgeber zur Konzeption der 'Kultur'geographie (hier verstanden im engeren Sinne), deren thematische Vielfalt durch die Einzelstudien dokumentiert wird. Leider fehlt bisher eine vergleichbare Gesamtdarstellung in deutscher Sprache.   Hei

Lehrbuchartige Darstellungen der empirischen Regionalforschung /
Regional Science

BOUSTEDT, Olaf unter Mitarbeit von Elfried SÖKER und Ursel WOLFRAM: Grundriß der empirischen Regionalforschung. Teil I: Raumstrukturen. Hannover: Hermann Schroedel 1975. XV, 399 S. = Veröffentlichungen der Akademie für Raumforschung und Landesplanung, Taschenbücher zur Raumplanung 4. 18,00 DM.
Dieser erste Band der vierteilig angelegten Taschenbuchreihe 'Grundriß der empirischen Regionalforschung' wurde zum größten Teil von Elfried SÖKER verfaßt und beschäftigt sich im wesentlichen mit Fragen

6.1 Gesamtdarstellungen und Lehrbücher zur Kultur- und Sozialgeographie

Raum für Zusätze

der Raumgliederung bzw. Regionalisierung. Im Teil 1 (63 S.) umreißt Olaf BOUSTEDT das der Taschenbuchreihe zugrunde gelegte 'Konzept der empirischen Regionalforschung', das sehr weit gefaßt (und dessen theoretische Grundlegung nicht ganz deutlich) wird. Während Teil 2 (100 S.) sehr lesenswerte 'Methodische Erörterungen zu Raumbegriffen und räumlichen Gliederungsmethoden' enthält, werden in Teil 3 (227 S in etwas willkürlich-additiver Weise verschiedene 'Beispiele für forschungsorientierte und planungsorientierte Raumgliederungen' zusammengestellt. Es muß kritisch angemerkt werden, daß 1) der Titel 'Raumstrukturen' mehr verspricht als der im wesentlichen auf 'Raumgliederungen' bezogene Inhalt und daß 2) der moderne Forschungsstand bezüglich des Theoriebezugs und der Verfahren von Regionalisierungen nicht dargestellt ist (insb. fehlen mehrdimensionale Regionalisierungen mit Hilfe multivariater Verfahren). Dennoch ist das Buch durch seine breite Forschungsübersicht und wegen des empfindlichen Mangels vergleichbarer anderer deutschsprachiger Lehrbücher sehr wertvoll.
Überblick über das Gesamtwerk:
BOUSTEDT, Olaf: Grundriß der empirischen Regionalforschung.
4 Bände. Hannover: Hermann Schroedel 1975.
Teil 1: Raumstrukturen. XVI, 399 S. 18,00 DM.
Teil 2: Bevölkerungsstrukturen. XIV, 213 S. 14,00 DM.
Teil 3: Siedlungsstrukturen. XVI, 378 S. 16,00 DM.
Teil 4: Regionalstatistik. XI, 224 S. 14,00 DM.
= Veröffentlichungen der Akademie für Raumforschung und Landesplanung Taschenbücher zur Raumplanung 4-7.
Die Serie kann vor allem angehenden Diplomgeographen als Lehr- und Nachschlagewerk (besonders für regionalstatistische Begriffe und Sachverhalte) sehr empfohlen werden. Näheres zu den Einzelbänden in den jeweiligen Einzelkommentierungen; siehe 6.4, 6.11 und 8.1.   Blo

DOGAN, Mattei und Stein ROKKAN (Hrsg.): Quantitative ecological analysis in the social sciences. Siehe 4.2.

ISARD, Walter und Mitarbeiter: Methods of regional analysis: an introduction to regional science. Cambridge, Mass./London: The M.I.T. Press Press 1960. 784 S. = The Regional Science Studies Series 4.
Dieses 1960 erstmals erschienene und 1973 bereits zum 9. Mal wieder abgedruckte, sehr umfangreiche Standardwerk eines der führenden Vertreters der (ökonometrisch ausgerichteten) Regional Science nordamerikanischer Prägung behandelt - entsprechend der starken mathematisch-statistischen und volkswirtschaftstheoretischen Orientierung dieser interdisziplinären Wissenschaft - grundlegende mathematische Methoden und raumwirtschaftstheoretische Ansätze zur 'regional analysis'. Dabei werden mathematische Modelle und Techniken in umfassender und relativ leicht verständlicher Darstellung besprochen, die erst in jüngerer Zeit in der deutschen quantitativen Geographie Anwendung gefunden haben (z.B. interregionale lineare Programmierung, Gravitations-, Potential- und räumliche Interaktionsmodelle). Zahlreiche Literaturhinweise.   Hei

MASSER, Ian: Analytical models for urban and regional planning. Siehe 7.1.

Methoden der empirischen Regionalforschung (1. Teil). Siehe 4.2.

Methoden der empirischen Regionalforschung (2. Teil). Siehe 6.15.

MÜLLER, J. Heinz: Methoden zur regionalen Analyse und Prognose. Siehe 4.2.

ROGERS, Andrei: Matrix methods in urban and regional analysis. Siehe 4.2.

TIDSWELL, W.V. und S.M. BARKER: Quantitative methods. An approach to socio-economic geography. Siehe 4.2.

3.1
Gesamtdarstellungen und Lehrbücher der Kultur- und Sozialgeographie

Raum für Zusätze

Nachschlagewerke und Lexika

BORCHERT, Günter u.a.: Erdkunde in Stichworten. Siehe 3.1.

Dr. Gablers Wirtschaftslexikon. Hrsg. v. R. SELLIEN und H. SELLIEN. Siehe 6.15.

Handbuch der geographischen Wissenschaft. Hrsg. v. Fritz KLUTE. Siehe 3.1.

Handwörterbuch der Raumforschung und Raumordnung. Siehe 3.1.

Handwörterbuch der Sozialwissenschaften. Hrsg. v. Erwin von BECKERATH u.a. 12 Bände und 1 Registerband. Stuttgart: Gustav Fischer / Tübingen: Mohr (Paul Siebeck) / Göttingen: Vandenhoeck & Ruprecht 1956-1965. Pro Band ca. 800 S., Registerband 1968. 302 S.
Als Lexikon aufgebautes Nachschlagewerk mit rund 1500 Stichwörtern aus dem Gesamtbereich der Sozialwissenschaften. Einen Schwerpunkt bilden wirtschaftswissenschaftliche Begriffe, doch sind auch Stichwörter aus der Soziologie, Politikwissenschaft, Geschichte und Länderkunde aufgenommen. Die z.T. längeren Artikel (bis 40 S.), verfaßt von führenden Fachvertretern des In- und Auslandes, bieten eine gründliche Informationsmöglichkeit über wichtige Begriffe und Forschungsansätze. Zum vollen Verständnis einiger wirtschaftswissenschaftlicher Artikel sind allerdings einschlägige Vorkenntnisse empfehlenswert. Blo

KILCHENMANN, André: Methods and concepts in quantitative and theoretical geography. An encyclopaedic dictionary. Siehe 3.1.

KÖNIG, René (Hrsg.): Handbuch der Empirischen Sozialforschung.
I. Band. 2. Aufl. Stuttgart: Ferdinand Enke 1967. XX, 841 S.
3. Aufl. als Taschenbuchausgabe: Stuttgart: Ferdinand Enke und Deutscher Taschenbuch Verlag 1973-74. Band 1: Geschichte und Grundprobleme. 1973. XVI, 251 S. Bände 2, 3a und 3b: Grundlegende Methoden und Techniken. Band 2: 1973. XV, 316 S. Band 3a: 1974. XVI, 356 S. Band 3b: 1974. XV, 268 S. Band 4: Komplexe Forschungsansätze. 1974. XVI, 492 S.
II. Band: Ausgewählte Gebiete der Empirischen Soziologie. Stuttgart: Ferdinand Enke 1969. XXI, 1395 S.
Umfassendes Handbuch, das über den engeren Bereich der Soziologie hinaus eine grundlegende Bedeutung für die empirische Methodenlehre des Gesamtbereichs der Sozialwissenschaften besitzt, vor allem der auch als Taschenbuchausgabe erhältliche Band I, der allgemeine methodische Fragen behandelt. Blo

Lehrbuch der Allgemeinen Geographie. Hrsg. v. Erich OBST und Josef SCHMITHÜSEN. Vgl. 3.1.
Band 6: Gabriele SCHWARZ: Allgemeine Siedlungsgeographie. Siehe 6.11.
Band 7: Erich OBST: Allgemeine Wirtschafts- und Verkehrsgeographie. Siehe 6.15.
Band 8: Martin SCHWIND: Allgemeine Staatengeographie. Siehe 6.5

MALZ, Friedrich: Taschenwörterbuch der Umweltplanung. Begriffe aus Raumforschung und Raumordnung. Siehe 7.1.

MONKHOUSE, Francis John: A dictionary of geography. Siehe 3.1.

STAMP, L. Dudley (Hrsg.): A glossary of geographical terms. Siehe 3.1.

Westermanns Lexikon der Geographie. Hrsg. v. Wolf TIETZE. Siehe 3.1.

6.2 Konzeption und Methodik der Kultur- und Sozialgeographie

Zur Einführung

BAHRENBERG, Gerhard: Räumliche Betrachtungsweise und Forschungsziele der Geographie. Siehe 1.1.

BARTELS, Dietrich: Beiträge der sozialwissenschaftlichen Geographie zu den Grundlagen der räumlichen Planung. In: Seminar für Planungswesen an der Technischen Universität Braunschweig Heft 5, Oktober 1969, S. 41-81.
Dieser relativ allgemein verständlich formulierte Beitrag eignet sich sehr gut als Einführung in wichtige Forschungsmethoden und -ansätze der modernen sozialwissenschaftlich ausgerichteten Geographie: Nach einer kurzen Skizzierung der Grundsituation der Geographie (bzw. der Mehrdeutigkeit des Wortes 'Geographie') erfolgt ein knapper Überblick über Anwendungsmöglichkeiten neuerer formaler (quantitativer) Methoden und über einige spezielle Schwerpunkte der sozialgeographischen Forschung. He

HAMBLOCH, Hermann: Allgemeine Anthropogeographie. Eine Einführung. Siehe 6.1.

HARTKE, Wolfgang: Die Grundprinzipien der sozialgeographischen Forschung. In: Geographical Papers 1, Zagreb 1970, S. 105-111.
In diesem weitgehend unverändert abgedruckten Vortrag stellt HARTKE in knapper Form die Kerngedanken der - weitgehend von ihm selbst initiierten - sog. 'Münchner Schule' der Sozialgeographie zusammen. Zentrale Stichworte einer sozialwissenschaftlichen Geographie sind demnach: Sozialgruppen, System ihrer Grunddaseinsfunktionen, raumrelevante Wertesysteme, Raumfunktionen der sozialen Gruppen, räumliche Reichweite der Grundfunktionen, zeitliche Veränderungen der Wertsysteme u.a. Blo

PARTZSCH, Dieter: Daseinsgrundfunktionen. In: Handwörterbuch der Raumforschung und Raumordnung. Band I. 2. Aufl. Hannover: Gebrüder Jänecke 1970. Spalte 424-430.
PARTZSCH, Dieter: Funktionsgesellschaft als Epoche. In: Handwörterbuch der Raumforschung und Raumordnung. Band I. 2. Aufl. Hannover: Gebrüder Jänecke 1970. Spalte 865-868.
Zur ersten Einführung geeignete, naturgemäß sehr knapp gefaßte Artikel zu dem im wesentlichen auf D. PARTZSCH zurückgehenden Konzept der sog. 'Daseinsgrundfunktionen' (auch 'Grunddaseinsfunktionen'), das in der neueren deutschsprachigen Sozialgeographie und Geographiedidaktik eine bedeutsame Rolle bekommen hat. Blo

RUPPERT, Karl und Franz SCHAFFER: Zur Konzeption der Sozialgeographie In: Geographische Rundschau 21, 1969, S. 205-214. Auch in: Arnold SCHULTZE (Hrsg.): Dreißig Texte zur Didaktik der Geographie. Braunschweig: Georg Westermann 1971. S. 179-199. = Westermann Taschenbuch.
Wichtiger Beitrag mit starker innovatorischer Wirkung, in dem eine Neuorientierung der gesamten Anthropogeographie im Sinne einer 'Geographie menschlicher Gruppen' gefordert wird, wenngleich wesentliche Voraussetzungen - das geographische 'Gruppenkonzept' und auch die Begriffsbestimmung des 'sozialgeographischen Raumes' - methodologisch noch nicht befriedigen. Der Aufsatz bietet nicht nur eine gute, leicht verständlich formulierte Einführung in die neuere methodische Konzeption der 'Münchner Schule' der Sozialgeographie, sondern auch eine knappe Darstellung der wichtigsten Entwicklungsphasen der Anthropogeographie seit dem 19. Jahrhundert (geodeterministische, possibilistische, morphogenetische und funktionale Phase), als deren konsequente Weiterentwicklung die in diesem Beitrag konzipierte Sozialgeographie verstanden wird. Hei

6.2
Konzeption und
Methodik der
Kultur- und
Sozialgeographie

Raum für Zusätze

▶ RUPPERT, Karl: Die Bewährung des sozialgeographischen Konzepts. In: Geographical Papers 1, Zagreb 1970, S. 181-190.
Veränderte Fassung des bekannten Aufsatzes von RUPPERT und SCHAFFER 'Zur Konzeption der Sozialgeographie', die sich ebenfalls hervorragend zur Einführung in die Sozialgeographie eignet. Der theoretisch-konzeptionelle Teil ist hier in gekürzter Fassung eingearbeitet, ergänzt um zwei praktische Anwendungsbeispiele des sozialgeographischen Konzepts für raumplanerische Aufgaben.
Blo

▶ RUPPERT, Karl und Franz SCHAFFER: Sozialgeographische Aspekte urbanisierter Lebensformen. Hannover: Gebrüder Jänecke 1973. 51 S. u. Kartenanhang. = Veröffentlichungen der Akademie für Raumforschung und Landesplanung, Abhandlungen 68.
In dieser konzentriert formulierten Studie, die den beachtlichen methodologischen Stand und die Theoriebildung innerhalb der neueren deutschen Sozialgeographie in besonderem Maße repräsentiert, werden typische Erscheinungsformen und Abläufe von Urbanisierungsprozessen am Beispiel süddeutscher - insb. bayerischer - Raumstrukturen anhand ausgewählter Daseinsfunktionen verdeutlicht: Faktoren der innerstädtischen Differenzierung der Bevölkerung (mit Anwendung der multivariaten Faktorenanalyse); Differenzierungen des Siedlungsprozesses durch räumliche Mobilität; räumliche Differenzierung im Urbanisierungsprozeß; zur Gemeindetypisierung urbanisierter Lebensformen; Regionen als Ordnungssysteme funktionsgesellschaftlicher Existenz. Das Bändchen ist als anspruchsvolle Einführung in die Konzeption und Methoden der modernen Sozialgeographie geeignet, mit 18,00 DM leider sehr teuer.
Hei

UHLIG, Harald: Organisationsplan und System der Geographie. Siehe 1.1.

UHLIG, Harald: Überlegungen zum Standort der Sozialgeographie. In: Koninklijk Nederlands Aardrijkskundig Genootschaap (KNAG), Geografisch Tijdschrift 5, 1971, S. 304-311.
Ausgehend von einer knappen Darstellung der Zielsetzung der niederländischen Soziographie und ihres Verhältnisses zur deutschen Sozialgeographie folgt eine Gegenüberstellung unterschiedlicher Auffassungen zur Stellung der deutschen Sozialgeographie im 'Organisationsplan' der Geographie (vgl. obigen Hinweis). Die Sozialgeographie wird abschließend als integrierende Arbeitsphase innerhalb der Anthropogeographie gekennzeichnet, d.h. weder als begriffliche Alternative für die gesamte Anthropogeographie noch als einzelne Geofaktorenlehre angesehen. Der Aufsatz ist als Einstieg in die neuere Diskussion über Stand und Aufgaben der (deutschen) Sozialgeographie geeignet.
Hei

▶ WIRTH, Eugen: Zum Problem einer allgemeinen Kulturgeographie. Raummodelle - kulturgeographische Kräftelehre - raumrelevante Prozesse - Kategorien. In: Die Erde 100, 1969, S. 155-193. Auch in: Ernst WINKLER (Hrsg.): Probleme der Allgemeinen Geographie. Darmstadt: Wissenschaftliche Buchgesellschaft 1975. S. 338-392. = Wege der Forschung 299.
Wichtiger methodisch-theoretischer Beitrag, der eine Neuorientierung der Kulturgeographie in Richtung einer abstrahierenden ('noch-allgemeineren') 'Allgemeinen (bzw. theoretischen oder formalen) Kulturgeographie' anregt (Unter diesem Gesichtspunkt wäre die traditionelle Kulturgeographie mit ihren Einzelzweigen eine Spezielle (bzw. konkrete oder objektbezogene) Kulturgeographie). Der Aufsatz behandelt wichtige neuere theoretische und methodische Ansätze der Kulturgeographie unter dem Aspekt einer abstrahierenden Betrachtungsweise: Modellfindungen räumlicher Differenzierungen und räumlicher Systeme, allgemeine kulturgeographische Kräfte und Prozesse sowie Kategorienbildung. Der Beitrag vermittelt damit einen vorzüglichen Einstieg in wesentliche Aufgabenfelder der modernen Kulturgeographie.
Hei

WITT, Werner: Ökonomische Raummodelle und geographische Methoden. In: Geographische Zeitschrift 55, 1967, S. 91-109.

6.2
Konzeption und
Methodik der
Kultur- und
Sozialgeographie

Raum für Zusätze

Leicht verständliche Darstellung der grundlegenden methodologischen Unterschiede zwischen der Geographie, der Nationalökonomie und der 'Regional Science' nordamerikanischer Prägung mit knappen und kritischen Erläuterungen wichtiger raumwirtschaftlicher Modellvorstellungen, vor allem in bezug auf ihre Anwendung in der Geographie. Trotz neuerer Entwicklungen modelltheoretischer Ansätze in der Geographie immer noch als Einstieg in die Problematik der Modellbildung geeignet.
Hei

WÖHLKE, Wilhelm: Die Kulturlandschaft als Funktion von Veränderlichen. Überlegungen zur dynamischen Betrachtung in der Kulturgeographie. Siehe 1.3.

Umfassendere Darstellungen kultur- und sozialgeographischer Forschungsansätze und ihrer Entwicklung

LICHTENBERGER, Elisabeth: Forschungsrichtungen der Geographie. Das österreichische Beispiel 1945-1975. Siehe 1.1.

STEINBERG, Heinz Günter: Methoden der Sozialgeographie und ihre Bedeutung für die Regionalplanung. Köln: Carl Heymanns 1967. VIII, 90 S. = Beiträge zur Raumplanung 2.
Zusammenfassende Darstellung der deutschen sozialgeographischen Literatur bis 1966. Nach einer Einordnung in das System und den Werdegang der Anthropogeographie werden die Ansätze der Sozialgeographie gruppiert in 1) eine Richtung, die sich mit 'sozialgeographischen Indikatoren' befaßt und 2) in Arbeiten auf regionalstatistischer Datenbasis sodann wird deren regionalplanerische Relevanz postuliert. Geeignet als einführender Überblick über die Phase der deutschen Sozialgeographie vor den methodologischen Wandlungen der letzten Jahre.
Blo

THOMALE, Eckhard: Sozialgeographie. Eine disziplingeschichtliche Untersuchung zur Entwicklung der Anthropogeographie. Siehe 1.6.

Wichtige Beiträge zur jüngeren Disziplingeschichte

- Anthropo- und Kulturgeographie

CZAJKA, Willi: Systematische Anthropogeographie. In: Geographisches Taschenbuch 1962/63, S. 287-313.
Zielsetzung dieses Beitrages ist die Ableitung und Darstellung eines der Anthropogeographie immanenten Gliederungssystems (stofflichen Anordnungsschemas), das in 5 Problemgruppen formuliert wurde: 1) Der Mensch an den Grenzen der Ökumene, 2) Die Nutzungszonen als Landkontinuum, 3) Die (disperse) Ansiedlungsordnung (ländliche und städtische Siedlungen) als Komplement der sozialen Strukturierung, 4) Die industriellen Standorte, 5) Die Organisation der Ökumene (Verkehrswesen, Handelsverflechtungen und staatliche Ordnung). Informativ ist die Übersicht über ältere Systemdispositionen von A. HETTNER, J. BRUNHES, H. HASSINGER und M. SORRE, auf denen das hier entworfene Gliederungssystem aufbaut.
Hei

OVERBECK, Hermann: Die Entwicklung der Anthropogeographie (insbesondere in Deutschland) seit der Jahrhundertwende und ihre Bedeutung für die geschichtliche Landesforschung. Siehe 1.6.

WINKLER, Ernst (Hrsg.): Probleme der Allgemeinen Geographie. Siehe 1.6.

- Die Sozialgeographie im deutschsprachigen Raum

BOBEK, Hans: Stellung und Bedeutung der Sozialgeographie. In: Erdkunde 2, 1948, S. 118-125. Auch in: Werner STORKEBAUM (Hrsg.): Sozialgeographie. Darmstadt: Wissenschaftliche Buchgesellschaft 1969. S. 44-62. = Wege der Forschung 59.

.2
Konzeption und
Methodik der
Kultur- und
Sozialgeographie

Raum für Zusätze

Grundlegender älterer theoretischer Entwurf, der der Sozialgeographie als sozialwissenschaftlichem Ansatz eine übergreifende Bedeutung für die gesamte Anthropogeographie zuweist. Wissenschaftsgeschichtlich starke Innovationswirkung.   Blo

BOBEK, Hans: Über den Einbau der sozialgeographischen Betrachtungsweise in die Kulturgeographie. In: Deutscher Geographentag Köln 1961. Tagungsbericht und wissenschaftliche Abhandlungen. Wiesbaden: Franz Steiner 1962. S. 148-165. = Verhandlungen des Deutschen Geographentages 33. Auch in: Werner STORKEBAUM (Hrsg.): Sozialgeographie. Darmstadt: Wissenschaftliche Buchgesellschaft 1969. S. 75-103. = Wege der Forschung 59.
Auch dieser theoretische Aufsatz ist von grundlegender Bedeutung zur Konzeption der Sozialgeographie. Er schließt an den vorangehenden Aufsatz BOBEKs an, indem die Stellung der Sozialgeographie nach verschiedenen geographischen Betrachtungsstufen differenziert wird. Beide Aufsätze bilden Pflichtlektüre für jeden, der sich mit den theoretisch-konzeptionellen Grundlagen der Sozialgeographie und ihrer Entwicklung näher beschäftigen möchte.   Blo

HAHN, Helmut: Sozialgruppen als Forschungsgegenstand der Geographie. Gedanken zur Systematik der Anthropogeographie. In: Erdkunde 11, 1957, S. 35-41.
Beitrag zur Diskussion der fünfziger Jahre um die Konzeption der Sozialgeographie und ihre Stellung im System der Anthropogeographie. Nach einem kurzen Rückblick auf die Entwicklung der 'anthropogeographischen Fragestellung' seit RATZEL werden Inhalt und Aufgabe der Sozialgeographie umrissen, wobei 'Lebensformgruppen' und 'deren spezifische Handlungsweise' als Forschungsgegenstand der analytischen Sozialgeographie bestimmt werden und als Aufgabe der synthetischen Sozialgeographie 'die vergleichende und systematische Betrachtung der menschlichen Gesellschaften und ihrer Lebensräume im Sinne einer geographischen Kulturraumforschung' angesehen wird. Abschließend wendet sich HAHN gegen eine völlige Gleichsetzung von Anthropo- und Sozialgeographie.   Blo

HARTKE, Wolfgang: Gedanken über die Bestimmung von Räumen gleichen sozialgeographischen Verhaltens. In: Erdkunde 13, 1959, S. 426-436. Auch in: Werner STORKEBAUM (Hrsg.): Sozialgeographie. Darmstadt: Wissenschaftliche Buchgesellschaft 1969. S. 162-186. = Wege der Forschung 59. Auszug auch in: Dietrich BARTELS (Hrsg.): Wirtschafts- und Sozialgeographie. Köln/Berlin: Kiepenheuer & Witsch 1970. S. 125-129. = Neue Wissenschaftliche Bibliothek 35.
Methodisch ausgerichteter Aufsatz, in dem einige Grundgedanken des von W. HARTKE ausgehenden Ansatzes der 'Münchner Schule' der Sozialgeographie skizziert werden. Betont die Bedeutung der hinter dem Landschaftsbild stehenden gesellschaftlichen Prozesse und Wertungen, denen 'typische' Merkmale im Landschaftsbild entsprechen, wie z.B. die Sozialbrache oder das Ausmärkertum. Der zum Verständnis der Entwicklung der deutschen Sozialgeographie sehr wichtige Beitrag erscheint zur ersten Einführung allerdings weniger geeignet.   Blo

<u>Zur neueren Diskussion um Aufgaben und Stellung der Sozialgeographie im deutschen Sprachraum</u>

- <u>Allgemeine konzeptionelle Beiträge</u>

GERLING, Walter: Kritische Bemerkungen zur Sozialgeographie. Würzburg: Stahel'sche Universitätsbuchhandlung 1965. 16 S.
GERLING, Walter: Die Problematik der Sozialgeographie. Würzburg: Stahel'sche Universitätsbuchhandlung 1968. 24 S.
Aufeinander bezogene, knappe kritische Beiträge, mit denen sich der Verfasser vor allem gegen die Konzeption einer Sozialgeographie als eigenständige Teildisziplin innerhalb der Anthropogeographie oder

6.2 Konzeption und Methodik der Kultur- und Sozialgeographie

Raum für Zusätze

als übergreifendes Teilgebiet wendet. Diskutiert und großenteils in Frage gestellt werden außerdem sozialgeographische Begriffsbildungen und Arbeitsverfahren sowie bestimmte sozialgeographische Ansätze, wobei die bis dahin veröffentlichten deutschen sozialgeographischen Untersuchungen als überwiegend 'einseitige soziologische oder sozialwissenschaftliche Analysen' beurteilt werden. Eine sehr große Bedeutung mißt der Verfasser einer 'klaren Abgrenzung' zwischen Anthropogeographie und Soziologie bei.
Hei

ILEŠIČ, Svetozar: Die Stellung der Sozialgeographie im Gefüge der geographischen Wissenschaft. In: Geographical Papers 1, Zagreb 1970, S. 113-128.
Ausführliche Diskussion verschiedener Positionen zum Problem des Forschungsgegenstandes der Sozialgeographie und ihrer Einordnung in die Geographie. Im Hinblick auf die jüngere Entwicklung der deutschsprachigen Sozialgeographie warnt der Autor vor einer Verengung der Betrachtung und einer Vernachlässigung physischer und ökonomischer Aspekte und spricht sich für die Konzeption einer 'sozio-ökonomischen Geographie' aus, in der ökonomische und soziale Aspekte miteinander zu verbinden seien.
Blo

OTREMBA, Erich: Soziale Räume (Vortrag auf dem Deutschen Schulgeographentag 1968 in Kassel). In: Geographische Rundschau 21, 1969, S. 10-14.
Kurzer Grundsatzbeitrag, der sich vor allem mit dem Verhältnis der Geographie zur Soziologie und den künftigen Aufgabenstellungen der Geographie im Hinblick auf den 'Einbau' der Sozialgeographie in die Geographie auseinandersetzt. Der Verfasser befürwortet zwar eine sozialgeographische 'Durchdringung der gesamten Geographie in Wissenschaft und Schule', steht jedoch einer 'Neuschaffung einer Sozialgeographie auf Kosten der Komplexität anderer Forschungsbereiche' sehr kritisch gegenüber. In diesem Zusammenhang wird auch der Begriff des 'Sozialraumes' diskutiert, der als weitgehend identisch mit dem 'Wirtschaftsraum' angesehen wird. Die sehr knapp gefaßte Darstellung setzt Kenntnisse der breiteren Fachdiskussion um Stellung und Aufgaben der deutschen Sozialgeographie voraus.
Hei

RHODE-JÜCHTERN, Tilman: Geographie und Planung. Eine Analyse des sozial- und politikwissenschaftlichen Zusammenhangs. Siehe 7.1.

SCHÖLLER, Peter: Leitbegriffe zur Charakterisierung von Sozialräumen. In: Zum Standort der Sozialgeographie (Festschrift Wolfgang HARTKE). Kallmünz/Regensburg: Michael Lassleben 1968. S. 177-184. = Münchner Studien zur Sozial- und Wirtschaftsgeographie 4.
In diesem Grundsatzbeitrag geht es dem Verfasser zunächst darum, der Sozialgeographie einen eigenen Schwerpunkt im Sinne einer sozialgeographischen Kräftelehre innerhalb der Kulturgeographie einzuräumen. Die Herausarbeitung 'allgemein-gültiger und wertneutraler Typenbegriffe' unter dem Oberbegriff der Mobilität (Labilität, Variabilität und Stabilität), deren Aussagekraft vor allem anhand der Charakterisierung politischer Sozialräume aufgezeigt wird, soll der Dynamik raumrelevanter Verhaltensweisen gerecht werden.
Hei

Zum Standort der Sozialgeographie. Wolfgang HARTKE zum 60. Geburtstag. Beiträge zusammengestellt von Karl RUPPERT. Kallmünz/Regensburg: Michael Lassleben 1968. 207 S., 4 Karten. = Münchner Studien zur Sozial- und Wirtschaftsgeographie 4.
Wichtiger Sammelband mit Beiträgen von 20 Geographen aus 7 Ländern (außer BRD insb. Frankreich, Jugoslawien, Niederlande) zur Methodik der Sozialgeographie. Es überwiegen theoretisch-konzeptionell ausgerichtete Aufsätze, die durch mehrere Einzelstudien unterschiedlichster sozialgeographischer Thematik ergänzt werden. Einige Beiträge sind wegen ihrer Wichtigkeit an anderen Stellen dieser Bibliographie gesondert aufgeführt. Insgesamt vermittelt der Sammelband einen guten Überblick über den Diskussionsstand der (bis dahin von der angel-

6.2 Konzeption und Methodik der Kultur- und Sozialgeographie

Raum für Zusätze

sächsisch-skandinavischen Geographie noch wenig beeinflußten) kontinentaleuropäischen Sozialgeographie der sechziger Jahre.   Blo

DE VRIES-REILINGH, Hans Dirk: Gedanken über die Konsistenz in der Sozialgeographie. In: Zum Standort der Sozialgeographie (Festschrift Wolfgang HARTKE). Kallmünz/Regensburg: Michael Lassleben 1968. S. 109-117. = Münchner Studien zur Sozial- und Wirtschaftsgeographie 4.
Gedankenreicher Essay über drei unterschiedliche Verwendungsweisen des Begriffs 'Konsistenz' in der Sozialgeographie: 1) Konsistenz als Dichte, Festigkeit (vom Menschen geschaffene dingliche Raumstruktur, 'Artefakte'), 2) Konsistenz als Beharrlichkeit, Dauerhaftigkeit (zeitliche Beharrungskraft, vielleicht besser: 'Persistenz'), 3) Konsistenz als Zusammenhang, Geschlossenheit (Schlüssigkeit wissenschaftlicher Beweisführung). Vor allem der zweite Abschnitt, der die Bedeutung der Zeitdimension in der häufig ahistorisch arbeitenden Sozialgeographie betont, hat große Beachtung gefunden, während der dritte Abschnitt manch eigenwillige Deutung empirischer Methoden enthält.   Blo

WAGNER, Horst-Günter: Der Kontaktbereich Sozialgeographie - historische Geographie als Erkenntnisfeld für eine theoretische Kulturgeographie. In: Räumliche und zeitliche Bewegungen. Methodische und regionale Beiträge zur Erfassung komplexer Räume (Festschrift Walter GERLING). Hrsg. v. Gerhard BRAUN. Würzburg: Geographisches Institut der Universität 1972. S. 29-52. = Würzburger Geographische Arbeiten 37.
Beitrag zur Diskussion um die Bestimmung einer inhaltlichen Rahmenkonzeption der Kultur- und Sozialgeographie. Der Autor hält an der tragenden Rolle des Kulturlandschafts-Konzepts fest und betont die Bedeutung der Erforschung kulturlandschaftsgestaltender Gesetzmäßigkeiten. Dabei seien gerade die grundlegenden Faktoren und langfristigen Entwicklungslinien, die nur durch eine Kooperation von Sozialgeographie und historischer Geographie erfaßt werden könnten, bisher vielfach vernachlässigt worden. Vorkenntnisse empfehlenswert.   Blo

- <u>Konzeptionelle Beiträge zur Geographie einzelner Grunddaseinsfunktionen</u>

GEIPEL, Robert: Der Standort der Geographie des Bildungswesens innerhalb der Sozialgeographie. Siehe 6.7.

RUPPERT, Karl: Zur Stellung und Gliederung einer Allgemeinen Geographie des Freizeitverhaltens. Siehe 6.8.

RUPPERT, Karl und Jörg MAIER (Hrsg.): Zur Geographie des Freizeitverhaltens. Beiträge zur Fremdenverkehrsgeographie. Siehe 6.8.

- <u>Zur neomarxistischen Kritik der Kultur- und Sozialgeographie in der BRD</u>

BECK, Günther: Zur Kritik der bürgerlichen Industriegeographie. Ein Seminarbericht. Siehe 6.19.

LENG, Gunter: Zur 'Münchner' Konzeption der Sozialgeographie. In: Geographische Zeitschrift 61, 1973, S. 121-134.
Kritik einiger zentraler Aspekte der im Anschluß an W. HARTKE von K. RUPPERT und F. SCHAFFER konzipierten 'Münchner Sozialgeographie' von marxistischer Warte aus. Behandelt werden die Systematik der 'Grunddaseinsfunktionen', die nicht mit der marxistischen Interpretation der Funktion 'Arbeiten' vereinbar ist, sowie die Begriffe 'Gruppe' und 'Gesellschaft'.   Blo

RUPPERT, Karl und Franz SCHAFFER: Zu G. LENG's Kritik an der 'Münchner' Konzeption der Sozialgeographie. In: Geographische Zeitschrift

6.2
Konzeption und Methodik der Kultur- und Sozialgeographie

Raum für Zusätze

62, 1974, S. 114-118.
Kurze Replik zum vorher genannten Beitrag. Die Autoren gehen besonde auf das Konzept der 'Grundfunktionen' und das Problem der sozialgeographischen Gruppe ein. Blo

SCHULTZ, H.-D.: Vorgekonnte Überlegungen zum Wandel wissenschaftlicher Grundüberzeugungen in der Anthropogeographie. Siehe 1.1.

Zum Konzept einer sozialwissenschaftlichen Geographie des Menschen ('human geography')

ABLER, Ronald, John S. ADAMS und Peter GOULD: Spatial organization. The geographer's view of the world. Siehe 6.1.

AMEDEO, Douglas und Reginald G. GOLLEDGE: An introduction to scientific reasoning in geography. Siehe 6.1.

BARTELS, Dietrich: Zur wissenschaftstheoretischen Grundlegung einer Geographie des Menschen. Wiesbaden: Franz Steiner 1968. XII, 225 S. = Erdkundliches Wissen 19, Geographische Zeitschrift, Beihefte.
Grundlegende Auseinandersetzung um die Konzeption der Anthropo- bzw. Kulturgeographie auf der Basis der Analytischen Wissenschaftstheorie Mit diesem Buch wurden die Erkenntnisse der modernen Wissenschaftstheorie und die davon beeinflußten methodischen Neuerungen der angelsächsischen und skandinavischen Geographie in großem Umfang in die deutsche Fachdiskussion eingebracht, wo die Thesen BARTELS' einen lebhaften und kontroversen Widerhall fanden und sich jedoch allmählich weithin durchzusetzen scheinen. Der erste Hauptteil geht von de. Richtung des sog. logischen Empirismus der Analytischen Wissenschafts theorie aus, leitet von daher die Konzeption der Geographie als 'moderne Erfahrungswissenschaft' ab und behandelt einige Grundprobleme des wissenschaftlichen Erkenntnisprozesses in der Geographie. Der zweite Hauptteil ('Zur geographischen Methode') analysiert mit dem Landschafts-, Regions- und Feldbegriff 3 Raumkategorien von zentrale Bedeutung für das Fachverständnis. Der dritte Hauptteil ('Geographie und Menschenbild') beschäftigt sich mit der Entwicklung von Anthropo- Kultur- und Wirtschaftsgeographie, die (zumindest partiell) in eine sozialwissenschaftliche 'Geographie des Menschen' einmünden könnten, deren mögliche Aufgaben kurz umrissen werden. Leider wird die Lesbarkeit dieses wichtigen Buches durch seinen etwas spröden wissenschafts theoretischen Stil erschwert, zumal die sehr abstrakte Denkweise dem wenig vorbelasteten Leser einiges abverlangt. Blo

➤ BARTELS, Dietrich: Einleitung. In: Dietrich BARTELS (Hrsg.): Wirtschafts- und Sozialgeographie. Köln/Berlin: Kiepenheuer & Witsch 1970. S. 13-45. = Neue Wissenschaftliche Bibliothek 35.
Theoretische Grundlegung einer sozialwissenschaftlichen Geographie des Menschen auf der Basis der Analytischen Wissenschaftstheorie. Geht über den Rang üblicher 'Einleitungen' weit hinaus und stellt in komprimierter Form die wichtigsten Gesichtspunkte der umfangreicheren Schrift ('Zur wissenschaftstheoretischen Grundlegung ...' siehe oben) zusammen. Einer der wichtigsten Beiträge zur Konzeption des Faches und deshalb zur Pflichtlektüre empfohlen, jedoch sind wegen des komprimierten Stils und zahlreicher (insb. wissenschaftstheoretischer) Fachausdrücke Vorkenntnisse empfehlenswert. Blo

BARTELS, Dietrich: Zwischen Theorie und Metatheorie. Siehe 1.1.

CHORLEY, Richard J. und Peter HAGGETT (Hrsg.): Socio-economic models in geography.
CHORLEY, Richard J. und Peter HAGGETT (Hrsg.): Integrated models in geography. Siehe 1.1.

CLAVAL, Paul: Geographie als sozialwissenschaftliche Disziplin. In:

6.2
Konzeption und Methodik der Kultur- und Sozialgeographie

Raum für Zusätze

Dietrich BARTELS (Hrsg.): Wirtschafts- und Sozialgeographie. Köln/Berlin: Kiepenheuer & Witsch 1970. S. 418-434. = Neue Wissenschaftliche Bibliothek 35.
Ausgehend von den Konzeptionen der 'klassischen' französischen Geographie (DEMANGEON, VIDAL) werden die sozialwissenschaftlichen Grundkonzeptionen innerhalb von Soziologie, Anthropologie und géographie humaine untersucht und parallele Entwicklungszüge herausgestellt. Skizziert die Möglichkeit einer zukünftigen sozialwissenschaftlichen géographie humaine und deren Standort innerhalb einer umfassenden vereinigten Sozialwissenschaft. Gibt Einblick in die moderne französische Diskussion zur Konzeption der Geographie. *Blo*

HÄGERSTRAND, Torsten: What about people in regional science? In: Regional Science Association, Papers 24, 1970, S. 7-21.
Plädoyer für eine inhaltliche Neuorientierung in Regionalwissenschaft und Sozialgeographie: Bisher habe man sich mit den Menschen meist nur in aggregierter Form (als Pendler, als Konsumenten usw.) beschäftigt; statt dessen wird vorgeschlagen, sich stärker mit den 'Lebenswegen' individueller Personen zu befassen. Diese 'life paths' können in einem dreidimensionalen Raum-Zeit-Modell anschaulich gemacht werden und auf verschiedene Regelhaftigkeiten und Einschränkungen hin untersucht werden, wie z.B. Bündelungen, Begrenzungen, Wiederholungen, Institutionalisierungen usw. *Blo*

HÄGERSTRAND, Torsten: The domain of human geography. In: Richard J. CHORLEY (Hrsg.): Directions in geography. London: Methuen 1973. S. 67-87.
Interessanter Diskussionsbeitrag zur künftigen thematischen Ausrichtung der Sozialgeographie. Fordert eine stärkere Beachtung der Konkurrenz unterschiedlicher Flächenansprüche, eine umfassendere Berücksichtigung menschlichen Verhaltens (insb. der darin zusammengefaßten zielgerichteten Einzelhandlungen) und eine stärkere Integration der Raum-Zeit-Dimensionen. Daran anschließend wird das Konzept des 'budget-space' entworfen, das als Modell konkurrierender Handlungen in begrenzten Raum-Zeit-Bereichen zu verstehen ist und das als allgemeine Orientierungshypothese für die künftige Fachausrichtung vorgeschlagen wird. *Blo*

HARD, Gerhard: Die Geographie. Eine wissenschaftstheoretische Einführung. Siehe 1.1.

HARVEY, David: Explanation in geography. Siehe 1.1.

KOLARS, John F. und John D. NYSTUEN: Human geography. Spatial design in world society. Siehe 6.1.

Forschungs- und Literaturberichte zur sozialwissenschaftlichen Geographie des Menschen

BARTELS, Dietrich: Theoretische Geographie. Zu neuerer englischsprachiger Literatur. In: Geographische Zeitschrift 57, 1969, S. 132-144.
Forschungsbericht über die grundlegende theoretisch-quantitativ ausgerichtete englischsprachige Literatur der sechziger Jahre. Gibt einen Einblick in die neuere fachtheoretische Entwicklung der angelsächsischen Geographie, als deren Hauptmerkmale verstärkte Theoriebildung und wachsende Anwendung quantitativer Methoden herausgestellt werden. *Blo*

GOULD, Peter R.: Methodological developments since the fifties. In: Progress in Geography 1, London: Edward Arnold 1969, S. 1-49.
Knappe zusammenfassende Übersicht über die methodologische Neuorientierung in der angelsächsischen Geographie, die durch explizite Theorie- und Modellbildung und durch verstärkte Verwendung mathematisch-statistischer Verfahren gekennzeichnet werden kann. Auf einer umfangreichen Literaturbasis wird versucht, die wichtigsten methodischen

6.2 Konzeption und Methodik der Kultur- und Sozialgeographie

Raum für Zusätze

und theoretischen Forschungsrichtungen herauszuarbeiten: mathematisc statistische Methoden, räumliche Modelle, Verhaltenstheorie und Umweltwahrnehmung. Literaturverzeichnis mit 438 Titeln. Blo

KILCHENMANN, André: Umriß einer neuen Kultur- und Sozialgeographie, anhand einer kommentierten Literaturliste. Karlsruhe: Geographisches Institut der Universität 1975. 43 S. = Karlsruher Manuskripte zur Mathematischen und Theoretischen Wirtschafts- und Sozialgeographie 12.

Dieses Heft besteht im wesentlichen aus einer knappen Bibliographie mit referierenden und bewertenden Kommentaren, die hauptsächlich für den Karlsruher Studienbetrieb zusammengestellt wurde. Aufgenommen sind wichtige neuere Lehrbücher und Einzeldarstellungen der sog. 'Neuen Geographie', gruppiert nach einem 'harten Kern' (Pflichtlektüre) sowie 11 ergänzenden und vertiefenden Grundthemen. Leider wird die Lesbarkeit durch die ungenügende Druckform (vervielfältigte Computerausdrucke) beeinträchtigt. Blo

Theoretische Beiträge einer marxistisch orientierten 'Ökonomischen Geographie'

MOHS, Gerhard (Hrsg.): Geographie und technische Revolution. Gotha/Leipzig: Hermann Haack 1967. 184 S.

Dieser Sammelband, der 10 Einzelaufsätze enthält, will die gewandelten Aufgaben und Forschungsinhalte der Geographie im Rahmen der sozialistischen Wirtschafts- und Gesellschaftsordnung der DDR dokumentieren. Neben 8 Beiträgen mit Spezialthemen vor allem aus dem Bereich der Industriegeographie verdienen die ersten beiden Aufsätze besondere Beachtung: Einleitend entwirft G. MOHS programmatisch die Rolle der Geographie unter den Bedingungen der 'technischen Revolution', und E. NEEF umreißt die Aufgaben der Physischen Geographie. Blo

SANKE, Heinz: Entwicklung und gegenwärtige Probleme der politischen und ökonomischen Geographie in der Deutschen Demokratischen Republik. Berlin (Ost): Akademie-Verl. 1962. 33 S. = Sitzungsberichte der Deutschen Akademie der Wissenschaften zu Berlin. Klasse für Philosophie, Geschichte, Staats-, Rechts- und Wirtschaftswissenschaften, Jg. 1962, Nr. 4.

Aufbauend auf eine Analyse der Entwicklung der 'bürgerlichen' Anthropogeographie seit HUMBOLDT aus marxistischer Sicht werden Standort, Aufgaben und Forschungsansätze dieser 'politische und ökonomische Geographie' genannten Disziplin in der DDR dargestellt. Hom

SCHMIDT-RENNER, Gerhard: Elementare Theorie der Ökonomischen Geographie, nebst Aufriß der Historischen Ökonomischen Geographie. Ein Leitfaden für Lehrer und Studierende. 2. Aufl. Gotha/Leipzig: Hermann Haack 1966 (^{1}1961). 148 S.

Das Bändchen bildet kein Lehrbuch der Ökonomischen Geographie (auch nicht deren 'Theorie'), sondern versucht eine elementare theoretische Grundlegung als Ableitung vom Dialektischen und Historischen Materialismus sowie von der Politischen Ökonomie des Marxismus-Leninismus. Dementsprechend geht SCHMIDT-RENNER von einer Exegese der Klassiker des Marxismus-Leninismus aus und stellt die Bedingungen für die Standorte, Standortkomplexe und Territorialstrukturen der Produktion, d.h. den territorialen Niederschlag der Produktion und dessen historische Entwicklung in den Mittelpunkt seiner Betrachtung. Dabei ist eine gewisse Scholastik in der Denkweise, die für die marxistische Geographie insb. in der DDR in den fünfziger und sechziger Jahren charakteristisch ist, unübersehbar. Blo

WINDELBAND, Ursula: Typologisierung städtischer Siedlungen. Erkenntnistheoretische Probleme in der ökonomischen Geographie. Siehe 6.11.

5.2
Konzeption und
Methodik der
Kultur- und
Sozialgeographie

Raum für Zusätze

Spezielle Ansätze der Sozialgeographie bzw. der Geographie des Menschen

- Lebensformen und Lebensformengruppen

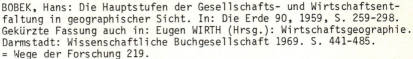

BOBEK, Hans: Die Hauptstufen der Gesellschafts- und Wirtschaftsentfaltung in geographischer Sicht. In: Die Erde 90, 1959, S. 259-298. Gekürzte Fassung auch in: Eugen WIRTH (Hrsg.): Wirtschaftsgeographie. Darmstadt: Wissenschaftliche Buchgesellschaft 1969. S. 441-485. = Wege der Forschung 219.
Weitgespannter Versuch einer Systematisierung von Gesellschafts- und Wirtschaftsstufen in entwicklungsgeschichtlicher Folge nach 4 'geographischen' Kriterien: a) Lebensformen, b) 'Zusammenspiel der Lebensformengruppen', c) demographische Verhältnisse, d) räumlich-siedlungsmäßige Ausprägungen. Unterschieden werden insgesamt 6 Hauptentwicklungsstufen, davon z.B. 5) 'Stufe des älteren Städtewesens und des Rentenkapitalismus' (z.B. Vorderer Orient), 6) 'Stufe des produktiven Kapitalismus, der industriellen Gesellschaft und des jüngeren Städtewesens' (z.B. Europa). Diese 6 Stufen werden jeweils einzeln umrissen und an regionalen Beispielen erläutert. Dieser interessante Entwurf einer globalen sozialgeographischen Entwicklungssystematik blieb leider ohne größere Nachfolgearbeiten. Blo

BRONGER, Dirk: Der sozialgeographische Einfluß des Kastenwesens auf Siedlung und Agrarstruktur im südlichen Indien. Siehe 6.12.

BUCHHOLZ, Hanns Jürgen: Formen städtischen Lebens im Ruhrgebiet, untersucht an sechs stadtgeographischen Beispielen. Siehe 6.13.

HAHN, Helmut: Konfession und Sozialstruktur. Vergleichende Analysen auf geographischer Grundlage. Siehe 6.6.

HARTKE, Wolfgang: Die geographischen Funktionen der Sozialgruppe der Hausierer am Beispiel der Hausiergemeinden Süddeutschlands. In: Berichte zur deutschen Landeskunde 31, 1963, S. 209-232.
Diese sozialgeographische Studie beruht im wesentlichen auf einer von W. HARTKE betreuten Dissertation von R. ROST und untersucht ca. 80 über ganz Süddeutschland verstreute Hausiergemeinden. Behandelt werden die Entstehung der Hausiergemeinden, ihre Verbreitung in der Gegenwart sowie die Arbeitsformen der Hausierer. Blo

HEINRITZ, Günter: Die 'Baiersdorfer' Krenhausierer. Eine sozialgeographische Untersuchung. Erlangen: Fränkische Geographische Gesellschaft 1971. 84 S. = Erlanger Geographische Arbeiten 29. Zugleich in: Mitteilungen der Fränkischen Geographischen Gesellschaft 17, 1970, S. 67-148.
Sozialgeographische Fallstudie, die sich mit den historischen Entwicklungsbedingungen und heutigen Charakteristika der Meerrettichhausierer aus dem Raum Forchheim - Höchstadt a. d. Aisch beschäftigt. Betont die historische Dimension sozialgeographischer Strukturen, unter deren Berücksichtigung die charakteristischen Struktur- und Verhaltensmerkmale der Hausiergemeinden bzw. ihrer Bewohner gedeutet werden. Blo

UHLIG, Harald: Die Volksgruppen und ihre Gesellschafts- und Wirtschaftsentwicklung als Gestalter der Kulturlandschaft in Malaya. In: Mitteilungen der Österreichischen Geographischen Gesellschaft 105, 1963, S. 65-94.
Differenzierte Darstellung der vielschichtigen sozialgeographischen Struktur der Halbinsel Malaya, deren Darstellung sich von den eingeborenen primitiven Restgruppen bis zur modernen Vergroßstädterung spannt. Kennzeichnend ist die Verknüpfung sozialgeographischer und wirtschaftsgeographischer Sachverhalte unter dem leitenden Aspekt ihrer kulturlandschaftlichen Auswirkungen. Blo

**6.2
Konzeption und
Methodik der
Kultur- und
Sozialgeographie**

Raum für Zusätze

WIRTH, Eugen: Zur Sozialgeographie der Religionsgemeinschaften im Orient. Siehe 6.6.

- <u>Zum Problem der Bestimmung sozialgeographischer Gruppen</u>

DÖRR, Heiner: Empirische Untersuchungen zum Problem der sozialgeographischen Gruppe: der aktionsräumliche Aspekt. In: Bevölkerungs- und Sozialgeographie. Deutscher Geographentag in Erlangen 1971. Ergebnisse der Arbeitssitzung 3. Kallmünz/Regensburg: Michael Lassleben 1972. S. 71-81. = Münchner Studien zur Sozial- und Wirtschaftsgeographie 8.
Dieser wichtige Beitrag greift die Diskussion um den Gruppenbegriff in der Sozialgeographie auf, der nach unterschiedlichen sozialgeographischen Betrachtungsrichtungen hin operational definiert wird. Im Rahmen des empirischen Teils (Untersuchungsgebiet im südlichen Hamburger Umland) wird versucht, mehrfunktionale Aktionsräume (Pendler-, Einkaufs- und Wochenenderholungsausrichtung) und aktionsräumliche Haushaltstypen zu bestimmen. Von besonderem Interesse ist dabei die Anwendung der Kontingenzanalyse zur Messung der Zusammenhänge zwischen qualitativen Merkmalen sowie die Darstellung des Untersuchungsganges in einem Schema. Insgesamt eine exemplarische sozialgeographische Studie einer zentralen Fragestellung, die zugleich die Probleme und Unzulänglichkeiten empirischer Datengrundlagen sozialgeographischer Forschung zeigt. Blo

- <u>Indikatoren sozialgeographischen Verhaltens</u>

GANSER, Karl: Sozialgeographische Gliederung der Stadt München aufgrund der Verhaltensweisen der Bevölkerung bei politischen Wahlen. Siehe 6.5.

GANSER, Karl: Pendelwanderung in Rheinland-Pfalz. Siehe 6.4.

HARTKE, Wolfgang: Die Zeitung als Funktion sozial-geographischer Verhältnisse im Rhein-Main-Gebiet. Frankfurt: Waldemar Kramer 1952. 32 S. = Rhein-Mainische Forschungen 32. Auszug auch in: Werner STORKEBAUM (Hrsg.): Sozialgeographie. Darmstadt: Wissenschaftliche Buchgesellschaft 1969. S. 224-248. = Wege der Forschung 59.
Gedankenreiche Analyse der räumlichen Organisation des Zeitungswesens im Rhein-Main-Gebiet, die trotz weitgehend überholter Daten wegen ihrer Fragestellung noch heute von Bedeutung ist. Die Zeitung wird als Indikator für sozialgeographische Strukturen und Raumverflechtungen, insbesondere für sozialräumliche Bindungen und zentralörtliche Ausrichtungen, gewertet. Blo

HARTKE, Wolfgang: Die soziale Differenzierung der Agrar-Landschaft im Rhein-Main-Gebiet. Siehe 6.16.

HARTKE, Wolfgang: Die 'Sozialbrache' als Phänomen der geographischen Differenzierung der Landschaft. Siehe 6.16.

HARTKE, Wolfgang: Sozialgeographischer Strukturwandel im Spessart. In: Die Erde 8, 1957, S. 236-254. Auch in: Werner STORKEBAUM (Hrsg.): Sozialgeographie. Darmstadt: Wissenschaftliche Buchgesellschaft 1969. S. 294-325. = Wege der Forschung 59.
Exemplarische sozialgeographische Fallstudie, die den komplexen Strukturwandel des Spessarts in der Nachkriegszeit unter dem Einfluß der Industrialisierung untersucht: Sozialbrache, Abnahme der Agrarbevölkerung, Pendlerbeziehungen etc. Betrachtung der regionalen Differenzierung unterschiedlicher sozialer Wandlungsdynamik. Blo

RUPPERT, Karl: Die Bedeutung des Weinbaues und seiner Nachfolgekulturen für die sozialgeographische Differenzierung der Agrarlandschaft in Bayern. Siehe 6.16.

6.2
Konzeption und
Methodik der
Kultur- und
Sozialgeographie

Raum für Zusätze

- Prozessuale Betrachtungsweise

SCHAFFER, Franz: Sozialgeographische Probleme des Strukturwandels einer Bergbaustadt: Beispiel Penzberg/Obb. Siehe 6.13.

SCHAFFER, Franz: Untersuchungen zur sozialgeographischen Situation und regionalen Mobilität in neuen Großwohngebieten am Beispiel Ulm-Eselsberg. Siehe 6.13.

SCHAFFER, Franz: Prozeßhafte Perspektiven sozialgeographischer Stadtforschung - erläutert am Beispiel von Mobilitätserscheinungen.
SCHAFFER, Franz: Neue Wohnsiedlungen - Mobilitätsprozesse und sozialgeographische Entwicklungen in neuen Großwohngebieten der Stadt Ulm. Siehe 6.13.

- Sozialgeographie und Kulturraumforschung

SCHÖLLER, Peter: Kulturraumforschung und Sozialgeographie. In: Aus Geschichte und Landeskunde (Festschrift Franz STEINBACH). Bonn: Röhrscheid 1960. S. 672-685.
Nach einem Überblick über Fragestellungen und Methoden der interdisziplinären Kulturraumforschung wird auf die engen Verbindungen zur Sozialgeographie hingewiesen und der mögliche Beitrag der Geographie zu diesem traditionell von Landesgeschichte, Sprachgeschichte und Volkskunde bearbeiteten Gebiet umrissen. Blo

SCHÖLLER, Peter: Neugliederung. Prinzipien und Probleme der politisch-geographischen Neuordnung Deutschlands und das Beispiel des Mittelrheingebietes. Siehe 6.5.

WIEGELMANN, Günter: Probleme einer kulturräumlichen Gliederung im volkskundlichen Bereich. Siehe 1.5.

- Sozialgeographische Strukturforschung und Raumgliederung

BRAUN, Axel: Hamburg-Uhlenhorst. Entwicklung und Sozialstruktur eines citynahen Wohnquatiers. Siehe 6.13.

BRAUN, Peter: Die sozialräumliche Gliederung Hamburgs. Siehe 6.13.

DÜRR, Heiner: Boden- und Sozialgeographie der Gemeinden um Jesteburg/ nördliche Lüneburger Heide. Ein Beitrag zur Methodik einer planungsorientierten Landesaufnahme in topologischer Dimension. Siehe 7.1.

JASCHKE, Dieter: Sozial- und Siedlungsstruktur - Möglichkeiten und Grenzen ihrer Korrelation. In: Erdkunde 28, 1974, S. 241-246.
Dieser knappe Beitrag verdeutlicht die Problematik, räumlich-strukturelle Merkmale auf die sie bewirkenden Prozesse, insbesondere auch auf die dahinterstehenden Grunddaseinsfunktionen spezifischer Sozialgruppen bzw. -kombinationen zurückzuführen. Der Versuch der Korrelation von strukturellen Gebäudetypen mit der Sozialstruktur anhand eines Untersuchungsbeispieles (Gemeinde Reinbek) kann nur bedingt den gruppenspezifischen Einfluß auf das Siedlungsgefüge nachweisen, zumal Sozialgruppen nicht exakt definiert, sondern im wesentlichen nach der beruflichen Stellung abgegrenzt wurden. Hei

NIEMEIER, Georg: Braunschweig. Soziale Schichtung und sozialräumliche Gliederung einer Großstadt. Siehe 6.13.

STEINBERG, Heinz Günter: Sozialräumliche Entwicklung und Gliederung des Ruhrgebietes. Bad Godesberg: Bundesanstalt für Landeskunde und Raumforschung 1967. 281 S. und Kartenanhang. = Forschungen zur deutschen Landeskunde 166.
Diese gründliche und breit angelegte Untersuchung besitzt vor allem landeskundliche Bedeutung. In der ersten Hälfte wird eingehend die

6.2
Konzeption und
Methodik der
Kultur- und
Sozialgeographie

Raum für Zusätze

Entwicklung der Schwerindustrie behandelt, wodurch die Sonderstellung dieses Ballungsraumes herausgestellt wird. Der zweite Teil dient dem Versuch, 'das Ruhrgebiet mit Hilfe sozialstatistischer Merkmale nach außen gegen die Nachbarräume zu begrenzen und im Innern nach Sozialräumen zu gliedern'. Grundlage bildeten in erster Linie die räumlich differenzierten und in Form zahlreicher detaillierter Themakarten ausgewerteten Ergebnisse der Volkszählung 1950. Die Abgrenzungen erfolgten nach einfachen Merkmalskombinationen. Hei

- Faktorenanalytische Sozialökologie ('Faktorialökologie')

BERRY, Brian J.L. (Hrsg.): Comparative factorial ecology. In: Economic Geography 47, Supplement, 1971, S. 209-367.
Dieses Ergänzungsheft zur Zeitschrift 'Economic Geography' ist ganz der sog. 'Faktorialökologie' gewidmet, die mit Hilfe faktorenanalytischer Verfahren die räumliche Verbreitung und Korrelation einer Vielzahl sozio-ökonomischer Merkmale (meist innerhalb von Stadtgebieten) untersucht, um die grundlegenden Dimensionen sozialräumlicher Organisation zu ermitteln. Die einzelnen Beiträge bringen sowohl Fallstudien wie auch Diskussionsbeiträge zu allgemeinen methodischen Problemen, vor allem Ansätze zu einem Vergleich der Ergebnisse (insb. der ermittelten komplexen Faktoren) der inzwischen schon zahlreichen vorliegenden empirischen Studien. Grundkenntnisse der multivariaten Statistik sind empfehlenswert. Blo

DOGAN, Mattei und Stein ROKKAN (Hrsg.): Quantitative ecological analysis in the social sciences. Siehe 4.2.

REES, Philip H.: Concepts of social space: toward an urban social geography. In: Brian J.L. BERRY und Frank E. HORTON (Hrsg.): Geographic perspectives on urban systems. With integrated readings. Englewood Cliffs, N.J.: Prentice-Hall 1970. S. 306-394.
Dieser Teil des bekannten Sammelwerks gibt eine ausgezeichnete Einführung in die sog. 'factorial ecology' ('Faktorialökologie') am Beispiel von Chicago. Zunächst knüpft REES an die klassischen Stadtmodelle des 'social ecology' (BURGESS, HOYT) sowie an die Konzeption der 'social area analysis' (SHEVKY) an. Durch die Anwendung der Faktorenanalyse werden diese zur sog. Faktorialökologie weiterentwickelt (vor allem durch BERRY). Dieses Konzept wird kurz umrissen und - darauf entfallen die restlichen drei Viertel des Umfangs - am Beispiel von Chicago erprobt. Blo

ROBSON, Brian: A view on the urban scene. Siehe 6.13.

- Sozialindikatoren und Lebensqualität

KNOX, Paul L.: Social well-being: a spatial perspective. London: Oxford University Press 1975. 60 S. = Theory and Practice in Geography.
Im Mittelpunkt dieses Heftchens steht eine Zusammenfassung früherer Untersuchungen des Verfassers, der mit Hilfe der Hauptkomponentenanalyse einen komplexen Index für die soziale Lebensqualität konstruiert hat (basierend auf amtlichen Statistiken von England und Wales für 1961) und damit räumliche Disparitäten im großräumigen Überblick und in kleinräumiger Differenzierung darstellen kann. Dieser Ansatz wird in das soziologische Konzept der 'sozialen Indikatoren' und in die neue Richtung der angelsächsischen 'social geography' eingeordnet. Blo

SMITH, David M.: The geography of social well-being in the United States. An introduction to territorial social indicators. New York: McGraw-Hill 1973. XII, 144 S. = McGraw-Hill Problems Series in Geography.
Dieses Buch wird vom Autor als Beitrag zu einem 'Paradigmenwechsel' (nach Th. KUHN) der Humangeographie in Richtung auf eine stärkere

6.2
Konzeption und
Methodik der
Kultur- und
Sozialgeographie

Raum für Zusätze

Berücksichtigung räumlich-sozialer Disparitäten verstanden. SMITH greift zurück auf soziologische Ansätze der 'sozialen Indikatoren' zur Erfassung und Messung der sozialen 'Lebensqualität', um diese auf regionaler Ebene (US-Staaten), lokaler Ebene (nach Stadtregionen) sowie innerstädtischer Ebene (nach Zählbezirken) anzuwenden. Die Untersuchung enthält sowohl eine zusammenfassende Einführung in die bisher entwickelten Fragestellungen und Methoden als auch eigene empirische Analysen auf den drei genannten räumlichen Betrachtungsebenen anhand faktorenanalytischer Auswertungen ausgewählter Daten der amtlichen Statistik. Zum Verständnis der angewandten Methoden sind Vorkenntnisse der multivariaten Statistik erforderlich, ansonsten zur Einführung geeignet.   Blo

- <u>Sozial engagierte, überwiegend marxistisch orientierte Beiträge aus der angelsächsischen Geographie</u>

ALBAUM, Melvin (Hrsg.): Geography and contemporary issues: studies of relevant problems. Siehe 6.1.

BUNGE, William: Fitzgerald: geography of a revolution. Cambridge, Mass.: Schenkman Publishing Comp. 1971. 247 S.
Vgl. dazu die Rezension von Peirce F. LEWIS in: Annals of the Association of American Geographers 63, 1973, S. 131-132. Dazu die Entgegnung von W. BUNGE ebenda 64, 1974, S. 485-488.
Populär abgefaßte und mit zahlreichen Fotos ausgestattete Dokumentation eines Stadtviertels von Detroit, dessen Entwicklung von der Kolonisation durch die ersten Siedler über das Stadium eines überwiegend von Weißen bewohnten Mittelschicht-Viertels und die Einwanderung von Negern bis hin zu den Rassenunruhen von 1967 in minuziöser und eindringlicher Form verfolgt wird.   Blo

BUNGE, William u.a.: A report to the parents of Detroit on school decentralization. Siehe 7.3.

HARVEY, David: Social justice and the city. Siehe 6.13.

MORRILL, Richard L. und Ernest H. WOHLENBERG: The geography of poverty in the United States. New York: McGraw-Hill 1971. XI, 148 S. = McGraw-Hill Problems Series in Geography.
Beispiel für eine Reihe von Untersuchungen der angelsächsischen Sozialgeographie zu aktuellen sozialen Problemen der USA (Armut, Ghettos, Rassenunruhen u.a.). Mit Hilfe der Verfahren der modernen geographischen Raumanalyse wird die räumliche Verteilung von Armut in den USA beschrieben und durch ein schrittweises multiples Regressionsmodell mit geographischen, wirtschaftlichen und sozialen Faktoren korreliert. Durch ein Distanzgruppierungsverfahren werden die wichtigsten 'Armutsregionen' ausgegliedert und kurz alternative Strategien zur Bekämpfung der Armut (in räumlicher Perspektive) diskutiert.   Blo

ROSE, Harold M. (Hrsg.): Geography of the ghetto. Perceptions, problems, and alternatives. DeKalb, Ill.: Northern Illinois University Press 1972. X, 273 S. = Perspectives in Geography 2.
Sammelband mit 12 Beiträgen zu Problemen der nordamerikanischen Negerghettos. Das Buch (dessen aufwendige Aufmachung in einem merkwürdigen Kontrast zur politischen Intention des Inhalts steht) repräsentiert gut die moderne angelsächsische 'Sozialgeographie', die in den sozialen Problemen der Großstadtghettos ein zentrales Forschungsgebiet entdeckt hat und die hier mit Beiträgen sowohl marxistischer wie auch liberaler Couleur vertreten ist. Gesondert erwähnt werden können ein Grundsatzbeitrag von David HARVEY zur marxistischen Theoriebildung im Zusammenhang mit dem Ghettoproblem, die Weiterentwicklung eines Simulationsmodells zur Ausbreitung von Ghettos von Richard L. MORRILL sowie der Aufsatz von Robert J. COLENUTT über

**6.2
Konzeption und
Methodik der
Kultur- und
Sozialgeographie**

Raum für Zusätze

allgemeine Trends, Ursachen und Änderungsmöglichkeiten der Ghettobildung. Kennzeichnend für die meisten Beiträge ist eine Verknüpfung der sozial engagierten Fragestellungen mit der Anwendung höherer statistischer Analyseverfahren.
Blo

- Zur Anwendung der Informationstheorie

KILCHENMANN, André: Die Merkmalanalyse für Nominaldaten - eine Methode zur Analyse von qualitativen geographischen Daten basierend auf einem informationstheoretischen Modell. Siehe 4.2.

MARCHAND, Bernard: Information theory and geography. In: Geographical Analysis 4, 1972, S. 234-257.
Zusammenfassende Darstellung der zentralen Konzepte der Informationstheorie sowie Diskussion ihrer Übertragungs- und Anwendungsmöglichkeiten in der Geographie des Menschen. MARCHAND unterscheidet ein kommunikationswissenschaftliches Entropie-Verständnis (als Informations- und Redundanzmaß), das an mehreren Beispielen zur Charakterisierung der Struktur räumlicher Systeme angewandt wird, von einem thermodynamisch-physikalischen Entropieverständnis (Negentropie als Heterogenitäts- und Ordnungsmaß), dessen Bedeutung für die geographische Modellbildung betont wird. Theoretische Vorkenntnisse empfehlenswert.
Blo

- Systemtheoretische Ansätze

BERRY, Brian J.L.: Cities as systems within systems of cities. Siehe 6.13.

BORCHERT, John R.: Geography and systems theory. Siehe 1.1.

CHISHOLM, Michael: General systems theory and geography. Siehe 1.1.

LANGTON, John: Potentialities and problems of adopting a systems approach to the study of change in human geography. In: Progress in Geography 4, London: Arnold 1972, S. 125-179.
Ausgezeichneter kritischer Forschungsbericht zum Problem der Anwendung der Systemtheorie auf Prozeßabläufe. Nach einer knappen Zusammenfassung des Systembegriffs und seiner Anwendung in der Geographie bilden die allgemeinen systemtheoretischen Konzeptionen zur Erfassung von Prozeßabläufen das Hauptthema, ehe in einem weiteren Kapitel die bisher vorliegenden Ansätze zur Anwendung dieser Konzepte in der Geographie referiert und diskutiert werden. Zahlreiche Literaturhinweise.
Blo

SOČAVA, Viktor B.: Das Systemparadigma in der Geographie. Siehe 1.1.

WARNTZ, William: New geography as general spatial systems theory - old social physics writ large? Siehe 1.1.

WOLDENBERG, Michael J. und Brian J.L. BERRY: Rivers and central places: analogous systems? Siehe 1.1.

- Modelltheoretische Ansätze

- - Allgemeine einführende Darstellungen

➡ ISARD, Walter und Thomas A. REINER: Regional science: retrospect and prospect. In: The Regional Science Association, Papers 16, 1966, S. 1-16. Deutsche Übersetzung unter dem Titel: Regionalforschung: Rückschau und Ausblick. In: Dietrich BARTELS (Hrsg.): Wirtschafts- und Sozialgeographie. Köln/Berlin: Kiepenheuer & Witsch 1970. S. 435-450. = Neue Wissenschaftliche Bibliothek 35.
Sehr knapp und komprimiert geschriebener Überblick über Grundkonzeption, Ansätze, Methoden und Ergebnisse der interdisziplinären Regio-

**6.2
Konzeption und
Methodik der
Kultur- und
Sozialgeographie**

Raum für Zusätze

nalforschung ('Regional Science'), an der neben der Geographie insb. die Wirtschaftswissenschaften, aber auch Soziologie, Politologie u.a. beteiligt sind und die weitgehend der theorie- und modellbezogenen Konzeption der Wirtschaftsgeographie nordamerikanischer Prägung entspricht. Zur Einführung in diesen Themenkreis geeignet, wenn wirtschaftswissenschaftliche und/oder wirtschaftsgeographische Grundkenntnisse vorhanden sind.
Blo

▶ JOHNSTON, R. J.: Spatial structures. Introducing the study of spatial systems in human geography. London: Methuen 1973. X, 137 S.
✱ Paperbackausgabe ca. 6,00 DM.
Versuch einer Synthese raumtheoretischer Ansätze in der Kultur- und Sozialgeographie. Das Bändchen vermittelt in knapper, jedoch leicht lesbarer Form einen guten einführenden Überblick über das breite Spektrum moderner Theorie- bzw. Modellansätze der angelsächsischen Geographie des Menschen. Nach einer Einführung in die allgemeinen Grundlagen und Determinanten werden räumliche Systeme auf lokaler, nationaler und weltweiter Ebene behandelt. Umfangreiche gute Bibliographie.
Blo

LOWRY, Ira S.: A short course in model design. Eine Einführung in das Modell Design. Siehe 4.2.

- - Umfassende Darstellungen

HAGGETT, Peter: Einführung in die kultur- und sozialgeographische Regionalanalyse. Siehe 6.1.

ISARD, Walter u.a.: General theory: social, political, economic, and regional, with particular reference to decision-making analysis. Cambridge, Mass./London: The M.I.T. Press 1969. XLIII, 1040 S. = The Regional Science Studies Series 8.
Mammutwerk des bekannten nordamerikanischen Regionalwissenschaftlers ISARD und seiner Schüler (darunter der Geograph DACEY), in dem versucht wird, aus den verschiedenen Sozialwissenschaften (Ökonometrie, Soziologie, Politologie, Geographie) stammende Theorieansätze zu einer 'general theory' zu verknüpfen. Während der erste Teil eine umfassende Darstellung der Verhaltens- und Entscheidungstheorie (insb. der Spieltheorie) enthält, folgt im zweiten Teil eine Ausweitung wirtschaftstheoretischer Ansätze zu einer 'general theory', wobei insbesondere auf die Theorie sozialer Systeme nach Talcott PARSONS zurückgegriffen wird. Als wichtigste Tendenzen können herausgestellt werden: 1) die konsequente verhaltenstheoretische Grundlegung zu Lasten normativer Modelle und 2) der Versuch, auch nichtökonomische Variablen mit einzubeziehen. Das in einem Durchgang kaum lesbare Werk erfordert (nach Kapiteln sehr unterschiedliche) theoretische und mathematische Vorkenntnisse, jedoch wird die Lektüre erleichtert durch ständige Zusammenfassungen und Hinweise auf Schwierigkeitsgrade und Auslassungsmöglichkeiten. Für geographische Interessen können außer der Einführung die Kapitel 2-4 sowie 10 und 13 hervorgehoben werden.
Blo

SCOTT, Allen J. (Hrsg.): Studies in regional science. London: Pion 1969. 216 S. = London Papers in Regional Science.
Die in diesem Sammelband veröffentlichten 10 Beiträge der Jahreskonferenz 1968 der 'British Section of the Regional Science Association' repräsentieren gut das Aufgabenfeld und den weit fortgeschrittenen Methodenstand (der Theorie- und Modellbildung sowie der Quantifizierung) dieses interdisziplinären Forschungszweiges im englischsprachigen Raum. Zum Verständnis sind umfassende Kenntnisse der geostatistischen Methodenlehre bzw. wichtiger Bereiche der Mathematik erforderlich.
Hei

WILSON, Alan G.: Papers in urban and regional analysis. London: Pion 1972. 261 S.

**6.2
Konzeption und
Methodik der
Kultur- und
Sozialgeographie**

Raum für Zusätze

Sammelband mit jüngeren Veröffentlichungen und bis dahin nicht publizierten Vorträgen (insg. 12 Beiträge aus den Jahren 1968-71) des bekannten britischen 'Modelltheoretikers', der vor allem die Möglichkeiten der (mathematischen) Modellbildung in der Stadt- und Regionalforschung und ihrer Anwendung in der Planungspraxis verdeutlichen soll. Der erste und letzte Beitrag geben einen sehr guten, leicht verständlichen einführenden Überblick über die Bedeutung von Modellen zur Lösung von Planungsproblemen. Die übrigen Darstellungen setzen z.T. erhebliche mathematische Kenntnisse voraus.   Hei

- - <u>Komplexe Stadt- und Regionalmodelle (insb. Simulationsmodelle)</u>

FORRESTER, Jay W.: Urban dynamics. Siehe 6.13.

KILCHENMANN, André (Hrsg.): Stadt- und Regionalmodelle (Seminararbeiten). Karlsruhe: Geographische Institut der Universität 1975. 198 S. = Karlsruher Manuskripte zur Mathematischen und Theoretischen Wirtschafts- und Sozialgeographie 14.
Mit einem Vorwort versehener Abdruck von 6 Hauptseminar-Referaten, in denen die wichtigsten neueren Modellansätze für innerstädtische regionale Systeme referierend und z.T. kritisch bewertend dargestellt werden. Die Arbeiten geben einen guten Überblick über die Grundprinzipien räumlicher Modellbildung, der von den älteren Landnutzungsmodellen (ALONSO) über neuere Stadtentwicklungsmodelle (z.B. ORL-MOD-1) und Interaktionsmodelle (vor allem von A.G. WILSON) bis hin zu Bodenwertmodellen und den dynamischen Modellen der FORRESTER-Schule reicht.   Blo

POPP, W. u.a.: Entwicklung des Planungsmodelles SIARSSY. Siehe 7.1.

REICHENBACH, Ernst: Vergleich von Stadtentwicklungsmodellen. Siehe 6.13.

▶ REIF, Benjamin: Models in urban and regional planning. London: Leonard Hill Books 1973. 246 S.
Gegenwärtig die wohl beste Einführung in die Prinzipien und Ansätze komplexer räumlicher Modellbildung. Nach Konzeption und Schreibweise relativ leicht verständlich, so daß diese Darstellung zeitlich <u>vor</u> den anspruchsvolleren und weitergehenden Werken von WILSON herangezogen werden sollte. Kapitel 1 enthält eine knappe und übersichtliche Erläuterung systemtheoretischer Grundbegriffe (23 S., auch von allgemeinem Interesse!), dann folgen kurze Einführungen in die Grundlagen: Städte als Systeme, der Planungsprozeß, Modellbegriff, mathematische Modellbildung, räumliche Interaktionsmodelle. In der zweiten Hälfte des Buches werden 7 ausgewählte Modellansätze in ihren Grundgedanken skizziert, wobei allerdings - entsprechend der einführenden Konzeption - neuere Weiterentwicklungen nicht berücksichtigt sind.   Blo

WILSON, Alan G.: Urban and regional models in geography and planning. Siehe 4.2.

- - <u>Distanz und Interaktion</u>

ABLER, Ronald F.: Distance, intercommunications, and geography. In: Association of American Geographers, Proceedings 3, 1971, S. 1-4.
Am Beispiel des Telefon- und Briefpostverkehrs wird gezeigt, daß der Zeit- und Kostenaufwand für Distanzüberwindung in den letzten Jahrzehnten rapide zurückgegangen ist, so daß generell ein Bedeutungsverlust der Distanzvariablen, die in den klassischen Raumtheorien eine zentrale Rolle spielt, festgestellt wird. Die Auswirkungen dieser Entwicklung für die geographische Theoriebildung werden kurz angesprochen.   Blo

BROWN, Lawrence A., John ODLAND und Reginald G. GOLLEDGE: Migration,

**6.2
Konzeption und
Methodik der
Kultur- und
Sozialgeographie**

Raum für Zusätze

functional distance, and the urban hierarchy. Siehe 6.4.

CARROTHERS, Gerald A.P.: A historical review of the gravity and potential concepts of human interaction. Siehe 4.2.

JANELLE, Donald G.: Spatial reorganization: a model and concept. In: Annals of the Association of American Geographers 59, 1969, S. 348-364.
Diese interessante Studie behandelt die Auswirkungen technologischer Veränderungen bei Verkehrsmitteln auf Verlagerungen im räumlichen Wirtschafts- und Städtesystem, empirisch untersucht in der US-Region zwischen Detroit und Chicago. Ausgehend von der sog. 'Zeit-Raum-Konvergenz' (Zeitaufwand zur Distanzüberwindung strebt in längerfristiger Perspektive gegen 0) werden relative Veränderungen der Lagegunst für 13 Städte berechnet und deren Auswirkungen untersucht. Blo

MORRILL, Richard L. und Forrest R. PITTS: Marriage, migration, and the mean information field: a study in uniqueness and generality. In: Annals of the Association of American Geographers 57, 1967, S. 401-422. Auch in: Paul Ward ENGLISH und Robert C. MAYFIELD (Hrsg.): Man, space, and environment. New York/London/Toronto: Oxford University Press 1972. S. 359-384.
Im Mittelpunkt der Untersuchung steht das Konzept des 'Informationsfeldes' (nach HÄGERSTRAND), das sich zur Messung und Darstellung der Distanzabhängigkeit von Kommunikationsbeziehungen (z.B. Wanderungen, Heiratsbeziehungen, Busfahrten, Telefonkontakte etc.) eignet, indem Häufigkeiten (bzw. Wahrscheinlichkeiten) der Kontakte von Einzelpersonen im Raum betrachtet werden. Statistikkenntnisse erforderlich. Blo

- - <u>Wichtige Einzelansätze</u>

ANGEL, Shlomo und Geoffrey H. HYMAN: Transformations and geographic theory. Siehe 4.3.

BROWN, Lawrence A.: Diffusion processes and location. A conceptual framework and bibliography. Siehe 6.9.

CURRY, Leslie: The random spatial economy: an exploration in settlement theory. In: Annals of the Association of American Geographers 54, 1964, S. 138-146.
Interessanter Ansatz zur probabilistischen Erklärung räumlicher Strukturen als Alternative zu den klassischen deterministischen Raumtheorien. Es wird die These aufgestellt, räumliche Strukturen ließen sich durch die Aggregierung der zugrunde liegenden zahlreichen Einzelhandlungen als Ergebnis probabilistischer Prozesse interpretieren. An 3 empirisch ermittelten räumlichen Verteilungen (Nächst-Nachbar-Verteilung, Arcus-Sinus-Verteilung städtischer Industriebeschäftigtenanteile nach KING, Ranggrößenverteilung) wird gezeigt, daß sie sich auf Zufallsverteilungen zurückführen lassen, so daß sie als Zustand maximaler Entropie interpretiert werden können. Für das Verständnis dieses wichtigen Aufsatzes dürften allerdings erhebliche Vorkenntnisse empfehlenswert sein. Blo

CURRY, Leslie: Central places in the random spatial economy. Siehe 6.14.

OLSSON, Gunnar: Zentralörtliche Systeme, räumliche Interaktion und stochastische Prozesse. Siehe 6.14.

- <u>Ansätze zu einer räumlichen Verhaltenstheorie</u>

- - <u>Einführende Darstellungen</u>

MONHEIM, Rolf: Aktiv- und Passivräume. Zum Problem der Begriffsbestimmung. In: Raumforschung und Raumordnung 30, 1972, S. 51-58.

**6.2
Konzeption und
Methodik der
Kultur- und
Sozialgeographie**

Raum für Zusätze

Gute zusammenfassende kritische Darstellung bisheriger Definitionen von Aktiv- und Passivräumen und verwandten Raumkategorien sowie Versuch eigener sozialgeographischer Begriffsbestimmung als Raumtypen menschlichen Verhaltens. Außerdem werden wichtige Faktoren und Einflüsse bzw. Strukturen und Prozesse bei der Ausbildung von Aktiv- und Passivräumen diskutiert.
          Hei

SCHRETTENBRUNNER, Helmut: Methoden und Konzepte einer verhaltenswissenschaftlich orientierten Geographie. Siehe 6.10.

▶ THOMALE, Eckhard: Geographische Verhaltensforschung. In: H. DICKEL u.a.: Studenten in Marburg. Sozialgeographische Beiträge zum Wohn- und Migrationsverhalten in einer mittelgroßen Universitätsstadt. Marburg: Geographisches Institut der Universität 1974. S. 9-30. = Marburger Geographische Schriften 61.
Theoretischer Beitrag, der die von der modernen angelsächsischen 'human geography' kommende verhaltenswissenschaftliche Konzeption umreißt und mit ähnlich gerichteten Ansätzen innerhalb der deutschsprachigen Sozialgeographie verknüpft. Geeignet zur Einarbeitung in diesen Themenkreis (zahlreiche Literaturangaben!), da hierfür nur wenig deutschsprachige Literatur vorliegt, doch für den Anfänger leider nicht immer leicht lesbar.   *Blo*

- - <u>Umfassende Darstellungen und Sammelwerke</u>

ELIOT HURST, Michael E.: A geography of economic behavior. An introduction. Siehe 6.15.

PROSHANSKY, Harold M., William H. ITTELSON und Leanne G. RIVLIN (Hrsg.): Environmental psychology. Siehe 6.10.

- - <u>Wichtige Einzelansätze</u>

HORTON, Frank E. und David R. REYNOLDS: Effects of urban spatial structure on individual behavior. In: Economic Geography 47, 1971, S. 36-48.
In diesem Aufsatz untersuchen die Autoren ansatzweise die Beziehungen zwischen objektiver Raumstruktur und räumlichem Verhalten. Im ersten Teil wird der konzeptionelle Rahmen der Fragestellung umrissen, wobei die Ausbildung individueller Aktionsräume als Lernprozeß verstanden wird. Im zweiten Teil wird über die methodischen Probleme und Ergebnisse einer empirischen Untersuchung in Cedar Rapids (Iowa) berichtet, in der zwei Stichproben nach ihrer Vertrautheit mit den Stadtbezirken befragt wurden.   *Blo*

OLSSON, Gunnar und Stephen GALE: Spatial theory and human behavior. In: The Regional Science Association, Papers 21, 1968, S. 229-242.
Hinter diesem sehr allgemein gehaltenen Titel verbirgt sich ein knappes Resümee der jüngeren Entwicklung räumlicher Modellbildung und ein Vorschlag zur Weiterentwicklung. Als wichtigste Entwicklungstendenz in der neueren Diskussion wird die Abkehr von den klassischen deterministischen ökonomischen Standorttheorien zugunsten einer realistischen Berücksichtigung menschlichen Verhaltens herausgestellt. Die in dieser Richtung bis dahin (1967!) vorgelegten (meist probabilistischen) Modellansätze werden kurz referiert und eine weiterentwickelte (mehrdimensionale) Markov-Ketten-Analyse als geeigneter Rahmen für die Analyse probabilistischer Raum-Zeit-Prozesse vorgeschlagen. Erhebliches Vorverständnis erforderlich.   *Blo*

PRED, Allan: Behavior and location. Foundations for a geographic and dynamic location theory. 2 Bände. Lund: C.W.K. Gleerup 1967 und 1969. 128 und 152 S. = Lund Studies in Geography, Ser. B, Nr. 27 und 28.
Sehr anspruchsvoller, teilweise umstrittener Versuch einer umfassenden Raumtheorie auf verhaltenstheoretischer Basis. Im Mittelpunkt

6.2
Konzeption und Methodik der Kultur- und Sozialgeographie

Raum für Zusätze

des Ansatzes steht die sog. 'Verhaltens-Matrix', in der individuelle Handlungen nach dem Grad der Optimierung und der verfügbaren Information bewertet werden, um damit das reale Verhalten den deduktiv-deterministischen Raummodellen gegenüberzustellen. Deutlich wird die Entwicklung von der 'klassischen' (deterministischen) Raumtheorie zur verhaltenstheoretischen Konzeption, doch ist der Erklärungswert des PREDschen Ansatzes umstritten. Zum vollen Verständnis dürften erhebliche Vorkenntnisse erforderlich sein.   Blo

RUSHTON, Gerard: Analysis of spatial behavior by revealed space preference. In: Annals of the Association of American Geographers 59, 1969, S. 391-400.
Sehr konzentriert geschriebener wichtiger Beitrag zur Entwicklung einer räumlichen Verhaltenstheorie, der zwar erhebliche theoretische Vorkenntnisse voraussetzt, dessen gründliche Durcharbeitung jedoch lohnt. RUSHTON behandelt das Problem, daß räumliche Systeme (z.B. zentralörtliche Systeme) zwar nur durch ein Zurückgehen auf die Verhaltensweisen von Unternehmern und Konsumenten erklärt werden können, daß jedoch beobachtete Präferenzen grundsätzlich nicht logisch unabhängig von den zu erklärenden räumlichen Systemen sind, so daß die wechselseitige Abhängigkeit von Raumstruktur und Präferenzen die Erklärung erschwert. Zur Lösung dieses Dilemmas wird ein Ansatz zur Bestimmung weitgehend unabhängiger allgemeiner räumlicher Präferenzstrukturen vorgeschlagen.   Blo

▶ WOLPERT, Julian: The decision process in spatial context. In: Annals of the Association of American Geographers 54, 1964, S. 537-558.
WOLPERT, Julian: Eine räumliche Analyse des Entscheidungsverhaltens in der mittelschwedischen Landwirtschaft. In: Dietrich BARTELS (Hrsg.): Wirtschafts- und Sozialgeographie. Köln/Berlin: Kiepenheuer & Witsch 1970. S. 380-387. = Neue Wissenschaftliche Bibliothek 35.
Als einer der ersten Geographen versuchte WOLPERT, die den klassischen Raumtheorien zugrunde liegende Annahme des sog. 'homo oeconomicus' zu eliminieren und statt dessen das reale Verhalten des Menschen explizit seinen Untersuchungen zugrunde zu legen. WOLPERT stellt vor allem 3 wichtige Aspekte des realen Verhaltens heraus: 1) die Zielorientierung ('satisficer' statt 'optimizer'), 2) die Informationsverfügbarkeit (abhängig von Diffusionen) und 3) die Entscheidungsungewißheit (unterschiedliche Risikobereitschaft). Es wird gezeigt, daß die Arbeitsproduktivität in der mittelschwedischen Landwirtschaft in regional unterschiedlich hohem Ausmaß unter dem erreichbaren Maximum (bei ökonomisch optimaler Ausnutzung der Ressourcen) liegt und daß die Abweichungen nur durch ein Zurückgehen auf die Entscheidungen der Bauern näher zu erklären sind. In der deutschsprachigen Kurzfassung fehlt vor allem der letzte Teil der längeren Fassung, in dem ein multiples lineares Regressionsmodell aufgestellt wird, dessen Variablen als Indikatoren für die Informationsverfügbarkeit und die Zielorientierung interpretiert werden.   Blo

Empirische Methoden

- **Fragestellungen und Methoden der interdisziplinären empirischen Regionalforschung**

ISARD, Walter u.a.: Methods of regional analysis: an introduction to regional science. Siehe 6.1.

Methoden der empirischen Regionalforschung (1. Teil). Siehe 4.2.

MÜLLER, J. Heinz: Methoden zur regionalen Analyse und Prognose. Siehe 4.2.

▶ TREUNER, Peter: Fragestellungen der empirischen Regionalforschung. In: Methoden der empirischen Regionalforschung (1. Teil). Hannover:

**6.2
Konzeption und
Methodik der
Kultur- und
Sozialgeographie**

Raum für Zusätze

Gebrüder Jänecke 1973. S. 1-13. = Veröffentlichungen der Akademie für Raumforschung und Landesplanung, Forschungs- und Sitzungsberichte 87.
Dieser sehr lesenswerte knappe Beitrag erörtert skizzenhaft Hauptfragestellungen einer interdisziplinären empirischen Regionalforschung, die als politikorientierte Regionalwissenschaft verstanden wird: 1) Bereitstellung von Bewertungsmethoden und Entscheidungsmodellen für die praktische Regionalpolitik (bzw. räumliche Entwicklungspolitik), 2) Erarbeitung von Methoden zur Ableitung und Kategorisierung jeweils sinnvoller räumlicher Systeme, 3) Erfassung und Quantifizierung der Elemente räumlicher Systeme, 4) Erforschung raumspezifischer Verhaltensweisen, 5) Prognose räumlicher Entwicklungen sowie 6) Analyse regionalpolitischer Maßnahmen. Hei

- <u>Methoden der empirischen Sozialforschung</u>

ATTESLANDER, Peter: Methoden der empirischen Sozialforschung. Siehe 4.1.

FRIEDRICHS, Jürgen: Methoden der empirischen Sozialforschung. Siehe 4.1.

HARTMANN, Heinz: Empirische Sozialforschung. Probleme und Entwicklungen. Siehe 4.1.

MANGOLD, Werner: Empirische Sozialforschung. Grundlagen und Methoden Siehe 4.1.

MAYNTZ, Renate, Kurt HOLM und Peter HÜBNER: Einführung in die Methoden der empirischen Soziologie. Siehe 4.1.

- <u>Empirische Methoden in der Kultur- und Sozialgeographie</u>

BADER, Frido J. Walter: Einführung in die Geländebeobachtung. Siehe 4.1.

HAGGETT, Peter: Einführung in die kultur- und sozialgeographische Regionalanalyse (Locational analysis in human geography). Siehe 6.1.

LICHTENBERGER, Elisabeth: Die Kartierung als kulturgeographische Arbeitsmethode. Siehe 4.1.

TESDORPF, Jürgen C.: Die Mikroanalyse. Eine Anleitung für stadtgeographische Praktika und Schüler-Arbeitsgemeinschaften. Siehe 6.13.

TOYNE, Peter und Peter T. NEWBY: Techniques in human geography. Siehe 4.1.

YEATES, Maurice: An introduction to quantitative analysis in human geography. Siehe 4.2.

<u>Beiträge aus Nachbargebieten der Sozialwissenschaften</u>

- <u>Zur ersten Einführung in die Soziologie</u>

▶ FISCH, Heinrich (Hrsg.): Sozialwissenschaften. Gesellschaft, Staat, Wirtschaft, Recht. Frankfurt: Fischer 1973. 318 S. = Fischer Kolleg. Das Abiturwissen 11.
Mit diesem Kollegband wurde versucht, anhand ausgewählter Probleme und Teilbereiche der Sozialwissenschaften ein Orientierungswissen anzubieten, das zum einen den Anforderungen der gymnasialen Oberstufe (Grund- und Leistungskurse, Reifeprüfung) entspricht, zum andern auch als erste Einführung in das Gesamtfach der Sozialwissenschaften an der Hochschule geeignet ist. Zahlreiche Einzelabschnitte

und Begriffserläuterungen sind auch im Rahmen des Studiums der Sozialgeographie als erster Einstieg in Einzelfragen geeignet.   Hei

HOMANS, George Caspar: The nature of social science. New York: Harcourt, Brace u. World 1967. Deutsche Übersetzung unter dem Titel: Was ist Sozialwissenschaft? 2. Aufl. Köln/Opladen: Westdeutscher Verl. 1972 (^{1}1969). 97 S. = UTB 190.
Lebhaft geschriebene Einführung in die Grundfragen sozialwissenschaftlicher Erkenntnis. Ausgehend von einer verhaltenstheoretischen Konzeption betont HOMANS die bisher vielfach vernachlässigte Aufgabe, zu sozialwissenschaftlichen Erklärungen zu gelangen. Das dafür notwendige System an Theorien ('Lehrsätzen') muß teils ausgebaut teils neu entworfen werden, wobei HOMANS in den bekannten allgemeinen Lehrsätzen der Verhaltenspsychologie eine sichere und erfolgversprechende Basis sieht. Geeignet auch zur Einführung in die allgemeinen sozialwissenschaftlichen Grundprobleme einer verhaltenstheoretisch konzipierten Sozialgeographie.   Blo

WALLNER, Ernst M.: Soziologie. Einführung in Grundbegriffe und Probleme. 3. Aufl. Heidelberg: Quelle & Meyer 1973. 274 S.
Anders als die Einführungen von BERGER und HOMANS versucht WALLNER auf knappem Raum eine Gesamtdarstellung des Forschungsgegenstandes und der Problemkreise der Soziologie, so daß das Buch sowohl als Überblickslehrbuch wie auch als Nachschlagewerk zu benutzen ist. Für geographische Belange erscheint vor allem die knappe und präzise Behandlung soziologischer Grundbegriffe erwähnenswert. Während die empirischen Forschungsmethoden zu knapp abgehandelt sind, werden die Hauptprobleme der Allgemeinen Soziologie relativ ausführlich dargestellt, ergänzt durch eine sehr kurze Vorstellung spezieller Soziologien.   Blo

- Wörterbücher und Handbücher der Soziologie

BERNSDORF, Wilhelm (Hrsg.): Wörterbuch der Soziologie. 2. Aufl. Stuttgart: Ferdinand Enke 1969. 1317 S. Erschien auch: Frankfurt a.M.: Fischer 1971. 3 Bände. = Fischer Taschenbücher 6131-6133.
Auch im Rahmen des Studiums der Sozialgeographie sehr nützliches, umfangreiches Nachschlagewerk mit zahlreichen, jedoch jeweils relativ knapp formulierten Begriffserläuterungen.   Hei

KÖNIG, René (Hrsg.): Handbuch der Empirischen Sozialforschung. Band I, dritter Teil (= Band 4 der Taschenbuchausgabe): Komplexe Forschungsansätze. Band II: Ausgewählte Gebiete der Empirischen Soziologie. Siehe 6.1.

Handwörterbuch der Sozialwissenschaften. Hrsg. von Erwin von BECKERATH u.a. Siehe 6.1.

- Allgemeine Systemtheorie und Sozialwissenschaften

BUCKLEY, Walter (Hrsg.): Modern systems research for the behavioral scientist. A sourcebook. Chicago: Aldine 1968. XXV, 525 S.
Umfassender Sammelband mit insgesamt 59 Aufsätzen zur Theorie und Anwendung der Systemanalyse in zahlreichen Wissenschaften. Für Geographen besonders wichtig erscheint zum einen der Wiederabdruck der grundlegenden Aufsätze von K. BOULDING, L. v. BERTALANFFY sowie von A. D. HALL und R. E. FAGEN aus den fünfziger Jahren zur Allgemeinen Systemtheorie sowie zum andern die Sammlung von Einzelbeiträgen zur Informationstheorie und zur Analyse von sozio-kulturellen Systemen im Teil VII.   Blo

DEGEN, Ulrich, Jürgen FRIEDRICH, Eberhard SENS und Wolfgang WAGNER: Zur Anwendung der kybernetischen Systemtheorie in den Sozialwissenschaften. In: Planung und Information. Materialien zur Planungsforschung. Hrsg. von Gerhard FEHL, Mark FESTER und Nikolaus KUHNERT.

*6.2
Konzeption und
Methodik der
Kultur- und
Sozialgeographie*

Raum für Zusätze

Gütersloh: Bertelsmann Fachverlag 1972. S. 10-33. = Bauwelt Fundamente 34.
Gute knappe Zusammenfassung der Grundgedanken der kybernetischen Systemtheorie und der wichtigsten Anwendungsversuche in der Soziologie. Zur ersten Einführung geeignet. - Zur Vertiefung kann (außer dem Sammelband von BUCKLEY) auf weitere Aufsätze im gleichen Band hingewiesen werden, insbesondere auf die Beiträge von Renate DAMUS ('Kybernetische Systemtheorie und marxistische Philosophie. Eine Aus einandersetzung mit Georg KLAUS') und von Frieder NASCHOLD ('Zur Politik und Ökonomie von Planungssystemen') sowie auf die weiteren Auf sätze zum Verhältnis von Systemtheorie und Planungstheorie. *Blo*

FORRESTER, Jay W.: World dynamics. Der teuflische Regelkreis. Siehe 6.3.

HÄNDLE, Frank und Stefan JENSEN (Hrsg.): Systemtheorie und Systemtechnik. Sechzehn Aufsätze. Siehe 1.1.

PREWO, Rainer, Jürgen RITSERT und Elmar STRACKE: Systemtheoretische Ansätze in der Soziologie. Eine kritische Analyse. Reinbek: Rowohlt 1973. 284 S. = Rororo Studium 38.
Darstellung und Kritik der Allgemeinen Systemtheorie und ihrer Anwendung in der Soziologie von einem neomarxistischen Standpunkt. Für die Geographie erscheint der erste Teil von größerer Bedeutung, in dem Grundbegriffe und Grundfragen der Systemtheorie, die Struktur des Regelkreises, Grundzüge der Informationstheorie und der Spiel- und Entscheidungstheorie behandelt werden. Das Buch bietet kompakte Information und erscheint als erste Orientierung gut geeignet, doch stellt das hohe sprachliche Abstraktionsniveau dem Anfänger einige Anforderungen. *Blo*

- Soziologische Verhaltensforschung

HOMANS, George Caspar: Elementarformen sozialen Verhaltens. (Deutsche Übersetzung des englischsprachigen Originaltitels: Social behavior: its elementary forms. 1961.) 2. Aufl. Köln/Opladen: Westdeutscher Verl. 1972 (^{1}1968). XI, 349 S.
Grundlegendes Werk der Soziologie, in dem HOMANS versucht, menschliches Sozialverhalten auf 'elementare' Formen zu reduzieren und diese mit Hilfe sozial- bzw. verhaltenspsychologischer Gesetzmäßigkeiten zu erklären. Verspricht zahlreiche Anregungen für die Konstruktion von Erklärungshypothesen in einer verhaltenstheoretisch ausgerichteten Sozialgeographie. *Blo*

OPP, Karl-Dieter: Verhaltenstheoretische Soziologie. Eine neue soziologische Forschungsrichtung. Reinbek: Rowohlt 1972. 301 S. = Rororo Studium 19.
Methodologisch sehr gründlich reflektierte Darstellung und Kritik verhaltenstheoretischer Ansätze in der Soziologie, deren Kernbestand an Hypothesen auf die Lerntheorie von B.F. SKINNER zurückgeführt wird. Wichtig für eine verhaltenstheoretische Sozialgeographie, doch stellt das hohe Abstraktionsniveau dem Anfänger einige Anforderungen.
Blo

- Theorien des sozialen Wandels

HOSELITZ, Bert F.: Wirtschaftliches Wachstum und sozialer Wandel. Siehe 7.5.

ZAPF, Wolfgang (Hrsg.): Theorien des sozialen Wandels. Köln/Berlin: Kiepenheuer & Witsch 3. Aufl. 1971. 534 S. = Neue Wissenschaftliche Bibliothek 31.
Wichtiger Sammelband mit 28, teilweise schon klassischen Beiträgen zum Thema 'sozialer Wandel', d.h. gesamtgesellschaftlicher Wandel

bzw. Modernisierung in makrosoziologischer Perspektive. Der Band ist interdisziplinär angelegt: außer Soziologen sind vor allem Politikwissenschaftler und Ökonomen vertreten. In den ersten Teilen werden theoretische Konzepte diskutiert, vor allem die strukturell-funktionale Theorie von Talcott PARSONS und systemtheoretische Ansätze. Dann folgen Studien zu Einzelbereichen: 1) zum Wandel politischer Systeme und zur Nationenbildung, 2) zur wirtschaftlichen Entwicklung und Industrialisierung (darunter der wichtige Beitrag von Walt W. ROSTOW zum 'Take-off'-Stadium wirtschaftlichen Wachstums) und 3) zur sozialen Mobilisierung und Modernisierung. Abschließend folgen Aufsätze über Revolutionen, internationale Konflikte und Beziehungen. Abgesehen von der allgemeinen Bedeutung des Themas gibt der Band eine wichtige theoretische Grundlage für die Entwicklungsländerforschung, insb. der Beitrag von ROSTOW (S. 286-311).* Blo*

ZIMMERMANN, Gerd: Sozialer Wandel und ökonomische Entwicklung. Siehe 7.5.

- Soziologie der Entwicklungsländer

GALTUNG, Johan: Eine strukturelle Theorie des Imperialismus.
GALTUNG, Johan: Gewalt, Frieden und Friedensforschung. Siehe 7.5.

HEINTZ, Peter (Hrsg.): Soziologie der Entwicklungsländer. Eine systematische Anthologie. Siehe 7.5.

KRIPPENDORFF, Ekkehart (Hrsg.): Internationale Beziehungen. Siehe 7.5.

SENGHAAS, Dieter (Hrsg.): Imperialismus und strukturelle Gewalt. Analysen über abhängige Reproduktion.
SENGHAAS, Dieter: Peripherer Kapitalismus. Analysen über Abhängigkeit und Unterentwicklung. Siehe 7.5.

- Sozialstruktur und soziale Schichtung

BOLTE, Karl Martin, Dieter KAPPE und Friedhelm NEIDHARDT: Soziale Schichtung. Opladen: Leske 1968. 119 S. Neuauflage unter dem Titel: Soziale Ungleichheit. Opladen: Leske + Budrich 1975. 154 S. = Beiträge zur Sozialkunde, Reihe B: Stuktur und Wandel der Gesellschaft 4.
Anschaulich und leicht verständlich geschriebene Zusammenfassung soziologischer Forschungsansätze und -ergebnisse zum Problemkreis der sozialen Schichtung, bezogen auf die BRD. Nach einer allgemeinen Einführung in das Problem der sozialen Ungleichheit wird zunächst ein Abriß der historischen Entwicklung von der mittelalterlichen Ständegesellschaft bis zur Gegenwart gegeben. Dann werden die Ergebnisse verschiedener empirischer Studien zum Status- und Schichtaufbau der BRD-Gesellschaft zusammengefaßt und schließlich schichtenspezifische Unterschiede sozialer Verhaltensweisen behandelt. Blo

KÖNIG, René: Soziale Gruppen (Vortrag auf dem Deutschen Schulgeographentag 1968 in Kassel). In: Geographische Rundschau 21, 1969, S. 2-10.
Interessanter Beitrag zum Verhältnis von Soziologie und Sozialgeographie. Ausgehend von dem Buch von G. HOMANS ('Die menschliche Gruppe') werden wichtige Begriffsbildungen (vor allem: Struktur der Gruppe, sozialer Raum, sozial-strukturelle und kulturelle Faktoren) aus der Sicht der Soziologie erörtert. Den Hauptteil nimmt eine informative Darstellung wichtiger Aspekte zum Verständnis der Entwicklung der Großstadtsoziologie bzw. soziologischen Großstadtökologie ein, wobei ebenfalls Zusammenhänge mit der Geographie herausgearbeitet werden. Hei

6.2
Konzeption und Methodik der Kultur- und Sozialgeographie

Raum für Zusätze

LIPPE, Peter Michael von der: Statistische Methoden zur Messung der sozialen Schichtung. Göppingen: Alfred Kümmerle 1972. 254 S. = Göppinger Akademische Beiträge 47.
Anspruchsvolle statistische Untersuchung, in der die Messung des Sozialstatus mit Hilfe eines stochastischen (= probabilistischen, auf der Wahrscheinlichkeitstheorie basierenden) Kausalmodells vorgenommen wird.
                                                                            Hei

MAYNTZ, Renate: Soziale Schichtung und sozialer Wandel in einer Industriegemeinde. Eine soziologische Untersuchung der Stadt Euskirchen. Stuttgart: Ferdinand Enke 1958. 281 S.
Wichtige soziologische Gemeindestudie, die neuere sozialgeographisch Arbeiten (u.a. von F. SCHAFFER) in erheblichem Maße beeinflußt hat. Im Mittelpunkt der Untersuchung steht die Erfassung der Sozialschichtung. Von besonderem methodischen Interesse ist die in dieser Studie auf der Basis des Volkszählungsmaterials (1950) und der Auswertung von Befragungen, Adreßbüchern, Steuerlisten, Mitgliederlisten etc. getroffene Berufsgruppengliederung sowie die aufschlußreiche Diskussion der Problematik der Zuordnung der Berufsstruktur zur sozialen Schichtung, die ihrerseits mit Hilfe eines Statusindex (nach Beruf, Ausbildung, Einkommen, Wohnungs- und Haushaltsausstattung, soziale Selbsteinstufung) ermittelt wird.
                                                                            Hei

SCHEUCH, Erwin K. und Hansjürgen DAHEIM: Sozialprestige und soziale Schichtung. In: David V. GLASS und Renê KÖNIG (Hrsg.): Soziale Schichtung und soziale Mobilität. 5. Aufl. Köln/Opladen: Westdeutscher Verl. 1974 (^{1}1961). S. 65-103. = Kölner Zeitschrift für Soziologie und Sozialpsychologie, Sonderheft 5.
Ausgehend von theoretischen Überlegungen, nach denen ein enger Zusammenhang zwischen Sozialprestige und sozialer Schichtung besteht, wird über Versuche berichtet, ein Forschungsinstrument zur Messung des Sozialprestiges (und damit zur sozialen Schichtung) zu entwikkeln. Dabei erwies sich eine gewichtete Kombination der drei meßbaren Merkmale Einkommen, Beruf und Schulbildung als praktikabel. Neben diesem Aufsatz finden sich im gleichen Band zahlreiche weitere Beiträge zum Problem der sozialen Schichtung (insb. von R. MAYNTZ, K.M. BOLTE, R. LEPSIUS und G. BAUMERT), die für ein vertieftes Studium der soziologischen Grundlagen empfohlen werden können.   Blo

- Siedlungssoziologie / Gemeindesoziologie

ASCHENBRENNER, Katrin und Dieter KAPPE: Großstadt und Dorf als Typen der Gemeinde. Opladen: Leske 1965. 68 S. = Beiträge zur Wirtschafts- und Sozialkunde, Reihe B: Struktur und Wandel der Gesellschaft 3.
Knapper, für einen ersten Überblick gut geeigneter Abriß der Gemeindesoziologie, ihrer Entwicklung und wichtigsten Fragestellungen. Neben der Behandlung der Großstadt ist vor allem auf das Kapitel 'Struktur und Wandel des Dorfes' hinzuweisen, da der ländliche Raum in der Gemeinde- bzw. Siedlungssoziologie häufig vernachlässigt wird. Bezieht sich ausschließlich auf die Verhältnisse der BRD. Geographische Beiträge sind nicht berücksichtigt.   Blo

ATTESLANDER, Peter und Bernd HAMM (Hrsg.): Materialien zur Siedlungssoziologie. Siehe 6.13.

HAMM, Bernd: Betrifft: Nachbarschaft. Verständigung über Inhalt und Gebrauch eines vieldeutigen Begriffs. Siehe 6.13.

SCHÄFERS, Bernhard: Bodenbesitz und Bodennutzung in der Großstadt. Eine empirisch-soziologische Untersuchung am Beispiel Münster. Siehe 6.13.

SCHMIDT-RELENBERG, Norbert, Gernot FELDHUSEN und Christian LUETKENS: Sanierung und Sozialplan. Mitbestimmung gegen Sozialtechnik. Siehe 7.3.

6.3 Physische Anthropogeographie/Humanökologie/ Medizinische Geographie

Zur Konzeption der Physischen Anthropogeographie

PAFFEN, Karlheinz: Stellung und Bedeutung der Physischen Anthropogeographie. In: Erdkunde 13, 1959, S. 354-372. 2. Aufl. Darmstadt: Wissenschaftliche Buchgesellschaft 1969. 54 S. = Libelli 145.
Ausführlicher Beitrag zur Diskussion um die Konzeption der Physischen Anthropogeographie. Nach einem Überblick über die wissenschaftsgeschichtliche Entwicklung des Begriffs und der Fragestellungen versucht PAFFEN im Hauptteil, 'Wesen und Inhalte der Physischen Anthropogeographie' zu bestimmen. Dabei wird die Disziplin von einer übergreifenden 'Ökologie des Menschen' (SORRE, JUSATZ) abgehoben und als spezifisch geographische Konzeption die Verbindung zur Landschaftsforschung angesehen, so daß die Physische Anthropogeographie als 'Landschaftskunde unter dem speziellen anthropobiologischen und -ökologischen Gesichtspunkt' (S. 367) verstanden wird. Im letzten Teil wird die Einordnung in das Gesamtsystem der Geographie und insbesondere die Stellung zwischen Natur- und Kulturgeographie behandelt. Blo

Geographie und Anthropologie

LUNDMAN, Bertil: Geographische Anthropologie. Rassen und Völker der Erde. Stuttgart: Gustav Fischer 1967. XII, 228 S.
Allgemein und regional aufgebaute anthropologische Darstellung mit zahlreichen Kartenskizzen. Neben der Verteilung von Sprachen und Kulturen liegt der Schwerpunkt auf der Verbreitung der Rassen. Der über die Hälfte des Umfangs einnehmende regionale Teil (Europa besonders ausführlich) eignet sich zum Nachschlagen. Blo

MIKESELL, Marvin W.: Geographic perspectives in anthropology. In: Annals of the Association of American Geographers 57, 1967, S. 617-634.
Nach einem kurzen Überblick über die Entwicklung der Anthropologie als Disziplin und ihr Verhältnis zur Geographie wird ein guter knapper Bericht über anthropologische Forschungsansätze gegeben, soweit sie der Geographie nahestehen. Dabei wird vor allem auf den Komplex 'Kultur-Umwelt' ('cultural ecology') eingegangen, der in der Anthropologie wachsendes Interesse finde und der zu einer verstärkten Zusammenarbeit mit der Kulturgeographie führen könne. Zahlreiche (englischsprachige) Literaturhinweise. Blo

SCHWIDETZKY, Ilse: Hauptprobleme der Anthropologie. Bevölkerungsbiologie und Evolution des Menschen. Freiburg: Rombach 1971. 130 S. = Rombach Hochschul Paperback 30.
Dieses aus einer Vorlesung hervorgegangene Taschenbuch gibt einen guten knappen Überblick über allgemeine biologisch-anthropologische Grundlagen, ergänzt durch weiterführende Literaturhinweise zu jedem Kapitel. Behandelt werden u.a. Siebungs- und Selektionsprozesse, die geographische Variabilität anthropologischer Merkmale, die Bedeutung von Heiratskreisen und Wanderungen, Probleme der menschlichen Stammesgeschichte, wobei auch auf kulturell bedingte Selektionsprozesse eingegangen wird. Blo

SCHWIDETZKY, Ilse: Grundlagen der Rassensystematik. Mannheim/Wien/Zürich: Bibliographisches Institut 1974. 180 S. = B.I.-Hochschultaschenbücher.
Über die Hälfte dieses Taschenbuches besteht aus einer regional angelegten modernen Darstellung der Rassenverteilung der Erde. Sie wird ergänzt durch einen methodischen Teil zum Problem der Rassenklassifikation, wobei die Autorin den wesentlichen Fortschritt durch

6.3
Physische
Anthropo-
geographie /
Humanökologie /
Medizinische
Geographie

Raum für Zusätze

die Anwendung multivariater statistischer Verfahren (insb. Diskriminanzanalyse) gegenüber den älteren idealtypologischen (v. EICKSTEDT)
und merkmalskartographischen (BIASUTTI) Methoden betont.   Blo

Konzeptionelle Beiträge zur Ökologie des Menschen / Humanökologie

BARROWS, Harlan H.: Geography as human ecology. In: Annals of the
Association of American Geographers 13, 1923, S. 1-14.
*Wissenschaftshistorisch bedeutsamer Beitrag, der einen sehr weit ge-
faßten ökologischen Ansatz vertritt - naturwissenschaftlich, ökonomisch und sozial -, der aber wegen seiner deterministischen Grund-
auffassung für Jahrzehnte kaum Nachahmung fand.*   Fi

BUCHWALD, Konrad: Umwelt und Gesellschaft zwischen Wachstum und
Gleichgewicht. Siehe 5.8.

CHORLEY, Richard J.: Geography as human ecology. In: Richard J.
CHORLEY (Hrsg.): Directions in geography. London: Methuen 1973. S.
155-169.
*Anknüpfend an den gleichnamigen Aufsatz von BARROWS (1923) wird die
Bedeutung des Ökosystemgedankens für die geographische Fachtheorie
erörtert. CHORLEY warnt vor einer heute ungerechtfertigten Vereinfachung in Form von Vorstellungen gleichgewichtiger Mensch-Natur-
Wechselbeziehungen und fordert statt dessen eine Weiterentwicklung
systemtheoretischer Mensch-Umwelt-Modelle, die durch die Einbeziehung der Zeitdimension zu Kontrollsystemen auszubauen seien und innerhalb deren dem Menschen (d.h. den sozio-ökonomischen Subsystemen)
eine zentrale Rolle zukommen müsse. Vorkenntnisse werden vorausgesetzt.*   Blo

▶ FUCHS, Gerhard: Das Konzept der Ökologie in der amerikanischen Geographie. In: Erdkunde 21, 1967, S. 81-93.
*Der Beitrag vermittelt einen guten Überblick über das in der nord-
amerikanischen Geographie um die Jahrhundertwende einsetzende ökologische Konzept, das hier zeitlich mit der entscheidenden Entwick-
lungsphase der 'human geography' zusammenfiel und insofern einen
anderen wissenschaftstheoretischen Hintergrund bekommen hat als die
neuere Entwicklung der Landschaftsökologie bei uns.*   Fi

▶ JUSATZ, Helmut J.: Ökologie des Menschen als Forschungsaufgabe. In:
Petermanns Geographische Mitteilungen 90, 1944, S. 200-202.
*Anknüpfend an Arbeiten der deutschen Hygieniker H. RODENWALDT und H.
ZEISS sowie an Arbeiten französischer Autoren, insbesondere dem Le-
benswerk von M. SORRE, skizziert JUSATZ hier das Grundgerüst einer
Ökologie des Menschen. Besonders aus der Sicht der Planungswissen-
schaften ist zu bedauern, daß dieser Anregung außer durch JUSATZ
selbst bis heute nur wenig nachgegangen wurde.*   Fi

MOEWES, W.: Integrierende geographische Betrachtungsweise und Angewandte Geographie. Siehe 1.1.

NEEF, Ernst: Entscheidungsfragen der Geographie. Siehe 5.8.

NEEF, Ernst: Geographie und Umweltwissenschaft. Siehe 5.8.

NESTMANN, Liesa: Die Humanökologie. Begriff, Inhalt und Stellung im
System der Wissenschaften. In: Deutsche Universitätszeitung Jg. 23,
1968, Heft 5, S. 24-29.
*Dieser zur ersten Orientierung geeignete knappe Aufsatz informiert
über die Konzeption und wichtigsten Fragestellungen dieses in Deutschland wenig gepflegten Fachgebietes und erörtert Möglichkeiten seines
Ausbaus durch eine Kooperation der wichtigsten Nachbarfächer Anthropologie, Biologie, Geographie, Soziologie und Geschichte.*   Blo

SOČAVA, Viktor B.: Geographie und Ökologie. Siehe 5.8.

**6.3
Physische
Anthropo-
geographie /
Humanökologie /
Medizinische
Geographie**

Raum für Zusätze

SCHMITHÜSEN, Josef: Was verstehen wir unter Landschaftsökologie? Siehe 5.8.

STODDART, David R.: Geography and the ecological approach. The ecosystem as a geographic principle and method. Siehe 1.1.

WEICHHART, Peter: Geographie im Umbruch. Ein methodologischer Beitrag zur Neukonzeption der komplexen Geographie. Siehe 1.1.

Lehrbücher und Sammelbände zur Humanökologie

EHRLICH, Paul R. und Anne H. EHRLICH: Population, resources, environment. Issues in human ecology. San Francisco: Freeman 1970. 383 S. 2. Aufl. 1972. XIV, 509 S. Deutsche Übersetzung unter dem Titel: Bevölkerungswachstum und Umweltkrise. Die Ökologie des Menschen. Frankfurt: S. Fischer 1972. XII, 533 S.
Dieses inzwischen schon fast zum Klassiker gewordene umfangreiche Buch gibt eine flüssig lesbare Einführung und zugleich eine umfassende Gesamtdarstellung der Humanökologie aus biologischer Sicht. Ausgehend vom Bevölkerungswachstum der Menschheit werden zunächst Möglichkeiten und natürliche Grenzen der Produktionssteigerung von Nahrungsmitteln behandelt. Danach gehen die Autoren auf die verschiedenen Formen der Umweltverschmutzung und die daraus entstehenden Gefahren für das Ökosystem Mensch-Umwelt ein. Schließlich wird das Problem der Anpassung der Bevölkerungszahlen an die Bedingungen der Umwelt diskutiert und die Frage der Geburtenkontrolle und Familienplanung behandelt. Abschließend erörtern die Autoren Möglichkeiten für praktische Maßnahmen, sowohl auf US-nationaler wie auch auf internationaler Ebene. Blo

▶ EHRLICH, Paul R., Anne H. EHRLICH und John P. HOLDREN: Human ecology. San Francisco/London: Freeman 1973. Deutsche Übersetzung unter dem Titel: Humanökologie. Der Mensch im Zentrum einer neuen Wissenschaft. Übersetzt und bearbeitet von H. REMMERT. Berlin/Heidelberg/New York: Springer 1975. X, 234 S. = Heidelberger Taschenbücher 168.
Durch die deutsche Übersetzung leicht lesbare, teilweise etwas populär gefaßte Einführung in das Fachgebiet der 'human ecology' angelsächsischer Prägung, die sich aus naturwissenschaftlicher (meist biologischer) Perspektive mit dem Verhältnis des Menschen zu seiner (physischen) Umwelt befaßt. Das Hauptthema ist die Bedrohung des weltweiten Mensch-Umwelt-Ökosystems, wobei im einzelnen das Wachstum der Erdbevölkerung, der Verbrauch von Rohstoffen, die Tragfähigkeit des Lebensraumes hinsichtlich der Nahrungsmittel, die Umweltverschmutzung und die Zerstörung ökologischer Systeme (insb. durch Umweltgifte) behandelt werden. Abschließend werden Lösungsmöglichkeiten diskutiert: Bevölkerungsbegrenzung und Änderung des menschlichen Verhaltens. Blo

EYRE, S. R. und G. R. J. JONES (Hrsg.): Geography as human ecology. Methodology by example. London: Edward Arnold 1966. 308 S.
International anerkannter Sammelband mit Beiträgen aus der Zeit von 1930 bis 1960. Die Sammlung spiegelt die Entwicklung des ökologischen Ansatzes in der Geographie seit BARROWS wider und informiert über den Beitrag der Geographie zu diesem Fachgebiet. Fi

OSCHE, Günter: Ökologie. Grundlagen, Erkenntnisse, Entwicklungen der Umweltforschung. Siehe 5.8.

SCHMITHÜSEN, Josef (Hrsg.): Ökologie der Biosphäre. Siehe 5.8.

SIOLI, Harald (Hrsg.): Ökologie und Lebensschutz in internationaler Sicht. Siehe 5.8.

*6.3
Physische
Anthropo-
geographie /
Humanökologie /
Medizinische
Geographie*

Raum für Zusätze

Wichtige Einzelaspekte

- Studien zu Mensch-Umwelt-Systemen

GOULD, Peter R.: Man against his environment; a game theoretic framework. In: Annals of the Association of American Geographers 53, 1963 S. 290-297. Deutsche Übersetzung unter dem Titel: Der Mensch gegenüber seiner Umwelt: ein spieltheoretisches Modell. In: Dietrich BARTELS (Hrsg.): Wirtschafts- und Sozialgeographie. Köln/Berlin: Kiepenheuer & Witsch 1970. S. 388-400. = Neue Wissenschaftliche Bibliothek 35.
Interessanter Versuch, die in den Wirtschaftswissenschaften entwickelte Spieltheorie in der Geographie des Menschen einzusetzen. Anwendung an zwei Beispielen in Ghana zur Ermittlung optimaler Strategien des wirtschaftenden Menschen gegenüber seiner Umwelt. Geeignet zur Einführung in den verhaltenstheoretischen Ansatz der Mensch-Umwelt-Erforschung. Blo

HAGEL, Jürgen: Geographische Aspekte der Umweltgestaltung. Siehe 5.8

- Bevölkerungswachstum und Welternährung

BOESCH, Hans und Jürg BÜHLER: Eine Karte der Welternährung. In: Geographische Rundschau 24, 1972, S. 81-82 und Kartenbeilage.
Knappe Erläuterung der beigegebenen informativen Welternährungskarte, in der für alle Staaten das Verhältnis von Nahrungsverbrauch zu Nahrungsbedarf ('Ernährungsstandard') dargestellt ist. Die für eine große Zahl von Staaten fehlenden Werte wurden mit Hilfe der Regressionsanalyse geschätzt. Die Karte weist sehr deutlich auf die dringendsten und wichtigsten Ernährungsprobleme in den Entwicklungsländern (quantitative und qualitative Unterernährung) sowie auf das Ausmaß der Überernährung in den Industrieländern hin. Hei

HAUSER, Jürg A.: Bevölkerungsprobleme der Dritten Welt. Siehe 7.6.

MÜCKENHAUSEN, Eduard: Die Produktionskapazität der Böden der Erde. Siehe 5.6.

SCHARLAU, Kurt: Bevölkerungswachstum und Nahrungsspielraum. Geschichte, Methoden und Probleme der Tragfähigkeitsuntersuchungen. Bremen-Horn: Walter Dorn 1953. V, 391 S. = Veröffentlichungen der Akademie für Raumforschung und Landesplanung, Abhandlungen 24.
Klassische Arbeit zum Problem der Tragfähigkeit der Erde. Nachdem im ersten Kapitel das Wachstum der Erdbevölkerung und seine Einschätzung in Vergangenheit (insb. MALTHUS) und Gegenwart behandelt werden, enthält das umfangreiche zweite Kapitel ein umfassendes Resümee wissenschaftlicher Beiträge zum Problem der Tragfähigkeit der Erde, verstanden sowohl als maximale wie auch als optimale Bevölkerungskapazität und bezogen sowohl auf die gesamte Erde wie auch auf einzelne Räume. Das letzte Kapitel beschäftigt sich mit den Erweiterungsmöglichkeiten des Nahrungsspielraums durch Erschließung ungenutzter Räume, durch Be- und Entwässerung sowie durch Erweiterung und Rationalisierung der Nahrungsproduktion. Blo

ZELINSKY, Wilbur, Leszek A. KOSIŃSKI und R. Mansell PROTHERO (Hrsg.): Geography in a crowding world. A symposium on population pressures upon physical and social resources in the developing lands. Siehe 6.4.

- 'Die Grenzen des Wachstums'

FORRESTER, Jay W.: World dynamics. Cambridge, Mass.: Wright-Allen Press 1971. XIII, 142 S. Deutsche Übersetzung unter dem Titel: Der teuflische Regelkreis. Das Globalmodell der Menschheitskrise. Stuttgart: Deutsche Verlags-Anstalt 1972. 120 S.

6.3
Physische Anthropogeographie / Humanökologie / Medizinische Geographie

Raum für Zusätze

Leicht verständlich geschriebene Darstellung der Grundprinzipien des bekannten im 'Massachusetts Institute of Technology' (M.I.T.) entwickelten dynamischen Weltmodells, in dem die Zusammenhänge zwischen natürlichen Ressourcen, Bevölkerung, Lebensqualität, Umweltverschmutzung und Investitionen auf globaler Ebene dargestellt sind. Wichtig aus zwei Gründen: 1) klare Darstellung des methodischen Ansatzes, d.h. der Konstruktion eines systemtheoretischen Modells, das Prognosen erlaubt, 2) ausführliche Diskussion der Grundlagen, auf denen der viel diskutierte Bericht des Club of Rome 'Grenzen des Wachstums' basiert. Die deutschsprachige von Eduard PESTEL herausgegebene Ausgabe ist für einen breiteren Leserkreis neu bearbeitet und mit zusätzlichen Erläuterungen versehen worden. Blo

MEADOWS, Dennis, Donella MEADOWS, Erich ZAHN und Peter MILLING: Die Grenzen des Wachstums. Bericht des Club of Rome zur Lage der Menschheit. Reinbek: Rowohlt 1973. 180 S. = Rororo Sachbuch 6825. 3,80 DM.
Aufsehenerregende Studie des 'Massachusetts Institute of Technology' über die globalen Entwicklungstendenzen und -aussichten der Menschheit, basierend auf dem von FORRESTER entwickelten systemtheoretischen Entwicklungsmodell (siehe oben). Wegen leichter Lesbarkeit geeignet zur Einführung in den Problemkreis 'Mensch-Umwelt' (allerdings nur auf globaler Ebene!) und zur Veranschaulichung systemtheoretischer Modellbildung. Dieses Taschenbuch sollte zur Pflichtlektüre (nicht nur) jedes Geographen gehören. Blo

- Humanökologische Aspekte von Naturrisiken (natural hazards)

BURTON, Ian, Robert W. KATES und Rodman E. SNEAD: The human ecology of coastal flood hazard in megalopolis. Chicago: University of Chicago, Department of Geography 1969. XIV, 196 S. = The University of Chicago, Department of Geography, Research Paper 115.
Beispiel einer Untersuchung aus der Chicagoer humanökologischen Schule, die sich mit der Anpassung des Menschen an Naturrisiken befaßt bzw. exakter: mit den Wechselbeziehungen zwischen 'Humansystemen' einerseits (incl. ökonomischer, sozialer und räumlicher Ansprüche und Beziehungen) sowie extrem instabilen 'Natursystemen' andererseits. Bei der vorliegenden Arbeit werden die Auswirkungen einer Sturm- und Überschwemmungskatastrophe an der Ostküste der USA im März 1962 unter dieser Forschungsperspektive untersucht und Vorschläge für staatliche Maßnahmen abgeleitet. Blo

SAARINEN, Thomas Frederick: Perception of the drought hazard on the Great Plains. Siehe 6.10.

WHITE, Gilbert F.: Natural hazard research. In: Richard J. CHORLEY (Hrsg.): Directions in geography. London: Methuen 1973. S. 193-216.
Bericht über die Entwicklung und heutigen Fragestellungen des (großenteils von WHITE ausgehenden) Forschungszweiges, der sich mit Perzeptions- und Reaktionsprozessen in unstabilen Mensch-Umwelt-Systemen beschäftigt. Am Beispiel eines langfristigen Forschungsprojekts über Überschwemmungsrisiken in Flußtälern werden die wichtigsten Fragestellungen knapp erläutert und die Bedeutung für praktische Maßnahmen des Staates umrissen. Zahlreiche Literaturhinweise. Blo

Umfassende Darstellungen (Sammelbände) zur Medizinischen Geographie

JUSATZ, Helmut J. (Hrsg.): Fortschritte der geomedizinischen Forschung. Beiträge zur Geoökologie der Infektionskrankheiten. Wiesbaden: Franz Steiner 1974. 164 S. = Erdkundliches Wissen 35, Geographische Zeitschrift, Beihefte.
Sammelband mit 11 Vorträgen eines geomedizinischen Symposiums. Neben Einzelbeiträgen zur Ausbreitung einiger Infektionskrankheiten können mehrere konzeptionell-methodische Beiträge hervorgehoben werden: H. J. JUSATZ: Geomedizinische Grundlagen für eine Geoökologie der Infektionskrankheiten; U. SCHWEINFURTH: Geoökologische Überlegungen zur

**6.3
Physische
Anthropo-
geographie /
Humanökologie /
Medizinische
Geographie**

Raum für Zusätze

geomedizinischen Forschung; A.W.A. BROWN: Medical geography and WHO;
P. MÜLLER: Beiträge der Biogeographie zur Geomedizin und Ökologie
des Menschen; A.T.A. LEARMONTH: Geographical models and geomedicine;
M. DOMRÖS: Die Bedeutung bioklimatologischer Untersuchungen für geomedizinische Forschungen. Blo

McGLASHAN, Neil D. (Hrsg.): Medical geography. Techniques and field
studies. London: Methuen 1972. XIV, 336 S. Paperbackausgabe 1974.
*Sammelband mit 22 englischsprachigen Beiträgen zur modernen Geome-
dizin aus den Jahren 1966-1971. Behandelt werden folgende Aspekte:
Grundfragen und allgemeine Methoden, öffentliche Gesundheitsversor-
gung, räumliche Verteilungen von Krankheiten, Umwelteinflüsse, Diffusionen von Krankheiten. Der Band gibt einen guten Überblick über
den Forschungsstand, der sich durch verstärkte Anwendung quantitativer Methoden und durch Verknüpfungen geomedizinischer Themen mit
räumlichen Theorien und Modellen (stochastische Diffusionsmodelle,
Graphentheorie etc.) kennzeichnen läßt.* Blo

Beispiele empirischer medizinisch-geographischer Untersuchungen

PYLE, Gerald F.: Heart disease, cancer and stroke in Chicago. A geographical analysis with facilities, plans for 1980. Chicago: University of Chicago, Department of Geography 1971. XXI, 292 S. = The
University of Chicago, Department of Geography, Research Paper 134.
*Beispiel für die Anwendungsmöglichkeiten von quantitativen Methoden
der geographischen Regionalanalyse auf die räumliche Verteilung von
Krankheitsvorkommen sowie die Krankenhausplanung am Beispiel der
Stadtregion von Chicago. Untersucht wird das Auftreten von Herzer-
krankungen, Krebs und Schlaganfällen mit Hilfe der Trendflächenana-
lyse, dann werden die Zusammenhänge zu sozio-ökonomischen Strukturmerkmalen mit Hilfe der Regressionsrechnung bestimmt und darauf aufbauend die räumliche Verteilung der Erkrankungshäufigkeiten für 1980
prognostiziert. Daraufhin werden mit Hilfe eines Allokationsmodells
Vorschläge für zusätzliche Krankenhausstandorte entwickelt. Die Arbeit, die geostatistische Kenntnisse voraussetzt, zeigt paradigmatisch die in Deutschland bisher kaum genutzten Möglichkeiten des
Einsatzes quantitativer Analyseverfahren der Geographie für Planungs-
aufgaben.* Blo

Geomedizinische Monographien und Karten

KANTER, Helmuth: Libyen. Eine geographisch-medizinische Länderkunde.
Libya. A geomedical monograph. Berlin/Heidelberg: Springer 1967.
XVI, 163 S., 64 Abb., 17 Karten im Anhang. = Medizinische Länderkunde, Geomedical Monograph Series 1.
*Erster Band einer Serie 'Medizinische Länderkunde', dessen Verfasser
Geograph und zugleich Arzt ist. Nach einer ausführlichen Darstellung
der physisch-geographischen Verhältnisse werden mit ungefähr gleichem Umfang behandelt: 'Die Menschen und ihre Lebensformen', 'Einrichtungen des Gesundheitswesens und der Hygiene' und 'Krankheitsvorkommen beim Menschen', bevor in einem kurzen Abschlußkapitel eine
Verknüpfung der Aspekte vorgenommen wird. Weitere Bände der Serie:
L. FISCHER: Afghanistan (Band 2); K.F. SCHALLER und W. KULS: Äthiopien (Band 3); G.E. FRENCH und A.G. HILL: Kuwait (Band 4).*

RODENWALDT, Ernst und Helmut J. JUSATZ (Hrsg.): Welt-Seuchen-Atlas.
Weltatlas der Seuchenverbreitung und Seuchenbewegung. 3 Teile. Hamburg: Falk 1952, 1956, 1961. Insgesamt 120 Hauptkarten.
*Grundlegendes, auch international einziges Atlaswerk, das in groß-
formatigen Karten über die räumliche Verbreitung zahlreicher Seuchen
unterrichtet. Darüber hinaus enthält der Atlas auch einige Bevölke-
rungs- und Klimakarten sowie einen umfangreichen Textteil.* Blo

6.4 Bevölkerungsgeographie / Wanderungsforschung

Einführungen in die Bevölkerungsgeographie

BOUSTEDT, Olaf: Grundriß der empirischen Regionalforschung. Teil II: Bevölkerungsstrukturen. Hannover: Hermann Schroedel 1975. XIV, 213 S. = Taschenbücher zur Raumplanung 5. 14,-- DM.
Der Inhalt dieses vor allem für Studierende und Planer zur selbständigen Einarbeitung konzipierten Teilbandes ist thematisch umfassender, als es der Titel vermuten läßt. Behandelt werden in leicht verständlicher und anschaulicher Form nicht nur demographische Strukturen und Entwicklungsmerkmale, sondern auch die räumliche Bevölkerungsverteilung und -mobilität, Ursachen und Motive von Wanderungen und der Pendelverkehr. Hervorzuheben sind die klaren Definitionen der großenteils auch in der amtlichen Statistik benutzten Begriffe. Von den statistischen Analyseverfahren wurden nur relativ einfache Methoden berücksichtigt (z.B. Konzentrations- und Dichtemessungen). Hei

CLARKE, John I.: Population geography. 2. Aufl. Oxford: Pergamon 1972 (^{1}1965). 184 S.
Systematisch aufgebautes einführendes Lehrbuch, das in kurzen Abschnitten die in der Bevölkerungsgeographie vorkommenden Begriffe - nach Sachgebieten geordnet - erläutert und an Beispielen verdeutlicht. Keine regionalen bevölkerungsgeographischen Darstellungen. Weiterführende (ausschließlich englischsprachige) Literaturangaben nach jedem Abschnitt. Bu/Hei

CLARKE, John: Population in movement. In: Michael CHISHOLM und Brian RODGERS (Hrsg.): Studies in human geography. London: Heinemann Educational Books 1973. S. 85-124.
Zur ersten Einführung und als Überblick geeignete Darstellung der wichtigsten Fragestellungen und Methoden der modernen (angelsächsischen) Bevölkerungsgeographie, ergänzt durch eine Auswahlbibliographie meist englischsprachiger Titel. Blo

GEORGE, Pierre: Géographie de la population. Paris: Presses Universitaires de France 1965. 128 S. = Que sais-je? No. 1187.
Knappe Darstellung der Bevölkerungsgeographie in weltweiter Perspektive. Behandelt werden die räumliche Verteilung der Erdbevölkerung, räumliche Entwicklungsdisparitäten, Siedlungsformen, demographische Prozesse und Wanderungen. Blo

GOLZ, Elisabeth: Räumliche Mobilität der Gegenwart. Paderborn: Ferdinand Schöningh und München: Blutenburg 1974. 32 S. = Fragenkreise.
Sehr knappe, einfach formulierte Darstellung 1) der begrifflichen Fassung von 'Mobilität', 2) von 'statistischen Beobachtungen' über Ausmaß und Motive von Ortsveränderungen, 3) von 'Varianten' räumlicher Mobilität (Ausländische Arbeitnehmer, Pendler, Tourismus usw.). Das Heft bildet eine nützliche Arbeitsgrundlage in der Kollegstufe des Gymnasiums, kann jedoch im Grundstudium der Hochschule nur bedingt als erster Einstieg in die Gesamtthematik benutzt werden. Am Ende eines jeden Abschnittes sind Aufgaben für Schülerarbeiten genannt. Hei

RUPPERT, Helmut: Bevölkerungsentwicklung und Mobilität. Braunschweig: Westermann 1975. 90 S. = Westermann-Colleg Raum und Gesellschaft 2. 7,80 DM.
Dieses für den Oberstufenunterricht konzipierte problemorientierte Arbeitsheft behandelt die wichtigsten Aspekte der modernen, sozialgeographisch ausgerichteten Bevölkerungsgeographie: Bevölkerungsstruktur und natürliche Bevölkerungsbewegung, Bevölkerungsverteilung und -entwicklung, Gesellschaftsstruktur und Wanderungen, wobei die

6.4
Bevölkerungs-
geographie /
Wanderungs-
forschung

Raum für Zusätze

Darstellung von Mobilitätsprozessen und deren Folgewirkungen den
relativ größten Raum einnimmt. Besonders nützlich sind die Wiedergabe zahlreicher Begriffserläuterungen aus der Originalliteratur und
die Angabe weiterführender Literatur nach jedem größeren Abschnitt.
Am Ende eines jeden Kapitels stehen Arbeitsthemen für vertiefende
Schülerreferate. Das Heft kann auch für das Grundstudium an der Hochschule als Einführungslektüre empfohlen werden.   Hei

▶ ZELINSKY, Wilbur: A prologue to population geography. Englewood
Cliffs, N.J.: Prentice-Hall 1970. 150 S. = Foundations of Economic
Geography Series.
*Gut formulierte, besonders für Studenten geschriebene Einführung in
die Grundfragen der Bevölkerungsgeographie. Es werden nicht Begriffe
Arbeitstechniken, demographische Statistiken oder Darstellungsmetho-
den erläutert, sondern Fragestellungen, Forschungsansätze und For-
schungsziele. Der Verfasser befürwortet eine komplexe geographische
Betrachtungsweise, bei der Ursachen, Zustand und Folgen bestimmter
Bevölkerungsstrukturen und -bewegungen in den Zusammenhang mit der
physischen, besonders aber mit der differenzierten kulturellen Umwelt gestellt werden. Zahlreiche Literaturhinweise.*   Bu

Bevölkerungsgeographische Grundbegriffe

NELLNER, Werner: Bevölkerungsgeographische und bevölkerungsstatisti-
sche Grundbegriffe. In: Geographisches Taschenbuch 1953, S. 459-478.
*Auflistung bevölkerungsstatistischer Begriffe und Stichwörter nach
Sachkategorien mit kurzgefaßten Erläuterungen.*   Bu

Union International pour l'Etude Scientifique de la Population (Hrsg.)
Mehrsprachiges Demographisches Wörterbuch. Deutschsprachige Fassung
bearbeitet auf der Grundlage der von einer Wörterbuchkommission der
'Union' erstellten und von den Vereinten Nationen New York veröffentlichten französischen, englischen und spanischen Ausgaben von Wilhelm
WINKLER. Hamburg: Deutsche Akademie für Bevölkerungswissenschaft
1960. 47 S.
SCHWENK, Heinz: Wörterbuch demographischer Grundbegriffe. Hrsg. von
der Deutschen Akademie für Bevölkerungswissenschaft an der Universität Hamburg. Augsburg: Hofmann-Druck 1960. 136 S.
*Die zuerst genannte sehr nützliche deutschsprachige Fassung des
'Mehrsprachigen Demographischen Wörterbuches' enthält in 9 Kapiteln
gegliederte zusammenhängende Darstellungen und Erläuterungen der in
der Demographie gebräuchlichsten Begriffe und einen alphabetischen
Index. Die Entsprechung der Texte in den übrigen verschiedensprachigen
Bänden und die Verklammerung der Begriffe durch ein System von Be-
zugsnummern erlauben es, jeden Begriff auch in den anderen angegebe-
nen Sprachen bzw. Bänden schnell aufzufinden.
Das zweitgenannte, von H. SCHWENK bearbeitete Wörterbuch ist ein
Konzentrat der verschiedensprachigen Ausgaben. Es enthält den Wort-
schatz der o.g. deutschen Ausgabe des 'Mehrsprachigen Demographischen
Wörterbuches' in alphabetischer Anordnung mit den französischen,
italienischen und englischen Entsprechungen.*   Hei

WENZEL, Hans-Joachim: Die ländliche Bevölkerung. Rural population.
La population rurale. Siehe 6.12.

Umfassende Darstellungen der Bevölkerungsgeographie

BEAUJEU-GARNIER, Jacqueline: Géographie de la population. 2 Bände.
Paris: Génin 1956/1958. 435 u. 574 S. Überarbeitete Fassung in englischer Übersetzung: Geography of population. Translated by S. H.
BEAVER. London: Longmans 1966. 386 S.
*Umfangreiche, regional angelegte Bevölkerungsgeographie traditio-
neller Art. Struktur, Verteilung und Entwicklung der Bevölkerung auf
der Erde insgesamt sowie nach Teilregionen werden mit zahlreichen
statistischen Detailinformationen (Karten, Diagrammen) dokumentiert*

6.4
Bevölkerungs-
geographie /
Wanderungs-
forschung

Raum für Zusätze

und in ihren Abhängigkeiten von den natürlichen Umweltbedingungen
und den historisch-politischen und ökonomischen Gegebenheiten dargestellt. Die auch in englischer Übersetzung vorliegende Überarbeitung
des Originalwerks verzichtet auf den ausführlichen regionalen Teil
und ordnet statt dessen regionale Beispiele den allgemeinen Fragestellungen zu. Am Schluß eine Auswahlbibliographie sowohl zu allgemeinen wie besonders auch zu regionalen bevölkerungsgeographischen
Themen.
Bu

KOSIŃSKI, Leszek A.: The population of Europe. A geographical perspective. London: Longman 1970. 161 S.
*Vergleichende Darstellung (Übersetzung und Neubearbeitung der pol-
nischen Erstausgabe von 1966) der demographischen Situation und ihrer aktuellen Entwicklung in den Ländern Europas (außer UdSSR) seit
dem Ersten Weltkrieg. Besonders berücksichtigt werden der Einfluß
des Zweiten Weltkrieges (Strukturveränderungen und Verlagerungen
der Bevölkerung), die Arbeitskräftewanderungen (Gastarbeiter) der
Nachkriegszeit, die Auswanderungen und die Tendenzen der Verstädterung in Europa.*
Bu

Forschungs- und Literaturberichte zur Bevölkerungsgeographie /
Sammelbände

Beiträge zur Frage der räumlichen Bevölkerungsbewegung. Raum und
Bevölkerung 9. Forschungsberichte des Ausschusses 'Raum und Bevölkerung' der Akademie für Raumforschung und Landesplanung. Hannover:
Gebrüder Jänecke 1970. 113 S., Kartenanhang. = Veröffentlichungen
der Akademie für Raumforschung und Landesplanung, Forschungs- und
Sitzungsberichte 55.
*Die sechs Einzelbeiträge dieses interdisziplinären Sammelbandes be-
handeln unterschiedlichste Probleme der Wanderungsforschung: Wanderungsstatistik in Städten (Olaf BOUSTEDT), methodische Probleme
der Erforschung von Wanderungsmotiven (Ernst Wolfgang BUCHHOLZ),
neuere Binnenwanderungstendenzen in der BRD (Karl SCHWARZ), räumliche Mobilitätsprozesse in Stadtgebieten (Franz SCHAFFER), Wande-
rungsverlauf und Einzugsbereich westdeutscher Großstädte (Udo BAL-
DERMANN) sowie das Problem der Randwanderung in den Städten am Beispiel der Stadt Augsburg (Karl KÖNIG).*
Hei

Bevölkerungsverteilung und Raumordnung. Referate und Diskussionsbericht anläßlich der Wissenschaftlichen Plenarsitzung 1969 in Darmstadt. Hannover: Gebrüder Jänecke 1970. 80 S. = Veröffentlichungen
der Akademie für Raumforschung und Landesplanung, Forschungs- und
Sitzungsberichte 58.
*Für die Themenstellung dieser Plenarsitzung der Akademie für Raum-
forschung und Landesplanung war die Erkenntnis maßgebend, daß Fragen der optimalen Bevölkerungsverteilung ein Zentralproblem für
Raumforschung und Landesplanung darstellen. Der Band enthält mehrere
interessante Grundsatzreferate: Olaf BOUSTEDT: Grundaspekte der
räumlichen Bevölkerungsverteilung; Karl SCHWARZ: Bestimmungsgründe
der räumlichen Bevölkerungsbewegung und ihre Bedeutung für die Raumforschung und Landesplanung; Georg MÜLLER: Bevölkerungsstruktur und
ihre Veränderung - Probleme für die Raumordnung; Hans LINDE: Die
räumliche Verteilung der Bevölkerung als Ergebnis gesellschaftlicher
Prozesse; Gerd ALBERS: Demographische Fakten als Determinanten und
als Konsequenzen der Stadtplanung.*
Hei

✱ DEMKO, George J., Harold M. ROSE und George A. SCHNELL (Hrsg.): Population geography: a reader. New York: McGraw-Hill 1970. 526 S. 34,00 DM.
*Sehr gehaltvoller und didaktisch geschickt konzipierter Sammelband.
Die zumeist von bekannten Geographen aus dem englischsprachigen
Raum verfaßten 35 Einzelbeiträge (Reprints) wurden nach verschiedenen Problemkreisen in 8 Kapiteln gruppiert, die jeweils mit einer
knappen Einführung und ergänzenden Literaturzusammenstellungen ver-*

6.4
Bevölkerungs-
geographie /
Wanderungs-
forschung

Raum für Zusätze

sehen wurden. Berücksichtigt wurden vor allem methodisch wichtige Arbeiten, insbesondere auch zur Anwendung statistischer Methoden in der modernen Bevölkerungsgeographie.

Hei

KOSIŃSKI, Leszek A.: Geography of population and settlements in East Central Europe. In: Annals of the Association of American Geographer 61, 1971, S. 599-615.
Forschungs- und Literaturbericht, der die oftmals aus Sprachschwierikeiten vernachlässigten bevölkerungs- und siedlungsgeographischen Veröffentlichungen aus Bulgarien, der Tschechoslowakei, der DDR, Ungarn, Polen, Rumänien und Jugoslawien seit den 50er Jahren darstellt sowie mit diesen Forschungsaspekten befaßte Wissenschaftler und Institutionen nennt.

Bu

KOSIŃSKI, Leszek A. und R. Mansell PROTHERO (Hrsg.): People on the move. Studies on internal migration. London: Methuen 1975. 393 S.
Wichtiger Sammelband mit 23 Aufsätzen zu unterschiedlichsten Aspekten der geographischen Wanderungsforschung, die auf Referaten und Diskussionsbeiträgen des Symposiums der 'International Geographical Union, Commission on Population Geography' (Alberta 1972) basieren. Die knappe Einleitung der Herausgeber eignet sich, vor allem wegen der Begriffserläuterungen, sehr gut als Einstieg in die moderne Wanderungsforschung (des englischsprachigen Raumes). Hilfreich sind auch die kurzen Einführungen in die Einzelkapitel, zu denen jeweils einige Beiträge zusammengefaßt sind. Der Anhang enthält Aufstellungen von Bibliographien sowie von Zeitschriften und Reihen, die sich auf die Wanderungsforschung beziehen.

Hei

Untersuchungen zur kleinräumigen Bevölkerungsbewegung. Forschungsberichte des Arbeitskreises 'Soziale Entwicklung und regionale Bevölkerungsprognose' der Akademie für Raumforschung und Landesplanung. Hannover: Hermann Schroedel 1975. 145 S. = Veröffentlichungen der Akademie für Raumforschung und Landesplanung, Forschungs- und Sitzungsberichte 95.
Interdisziplinärer Sammelband mit Beiträgen zur räumlichen und natürlichen Bevölkerungsbewegung. Von Bedeutung ist vor allem der methodologische Beitrag der Soziologin Monika VANBERG über 'Ansätze der Wanderungsforschung - Folgerungen für ein Modell der Wanderungsentscheidung' (vgl. unten). Wolfgang MÄLICH behandelt anschließend die Unterschiede zwischen stochastischen und deterministischen Wanderungsmodellen. Ein Beitrag des Geographen Ulrich MAMMEY versucht eine graphische Analyse von Wanderungsrichtung und Wanderungsdistanz. Albert HARMS stellt aus der Sicht der Bundesraumordnung 'Regionale Faktoren und Bestimmungsgründe der Wohnortmobilität' heraus. Eine zweite Gruppe von Beiträgen beschäftigt sich mit natürlichen Bevölkerungsbewegungen: Gerd-Rüdiger RÜCKERT und Dieter SCHMIEDEHAUSEN behandeln 'Bestimmungsgründe der regionalen Unterschiede der Geburtenhäufigkeit' unter Anwendung der Faktorenanalyse, Karl SCHWARZ untersucht den Umfang des Geburtenrückganges in der BRD in regionaler Sicht und Gerhard GRÖNER behandelt das Problem der regionalen Bevölkerungsvorausschätzungen in einer Fallstudie über Baden-Württemberg.

Hei

ZELINSKY, Wilbur, Leszek A. KOSIŃSKY und R. Mansell PROTHERO (Hrsg.): Geography and a crowding world. A symposium on population pressures upon physical and social resources in the developing lands. New York/London/Toronto: Oxford University Press 1970. 601 S.
Sammelband mit 33 Aufsätzen von Geographen, Demographen und Wirtschaftswissenschaftlern zum Problem der Relation Bevölkerung: Ressourcen in Entwicklungsländern (Südasien, Westafrika, Mittelamerika). Fast alle Beiträge sehr detailliert, viele auf der Basis eigener empirischer Forschungen. Folgende Themenbereiche werden behandelt: 1) Theorie und Methoden (Forderungen nach verstärkter Berücksichtigung der jeweiligen spezifischen räumlichen, historischen, kulturellen und ökonomischen Faktoren, bes. TAEUBER, MABOGUNJE). 2) Physi-

**6.4
Bevölkerungs-
geographie /
Wanderungs-
forschung**

Raum für Zusätze

sche Umweltbedingungen (unterschiedliche Bewertung nach den jeweiligen sozio-ökonomischen Bedingungen, bes. PORTER, WEBB). 3) Wanderung und Städtewachstum (bes. C. G. CLARKE). 4) Regionale Beispiele: bes. J. I. CLARKE (Kamerun), KAY (Zambia), GUPTA (Indien), ROBINSON (Ost-Pakistan), ZELINSKY (Literaturbericht Mittelamerika), SANDNER (Costa Rica).
Bu

Einführungen in die Bevölkerungswissenschaft

► MAYER, Kurt: Einführung in die Bevölkerungswissenschaft. Stuttgart: Kohlhammer 1972. 143 S. = Urban Taschenbücher 161.
Für einen ersten Überblick über die Aufgaben der Bevölkerungswissenschaft geeignete allgemeine Darstellung, die sich überwiegend nicht an ein Fachpublikum richtet. Neben einer weltweiten Betrachtung der Bevölkerungssituation und ihrer Veränderung werden insbesondere die 'demographischen Grundvariablen' Geburtenhäufigkeit, Sterblichkeit und Wanderungen näher erläutert sowie Beispiele bevölkerungspolitischer Maßnahmen gegeben.
Bu

PRESSAT, Roland: A workbook in demography. Translated by E. GREBENIK and C. A. M. SYM. London: Methuen 1974. 292 S.
Übungsbuch für Studenten. Zu zahlreichen demographischen Sachverhalten sowie statistischen Berechnungs- und Darstellungsmethoden stellt der Verfasser Übungsaufgaben, deren Lösungen dann ausführlich beschrieben und kommentiert werden. Räumliche Aspekte finden keine Berücksichtigung.
Bu

Umfassende Darstellungen zur Bevölkerungswissenschaft / Demographie

HAUSER, Philip M. und Otis Dudley DUNCAN (Hrsg.): The study of population. An inventory and appraisal. 5. Aufl. Chicago/London: The University of Chicago Press 1966. 864 S.
Trotz des zurückliegenden Erscheinungstermins wichtiger Sammelband zur Einführung und Vertiefung in die Bevölkerungswissenschaft mit 33 Aufsätzen. Keine Behandlung arbeitstechnischer Hilfsmittel oder regionaler Übersichten, sondern Grundsatzfragen, wesentliche Zusammenhänge, Forschungsansätze. Inhalt: 5 Artikel der Herausgeber als Einführung in die Demographie. 9 Autoren geben einen Abriß der Entwicklung der Demographie allgemein sowie in Frankreich, Großbritannien, Deutschland (SCHUBNELL), Italien, Brasilien, Indien, im pazifischen Bereich und in den USA. Es folgen 12 Darstellungen wesentlicher demographischer Sachverhalte: Zahl, Struktur, Verteilung, natürliche Entwicklung, Wanderung, Prognose, Familienstatistik, Arbeitskräftepotential, Tragfähigkeit. Schließlich 7 Beiträge über den Zusammenhang der Demographie mit Nachbarwissenschaften, u.a. Geographie (ACKERMAN). Literaturlisten bei jedem Artikel, Stichwortverzeichnis für das Gesamtwerk.
Bu

KÖLLMANN, Wolfgang und Peter MARSCHALCK (Hrsg.): Bevölkerungsgeschichte. Siehe 6.22.

MACKENROTH, Gerhard: Bevölkerungslehre. Theorie, Soziologie und Statistik der Bevölkerung. Berlin: Springer 1953. 531 S.
Unter sozialwissenschaftlich-historischem Aspekt geschriebenes bedeutendes Grundsatzwerk mit dem Ziel, allgemeine Gesetze der Bevölkerungsentwicklung (des 'Bevölkerungsvorganges') herauszustellen. Nach ausführlichen und kritischen Begriffsbestimmungen und Interpretationen der statistisch-demographischen Sachverhalte werden dieselben regional (Länder und Ländergruppen nach historisch-soziologisch-biologischen Gemeinsamkeiten) und schichtenspezifisch-strukturell (Ausbau, Siebung, Verstädterung, sozialbiologische Theorie der Werteschwundes u.a.) dargestellt. Darauf aufbauend und nach kritischer Behandlung bekannter Bevölkerungstheorien entwickelt der Verfasser eine weitergehende Theorie, die ein stark differenziertes generatives Verhalten unter dem Einfluß sozialer, sozialinstitutioneller,

**6.4
Bevölkerungs-
geographie /
Wanderungs-
forschung**

Raum für Zusätze

psychologischer und persönlicher Faktoren annimmt. Besonders berücksichtigt wird der Zusammenhang zwischen Bevölkerung und Wirtschaftsweise als zwei Formen eines integralen Sozialprozesses. Detailliertes Stichwortverzeichnis.
Bu

MACKENSEN, Rainer und Heinz WEWER (Hrsg.): Dynamik der Bevölkerungsentwicklung. Strukturen - Bedingungen - Folgen. München: Carl Hanser 1973. 256 S.
Die 14 knappen bevölkerungswissenschaftlichen Einzelbeiträge dieses Sammelbandes behandeln exemplarisch 'einige für die Analyse aktueller Probleme der Bevölkerungsdynamik wesentliche Fragestellungen und Ergebnisse', die zum großen Teil auch für die Geographie von besonderem Interesse sind, z.B.: 'Entwicklung und Situation der Erdbevölkerung' (Rainer MACKENSEN), 'Bevölkerungsentwicklung und Wirtschaftswachstum als historischer Entwicklungsprozeß demo-ökonomischer Systeme', 'Zur Entwicklung von Bevölkerung und Wirtschaft in der Dritten Welt' (Marios NIKOLINAKOS) oder etwa 'Bevölkerungsstruktur und Regionalplanung' (Rainer MACKENSEN). Heinz WEWER gibt einen guten Überblick über Stand und Entwicklungstendenzen der Bevölkerungswissenschaft.
Hei

MATRAS, Judah: Populations and societies. Englewood Cliffs, N.J.: Prentice-Hall 1973. 562 S.
Umfassende lehrbuchartige Darstellung, in der vor allem die sozialstrukturellen Ursachen und Konsequenzen der Bevölkerungsentwicklung bzw. -bewegungen herausgearbeitet werden. Das Buch berücksichtigt in relativ leicht verständlicher Form die wichtigsten demographisch-statistischen Analyseverfahren.
Hei

SCHWARZ, Karl: Analyse der räumlichen Bevölkerungsbewegung. Hannover: Gebrüder Jänecke 1969. 178 S. = Veröffentlichungen der Akademie für Raumforschung und Landesplanung, Abhandlungen 58.
Die von einem erfahrenen Statistiker verfaßte lehrbuchartige Darstellung behandelt Erhebungsmethoden und Wanderungsstatistik sowie Auswertungsmöglichkeiten der Daten im Hinblick auf Wanderungsmotive, Regelhaftigkeiten von Wanderungen, Wanderungsmodelle, zeitliche Entwicklungen von Wanderungen, Mobilität einzelner Bevölkerungsgruppen, Vorausschätzungen von Wanderungen usw. anhand von Beispielen aus Deutschland. Zahlreiche Tabellen und Diagramme sowie eine Aufstellung von Quellen zur räumlichen Bevölkerungsbewegung im Bundesgebiet seit 1950.
Hei

SCHWARZ, Karl: Demographische Grundlagen der Raumforschung und Landesplanung. Hannover: Gebrüder Jänecke 1972. 279 S. = Veröffentlichungen der Akademie für Raumforschung und Landesplanung, Abhandlungen 64.
Sehr nützliche Lehrbuchdarstellung, dessen ausführliche Definitionen und Erläuterungen zu demographischen Begriffen, Sachverhalten und Verfahrenstechniken mit zahlreichen Beispielen aus der BRD veranschaulicht werden. Kommentare und Hinweise über günstige Anwendungsmöglichkeiten und zur Vermeidung von Fehlern sind im Hinblick auf die Anfertigung bevölkerungsgeographischer Arbeiten besonders wertvoll. Die einleitend im Überblick dargestellten bevölkerungsstatistischen Techniken finden in den Sachkapiteln entsprechende Berücksichtigung.
Bu

Spezielle bevölkerungsgeographische bzw. bevölkerungswissenschaftliche Beiträge (außer Wanderungsforschung)

- Räumliche Bevölkerungsverteilung und Bevölkerungswachstum

BORRIES, Hans-Wilkin von: Ökonomische Grundlagen der westdeutschen Siedlungsstruktur. Siehe 6.11.

6.4
Bevölkerungs-
geographie /
Wanderungs-
forschung

Raum für Zusätze

GIESE, Ernst: Wachstum und Verteilung der Bevölkerung in der Sowjet-Union. In: Geographische Zeitschrift 59, 1971, S. 241-276.
Beispiel einer vorbildlichen großräumigen bevölkerungsgeographischen Analyse, mit der versucht wird, die jüngere regionale Bevölkerungsentwicklung und -verteilung nach natürlichem Zuwachs, Zu- und Abwanderungsbewegungen mit Hilfe aussagekräftiger Diagramme und Kartogramme zu beschreiben und aufgrund des Einflusses vor allem ökonomisch bestimmter Faktoren zu erklären. Außerdem wurde der Gesamtraum der Sowjetunion in Gebiete gleichen Wachstumstyps aufgeteilt und innerhalb dieser nach den Trends des Bevölkerungswachstums differenziert. Hei

HAUFE, Helmut: Die Bevölkerung Europas. Stadt und Land im 19. und 20. Jahrhundert. Siehe 6.22.

HELLER, Wilfried: Räumliche Bevölkerungsentwicklung in Griechenland und Rumänien. In: Erdkunde 29, 1975, S. 300-314.
Interessante Fallstudie, die einen 'Beitrag zur Kenntnis der nach politisch-ökonomischen Systemen unterschiedlichen Bevölkerungsentwicklung' leisten will: Die Veränderung der Bevölkerungszahl der Gemeinden in ausgewählten kleineren Untersuchungsgebieten wurde als Indikator für raumstrukturverändernde Prozesse aufgefaßt. Aufgrund der differenzierten Einzelergebnisse dieser Untersuchung nimmt der Verfasser an, daß die verschiedenen Bevölkerungsprozesse einen unterschiedlichen Kulturlandschaftswandel und die Herausbildung einer 'Kulturgrenze' in Südosteuropa anzeigen. Hei

KIRSTEN, Ernst, Ernst Wolfgang BUCHHOLZ und Wolfgang KÖLLMANN: Raum und Bevölkerung in der Weltgeschichte. Bevölkerungs-Ploetz. Siehe 6.22.

MAYR, Alois: Ahlen in Westfalen. Siedlung und Bevölkerung einer industriellen Mittelstadt mit besonderer Berücksichtigung der innerstädtischen Gliederung. Siehe 6.13.

MÜLLER, Georg: Regionale Unterschiede der natürlichen Bevölkerungsbewegung und die Problematik ihrer Ursachenforschung. In: Raumforschung und Raumordnung 26, 1968, S. 201-208, 4 Kartenbeilagen.
Interessante Studie, die vor allem eine Differenzierung zwischen den niedrigen Geburtenhäufigkeiten in städtischen Gebieten und den höheren Geburtenziffern in ländlichen Gebieten untersucht, wobei in Frage gestellt wird, daß ein direkter Zusammenhang zwischen (hohen) Geburtenziffern und den (höheren) Anteilen katholischer Bevölkerung besteht. Hei

RÖLL, Werner: Probleme der Bevölkerungsdynamik und der regionalen Bevölkerungsverteilung in Indonesien. In: Geographische Rundschau 27, 1975, S. 139-150.
Dieser Beitrag aus dem Indonesien gewidmeten Themenheft der Geographischen Rundschau beschreibt sehr anschaulich die sich vor allem aus der Bevölkerungsexplosion dieses drittgrößten Staates Asiens ergebenden vielfältigen sozio-ökonomischen Folgeprobleme. Die Bevölkerungsdynamik wird als eines der größten Hindernisse für die Lösungsversuche der komplexen entwicklungspolitischen Aufgaben des Staates gewertet. Hei

WEBER, Egon: Entwicklungs-, Bewegungs- und Strukturtypen. Zu einigen Problemen der Bevölkerungsentwicklung in der Deutschen Demokratischen Republik. In: Petermanns Geographische Mitteilungen 113, 1969, S. 201-219.
Methodisch interessanter Beitrag, in dem zunächst die Bevölkerungsentwicklung (1939-1965) in den Kreisen der DDR nach 'Entwicklungstypen' zusammengefaßt wird. Durch Kombination der natürlichen und räumlichen Bevölkerungsbewegungen als Mittelwerte für den Zeitraum 1957-1965 werden acht 'Bewegungstypen' ermittelt. Besondere Berück-

**6.4
Bevölkerungs-
geographie /
Wanderungs-
forschung**

Raum für Zusätze

sichtigung finden die Auswirkungen der Bevölkerungsentwicklung und -bewegung auf die Alters- und Geschlechtsgliederung (Strukturtypen) Der Veranschaulichung dienen zahlreiche Diagramme und Kartogramme.
He

WITTHAUER, Kurt: Verteilung und Dynamik der Erdbevölkerung. Siehe 8.3.

- <u>Bevölkerungswachstum und Tragfähigkeit</u>

EHRLICH, Paul R. und Anne H. EHRLICH: Bevölkerungswachstum und Umweltkrise. Die Ökologie des Menschen. Siehe 6.3.

EHRLICH, Paul R., Anne H. EHRLICH und John P. HOLDREN: Humanökologie Der Mensch im Zentrum einer neuen Wissenschaft. Siehe 6.3.

HAUSER, Jürg A.: Bevölkerungsprobleme der Dritten Welt. Siehe 7.6.

SCHARLAU, Kurt: Bevölkerungswachstum und Nahrungsspielraum. Geschichte, Methoden und Probleme der Tragfähigkeitsuntersuchungen. Siehe 6.3.

- <u>Bevölkerungsdichte, Verdichtung</u>

ATTESLANDER, Peter: Dichte und Mischung der Bevölkerung. Siehe 7.3.

BERRY, Brian J. L., James W. SIMMONS und Robert J. TENNANT: Urban population densities: structure and change. In: The Geographical Review 53, 1963, S. 389-405. Auch in: George J. DEMKO, Harold M. ROSE und George A. SCHNELL (Hrsg.): Population geography: a reader. New York: McGraw-Hill 1970. S. 181-193.
Wichtiger Aufsatz zur modellhaften Erfassung innerstädtischer Bevölkerungsdichte, die sich durch eine negative Exponentialfunktion in ihrem Zentrum-Rand-Gefälle beschreiben läßt. Theoretische Begründung des schon älteren Ansatzes (Colin CLARK, Begründung insb. nach ALONSO), Diskussion beeinflussender Faktoren und zeitlicher Veränderungen des Dichtegradienten sowie Vergleich von Beispielen der USA mit der Entwicklung in Kalkutta.
Blo/Bu

BORCHERDT, Christoph, Reinhold GROTZ, Klaus KAISER und Klaus KULINAT Verdichtung als Prozeß. Dargestellt am Beispiel des Raumes Stuttgart Siehe 6.13.

BUCHHOLZ, Hanns Jürgen: Die Wohn- und Siedlungskonzentration in Hong Kong als Beispiel einer extremen städtischen Verdichtung. In: Erdkunde 27, 1973, S. 279-290.
Auf detaillierter Feldarbeit basierende interessante Fallstudie zum Dichteproblem einer Millionenstadt, die insbesondere die Formen und Probleme der Anpassung der städtischen Lebensformen an die extreme Verdichtung untersucht.
Hei

Zum Konzept der Stadtregionen. Methoden und Probleme der Abgrenzung von Agglomerationsräumen. Siehe 6.13.

NEWLING, Bruce E.: Urban growth and spatial structure: mathematical models and empirical evidence. Siehe 6.13.

OELKE, E.: Kriterien zur Beurteilung der Verdichtung in Ballungsgebieten. Siehe 6.13.

SCHLIEBE, Klaus und Hans-Dieter TESKE: Verdichtungsräume in West- und Mitteldeutschland. Ein innerdeutscher Vergleich. Siehe 6.13.

Stadtregionen in der Bundesrepublik Deutschland 1970. Siehe 6.13.

**6.4
Bevölkerungs-
geographie /
Wanderungs-
forschung**

Raum für Zusätze

VOPPEL, Götz: Die bevölkerungsgeographische Entwicklung der Groß-
agglomerationen in den Vereinigten Staaten von Amerika. In: Geographisches Taschenbuch 1975/1976, S. 152-170.
*Knappe Überblicksdarstellung der bevölkerungsgeographischen Verän-
derungen, einschließlich der Wanderungsprozesse, innerhalb der US-
amerikanischen Stadtregionen zwischen 1950 und 1970 mit mehreren Karten und statistischen Übersichten.*   Hei

- Bevölkerung und Konfession

HAHN, Helmut: Der Einfluß der Konfessionen auf die Bevölkerungs- und
Sozialgeographie des Hunsrücks. Siehe 6.6.

ZELINSKY, Wilbur: An approach to the religious geography of the
United States: patterns of church membership in 1952. Siehe 6.6.

- Bevölkerungsgeographische Aspekte der Verstädterung

BREESE, Gerald (Hrsg.): The city in newly developing countries:
readings on urbanism and urbanization. Siehe 7.6.

GOLZ, Elisabeth: Die Verstädterung der Erde. Ein weltweites sied-
lungs- und sozialgeographisches Problem. Siehe 6.13.

KLASEN, Jürgen: Urbanisierung in Frankreich. Bevölkerungs-, wirt-
schafts- und sozialgeographische Aspekte. In: Deutscher Geographentag Erlangen 1971. Ergebnisse der Arbeitssitzung 3: Bevölkerungs-
und Sozialgeographie. Kallmünz/Regensburg: Michael Lassleben 1972.
S. 109-116. = Münchner Studien zur Sozial- und Wirtschaftsgeographie
8.
*Methodisch interessante Darstellung der räumlichen Differenzierung
des jüngeren Urbanisierungsprozesses (im wesentlichen bis 1968).
Unter den Einzelaspekten werden vor allem berücksichtigt und miteinander in Zusammenhang gebracht: natürliche Bevölkerungs- und
Binnenwanderungsbewegungen, relative Verteilung städtischer Bevöl-
kerungsanteile, Industrialisierung und Wachstum des Tertiärbereichs,
der Bau neuer Wohnungen, die Verteilung von Zweitwohnsitzen und des
Telefons. Interessante kartographische Darstellungsformen.*   Hei

KÖLLMANN, Wolfgang: Der Prozeß der Verstädterung in Deutschland in
der Hochindustrialisierungsperiode. Siehe 6.25.

ROBSON, Brian T.: Urban growth: an approach. Siehe 6.25.

ZSILINCSAR, Walter: Städtewachstum und unkontrollierte Siedlungen in
Lateinamerika. Siehe 6.13.

- Tagbevölkerung

PALOTÁS, Zoltán: Die Tagbevölkerung der Siedlungen. In: Raumforschung
und Raumordnung 28, 1970, S. 149-157.
*Die genaue Ermittlung der vor allem für die Stadtplanung relevanten
Tagbevölkerung von Siedlungseinheiten, die von der in der amtlichen
Statistik erfaßten 'statischen Wohnbevölkerung' erheblich abweichen
kann, ist vor allem wegen der kurzfristigen Schwankungen und der Zusammensetzung aus verschiedenen Gruppen (Berufseinpendler, Schüler-
Einpendler u.a.) sehr schwierig. Der Verfasser diskutiert eingehend
die Problematik ihrer Erhebung und stellt eine am Beispiel von 13 un-
garischen Städten erprobte Methode der praktischen Erfassung vor.
Außerdem werden Vorschläge zur Verbesserung der amtlichen statistischen Erhebung gemacht.*   Hei

6.4
Bevölkerungs-
geographie /
Wanderungs-
forschung

Raum für Zusätze

Wanderungsforschung

- Theoretisch-konzeptionelle Beiträge

ALBRECHT, Günter: Soziologie der geographischen Mobilität. Zugleich ein Beitrag zur Soziologie des sozialen Wandels. Stuttgart: Ferdinand Enke 1972. 332 S.
Grundlegende anspruchsvolle Abhandlung, die die Ergebnisse der sozialwissenschaftlichen Migrationsforschung kritisch wertet und zusammenfaßt und sich vor allem grundsätzlich mit einer 'Theorie der geographischen Mobilität' auseinandersetzt. Als Bezugsrahmen dienten der sozialökologische Ansatz und die Systemtheorie. Anknüpfend an die klassischen Ausführungen Emile DURKHEIMs über die soziale Arbeitsteilung sah es der Verfasser als wesentliche Aufgabe dieser Arbeit an, 'die Beziehungen zwischen sozialer Differenzierung, Arbeitsteilung, geographischer Mobilität und sozialem Wandel insgesamt aufzuzeigen'. Die drei Hauptabschnitte (Einführung, Wanderungsgründe und Folgen der Wanderung) zeichnen sich durch eine differenzierte (auch geographische) Betrachtungsweise und durch eine sehr gründliche Literaturkenntnis aus. Nützlich sind das umfangreiche Literaturverzeichnis (in dem allerdings zahlreiche geographische Beiträge zur Wanderungsforschung fehlen) und das Sachregister. Hei

HÄGERSTRAND, Torsten: Migration and area. Survey of a sample of Swedish migration fields and hypothetical considerations on their genesis. In: Migration in Sweden. A symposium. Lund: C.W.K. Gleerup 1957. S. 27-158. = Lund Studies in Geography, Ser. B, Nr. 13.
Grundlegende Untersuchung des Wanderungsverhaltens anhand detaillierter schwedischer Fallstudien (13 kleine Untersuchungsgebiete). Der umfangreiche deskriptive Teil enthält eine räumliche Analyse der Zu- und Abwanderung von 11 Beispielgemeinden und eine Untersuchung der historischen Entwicklung eines Wanderungsfeldes am Beispiel von Asby (ab 1840). Anschließend Formalisierung der Regelhaftigkeiten unter besonderer Berücksichtigung der Distanzvariablen und Entwicklung und Erprobung eines sog. 'Monte-Carlo-Simulationsmodells'. Die Studie hat auf die gesamte Kultur- und Sozialgeographie in verschiedener Hinsicht eine starke Innovationswirkung gehabt: Verhältnis Empirie/Modell, zufallsgesteuertes Simulationsmodell, logarithmische Kartentransformation zur Abbildung von Wanderungsfeldern. Blo

JANSEN, Paul Günter: Zur Theorie der Wanderungen. In: Zur Theorie der allgemeinen und der regionalen Planung. Bielefeld: Bertelsmann Universitätsverlag 1969. S. 149-163. = Beiträge zur Raumplanung 1.
Dieser knappe Beitrag stellt wichtige Wanderungsgründe und die generellen Auswirkungen von Wanderungen auf die räumliche Struktur der Wirtschaft heraus und gibt zugleich - vor allem anhand der Erörterung der Aussagekraft von Wanderungsmodellen - einen guten Überblick über neuere Ansätze und Ergebnisse sowie die Probleme der (sozialwissenschaftlichen) Wanderungsforschung. Hei

LANGENHEDER, Werner: Ansatz zu einer allgemeinen Verhaltenstheorie in den Sozialwissenschaften. Dargestellt und überprüft an Ergebnissen empirischer Untersuchungen über Ursachen von Wanderungen. Köln/Opladen: Westdeutscher Verlag 1968. 192 S.
Klar aufgebaute soziologische Untersuchung über Wanderungsursachen. Von einem verhaltenstheoretischen Standpunkt aus wird versucht, das Wanderungsverhalten durch allgemeine Verhaltenstheorien (HOMANS, LEWIN) zu erklären, indem deduktiv gewonnene Erklärungshypothesen empirisch getestet werden. Enthält ferner eine informative Zusammenstellung von Untersuchungsergebnissen über Wanderungsursachen. Blo

MORRILL, Richard L. und Forrest R. PITTS: Marriage, migration, and the mean information field: a study in uniqueness and generality. Siehe 6.2.

6.4
Bevölkerungs-
geographie /
Wanderungs-
forschung

Raum für Zusätze

RÖDER, Horst: Ursachen, Erscheinungsformen und Folgen regionaler Mobilität. Ansätze zu ihrer theoretischen Erfassung. Münster: Institut für Siedlungs- und Wohnungswesen der Universität 1974. 322 S. = Beiträge zum Siedlungs- und Wohnungswesen und zur Raumplanung 16.
Diese umfassende Darstellung trägt in weiten Teilen den Charakter eines Literaturberichts, der wichtige sozialwissenschaftliche theoretische Ansätze und Probleme der Analyse räumlicher Mobilität kritisch behandelt. Hei

ROSEMAN, Curtis C.: Migration as a spatial and temporal process. In: Annals of the Association of American Geographers 61, 1971, S. 589-598.
Kurze umfassende Darstellung der wesentlichen allgemeinen Aspekte bei der Erforschung des Wanderungsverhaltens: Informationsmechanismus, Entscheidungsprozeß, Standortnutzen, Zeitfaktor. Interessant ist die Berücksichtigung wöchentlicher Mobilitätszyklen (Aktionsraum) und die darauf bezogene Differenzierung von Nah- und Fernwanderung. Zahlreiche Literaturhinweise. Bu

▶ SZÉLL, György (Hrsg.): Regionale Mobilität. München: Nymphenburger Verlagshandlung 1972. 292 S. = Nymphenburger Texte zur Wissenschaft, Modelluniversität 10.
Lesenswerte Sammlung theoretischer, methodischer und empirischer sozialwissenschaftlicher Beiträge zur Mobilitätsforschung (insg. 11, darunter zum großen Teil deutsch übersetzte ausländische Arbeiten). Die Entwicklung der Wanderungsforschung wird auch durch ältere Darstellungen (.u.a. von E. G. RAVENSTEIN) repräsentiert. Besonders interessant erscheinen die Einleitung des Herausgebers ('Regionale Mobilität als Forschungsgegenstand') und die Beiträge von E. S. LEE über die Theorie der Wanderung und von M. TERMOTE über Wanderungsmodelle. Hei

VANBERG, Monika: Ansätze der Wanderungsforschung - Folgerungen für ein Modell der Wanderungsentscheidung. In: Untersuchungen zur kleinräumigen Bevölkerungsbewegung. Forschungsberichte des Arbeitskreises 'Soziale Entwicklung und regionale Bevölkerungsprognose' der Akademie für Raumforschung und Landesplanung. Hannover: Hermann Schroedel 1975. S. 3-20. = Veröffentlichungen der Akademie für Raumforschung und Landesplanung, Forschungs- und Sitzungsberichte 95.
Wichtiger methodologischer Beitrag der jüngeren sozialwissenschaftlichen Wanderungsforschung, der die Entwicklung eines individualtheoretischen Modells der Wanderungsentscheidung, in dem die Variablen 'Wahrnehmungen' und 'Einstellungen' die 'Mobilitätsbereitschaft' eines Individuums erklären sollen, begründet und knapp skizziert. Mit diesem Konzept wird eine 'systematische Deduktion von Annahmen über Wanderungsverhalten aus einer allgemeinen Handlungstheorie versucht'. Abschließend wird auch das Problem des als notwendig erachteten Übergangs von der Analyse individuellen Handelns zu aggregierten Größen und Aggregatmodellen kurz erörtert. Zur Lektüre wird spezielles fachliches Vorverständnis vorausgesetzt. Hei

WILLIS, Kenneth G.: Problems in migration analysis. Farnborough: Saxon House 1974. X, 247 S.
Umfassende, teilweise etwas anspruchsvolle Darstellung theoretischer Ansätze der Wanderungsforschung. Während im ersten Teil ökonomische, soziologische und planungswissenschaftliche Aspekte der Wanderungstheorie behandelt werden, stehen im zweiten Teil methodische Probleme der Wanderungsdaten und ihrer statistischen Analyse im Mittelpunkt: Regressionsverfahren, stochastische Prozesse (insb. Markov-Ketten), multivariate Verfahren und Schätz- und Prognoseverfahren. Bezieht sich weitgehend auf die Verhältnisse in Großbritannien. Blo

WOLPERT, Julian: Behavioral aspects of the decision to migrate. In: The Regional Science Association, Papers 15, 1965, S. 159-169. Auch

6.4
Bevölkerungs-
geographie /
Wanderungs-
forschung

Raum für Zusätze

in: Wayne K. D. DAVIES (Hrsg.): The conceptual revolution in geography. London: University of London Press 1972. S. 369-379. Auch in: George J. DEMKO, Harold M. ROSE und George A. SCHNELL (Hrsg.): Population geography: a reader. New York: McGraw-Hill 1970. S. 298-306.
Sehr anregender theoretischer Aufsatz über einen neuen Ansatz zu einem Wanderungsmodell, das den Aktionsraum des Menschen - unter Berücksichtigung der Konzepte der relativen Nützlichkeit von Standorten (place utility), der Lebenszyklen (life cycle) und des Informationsverhaltens (search behavior) im Zusammenhang mit der Klassifizierung spezifischer Bevölkerungsgruppen - als räumlichen Parameter bei der Wanderungsentscheidung verwenden soll. Weiterführende Literatur.
Bu

- Regionale Wanderungen

BÄHR, Jürgen: Migration im Großen Norden Chiles. Bonn: Dümmler 1975. 286 S., 7 Farbkarten. = Bonner Geographische Abhandlungen 50.
Sehr gründlich bearbeitete, methodisch interessante Fallstudie. Analysiert werden Wanderungsbewegungen im Großen Norden Chiles für einen Zeitraum von fünf Jahren unter Verwendung der Originalerhebungsbögen der Volkszählung 1970, die allerdings ausschließlich die Registrierung der Migranten am Zuzugsort gestattete. Methodisch bedeutsam ist der Versuch der Typisierung der Wanderungsströme mit Hilfe multivariater statistischer Verfahren (Faktorenanalyse, Distanzgruppierung). Dabei werden auch demographische und sozio-ökonomische Strukturmerkmale berücksichtigt. Abgeleitet werden daraus indirekt Aussagen über Wanderungsverhalten und -motive bestimmter sozialer Gruppen.
Hei

BOSE, Gerhard: Entwicklungstendenzen der Binnenwanderung in der DDR im Zeitraum 1953 bis 1965. In: Petermanns Geographische Mitteilungen 114, 1970, S. 117-131.
Der Binnenwanderungsprozeß in der DDR erweist sich vor allem als Land-Stadt-Wanderung mit einer deutlichen Bevorzugung der Mittel- und Großstädte sowie der Ballungsgebiete. Der Beitrag zeigt auf, daß der sozialistische Wohnungsbau den 'wichtigsten stimulierenden Einzelfaktor' für diese Wanderungsbewegungen darstellt.
Hei

BROWN, Lawrence A., John ODLAND und Reginald G. GOLLEDGE: Migration, functional distance, and the urban hierarchy. In: Economic Geography 46, 1970, S. 472-485.
Interessanter Ansatz einer quantitativen Analyse zwischenstädtischer Wanderungsverflechtungen. Durch eine Markov-Ketten-Analyse werden aus einer Matrix der Wanderungsströme zwischen 100 Stadtregionen der USA 'funktionale Distanzen' errechnet, aus denen sich eine klare hierarchische Anordnung des Städtesystems ergibt. Statistikkenntnisse erforderlich.
Blo

GATZWEILER, Hans Peter: Zur Selektivität interregionaler Wanderungen. Ein theoretisch-empirischer Beitrag zur Analyse und Prognose altersspezifischer interregionaler Wanderungen. Bonn: Bundesforschungsanstalt für Landeskunde und Raumordnung 1975. 175 S. = Forschungen zur Raumentwicklung 1.
Methodisch wichtiger Beitrag zur Erforschung der Ursachen und Folgen sowie zur Prognose der - bislang in der Wanderungsforschung stark vernachlässigten - altersspezifischen Selektivität von Wanderungen in der BRD (untersucht am Beispiel von vier Gebietseinheiten des Bundesraumordnungsprogramms). Der komplexe quantitative Ansatz der Arbeit, der zwar im einzelnen gut erläutert wurde, zum vollen Verständnis jedoch mathematisch-statistische Kenntnisse voraussetzt, geht aus von einfachen Gravitationsmodellen, die zu einem 'makroanalytischen Simulationsmodell' (ein auf der Theorie stochastischer Prozesse aufbauendes Markov-Modell) ausgebaut werden.
Hei

KÜHNE, Ingo: Die Gebirgsentvölkerung im nördlichen und mittleren

**5.4
Bevölkerungs-
geographie /
Wanderungs-
forschung**

Raum für Zusätze

Apennin in der Zeit nach dem Zweiten Weltkrieg. Unter besonderer Berücksichtigung des gruppenspezifischen Wanderungsverhaltens. Erlangen: Fränkische Geographische Gesellschaft in Kommission bei Palm & Enke 1974. 296 S., 21 Karten. = Erlanger Geographische Arbeiten, Sonderband 1.

Diese außerordentlich gründliche und methodisch vorbildliche geographische Regionalstudie basiert auf der detaillierten Analyse von 8 über den nördlichen und mittleren Apennin verteilten Beispielgebieten. Damit konnten räumlich und sozialgruppenspezifisch unterschiedliche Ausprägungen des Wanderungsverhaltens sowie auch die verschiedenen Folgeerscheinungen des Abwanderungsprozesses im Gebirge erfaßt werden. Die Arbeit zeichnet sich außerdem durch sehr gute themakartographische Darstellungen aus.   *Hei*

MABOGUNJE, Akin L.: Systems approach to a theory of rural-urban migration. In: Geographical Analysis 2, 1970, S. 1-18. Auch in: Paul Ward ENGLISH und Robert C. MAYFIELD (Hrsg.): Man, space, and environment. New York/London/Toronto: Oxford University Press 1972. S. 193-206.

Im Hinblick auf afrikanische Verhältnisse konzipiertes Modell der Land-Stadt-Wanderung, in dem durch die Anwendung systemtheoretischer Vorstellungen komplexe Wirkungszusammenhänge und Rückkoppelungsvorgänge abgebildet und erfaßt sind. Zeigt beispielhaft die Bemühungen um eine Weiterentwicklung der Wanderungstheorie.   *Blo*

NIPPER, Josef: Mobilität der Bevölkerung im Engeren Informationsfeld einer Solitärstadt. Eine mathematisch-statistische Analyse distanzieller Abhängigkeiten, dargestellt am Beispiel des Migrationsfeldes der Stadt Münster. Gießen: Geographisches Institut der Universität 1975. IX, 101 S. = Gießener Geographische Schriften 33.

Diese quantitativ-geographische Untersuchung geht der - in der geographischen Wanderungsforschung des deutschsprachigen Raumes wenig beachteten - Frage nach, 'welchen Einfluß distanzielle Komponenten auf die Mobilität der Bevölkerung ausüben und welches Gewicht diesen Komponenten im Vergleich zu sozio-ökonomischen beizumessen ist'. Von besonderer methodischer Bedeutung ist die Abgrenzung des 'Engeren Informationsfeldes' von Münster mit Hilfe sog. 'Informationsdistanzen', innerhalb dessen die Abhängigkeit der Wanderungen von der realen räumlichen Distanz und der Informationsdistanz untersucht wird. Die Arbeit vermittelt eine vorzügliche, wenn auch anspruchsvolle Einführung in die theoretischen Grundlagen und methodischen Ansätze der modernen Wanderungsforschung. Zum vollen Verständnis sind Grundkenntnisse der multivariaten Statistik erforderlich.   *Hei*

SCHÖLLER, Peter: Japanische Regionalzentren im Prozeß der Binnenwanderung. In: Erdkunde 24, 1970, S, 106-112.

Knapp gefaßte Untersuchung der großstadtgerichteten Land-Stadt-Wanderung in Japan. Anhand einer Analyse der Zuwanderungsfelder von 5 ausgewählten Regionalzentren wird eine Wandlung von der früheren stark industriell bedingten Wanderung zur 'echten Stadtwanderung', die durch die Funktionsvielfalt der Städte hervorgerufen wird, festgestellt.   *Blo*

SCHÖLLER, Peter: Wanderungszentralität und Wanderungsfolgen in Japan. In: Erdkunde 27, 1973, S. 290-298.

Diese an frühere Untersuchungen des Verfassers (vgl. auch 'Binnenwanderung und Städtewachstum in Japan' in: Erdkunde 22, 1968, S. 13-29, sowie den vorangehenden Aufsatz) anknüpfende Studie untersucht 1) am Beispiel der Bergbaustadt Numata in Hokkaido die Wirkungen und Konsequenzen der Binnenwanderung in Abwanderungsgebieten und städtischen Konzentrationsbereichen sowie 2) den Zusammenhang zwischen Größe, Rang, Funktionsstellung und Wachstum der Präfektur-Hauptorte und Regionalzentren, wobei vor allem der Prozeß der 'Selbstverstärkung der Regionalzentren' herausgestellt wird.   *Hei*

6.4 Bevölkerungsgeographie / Wanderungsforschung

Raum für Zusätze

- Innerstädtische Wanderungen

BECK, Hartmut: Neue Siedlungsstrukturen im Großstadt-Umland, aufgezeigt am Beispiel von Nürnberg-Fürth. Siehe 6.13.

BÖHM, Hans, Franz-Josef KEMPER und Wolfgang KULS: Studien über Wanderungsvorgänge im innerstädtischen Bereich am Beispiel von Bonn. Bonn: Dümmler 1975. XIII, 139 S. = Arbeiten zur Rheinischen Landeskunde 39.
Umfangreicher Bericht über die Ergebnisse eines mehrjährigen bevölkerungsgeographischen Forschungsprojektes am Geographischen Institut Bonn. Die Hauptziele sind 1) die detaillierte Erfassung der innerstädtischen Wanderungsströme in ihrer Zusammensetzung nach Bevölkerungsgruppen und in ihren kleinräumigen Verflechtungen, 2) Darstellung der durch die Wanderungen hervorgerufenen Selektions- und Segregationsvorgänge sowie 3) Analyse der wanderungsbedingten Prozesse der innerstädtischen Differenzierung. Die Studie zeichnet sich aus durch eine bewußte theoretische Vertiefung, indem die Übertragung angelsächsischer Modellvorstellungen geprüft wird und daraus Hypothesen abgeleitet werden, sowie durch eine ungewöhnlich umfangreiche Anwendung moderner mathematisch-statistischer Analyseverfahren (insb. Faktorenanalysen, Distanzgruppierungen, Diskriminanzanalyse u.a.). Die Arbeit bildet zweifellos einen der wichtigsten neueren Forschungsansätze zur Wanderungsforschung; allerdings verlangt die Lektüre nicht nur erhebliche statistische Vorkenntnisse, sondern auch eine hohe Bereitschaft zur Einarbeitung in die spröde Materie der demographischen Daten und der daraus abgeleiteten zahlreichen Indizes und Faktoren, die durch eine Vielzahl von Tabellen und Gitternetz-Kartogrammen dargestellt sind. Blo

BROWN, Lawrence A. und Eric G. MOORE: The intra-urban migration process: a perspective. In: Geografiska Annaler 52 B, 1970, S. 1-13.
Die Autoren vertreten eine betont verhaltenswissenschaftliche Konzeption geographischer Wanderungsforschung und entwerfen ein System von Fragestellungen und Forschungshypothesen, die sich stark an soziologische und sozialpsychologische Konzepte anlehnen und die individuellen Wanderungsentscheidungen in den Mittelpunkt stellen. Dieser Entscheidungsprozeß wird zerlegt in eine erste Phase, in der die Entscheidung für die Suche einer neuen Wohnung gefällt wird, und in eine zweite Phase, in der ein neuer Wohnstandort gesucht und schließlich die Umzugsentscheidung getroffen wird. Blo

IBLHER, Gundel: Wohnwertgefälle als Ursache kleinräumiger Wanderungen untersucht am Beispiel der Stadt Zürich. Göttingen: Vandenhoeck & Ruprecht 1974. XXII, 209 S. = Beiträge zur Stadt- und Regionalforschung 8.
Empirische Untersuchung der Wanderungsvorgänge innerhalb der Stadtregion Zürich, insbesondere der Abwanderung aus der Kernstadt in die Ballungsrandzone. Nach einem knappen Resümee theoretischer Ansätze zur Erklärung von Wanderungen und nach einer kurzen Beschreibung der Bevölkerungsentwicklung in der Region Zürich wird über Anlage, Durchführung und Ergebnisse einer Befragung von 'Abwanderern' berichtet, die Aufschlüsse über deren Sozialstruktur, soziale Umwelt, Wohnbedingungen, Wohnortbewertung und Einstellungen zum Wohnungswechsel erbringt. Blo

SCHAFFER, Franz: Untersuchungen zur sozialgeographischen Situation und regionalen Mobilität in neuen Großwohngebieten am Beispiel Ulm-Eselsberg. Siehe 6.13.

- Regionale Präferenzen und Wanderungen

MONHEIM, Heiner: Zur Attraktivität deutscher Städte. Einflüsse von Ortspräferenzen auf die Standortwahl von Bürobetrieben. Siehe 6.10.

6.4
Bevölkerungs-
geographie /
Wanderungs-
forschung

Raum für Zusätze

RUHL, Gernot: Das Image von München als Faktor für den Zuzug. Siehe 6.10.

ZIMMERMANN, Horst, unter Mitarbeit von Klaus ANDERSECK, Kurt REDING und Amrei ZIMMERMANN: Regionale Präferenzen. Wohnortorientierung und Mobilitätsbereitschaft der Arbeitnehmer als Determinanten der Regionalpolitik. Bonn: Gesellschaft für Regionale Strukturentwicklung 1973. XXXII, 251 S., 145 Tabellen und Fragebogen im Anhang. = Gesellschaft für Regionale Strukturentwicklung, Schriftenreihe, Band 2.
Gründliche empirische Untersuchung des sonst wenig beachteten Problems der Arbeitnehmermobilität im Rahmen von Raumplanung und Regionalpolitik. Behandelt werden regionale Präferenzen (für einzelne Bundesländer, für spezielle Ortstypen, für eigene Wohnorte, für Infrastruktureinrichtungen) sowie die Zusammenhänge mit der Mobilitätsbereitschaft. Nach einem einführenden theoretischen Kapitel besteht der Hauptteil aus einer detaillierten Darstellung der Ergebnisse einer Befragung, während zum Schluß regionalpolitische Folgerungen abgeleitet werden. Umfangreicher Anhang mit Tabellen und Fragebogen.
Blo

- Mobilität und Integration ausländischer Arbeitnehmer

HOFFMANN-NOWOTNY, Hans-Joachim: Soziologie des Fremdarbeiterproblems. Eine theoretische und empirische Analyse am Beispiel der Schweiz. Stuttgart: Ferdinand Enke 1973. XII, 377 S.
Umfangreiche soziologische Untersuchung. Ziel ist die Aufstellung von Gesetzmäßigkeiten zur Erklärung der sozialen Situation von eingewanderten Minderheiten, basierend auf den Ergebnissen einer Befragung von Einheimischen und Italienern in Zürich. Gemäß dem zugrunde gelegten systemtheoretischen Ansatz wird nicht nur die 'Reaktion der eingewanderten Minorität' analysiert, sondern auch die 'Reaktion der autochthonen Majorität' und die Interaktion zwischen beiden. Die theoretisch ausgerichtete Denkweise und Sprache stellen einige Anforderungen.
Blo

PULS, Willi Walter: Gastarbeiter oder Einwanderer? In: Geographische Rundschau 27, 1975, S. 49-60.
Informativer Diskussionsbeitrag zur Problematik der Entwicklung der Beschäftigung und Integration von Ausländern sowie zur (regionalisierten) Ausländerpolitik in der BRD. Diskutiert werden vor allem die Vor- und Nachteile der Zuzugsbegrenzung ('Plafondierung'), des befristeten Aufenthalts mit anschließendem Austausch ('Rotation') und des zeitlich unbegrenzten Aufenthalts mit Eingliederung der Ausländer in Staat und Gesellschaft ('Integration').
Hei

SCHILDMEIER, Angelika: Integration und Wohnen. Analyse der Wohnsituation und Empfehlungen zu einer integrationsgerechten Wohnungspolitik für ausländische Arbeitnehmer und ihre Familien. Hamburg: Hammonia 1975. 135 S. = GEWOS-Schriftenreihe, N.F. 14.
Soziologische Untersuchung der Integrationsprobleme der Gastarbeiter in der BRD. Nach einer Analyse der sozialen Situation im allgemeinen und der Wohnsituation im besonderen werden verschiedene Integrationsmodelle diskutiert und Empfehlungen für eine integrationsorientierte Wohnungspolitik abgeleitet.
Blo

SCHRETTENBRUNNER, Helmut: Gastarbeiter, ein europäisches Problem aus der Sicht der Herkunftsländer und der Bundesrepublik Deutschland. Frankfurt: Moritz Diesterweg 1971. 140 S. = Themen zur Geographie und Gemeinschaftskunde. 7,80 DM.
Für den Oberstufenunterricht konzipierte sozialgeographische Darstellung, die sich durch eine bewußte zweiseitige Perspektive (insb. der Herkunftsländer!) auszeichnet. Basierend auf eigenen empirischen Untersuchungen werden in didaktisch geschickter Weise allgemeine Aspekte mit lokalen Beispielen (und persönlichen Dokumenten) verknüpft. Bedingt durch den Erscheinungstermin kann leider nur die Entwicklung

**6.4
Bevölkerungs-
geographie /
Wanderungs-
forschung**

Raum für Zusätze

bis 1967/68 berücksichtigt werden. Blo

- (Berufs-)Pendelwanderung

GANSER, Karl: Pendelwanderung in Rheinland-Pfalz. Struktur, Entwicklungsprozesse und Raumordnungskonsequenzen. Mainz: Staatskanzlei Rheinland-Pfalz, Oberste Landesplanungsbehörde 1969. 68 S.
Als Gutachten für die Staatskanzlei Rheinland-Pfalz angefertigte umfassende Analyse, die sich zum größten Teil auf die Daten der amtlichen Pendlerstatistik stützt, jedoch ergänzt durch regional begrenzt eigene Befragungen nach den Motivhintergründen. Hervorzuheben ist der methodische Ansatz, der über eine Beschreibung und Typisierung hinaus geht und die menschlichen Verhaltensentscheidungen mit in die Betrachtung einbezieht und so die Pendelwanderung mit sozialgeographischen Fragestellungen verknüpft. Die Zustandsanalyse wird ergänzt durch die Herausarbeitung von Entwicklungsprozessen (einschl. Prognose) und Schlußfolgerungen für die Landesplanung. Bemerkenswert sind ferner die 6 beigegebenen Themakarten. Blo

KLINGBEIL, Detlev: Zur sozialgeographischen Theorie und Erfassung des täglichen Berufspendelns. In: Geographische Zeitschrift 57, 1969, S. 108-131.
Theoretisch ausgerichteter Versuch einer Systematisierung sozialgeographischer Aspekte zum Problem des Berufspendelns. Behandelt werden Ursachen und Aktionsreichweiten des Pendelns sowie eine Typisierung von Pendlerräumen hinsichtlich ihrer Stabilität/Labilität und regionalen Struktur. Verzichtet weitgehend auf empirische Anwendung. Blo

KREIBICH, Volker: Möglichkeiten und Probleme bei der Konstruktion von Modellen zur Simulation der Wahl des Arbeitsortes. In: Bevölkerungs- und Sozialgeographie. Deutscher Geographentag in Erlangen 1971. Ergebnisse der Arbeitssitzung 3. Kallmünz/Regensburg: Michael Lassleben 1972. S. 63-70. = Münchner Studien zur Sozial- und Wirtschaftsgeographie 8.
Ausgehend von verhaltens- bzw. entscheidungstheoretischen Grundüberlegungen zur Sozialgeographie wird das Pendelverhalten in einem großstadtnahen Raum (bei München) analysiert. Mit Hilfe einer Cluster-Analyse werden Gruppen unterschiedlichen Pendelverhaltens und mit Hilfe einer Faktorenanalyse Gemeindetypen des Untersuchungsraumes ermittelt. Blo

UTHOFF, Dieter: Der Pendelverkehr im Raum um Hildesheim. Eine genetische Untersuchung zu seiner Raumwirksamkeit. Göttingen: Geographisches Institut der Universität 1967. 250 S., 34 Karten. = Göttinger Geographische Abhandlungen 39.
Monographisch angelegte Studie, die am Beispiel von Hildesheim eine Vielzahl geographischer Aspekte zum Thema Pendelverkehr behandelt. Nach einführenden begrifflichen und statistischen Erörterungen und einer landeskundlichen Skizze des Untersuchungsgebiets stehen die Entwicklung (seit 1939) und die Sozialstruktur der Hildesheimer Ein- und Auspendler sowie die Pendlerverflechtungen im Umkreis im Mittelpunkt. Abschließend werden die Ausbildungspendler und die Auswirkungen des Pendelverkehrs auf die Kulturlandschaft betrachtet. UTHOFF stellt die Problematik des (durch das Überschreiten von Gemeindegrenzen definierten) statistischen Pendlerbegriffs heraus und verwendet an Stelle von 'Pendelwanderung' den Begriff 'Pendelverkehr'. Blo

- Bibliographie zur Wanderungsforschung

WELCH, Ruth: Migration research and migration in Britain. Birmingham: Centre for Urban and Regional Studies, The University of Birmingham 1970. 69 S. = Occasional Papers 14.
Diese Auswahlbibliographie, deren Titel unter verschiedensten Gesichtspunkten gegliedert und jeweils mit einem Kurzkommentar versehen wurden, gibt nicht nur einen guten Überblick über den Stand der

**6.4
Bevölkerungs-
geographie /
Wanderungs-
forschung**

Raum für Zusätze

regionalen Wanderungsforschung in Großbritannien, sondern ermöglicht zugleich einen Einstieg in wichtige methodische und konzeptionelle Beiträge zu diesem im englischsprachigen Raum breit entwickelten geographischen Forschungszweig.　　　　　　　　　　　　　　　Hei

Darstellungen zur Bevölkerungskartographie

ARNBERGER, Erik: Literatur zur Methode der kartographischen Darstellung des Bevölkerungswesens. Verteilung, Dichte, natürliche Entwicklung und Wanderung, ethnische und sprachliche Zusammensetzung, Struktur. Siehe 4.3.

KELNHOFER, Fritz: Beiträge zur Systematik und allgemeinen Strukturlehre der thematischen Kartographie, ergänzt durch Anwendungsbeispiele aus der Kartographie des Bevölkerungswesens. Siehe 4.3.

PLAPPER, Wolfgang: Die kartographische Darstellung von Bevölkerungsentwicklungen. Veranschaulicht am Beispiel ausgewählter Landkreise Niedersachsens, insbesondere des Landkreises Neustadt am Rübenberge. Bonn - Bad Godesberg: Bundesforschungsanstalt für Landeskunde und Raumordnung 1975. 49 S., 9 Farbkarten als Beilage. = Forschungen zur deutschen Landeskunde 206.
Diese knapp formulierte Arbeit behandelt zunächst allgemeine kartographische Aspekte der Genesedarstellung, sodann speziell das Problem der kartographischen Darstellung von Bevölkerungsentwicklungen. Besonders interessant ist der Versuch der Entwicklung und Darstellung von 'Typen der Zu- und Abwanderung in den Gemeinden', wobei Diagramme die Grundlage bildeten. Die vom Verfasser entwickelten Farbkarten zeichnen sich durch gute Farbabstufungen aus.　　　Hei

▶ WITT, Werner: Bevölkerungskartographie. Hannover: Gebrüder Jänecke 1971. 190 S. = Veröffentlichungen der Akademie für Raumforschung und Landesplanung, Abhandlungen 63.
Gelungener Versuch eines breit angelegten Überblicks über den Stand und die Möglichkeiten der Bevölkerungskartographie, die als selbständiger Forschungsbereich betrachtet wird. Die Kenntnis der Regeln der allgemeinen thematischen Kartographie wird vorausgesetzt. Behandelt werden folgende Aspekte: 1) Bevölkerung und Raum als kartographische Aufgabe (Bevölkerungsverteilung, -veränderung, -dichte, Verdichtungsgebiete, Bevölkerungsprognosen), 2) Bevölkerungsstruktur (von der generativen Struktur über Erwerbs-, Sozial-, Wohnungs- und Siedlungsstruktur bis hin zu Rassen, Sprachen, Nationalitäten), 3) Bevölkerungsmobilität und Bevölkerungsdynamik (natürliche und räumliche Bevölkerungsbewegung, wirtschaftliche und soziale Mobilität).　　Hei

WITTHAUER, Kurt: Das Flächen-Bevölkerungs-Diagramm 1970. In: Petermanns Geographische Mitteilungen 115, 1971, S. 299-303.
Das Hauptanliegen dieses knappen Beitrages ist die übersichtliche Darstellung der Grunddaten für Fläche und Bevölkerung der Länder der Erde in einem Streuungsdiagramm. Da die Größenordnungen sehr stark streuen, wurden die Achsen des Diagramms logarithmisch unterteilt, wobei auf der Abszisse die Flächen und auf der Ordinate die Bevölkerungszahlen abgetragen wurden. Dadurch werden die Linien gleicher Bevölkerungsdichte zu Parallelen.　　　　　　　　　　　Hei

Bevölkerungsstatistik

- Lehrbuch

FEICHTINGER, Gustav: Bevölkerungsstatistik. Berlin/New York: Walter de Gruyter 1973. 151 S.
Klar verständliches, weitgehend voraussetzungsloses einführendes Lehrbuch mit präzisen Begriffsdefinitionen und anschaulichen Beispielen. Behandelt werden ausschließlich Methoden zur Analyse rein demographischer Prozesse; bevölkerungsgeographische Fragestellungen

6.4
Bevölkerungs-
geographie /
Wanderungs-
forschung

Raum für Zusätze

(Beziehungen zu Raum- und Umweltfaktoren, Bevölkerungsverteilung, Wanderung) werden nicht berücksichtigt.
Bu

- Regionale Bevölkerungsprognose

DHEUS, Egon: Die regionale Bevölkerungsprognose. Methode und Aussage mit Beispielen aus München. In: Geographische Rundschau 21, 1969, S. 434-439.
Der knappe Beitrag beschreibt in leicht verständlicher Form die Probleme und methodischen Grundlagen für die zuverlässige Vorausberechnung der regionalen Bevölkerungsentwicklung, die Möglichkeiten für Anschlußprognosen und die Überleitung in Wirtschafts- und Verkehrsvorausschätzungen sowie auch den Anwendungswert derartiger Prognosen für die Stadtentwicklungsplanung am Beispiel von München. Vgl. dazu auch die umfassendere Darstellung des gleichen Verfassers 'Münchener Entwicklungsprognose' in einem Sonderheft der Reihe 'Münchener Statistik', Jg. 1967.
Hei

MÄLICH, Wolfgang: Analyse und Prognose räumlicher Bevölkerungsverteilungen und ihrer Veränderungen. Berlin: Duncker & Humblot 1973. 120 S. = Schriften zu Regional- und Verkehrsproblemen in Industrie- und Entwicklungsländern 14.
Komprimierter Ansatz zur Entwicklung regionalisierter Bevölkerungsprognosen auf modelltheoretischer Grundlage unter Anwendung der Graphentheorie. Die Ergebnisse des ausführlichen theoretischen Teils werden anschließend an Beispielen empirisch überprüft.
Bu

MASSER, Ian: Analytical models for urban and regional planning. Siehe 7.1.

SCHWARZ, Karl: Methoden der Bevölkerungsvorausschätzung unter Berücksichtigung regionaler Gesichtspunkte. Hannover: Hermann Schroedel 1975. 216 S. = Veröffentlichungen der Akademie für Raumforschung und Landesplanung, Taschenbücher zur Raumplanung 3.
Gute kritische und anschauliche Zusammenstellung demographischer bzw. statistischer Methoden, die für regionale Bevölkerungsprognosen wichtig sind. Berücksichtigt wurden auch die Hauptmethoden für Vorausschätzungen des Arbeitskräftepotentials, der Zahl der Schüler und der Anzahl von Haushalten.
Hei

- Indizes räumlicher Bevölkerungsverteilungen

SCHWARZ, Karl: Meßzahlen zur Beurteilung der räumlichen Verteilung der Bevölkerung im Bundesgebiet. In: Wirtschaft und Statistik Jg. 1970, Heft 7, S. 337-342.
Leicht verständliche Darstellung der Berechnung und Aussagekraft folgender wichtiger Maßzahlen bzw. Indizes zur Charakterisierung räumlicher Bevölkerungsverteilungen am Beispiel der BRD: Bevölkerungsdichte, Arealitätsziffer (Flächendichte), Abstandsziffer (durchschnittlicher Abstand), Bevölkerungsschwerpunkt, Zentralpunkt und Bevölkerungsverteilungsindex (Agglomerationsindex).
Hei

- Bevölkerungsstatistische Quellen (vgl. 8.2 und 8.3)

United Nations, Department of Economic and Social Affairs, Statistical Office (Hrsg.): Demographic Yearbook. Siehe 8.3

WITTHAUER, Kurt: UNO-Jahrbücher als Grundlage aktueller Bevölkerungszahlen. Siehe 8.3.

6.5 Politische Geographie

Einführende Darstellungen

BOESLER, Klaus-Achim: Gedanken zum Konzept der politischen Geographie. In: Die Erde 105, 1974, S. 7-33.
Eine programmatische Arbeit zu Forschungsansatz und Methode der Politischen Geographie. Der Verfasser versteht sie als Lehre von der raumwirksamen Staatstätigkeit und betont die Bedeutung angewandter Forschung, wobei alternative Möglichkeiten staatlicher Entwicklungsplanung als Entscheidungshilfen für Planungsinstanzen zu erarbeiten sind. Einen Schwerpunkt bildet die Untersuchung der tatsächlichen Raumwirksamkeit von Staatsmitteln. Als Beispiel wird eine empirische Untersuchung zur Entwicklung der Infrastruktur im Rhein-Neckar-Gebiet behandelt. Für die Bewertung von Planungsvorhaben werden Planspiel-Simulationsmodelle als Forschungsansatz diskutiert.   Bey

PRESCOTT, John R. V.: The geography of state policies. London: Hutchinson University Library 1968. 206 S.
Eine Untersuchung der Beziehungen zwischen Raumstruktur und staatlicher Politik. Dabei werden sowohl die Einflüsse geographischer Faktoren auf politische Entscheidungen als auch der Einfluß politisch bestimmter Maßnahmen auf den Raum behandelt. Raumbezüge von internationalen Beziehungen, Militärpolitik, Probleme der inneren Verwaltung und der innerstaatlichen Entwicklung werden angesprochen.   Bey

PRESCOTT, John R. V.: Political geography. 13. Aufl. London: Methuen 1972. 124 S. Deutsche Übersetzung unter dem Titel: Einführung in die Politische Geographie. München: Beck 1975. 143 S. = Beck'sche Elementarbücher. 16,80 DM.
Diese Übersetzung der 'Political geography' von 1972 befaßt sich mit Fragestellungen und Methoden der Politischen Geographie, wobei sich der Verfasser besonders um eine Einbindung der neuesten Forschungsentwicklung dieser Disziplin in das Gesamtgebiet der Geographie bemüht. Die Forschungsbereiche Grenzsäume und Grenzlinien, Wahlgeographie sowie die Beziehungen zwischen Politischer Geographie und Politik werden als Schwerpunkte betrachtet und ausführlich behandelt. Einzige moderne kürzere Darstellung der Politischen Geographie in deutscher Sprache.   Bey

SCHWIND, Martin: Die Aufgaben einer Politischen Geographie in neuer Sicht. In: Geographische Rundschau 22, 1970, S. 97-103.
Knapper Diskussionsbeitrag zum Selbstverständnis der Politischen Geographie, die hier als 'Staatengeographie' konzipiert wird. SCHWIND wendet sich u.a. gegen deterministische (RATZEL), biologistische (GOBLET) und geopolitische (A. HAUSHOFER) 'Abwege' der Politischen Geographie und formuliert statt dessen 3 'Fragenkreise' einer 'Geographie der Staaten', wobei den landschaftlichen, physiognomischen und funktionalen Auswirkungen der Staatstätigkeit auf die geographische Umwelt eine zentrale Rolle zukomme.   Blo

Ein Klassiker der Politischen Geographie

RATZEL, Friedrich: Politische Geographie. 3. Aufl. München/Berlin: R. Oldenbourg 1923 (^{1}1897). 626 S.
Der Verfasser hat mit diesem wissenschaftsgeschichtlich wichtigen Werk die wissenschaftliche Politische Geographie begründet. Das Ziel ist die Erfassung des Wesens eines Staates in seinen räumlichen Dimensionen und Abhängigkeiten. Obwohl deterministische Abhängigkeiten und das Begreifen des Staates als Organismus manche Fehlentwicklungen, insbesondere der späteren Geopolitik, beeinflußten, enthält

6.5
Politische
Geographie

Raum für Zusätze

dieser Band doch viele, auch von der heutigen Politischen Geographie verwandte Gedanken, wenn sie auch teilweise, wie etwa die Rückwirkung des Staates auf die Landschaft, bei RATZEL eine untergeordnete Rolle spielen.
Bey

Zur jüngeren Entwicklung der Politischen Geographie

CZAJKA, Willi: Die Wissenschaftlichkeit der politischen Geographie. In: Geographisches Taschenbuch 1960/61, S. 464-487.
Untersucht werden Entstehung, Aufgaben, Methoden und heutige Situation der Politischen Geographie. Besondere Aufmerksamkeit widmet der Verfasser der wissenschaftlichen Entwicklung dieser Disziplin, die er in engem Zusammenhang mit den geistesgeschichtlichen Ideen der jeweiligen Zeit sieht. Auch wird die Stellung der Politischen Geographie im System der Geographie und anderer Teildisziplinen, insb. der Sozialgeographie, angesprochen.
Bey

HARTSHORNE, Richard: The functional approach in political geography. In: Annals of the Association of American Geographers 40, 1950, S. 95-130.
Der Verfasser entwickelt einen Forschungsansatz zur Politischen Geographie, dem er am ehesten eine Bedeutung als Erkenntnis- und Entscheidungshilfe zur Lösung aktueller Probleme zubilligt. Wichtigste Aufgabe ist die Differenzierung der Teilräume einer politischen Einheit, wobei wechselseitige funktionale Zusammenhänge zwischen Gesamtstaat und seinen Teilräumen bzw. zwischen letzteren und anderen politischen Einheiten im Mittelpunkt der Betrachtung stehen.
Bey

SCHÖLLER, Peter: Wege und Irrwege der Politischen Geographie und Geopolitik. In: Erdkunde 11, 1957, S. 1-20.
Eine kritische Auseinandersetzung mit der Entwicklung und heutigen Situation der Politischen Geographie und Geopolitik. Der Verfasser stellt die unbedingte Notwendigkeit der Wissenschaftlichkeit und Sauberkeit der Forschungsmethoden heraus, wogegen insbesondere in der Geopolitik verstoßen wurde. Für die Politische Geographie werden weiterführende Zukunftswege und Forschungsaufgaben aufgezeigt und die enge Verbindung mit der Kultur- und Sozialgeographie betont. Bey

Umfassende Gesamtdarstellungen, Lehrbücher und Sammelbände zur Politischen Geographie

DE BLIJ, Harm J.: Systematic political geography. 2. Aufl. New York: John Wiley 1973 (^{1}1967). 485 S.
Dieses Lehrbuch der Politischen Geographie berücksichtigt gleichermaßen ihre Entwicklung und Methoden als auch Einzelbeispiele und aktuelle politische Fragen. In seine systematisierende eigene Darstellung hat der Verfasser einige (ca. 1/4 des Gesamtumfanges) methodisch oder wissenschaftsgeschichtlich wichtige Artikel anderer Autoren ungekürzt einbezogen, mit denen er sich ausführlich auseinandersetzt.
Bey

FISHER, Charles A. (Hrsg.): Essays in political geography. London: Methuen 1968. 387 S.
Diese Aufsatzsammlung besteht aus insgesamt 18 Beiträgen überwiegend englischer und amerikanischer Autoren sowie einem Einführungskapitel zur Entwicklung der Politischen Geographie. Den Schwerpunkt bilden politisch-geographische Probleme ehemaliger Kolonialgebiete, wobei Fragen der zwischenstaatlichen Grenzen und der inneren Verwaltungsgliederung im Vordergrund stehen. Hinzu kommen einige Beiträge zu globalen Fragen der Politischen Geographie.
Bey

JACKSON, W. und A. DOUGLAS (Hrsg.): Politics and geographic relationships. Readings on the nature of political geography. Englewood Cliffs, N.J.: Prentice-Hall 1964. 411 S.
In dieser Aufsatzsammlung sind Arbeiten verschiedener Autoren, über-

6.5 Politische Geographie

Raum für Zusätze

wiegend Geographen, aber auch Politologen, abgedruckt. Ziel des Herausgebers ist es, einen Einblick in die verschiedenen Fragestellungen der Politischen Geographie zu geben, wobei diese sehr weit gefaßt wird.
    Bey

KASPERSON, Roger E. und Julian V. MINGHI (Hrsg.): The structure of political geography. Chicago: Aldine 1969. 527 S.
Der Band besteht aus 40 Beiträgen verschiedener Autoren und 5 ausführlichen Kapiteleinführungen. Die Herausgeber verfolgen das Ziel, einen Überblick über System und Forschungsziele der Politischen Geographie zu geben und sie in Beziehung zu neuen Entwicklungen der Geographie und Sozialwissenschaften zu setzen. So finden u.a. Fragen der Zentralität, der innerstaatlichen Integration, von Wahlverhalten und Image Beachtung. Kann von den Aufsatzsammlungen besonders empfohlen werden.
    Bey

POUNDS, Norman J. G.: Political geography. New York: McGraw-Hill 1963. 422 S.
In diesem Lehrbuch zur Politischen Geographie analysiert der Verfasser die Wechselbeziehungen zwischen geographischer Ausstattung, Politik und Staatsmacht. Dabei werden sowohl außenpolitisch wirksame Faktoren wie Handel, Stützpunkte, Kolonien und Bündnisse als auch innerstaatliche Grundlagen der Macht, wie Lage, Bevölkerung und Wirtschaft untersucht.
    Bey

SCHWIND, Martin: Allgemeine Staatengeographie. Berlin/New York: Walter de Gruyter 1972. 585 S. = Lehrbuch der Allgemeinen Geographie 8.
Es wird ein Überblick zu Entwicklung und Untersuchungsobjekten der Politischen Geographie gegeben. Allgemeine Gesichtspunkte werden anhand zahlreicher Beispiele entwickelt und erläutert sowie Typisierungen der Staaten nach verschiedenen Kriterien erarbeitet. Einer Analyse von äußeren Formen, der natürlichen und kulturellen Ausstattung der Staaten folgt die Darstellung raumwirksamer staatlicher Kräfte und Organisationen sowie der Auswirkungen staatlicher Tätigkeit auf den Raum. Letztere sieht der Autor als individuelle Antwort des Staates auf die räumlichen Gegebenheiten, wobei die Annahme jeglicher Zwangsläufigkeit abgelehnt wird.
    Bey

Weltpolitik und Staatensysteme

BUCKHOLTS, Paul: Political geography. New York: Ronald Press 1966. 534 S.
Im Mittelpunkt der Darstellung stehen die wirtschaftliche Situation und Entwicklung der Staaten und damit verbundene soziale Fragen. Eine beherrschende Rolle spielt dabei der Ost-West-Vergleich, wobei zu jedem Themenkreis - z.B. Bodenschätze, Industriepotential, Verkehrsanlagen, Landwirtschaft - als Beispiele die USA, die UdSSR und jeweils verschiedene andere Staaten nacheinander behandelt und verglichen werden.
    Bey

FOCHLER-HAUKE, Gustav: Die geteilten Länder. Krisenherde der Weltpolitik. München: Rütten + Loening 1967. 349 S.
Unter dem zentralen Gesichtspunkt der Teilung von Staaten, ihrer Ursachen, Auswirkungen und Versuchen zu ihrer Überwindung, werden nacheinander 9 Beispielräume behandelt. Ein abschließendes vergleichendes Kapitel stellt die Verbindung zur innerdeutschen Problematik her. Geschichte, Kultur und die politischen Perspektiven der Gegenwart in den betroffenen Gebieten werden in engem Zusammenhang mit den räumlichen Auswirkungen, insbesondere in wirtschaftlicher Hinsicht, gesehen.
    Bey

FOCHLER-HAUKE, Gustav: Das politische Erdbild der Gegenwart. Berlin: Safari 1968. 408 S.
Regional in fünf Gruppen zusammengefaßt werden die Staaten der Drit-

6.5
Politische
Geographie

Raum für Zusätze

ten Welt nach ihren gegenwärtigen politischen, sozialen und wirtschaftlichen Problemen behandelt. Der Autor charakterisiert die jeweilige politisch-wirtschaftlich tonangebende Schicht und die Versuche, eigene Regierungsformen zu finden, und sieht den Problemkreis 'Entwicklungsländer' in einem größeren weltpolitischen Rahmen, insb. des Ost-West-Konfliktes.
Bey

RUTZ, Werner: Afrika - Zersplitterung und Ordnung seiner Völker und Staaten. In: Ostafrikanische Studien (Festschrift E. WEIGT). Nürnberg: Wirtschafts- und Sozialgeographisches Institut der Universität 1968. S. 328-343. = Nürnberger Wirtschafts- und Sozialgeographische Arbeiten 8.
Der Verfasser betont die Deckungsungleichheit von Stammesgebieten als größten ethnischen Einheiten Schwarzafrikas und den politischen Territorien. Als Maß der Zerschneidung und Verschiedenartigkeit der jeweiligen Staatsbevölkerung wird ein ethnischer Abweichungsquotient errechnet, der für Schwarzafrika im Vergleich zu anderen Staatengruppen extrem hoch ausfällt.
Bey

Spezielle Aspekte

- Grenzen

PRESCOTT, John R. V.: The geography of frontiers and boundaries. London: Hutchinson University Library 1967. 190 S.
Das in der politisch-geographischen Literatur vielbehandelte Thema der Grenzen, ihrer Entstehung und räumlichen Wirkung wird sowohl methodisch als auch an Einzelbeispielen diskutiert. Es sind dabei 'frontiers' als Grenzsäume und 'boundaries' als Grenzlinien zu unterscheiden. Der Autor behandelt die Problematik des Raumes beiderseits der Grenzen, der 'borderlandscapes', außerdem innerstaatliche Grenzen und die Ursachen von Grenzstreitigkeiten. Die historische Entwicklung steht im Vordergrund der Betrachtungen.
Bey

- Raumwirksame Staatstätigkeit

BOESLER, Klaus-Achim: Kulturlandschaftswandel durch raumwirksame Staatstätigkeit. Berlin: Reimer 1969. 245 S. = Abhandlungen des 1. Geographischen Instituts der Freien Universität Berlin 12.
In vier Beispielräumen aus den deutschen Mittelgebirgen werden Änderungsprozesse der Kulturlandschaft durch allgemeine wie auch regional gezielte staatliche Maßnahmen untersucht. Der historische Ablauf staatlicher Raumbewertung und der damit verbundenen Staatstätigkeit findet besondere Beachtung. Der Autor zeigt die Einflüsse von z.B. Merkantilismus, Forst- und Eisenbahnpolitik ebenso auf wie die Ziele und Ergebnisse der regionalen Wirtschaftspolitik der jüngsten Zeit.
Bey

- Räumliche Aspekte des Wahlverhaltens / Wahlgeographie

COX, Kevin R.: The voting decision in a spatial context. In: Progress in Geography 1. London: Arnold 1969. S. 81-117.
Forschungsbericht über die neuere angelsächsisch-skandinavische Literatur zu räumlichen Aspekten des Wahlverhaltens, wobei neben wahlgeographischen Arbeiten auch wichtige politikwissenschaftliche und wahlsoziologische Untersuchungen berücksichtigt sind. Ausgehend von einem verhaltenstheoretischen Ansatz geht es COX weniger um räumliche Verteilungen aggregierter Wahlergebnisse, sondern um räumliche Einflüsse auf das Wahlverhalten, wie z.B. Nachbarschaftseffekte. Dabei wird versucht, regionale Muster durch Verknüpfung mit Informations- und Netzwerktheorien zu erklären, doch bestehen große Probleme der empirischen Überprüfung. Geeignet weniger als erster Einstieg, sondern zur Erschließung neuerer angelsächsischer Ansätze zu einer Geographie des Wahlverhaltens (darunter mehrere wichtige Arbeiten von COX selbst).
Blo

**6.5
Politische
Geographie**

Raum für Zusätze

DOGAN, Mattei und Stein ROKKAN (Hrsg.): Quantitative ecological analysis in the social sciences. Siehe 4.2.

GANSER, Karl: Sozialgeographische Gliederung der Stadt München aufgrund der Verhaltensweisen der Bevölkerung bei politischen Wahlen. Kallmünz/Regensburg: Michael Lassleben 1966. 129 S. = Münchner Geographische Hefte 28.
Diese methodisch wichtige Arbeit zur Wahlgeographie geht von der These aus, daß die sozialräumliche Struktur einer Stadt sich im Wahlverhalten äußert. Ausgehend von den Stimmbezirken werden sozialgeographische Merkmale wie Altersaufbau, Gliederung nach Berufsgruppen und Mobilität mit der Stimmenverteilung auf die Parteien, der Wahlbeteiligung, dem Anteil der Briefwähler und der ungültigen Stimmen in Beziehung gesetzt und anhand der Ergebnisse verschiedener Wahlen analysiert. Der Verfasser zeigt die Möglichkeiten und Grenzen der Aussagekraft des Wahlverhaltens sowie der Untersuchungsmethodik für die sozialgeographische Forschung auf. Bey

GORZEL, Hans-Peter: Zum Problem der Erfassung sozialräumlicher Differenzierung: Analyse des Wahlverhaltens im Mittelrheingebiet. In: Wolfgang KULS (Hrsg.): Untersuchungen zur Struktur und Entwicklung rheinischer Gemeinden. Bonn: Ferd. Dümmler 1971. S. 1-34. = Arbeiten zur Rheinischen Landeskunde 32.
Beispiel einer empirischen wahlgeographischen Arbeit, die die Stimmenverteilungen und ihre Wandlungen (1953-61) in den Gemeinden des Koblenzer Einflußgebietes analysiert, diese mit verschiedenen Strukturmerkmalen (insb. Konfession) korreliert, im Hinblick auf allgemeine Verhaltenskategorien interpretiert und im Ergebnis Räume unterschiedlichen Verhaltens (mobile, immobile und stabile Räume) unterscheidet. Blo

KÜPPER, Utz Ingo: Sozialräumliche Untersuchung der Änderungen des Wählerverhaltens bei den Wahlen in der Bundesrepublik Deutschland von 1969 und 1970. In: Berichte zur deutschen Landeskunde 45, 1971, S. 81-96.
Die Entwicklung der Stimmenanteile der Parteien in den verschiedenen Teilen der BRD, insbesondere jedoch in Nordrhein-Westfalen, wird untersucht und das unterschiedliche Wahlverhalten vor allem mit den sozialen Eigenheiten des jeweiligen Raumes erklärt. Bey

- <u>Neugliederung</u>

Bericht der Sachverständigenkommission für die Neugliederung des Bundesgebietes. Vorschläge zur Neugliederung des Bundesgebiets gemäß Art. 29 des Grundgesetzes. Hrsg. vom Bundesministerium des Innern. Köln: Carl Heymanns Verlag 1973. 267 S., 28 Karten.
Materialien zum Bericht der Sachverständigenkommission für die Neugliederung des Bundesgebietes. Hrsg. vom Bundesminister des Innern. Köln: Carl Heymanns Verlag 1973. 322 S.
Als stark gekürzte Taschenbuchausgabe des Berichts:
Neugliederung des Bundesgebietes. Kurzfassung des Berichts der Sachverständigenkommission für die Neugliederung des Bundesgebietes. Hrsg. im Auftrag des Bundesministeriums des Innern. Bearbeitet von Reinhard TIMMER. Köln: Carl Heymanns Verlag o.J. (1974). 196 S.
Ausgehend vom Neugliederungsauftrag des Grundgesetzes, nach dem das Bundesgebiet nach den Richtbegriffen der landsmannschaftlichen Verbundenheit, des geschichtlichen und kulturellen Zusammenhangs, der wirtschaftlichen Zweckmäßigkeit und des sozialen Gefüges neu zu gliedern ist, erarbeitete eine unabhängige Sachverständigenkommission Vorschläge für eine Länderneugliederung, die vor allem auf eine Erhöhung der Leistungsfähigkeit der Bundesländer und damit auf eine Stärkung des bundesstaatlichen Prinzips zielt. Als Grundlage hierzu werden sowohl grundsätzliche Fragen der Neugliederungsproblematik erörtert als auch die Mängel der bisherigen Gliederung des Bundesgebiets aufgezeigt und mit ausführlichem kartographischen und stati-

6.5 Politische Geographie

Raum für Zusätze

stischen Darstellungen verdeutlicht. Der Kommission gehörten unter der Leitung des Raumplaners Werner ERNST ('Ernst-Kommission') Vertreter zahlreicher Disziplinen an, darunter auch der Geograph Peter SCHÖLLER. Der Anlagenband enthält neben weiteren Statistiken vor allem Beiträge und Gutachten zu Einzelproblemen der Neugliederung, darunter eine faktorenanalytische Abgrenzung der Agglomerationen im Rhein-Main-Neckar-Raum von Dietrich BARTELS und Wolf GAEBE.   Bey/Blo

BUCHHOLZ, Hanns Jürgen, Heinz HEINEBERG, Alois MAYR und Peter SCHÖLLER: Modelle kommunaler und regionaler Neugliederung im Rhein-Ruhr-Wupper-Ballungsgebiet und die Zukunft der Stadt Hattingen. Hattingen Stadtverwaltung 1971. 135 S. = Materialien zur Raumordnung aus dem Geographischen Institut der Ruhr-Universität Bochum, Forschungsabteilung für Raumordnung 9.
Ein Gutachten über die Möglichkeiten der verwaltungsmäßigen Zuordnung der Stadt Hattingen. Mit der Untersuchung der Neugliederungsproblematik von Ballungsgebieten im allgemeinen, wozu auch ausländische Beispiele herangezogen werden, und des Ruhrgebietes mit seinen Randbereichen im besonderen, greift diese Studie weit über die isolierende Betrachtung eines Teilraumes hinaus. Die verschiedenen Möglichkeiten zur Neugliederung des Ruhrgebietes werden kritisch untersucht und die jeweiligen Folgen für die Zukunft Hattingens erörtert. Die Verfasser stellen als wichtigstes Kriterium einer Neugliederung die zentralörtlichen Beziehungen in den Vordergrund und entwickeln einen eigenen Neugliederungsvorschlag für das Ruhrgebiet, seine Randbereiche und den Hattinger Raum. Die Arbeit zeigt beispielhaft, welchen Beitrag die Geographie zur Neugliederung von Räumen zu leisten vermag und daß auch Teilräume nur unter Berücksichtigung ihrer großräumigen Einbindung sinnvoll neu gegliedert werden können.
                                                                        Bey

DEITERS, Jürgen: Der Beitrag der Geographie zur politisch-administrativen Regionalisierung. In: Berichte zur deutschen Landeskunde 47, 1973, S. 131-147.
Der Verfasser kritisiert die bei der Verwaltungsneugliederung vielfach geübte Praxis, von starren Mindestgrößen der Bevölkerungszahl auszugehen und betont die Notwendigkeit einer elastischen Betrachtungsweise. Er versucht zu einem theoretischen Ansatz der Optimierung kommunaler und regionaler Neugliederung zu gelangen, die nicht allein auf eine Verringerung der Verwaltungskosten zielt, sondern vor allem die Vorteile für den Bürger mit einbezieht. Deshalb werden die Erreichbarkeit und Zentralität des Verwaltungsmittelpunktes besonders berücksichtigt.   Bey

Kommunale Gebietsreform in den Ländern der Bundesrepublik Deutschland. In: Berichte zur deutschen Landeskunde 47, 1973, S. 5-147.
In diesem Band sind die Berichte einer Arbeitstagung des Verbandes deutscher Berufsgeographen zur kommunalen Gebietsreform in den einzelnen Bundesländern zusammengefaßt. Dabei wird nicht nur auf den derzeitigen Stand (Ende 1972) eingegangen, sondern auch auf ihre Methoden, Schwerpunkte und Ziele. Die regionalen Länderberichte werden ergänzt durch drei sehr unterschiedliche Beiträge von Karl GANSER, Hanns Jürgen BUCHHOLZ und Jürgen DEITERS zur Frage, inwieweit die Geographie hierzu Entscheidungshilfen geben kann.   Blo

RUPPERT, Karl: Regionalgliederung und Verwaltungsgebietsreform als gesellschaftspolitische Aufgabe - Geographie im Dienste der Umweltgestaltung. Siehe 7.2.

SCHÖLLER, Peter: Neugliederung. Prinzipien und Probleme der politisch-geographischen Neuordnung Deutschlands und das Beispiel des Mittelrheingebietes. Bad Godesberg: Bundesanstalt für Landeskunde und Raumordnung 1965. 112 S. = Forschungen zur deutschen Landeskunde 150.
In dieser Arbeit werden am Beispiel des Mittelrheingebietes als Ge-

samtraum und dem Teilraum Westerwald Fragestellungen, Methoden und Ergebnisse der geographischen Landeskunde im Hinblick auf eine Länderneugliederung diskutiert. Ziel ist die Klärung der Frage nach der Übereinstimmung der gegenwärtigen Ländergrenzen mit der tatsächlichen Raumverbundenheit der Einzellandschaften. Dazu werden historische Zusammenhänge, Wirtschaft, Verkehr, Zentralität und sozialgeographische Verbundenheit untersucht und alternative Möglichkeiten einer Neugliederung erörtert. Der Verfasser betont, daß nicht allein Zweckmäßigkeitsgesichtspunkte bei einer Neuordnung der staatlichen Binnengliederung entscheiden dürften, sondern daß auch kulturräumliche Traditionen und die Zugehörigkeitsgefühle der Bevölkerung zu berücksichtigen sind. Bey

STEINBERG, Heinz Günter: Zum Begriff der Region in Wissenschaft und Praxis der Gegenwart. Siehe 1.5.

WAGENER, Frido: Neubau der Verwaltung. Gliederung der öffentlichen Aufgaben und ihrer Träger nach Effektivität und Integrationswert. Berlin: Duncker & Humblot 1969. 580 S. = Schriftenreihe der Hochschule Speyer 41.
Ziel dieser verwaltungswissenschaftlichen Arbeit ist die Erarbeitung von Maßstäben für eine Reform zur Steigerung der Leistungsfähigkeit der öffentlichen Verwaltung in der BRD. Der Verfasser ermittelt optimale Einwohnerbereiche für die verschiedenen Verwaltungsaufgaben, stellt diese dem heutigen Zustand sowie der erkennbaren Entwicklung gegenüber und leitet daraus Vorschläge für einen Verwaltungsneubau ab. Außerdem wird ein Überblick zur historischen Entwicklung der öffentlichen Verwaltung in Deutschland und zu Problemen der Verwaltungsreform in anderen Staaten gegeben. Bey

WAGENER, Frido: Bestimmung von Mindestgrößen von Verwaltungseinheiten. In: Deutscher Geographentag Erlangen-Nürnberg 1971. Tagungsbericht und wissenschaftliche Abhandlungen. Wiesbaden: Franz Steiner 1972. S. 76-83. = Verhandlungen des Deutschen Geographentages 38.
Basierend auf dem umfangreichen Werk WAGENERs ('Neubau der Verwaltung' 1969) wird hier in knapper Form die Frage behandelt, ob sich für die verschiedenen Verwaltungsebenen optimale Bevölkerungsgrößen ermitteln lassen. Dabei werden 123 wichtige Verwaltungsaufgaben ausgewählt und ihnen jeweils 'optimale' Verwaltungsgebietsgrößen zugeordnet. Aus graphisch ablesbaren Bündelungen von Verwaltungsaufgaben in spezifischen Größenordnungen werden schließlich Einwohnerrichtzahlen für Landgemeinden, Mittel- und Großstädte sowie für Kreise, Regionen und Länder abgeleitet. Blo

6.6 Religionsgeographie

Gesamtdarstellungen

SOPHER, David E.: Geography of religions. Englewood Cliffs, N.J.: Prentice-Hall 1967. X, 118 S. = Foundations of Cultural Geography Series.
Neben dem frühen Versuch von DEFFONTAINES (1947) bisher einzige Gesamtdarstellung der allgemeinen Religionsgeographie. Behandelt zunächst kurz den deterministischen bzw. environmentalistischen Ansatz, dann ausführlicher das Umwelt- bzw. Landschaftsgestaltungskonzept (dieses Kapitel ist in dem von M. SCHWIND herausgegebenen Sammelband in deutscher Übersetzung enthalten). Mehr als die Hälfte des Buches ist jedoch dem Versuch gewidmet, die Religionen weder als vom 'Raum' geprägte noch als raumprägende, sondern als räumliche Phänomene zu sehen und so neue Fragestellungen zu entwickeln (räumliche Struktur religiöser Systeme, religiöse Zentrenbildung, religiöse Ausbreitungs- Verlagerungs- und Interaktionsprozesse usw.). Hom

Zur Entwicklung der Religionsgeographie

SCHWIND, Martin (Hrsg.): Religionsgeographie. Darmstadt: Wissenschaftliche Buchgesellschaft 1975. VI, 404 S. = Wege der Forschung 397.
Sammelband mit 16 chronologisch geordneten Beiträgen und einer Einleitung des Herausgebers 'über die Aufgaben der Religionsgeographie', worin diese im Sinne einer Umweltgestaltungslehre in der Erforschung der Wirkung der Religion auf die Kulturlandschaft gesehen werden. Sieben (ausschließlich deutschsprachigen) Fallstudien von 1949-1966 zu diesem Aspekt stehen neun grundsätzliche Beiträge aus der Zeit von 1934-1970 über Fragestellungen und Entwicklung dieser Teildisziplin und ihr Verhältnis zu benachbarten Forschungsrichtungen gegenüber, darunter Auszüge aus den Gesamtdarstellungen von DEFFONTAINES und SOPHER, aber auch kurze Lexikon-Artikel. Hom

Größere Regionalstudien

GAY, John D.: The geography of religion in England. London: Duckworth 1971. XVIII, 334 S.
Beispielhafte religionsgeographische Untersuchung eines Landes. Die detaillierte Darstellung ist stark historisch-genetisch ausgerichtet und behandelt die räumliche und zeitliche Entwicklung der verschiedenen Bekenntnisgruppen in ihrem ethnischen, sozialen und ökonomischen Kontext. Das erste Kapitel (21 S.) enthält einen Überblick über die Entwicklung der Religionsgeographie in Europa und den USA. Hom

ZELINSKY, Wilbur: An approach to the religious geography of the United States: patterns of church membership in 1952. In: Annals of the Association of American Geographers 51, 1961, S. 139-193. Gekürzte Fassung auch in: George J. DEMKO, Harold M. ROSE und George A. SCHNELL (Hrsg.): Population geography: a reader. New York: McGraw-Hill 1970. S. 344-383.
Beispiel einer empirischen Untersuchung über die räumliche Verteilung der zahlreichen Religionen und Konfessionen in den USA. Die räumlichen Muster werden in einer Reihe von Karten dargestellt und durch einen Überblick über die historischen Ursachen erläutert. Blo

6.6
Religions-
geographie

Raum für Zusätze

Forschungskonzeptionen der Religionsgeographie

- Der deterministisch-environmentalistische Ansatz

FRICK, Heinrich: Regionale Religionskunde. Georeligiöse Erwägungen zum Zusammenhang zwischen Boden und Religion. In: Zeitschrift für Geopolitik 20, 1943, S. 281-291.
Konzipiert auf der Basis des deterministischen bzw. environmentalistischen Ansatzes in Analogie zur Geopolitik eine 'georeligiöse' Forschungsrichtung. Abschreckendes Beispiel für die Perversion einer ohnehin fragwürdigen wissenschaftlichen Konzeption in kaum noch verbrämte Ideologie.
Hom

- Der landschaftskundliche Ansatz

FICKELER, Paul: Grundfragen der Religionsgeographie. In: Erdkunde 1, 1947, S. 121-144. Auch in: Martin SCHWIND (Hrsg.): Religionsgeographie. Darmstadt: Wissenschaftliche Buchgesellschaft 1975. S. 48-99. = Wege der Forschung 397.
Erster Versuch einer systematischen Grundlegung dieser Teildisziplin, als deren Aufgabe die Erforschung der Wirkung der Religion auf die Landschaft gesehen wird, wobei der physiognomische Aspekt ganz im Vordergrund steht. Nach einem knappen Literaturbericht werden grundlegende Begriffe geklärt; im Mittelpunkt steht dabei der Begriff der 'Verkultung', da vom Grad der Verkultung einer Religion deren Wirkung auf die Landschaft ('Beprägung') abhänge. Den größten Raum nimmt eine sehr detailreiche Übersicht über die räumliche und zeitliche Verbreitung und Variation der einzelnen religiösen Elemente und ihrer landschaftlichen Wirkungen ein, die den Extrakt einer vom Verfasser nicht mehr vollendeten allgemeinen vergleichenden Religionsgeographie bildet.
Hom

ZIMPEL, Heinz-Gerhard: Vom Religionseinfluß in den Kulturlandschaften zwischen Taurus und Sinai. In: Mitteilungen der Geographischen Gesellschaft in München 48, 1963, S. 123-171. Auch in: Martin SCHWIND (Hrsg.): Religionsgeographie. Darmstadt: Wissenschaftliche Buchgesellschaft 1975. S. 254-321. = Wege der Forschung 397.
Fundierte religionsgeographische Untersuchung eines seit jeher extremen religiösen Mischgebietes mit dem Ziel, den Einfluß der verschiedenen Religionen auf die Kulturlandschaft zu erfassen und diese danach zu klassifizieren. Im Ergebnis werden als Typen religionsgeprägter Kulturlandschaften 'kultreligiöse Herrschaftsräume, Wettbewerbsräume und Rückzugsräume' unterschieden.
Hom

- Der sozialgeographische Ansatz

HAHN, Helmut: Der Einfluß der Konfessionen auf die Bevölkerungs- und Sozialgeographie des Hunsrücks. Bonn: Geographisches Institut der Universität 1950. 96 S. = Bonner Geographische Abhandlungen 4.
Wegweisende sozialgeographische Untersuchung über die Zusammenhänge zwischen Konfessionsverteilung, Bevölkerungsentwicklung (natürliche Bevölkerungsbewegungen, Wanderungen), landwirtschaftlichen Besitzverhältnissen, Sozialstruktur, Wirtschaftsweise und kulturlandschaftlicher Gestaltung. Im Ergebnis wird den konfessionsspezifischen bevölkerungsgeographischen Verhältnissen eine entscheidende Bedeutung zugemessen, die wiederum mit unterschiedlichen Wirtschaftsauffassungen (nach M. WEBER und A. RÜHL) zusammenhängen.
Blo

HAHN, Helmut: Konfession und Sozialstruktur. Vergleichende Analysen auf geographischer Grundlage. In: Erdkunde 12, 1958, S. 241-253. Auch in: Werner STORKEBAUM (Hrsg.): Sozialgeographie. Darmstadt: Wissenschaftliche Buchgesellschaft 1969. S. 401-424. = Wege der Forschung 59.
Systematische Betrachtung der sozialgeographischen Auswirkungen unterschiedlicher Konfessionen, anknüpfend an die Religionssoziologie

6.6 Religionsgeographie

Raum für Zusätze

(insb. M. WEBER, E. TROELTSCH). Die Studie baut auf eigenen empirischen Untersuchungen auf, vor allem im Hunsrück und im Tecklenburger Land.
Blo

WIRTH, Eugen: Zur Sozialgeographie der Religionsgemeinschaften im Orient. In: Erdkunde 19, 1965, S. 265-284. Auch in: Werner STORKEBAUM (Hrsg.): Sozialgeographie. Darmstadt: Wissenschaftliche Buchgesellschaft 1969. S. 474-523. = Wege der Forschung 59.
Untersuchung der sozialgeographischen Auswirkungen der Religionsgemeinschaften als sozialer Gruppen am Beispiel des Libanon und Syriens. Erfaßt und umrissen werden erhebliche räumliche Differenzierungen nach Wirtschaftsgeist, Innovationsbereitschaft, Lebensform und Kulturlandschaft. Die Auswirkungen werden nicht den jeweiligen Religionen direkt, sondern mehr den historisch, sozial, wirtschaftlich und psychologisch bedingten Strukturmerkmalen der jeweiligen sozialen Gruppen zugeschrieben.
Blo

- Der kulturökologische Ansatz

BÜTTNER, Manfred: Die dialektische Prozeß der Religion/Umwelt-Beziehung in seiner Bedeutung für den Religions- bzw. Sozialgeographen. In: Bevölkerungs- und Sozialgeographie. Deutscher Geographentag in Erlangen 1971. Ergebnisse der Arbeitssitzung 3. Kallmünz/Regensburg: Michael Lassleben 1972. S. 89-107. = Münchner Studien zur Sozial- und Wirtschaftsgeographie 8.
Erweitert das Landschaftsgestaltungskonzept durch Einbeziehung des (älteren) Ansatzes der Beeinflussung der Religion durch die Umwelt zu einem teils als dialektisch, teils als Regelkreis gekennzeichneten Modell: Religiös bestimmte Gruppen prägen ihre geographische Umwelt, wobei ihre Religion durch Einflüsse eben dieser Umwelt ihrerseits verändert wird, was dann wiederum den Umweltgestaltungsprozeß beeinflußt. Darstellung am Beispiel der Herrnhuter und Waldenser. *Hom*

HULTKRANTZ, Åke: An ecological approach to religion. In: Ethnos 31, Stockholm 1966, S. 131-150.
Gibt einen Abriß der wissenschaftlichen Erforschung des Einflusses der natürlichen Umwelt auf die Religionen und schlägt vor, zur Erklärung dieses mehr indirekten (nämlich über die jeweilige Kultur wirkenden) Einflusses das kulturökologische Konzept der 'Kulturtypen' (STEWARD) auf die Religionswissenschaft zu übertragen. 'Religionstypen' wären danach 'Konstellationen von wichtigen religiösen Elementen, die an verschiedenen geographischen Standorten ähnliche ökologische Anpassungen zeigen und einen ähnlichen kulturellen Standard repräsentieren'.
Hom

- Verhaltens- und wahrnehmungstheoretische Ansätze

BJORKLUND, Elaine M.: Ideology and culture exemplified in Southwestern Michigan. In: Annals of the Association of American Geographers 54, 1964, S. 227-241.
Untersucht am Beispiel der holländisch-reformierten Gemeinde in Michigan den Prozeß der Erschließung eines neuen Lebensraumes und der Entwicklung einer neuen, von der alten Heimat durchaus verschiedenen Kultur durch eine religiös geprägte Einwanderergruppe und weist nach, daß dabei durchweg die religiösen Prinzipien entscheidend waren für die Entwicklung von neuartigen oder die Beibehaltung oder Modifizierung von hergebrachten Verhaltensweisen im jeweiligen Einzelfall.
Hom

CHRISTINGER, Raymond: Notions préliminaires d'une géographie mythique. In: Le Globe 105, 1965, S. 119-159.
Analysiert die in fast allen Kulturen vorhandenen Mythen von einer jenseitigen Welt hinsichtlich der in ihnen enthaltenen spezifisch geographischen Elemente. Diese lassen Schlüsse auf die Perzeption der realen Umwelt dieser Kulturen zu, denn reale und jenseitige Welt

wurden zur Entstehungszeit dieser Mythen als gleichermaßen 'real' (d.h. auf derselben Realitätsebene liegend) empfunden. Hom

KLIMKEIT, Hans-J.: Spatial orientation in mythical thinking as exemplified in Ancient Egypt: condiderations toward a geography of religions. In: History of Religions 14, Chicago 1974/75, S. 266-281.
Untersucht am Beispiel der Raumvorstellungen in den altägyptischen Mythen die Beziehungen zwischen geographischem 'Weltbild' und religiöser 'Weltanschauung'. Hom

TUAN, Yi-Fu: Topophilia. A study of environmental perception, attitudes, and values. Siehe 6.10.

WEBER, Peter: Religionszugehörigkeit und Raumbewertung. Zur Messung der Erlebnisqualität der Amöneburger durch Versuchspersonengruppen aus Mardorf und Schweinsberg (Mittelhessen). Siehe 6.10.

Die Religionsgeographie aus religionswissenschaftlicher Sicht

SPROCKHOFF, Joachim-Friedrich: Religiöse Lebensformen und Gestalt der Lebensräume. Über das Verhältnis von Religionsgeographie und Religionswissenschaft. In: Numen. International Review for the History of Religions 11, Leiden 1964, S. 85-146.
Ideenreicher und durch viele verständlich dargestellte Beispiele auch für Nicht-Religionswissenschaftler gut lesbarer Entwurf einer Religionsgeographie aus religionswissenschaftlicher Sicht unter Verarbeitung auch der gesamten relevanten Literatur von geographischer Seite. Von religionswissenschaftlichem Interesse sind insbesondere solche religionsgeographischen Fragestellungen, bei denen die Religion das Explanandum bildet, während Fragestellungen, bei denen die Religion als Explanans auftritt, für die Geographie typisch seien. Hom

Religiöse Geisteshaltung und Wirtschaftsentwicklung

EISENSTADT, Shmuel Noah: Die protestantische Ethik und der Geist des Kapitalismus. Eine analytische und vergleichende Darstellung. In: Kölner Zeitschrift für Soziologie und Sozialpsychologie 22, 1970, S. 1-23 und 265-299. Erschien auch Opladen: Westdeutscher Verlag 1971. 58 S.
Referiert zunächst Max WEBERs berühmte These von der entscheidenden Bedeutung des Protestantismus für die Entwicklung des modernen Kapitalismus und die bis heute andauernde Diskussion darüber und gelangt zu einer differenzierten Neuformulierung dieser These: Entscheidend war nicht der Protestantismus selbst, sondern sein 'Wandlungspotential', das sich bei der Umstrukturierung der europäischen Gesellschaften nach der Gegenreformation in den protestantischen Ländern stärker auswirkte als in den katholischen. Damit wird die These auch auf nichtchristliche Gesellschaften anwendbar, was im zweiten Teil des Aufsatzes am Beispiel asiatischer Religionen erprobt wird. Hom

Religionsgeographische Einzelaspekte

- Siedlungen auf religiöser Grundlage

SCHEMPP, Hermann: Gemeinschaftssiedlungen auf religiöser und weltanschaulicher Grundlage. Tübingen: Mohr (Paul Siebeck) 1969. XII, 362 S.
Mit Akribie durchgeführte Untersuchung aller bekannten religiös oder weltanschaulich fundierten Gemeinschaftssiedlungen unter dem Aspekt der Wirkung der religiösen bzw. weltanschaulichen Basis der jeweiligen Gruppe auf ihre Siedlung und die Kulturlandschaft, in der sie gegründet wurde. Es ergibt sich, daß diese Wirkung um so geringer ist, je exklusiver und rigider die ideelle Basis im jeweiligen Falle ist. Für die überwiegende Mehrzahl der untersuchten, meist zah-

6.6
Religions-
geographie

Raum für Zusätze

lenmäßig kleinen religiösen u.ä. Sondergruppen lassen sich daher nu: räumlich und zeitlich sehr begrenzte Wirkungen feststellen.   Ho

- Wallfahrten

HAHN, Maria Anna: Siedlungs- und wirtschaftsgeographische Untersuchung der Wallfahrtsstätten in den Bistümern Aachen, Essen, Köln, Limburg, Münster, Paderborn, Trier. Eine geographische Studie. Düsseldorf: Rheinland-Verl. 1969. 160 S., 22 Karten als Beilage.
Gründliche Untersuchung und Typisierung von 175 Wallfahrtsstätten in der westlichen BRD unter dem Aspekt ihrer Beeinflussung durch das Wallfahrtswesen. Es werden 3 Typen gebildet und für jeden einige Beispiele ausführlich dargestellt. Weitere Teile behandeln zusammenfassend das Wallfahrtswesen als raumprägendes Element und die Entwicklung des Wallfahrtswesens im Untersuchungsgebiet.   Hor

- Mission

SIEVERS, Angelika: Die Christengruppen in Kerala (Indien). Ihr Lebensraum und das Problem der christlichen Einheit. Ein missionsgeographischer Beitrag. In: Zeitschrift für Missionswissenschaft und Religionswissenschaft 46, Münster 1962, S. 161-187.
Konzipiert eine 'Missionsgeographie' als sozialgeographisch ausgerichtete Religionsgeographie der Missionsgebiete für die Bedürfnisse der Missionswissenschaft und -praxis. Anwendung am Beispiel Keralas mit extremer Zersplitterung der christlichen autochthonen und Missionskirchen.   Hor

6.7 Geographie des Bildungswesens und des Bildungsverhaltens

Einführende konzeptionelle Beiträge

GEIPEL, Robert: Bildungsplanung und Raumordnung als Aufgaben moderner Geographie. Siehe 7.2.

GEIPEL, Robert: Der Standort der Geographie des Bildungswesens innerhalb der Sozialgeographie. In: Zum Standort der Sozialgeographie (Festschrift Wolfgang HARTKE). Kallmünz/Regensburg: Michael Laßleben 1968. S. 155-161. = Münchner Studien zur Sozial- und Wirtschaftsgeographie 4.
Grundsatzbeitrag von hohem Abstraktionsniveau zu den Aufgaben einer Geographie des Bildungswesens und ihrer Einordnung in die Sozialgeographie. Untersuchung der Gründe unterschiedlichen Bildungsverhaltens sowie der Bedeutung von Innovationsschüben in Passivräumen und kultursozialer Raumbildung bei Planungen. Geographie des Bildungswesens soll zusammen mit Bildungsökonomie und -soziologie durch Regionalanalysen Staat und Gesellschaft vor Fehlinvestitionen bewahren.
Ma

Sammelbände zur regionalen Bildungsforschung und -planung

▶ Beiträge zur Regionalen Bildungsplanung. Hannover: Gebrüder Jänecke 1970. 166 S. = Veröffentlichungen der Akademie für Raumforschung und Landesplanung, Forschungs- und Sitzungsberichte 60, Regionale Bildungsplanung 1.
Sammelband mit Beiträgen von Mitgliedern des interdisziplinär zusammengesetzten Forschungsausschusses 'Regionale Bildungsplanung' der Akademie für Raumforschung und Landesplanung. Diskutiert werden in 12 Untersuchungen u.a. Beiträge einzelner Disziplinen zur Bildungsforschung (u.a. Sozialgeographie von R. GEIPEL), Fragen der Schulentwicklungs- und Schulstandortplanung, Kriterien der Bauplanung im Schul- und Hochschulbereich, regionalplanerische Aspekte der Übertragungsmedien und Finanzierungsprobleme der Regionalen Bildungsplanung.
Ma

Bildungsplanung und Raumordnung. Referate und Diskussionsbemerkungen anläßlich der Wissenschaftlichen Plenarsitzung 1970 in Hamburg. Hannover: Gebrüder Jänecke 1971. 98 S. = Veröffentlichungen der Akademie für Raumforschung und Landesplanung, Forschungs- und Sitzungsberichte 61.
Vier Einzelbeiträge untersuchen die raumbezogene Bildungspolitik und Bildungsplanung in der BRD (A.O. SCHORB), Grundlagen und Methoden der Hochschulplanung (C. GEISSLER), die räumliche Differenzierung des Bildungsverhaltens (R. GEIPEL) sowie die wechselseitige Abhängigkeit von Bildungs- und Raumordnungspolitik (H.-G. NIEMEIER). Die Diskussionsbeiträge beziehen Probleme der Bildungswerbung, des Bildungsbedarfs, der Bildungsmedien, der Bildungsfinanzierung und insbesondere des Verhältnisses von Raum- und Bildungsplanung zur politischen Entscheidung ein.
Ma

Bildungsverhalten und Bildungsbeteiligung / Standorte und Einzugsbereiche von Bildungseinrichtungen

- Schulen

▶ BRAND, Klaus: Räumliche Differenzierungen des Bildungsverhaltens in Nordrhein-Westfalen. Paderborn: Ferdinand Schöningh 1975. XI, 165 S. = Bochumer Geographische Arbeiten 21.
In dieser Dissertation werden Raumstrukturen gruppenspezifischen Bildungsverhaltens untersucht und besonders an zwei Problemfeldern

6.7
Geographie des
Bildungswesens
und des Bildungs-
verhaltens

Raum für Zusätze

erläutert: Mit Hilfe einer Analyse des höheren Schulwesens in NRW
werden bildungsaktive und -inaktive Räume auf Kreisebene unter besonderer Berücksichtigung des Ruhrgebietes analysiert. Am Beispiel
der Gymnasien der Stadt Bochum werden kleinräumige Differenzierungen der Bildungsbeteiligung nach Ablauf, räumlicher Differenzierung
und Korrelation mit Sozialstrukturen untersucht. Erste sozialgeographische Studie, die Bildungsstrukturen unterhalb der Gemeindeebene erforscht.
Ma

MEUSBURGER, Peter: Landes-Schulentwicklungsplan von Vorarlberg. 2
Teile. Wien: Österreichischer Bundesverlag für Unterricht, Wissenschaft und Kunst 1974. Textteil 141 S., Kartenteil 12 Karten. = Bildungsplanung in Österreich 3.
*Verfasser analysiert auf Gemeindeebene Regionen unterschiedlicher
Bildungsbeteiligung in Vorarlberg, die Situation der einzelnen
Schultypen, das Sonderproblem der Gastarbeiterkinder, Lehrermangel
und Internatswesen sowie besonders die Schulwegbedingungen jeweils
in Verbindung mit Vorschlägen zur regionalen Bildungsplanung, die
auf einer Schülerverlaufsstatistik aufbauen. Ein umfangreiches Ta-
bellenverzeichnis und ein eigener Kartenteil ergänzen diese auch
methodisch interessante Studie zur Geographie des Bildungswesens,
die darüber hinaus das Land Vorarlberg mit den anderen österreichischen Bundesländern vergleicht.*
Ma

PEISERT, Hansgert: Soziale Lage und Bildungschancen in Deutschland.
München: Piper 1967. 206 S. = Studien zur Soziologie 7.
*Regionalsoziologische Untersuchung, die die 'Bildungsdichte' der
15-19jährigen Schüler im Jahre 1961 nach der Methode der differenzierenden Regionalanalyse Schritt für Schritt von der Länder- bis
zur Gemeindeebene herausarbeitet und schließlich auf der Gemeindeebene 'Regionen geringerer Bildungsdichte' in der BRD ausweist.
Über weitere Analysen bildungsbenachteiligter Gruppen sowie über
diese Karte als zentrales Arbeitsergebnis hinaus beweist die Studie
nachdrücklich die Unzulänglichkeit höherer Verwaltungseinheiten für
sozialstatistisch-regionale Untersuchungen.*
Ma

SCHORB, Alfons Otto und Michael SCHMIDBAUER: Aufstiegsschulen im
sozialen Wettbewerb. Entwicklung und Hintergründe unterschiedlicher
Bildungsbeteiligung in Bayern. Stuttgart: Klett 1973. 169 S.
= Schriftenreihe des Staatsinstituts für Bildungsforschung und Bildungsplanung München.
*Differenzierter raumorientierter Forschungsbericht auf der Basis
umfangreichen empirischen Materials unter Berücksichtigung der üblichen Untersuchungskriterien: soziale und regionale Herkunft der
Schüler, Geschlecht und Konfession, Schulleistung. Die Forschungsergebnisse und die aus ihnen abgeleiteten Folgerungen und Prognosen
sind auch für Sozialgeographen und Raumplaner relevant. Besonders
wichtig: die an die Stelle des Literaturverzeichnisses tretende 22
Seiten umfassende kommentierte Bibliographie, erstellt von H. G.
RAUCH.*
Bra

- <u>Hochschulen</u>

GEIPEL, Robert: Bildungsplanung und Raumordnung. Studien zur Standortplanung von Bildungseinrichtungen und zu räumlichen Aspekten des
Bildungsverhaltens in Hessen. Frankfurt: Diesterweg 1968. 198 S.
*Sozialgeographisch-methodische Abhandlung zur Dynamik des Bildungs-
verhaltens, die in verschiedenen Verlaufs- und Veränderungsunter-
suchungen die hessischen Lehrerbildungsinstitutionen für den Zeitraum 1955-1965 nach Einzugsbereichen und Studentenquote der Herkunftsräume auf Gemeindeebene durchleuchtet und Forderungen für
künftige Planungen aufstellt. Wichtige Grundsatzuntersuchung zum
Verhältnis von Bildungsplanung und Landeskunde.*
Ma

6.7
*Geographie des
Bildungswesens
und des Bildungs-
verhaltens*

Raum für Zusätze

GEISSLER, Clemens: Hochschulstandorte - Hochschulbesuch. 2 Bände Hannover: Gebrüder Jänecke 1965. Band 1: Text und Tabellen, 112 S., Band 2: 69 Tafeln. = Schriftenreihe der Arbeitsgruppe Standortforschung, Institut für Städtebau, Wohnungswesen und Landesplanung, Technische Hochschule Hannover, Band 1.
Erste umfassende Aufnahme der Hochschuleinzugsbereiche und der Bildungsbeteiligung in der BRD auf Kreisebene (überwiegend WS 1960/61) sowie Analyse ihrer Ursachen und Probleme. Diese wichtige Grundlagenarbeit der regionalen Bildungsforschung führt den Begriff der 'Hochschulregion' ein und fordert eine Überprüfung der westdeutschen Bildungseinrichtungen unter einem raumbezogenen Ansatz. In der gleichen o.a. Schriftenreihe erschienen weitere Untersuchungen zur Makro- und Mikrostandortplanung von Hochschulen und Schulen, zum regionalen Schüler- und Studentenaufkommen, zum Wohnbedarf von Hochschulen u.a. Ma

MAYR, Alois: Standort und Einzugsbereich von Hochschulen. Allgemeine Forschungsergebnisse unter besonderer Berücksichtigung der Untersuchungen in der Bundesrepublik Deutschland. In: Berichte zur deutschen Landeskunde 44, 1970, S. 83-110.
Dieser Literaturbericht behandelt die Situation der sich wandelnden Einzugsbereiche von Universitäten und anderen lehrerbildenden Institutionen (zunehmende Regionalisierung), die Methoden ihrer Erforschung und Darstellung, Fragen der Bildungsbeteiligung, der Studienfach- und Studienortwahl (Raumfaktoren und Verhaltensmuster) und diskutiert den Begriff der Universitätsstadt. Ma

MAYR, Alois: Die Ruhr-Universität Bochum in geographischer Sicht. Stellung, Einzugsbereich und Standortproblematik einer neuen Hochschule. In: Berichte zur deutschen Landeskunde 44, 1970, S. 221-244.
Die Abhandlung fragt nach dem Stellenwert der 1965 eröffneten Ruhr-Universität unter den westdeutschen Universitäten, analysiert ihre Studentenentwicklung und ihren Einzugsbereich im WS 1968/69 (Kreis- und z.T. Gemeindeebene) im Vergleich zu den früheren Hochschulregionen Köln und Münster und untersucht in vergleichender Betrachtung die studentischen Pendelwanderungen und Probleme des studentischen Wohnens (mit Karten). Außerdem werden Folgen der Mikrostandortwahl (Campus) für Arbeits- und Lebensstil an der Universität diskutiert. Ma

NIEDZWETZKI, Klaus: Der Einzugsbereich der Universität Kiel und seine Auswirkungen auf die Entwicklung der Studierendenzahlen. Kiel: o.V. 1970. Teil 1: Text und Tabellen. XVI, 150 S. Teil 2: 73 Abbildungen.
Der Autor untersucht die Entwicklung der Studentenzahlen zwischen WS 1949/50 und SS 1968 für die Gesamtuniversität und die einzelnen Fakultäten, die Ursachen der quantitativen Veränderungen der einzelnen Fakultäten, die Herkunftsräume der Studierenden von Gesamtuniversität und Fakultäten auf Kreisebene in wechselnden Semestern (umfangreicher Kartenband) und zeigt auf, welchen Stellenwert Kiel im (Sommer- und Winter-)Wanderungssystem der westdeutschen Hochschulen einnimmt. Außerdem wurden eine Motivationsuntersuchung für die Studienaufnahme in Kiel sowie eine Analyse der Auswirkungen von Hochschulneugründungen auf den Kieler Einzugsbereich durchgeführt. Erste deutschsprachige geographische Dissertation im Bereich der Hochschulforschung. Ma

Hochschule und Stadt

➤ EHLERS, Eckart: Tübingen als Universitätsstadt. In: Die europäische Kulturlandschaft im Wandel. Festschrift für Karl Heinz SCHRÖDER. Kiel: Hirt 1974. S. 222-237.
Instruktiver Beitrag, der am Beispiel einer typischen Universitätsstadt Raumansprüche der Universität und das Problem des studentischen Wohnens analysiert, Studentenschaft und Universität als Wirt-

6.7
Geographie des
Bildungswesens
und des Bildungs-
verhaltens

Raum für Zusätze

schaftsfaktoren untersucht und schließlich soziokulturelle Beziehungen zwischen Stadt und Universität aufzeigt. Ein Vergleich Tübingens mit anderen Städten Baden-Württembergs läßt die Sonderstellung im Bereich der Erwerbs- und Sozialstruktur erkennen. Der Autor fordert die Mitwirkung der Geographie an der Entwicklung von Entscheidungshilfen im Bereich von Hochschulforschung und -planung.   Ma

GEIPEL, Robert: Die Universität als Gegenstand sozialgeographischer Forschung. In: Mitteilungen der Geographischen Gesellschaft München 56, 1971, S. 17-31.
Kritische Reflexion über bisherige und mögliche Beiträge der Geographie zur Erforschung von Universitäten. Untersucht werden die Entwicklung und regionale Verteilung der deutschen Universitäten, Prinzipien für Neugründungen sowie Einzugsbereich, Pendlerreichweite und stadtgeographische Auswirkungen von Hochschulstandorten am Beispiel der Universität Frankfurt mit besonderer Berücksichtigung von studentischen Zweitwohnsitzen und ihren Folgen.   Ma

▶ GEIPEL, Robert: Probleme der Universitätsstadt München. In: Mitteilungen der Geographischen Gesellschaft München 57, 1972, S. 7-49.
Ausgehend von der engen Verflechtung zwischen der Stadt München und ihren Hochschulen, deren wachsende Flächenansprüche zum Entschluß einer Teilauslagerung der Technischen Universität nach Garching geführt haben, werden raumrelevante Reaktionen unterschiedlicher Planungsbetroffener untersucht. Bestandsaufnahmen über Wohnsitzverteilung, Dauer der Arbeitswege, Präferenzen der Wunschstandorte und ein Polaritätsprofil ausgewählter Münchner Teilräume ergänzen diese Erhebungen. Es wird davor gewarnt, eine periphere Universität als Magnet für Folgeeinrichtungen zu mißbrauchen und eine Überprüfung der Münchner Universitätsplanungen gefordert.   Ma

Studenten in Marburg. Sozialgeographische Beiträge zum Wohn- und Migrationsverhalten in einer mittelgroßen Universitätsstadt. Mit Beiträgen von H. DICKEL, W. DÖPP, H. HAHN, P. JÜNGST, J. KLEIN, A. PLETSCH, J. RADLOFF, H. SCHULZE-GÖBEL, E. THOMALE und P. WEBER. Marburg: Geographisches Institut der Universität 1974. 204 S. = Marburger Geographische Schriften 61.
Sammelveröffentlichung von 10 Marburger Autoren über verschiedene Aspekte des Wohn- und Wanderungsverhaltens, der sozialen Eingliederung von Studierenden im Hochschulort und der Verwendung sozialräumlicher Wohndatengefüge als Basis für innovative Stadtplanung. Die Daten wurden anläßlich eines Projektes 'Studentisches Wohnen' im SS 1971 vor Beginn von Sanierungsvorhaben in der Marburger Altstadt erhoben. Methodisch interessante Beiträge, die allerdings unterschiedliche Auffassungen und Zielsetzungen erkennen lassen.   Ma

Hochschulplanung

BAHRENBERG, Gerhard: Zur Frage optimaler Standorte von Gesamthochschulen in Nordrhein-Westfalen. Siehe 7.2.

LINDE, Horst: Hochschulplanung. Beiträge zur Struktur- und Bauplanung. Düsseldorf: Werner-Verlag 1969/71. Band 1: 1969. XV, 131 S. Band 2: 1970. XIII, 149 S. Band 3: 1970. XX, 235 S. Band 4: 1971. XV, 201 S.
Erstes deutschsprachiges Sammelwerk, in dem über 100 Mitarbeiter das Problemfeld der Hochschulplanung in seiner ganzen Bedeutung auszuleuchten versuchen: die kultur- und baugeschichtliche Entwicklung der Universitäten und Tendenzen der Hochschulentwicklung (Bd. 1), Fragen der Struktur- und Bedarfsplanung (Bd. 2), Probleme der Bauplanung (Bd. 3) und die Hochschulen als Gegenstand der Stadt- und Regionalplanung (Bd. 4). Die sehr aufwendige Veröffentlichung enthält zahlreiche Abbildungen und umfangreiche Literatur- und Sachregister.   Ma

6.8 Geographie des Freizeitverhaltens/ Fremdenverkehrsgeographie

Zur Konzeption der Geographie des Fremdenverkehrs bzw. des Freizeitverhaltens

- Einzelbeiträge

BERNECKER, P.: Die Wandlungen des Fremdenverkehrsbegriffes. In: Jahrbuch für den Fremdenverkehr 1, 1952/53, S. 31-38.
NEWIG, Jürgen: Vorschläge zur Terminologie der Fremdenverkehrsgeographie. In: Geographisches Taschenbuch 1975/76, S. 260-269.
Kurz referierende, in einzelnen Punkten stark engagierte Beiträge. Vermitteln einen guten Einblick in die Problematik, der sich stetig erweiternden und verändernden Vielfalt des Phänomens Fremdenverkehr/ Freizeit angemessene Definitionen zu erarbeiten. Zum kritisch-wertenden Verständnis sind allgemeine Fachkenntnisse erforderlich. Vgl. zur weiteren Diskussion auch Rolf MONHEIM und Karl RUPPERT in Geographische Rundschau 27, 1975, S. 519ff. und S. 524f.   Do

RUPPERT, Karl: Zur Stellung und Gliederung einer Allgemeinen Geographie des Freizeitverhaltens. In: Geographische Rundschau 27, 1975, S. 1-6.
Knapper, aber gut verständlicher Beitrag. Stellt Charakter von Erholung/Freizeitverhalten als Daseinsgrundfunktion heraus. Gibt einen komprimierten Abriß der Forschungsgeschichte und postuliert entsprechend dem breiter gewordenen Spektrum von Fremdenverkehrs- und Freizeitaktivitäten anstelle der Fremdenverkehrsgeographie eine - weiter gefaßte - Geographie des Freizeitverhaltens, die kurz in Aufgabenstellung und möglicher Gliederung vorgestellt wird.   Do

- Sammelbände

FISCHER, David W., John E. LEWIS und George B. PRIDDLE (Hrsg.): Land and leisure. Concepts and methods in outdoor recreation. Chicago: Maaroufa Press 1974. 270 S.
'Reader' mit 19 neueren Beiträgen, die sich mit dem gesellschaftlichen Stellenwert der Freizeit, Grundmustern des Freizeitbedarfs und -verhaltens, wirtschaftlichen Fragen sowie der Planungspraxis für Freizeitzwecke beschäftigen. Einige der von Vertretern verschiedener Disziplinen verfaßten, vor allem theoretische und methodische Aspekte betonenden Artikel setzen Kenntnisse voraus. Insgesamt jedoch zur einführenden Orientierung speziell über den Stand der Freizeitforschung in den USA gut geeignet. Wertvolle Literaturhinweise.   Do

MATZNETTER, Josef (Hrsg.): Studies in the geography of tourism. Papers read and submitted for the working conference of the IGU working group, geography of tourism and recreation, Salzburg, 2nd - 5th May, 1973. Frankfurt: Seminar für Wirtschaftsgeographie der Universität Frankfurt 1974. 346 S. = Frankfurter Wirtschafts- und Sozialgeographische Schriften 17.
Sammelband mit Berichten über Fremdenverkehrsuntersuchungen in Geographischen Instituten (München, Erlangen), allgemeinen methodischen Studien (z.B. R.W. BUTLER: Problems in the prediction of tourist development, S. 49ff.), Untersuchungen zu touristischen Verhaltensmustern (Erwin GRÖTZBACH: Gästegruppen unterschiedlichen räumlichen Verhaltens ..., S. 95ff.) sowie Orts- und Regionalanalysen unterschiedlicher Zielsetzung und Methodik (z.B. Friedrich VETTER: Structure and dynamics of tourism in Berlin West and East, S. 237ff; Wigand RITTER: Tourism and recreation in the Islamic countries, S. 273ff.; Wolfgang ERIKSEN: Regionalentwicklung und Fremdenverkehr in Argentinien, S. 327ff.). Insgesamt vermitteln die 25 nicht immer gleichwertigen Beiträge einen guten Überblick über die derzeitige

**6.8
Geographie
des Freizeit-
verhaltens /
Fremdenverkehrs-
geographie**

Raum für Zusätze

thematische und methodische Breite fremdenverkehrsgeographischer Fo
schung. Vorkenntnisse sind für eine kritische Lektüre unerläßlich.

RUPPERT, Karl und Jörg MAIER (Hrsg.): Zur Geographie des Freizeitve
haltens. Beiträge zur Fremdenverkehrsgeographie. Kallmünz/Regensbur
Michael Lassleben 1970. 90 S. = Münchner Studien zur Sozial- und
Wirtschaftsgeographie 6.
Wichtiger Sammelband mit Beiträgen über Möglichkeiten der Typisieru
von Fremdenverkehrsorten (P. MARIOT: CSSR), zum Problem der Fremden-
verkehrsfunktionen (M. JERŠIČ: Bled) sowie zur Analyse des Naherho-
lungsverkehrs (RUPPERT und MAIER: München, R.D. FREITAG: Paris). Be-
sondere Beachtung verdient der von den Herausgebern (hier in einer
gegenüber der Erstveröffentlichung in den Forschungs- und Sitzungs-
berichten der Akademie für Raumforschung und Landesplanung 53, 1969,
S. 89-102 erweiterten Form) vorgelegte Aufsatz 'Zum Standort der
Fremdenverkehrsgeographie - Versuch eines Konzepts' (S. 9-36). Er u
reißt prägnant unter kritischer Würdigung des Forschungsstandes Zie
und Aufgaben, Verfahren und Methoden einer sozialgeographisch ausge-
richteten, praxisorientierten Allgemeinen Fremdenverkehrsgeographie.
Als grundlegende Lektüre dringend zu empfehlen.   *L*

RUPPERT, Karl und Jörg MAIER (Hrsg.): Der Tourismus und seine Per-
spektiven für Südosteuropa. München: Geographische Buchhandlung Rai-
ner Michels 1971. 185 S. = WGI-Berichte zur Regionalforschung 6.
Sammelband mit 17 Beiträgen. Davon behandeln 6 allgemeine Gesichts-
punkte des Fremdenverkehrs, so Jörg MAIER 'Methoden und Probleme von
Fremdenverkehrsprognosen' (S. 33-47), Heinz HAHN ('Psychologische
Aspekte des Erholungsverkehrs' (S. 15-31) und Hubert HOFFMANN 'Die
Bedeutung des internationalen Tourismus für die Entwicklungsländer'
(S. 5-13). Die übrigen Aufsätze sind der Situation, Entwicklung und
Planung des Fremdenverkehrs in den Staaten Südosteuropas sowie dem
deutschen Reiseverkehr dorthin gewidmet.   *Do*

Tourism as a factor in national and regional development. Proceeding
of a meeting of the International Geographical Union's working group
on the geography of tourism and recreation, Sept. 1974. Peterborough
Canada: Trent University, Department of Geography 1975. 107 S. =
Trent University, Department of Geography, Occasional Paper 4.
Sammelband mit 13 englischsprachigen Untersuchungen, von denen sich
- entgegen dem Titel der Veröffentlichung - nur ein Teil mit der Be-
deutung des Fremdenverkehrs als Faktor der nationalen oder regionaler
Entwicklung beschäftigt. Hierzu gehören u.a. der Beitrag von Peter
SCHNELL: Tourism as a means of improving the regional and economic
structure (S. 72ff.) oder die Fallstudie von Leland L. NICHOLLS: Re-
creation shopping centers in the Appalachian Highlands as economic
growth points (S. 91ff.). Die übrigen Beiträge sind verschiedenen an-
deren Aspekten des Fremdenverkehrs gewidmet, so daß auch dieser Sam-
melband der IGU-Kommission einen guten Einblick in das relativ weite
Spektrum der internationalen fremdenverkehrsgeographischen Forschung
gibt.   *Do*

Wissenschaftliche Aspekte des Fremdenverkehrs. Hannover: Gebrüder Jänecke 1969. 122 S. = Veröffentlichungen der Akademie für Raumforschun
und Landesplanung, Forschungs- und Sitzungsberichte 53, Raum und Frem
denverkehr 1.
Sammelband, dessen Beiträge den interdisziplinären Charakter fremden-
verkehrswissenschaftlicher Forschung deutlich werden lassen und die
sich - da in der Regel keine allzu großen Vorkenntnisse voraussetzend
- für eine erste, z.T. auch vertiefende Einarbeitung in fremdenver-
kehrsrelevante Forschungsaufgaben, -methoden und -ergebnisse der Lan-
desplanung, Geographie (siehe RUPPERT und MAIER), Wirtschaftswissen-
schaften, Landwirtschaft, Medizin, Psychologie, Soziologie und Stati-
stik eignen.   *Do*

**6.8
Geographie
des Freizeit-
verhaltens /
Fremdenverkehrs-
geographie**

Raum für Zusätze

– Zwei 'Klassiker' der Fremdenverkehrsgeographie

CHRISTALLER, Walter: Beiträge zu einer Geographie des Fremdenverkehrsgeographie. In: Erdkunde 9, 1955, S. 1-19. Auszug (S. 1-7) auch in: Erich OTREMBA und Ulrich AUF DER HEIDE (Hrsg.): Handels- und Verkehrsgeographie. Darmstadt: Wissenschaftliche Buchgesellschaft 1975. S. 246-260. = Wege der Forschung 343.
Vielbeachteter Beitrag zur Theorie der Fremdenverkehrsgeographie. Betont deren Stellung als eigenständiger Zweig neben der Agrar- und Industriegeographie im Rahmen der Wirtschaftsgeographie und erarbeitet - belegt durch eine Skizze der Hauptentwicklungsphasen des Fremdenverkehrs sowie regionale Beispiele - als 'Gesetzmäßigkeit' seiner räumlichen Entfaltung das Vordringen in immer 'periphere' Orte bzw. Bereiche. Zum Verständnis des Phänomens Fremdenverkehr vor allem in seinen räumlichen Aspekten (immer noch) lesenswert.   Do

POSER, Hans: Geographische Studien über den Fremdenverkehr im Riesengebirge. Ein Beitrag zur geographischen Betrachtung des Fremdenverkehrs. Göttingen: Vandenhoeck & Ruprecht 1939. 173 S. = Abhandlungen der Gesellschaft der Wissenschaften zu Göttingen, Mathematisch-physikalische Klasse, 3. Folge, Heft 20.
Richtungsweisende Studie mit bis heute erheblichen, auch über die Geographie hinausreichenden (s. u.a. GEIGANT) wissenschaftlichen Nachwirkungen. Entwickelt und demonstriert am regionalen Beispiel ein methodisches und terminologisches Grundgerüst zur Erfassung und Ordnung der Fremdenverkehrsarten und -artengefüge, der physisch- und kulturgeographischen Voraussetzungen bzw. der vielfältigen raumprägenden Auswirkungen und begründet die Erforschung des Fremdenverkehrs als 'geographische Aufgabe'. Obwohl in manchen Punkten durch neuere Forschungsergebnisse und Ansätze erweiterungsbedürftig, ist die POSERsche Arbeit nach wie vor beispielhaft und von grundlegender Bedeutung.   Do

Lehrbücher und umfassendere Darstellungen

➤ COSGROVE, Isobel und Richard JACKSON: The geography of recreation and leisure. London: Hutchinson 1972. 168 S.
Knappe lehrbuchartige Darstellung der Daseinsgrundfunktion Erholung, die - vertieft durch regionale Beispiele, insbesondere aus Großbritannien (Kurorte und Seebäder, ländlicher Raum, Freizeiteinrichtungen im städtischen Wohnumfeld und Naherholungsraum), daneben aber auch aus anderen Ländern und Regionen (Nordamerika, Spanien, Portugal, Republik Irland, Ostafrika, Alpen) - einen Überblick über Determinanten und Erscheinungsformen, Entwicklungstendenzen sowie bisherige und zukünftige Flächenansprüche des Fremdenverkehrs/Erholungsverkehrs gibt. Kann trotz einiger methodisch-systematischer Schwächen zur Einführung empfohlen werden.   Do

LAVERY, Patrick (Hrsg.): Recreational geography. Newton Abbot/London/Vancouver: David & Charles 1971. 335 S. = Problems in Modern Geography.
13 Originalbeiträge von verschiedenen Autoren unterschiedlicher Fachrichtungen. Im Vordergrund stehen neben allgemein-theoretischen Aspekten vor allem praktisch-methodische Fragen, so unter anderem die Ermittlung des gegenwärtigen und zukünftigen Erholungsbedarfs, die Raumbewertung für Erholungszwecke, die Nutzung und planerische Sicherung von Erholungsflächen (Nationalparks, Wälder, Wasserareale, innerstädtisches Grün) sowie Auswirkungen des Erholungswesens auf den Landschaftshaushalt. Der Band vermittelt einen relativ ausgewogenen und umfassenden, z.T. allerdings einige Kenntnisse voraussetzenden Überblick über aktuelle Probleme und Methoden der Freizeit-/Erholungsforschung und -planung im angelsächsischen Sprachraum und eignet sich daher gut zur vertiefenden Einarbeitung.   Do

6.8
Geographie des Freizeitverhaltens / Fremdenverkehrsgeographie

Raum für Zusätze

PATMORE, J. Allan: Land and leisure. Newton Abbot/London/Vancouver: David & Charles 1970. Zugleich: Harmondsworth: Pelican Books 1972. 338 S. = Pelican Geography and Environmental Studies.
Beispielhafte lehrbuchartige Darstellung der Probleme, die das wachsende, zunehmend differenzierte Bedürfnis nach Kurz- und Langzeiterholung in einer Industriegesellschaft aufwirft. Behandelt gruppenspezifische Bedarfsstrukturen und Verhaltensweisen der Erholungssuchenden und Urlaubsreisenden und stellt das Angebot an Erholungs- und Ferieneinrichtungen, dessen aktuelle Belastung sowie Maßnahmen und Möglichkeiten zur Erhaltung und Erweiterung dieses Angebots dar. Nicht zuletzt wegen der Fülle der hierzu vorgelegten empirischen Daten und der zahlreichen Diagramme, Karten und Abbildungen über das im Vordergrund stehende Beispiel England hinaus von allgemeinem, grundlegendem Interesse. Do

Spezielle Aspekte

- Ausstattung von Erholungsorten

KLÖPPER, Rudolf: Struktur- und Ausstattungsbedarf in Erholungsorten der BRD. Hannover: Akademie für Raumforschung und Landesplanung 1972. 213 S.
Wichtige Darstellung einer Erhebung, die unter Einbezug der bedeutendsten Fremdenverkehrsregionen der BRD in 921 Gemeinden mit Fremdenbetten für Urlauber (= rund 10% der entsprechenden Gesamtzahl) durchgeführt wurde. Die Auswertung des 25seitigen (!) Fragebogens erbringt nicht nur eine reine Bestandsaufnahme (infrastrukturelle Ausstattung, Entwicklungsstand des Fremdenverkehrs, Einschätzung der Marktsituation und -chancen durch die Gemeinden, kommunale Leistungen), sondern sie erarbeitet auch vor allem Typen von Erholungsorten nach Ausstattungsmerkmalen und zeigt allgemeine Zusammenhänge auf, so u.a. zwischen Angebotsstruktur und Fremdenverkehrsintensität, Alter der Fremdenverkehrsorte und Entwicklung des Fremdenverkehrs. Über die Bedeutung für die Planungspraxis hinaus von grundlegendem Interesse für die allgemeine Fremdenverkehrsgeographie. Do

- Bewertung von Freizeitteilfunktionen

AFFELD, D., R. KLEIN, O. PEITHMANN und G. TUROWSKI: Ein Ansatz zu regional und funktional differenzierter Freizeitplanung. In: Raumforschung und Raumordnung 31, 1973, S. 222-231.
Knappe, aber sehr anschauliche Darstellung der Ableitung von Freizeitteilfunktionen, der Abschätzung ihrer relativen (heutigen und zukünftigen) Bedeutung und der Gewichtung der 'Ausstattungsfunktionen' für die einzelnen Freizeitteilfunktionen. Grundlage bildeten Expertenbefragungen nach der sog. Delphi-Methode. Die Verfasser betrachten diesen Ansatz als ersten Versuch, 'operationale Voraussetzungen für eine nutzwertanalytische Bewertung des Freizeitpotentials von Freizeit- und Fremdenverkehrsgebieten zu schaffen'. Hei

HEBERLING, Gerold: Modellansätze für die Freizeitplanung. Siehe 7.2.

- Landschaftsbewertung für Erholungszwecke

FICHTINGER, Rudolf: Das Ammersee/Starnberger See - Naherholungsgebiet im Vorstellungsbild Münchner Schüler. Siehe 6.10.

RUPPERT, Klaus: Zur Beurteilung der Erholungsfunktion siedlungsnaher Wälder. Frankfurt: J.D. Sauerländer's Verl. 1971. 142 S. = Mitteilungen der Hessischen Landesforstverwaltung 8.
Interessanter Ansatz zur Quantifizierung der Erholungsbewertung von Waldarealen, wobei in die Berechnung der Kennziffern landschaftlich-forstliche und erholungsstörende Merkmale ebenso wie die Erreichbarkeit und die Waldknappheit eingehen. Anhand von Besucherzählungen in Waldgebieten in der Umgebung von Frankfurt und Kassel wird die Aus-

**6.8
Geographie
des Freizeit-
verhaltens /
Fremdenverkehrs-
geographie**

Raum für Zusätze

sagefähigkeit des Bewertungsmodells überprüft.
Blo

TUROWSKI, Gerd: Bewertung und Auswahl von Freizeitregionen. Siehe 7.2.

Zur Landschaftsbewertung für die Erholung. Hannover: Gebrüder Jänecke 1972. 76 S. = Veröffentlichungen der Akademie für Raumforschung und Landesplanung, Forschungs- und Sitzungsberichte 76, Raum und Fremdenverkehr 3.
Wichtiger Sammelband zur Theorie, Methodik und Technik der Beurteilung des Erholungspotentials von Räumen bzw. einzelner Raumfaktoren und -faktorengruppen. Jörg MAIER diskutiert die 'Bewertung des landschaftlichen Erholungspotentials aus der Sicht der Wirtschafts- und Sozialgeographie' (S. 9ff.); Hans KIEMSTEDT stellt das von ihm entwickelte, gegenüber der Erstveröffentlichung ('Zur Bewertung der Landschaft für die Erholung'. Stuttgart: Eugen Ulmer 1967.) in Teilaspekten modifizierte und erweiterte Verfahren zur Ermittlung des V-(Vielfältigkeits-)Wertes der natürlichen Landschaft dar (S. 33ff.). Weitere Beiträge sind der 'Nützlichkeit des Waldes als Erholungsraum' (S. 63ff.), der 'Eignung von Waldrändern für die Erholung' (S. 71ff.), den 'bioklimatischen Reizstufen für die Raumbeurteilung zur Erholung' (S. 45ff., mit Übersichtskarte der BRD!) sowie dem 'Wandel touristischer Landschaftsbewertung' am Beispiel des Harzes (S. 21ff.) gewidmet. Eine 'Einführung' von Rudolf KLÖPPER (S. 1ff.) erleichtert Einordnung und Verständnis dieser in manchen Punkten einige Kenntnisse über das Erholungs- und Freizeitwesen voraussetzenden Beiträge.
Do

- Zweitwohnsitze

RUPPERT, Karl und Jörg MAIER: Der Zweitwohnsitz im Freizeitraum - raumrelevanter Teilaspekt einer Geographie des Freizeitverhaltens. In: Institut für Raumordnung, Informationen 21, 1971, S. 135-157.
Gibt neben Definitionen einen Überblick über Ursachen und Verbreitung der Freizeitwohnsitze in Europa und Nordamerika; zeigt am Beispiel Bayerns ausführlicher Methoden der empirischen Erfassung, Faktoren der Standortwahl, Strukturmerkmale der Besitzer von Zweitwohnsitzen, siedlungs- und bevölkerungsstrukturelle Auswirkungen und planerische Probleme auf. Zahlreiche weiterführende Literaturangaben erleichtern die vertiefende Einarbeitung.
Do

- Einflüsse des Fremdenverkehrs auf die Wirtschafts- und Sozialstruktur von Fremdenverkehrsgemeinden

MAIER, Jörg: Die Leistungskraft einer Fremdenverkehrsgemeinde. Modellanalyse des Marktes Hindelang/Allgäu. Ein Beitrag zur wirtschaftsgeographischen Kommunalforschung. München: Geographische Buchhandlung 1970. 447 S. und Anhang. = WGI-Berichte zur Regionalforschung 3.
Gründliche Untersuchung, die - mit breiterer Fragestellung angelegt - methodisch beispielhaft auf der Grundlage vielseitiger detaillierter Eigenerhebungen Einflüsse des Fremdenverkehrs auf die Wirtschafts- und Sozialstruktur einer Gemeinde analysiert. Umfassendes Literaturverzeichnis.
Do

ROSA, Dirk: Der Einfluß des Fremdenverkehrs auf ausgewählte Branchen des tertiären Sektors im Bayerischen Alpenvorland. Ein Beitrag zur wirtschaftsgeographischen Betrachtung von Fremdenverkehrsorten. München: Geographische Buchhandlung 1970. 148 S. = WGI-Berichte zur Regionalforschung 2.
Trotz der bekannt schlechten Materiallage empirisch gut belegte Studie zu den Auswirkungen des Fremdenverkehrs auf Umsatz und Sortiment des Lebensmitteleinzel- und -großhandels, des Textileinzelhandels sowie - als Beispiele aus dem Dienstleistungssektor - auf Bankgewerbe und Post.
Do

6.8
Geographie
des Freizeit-
verhaltens /
Fremdenverkehrs-
geographie

Raum für Zusätze

Regional- und Lokalstudien

- Größere Räume

HAHN, Helmut: Die Erholungsgebiete der Bundesrepublik. Erläuterungen zu einer Karte der Fremdenverkehrsorte in der deutschen Bundesrepublik. Bonn: Dümmler 1958. 82 S. = Bonner Geographische Abhandlungen 22.
Stellt in einer Übersichtskarte 1 : 1 Mill. rund 1300 Fremdenverkehrsstandorte (See-, Heilbäder, Luftkurorte, sonstige Fremdenverkehrsgemeinden) der BRD mit Anzahl der Fremdenübernachtungen, deren jahreszeitliche Verteilung, Anteil der Ausländerübernachtungen sowie durchschnittliche Aufenthaltsdauer dar. Die nach regionalen Gesichtspunkten gegliederten, durch Diagramme illustrierten Erläuterungen demonstrieren vorbildlich u.a. Interpretationsmöglichkeiten und -grenzen der offiziellen Fremdenverkehrsstatistik; daher sowohl methodisch wie auch inzwischen als Quelle für Veränderungen seit 1955/56 beachtenswert.
Do

RITTER, Wigand: Fremdenverkehr in Europa. Eine wirtschafts- und sozialgeographische Untersuchung über Reise- und Urlaubsaufenthalte der Bewohner Europas. Leiden: Sijthoff 1966. 250 S. = Europäische Aspekte, Reihe A: Kultur, Nr. 1.
Bisher umfassendster Versuch einer großräumigen (auch Nordafrika und den Nahen Osten einbeziehenden) regionalen Fremdenverkehrsgeographie. Erarbeitet nach Lage/naturräumlicher Zugehörigkeit (im Binnenland, an Meeresküsten) und dem Grad der landschaftlichen Überformung durch Erholungseinrichtungen eine Typologie der Fremdenverkehrsgebiete, die in einer Übersichtskarte dargestellt und im Text kurz u.a. nach Ausstattung und wichtigsten Fremdenverkehrsarten charakterisiert werden. In den dargelegten Fakten infolge der rapiden Entwicklung des Fremdenverkehrs und der regionalen Fremdenverkehrsforschung zwar teilweise überholt, wegen der allgemeinen Ergebnisse und des methodischen Vorgehens jedoch weiterhin beachtenswert.
Do

WILLIAMS, Anthony V. und Wilbur ZELINSKY: On some patterns in international tourist flows. In: Economic Geography 46, 1970, S. 549-567.
Quantitative Analyse internationaler Touristenströme in Europa 1958-1966. Die spezifischen Verflechtungsmuster werden herausgearbeitet und interpretiert.
Blo

- Regionalstudien

HAHN, Maria Anna: Siedlungs- und wirtschaftsgeographische Untersuchung der Wallfahrtsstätten in den Bistümern Aachen, Essen, Köln, Limburg, Münster, Paderborn, Trier. Siehe 6.6.

HEINRITZ, Günter: Wirtschafts- und sozialgeographische Wandlungen des Fremdenverkehrs in Zypern. In: Erdkunde 26, 1972, S. 266-278.
RIEDEL, Uwe: Entwicklung, Struktur und räumliche Differenzierung des Fremdenverkehrs der Balearen. Ein Beitrag zur Methodik der Fremdenverkehrsgeographie. In: Erdkunde 26, 1972, S. 138-153.
Knappe, unterschiedlich angelegte Untersuchungen, die sowohl methodisch wie auch sachlich einen instruktiven (zugleich als Einführung geeigneten) Beitrag zur regionalen Geographie des Fremdenverkehrs im Mittelmeerraum, insbesondere zur Entfaltung und zu den Erscheinungsformen des modernen internationalen Massentourismus bieten.
Do

HELLER, Wilfried: Der Fremdenverkehr im Salzkammergut. Studie aus geographischer Sicht. Heidelberg: Geographisches Institut der Universität 1970. 224 S. = Heidelberger Geographische Arbeiten 29.
Interessante, um eigenständigen methodischen Ansatz bemühte Untersuchung, die - orientiert an der naturräumlichen Gliederung des Untersuchungsgebiets - das ursprüngliche und abgeleitete Fremdenverkehrsangebot, die Grundzüge der Fremdenverkehrsentwicklung, Struktur und

Herkunft der Fremdenströme sowie deren raumrelevante Auswirkungen analysiert. Durch gute Übersichtskarten und Ortsskizzen belegt, werden sowohl individuelle als auch typische Merkmale des Fremdenverkehrs eines Gebirgsraumes erarbeitet. Do

KROSS, Eberhard: Fremdenverkehrsgeographische Untersuchungen in der Lüneburger Heide. Göttingen/Hannover: Gebr. Wurm 1970. 191 S. = Veröffentlichungen des Niedersächsischen Instituts für Landeskunde und Landesentwicklung an der Universität Göttingen, zugleich Schriften der Wirtschaftswissenschaftlichen Gesellschaft zum Studium Niedersachsens e.V., Neue Folge, Reihe A: Forschungen zur Landes- und Volkskunde, I: Natur, Wirtschaft, Siedlung und Planung, Band 94.
UTHOFF, Dieter: Der Fremdenverkehr im Solling und seinen Randgebieten. Göttingen: Erich Goltze 1970. 182 S. = Göttinger Geographische Abhandlungen 52.
Stellvertretend für eine Reihe weiterer mehr oder minder an der POSERschen Konzeption der Fremdenverkehrsgeographie orientierte Regionalstudien, die bei leicht unterschiedlicher Schwerpunktsetzung das aktuelle Fremdenverkehrsaufkommen, dessen Ablauf und Struktur, die natürlichen und kulturgeographischen Standortbedingungen, Entwicklung und Folgewirkungen des Fremdenverkehrs untersuchen. Bei KROSS methodisch wiederholter Wechsel zwischen Übersichts- und Einzelanalyse, bei UTHOFF verstärkte Ansätze zur Quantifizierung. Do

SCHULZE-GÖBEL, Hansjörg: Fremdenverkehr in ländlichen Gebieten Nordhessens. Eine geographische Untersuchung jüngster Funktionswandlungen bäuerlicher Gemeinden im deutschen Mittelgebirge. Marburg: Geographisches Institut der Universität 1972. 261 S. = Marburger Geographische Schriften 52.
Interessante Fallstudie, die - anders als die Mehrzahl fremdenverkehrsgeographischer Regionalstudien - einen touristisch bisher nur relativ schwach, vor allem von Angehörigen unterer Einkommensschichten und älterer Jahrgangsgruppen erschlossenen Raum zum Gegenstand hat. Untersucht hier Bedingungen der Entfaltung des Fremdenverkehrs (darunter insbesondere Merkmale der Fremdenverkehrsstandorte, Bemühungen der inneren und äußeren Werbung) sowie dessen Auswirkungen und leitet hieraus Forderungen für die Fremdenverkehrsplanung im ländlichen Raum ab. Do

ZAHN, Ulf: Der Fremdenverkehr an der spanischen Mittelmeerküste. Eine vergleichende geographische Untersuchung. Regensburg: Fach Geographie an der Universität 1973. 243 S. = Regensburger Geographische Schriften 2.
Gründliche, durch zahlreiche Karten, Tabellen und Abbildungen belegte Untersuchung. Skizziert Grundzüge der Fremdenverkehrsentwicklung, erfaßt die wichtigsten Motive und Verhaltensweisen der Urlauber, beschreibt ausführlich die natürlichen und verkehrsgeographischen Voraussetzungen für den Fremdenverkehr und analysiert kritisch dessen Auswirkungen vor allem auf den Siedlungsausbau. Ausführliches, weitgespanntes Literaturverzeichnis. Do

- <u>Lokalstudien</u>

DÖHRMANN, Wilhelm: Bonitierung und Tragfähigkeit eines Alpentales. Innerstes Defereggen in Osttirol. Siehe 6.16.

NEWIG, Jürgen: Die Entwicklung von Fremdenverkehr und Freizeitwohnwesen in ihren Auswirkungen auf Bad und Stadt Westerland auf Sylt. Kiel: Geographisches Institut der Universität 1974. 222 S. = Schriften des Geographischen Instituts der Universität Kiel 42.
SCHLIETER, Erhard: Viareggio. Die geographischen Auswirkungen des Fremdenverkehrs auf die Seebäder der nordtoskanischen Küste. Marburg: Geographisches Institut der Universität 1968. 196 S. und Pläne und Abbildungen. = Marburger Geographische Arbeiten 33.

6.8
Geographie
des Freizeit-
verhaltens /
Fremdenverkehrs-
geographie

Beispiele gründlicher, zugleich unterschiedliche Forschungs- und Dar*
stellungsziele bzw. -möglichkeiten demonstrierende Analysen der sie*
lungsgeographischen Auswirkungen des zunehmenden, strukturell sich
wandelnden Fremden(Bade)verkehrs. Bei NEWIG sind besonders die empirischen Erhebungen zur sozialökonomischen Situation der Freizeitrei-
senden hervorzuheben.
D

Raum für Zusätze

Nachbarwissenschaften

- Allgemeine Fremdenverkehrslehre

GEIGANT, Friedrich: Die Standorte des Fremdenverkehrs. Eine sozialökonomische Studie über die Bedingungen und Formen der räumlichen
Entfaltung des Fremdenverkehrs. München: Deutsches Wirtschaftswissen
schaftliches Institut für Fremdenverkehr an der Universität München
(DWF) 1. Aufl. 1962. 2. unveränd. Aufl. 1973. 237 S. = DWF-Schriften
reihe 17.
*Gründliche, vielfach anspruchsvolle, aber doch gut verständliche Stu
die. Diskutiert die wichtigsten Determinanten der touristischen Nachfrage, analysiert die touristische Angebotsseite, die Objekte und
Mittel des Fremdenverkehrs, und wertet diese in ihrer standortgestal-
tenden (-begründenden, -füllenden) Bedeutung. Leitet hieraus eine
allgemeine Standorttheorie des Fremden-, speziell des Erholungsverkehrs ab. Wegen der besonderen Berücksichtigung räumlicher und raumwirtschaftlicher Aspekte (auch) für die geographische Auseinandersetzung mit dem Fremdenverkehr von grundlegender Bedeutung.*
Do

HUNZIKER, W. und W. KRAPF: Grundriß der Allgemeinen Fremdenverkehrslehre. Zürich: Polygraphischer Verlag 1942. = Schriftenreihe des Se-
minars für Fremdenverkehr an der Handels-Hochschule St. Gallen 1.
BURKART, A.J. und S. MEDLIK: Tourism. Past, present and future. London: Heinemann 1975. 354 S.
*Nach Forschungsstand und sachlichem Hintergrund einander ergänzende
Lehrbücher einer zwar der Volks- und Betriebswirtschaft nahestehenden
aber doch fächerübergreifenden Fremdenverkehrslehre. Behandeln neben
Grundzügen der geschichtlichen Entwicklung des Fremdenverkehrs (vor
allem BURKART und MEDLIK), seinen wesentlichsten Merkmalen (Definitionen!) und Determinanten sowie der Fremdenverkehrsstatistik schwerpunktmäßig Mittel und Institutionen des Fremdenverkehrs, darunter das
Beherbergungsgewerbe, die Transportmittel, Reiseveranstalter, -ver-
mittler und Fremdenverkehrsorganisationen, Marktforschung und Werbung
Fremdenverkehrspolitik und -förderung. Obwohl hauptsächlich für die
Praxis des Fremdenverkehrsgewerbes konzipiert, sind beide Bände auch
für fremdenverkehrsgeographische Arbeiten eine wichtige Informationsquelle.*
Do

- Soziologie und Sozialpsychologie

KNEBEL, Hans-Joachim: Soziologische Strukturwandlungen im modernen
Tourismus. Stuttgart: Ferdinand Enke 1960. 178 S. = Soziologische
Gegenwartsfragen, N.F. 8.
*Straffe, aber trotzdem auch in der Darlegung empirischer Daten noch
recht detaillierte Studie. Arbeitet ideal-typisch vor dem Hintergrund
der gesellschaftlichen, wirtschaftlichen und institutionellen Veränderungen die Grundlinien der schrittweisen touristischen 'Emanzipa-
tion' immer breiterer sozialer Schichten heraus und analysiert in
größerer Breite die heutigen sozialen Strukturen, Motivationen und
institutionellen Antriebskräfte des Urlaubsverkehrs. Insgesamt eine
wichtige allgemeine Grundlage zum vertieften Verständnis der früheren
und heutigen gesellschaftlichen Aspekte des Fremden-/Urlaubsverkehrs.*
Do

KRYSMANSKI, Renate: Die Nützlichkeit der Landschaft. Überlegungen zur
Umweltplanung. Siehe 7.4.

6.8
Geographie des Freizeitverhaltens / Fremdenverkehrsgeographie

Raum für Zusätze

SCHMITZ-SCHERZER, Reinhard: Sozialpsychologie der Freizeit. Bericht über den Stand der Freizeitforschung in Soziologie und Psychologie. Stuttgart: Kohlhammer 1974. 175 S.
Eine auch für die Belange der Geographie des Freizeitverhaltens sehr informative Darstellung bisheriger Forschungsergebnisse der soziologischen und psychologischen Freizeitforschung, wobei jedoch die Behandlung der in diesen Nachbarwissenschaften angewandten empirischen Methoden sowie theoretischer Ansätze zu knapp ist. Im Vordergrund der Betrachtung steht die Beschreibung von 'Determinanten des Freizeitverhaltens', d.h. von soziodemographischen, medizinischen und psychologischen Faktoren.   Hei

Praktische Arbeitsweisen

BARRIER, Michèle: L'étude géographique du tourisme. Problèmes de méthode et de représentation cartographique dans l'est de la France. Caen: Association des Publications de la Faculté des Lettres et Sciences Humaines de l'université de Caen 1964. 205 S.
Skizziert in leicht verständlicher, theoretisch allerdings wenig fundierter Form Ziele und Aufgaben einer fremdenverkehrsgeographischen Bestandsaufnahme, diskutiert Lösungsmöglichkeiten der kartographischen Darstellung und bearbeitet dementsprechend das östliche Frankreich. Vermittelt nicht zuletzt einen guten Einblick in die für fremdenverkehrsgeographisches Arbeiten in Frankreich verfügbaren statistischen und sonstigen Quellen.   Do

JÜLG, Felix: Praktische Hinweise für wissenschaftliche Arbeiten in der Fremdenverkehrsgeographie. In: Festschrift Leopold G. SCHEIDL zum 60. Geburtstag. 1. Teil. Hrsg. v. Heinz BAUMGARTNER u.a. Wien: Ferdinand Berger (Horn) 1965. S. 56-67.

VOIGT, W.: Grundzüge einer Fremdenverkehrsanalyse. In: Jahrbuch für Fremdenverkehr 1, 1953, S. 33-46.
Einfache, durchaus anregende Zusammenstellungen von Gesichtspunkten (VOIGT: systematischer Katalog zur Orts- und Marktanalyse, S. 45f.), die bei einer fremdenverkehrswissenschaftlichen Untersuchung zu berücksichtigen sind. Zur sachgerecht-kritischen Anwendung dieser Hinweise in der Praxis sollten allerdings theoretisch-methodische Grundkenntnisse vorhanden sein.   Do

▶ KULINAT, Klaus: Die Typisierung von Fremdenverkehrsorten. Ein Diskussionsbeitrag. In: Hans-Poser-Festschrift. Göttingen: Erich Goltze 1972. S. 521-538. = Göttinger Geographische Abhandlungen 60.
Knappe, aber leicht verständliche Studie. Zeigt allgemeine methodische Möglichkeiten und Schwierigkeiten der Typisierung von Fremdenverkehrsorten auf, durchleuchtet kritisch einige der vorliegenden Typisierungsversuche und entwickelt einen pragmatischen, d.h. auf verfügbare bzw. leicht zu beschaffende Daten gestützten, ohne größeren Aufwand anwendbaren Ansatz, der Fremdenverkehrsarten, Fremdenverkehrsintensität, Beherbergungsart sowie als Zusatzmerkmale die Zahl der Fremdenübernachtungen, den Jahresgang des Fremdenverkehrs, die durchschnittliche Aufenthaltsdauer und die Entwicklung der Fremdenübernachtungen berücksichtigt. Kartenausschnitte zu bereits untersuchten Fremdenverkehrsgebieten verdeutlichen das Verfahren.   Do

Lexikon zur Fremdenverkehrslehre

ARETZ, Elmar: Tourismus A - Z. Köln: Carl Heymanns 1972. 167 S.
Alphabetische Zusammenstellung kurzer Begriffsdefinitionen der Fremdenverkehrslehre und vor allem der -praxis (Beherbergungsgewerbe, Verkehrsträger, Reiseveranstalter, Institutionen und Organisationen). Zur ersten schnellen Information durchaus geeignet.   Do

6.8
Geographie
des Freizeit-
verhaltens /
Fremdenverkehrs-
geographie

Raum für Zusätze

Freizeit- und Erholungsplanung

Freizeit und Erholungswesen als Aufgabe der Raumordnung. Siehe 7.2.

LENZ-ROMEISS, Felizitas: Freizeit-Planung: Chance der demokratischen Stadtentwicklung. Siehe 7.3.

Zur Fremdenverkehrsstatistik

UTHOFF, Dieter: Untersuchungen über den Genauigkeitsgrad der Fremdenverkehrsstatistik. In: Neues Archiv für Niedersachsen 18, 1969, S. 348-352.
Kurzbericht, der anhand eines Vergleichs von Daten der offiziellen Fremdenverkehrsstatistik mit den Ergebnissen eigener Erhebungen den Ungenauigkeitsgrad der veröffentlichten Zahlen zum Umfang des Fremdenfassungsvermögens aufdeckt, ferner kurz die Fehlerquoten der Fremdenmeldungen und -übernachtungen diskutiert und einige der Ursachen hierfür aufzeigt. Zur ersten, raschen Information geeignet; die Literaturangaben ermöglichen eine vertiefende Einarbeitung. Do

Bibliographien, Literaturberichte

CZINKI, L., K. GROSSMANN, P. SCHWINDT und A. SCHLEIFENBAUM: Landschaft und Erholung. Eignung und Belastung der Landschaft. In: Berichte über Landwirtschaft N.F. 52, 1974, S. 590-619.
Aktueller Literaturbericht, der neben Definitionen einen kurzen Überblick über Ansätze und Methoden zur Landschaftsbewertung für Erholungszwecke gibt. Ferner werden ausführlicher Verfahren und Ergebnisse zur Ermittlung der Inanspruchnahme von Räumen durch den Erholungsverkehr, d.h. einerseits ihre derzeitige Belastung und andererseits ihre weitere Belastbarkeit, vorgestellt. Setzt fachlich-methodische Kenntnisse voraus, trotzdem aber wegen der zahlreichen Literaturangaben (139 in- und ausländische Publikationen) und der kritischen Hinweise auf 'Wissenslücken' zur ersten Orientierung und Einarbeitung geeignet. Do

KRETSCHMER, Ingrid: Literatur zur Geographie des Fremdenverkehrs und Freizeitverhaltens. Wien: Geographisches Institut der Universität 1974. 119 S. = Beiträge aus dem Seminarbetrieb der Lehrkanzel für Geographie und Kartographie 5.
Hauptsächlich auf das deutschsprachige Schrifttum beschränkte, relativ vollständige, wenngleich - aus im Vorwort angegebenen Gründen - nicht immer ganz exakte Zusammenstellung älterer und neuerer Veröffentlichungen zur Fremdenverkehrsgeographie und deren Nachbardisziplinen. Die annähernd 1000 (z.T. recht entlegenen) Publikationen sind zwar nicht kommentiert, ihre übersichtlich und detailliert gegliederte Anordnung nach allgemein-methodischen Kategorien (22 Unterpunkte) und nach regionalen Gesichtspunkten (12 teilweise weiter aufgeschlüsselte Unterpunkte) erleichtern jedoch die Benutzung und machen die Bibliographie auch für die Orientierung über Spezialfragen zu einem unentbehrlichen Arbeitsmittel. Do

RUPPERT, Karl und Jörg MAIER: Naherholungsraum und Naherholungsverkehr. Ein sozial- und wirtschaftsgeographischer Literaturbericht zum Thema Wochenendtourismus. Starnberg: Studienkreis für Tourismus e.V. 1969. 95 S.
Umfassender, annähernd 300 in- und ausländische Titel verarbeitender Forschungsbericht, der sowohl allgemeine Beiträge zum Naherholungsproblem als auch regionale Fallstudien vorstellt. Aufgrund ausführlicher Analysen ausgewählter Arbeiten werden dabei besonders Methoden und Möglichkeiten der Erfassung des Naherholungsverkehrs, seine Erscheinungsformen, Hintergründe und Auswirkungen sowie Planungsfragen diskutiert. Über bibliographische Orientierungshilfe hinaus grundlegend für selbständige wissenschaftliche oder praxisorientierte Auseinandersetzung mit der Naherholung. Do

6.8
Geographie
des Freizeit-
verhaltens /
Fremdenverkehrs-
geographie

Raum für Zusätze

VEAL, A.J.: Environmental perception and recreation: a review and annotated bibliography. Siehe 6.10.

WOLFE, R.I.: Perspective on outdoor recreation. A bibliographical survey. In: Geographical Review 54, 1964, S. 203-238.
Literaturbericht (161 Titel) über den Stand (1962/63) fremdenverkehrswissenschaftlicher Forschung in den USA im (knappen) Vergleich zu Europa, insbesondere Frankreich und Deutschland. Im Vordergrund steht die kritische und ausführliche, durch informative schematische Darstellungen ('key elements in outdoor recreation', 'research needs in the geography of outdoor recreation') illustrierte Behandlung der bisher wohl umfassendsten Bestandsaufnahme und Analyse zum Phänomen Fremdenverkehr/Freizeitverhalten und Planung, des von der Outdoor Recreation Resources Review Commission 1962 veröffentlichten Berichts 'Outdoor recreation for America' (27 im Anhang referierte Study Reports, 1 zusammenfassender Band).   Do

*6.9
Geographische
Innovations-
und Diffusions-
forschung*

6.9 Geographische Innovations- und Diffusionsforschung

Raum für Zusätze

Zur Einführung in die geographische Innovationsforschung

▶ ABLER, Ronald, John S. ADAMS und Peter GOULD: Spatial organization. The geographer's view of the world. Siehe 6.1.

▶ BARTELS, Dietrich: Geographische Aspekte sozialwissenschaftlicher Innovationsforschung. In: Deutscher Geographentag Kiel 1969. Tagungsbericht und wissenschaftliche Abhandlungen. Wiesbaden: Franz Steiner 1970. S. 283-296. = Verhandlungen des Deutschen Geographentages 37.
Theoretisch ausgerichteter Beitrag, der die geographische Relevanz von Innovations- und Diffusionsvorgängen hervorhebt. Nach einer knappen Einführung in die allgemeine Konzeption und die Grundbegriffe der Innovationsforschung wird die Diffusion einiger Neuerungen unter den Dörfern in der Umgebung von Izmir (Türkei) empirisch untersucht. Bl

▶ BORCHERDT, Christoph: Die Innovation als agrargeographische Regelerscheinung. In: Arbeiten aus dem Geographischen Institut der Universität des Saarlandes Band 6, Saarbrücken 1961, S. 13-50. Auszug auch in: Werner STORKEBAUM (Hrsg.): Sozialgeographie. Darmstadt: Wissenschaftliche Buchgesellschaft 1969. S. 340-386. = Wege der Forschung 59.
Grundlegender Ansatz der deutschsprachigen geographischen Innovationsforschung. Nach einem knappen theoretischen Teil über die Bedeutung von Innovationen für die Sozialgeographie folgen empirische Untersuchungen über Ausbreitungsprozesse neuer landwirtschaftlicher Kulturarten und Anbaupflanzen in Bayern in den letzten 100 Jahren. Blo

BRONGER, Dirk: Der wirtschaftende Mensch in den Entwicklungsländern. Innovationsbereitschaft als Problem der Entwicklungsländerforschung, Entwicklungsplanung und Entwicklungspolitik. Siehe 7.6.

▶ HÄGERSTRAND, Torsten: Aspects of the spatial structure of social communication and the diffusion of information. In: Regional Science Association, Papers 16, 1966, S. 27-42. Deutsche Übersetzung unter dem Titel: Aspekte der räumlichen Struktur von sozialen Kommunikationsnetzen und der Informationsausbreitung. In: Dietrich BARTELS (Hrsg.): Wirtschafts- und Sozialgeographie. Köln/Berlin: Kiepenheuer & Witsch 1970. S. 367-379. = Neue Wissenschaftliche Bibliothek 35.
Nach einer knappen instruktiven Einführung in die Grundgedanken geographischer Innovationsforschung wird ein Beispiel einer großräumigen Diffusion (Rotary-Clubs) vorgestellt und auf die Zusammenhänge mit der Städtehierarchie und den davon abhängigen räumlichen Kommunikationsnetzen hingewiesen. Blo

Der 'klassische' Ansatz der geographischen Innovationsforschung

HÄGERSTRAND, Torsten: Innovationsförloppet ur korologisk synpunkt. Lund: Gleerup 1953. Englische Übersetzung unter dem Titel: Innovation diffusion as a spatial process. Postscript and translation by Allan PRED. Chicago/London: The University of Chicago Press 1967. XVI, 334 S.
Berühmte bahnbrechende Arbeit über die räumliche Ausbreitung verschiedener kultureller Indikatoren (Rindertuberkolosekontrolle, Postscheckdienste, Autos u.a.) in einem kleinen Untersuchungsgebiet Mittelschwedens. Nach einer methodologischen und regionalen Einführung folgen zunächst deskriptiv ausgerichtete Kapitel, in denen die räumliche Ausbreitung und Verteilung der Indikatoren dargestellt wird; dann wird versucht, zu einer Erklärung der Diffusionsprozesse durch die Konstruktion mathematischer Modelle zu gelangen, die durch die Annahme bestimmter Kontakt- und Informationsfelder eine Simulation

6.9 Geographische Innovations- und Diffusionsforschung

Raum für Zusätze

der Prozesse ermöglichen. Das Nachwort von A. PRED zur englischen Übersetzung würdigt die forschungsinnovatorische Bedeutung der HÄGERSTRANDschen Arbeit.   Blo

Zusammenfassende Darstellungen und Forschungsberichte zur geographischen Diffusionsforschung

BROWN, Lawrence: Diffusion dynamics. A review and revision of the quantitative theory of the spatial diffusion of innovation. Lund: Gleerup 1968. 94 S. = Lund Studies in Geography, Serie B, Nr. 29.
Theoretischer Ansatz zur Weiterentwicklung der geographischen Diffusionstheorie. Ausgehend von der 'klassischen' Fassung HÄGERSTRANDs wird vor allem versucht, dessen vereinfachende Annahme der Adoptionsabhängigkeit von zufallsverteilten distanzabhängigen Kontakthäufigkeiten zu eliminieren, indem 'Marktfaktoren' (insb. Einkaufsverhalten und zentralörtliche Ausrichtung) sowie persönliche Kontaktmuster (insb. Freundes- und Verwandtschaftsbeziehungen) berücksichtigt werden.   Blo

➡ BROWN, Lawrence A.: Diffusion processes and location. A conceptual framework and bibliography. Philadelphia: Regional Science Research Institute 1968. VII, 177 S. = Regional Science Research Institute, Bibliography Series 4.
Systematische Zusammenfassung der Ansätze und Methoden der Diffusionsforschung, wobei neben der Ausbreitung von Innovationen auch andere Raumbewegungen wie z.B. Wanderungen mitberücksichtigt werden. Versucht eine allgemeine formale Diffusionstheorie zu entwerfen. Wichtig sind weiterhin die Darstellung mathematischer Diffusionsmodelle und die im zweiten Teil enthaltene umfangreiche Bibliographie mit 553 Titeln. Blo

BROWN, Lawrence A. und E.G. MOORE: Diffusion research in geography: a perspective. In: Progress in Geography 1, London: Arnold 1969, S. 119-157.
Umfassender Forschungsbericht der geographischen Diffusionsforschung unter Mitberücksichtigung wichtiger soziologischer Untersuchungen. Betont die grundlegende Bedeutung der Arbeiten von T. HÄGERSTRAND, sowohl für die Theoriebildung wie auch für den methodischen Ansatz (Monte-Carlo-Simulationsmodelle). Referiert auch neuere Versuche, die für Innovationsdiffusionen entwickelten Simulationsmodelle auf andere Raumprozesse (z.B. Stadtentwicklung) zu übertragen. Wegen der betont theoretischen Ausrichtung weniger als Einstieg geeignet, jedoch wichtig wegen der kritischen Darstellung des Forschungsstandes und wegen der umfangreichen verarbeiteten Literatur (Stand 1967).   Blo

BROWN, Lawrence A. und Kevin R. COX: Empirical regularities in the diffusion of innovation. In: Annals of the Association of American Geographers 61, 1971, S. 551-559.
Zunächst fassen die Autoren drei gesicherte empirische Gesetzmäßigkeiten bei Innovationsdiffusionen zusammen: 1) zeitlicher Verlauf in Form einer S-Kurve (kumulierte Adoptionen), 2) räumliche Ausbreitung gemäß dem sog. Nachbarschaftseffekt (Kontakt- oder Ansteckungswachstum) oder 3) gemäß dem sog. Hierarchieeffekt in Anlehnung an ein System zentraler Orte. Der Aufsatz behandelt nun die Frage, inwieweit diese Regelhaftigkeiten in eine widerspruchsfreie Diffusionstheorie eingeordnet werden können, wobei insbesondere auf das Verhalten der beteiligten Personen, Gruppen und Institutionen und die in den verschiedenen Diffusionsstadien relevanten Kommunikationssysteme eingegangen wird.   Blo

HUDSON, John C.: Geographical diffusion theory. Evanston, Ill.: Northwestern University, Department of Geography 1972. 179 S. = Northwestern University, Studies in Geography 19.
Versuch einer systematischen Zusammenfassung theoretischer Aspekte geographischer Diffusionsforschung. Nach einem knappen Abriß der for-

6.9
Geographische
Innovations-
und Diffusions-
forschung

schungsgeschichtlichen Wurzeln und einem Resümee soziologischer Diffusionstheorien werden im Hauptteil formalisierte Diffusionsmodelle behandelt. Die beiden letzten Kapitel beschäftigen sich mit Diffusionsvorgängen in hierarchischen Städtesystemen und mit der Rolle vc Erfindungen im Rahmen der Diffusionstheorien. Bl

Raum für Zusätze

Geographische Einzelstudien

BAHRENBERG, Gerhard und Jan ŁOBODA: Einige raum-zeitliche Aspekte de Diffusion von Innovationen am Beispiel der Ausbreitung des Fernsehen in Polen. In: Geographische Zeitschrift 61, 1973, S. 165-194.
Analyse formaler Merkmale von Diffusionsvorgängen mit dem Ziel mathematischer Modellbildung. Im Mittelpunkt steht ein Modell hierarchischer Innovationsdiffusion, das mit Hilfe der Korrelations- und multiplen Regressionsrechnung am Beispiel der Ausbreitung des polnische. Fernsehens empirisch getestet wird. Schließlich wird versucht, die Zeit explizit in das Modell mit einzubeziehen, und ein logistisches Wachstumsmodell entwickelt. Wenn auch die empirische Datenbasis nich allen Anforderungen genügt und die Anpassung des Modells an die Realität wenig befriedigende Ergebnisse zeigt, kann der methodische Ansatz hervorgehoben werden, zumal ein Vergleich zwischen Modell und Realität trotz geringer Erklärungskraft wiederum zu neuen Aspekten führt. Statistikkenntnisse sind erforderlich. Blc

BERRY, Brian J.L.: Hierarchical diffusion: the basis of developmenta filtering and spread in a system of growth centers. In: Niles M. HAN SEN (Hrsg.): Growth centers in regional economic development. New York: The Free Press und London: Collier-Macmillan 1972. Auch in: Paul Ward ENGLISH und Robert C. MAYFIELD (Hrsg.): Man, space, and environment. Concepts in contemporary human geography. New York/London/ Toronto: Oxford University Press 1972. S. 340-359.
Verknüpfung der 'Theorie der Wachstumspole' (nach PERROUX) mit der Theorie hierarchischer Diffusionen, indem regionales bzw. lokales Wachstum als Sonderfall des allgemeinen Diffusionsprozesses aufgefaßt wird, der von dem hierarchischen Aufbau des Städtesystems gesteuert wird. Am Beispiel der Ausbreitung des Fernsehens in den USA zwischen 1940 und 1965 werden mit Hilfe der multiplen Regressionsrechnung die Zusammenhänge zwischen zahlreichen Variablen bestimmt und die eingangs aufgestellten Hypothesen weitgehend verifiziert. Statistikkenntnisse erforderlich. Blo

COHEN, Yehoshua S.: Diffusion of an innovation in an urban system. The spread of planned regional shopping centers in the United States 1949-1968. Chicago: University of Chicago, Department of Geography 1972. IX, 136 S. = The University of Chicago, Department of Geography Research Paper 140.
Beispiel für eine großräumige empirische Untersuchung, in deren Mittelpunkt die Analyse des Ausbreitungsprozesses der US-amerikanischen Shopping-Centers steht. Mit Hilfe der paarweisen und schrittweisen multiplen Korrelationsanalyse wird versucht, die Diffusion auf 11 unabhängige Variable zurückzuführen. Zum Verständnis des empirischen Teils sind Statistikkenntnisse erforderlich, doch wird darüber hinaus in den ersten Kapiteln eine gute knappe Zusammenfassung der interdisziplinären Diffusionsforschung sowie eine Beschreibung des Ausbreitungsvorganges gegeben. Blo

➤ HÄGERSTRAND, Torsten: Quantitative techniques for analysis of the spread of information and technology. In: Education and economic development. Hrsg. von C. Arnold ANDERSON und Mary Jean BOWMAN. Chicago Aldine 1965. S. 244-280. Auch in: Peter SCHÖLLER (Hrsg.): Zentralitätsforschung. Darmstadt: Wissenschaftliche Buchgesellschaft 1972. S. 84-131. = Wege der Forschung 301.
Gutes Beispiel geographischer Diffusionsforschung, in der schwerpunktmäßig methodische Aspekte behandelt werden. Die empirische Grundlage bilden 10 verschiedene Fallstudien schwedischer Beispiele; theoreti-

6.9 Geographische Innovations- und Diffusionsforschung

Raum für Zusätze

sche Interpretation und Vergleich mit zwei Simulationsmodellen des Monte-Carlo-Typs. *Blo*

HARVEY, D.W.: Geographical processes and the analysis of point patterns: testing models of diffusion by quadrat sampling. Siehe 4.2.

MEFFERT, Ekkehard: Die Innovation ausgewählter Sonderkulturen im Rhein-Mainischen Raum in ihrer Beziehung zur Agrar- und Sozialstruktur. Siehe 6.16.

ROBSON, Brian T.: Urban growth: an approach. Siehe 6.25.

Umfassende Darstellungen der allgemeinen sozialwissenschaftlichen Innovationsforschung

ALBRECHT, Hartmut: Innovationsprozesse in der Landwirtschaft. Eine kritische Analyse der agrarsoziologischen 'adoption'- und 'diffusion'-Forschung in bezug auf Probleme der landwirtschaftlichen Beratung. Saarbrücken: Breitenbach 1969. XI, 362 S. = Sozialwissenschaftlicher Studienkreis für Internationale Probleme (SSIP) e.V., Schriften, Heft 6.
Umfassende und zugleich kritische Darstellung von Forschungskonzepten, -methoden und -ergebnissen aus dem Bereich der agrarsoziologischen Innovationsforschung. Die Bedeutung dieser gründlichen Forschungszusammenfassung geht über den Agrarsektor weit hinaus, da die in den zentralen Kapiteln 4 (Der Bereich 'Übernahme' (adoption)) und 5 (Der Bereich 'Verbreitung' (diffusion)) behandelten Themen zentrale Aspekte der gesamten Innovationsforschung bilden. Geographische Literatur ist allerdings kaum berücksichtigt (Ausnahme: T. HÄGERSTRAND). *Blo*

KIEFER, Klaus: Die Diffusion von Neuerungen. Kultursoziologische und kommunikationswissenschaftliche Aspekte der agrarsoziologischen Diffusionsforschung. Tübingen: Mohr (Paul Siebeck) 1967. 98 S. = Heidelberger Sociologica 4.
Kritisches Resümee der Ansätze, Methoden und Ergebnisse der (meist angelsächsischen) Diffusionsforschung, insbesondere der agrarsoziologischen Beiträge, von denen die interdisziplinäre Diffusionsforschung ihren Ausgang nahm. Als geographische Einführung weniger geeignet, da betont soziologisch ausgerichtet (sowohl von den Fragestellungen wie auch von der Fachsprache her); jedoch wertvoll als deutschsprachige Zusammenfassung (Stand 1965). *Blo*

ROGERS, Everett M. und F. Floyd SHOEMAKER: Communication of innovation. A cross-cultural approach. 2. Aufl. New York: The Free Press und London: Collier-Macmillan 1971. XIX, 476 S.
Dieses Buch bildet die zweite, weitgehend neu bearbeitete Auflage des bereits in der ersten Auflage zum Standardwerk gewordenen Werkes von ROGERS: 'Diffusion of innovations' (1962). Unter Verarbeitung von rund 1500 Titeln, vor allem aus den verschiedenen Zweigen der Soziologie (insb. Agrarsoziologie), aber auch aus anderen Sozialwissenschaften, wird eine umfassende und systematisierende Zusammenfassung des Forschungsstandes angestrebt. Damit wird ein gründlicher Überblick über die interdisziplinäre Innovationsforschung (hier verstanden als Teil der Kommunikationsforschung) geboten, wobei auf geographische bzw. räumliche Aspekte allerdings nur randlich eingegangen wird. Das Buch eignet sich auch zur raschen Orientierung über Grundbegriffe, Basiskonzepte und allgemeine Ergebnisse, die in den Einzelkapiteln bzw. im Anhang knapp zusammengefaßt werden. *Blo*

6.10 Geographie der Umweltwahrnehmung und Raumbewertung

Zur ersten Einführung

POCOCK, D. C. D.: Urban environmental perception and behaviour. In: Tijdschrift voor Economische en Sociale Geografie 62, 1971, S. 321-326.
Knapper Forschungsbericht über die (fast ausschließlich englischsprachigen) Untersuchungen zur Perzeption, d.h. zur Wahrnehmung und Vorstellung, der städtischen Umwelt. Behandelt werden Fragestellungen und wichtige Ergebnisse, nicht dagegen empirische Methoden. Blo

SAARINEN, Thomas F.: Perception of environment. Washington, D.C.: Association of American Geographers 1969. 37 S. = Association of American Geographers, Commission on College Geography, Resource Paper Nr. 5.
Kurz gefaßter Forschungsbericht über die aus den verschiedenen Disziplinen stammenden Ansätze, aus denen sich dieser neue Forschungsschwerpunkt entwickelt hat. Die Betrachtungsskala reicht dabei von der persönlichen Umgebung ('Zimmergeographie') über Gebäude, Nachbarschaften, Städte und Länder bis zum Weltmaßstab. Ausführliche Bibliographie. Blo

SCHRETTENBRUNNER, Helmut: Methoden und Konzepte einer verhaltenswissenschaftlich orientierten Geographie. In: Rudolf FICHTINGER, Robert GEIPEL und Helmut SCHRETTENBRUNNER: Studien zu einer Geographie der Wahrnehmung. Stuttgart: Klett 1974. S. 64-86. = Der Erdkundeunterricht 19.
Hinter diesem sehr weit gefaßten Titel verbirgt sich eine Zusammenfassung bisheriger Ansätze zur 'Wahrnehmungsgeographie'. In einer leider überaus knappen Form wird über Fragestellungen und Forschungsmethoden der zumeist englischsprachigen und der wenigen deutschsprachigen Arbeiten zu diesem Themenkreis berichtet, dem eine Schlüsselstellung in einer verhaltenstheoretisch konzipierten Sozialgeographie zukommt. Wegen der Kürze nur zur ersten Orientierung geeignet, doch wird auf die einschlägige Literatur weiterverwiesen. Blo

Umfassende Forschungsberichte und übergreifende Darstellungen

BROOKFIELD, H.C.: On the environment as perceived. In: Progress in Geography 1, London: Arnold 1969, S. 51-80.
Aufbauend auf einem Forschungsbericht wird in einem kritischen Resümee versucht, die zentralen Problempunkte herauszuarbeiten: empirische Erfassung von Umweltvorstellungen, Verknüpfung mit Raumtheorien etc. Betont Verbindungen der Fragestellungen der historischen Kulturlandschaftsforschung und der Ethnologie. Geeignet zur Einarbeitung in den Forschungsverlauf (bis 1967), weniger als Einstieg. Blo

CRAIK, Kenneth H.: Environmental psychology. In: Kenneth H. CRAIK u.a.: New directions in psychology 4. New York: Holt, Rinehart and Winston 1970. S. 1-121.
Aus psychologischer Sicht wird hier der sich rasch entwickelnde Zweig der 'Umweltpsychologie' umrissen, indem die Vielfalt der bis dahin verfolgten Fragestellungen referiert wird. Ausführlich berücksichtigt wird auch die Literatur aus Nachbarwissenschaften, insbesondere des Städtebaus und der Geographie, so daß hier ein Überblick über den gesamten interdisziplinären Kontext des Paradigmas 'Umweltwahrnehmung' gegeben wird. Blo

DOWNS, Roger M.: Geographic space perception: past approaches and future prospects. In: Progress in Geography 2, London: Arnold 1970, S. 65-108.

6.10
Geographie der
Umweltwahr-
nehmung und
Raumbewertung

Raum für Zusätze

Ausgezeichnetes Resümee des gesamten Forschungsansatzes, dem eine zentrale Bedeutung in der verhaltenstheoretischen Konzeption des Faches Geographie zuerkannt wird. Nach einem knappen Forschungsbericht wird ein Schema der Beziehungen zwischen Individuum und Umwelt als mögliches Forschungsparadigma konzipiert und schließlich als weiterer Kernpunkt das Problem des Messens behandelt, wobei auf die Bedeutung der in der Umweltpsychologie verwendeten Verfahren (insb. der mehrdimensionalen Skalierung) hingewiesen wird. Zahlreiche Literaturhinweise. *Blo*

PRINCE, Hugh C.: Real, imagined and abstract worlds of the past. Siehe 6.22.

RHODE-JÜCHTERN, Tilman: Geographie und Planung. Eine Analyse des sozial- und politikwissenschaftlichen Zusammenhangs. Siehe 7.1.

TUAN, Yi-Fu: Topophilia. A study of environmental perception, attitudes, and values. Englewood Cliffs, N.J.: Prentice-Hall 1974. X, 260 S.
Unkonventionelles interessantes Buch über die emotionalen Beziehungen des Menschen (als Individuum, als Gruppe, als Spezies) zu seiner physischen Umgebung (= 'Topophilia'). Nach einer Einführung in die psychologischen Grundlagen der Wahrnehmung wird eine große Vielfalt an Fragen behandelt: Kosmologische Vorstellungen verschiedener Völker, individuelle Unterschiede und kulturelle Einflüsse, Stadt-, Natur- und Landschaftsvorstellungen in historischer Perspektive, Idealstädte, städtische Umwelt und Lebensformen, die Perzeption der städtischen Umwelt u.a. Die Betrachtungsweise ist stark kulturgeschichtlich-kulturanthropologisch orientiert und zeichnet sich aus durch das Fehlen einer europäisch-abendländisch zentrierten Perspektive. Empirische Methoden werden nicht behandelt. *Blo*

Interdisziplinäre Sammelbände

DOWNS, Roger M. und David STEA (Hrsg.): Image and environment. Cognitive mapping and spatial behavior. Chicago: Aldine 1973 (zugleich: London: Edward Arnold). XXII, 439 S.
Umfangreicher interdisziplinär angelegter Sammelband mit 19 Beiträgen, die zumeist von Geographen und Psychologen stammen. Die Aufsätze sind zum größten Teil neue Originalbeiträge, so daß der aktuelle Forschungsstand gut repräsentiert ist, dazwischen finden sich jedoch auch einige 'klassische' ältere Aufsätze sowie Forschungsberichte, so daß auch der weitere Forschungskontext der beteiligten Disziplinen deutlich wird. Der thematisch sehr breit angelegte Band bietet den derzeit wohl besten ausführlichen Überblick über dieses neue rasch wachsende Forschungsgebiet. Umfassende Bibliographie mit über 700 (fast ausschließlich englischsprachigen) Titeln. *Blo*

ITTELSON, William H. (Hrsg.): Environment and cognition. New York/London: Seminar Press 1973. XII, 187 S.
Interdisziplinär angelegter Sammelband mit je 2 Beiträgen von Geographen, Psychologen und Architekten. Darunter referiert Thomas F. SAARINEN über die Anwendung psychologischer Techniken in der geographischen Forschungspraxis, Reginald G. GOLLEDGE und Georgia ZANNARAS berichten über empirische Versuche zur Erklärung räumlichen Verhaltens durch die Erfassung kognitiver Vorgänge (z.B. räumliche Lernprozesse), und Joel KAMERON gibt einen (sehr knappen) Forschungsbericht über empirische Ansätze zur Umweltwahrnehmung. *Blo*

PROSHANSKY, Harold M., William H. ITTELSON und Leanne G. RIVLIN (Hrsg.): Environmental psychology. Man and his physical setting. New York: Holt, Rinehart and Winston 1970. XIII, 690 S.
Umfassender Sammelband mit insgesamt 65 Beiträgen von Psychologen, Soziologen, Anthropologen, Geographen, Biologen, Planern usw., der thematisch weit über die Psychologie hinausreicht und vielleicht bes-

6.10
Geographie der Umweltwahrnehmung und Raumbewertung

Raum für Zusätze

ser 'Umweltverhalten' bezeichnet werden könnte. Die Vielfalt der thematischen Ausrichtungen zeigt, daß von einem geschlossenen Theoriegebäude (noch) nicht gesprochen werden kann; jedoch enthält der Band für den verhaltenswissenschaftlich orientierten Sozialgeographen zahlreiche Anregungen, insbesondere die Sektionen IV und V (anthropologische und soziologische Beiträge, insb. zur Umweltplanung).
Blo

Spezielle Ansätze und Methoden

- Landschaftswahrnehmung

LEHMANN, Herbert: Formen landschaftlicher Raumerfahrung im Spiegel der bildenden Kunst. Siehe 1.3.

- Wahrnehmung von Naturrisiken

SAARINEN, Thomas Frederick: Perception of the drought hazard on the Great Plains. Chicago: University of Chicago, Department of Geography 1966. XI, 183 S. = University of Chicago, Department of Geography, Research Paper 106.
Eine der ersten systematischen Untersuchungen von geographischer Seite zur 'Perzeption' (= Wahrnehmung und Vorstellung) von Umweltrisiken, hier untersucht an der Bewertung der Trockenheitsrisiken durch die Farmer in einigen Counties des Winterweizengürtels im Mittleren Westen der USA. Mit Hilfe empirischer Verfahren der Sozialpsychologie wird die Einschätzung des Risikos durch die Farmer erfaßt, diese mit verschiedenen unabhängigen Variablen (Alter, Erfahrung etc.) in Bezug gesetzt und mit einem objektiven Ariditätsindex verglichen. Ferner wird die Reaktion der Farmer auf die Risiken untersucht, wobei wiederum die subjektive Einschätzung möglicher Anpassungsstrategien von den wirklichen Maßnahmen zur Beschränkung von Dürreverlusten unterschieden wird.
Blo

WHITE, Gilbert F.: Natural hazard research. Siehe 6.3.

- Wahrnehmung der städtischen Umwelt

ABELE, Gerhard, Raimund HERZ und Hans-Joachim KLEIN: Methoden zur Analyse von Stadtstrukturen. Siehe 6.13.

BECKER, Heidede und K. Dieter KEIM: Wahrnehmung in der städtischen Umwelt - möglicher Impuls für kollektives Handeln. 3. Aufl. Berlin: Kiepert 1975 (^{1}1972). XXVI, 161 S.
Die beiden Verfasser (Architekt und Soziologe) geben eine gute knappe Zusammenfassung der bisherigen von Psychologie, Sozialpsychologie und Städtebau stammenden Ansätze zu diesem Themenkreis, ergänzt durch eine etwas einseitig-kritische Einleitung. Nachdem im ersten Hauptkapitel die Ergebnisse psychologischer Wahrnehmungstheorien resümiert werden, umfaßt das (umfangreichste) zweite Kapitel eine sozialpsychologische Bestimmung des Wahrnehmungsablaufs (Informationsaufnahme, Orientierung, Symbolisierung, Identifizierung). Die beiden kürzeren letzten Kapitel behandeln zum einen Vorstellungsbild bzw. Image der Stadt (leider sehr kurz!) und zum andern die Frage, inwieweit Umweltwahrnehmung als Handlungsantrieb wirkt (z.B. Bürgerproteste gegen Umweltveränderung).
Blo

FRANKE, J. und J. BORTZ: Beiträge zur Anwendung der Psychologie auf den Städtebau. I. Vorüberlegungen und erste Erkundungsuntersuchungen zur Beziehung zwischen Siedlungsgestaltung und Erleben der Wohnumgebung. In: Zeitschrift für Experimentelle und Angewandte Psychologie 19, 1972, S. 76-108.
Eine der wenigen deutschsprachigen umweltpsychologischen Arbeiten über die Beurteilung von Wohnsiedlungen durch ihre Bewohner. Berichtet über eine empirische Erkundungsuntersuchung, in der die emotio-

**6.10
Geographie der
Umweltwahr-
nehmung und
Raumbewertung**

Raum für Zusätze

nal-ästhetische Wirkung von zehn Berliner Wohnsiedlungen mit psychologischen Methoden (semantisches Differential, varianz- und faktorenanalytische Auswertungen) analysiert wurde. Geeignet zur Einarbeitung in psychologische Aspekte und Methoden dieses Themenkreises, allerdings werden zum Verständnis der empirischen Verfahren Kenntnisse multivariater Statistik vorausgesetzt. *Blo*

HERLYN, Ulfert und Hans-Jürg SCHAUFELBERGER: Innenstadt und Erneuerung. Eine soziologische Analyse historischer Zentren mittelgroßer Städte. Siehe 6.13.

HÖLLHUBER, Dietrich: Die Perzeption der Distanz im städtischen Verkehrsliniennetz - das Beispiel Karlsruhe-Rintheim. In: Geoforum 17, 1974, S. 43-59.
Als eine der wenigen Arbeiten von seiten der deutschen Geographie zu diesem Themenkreis behandelt der Aufsatz die 'Perzeption' (= Wahrnehmung und Vorstellung) von Entfernungen innerhalb des Karlsruher Stadtgebiets. Nach einem knappen Forschungsüberblick wird über die Auswertung einer Befragung im Stadtteil Rintheim berichtet, wobei sich im Vergleich zur Realität erhebliche Verzerrungen, hauptsächlich entlang der Hauptachse zum Stadtzentrum, ergaben. *Blo*

HORTON, Frank E. und David R. REYNOLDS: Effects of urban spatial structure on individual behavior. Siehe 6.2.

▶ LYNCH, Kevin: The image of the city. Cambridge, Mass. 1960. Deutsche Übersetzung unter dem Titel: Das Bild der Stadt. Gütersloh: Bertelsmann Fachverlag 1968. 214 S. = Bauwelt Fundamente 16.
Das berühmt gewordene Buch des Städtebauers LYNCH untersucht, welche Bedeutung die äußere Form der Stadtlandschaft für ihre Bewohner hat, sowohl hinsichtlich städtebaulicher Einzelelemente (Wege, Ränder, Brennpunkte, Merkzeichen etc.) wie auch der Gesamtgestalt der Stadt. Ausgehend von empirischen Untersuchungen in Boston, Jersey City (bei New York) und Los Angeles wird gefordert, die Stadtstruktur müsse für die Bewohner erfaßbar und 'einprägsam' sein, und versucht, Konsequenzen für den Städtebau abzuleiten. Bedeutende Innovationswirkung, auch für die Geographie. Wegen des lebendigen Stils und des sich aufdrängenden Kontrasts nordamerikanische/europäische Stadt sehr zur Einführung zu empfehlen. *Blo*

MICHELSON, William: Man and his urban environment: a sociological approach. Siehe 6.13.

SIEVERTS, Thomas und Martina SCHNEIDER: Zur Theorie der Stadtgestalt. Versuch einer Übersicht. In: Stadtbauwelt 26, 1970, S. 109-113.
Sehr kritischer und knapp formulierter Bericht über die aus den verschiedenen Wissenschaften (insb. Architektur, Psychologie, Soziologie) kommenden Ansätze zur Erforschung der Stadtgestalt aus der Sicht des Städtebaus. Zahlreiche Literaturhinweise. *Blo*

WATERHOUSE, Alan: Die Reaktion der Bewohner auf die äußere Veränderung der Städte. Berlin/New York: Walter de Gruyter 1972. 181 S. = Stadt- und Regionalplanung.
Umweltpsychologisch ausgerichtete Untersuchung eines amerikanischen Städtebauers zum Problem der Reaktion auf bauliche Veränderungen im Stadtbild, wobei in Ergänzung zu der Pionierarbeit von K. LYNCH die Zusammenhänge zwischen Reaktionsweisen und spezifischen Persönlichkeitsmerkmalen im Mittelpunkt der Fragestellung stehen. Den Kern der Arbeit bildet eine empirische Untersuchung in West-Berlin, deren methodische Probleme (Skalierung, Korrelations- und Textstatistik) einen breiten Raum einnehmen. Störend wirkt die nachlässige Edition (anonyme Einleitung, Angaben über Originaltext fehlen, irritierende Summenzeichen, Wiederholungen S. 151/154). *Blo*

6.10
Geographie der
Umweltwahr-
nehmung und
Raumbewertung

Raum für Zusätze

- Regionale Präferenzen und Stadtimage

GANSER, Karl: Image als entwicklungsbestimmendes Steuerungsinstrument. In: Stadtbauwelt 26, 1970, S. 104-108.
Nachdem zunächst die wachsende Bedeutung des 'Stadtimages' für die Mobilität von Arbeitskräften und für die regionale und lokale Wirtschaftsentwicklung herausgestellt wird, berichtet GANSER über eine Reihe von empirischen Erhebungen zur Wohnortattraktivität bundesdeutscher Regionen und vor allem zu den Komponenten des Münchner Images bei verschiedenen Personengruppen. Blo

MONHEIM, Heiner: Zur Attraktivität deutscher Städte. Einflüsse von Ortspräferenzen auf die Standortwahl von Bürobetrieben. München: Geographische Buchhandlung 1972. X, 134 S. = WGI-Berichte zur Regionalforschung 8.
Interessante empirisch ausgerichtete Untersuchung zur Frage des 'Images' der größten Städte der BRD, zugleich eine der wenigen deutschsprachigen geographischen Beiträge zu diesem Kapitel. Nach relativ breit angelegten Ausführungen über den fachtheoretischen und gesellschaftlichen Kontext der Fragestellung bilden die Ergebnisse einer Befragung leitender Angestellter von kleineren und mittleren Bürobetrieben den Hauptteil. Dabei zielt die Fragestellung auf unterschiedliche Ortsbewertungen (Wohnortpräferenzen, Betriebsstandortpräferenzen, Sympathien, Aversionen, Freizeitqualität etc.) im Hinblick auf potentielle Wohnort- und Betriebsstandortverlagerungen. Die interessanten Ergebnisse zeigen in der Regel München am oberen und das Ruhrgebiet am unteren Ende der Bewertungsskalen. Blo

RUHL, Gernot: Das Image von München als Faktor für den Zuzug. Kallmünz/Regensburg: Michael Lassleben 1971. 123 S. = Münchner Geographische Hefte 35.
Diese als geographische Diplomarbeit (!) erstellte interessante Studie ausgewählter Teilprobleme des Wanderungsverhaltens berücksichtigt in starkem Maße moderne wahrnehmungs- und motivanalytische Methoden und Erkenntnisse der Sozial- und Wahrnehmungspsychologie etc., die Wanderungsentscheidungen vor allem als Ergebnis vorangegangener Wahrnehmungs- und Bewertungsprozesse erklären. Mit Hilfe von Befragungen von Oberstufenschülern an westdeutschen Gymnasien und einer Gruppe von Münchner Neuzuwanderern wurde vor allem die Frage zu klären versucht, welche spezifischen Wohnstandortqualitäten im einzelnen wahrgenommen und zu Bezugskategorien des Wanderungsverhaltens werden. Die differenzierten Erhebungsbögen der Befragungen sind beigefügt. Hei

ZIMMERMANN, Horst, unter Mitarbeit von Klaus ANDERSECK, Kurt REDING und Amrei ZIMMERMANN: Regionale Präferenzen. Wohnortorientierung und Mobilitätsbereitschaft der Arbeitnehmer als Determinanten der Regionalpolitik. Siehe 6.4.

- Symbolische Ortsbezogenheit

TREINEN, Heiner: Symbolische Ortsbezogenheit. Eine soziologische Untersuchung zum Heimatproblem. In: Kölner Zeitschrift für Soziologie und Sozialpsychologie 17, 1965, S. 73-97 und 254-297. Gekürzte Fassung auch in: Peter ATTESLANDER und Bernd HAMM (Hrsg.): Materialien zur Siedlungssoziologie. Köln: Kiepenheuer & Witsch 1974. S. 234-259. = Neue Wissenschaftliche Bibliothek 69.
Untersucht die Gründe für eine Identifizierung mit dem Wohnort, wobei der Ortsname als Symbol für das räumliche Sozialsystem der Gemeinde angesehen wird. Als Faktoren der 'Ortsbezogenheit' werden u.a. Wohndauer, Hausbesitz, räumliche Beschränkung des persönlichen 'Verkehrskreises' (z.B. durch örtliche Vereine) herausgearbeitet. Die empirische Grundlage bildet eine Befragung in einer (anonymen) Marktgemeinde im südlichen Pendlereinzugsbereich Münchens. Blo

6.10
Geographie der Umweltwahrnehmung und Raumbewertung

Raum für Zusätze

- Bewertung neuer Wohnsiedlungen

WEEBER, Rotraut: Eine neue Wohnumwelt. Beziehungen der Bewohner eines Neubaugebietes am Stadtrand zu ihrer sozialen und räumlichen Umwelt. Siehe 6.13.

ZAPF, Katrin, Karolus HEIL und Justus RUDOLPH: Stadt am Stadtrand. Eine vergleichende Untersuchung in vier Münchener Neubausiedlungen. Siehe 6.13.

- Zur Wahrnehmung und Bewertung von Erholungsgebieten und innerstädtischen Freiräumen

▶ FICHTINGER, Rudolf: Das Ammersee/Starnberger See - Naherholungsgebiet im Vorstellungsbild Münchner Schüler. In: Rudolf FICHTINGER, Robert GEIPEL und Helmut SCHRETTENBRUNNER: Studien zu einer Geographie der Wahrnehmung. Stuttgart: Klett 1974. S. 11-63. = Der Erdkundeunterricht 19.
Eine der ersten deutschsprachigen geographischen Untersuchungen zur empirischen Erfassung von räumlichen Vorstellungsbildern (= Images). Nach einer kurzen Einführung in die sozialpsychologischen Grundlagen und Begriffe wird über Anlage und Ergebnisse einer Befragung Münchner Schüler berichtet. Die sehr breit angelegten Fragestellungen (Präferenzen, Informationsstruktur, Image, Distanzvorstellungen) und die in der Geographie bisher wenig erprobten empirischen Verfahren (Probleme der Skalierung und Tests) kennzeichnen die Arbeit als vorläufigen - wenn auch vielversprechenden - ersten Ansatz. Blo

JACOB, Hartmut: Zur Messung der Erlebnisqualität von Erholungs-Waldbeständen. Eine experimentalpsychologische Analyse als Beitrag zur Umweltgestaltung. Stuttgart: Eugen Ulmer 1973. 124 S. und Anhang. = Landschaft + Stadt, Beiheft 9.
Anspruchsvolle empirische Untersuchung, die mit Hilfe experimentalpsychologischer Verfahren (semantisches Differential, Varianz- und Faktorenanalyse) Aufschlüsse über die Erlebnisqualitäten der landschaftlichen Umwelt gewinnen möchte. Als Beispiel werden verschiedene Waldbestände eines Stadtwaldes ausgewählt und zunächst deren wesentliche erlebnisbedeutsame Gestaltzüge quantifiziert. Dann werden (ebenfalls durch multivariate Analyseverfahren) allgemeine Empfindungs- und Erlebnisdimensionen ermittelt und diese mit den Merkmalen der Waldbestände experimentell in Beziehung gesetzt. Im Ergebnis zeigen sich für die Waldarealtypen unterschiedliche Erlebnisqualitäten, so daß Folgerungen für die Praxis der Freiraumplanung gezogen werden können. Die methodisch interessante Arbeit, die auch eine Darstellung des weiteren thematischen Rahmens und zahlreiche Literaturhinweise enthält, stellt an den Leser allerdings erhebliche Anforderungen. Blo

NOHL, Werner: Ansätze zu einer umweltpsychologischen Freiraumforschung. Materialien zum Multiplexitätserlebnis in städtischen Freiräumen. Stuttgart: Eugen Ulmer 1974. 60 S. = Landschaft + Stadt, Beiheft 11.
Interessante Studie zum Problem der Wahrnehmung städtischer Grünflächen mit dem Ziel, Grundlagen für die Landschaftsplanung bereitzustellen und den pflanzen- bzw. landschaftsökologischen Ansatz der Freiraumplanung um den 'kommunikativen Aspekt' zu ergänzen. Der Verfasser (Dipl. Gärtner) geht aus von informationspsychologischen Theorien und wendet verschiedene (aus der empirischen Psychologie übernommene) Meßverfahren an, um Präferenzen von Freiraumbenutzern, physische Anregungsbedingungen von Grünflächen und Erlebnisreaktionen in Freiräumen zu erfassen. Leider wird die Lesbarkeit der Studie - abgesehen von der Voraussetzung von Kenntnissen der empirisch-statistischen Verfahren - durch eine starke fachterminologische Belastung beeinträchtigt. Blo

6.10 Geographie der Umweltwahrnehmung und Raumbewertung

Raum für Zusätze

RUPPERT, Klaus: Zur Beurteilung der Erholungsfunktion siedlungsnaher Wälder. Siehe 6.8.

TUROWSKI, Gerd: Bewertung und Auswahl von Freizeitregionen. Siehe 7.

Zur Landschaftsbewertung für cie Erholung. Siehe 6.8.

- Raumbewertung und Konfessionszugehörigkeit

WEBER, Peter: Religionszugehörigkeit und Raumbewertung. Zur Messung der Erlebnisqualität der Amöneburger durch Versuchspersonengruppen aus Mardorf und Schweinsberg (Mittelhessen). In: Berichte zur deutschen Landeskunde 48, 1974, S. 239-248.
Interessante knappe Fallstudie, in der mit Hilfe der experimentalpsychologischen Methode des 'semantischen Differentials' (Polaritätsprofil) versucht wurde, Zusammenhänge zwischen Konfessionszugehörigkeit und Umweltwahrnehmung zu überprüfen. Die Analyse unterschiedlicher Variablenkomplexe (z.B. der Distanzempfindlichkeit, des Aktivitätserlebnisses) ergab differenzierte Wahrnehmungen Amöneburgs, für die das 'Religiöse' als wesentliche 'Vermittlungsebene' angesehen wurde.
                                                                        He.

- 'Mental Maps' (kartographische Darstellungen räumlicher Vorstellungsbilder)

GOULD, Peter und Rodney WHITE: Mental maps. Harmondsworth: Penguin Books 1974. 204 S. = Pelican Books, Pelican Geography and Environmental Studies. Ca 8,50 DM.
Didaktisch hervorragend geschriebener einführender Überblick dieses neuen Forschungsgebietes, das bereits eine ganze Reihe bemerkenswerte Ansätze aufzuweisen hat. Behandelt werden: räumliche Vorstellungsbilder, regionale Präferenzen (Wohnortbewertungen), Muster räumlich-topographischer Kenntnisse sowie die Bedeutung dieser Forschungsansätze für Gegenwartsprobleme. Durch zahlreiche Abbildungen und einfachen Sprachstil wird eine leicht verständliche Darstellung auch 'schwieriger' Themen erreicht, so z.B. der faktorenanalytischen Messung regionaler Präferenzen.   *Blo*

HÖLLHUBER, Dietrich: Die Mental Maps von Karlsruhe. Wohnstandortspräferenzen und Standortscharakteristika. Karlsruhe: Geographisches Institut der Universität 1975. 48 S. = Karlsruher Manuskripte zur Mathematischen und Theoretischen Wirtschafts- und Sozialgeographie 11.
Quantitative Analyse der räumlichen Verteilung innerstädtischer Wohnbewertungen. Im ersten Hauptteil werden die auf Befragungsergebnissen basierenden 'Mental Maps' (= hier: Darstellungen von Präferenzoberflächen) dargestellt und interpretiert, im zweiten Teil wird versucht die Wohnstandortspräferenzen durch sozio-ökonomische Merkmale der Raumeinheiten zu erklären. Dabei wird als Ergebnis einer multiplen schrittweisen Regressionsanalyse sowie einer Faktorenanalyse die Bedeutung der sozialen Segregation als eines Wertungsmaßstabes von Wohnstandorten herausgestellt. Statistikkenntnisse erforderlich. *Blo*

Bibliographie

VEAL, A.J.: Environmental perception and recreation: a review and annotated bibliography. Birmingham: Centre for Urban and Regional Studies, University of Birmingham 1974. 201 S. = University of Birmingham, Centre for Urban and Regional Studies, Research Memorandum 39.
Nützliche Bibliographie mit 475 englischsprachigen Titeln und Inhaltsreferaten, bezogen auf den Komplex Umweltwahrnehmung und Erholungs- bzw. Freizeitplanung, wobei die geographische Literatur zur Umweltwahrnehmung (insb. zu 'mental maps') allerdings nur lückenhaft erfaßt ist. Die ersten 48 S. enthalten Begriffsbestimmungen und eine knappe Forschungszusammenfassung.   *Blo*

6.11 Lehrbücher und allgemeine Aspekte der Siedlungsgeographie

Einführende Lehrbücher

BOUSTEDT, Olaf, unter Mitarbeit von E. SÖKER und H.G. DRYNDA: Grundriß der empirischen Regionalforschung. Teil III: Siedlungsstrukturen. Hannover: Hermann Schroedel 1975. XVI, 378 S. = Veröffentlichungen der Akademie für Raumforschung und Landesplanung, Taschenbücher zur Raumplanung 6.
Diese als Einführung in die vielfältigen Aspekte der Siedlungsstrukturforschung konzipierte Darstellung kann Geographiestudenten wegen ihres stark kompilatorischen Charakters nur bedingt als Lehrbuch empfohlen werden. Wichtige moderne Forschungsmethoden und -ansätze aus dem Bereich der Stadtgeographie - etwa zur inneren Differenzierung der Städte - blieben unberücksichtigt. Die insgesamt jedoch reichhaltige Stoffsammlung und die starke Untergliederung erlauben die Benutzung als Studienhandbuch zur ersten Orientierung. Ein differenziertes Sachregister hätte den Wert als Nachschlagewerk zweifellos erhöht. Hei

BRÜNGER, Wilhelm: Einführung in die Siedlungsgeographie. Heidelberg: Quelle & Meyer 1961. 192 S.
Während die Abschnitte über die ländlichen Wohn- und Siedlungsformen in diesem Buch, besonders das Kapitel 5 über ländliche Siedlungen Mitteleuropas, als erste Einführung auch heute noch lesenswert sind, kann die Behandlung der städtischen Siedlungen dem heutigen Forschungs- und Methodenstand auch als Einstieg nicht mehr gerecht werden. Hei

➤ EVERSON, J.A. und B.P. FITZGERALD: Settlement patterns. London: Longman 1969. 138 S. = Concepts in Geography 1.
Für den modernen Geographieunterricht an Schulen konzipierte und daher leicht verständliche Einführung in einige Aspekte der Siedlungsgeographie. Die Darstellung beschränkt sich im wesentlichen auf das ländliche Siedlungswesen sowie auf die Funktionen und Beziehungen von Siedlungen bzw. zentralen Orten. Die innere Differenzierung von Städten wird in einem anderen Band der gleichen Reihe von denselben Autoren behandelt: 'Inside the city'. 1972. = Concepts in Geography 3. Obwohl die Beispiele ausschließlich aus Großbritannien gewählt wurden, kann das methodisch geschickt aufgebaute Bändchen als erste Einführung empfohlen werden. Hei

➤ NIEMEIER, Georg: Siedlungsgeographie. 3. Aufl. Braunschweig: Georg Westermann 1972. 181 S. = Das Geographische Seminar. 14,80 DM.
* *Dieses Lehrbuch will eine 'knappgefaßte Übersicht über die gesamte Siedlungsgeographie mit Beispielen in erdweiter Streuung' geben. Dabei wurde bewußt auf die Darstellung von Forschungsmethoden verzichtet. Wegen der starken inhaltlichen Konzentration ist das Bändchen teilweise recht anspruchsvoll, kann aber - wegen des Mengels an einführenden Darstellungen der gesamten Siedlungsgeographie - als Einführung empfohlen werden. Aufschlußreiches Anschauungsmaterial (kartographische Darstellungen, Fotos).* Hei

Umfassendes Lehrbuch

SCHWARZ, Gabriele: Allgemeine Siedlungsgeographie. 3. Aufl. Berlin: Walter de Gruyter 1966. 751 S. = Lehrbuch der Allgemeinen Geographie 6.
Umfassendste deutschsprachige Darstellung der gesamten Allgemeinen Siedlungsgeographie. Nach drei kurzen einleitenden Kapiteln über die Entwicklung der siedlungsgeographischen Forschung, über Siedlungsraum und Siedlungsverteilung sowie Fragen der Gemeindetypisierung werden in drei größeren Abschnitten die 'ländlichen Siedlungen im eigentlichen Sinne' (Kap. IV), die 'zwischen Land und Stadt stehen-

6.11
Lehrbücher
und allgemeine
Aspekte der
Siedlungs-
geographie

Raum für Zusätze

den Siedlungen (nicht-ländliche, teilweise stadtähnliche Siedlungen, (Kap. V) und die Städte behandelt (Kap. VII). Abschließend folgt eine sehr knappe Darstellung einer siedlungsgeographischen Gliederu der Ökumene. Das Schwergewicht des gesamten Werkes liegt auf der Ty pisierung von Siedlungsformen, ihrer Erklärung und Darstellung ihrer Verbreitung auf der Erde. Zu wenig berücksichtigt wurden - das gilt vor allem für den stadtgeographischen Teil - die zwischenzeitlich stark entfalteten sozialgeographischen Forschungsansätze. Das Werk ist jedoch noch in weiten Teilen als Handbuch - nicht zuletzt auf- grund des sehr umfangreichen Sach- und Ortsregisters und des umfas- senden Schrifttumsverzeichnisses - sehr wertvoll. Hei

Theoretische Ansätze zur Erklärung der räumlichen Siedlungsvertei- lung

BORRIES, Hans-Wilkin von: Ökonomische Grundlagen der westdeutschen Siedlungsstruktur. Hannover: Gebrüder Jänecke 1969. VIII, 157 S. = Veröffentlichungen der Akademie für Raumforschung und Landesplanun Abhandlungen 56.
Unter 'Siedlungsstruktur' wird hier die räumliche Bevölkerungsvertei lung (insb. Verstädterung und Verteilung der Ballungsgebiete) ver- standen, die mit Hilfe raumwirtschaftstheoretischer Ansätze erklärt werden soll. Dabei geht BORRIES (im Gegensatz etwa zu CHRISTALLER) von der Überlegung aus, die Bevölkerungsverteilung werde wesentlich durch die räumliche Verteilung der Arbeitsplätze der Produktionsbe- triebe des Grundleistungssektors bestimmt, während den Folgeleistun- gen (konsum- und absatzorientiert) keine standortbestimmende und städtebildende Kraft zukomme. Nach einem kurzen Abriß der Bevölke- rungsentwicklung seit 1816 und einem ausgezeichneten knappen Resümee raumwirtschaftstheoretischer Ansätze steht dann folgerichtig eine Analyse der Standortentwicklung und -umlagerungen von Industriezwei- gen zwischen 1907 und 1961 im Mittelpunkt, insbesondere die Frage nach Agglomerationstendenzen. Im Ergebnis wird den raumwirtschafts- theoretischen Standortfaktoren nur eine untergeordnete Bedeutung zu- gesprochen und betont, daß 'wesentliche Grundlagen der Siedlungsstruk tur ... nur historisch zu erklären' (S. 141) seien. Die nach Frage- stellung, Methoden und Ergebnissen gewichtige Arbeit setzt gewisse Vorkenntnisse voraus. Blo

CHRISTALLER, Walter: Die zentralen Orte in Süddeutschland. Eine öko- nomisch-geographische Untersuchung über die Gesetzmäßigkeit der Ver- breitung und Entwicklung der Siedlungen mit städtischen Funktionen. Siehe 6.14.

CURRY, Leslie: The random spatial economy: an exploration in settle- ment theory. Siehe 6.2.

Spezielle Aspekte

- Grenzen der Ökumene

HAMBLOCH, Hermann: Der Höhengrenzsaum der Ökumene. Anthropogeogra- phische Grenzen in dreidimensionaler Sicht. Münster: Institut für Geographie und Länderkunde und Geographische Kommission für Westfa- len 1966. 147 S. und Kartenanhang. = Westfälische Geographische Stu- dien 18.
Versuch der globalen Erfassung der als Grenzsaum ausgebildeten Höhen- grenze der Ökumene. In dieser knapp formulierten Arbeit werden zu- nächst wichtige Begriffsdefinitionen (Ökumene, Anökumene etc.) vor- genommen. Die folgenden Darstellungen behandeln methodische Fragen, die Bevölkerungsverteilung in dreidimensionaler Sicht, Siedlungsar- ten und Wirtschaftsformen sowie eine vergleichende Typisierung und die Analyse der wichtigsten Faktoren des Höhengrenzsaumes. Die Unter- suchung basiert auf umfassenden deskriptiv-statistischen und karto- graphischen Auswertungen (vgl. die interessanten Globaldarstellungen

6.11
Lehrbücher
und allgemeine
Aspekte der
Siedlungs-
geographie

Raum für Zusätze

im Anhang).

- Siedlungssoziologie

ASCHENBRENNER, Katrin und Dieter KAPPE: Großstadt und Dorf als Typen der Gemeinde. Siehe 6.2.

ATTESLANDER, Peter und Bernd HAMM (Hrsg.): Materialien zur Siedlungssoziologie. Siehe 6.13.

Methoden und Beispiele der Gemeinde- und Siedlungstypisierung

- Darstellungen zur Methodik konventioneller Typisierungen

BOUSTEDT, Olaf: Gemeindetypisierung. Bonn: Bundesministerium für Städtebau und Wohnungswesen 1972. 138 S. = Städtebauliche Forschung. Schriftenreihe des Bundesministers für Städtebau und Wohnungswesen.
Ansatz zur Typisierung von Siedlungen nach planungsrelevanten Entwicklungsproblemen. Die Bildung von Problemtypen soll Antworten auf folgende Fragen geben: Art, Rang- und Zeitfolge der zu ergreifenden Maßnahmen. Knappe Darstellung der Entstehungsgeschichte und Aufgabe einer Typisierung. Erläuterung des Ansatzes anhand von Beispielen. Du

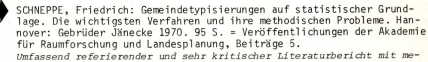
SCHNEPPE, Friedrich: Gemeindetypisierungen auf statistischer Grundlage. Die wichtigsten Verfahren und ihre methodischen Probleme. Hannover: Gebrüder Jänecke 1970. 95 S. = Veröffentlichungen der Akademie für Raumforschung und Landesplanung, Beiträge 5.
Umfassend referierender und sehr kritischer Literaturbericht mit methodischer Einführung. Unberücksichtigt bleiben spezielle problemorientierte Typisierungen wie z.B. funktionale Städtetypisierungen. Umfangreiches Literaturverzeichnis. Hei

UHLIG, Harald und Cay LIENAU: Die Siedlungen des ländlichen Raumes. Siehe 6.12.

WINDELBAND, Ursula: Typologisierung städtischer Siedlungen. Erkenntnistheoretische Probleme in der ökonomischen Geographie. Gotha/Leipzig: Haack 1973. 116 S.
Nach einem Versuch, die 'Typologisierung' als allgemeinen methodischen Ansatz in der marxistisch-leninistischen Erkenntnistheorie zu begründen, werden verschiedene Verfahrensweisen der Typengewinnung und als zentraler Punkt die Frage der Bestimmung der 'wesentlichen' Kriterien behandelt. Beschränkt sich weitgehend auf eine Auswertung der neueren sowjetischen Fachliteratur zur Fragen der Siedlungstypen, die ausgiebig zitiert wird. Blo

- Regionale Einzelstudien und spezielle Siedlungstypen

FEHRE, Horst: Die Gemeindetypen nach der Erwerbsstruktur der Wohnbevölkerung. Erläutert am Beispiel der Gemeinden des Landes Nordrhein-Westfalen nach den Ergebnissen der Volks- und Berufszählung vom 13. 9.1950. In: Raumforschung und Raumordnung 19, 1961, S. 138-147 und Kartenbeilage.
Dieser Beitrag stellt einen der zahlreichen Versuche dar, Gemeindetypen mit Hilfe eines sozioökonomischen Merkmals - in diesem Falle der Erwerbsstruktur der Wohnbevölkerung, aufgeteilt in die drei Hauptwirtschaftsbereiche - und der Darstellung sämtlicher Gemeinden in Dreieckskoordinaten ('Erwerbsstrukturdreieck') zu bestimmen. Leitgedanke der Typisierung bzw. der im Strukturdreieck eingetragenen Schwellenwerte sollte die 'Entwicklungsdynamik der Gemeinden' sein, die zunächst nach dem 'Grad der Entagrarisierung', d.h. nach dem Anteil der Agrarerwerbsquote, sodann nach dem Verhältnis der gewerblichen zu den zusätzlichen Erwerbspersonen bestimmt wurde. In der beigelegten Farbkartendarstellung wurden 8 Gemeindetypen unterschieden. Hei

6.11
Lehrbücher
und allgemeine
Aspekte der
Siedlungs-
geographie

Raum für Zusätze

FEHRE, Horst: Zu den Entwicklungstendenzen im Bereich der Bundeshauptstadt. Aufgezeigt anhand der Gemeindestatistiken 1950 und 1961. Siehe 6.13.

GORKI, Hans Friedrich: Städte und 'Städte' in der Bundesrepublik Deutschland. Ein Beitrag zur Siedlungsklassifikation. In: Geographische Zeitschrift 62, 1974, S. 29-52.
Aufschlußreicher Beitrag, der zunächst das Mißverhältnis zwischen de Zahl der Stadttitel-Gemeinden und der Stadtfunktionsorte (definiert als Siedlungen mit einer Zentralität mindestens der mittleren Stufe) in der BRD darstellt. Die anschließende Zuordnung der städtischen Siedlungen zu einer funktionalen Siedlungsklassifikation (insgesamt 12 Klassen), die sich wesentlich von einer Gemeindetypisierung unter scheidet, erfolgte in Anlehnung an MÜLLER-WILLE. Interessant sind auch die Ausführungen über die Auswirkungen der kommunalen Neuordnung auf die 'Stadt'-Entwicklung: Der Anteil der Stadttitelgemeinden vergrößert sich, und durch die kommunale Maßstabsvergrößerung entsteht das 'Phänomen der Pseudo-Verstädterung'. Hei

HAHN, Maria Anna: Siedlungs- und wirtschaftsgeographische Untersuchung der Wallfahrtsstätten in den Bistümern Aachen, Essen, Köln, Limburg, Münster, Paderborn, Trier. Siehe 6.6.

HÖHL, Gudrun: Fränkische Städte und Märkte in geographischem Vergleich. Versuch einer funktionell-phänomenologischen Typisierung, dargestellt am Raum von Ober-, Unter- und Mittelfranken. 2 Bände. Bad Godesberg: Bundesanstalt für Landeskunde und Raumforschung 1962. Textteil 233 S., Kartenteil 57 Beilagen. = Forschungen zur deutschen Landeskunde 139.
Detaillierte Untersuchung von insgesamt 150 Kleinstädten, Märkten und Mittelpunktdörfern im Umkreis von Bamberg nach genetischen, funktionalen und physiognomischen Gesichtspunkten. Von besonderem methodischen Interesse erscheint die Verknüpfung dieser drei Aspekte (vor allem die genetisch-funktionale Betrachtung im Teil I und die physiognomisch-funktionale Betrachtung im Teil III) sowie der Versuch einer Typisierung der bearbeiteten Orte 'auf funktionell-phänomenologischer Grundlage'. Das umfangreiche Grundlagenmaterial sowie einige Ergebnisse sind in zahlreichen Karten, Graphiken und tabellarische Übersichten von großer themakartographischer Vielfalt beigegeben. Blo

HUTTENLOCHER, Friedrich: Städtetypen und ihre Gesellschaften an Hand südwestdeutscher Beispiele. In: Geographische Zeitschrift 51, 1963, S. 161-182.
In typisierender Betrachtungsweise wird versucht, charakteristische Merkmale der südwestdeutschen Städte herauszuarbeiten, wobei im einzelnen genetische, funktionale und als Synthese physiognomische Städtetypen unterschieden werden. Blo

MONHEIM, Rolf: Die Agrostadt Siziliens - ein städtischer Typ agrarischer Großsiedlungen. In: Geographische Zeitschrift 59, 1971, S. 204-225.
Komplexe geographische Typisierung der durch ländliche wie städtische 'Wesenszüge' geprägten Großsiedlungen Siziliens (hauptsächlich nach wirtschafts-, sozialgeographischen und funktionalen Merkmalen) sowie ihrer Stellung im Verhältnis zu den dörflichen und städtischen Grundtypen. Der Aufsatz beruht auf einer umfangreicheren Untersuchung des gleichen Verfassers: Hei
MONHEIM, Rolf: Die Agrostadt im Siedlungsgefüge Mittelsiziliens. Untersuchungen am Beispiel Gangi. Bonn 1969. 196 S. = Bonner Geographische Abhandlungen 14.

SCHEMPP, Hermann: Gemeinschaftssiedlungen auf religiöser und weltanschaulicher Grundlage. Siehe 6.6.

WEINREUTER, Erich: Stadtdörfer in Südwest-Deutschland. Ein Beitrag

6.11
Lehrbücher
und allgemeine
Aspekte der
Siedlungs-
geographie

Raum für Zusätze

zur geographischen Siedlungstypisierung. Tübingen: Geographisches Institut der Universität 1969. 143 S. = Tübinger Geographische Studien 32.

Nach grundsätzlichen Überlegungen zur geographischen Siedlungstypisierung steht die Beschreibung und Benennung eines 'neuen Siedlungstyps', vom Verfasser als 'Stadtdörfer' bezeichnet, im Mittelpunkt. Am Beispiel Baden-Württembergs werden typische genetische, physiognomische, sozio-ökonomische und funktionale Merkmale dieses Siedlungstyps erörtert, veranschaulicht durch zahlreiche Karten und Fotos. Hei

- Typisierung mit Hilfe multivariater statistischer Verfahren

BÄHR, Jürgen: Gemeindetypisierung mit Hilfe quantitativer statistischer Verfahren. Beispiel: Regierungsbezirk Köln. In: Erdkunde 25, 1971, S. 249-264.

Versuch einer Typisierung von 237 Gemeinden des Regierungsbezirks Köln durch Reduktion von 40 verschiedenen Variablen (der amtlichen Statistik) auf 7 Faktoren als neue 'Beschreibungsdimensionen' der Gemeinden mit Hilfe der Faktorenanalyse und durch anschließende Abgrenzung von Gemeindetypen mittels Distanzgruppierungsverfahren. Das methodische Vorgehen und die Anwendungsprobleme der multivariaten Techniken werden leicht verständlich erläutert. Hei

BERRY, Brian J.L. und Katherine B. SMITH (Hrsg.): City classification handbook: methods and applications. New York: John Wiley 1972. 394 S. = Wiley Series in Urban Research.

Sammelband mit 12 Aufsätzen verschiedener Sozialwissenschaften zu Problemen der Städteklassifizierung und -typisierung. Der Schwerpunkt liegt auf der Anwendung multivariater Verfahren, insbesondere der Faktorenanalyse und Distanzgruppierung, mit deren Hilfe Typisierungen vor allem der nordamerikanischen und britischen Städte im Hinblick auf geographische, soziologische und politologische Fragestellungen vorgenommen und diskutiert werden. Vorkenntnisse der multivariaten Statistik sind erforderlich. Blo

FORST, Hans Theo: Zur Klassifizierung von Städten nach wirtschafts- und sozialstatistischen Strukturmerkmalen. Würzburg: Physica-Verlag 1974. 147 S. = Arbeiten zur Angewandten Statistik 17.

Nach einer knappen kritischen Einführung in verschiedenste Klassifizierungsverfahren mit Hilfe multivariater Techniken wird der Erkenntniswert dieser Methoden anhand einer Typisierung der 91 kreisfreien Städte der BRD mit mehr als 50000 Ew. gezeigt. Hei

Forschungsberichte und Bibliographien

KÖHLER, Franz: Neuere Literatur zur Siedlungsstrukturforschung. In: Petermanns Geographische Mitteilungen 118, 1974, S. 54-66.

Systematisch gegliederte, jedoch unkommentierte Sammlung von rund 800 Titeln, vor allem aus den Jahren 1970-1973. Die Bibliographie, die den gesamten Bereich der Siedlungsgeographie abdeckt, berücksichtigt besonders breit die Literatur der Sowjetunion und der anderen RGW-Länder. Blo

SCHMIDT, Ursula: Methoden der Siedlungsstrukturplanung und -forschung in der Deutschen Demokratischen Republik. In: Petermanns Geographische Mitteilungen 118, 1974, S. 261-266.

Knappe zusammenfassende Bewertung von Arbeiten zur jüngeren Entwicklung der Siedlungsstruktur in der DDR. Im gleichen Heft finden sich weitere Grundsatzbeiträge über Siedlungsstrukturforschung und -planung, über Wechselbeziehungen zwischen Siedlungsstruktur und 'territorialer Produktionsstruktur', über die Ausstattung von Siedlungen mit sozialen Infrastruktureinrichtungen sowie über die Typisierung der Zentren nach ihrer Umlandbedeutung in der DDR. Hei

6.12 Geographie der ländlichen Siedlungen und des ländlichen Raumes

Einführende Lehrbücher und konzeptionelle Beiträge

BRÜNGER, Wilhelm: Einführung in die Siedlungsgeographie. Siehe 6.11.

ILEŠIČ, Svetozar: Für eine komplexe Geographie des ländlichen Raumes und der ländlichen Landschaft als Nachfolgerin der reinen 'Agrargeographie'. Siehe 6.16.

NIEMEIER, Georg: Siedlungsgeographie. Siehe 6.11.

Umfassendes Lehr- und Handbuch

SCHWARZ, Gabriele: Allgemeine Siedlungsgeographie. Siehe 6.11.

Forschungsberichte

▶ BORN, Martin: Zur Erforschung der ländlichen Siedlungen. In: Geographische Rundschau 22, 1970, S. 369-374.
Gehaltvoller Aufsatz, der in kurzer Form einen Abriß der Forschungen zum Problem der ländlichen Siedlungen unter besonderer Berücksichtigung des genetisch-prozessualen Aspektes gibt. Zahlreiche Literaturangaben. Bu

BORN, Martin: Die ländlichen Siedlungsformen in Mitteleuropa. Forschungsstand und Aufgaben. In: Berichte zur deutschen Landeskunde 44, 1970, S. 143-154.
Im Rahmen einer Besprechung des Buches von Karl Heinz SCHRÖDER und Gabriele SCHWARZ über 'Die ländlichen Siedlungsformen in Mitteleuropa' 1969 (siehe 6.24) gibt M. BORN einen kurzen, aber fundierten Überblick über die Erforschung der Periodisierung und der Formelemente - sowie deren Interdependenz - ländlicher Siedlungen in Mitteleuropa. Weiterführende Literaturangaben. Bu

▶ GLÄSSER, Ewald: Die ländlichen Siedlungen. Ein Bericht zum Stand der siedlungsgeographischen Forschung. In: Geographische Rundschau 21, 1969, S. 161-170.
Stark komprimierter Forschungsbericht über die Grundzüge und Entwicklungstendenzen der neueren Geographie ländlicher Siedlungen nach den Sachkategorien Genese, Grundriß, Haus- und Gehöftformen, Wüstungen, Sozialstruktur sowie zum Problem der Terminologie. Breite Literaturauswahl. Bu

Zur Terminologie der Geographie des ländlichen Raumes

UHLIG, Harald (Hrsg.): Flur und Flurformen. Types of field patterns. Le finage agricole et sa structure parcellaire. Gießen: Lenz 1967. 237 S. = Materialien zur Terminologie der Agrarlandschaft 1.
Mehrsprachiges Standardwerk zur Terminologie der Flur und Flurformen mit international vergleichbaren Definitionen, eingehenden Erläuterungen der Begriffe und zahlreichen Literaturnachweisen. Die Arbeit bildet - wie die beiden folgenden - ein außerordentlich nützliches Handwerkszeug in der siedlungs- und agrargeographischen Arbeit. Ni

UHLIG, Harald und Cay LIENAU: Die Siedlungen des ländlichen Raumes. Rural settlements. L'habitat rural. 2 Bände Gießen: Lenz 1972. Teil 1: Terminologischer Rahmen für die Geographie der Siedlungen des ländlichen Raumes. 133 S. Teil 2: Kommentar zum Entwurf eines terminologischen Rahmens für die geographische Erfassung der Siedlungen des ländlichen Raumes. 277 S. = Materialien zur Terminologie der

**6.12
Geographie
der ländlichen
Siedlungen und
des ländlichen
Raumes**

Raum für Zusätze

Agrarlandschaft 2.
Entwurf und Erläuterung eines umfassenden Begriffssystems der Geographie ländlicher Siedlungen. Der Schwerpunkt liegt auf Bezeichnungen zu Siedlungsklassifizierungen hinsichtlich funktionaler, physiognomisch-topographischer und genetischer Merkmale. Geeignet als Nachschlagewerk, wobei Teil 1 ('terminologischer Rahmen') knappe Definitionen enthält, während Teil 2 ('Kommentar') die Begriffe erläutert und die einschlägige Literatur referiert. Teil 1 ist gleichzeitig in englischer und französischer, Teil 2 in französischer Fassung abgedruckt. Der Anhang enthält zahlreiche beispielhafte kartographische Darstellungen ländlicher Siedlungen mit deutschen und englischen Kommentaren sowie ein umfassendes Literaturverzeichnis. Blo/Hei

WENZEL, Hans-Joachim: Die ländliche Bevölkerung. Rural population. La population rurale. Gießen: Lenz 1974. 306 S. = Materialien zur Terminologie der Agrarlandschaft 3.
Umfassender Entwurf und Erläuterung eines Begriffssystems in deutscher, englischer und französischer Fassung. Berücksichtigt werden Rahmenbezeichnungen und Begriffe der ländlichen Bevölkerung nach Bodeneigentums- und Bodenbesitzverhältnissen, nach Verfügungsarten der Nutzung und über Betriebsmittel bei der agraren Produktion, nach Art der landwirtschaftlichen Arbeitsverfassungen sowie nach der Zugehörigkeit zu sozialen Schichten. Umfassendes Literaturverzeichnis. Hei

Standorttheoretische Ansätze

➡ CHISHOLM, Michael: Rural settlement and land use. An essay in location. 2. Aufl. London: Hutchinson 1968 ([1]1962). 183 S.
Knappe, als Einführung angelegte Darstellung der klassischen Standorttheorie des ländlichen Raumes, die sowohl die ländlichen Siedlungen wie auch die Agrarwirtschaft behandelt. Nachdem in den ersten Kapiteln ein Abriß der theoretischen Standortlehre (insb. J.H. von THÜNENs) gegeben wird, beschäftigen sich die folgenden Kapitel mit einer Anwendung der standorttheoretischen Aspekte auf die Wirklichkeit, wobei insbesondere agrare Landnutzungen und agrarwirtschaftliche Verflechtungen sowohl auf der Ebene der Einzelbetriebe, ganzer Siedlungen und Regionen wie auch in weltweitem Maßstab behandelt werden. Blo

HUDSON, John C.: A location theory for rural settlement. In: Annals of the Association of American Geographers 59, 1969, S. 365-381.
Theoretischer Ansatz zur Erklärung der räumlichen Verteilung der ländlichen Besiedlung, wobei im langfristigen Entwicklungsprozeß eine steigende Regelmäßigkeit der Verteilung postuliert wird. Überprüfung der Hypothesen an 6 kleineren Untersuchungsgebieten in Iowa, doch bleibt die Übertragungsmöglichkeit auf außeramerikanische Räume fraglich. Statistikkenntnisse erforderlich. Blo

THÜNEN, Johann Heinrich von: Der isolierte Staat in Beziehung auf Landwirtschaft und Nationalökonomie. Siehe 6.16.

Siedlungsformen und Siedlungstypen im ländlichen Raum

HÖHL, Gudrun: Fränkische Städte und Märkte in geographischem Vergleich. Siehe 6.11.

MONHEIM, Rolf: Die Agrostadt Siziliens - ein städtischer Typ agrarischer Großsiedlungen. Siehe 6.11.

MÜLLER-WILLE, Wilhelm: Arten der menschlichen Siedlung. Versuch einer Begriffsbestimmung und Klassifikation. In: Ergebnisse und Probleme moderner geographischer Forschung. Hans MORTENSEN zu seinem 60. Geburtstag. Bremen-Horn: Walter Dorn 1954. S. 141-163. = Veröffentlichungen der Akademie für Raumforschung und Landesplanung, Abhandlungen 28.

**6.12
Geographie
der ländlichen
Siedlungen und
des ländlichen
Raumes**

Raum für Zusätze

Ausgehend von Überlegungen F. v. RICHTHOFENs wird nach dem Prinzip der Benutzungsdauer eine Klassifizierung ländlicher Siedlungen nach 5 Kategorien vorgenommen (1) ephemer, 2) temporär, 3) annuell-temporal, 4) semipermanent, 5) permanent) und diese durch zahlreiche Beispiele aus der ganzen Welt illustriert. Bl(

SCHRÖDER, Karl Heinz und Gabriele SCHWARZ: Die ländlichen Siedlungsformen in Mitteleuropa. Grundzüge und Probleme ihrer Entwicklung. Siehe 6.24.

Zur Genese ländlicher Siedlungen   Siehe 6.24.

Monographische Darstellungen und spezielle Fallstudien

DEGE, Eckart: Filsen und Osterspai. Wandlungen der Sozial- und Agrarstruktur in zwei ehemaligen Weinbaugemeinden am Oberen Mittelrhein. Bonn: Dümmler 1973. 297 S., 5 Karten- und Diagrammbeilagen. = Arbeiten zur Rheinischen Landeskunde 36.
Paradigmatische materialreiche Studie zur Entwicklung der Landnutzun sowie der Sozial- und Agrarstruktur zweier im Mittelrheintal gelegener ehem. Weinbaudörfer, die tiefgreifende Strukturwandlungen erlitten (Rückgang des Weinbaus, Obstbau als Nachfolgekultur, Sozialbrach nichtagrarische Erwerbstätigkeit). Ausgezeichnete Flurkartierungen.B

FEHN, Klaus: Orts- und Flurwüstungen im europäischen Industriezeitalter. In: Rheinische Vierteljahrsblätter 33, 1969, S. 197-207.
Kurze Abhandlung zum Problem des Kulturlandschaftswandels im 19. und 20. Jahrhundert durch das Wüstfallen von Siedlungen und agrarischen Nutzflächen. Am Beispiel einiger europäischer Regionen werden die Auswirkungen sozialer und wirtschaftlicher Veränderungen auf die Kulturlandschaft dargestellt.   Lin

HAHN, Roland: Jüngere Veränderungen der ländlichen Siedlungen im europäischen Teil der Sowjetunion. Stuttgart: Geographisches Institut der Universität 1970. 146 S., 9 Karten. = Stuttgarter Geographische Studien 79.
Gründliche Literaturstudie über Veränderungen im Siedlungsgefüge seit 1917 (Beseitigung des Großgrundbesitzes) und die Auswirkungen der Kollektivierung auf die Siedlungen und Flurformen. Das Schwergewicht der Untersuchung liegt auf der Entwicklung seit 1950, wobei regionale Veränderungen und Unterschiede herausgearbeitet werden. Ni

HEINRITZ, Günter: Grundbesitzstruktur und Bodenmarkt in Zypern. Eine sozialgeographische Untersuchung junger Entwicklungsprozesse. Erlangen: Fränkische Geographische Gesellschaft in Kommission bei Palm & Enke 1975. 142 S., 2 Kartenbeilagen. = Erlanger Geographische Arbeiten, Sonderband 2.
Arbeit über den aktuellen Entwicklungsprozeß eines kleinen, überwiegend agrarisch strukturierten Landes. Die Veränderungen der Grundbesitzstruktur und die Bodenmobilität - Umbewertungen durch Intensivierung der Landwirtschaft, durch Ausdehnung der Städte sowie infolge der Bedeutungssteigerung des Tourismus und insgesamt unter dem Einfluß der Spekulation - werden als Teilaspekte tiefgreifender sozialer und wirtschaftlicher Wandlungen detailliert untersucht (zahlreiche Beispielkartierungen) und in ihren Auswirkungen auf den ländlichen Bereich sowie auf die Städte dargestellt. Bu

KULS, Wolfgang (Hrsg.): Untersuchungen zur Struktur und Entwicklung rheinischer Gemeinden. Bonn: Dümmler 1971. 129 S. = Arbeiten zur Rheinischen Landeskunde 32.
Sammelband mit 6 Beiträgen, von denen in 5 Fallstudien strukturelle Wandlungserscheinungen in Landgemeinden des Rheinischen Schiefergebirges und des Bonner Raumes dargestellt werden. Bodenmobilität (Hans BÖHM), Wertwandel landwirtschaftlicher Flächen (Günter PÜTZ),

6.12 Geographie der ländlichen Siedlungen und des ländlichen Raumes

Nebenerwerbsbetriebe (Günther THIEME), Umwandlung einer Arbeiterbauerngemeinde zu einem Wohnvorort (Hans-Dieter LAUX) und Flächennutzungswandlungen (Friedrich BECKS) sind die Aspekte dieser recht interessanten Beispieluntersuchungen in einem Gebiet, das seit dem 19. Jahrhundert besonders deutlichen Einflüssen von Verstädterung und Industrialisierung ausgesetzt war.   *Bu*

Raum für Zusätze

UHLIG, Harald: Die ländliche Kulturlandschaft der Hebriden und der westschottischen Hochlande. In: Erdkunde 13, 1959, S. 22-46.
UHLIG, Harald: Typen kleinbäuerlicher Siedlungen auf den Hebriden. In: Erdkunde 13, 1959, S. 98-124.
Während die erstgenannte Abhandlung einen fundierten Überblick über den Wandel der Sozial-, Siedlungs- und Wirtschaftsformen in Nordwestschottland in den letzten 200 Jahren gibt, werden in der zweiten, darauf aufbauenden Darstellung Beispiele von Reliktformen ländlicher Siedlungen sowie typische Kleinbauern-('Crofter'-)Siedlungen der Gegenwart beschrieben. Die Untersuchungen stellen einen wichtigen Beitrag der deutschen genetischen Siedlungs- bzw. Kulturlandschaftsforschung in Großbritannien dar.   *Hei*

ZSCHOCKE, Reinhart: Siedlung und Flur der Kölner Ackerebene zwischen Rhein und Ville in ihrer neuzeitlichen Entwicklung. Mit einem Vorschlag zur Flurformenterminologie. Köln: Geographisches Institut der Universität 1959. 124 S., 10 Karten als Beilage. = Kölner Geographische Arbeiten 13.
Gutes Beispiel einer siedlungsgeographischen Arbeit mit ausgeprägter historisch-genetischer Komponente. Kernstück der Untersuchung bildet die Darstellung der Entwicklung von Flur und Siedlung seit dem 19. Jahrhundert unter dem Einfluß des Wandels der Sozial- und Wirtschaftsstruktur.   *Lin*

Geographische Hausforschung im ländlichen Raum   Siehe 6.24.

Raumordnung im ländlichen Raum

Entwicklung ländlicher Räume. Siehe 7.2.

FISCHER, Klaus: Die ländliche Nahbereichsplanung. Siehe 7.2.

GANSER, Karl: Modelluntersuchung zur Dorferneuerung. Strukturanalyse des Marktortes Pförring an der Donau und seines Nahbereiches als Grundlage für ein Dorferneuerungsvorhaben. Siehe 7.3.

GÖB, Rüdiger u.a.: Raumordnung und Bauleitplanung im ländlichen Raum. Siehe 7.2.

Grundlagen und Methoden der landwirtschaftlichen Raumplanung. Siehe 7.2.

HABER, Wolfgang: Landschaftsökologie in der Flurbereinigung. Siehe 7.4.

HOTTES, Karlheinz und Josef NIGGEMANN: Flurbereinigung als Ordnungsaufgabe. Siehe 7.3.

HOTTES, Karlheinz, Fritz BECKER und Josef NIGGEMANN: Flurbereinigung als Instrument der Siedlungsneuordnung. Bochum: Geographisches Institut der Universität 1975. 126 S. = Materialien zur Raumordnung aus dem Geographischen Institut der Ruhr-Universität Bochum, Forschungsabteilung für Raumordnung, 16. Zugleich Hiltrup: Landwirtschaftsverlag 1975. = Schriftenreihe für Flurbereinigung des Bundesministers für Ernährung, Landwirtschaft und Forsten 64.
Forschungsbericht auf der Basis von ca. 3400 abgeschlossenen Flurbereinigungsverfahren. Nach einem relativ breit angelegten Vorspann über Grundsatzfragen des 'ländlichen Raumes' und der 'ländlichen

6.12 Geographie der ländlichen Siedlungen und des ländlichen Raumes

Siedlung' sowie über das Planungsinstrumentarium zu deren Ordnung und Umstrukturierung werden die Flurbereinigungsverfahren nach Maßnahmetypen und Art der Zielsetzung analysiert, an Einzelbeispielen verdeutlicht und in ihrer Wirksamkeit für die über das Landwirtschaftliche hinausgehenden Veränderungen und Verbesserungen der ländlichen Siedlungen dargestellt.   Bu

Raum für Zusätze

Der ländliche Raum. Randerscheinung oder integriertes Ausgleichsgebiet. Referate und Diskussionsbericht anläßlich der Wissenschaftlichen Plenarsitzung 1973 in Nürnberg. Siehe 7.2.

MEYER, Konrad: Ordnung im länclichen Raum. Siehe 7.2.

Öffentlicher Nahverkehr außerhalb der Verdichtungsräume. Siehe 7.2.

OLSCHOWY, G., H.U. SCHMIDT und H.F. WERKMEISTER: Grünordnung in der ländlichen Gemeinde. Siehe 7.4.

STEFFEN, G.: Aufgaben der Betriebswirtschaftslehre für die Gestaltung des ländlichen Raumes und der Umwelt. Siehe 7.2.

Probleme ländlicher Siedlungen in Entwicklungsländern

ACHENBACH, Hermann: Agrargeographische Entwicklungsprobleme Tunesiens und Ostalgeriens. Siehe 7.6.

BRONGER, Dirk: Caste system and cooperative farming in India. Siehe 7.6.

BRONGER, Dirk: Der sozialgeographische Einfluß des Kastenwesens auf Siedlung und Agrarstruktur im südlichen Indien. In: Erdkunde 24, 1970, S. 89-106 und 194-207.
Ausgezeichnete sozialgeographische Untersuchung der Einwirkungen des Kastensystems auf die Struktur und das Funktionsgefüge der ländlichen Siedlung sowie auf die Agrarstruktur, empirisch untersucht am Beispiel von zwei Dörfern in der Nähe von Hydarabad. Nach einem Überblick über das südindische Kastenwesen werden im ersten Teil die engen Zusammenhänge zwischen Kastenstruktur, sozialer und funktionaler Gliederung sowie Siedlungsaufriß der Dörfer herausgearbeitet. Im zweiten Teil werden die Zusammenhänge zwischen der Kastenstruktur einerseits und Landbesitz, Landnutzung und Wirtschaftsgesinnung der Landbevölkerung andererseits untersucht, wobei sich als Ergebnis die These ergibt, daß das Kastensystem die Bemühungen um die Erhöhung der Produktivität der Landwirtschaft nachhaltig behindert.   Blo

Zur Soziologie des ländlichen Raumes

ASCHENBRENNER, Katrin und Dieter KAPPE: Großstadt und Dorf als Typen der Gemeinde. Siehe 6.2.

BLANCKENBURG, Peter von: Einführung in die Agrarsoziologie. Siehe 6.16.

Siedlungskartographie

KRENZLIN, Anneliese: Zur Frage der kartographischen Darstellung von Siedlungsformen. In: Berichte zur deutschen Landeskunde 48, 1974, S. 81-95.
Dieser knappe Beitrag diskutiert zunächst die Aussagekraft der im Rahmen des 'Atlas der deutschen Agrarlandschaft' erschienenen, nach Orts- und Flurformen getrennt im Maßstab 1 : 600 000 für den Zeitraum um 1850 erstellten Siedlungsformenkarte der BRD. Anschließend werden - bezogen auf die von der Verfasserin entworfenen historisch-geographischen Siedlungsformenkarten der preußischen Provinz Brandenburg - Kriterien zur Kartierung genetischer Typenreihen bzw. von Siedlungsaltformen dargestellt und erläutert.   Hei

6.13 Stadtgeographie / Stadtforschung

Zur ersten Einführung

ALBERS, Gerd: Was wird aus der Stadt? Siehe 7.3.

GANSER, Karl: Die Rolle der Stadtforschung in der Stadtentwicklungsplanung. Siehe 7.3.

HOFMEISTER, Burkhard: Stadtgeographie. 2. Aufl. Braunschweig: Georg Westermann 1972 (^{1}1969). 208 S. = Das Geographische Seminar.
Umfassend angelegte, teilweise vereinfachende Gesamtdarstellung. Gibt einen ersten Überblick über die wichtigsten Fragestellungen der allgemeinen Stadtgeographie und eine sehr knappe Darstellung städtischer Formen in den Kulturerdteilen der Erde. Sozialgeographische Fragestellungen und moderne (beispielsweise quantitative) Forschungsmethoden sind nur randlich berücksichtigt. Blo

LICHTENBERGER, Elisabeth: Die europäische Stadt. Wesen, Modelle, Probleme. In: Berichte zur Raumforschung und Raumplanung 16, 1972, S. 3-25.
Gedankenreiche Darstellung der Charakteristika des europäischen Städtewesens, insb. im Vergleich mit den USA, unter besonderer Berücksichtigung genetischer, sozialer, städtebaulicher und planerischer Gesichtspunkte. Zahlreiche anschauliche graphische Modelldarstellungen. Blo

NIEMEIER, Georg: Siedlungsgeographie. Siehe 6.11.

TEMLITZ, Klaus: Stadt und Stadtregion. Braunschweig: Georg Westermann 1975. 76 S. = Westermann-Colleg, Raum und Gesellschaft 1.
Für den Oberstufenunterricht an Gymnasien konzipiertes Heft mit Arbeitsmaterialien, dessen sehr knapp gehaltener Text durch zahlreiche Tabellen, Graphiken und Karten ergänzt wird. Behandelt werden 3 Themenkreise: 1) Wachstum und Verdichtung, 2) Strukturen und Funktionen (Analyse), 3) Entwicklungsmaßnahmen, Konzepte zur Raumordnung. Inhaltlich ist die Darstellung ausgerichtet a) auf BRD-Beispiele und b) auf Aspekte der Planung; für diese beiden Aspekte ist das Heft auch zur ersten Orientierung im Rahmen des Grundstudiums an der Hochschule geeignet. Blo

Zum Stadtbegriff

GORKI, Hans Friedrich: Städte und 'Städte' in der Bundesrepublik Deutschland. Ein Beitrag zur Siedlungsklassifikation. Siehe 6.11.

HAASE, Carl: Stadtbegriff und Stadtentstehungsschichten in Westfalen. Überlegungen zu einer Karte der Stadtentstehungsschichten. Siehe 6.25.

KLÖPPER, Rudolf: Der geographische Stadtbegriff. In: Geographisches Taschenbuch 1956/57, S. 453-461. Auch in: Peter SCHÖLLER (Hrsg.): Allgemeine Stadtgeographie. Darmstadt: Wissenschaftliche Buchgesellschaft 1969. S. 253-266. = Wege der Forschung 181.
Knappe Zusammenfassung der älteren Diskussion um den Stadtbegriff (DÖRRIES, BOBEK) und Vorschlag für einen kombinierten geographischen Stadtbegriff mit vier notwendigen Merkmalen: 1) Geschlossenheit der Ortsform, 2) gewisse Größe des Ortes, 3) städtisches Leben innerhalb des Ortes, 4) Mindestmaß an Zentralität. Kurze Diskussion der jeweiligen Grenzwerte. Blo

6.13
Stadtgeographie /
Stadtforschung

Raum für Zusätze

Zur Einführung geeignete Forschungsberichte

SCHÖLLER, Peter: Aufgaben und Probleme der Stadtgeographie. In: Erdkunde 7, 1953, S. 161-184. Auch in: Peter SCHÖLLER (Hrsg.): Allgemeine Stadtgeographie. Darmstadt: Wissenschaftliche Buchgesellschaft 1969. S. 38-97. = Wege der Forschung 181.
Wichtiger Forschungsbericht, der die Entwicklung der Stadtgeographie im Zeitraum 1938-1952 sowie den derzeitigen Methodenstand auf der Basis intensiven Literaturstudiums analysiert und nach wesentlichen übergeordneten Aspekten kennzeichnet. Der Beitrag kann - trotz der starken Entfaltung und Differenzierung stadtgeographischer Arbeitsmethoden und vor allem sozialgeographisch orientierter Forschungsansätze in den vergangenen zwei Jahrzehnten - immer noch als grundlegende Einführung in wesentliche Fragestellungen der Stadtgeographie empfohlen werden. Hei

SCHÖLLER, Peter: Tendenzen der stadtgeographischen Forschung in der Bundesrepublik Deutschland. Grundlinien zu einer Forschungsbilanz der Kommission Processes and Patterns of Urbanization der International Geographical Union. In: Erdkunde 27, 1973, S. 26-34.
Knapper, als kritischer Diskussionsbeitrag konzipierter Forschungsbericht über allgemeine Ergebnisse und Entwicklungstrends der geographischen Stadtforschung in der BRD im Zeitraum 1952-1970, der zur Einführung in moderne Problemstellungen und wichtige Literatur sehr geeignet ist. Hei

Einführende Darstellungen empirischer Methoden der Stadtgeographie

GORMSEN, Erdmann: Zur Kartierung lateinamerikanischer Städte. Gebäudetypenkarte von Barquisimeto, Venezuela. In: Geographische Zeitschrift 52, 1964, S. 271-279.
Arbeitsmethodisch interessanter Aufsatz, in dem - anhand einer selbst entwickelten Gebäudetypenkarte - die Möglichkeiten großmaßstäblicher Kartierungen in lateinamerikanischen Städten bei unvollständigen und teilweise fehlerhaften topographischen Kartengrundlagen dargestellt werden. Nach der differenzierten thematischen Aufnahme mit Hilfe farbiger Schrägluftbilder und eigener Kartierungen wurden blockweise Generalisierungen des Karteninhaltes, d.h. eine Reduktion auf sieben, für lateinamerikanische Städte typische Hausformen vorgenommen. Hei

OTREMBA, Erich: Wirtschaftsgeographische Kartenaufnahme des Stadtgebietes von Hamburg. In: Berichte zur deutschen Landeskunde 21, 1958, S. 287-293.
Knapper Bericht über eine vorbildliche großmaßstäbliche stadtgeographische, dabei stark wirtschaftsgeographisch ausgerichtete Kartierung des gesamten Hamburger Stadtgebietes im Maßstab 1 : 5000, die innerhalb von zwei Jahren von Studenten des Geographischen Instituts anhand eines vorher entwickelten Kartierungsschlüssels durchgeführt wurde. Trotz notwendiger Generalisierungen bei der endgültigen Farbreinzeichnung konnten die Aufrißstruktur der Bebauung sowie die Gebäude- und Flächennutzungen noch relativ stark differenziert werden. Die Farbkarten, von denen ein Ausschnitt beigefügt ist, bildeten eine Grundlage für weiterführende Studien und Planungszwecke. Hei

SCHÄFER, Heinz: Neuere stadtgeographische Arbeitsmethoden zur Untersuchung der inneren Struktur von Städten. In: Berichte zur deutschen Landeskunde 41, 1968, S. 277-317 und 43, 1969, S. 261-297.
Literaturbericht, in dem wichtige Beiträge und Arbeitsmethoden der geographischen Stadtforschung des deutschsprachigen und teilweise auch englischsprachigen Raumes systematisch zusammengefaßt und kritisch referiert werden. Durchaus als Einführung in die differenzierten Aufgabenstellungen und die Problematik der Stadtgeographie geeignet, wenngleich neuere quantitative Ansätze nicht hinreichend berücksichtigt sind. Hei

6.13 Stadtgeographie / Stadtforschung

Raum für Zusätze

STEWIG, Reinhard u.a.: Methoden und Ergebnisse eines stadtgeographischen Praktikums zur Untersuchung der Einzelhandelsstruktur in der Stadt Kiel. Siehe 6.20.

TESDORPF, Jürgen C.: Die Mikroanalyse. Eine Anleitung für stadtgeographische Praktika und Schüler-Arbeitsgemeinschaften. In: Freiburger geographische Mitteilungen 1974, Heft 1/2, S. 33-96.
Als praktische Arbeitsanleitung konzipierte Darstellung einiger stadtgeographischer Erhebungsmethoden, die ohne besondere Hilfsmittel und Vorkenntnisse sowohl im Schulunterricht wie auch im Grundstufenstudium der Hochschule eingesetzt werden können. Gegliedert nach den Themenbereichen Verkehr, Bausubstanz, wirtschaftliche Nutzung und soziale Nutzung werden insbesondere Kartierungsverfahren behandelt, daneben auch (Verkehrs-)Zählungen und Befragungen. Wertvoll sind die zahlreichen abgebildeten Muster (z.B. Erhebungsbögen, Kartierungslegenden) und die Literaturverweise. Blo

Umfangreichere Lehrbücher

CARTER, Harold: The study of urban geography. London: Edward Arnold 1972. 346 S. Paperbackausgabe ca. 17,00 DM.
Herausragendes englischsprachiges Lehrbuch zur Stadtgeographie, das eine gute, leicht verständliche Einführung in die grundlegenden Fragen, Theorien und Methoden des Faches gibt. Die Darstellung, die leider kein deutschsprachiges Pendant hat, enthält auch eine leicht faßliche Einführung in quantitative Forschungsmethoden und theoretische Ansätze und bietet damit einen guten Einstieg in die umfangreiche grundlegende (hauptsächlich englischsprachige) Literatur. Zahlreiche Abbildungen; allerdings stammen die Beispiele nahezu ausschließlich aus Großbritannien und den USA. Blo

HERBERT, David: Urban geography. A social perspective. Newton Abbot: David & Charles 1972. 320 S. = Problems in modern geography.
Gehaltvolle Darstellung wichtiger Aspekte der modernen allgemeinen Stadtgeographie: Innere Differenzierungen der Städte unter sozialgeographischen Gesichtspunkten, wobei jedoch in erster Linie die 'westlich geprägten' Städte Berücksichtigung fanden. Dargestellt sind nicht nur wichtige typische Merkmale struktureller und funktionaler Gliederungen, sondern auch neuere Theorie- und Modellbildungen sowie quantitative Untersuchungsmethoden. Wenn auch - wie in den meisten englischsprachigen Lehrbüchern üblich - fast ausschließlich Arbeiten aus dem angelsächsischen Raum berücksichtigt sind, kann dieses leicht verständlich geschriebene und mit zahlreichen anschaulichen Kartendarstellungen ausgestattete Lehrbuch zur Einführung in die moderne Stadtgeographie empfohlen werden. Hei

MURPHY, Raymond E.: The American city. An urban geography. 2. Aufl. New York: McGraw-Hill 1974 ([1]1966). 556 S.
Diese von einem bekannten amerikanischen Geographen verfaßte, relativ leicht verständliche, systematisch gegliederte Darstellung ist eine als Lehrbuch konzipierte umfassende Einführung in wichtige Aspekte der modernen geographischen Stadtforschung am Beispiel des US-amerikanischen Städtewesens. Hei

NORTHAM, Ray M.: Urban geography. New York: John Wiley 1975. XI, 410 S.
Dieses neueste umfangreiche Lehrbuch zur Stadtgeographie behandelt - ohne Vorkenntnisse vorauszusetzen - in systematischer Reihenfolge wohl fast alle wichtigen Themen: Geschichte der Stadt, Verstädterung, Stadtumweltprobleme, Städtesysteme, Theorie der zentralen Orte, wirtschaftliche Basis, Landnutzung, Bodenwerte, innerstädtische Zentren, Wohngebiete, Industrie, innerstädtischer Verkehr, übrige Bodennutzungen, Vorortverstädterung, Stadtplanung. Die Darstellung ist nahezu ganz auf die USA ausgerichtet und mit Anschauungsmaterial vergleichsweise etwas dürftig ausgestattet (miserable Kartenreproduk-

6.13
Stadtgeographie /
Stadtforschung

Raum für Zusätze

tionen), jedoch geeignet zur Einführung in die wichtigsten theoretischen Konzepte stadtgeographischer Analyse. Blo

SCHWARZ, Gabriele: Allgemeine Siedlungsgeographie. Siehe 6.11.

Sammelbände zur interdisziplinären Stadtforschung

ABELE, Gerhard, Raimund HERZ und Hans-Joachim KLEIN: Methoden zur Analyse von Stadtstrukturen. Karlsruhe: Institut für Regionalwissenschaft 1969. 113 S. = Karlsruher Studien zur Regionalwissenschaft 2.
Interdisziplinärer Sammelband (Verfasser: Geograph, Bauingenieur, Volkswirt) mit 3 Beiträgen: ABELE ('Methoden zur Abgrenzung von Stadtstrukturen') gibt eine konzentrierte Übersicht über die wichtigsten geographischen Methoden zur innerstädtischen Strukturanalyse HERZ ('Zur Anwendbarkeit regionalanalytischer Modellansätze in der Stadtplanung') referiert knapp und kritisch das breite Spektrum meist in den USA entwickelter mathematischer Raummodelle. KLEIN ('Das Stadtzentrum in der Vorstellung von Stadtbewohnern') berichtet über empirische Untersuchungen der subjektiven Einstellungen der Karlsruher Wohnbevölkerung über 'ihr' Stadtzentrum. Die Beiträge geben in ihrem unterschiedlichen Abstraktionsgrad eine gute Einführung in die interdisziplinäre regionalwissenschaftliche Stadtforschung. Blo

ATTESLANDER, Peter und Bernd HAMM (Hrsg.): Materialien zur Siedlungssoziologie. Köln: Kiepenheuer & Witsch 1974. 400 S. = Neue Wissenschaftliche Bibliothek 69.
Sammelband mit insgesamt 22, davon einigen klassischen Aufsätzen aus dem Bereich der Gemeinde- und Stadtsoziologie bzw. der Sozialökologie, die zum größten Teil der angelsächsischen Literatur entnommen wurden und hier in deutscher Übersetzung abgedruckt sind. Von besonderem Interesse erscheint die ausführliche Einleitung der Herausgeber (22 S.), in der in programmatischer Form die 'Grundzüge einer Siedlungssoziologie' entworfen werden, die sich weithin mit einer sozialgeographisch verstandenen Siedlungs- bzw. Stadtgeographie decken dürfte. Die abgedruckten Aufsätze geben einen guten Überblick über klassische und moderne Ansätze dieses der Sozial- und Stadtgeographie sehr nahestehenden Zweiges der Soziologie. Blo

BERRY, Brian J.L. und Frank E. HORTON: Geographic perspectives on urban systems, with integrated readings. Englewood Cliffs, N.J.: Prentice-Hall 1970. 564 S.
Kombination von Gesamtdarstellung und Aufsatzsammlung. Der ungewöhnlich umfangreiche und vielschichtige 'Reader' enthält wichtige moderne angelsächsische Ansätze zur Stadtgeographie, auch aus Nachbarwissenschaften, und legt einen Schwerpunkt auf theoretische und quantitative Aspekte. Der teilweise recht anspruchsvolle Text setzt theoretische sowie statistische Vorkenntnisse voraus. Insgesamt bietet der Band einen umfassenden Überblick über die theoretisch und quantitativ arbeitende nordamerikanische Stadtgeographie, insbesondere der BERRY-Schule. Die empirischen Beispiele stammen überwiegend aus den USA, vor allem aus Chicago. Blo

BOURNE, Larry S. (Hrsg.): Internal structure of the city. Readings on space and environment. New York/Toronto/London: Oxford University Press 1971. VIII, 528 S. Paperbackausgabe ca. 18,00 DM.
Preiswerter Sammelband mit fotomechanischen Nachdrucken von insg. 57 meist kürzeren Aufsätzen von Geographen, Soziologen, Ökonomen und Planern aus den fünfziger und sechziger Jahren. Wenn der Band auch häufig sehr auf nordamerikanische Verhältnisse bezogen ist, so verdient er doch durch die Vielzahl von behandelten Aspekten auch allgemeines Interesse, zumal der Schwerpunkt auf modernen theoretischen Ansätzen zur Erklärung innerstädtischer Strukturen, Verflechtungen und Prozesse liegt. Blo

6.13
**Stadtgeographie /
Stadtforschung**

Raum für Zusätze

HERLYN, Ulfert (Hrsg.): Stadt- und Sozialstruktur. Arbeiten zur sozialen Segregation, Ghettobildung und Stadtplanung. München: Nymphenburger Verlagshandlung 1974. 320 S. = Nymphenburger Texte zur Wissenschaft, Modelluniversität 19.
Interessant zusammengestellter 'Reader' aus soziologischer Sicht mit 13, teilweise klassischen Beiträgen. Hervorzuheben sind die Einleitung von U. HERLYN, die Aufsätze von Louis WIRTH und Herbert J. GANS zur 'Urbanität als Lebensform' sowie mehrere Beiträge zur sozialen Segregation - dem Hauptthema des Bandes -, darunter ein interessanter Beitrag von Jiri MUSIL zur 'ökologischen Struktur Prags'. Drei Aufsätze (davon 2 Fallstudien) zur Stadtplanung beschließen den Band. Blo

KORTE, Hermann (Hrsg.): Soziologie der Stadt. München: Juventa 1972. 206 S. = Grundfragen der Soziologie 11.
Dieser lesenswerte Sammelband behandelt mit 6 kurzen kritischen Beiträgen wesentliche Aspekte der Stadtsoziologie: Nach einer Einführung zur 'Soziologie der Stadt' (H. KORTE) folgen eine ideologiekritische Analyse über 'Integration als Wunsch und Wert in der Soziologie der Stadt' (Eckhart BAUER), eine Diskussion der staatlichen Wohnungsbaupolitik in der BRD (Marlo RIEGE) sowie der Problematik der Versorgung der Bevölkerung in Neubaugebieten unter Berücksichtigung sozialistischer Wohnformen und Versorgungsprinzipien (Jochen KORFMACHER), ein Beitrag zum Thema 'Wirtschaftsentwicklung, Infrastrukturpolitik und Stadtplanung' (Sigmar GUDE) sowie abschließend eine Betrachtung der Umsetzung stadtsoziologischer Erkenntnisse in der Bau- und Stadtplanung (Klaus BRAKE / Ulla GERLACH). Hei

PEHNT, Wolfgang (Hrsg.): Die Stadt in der Bundesrepublik Deutschland. Lebensbedingungen, Aufgaben, Planung. Stuttgart: Reclam 1974. 506 S., 16 S. Tafeln. 39,80 DM.
Ausgezeichneter Sammelband mit insgesamt 23 Beiträgen, die überwiegend von Stadtsoziologen und Stadtplanern stammen und einen hervorragenden Überblick über Probleme des städtischen Lebens und über Grundfragen und Einzelprobleme der Stadtplanung geben. Die Einzelaufsätze bieten in zumeist leicht lesbarer und dennoch wissenschaftlich fundierter Form gute Einführungen in die einzelnen Themenbereiche. Einige ausgewählte Aufsatztitel: Die Stadt als Erlebnisgegenstand (Thomas SIEVERTS), Wohnbedürfnisse und Wohnwünsche (Hans Paul BAHRDT), Soziale Segregation (Ulfert HERLYN), Städte in der Statistik (Rainer MACKENSEN), Neue Wohnquartiere am Stadtrand (Karolus HEIL), Bioklima (Robert NEUWIRTH), Verkehr (Paul Arthur MÄCKE), Denkmalpflege (Friedrich MIELKE und Klaus BRÜGELMANN), Die städtebauliche Infrastruktur (Edmund GASSNER), Kommunale Wirtschafts- und Finanzpolitik (Gerhard ISENBERG), Städtebaurecht (Hartmut DYONG), Soziale Bodenpolitik (Folker SCHREIBER), Überörtliche Planung - Raumordnung (Kurt BECKER-MARX), Verdichtungsräume und Entwicklungsplanung (Heinz WEYL), Ideologie und Utopie im Städtebau (Gerd ALBERS). Blo

SCHÖLLER, Peter (Hrsg.): Allgemeine Stadtgeographie. Darmstadt: Wissenschaftliche Buchgesellschaft 1969. XIII, 378 S. = Wege der Forschung 181. 31,00 DM (Mitgliedspreis der Wiss. Buchgesellschaft).
Sammelband mit 15 wichtigen Aufsätzen. Der Schwerpunkt liegt einerseits auf Forschungsberichten (zur Entwicklung in Deutschland von H. DÖRRIES und P. SCHÖLLER (bis 1952), ferner auch zur nordamerikanischen, japanischen und sowjetischen Stadtgeographie) sowie andererseits auf wissenschaftsgeschichtlich älteren Ansätzen, darunter von Hans BOBEK (1927 und 1938). Einige Aufsätze sind auch heute noch als Einführung in die Stadtgeographie geeignet, wie z.B. der Beitrag von Rudolf KLÖPPER zum geographischen Stadtbegriff. Blo

SCHÖLLER, Peter (Hrsg.): Trends in urban geography. Reports on research in major language areas. Paderborn: Ferdinand Schöningh 1973. 72 S. = Bochumer Geographische Arbeiten 16.
Dieser Band enthält 6 Berichte über den neueren Stand und Entwicklungstrends stadtgeographischer Forschung in verschiedenen Sprach-

6.13
Stadtgeographie /
Stadtforschung

Raum für Zusätze

regionen: Großbritannien/Irland; Niederländischer Sprachraum; Deutscher Sprachraum; Polen; Portugiesischer Sprachraum; Japan. Die Aufsätze vermitteln einen internationalen Überblick u.a. über die Organisation, wichtige thematische und regionale Schwerpunkte, Wandel in den Arbeitsmethoden, Verflechtungen mit Nachbardisziplinen. Wertvoll sind auch die Zusammenstellungen neuerer (ausgewählter) Literatur am Ende jedes Beitrages.
        Hei

Die Stadt in der Gesellschaft

HARVEY, David: Social justice and the city. London: Edward Arnold 1973. 336 S.
Umstrittenes Buch des bekannten nordamerikanischen Methodologen ('Explanation in geography'), in dem - nach Ablehnung der von HARVEY früher selbst vertretenen wertfreien analytischen Wissenschaftslogik - Grundfragen des Städtewesens marxistisch interpretiert werden. In zwei Hauptteilen werden 'liberale' und 'sozialistische' Ansätze zum Thema einander gegenübergestellt, dann werden in einer 'Synthese' zentrale Aspekte einer strukturalistisch-marxistischen Stadtforschung umrissen.
        Blo

LEFÈBVRE, Henri: La pensée marxiste et la ville. Tournai: Casterman 1972. Deutsche Übersetzung unter dem Titel: Die Stadt im marxistischen Denken. Ravensburg: Otto Maier 1975. 117 S.
Der bekannte französische Marxismusforscher LEFÈBVRE hat hier versucht, aus zahlreichen im Gesamtwerk von Karl MARX und Friedrich ENGELS verstreute Textstellen die Rolle der Stadt im Denkgebäude des klassischen Marxismus zu bestimmen.
        Blo

LEFÈBVRE, Henri: La révolution urbaine. Paris: Gallimard 1970. = Collection Idées. Deutsche Übersetzung unter dem Titel: Die Revolution der Städte. München: List 1972. 201 S. = List Taschenbücher der Wissenschaft 1603.
Reflexion des marxistischen Soziologen LEFÈBVRE über die Gesellschaft der Gegenwart, die als 'verstädterte Gesellschaft' begriffen und sowohl von der vergangenen 'Agrargesellschaft' wie auch von der 'Industriegesellschaft' unterschieden wird. Der dialektisch argumentierende Autor fordert eine ganzheitliche Betrachtung der Stadt und der Verstädterung, deren Wesen in einer (dialektisch zu interpretierenden) 'Zentralität' gesehen wird. Die Schrift enthält auch für den, der nicht die wissenschaftstheoretischen Voraussetzungen des Autors teilt, manche interessante Aspekte, wenn auch die philosophisch-dialektische Denkweise und Sprache leicht Verständnisschwierigkeiten aufwerfen dürften.
        Blo

ROSE, Harold M. (Hrsg.): Geography of the ghetto. Siehe 6.2.

SCHMIDT-RENNER, Gerhard: Ursachen der Städtebildung. In: Petermanns Geographische Mitteilungen 109, 1965, S. 23-31.
Knapper Diskussionsbeitrag aus der Sicht der materialistischen Geschichtsauffassung, nach der 'die in letzter Instanz entscheidenden Ursachen für die Stadtbildung und Stadtentwicklung in den ökonomischen Triebkräften der Gesellschaft liegen'. Nach Meinung des Verfassers läßt sich eine Theorie der Städtebildung auf der Basis einiger Theoreme der Klassiker des Marxismus-Leninismus 'über die gesellschaftliche und damit zugleich territoriale Arbeitsteilung' entwickeln.
        Hei

WINDELBAND, Ursula: Typologisierung städtischer Siedlungen. Siehe 6.11.

6.13 Stadtgeographie / Stadtforschung

Raum für Zusätze

Komplexe stadtgeographische Arbeiten: Monographien und Städtegruppen

- Deutschland

- - Gesamtdarstellungen des deutschen Städtewesens

 SCHÖLLER, Peter: Die deutschen Städte. Wiesbaden: Franz Steiner 1967. 107 S. = Erdkundliches Wissen 17, Geographische Zeitschrift, Beihefte.
Knapp und konzentriert geschriebene, jedoch zahlreiche Gesichtspunkte enthaltende Überblicksdarstellung des deutschen Städtewesens. Der Schwerpunkt liegt auf der Behandlung historischer und regionaler Städtetypen und der städtebaulichen Entwicklungstendenzen des 19. und 20. Jahrhunderts. Gehört als einzige deutschsprachige Gesamtdarstellung zur stadtgeographischen Pflichtlektüre, deren Eignung zur Einführung allerdings durch das Fehlen von Abbildungen beeinträchtigt wird. Blo

- - Monographien und Fallstudien

EHLERS, Eckart: Tübingen als Universitätsstadt. Siehe 6.7.

FRIEDMANN, Helmut: Alt-Mannheim im Wandel seiner Physiognomie, Struktur und Funktionen (1606-1965). Siehe 6.25.

GANSER, Karl: Grundlagenuntersuchung zur Altstadtentwicklung Ingolstadts. Siehe 7.3.

GEIPEL, Robert: Probleme der Universitätsstadt München. Siehe 6.7.

HOFMEISTER, Burkhard: Bundesrepublik Deutschland und Berlin. I: Berlin. Eine geographische Strukturanalyse der zwölf westlichen Bezirke. Darmstadt: Wissenschaftliche Buchgesellschaft 1975. 468 S. = Wissenschaftliche Länderkunden 8.
Dieser erste Beitrag zu einer auf insgesamt 6 Bände geplanten, vor allem 'wirtschaftsräumlich-dynamisch' ausgerichteten Länderkunde der Bundesrepublik Deutschland und West-Berlins bildet eine breit angelegte, dabei in sich ausgewogene regional-geographische Darstellung, die sowohl der historisch-geographischen Einbindung wie auch der politisch-geographischen Sondersituation West-Berlins gerecht wird. Hei

MAYR, Alois: Ahlen in Westfalen. Siedlung und Bevölkerung einer industriellen Mittelstadt mit besonderer Berücksichtigung der innerstädtischen Gliederung. Paderborn: Ferdinand Schöningh 1968. 174 S. = Bochumer Geographische Arbeiten 3.
Sehr gründliche stadtgeographische Monographie mit starker Berücksichtigung bevölkerungsgeographischer Aspekte. Von Bedeutung ist vor allem die Darstellung der Möglichkeiten und Grenzen einer innerstädtischen Wohnviertelsgliederung mit Hilfe amtlichen statistischen Materials auf Zählbezirksbasis, das aus einer Sonderaufbereitung der Volks-, Berufs-, Gebäude- und Arbeitsstättenzählungsergebnisse durch das Statistische Landesamt Nordrhein-Westfalen resultierte. Hei

MECKELEIN, Wolfgang: Der Ballungsraum Stuttgart. In: Deutscher Geographentag Bad Godesberg 1967. Tagungsbericht und wissenschaftliche Abhandlungen. Wiesbaden: Franz Steiner 1969. S. 71-82. = Verhandlungen des Deutschen Geographentages 36.
Interessante, konzentriert formulierte monographische Studie, die wesentliche strukturelle und funktionale Merkmale und Entwicklungsprozesse (u.a. Bevölkerungsverdichtung, Konzentration von Siedlung und Wirtschaft, innere Verflechtungen, die spezifische Dynamik in Form der Bevölkerungsmobilität und Standortbewegungen der Industrie) des als 'Großraumstadt' gekennzeichneten Ballungsraumes herausstellt. Zu der sehr anschaulichen Darstellung tragen insbesondere

6.13
Stadtgeographie /
Stadtforschung

Raum für Zusätze

auch die zahlreichen kartographischen Beilagen bei. *He.*

NEWIG, Jürgen: Die Entwicklung von Fremdenverkehr und Freizeitwohnwesen in ihren Auswirkungen auf Bad und Stadt Westerland auf Sylt. Siehe 6.8.

TAUBMANN, Wolfgang: Bayreuth und sein Verflechtungsbereich. Wirtschafts- und sozialgeographische Entwicklung in der neueren Zeit. Bad Godesberg: Bundesforschungsanstalt für Landeskunde und Raumordnung 1968. 190 S. und Kartenband. = Forschungen zur deutschen Landeskunde 163.
Vorbildliche stadtgeographische Monographie mit klarer Zielsetzung, die sich nicht nur durch eine gründliche Darstellung bevölkerungs-, wirtschafts- und sozialgeographischer Wandlungsprozesse, durch eine differenzierte innerstädtische Viertelsgliederung und -beschreibung sowie eine gelungene Analyse der zentralörtlichen Verflechtungen der Stadt, sondern auch durch eine große Zahl differenzierter themakartographischer Darstellungen auszeichnet.
Hei

- - Städtegruppen

BARTELS, Dietrich: Nachbarstädte. Eine siedlungsgeographische Studie anhand ausgewählter Beispiele aus dem westlichen Deutschland. Bad Godesberg: Bundesanstalt für Landeskunde und Raumforschung 1960. 147 S. = Forschungen zur deutschen Landeskunde 120.
Ziel dieser interessanten Arbeit war die Analyse des gegenseitigen Verhältnisses zweier oder mehrerer benachbarter Städte, d.h. der jeweiligen Funktionalbeziehungen wie auch der wechselseitigen Beeinflussung der historischen und gegenwärtigen Wachstums- und Wandlungsvorgänge dieser Städte.
Hei

GRÖTZBACH, Erwin: Geographische Untersuchung über die Kleinstadt der Gegenwart in Süddeutschland. Kallmünz/Regensburg: Michael Lassleben 1963. 112 S. = Münchner Geographische Hefte 24.
Basierend auf einer umfassenden Untersuchung von 12 Beispielstädten wird versucht, den Typ 'Kleinstadt' zu bestimmen, ihn gegen Ackerbürgerkleinstädte, Industrieorte und Mittelstädte abzugrenzen und seine charakteristischen Merkmale herauszuarbeiten. Im einzelnen werden in vergleichender Sicht untersucht: die geographisch-historische Entwicklung, die funktionale Gliederung hinsichtlich der Geschäfte, öffentlichen Dienste und Industrie sowie die sozialräumliche Gliederung nach Berufsgruppen der Wohnbevölkerung.
Blo

HÖHL, Gudrun: Fränkische Städte und Märkte in geographischem Vergleich. Siehe 6.11.

HUTTENLOCHER, Friedrich: Städtetypen und ihre Gesellschaften an Hand südwestdeutscher Beispiele. Siehe 6.11.

KRENZ, Gerhard, Walter STIEBITZ und Claus WEIDNER (Hrsg.): Städte und Stadtzentren in der DDR. Ergebnisse und reale Perspektiven des Städtebaus in der Deutschen Demokratischen Republik. Berlin (Ost): Verl. für Bauwesen 1969. 216 S.
Für einen breiten Leserkreis konzipierter, informativer, mit gutem Bildmaterial und Flächennutzungsplänen ausgestatteter Sammelband. Mit einem einführenden und 14 weiteren Beiträgen über wichtige Städte der DDR wird versucht, einen Überblick über die Entwicklungsphasen des sozialistischen Städtebaus sowie vor allem über die Zielvorstellungen der neueren Entwicklungsetappe zu geben, die auf den Beschlüssen des VII. Parteitags der SED (1967) über die Gestaltung des 'entwickelten gesellschaftlichen Systems des Sozialismus in der DDR' basieren.
Hei

SCHEUERBRANDT, Arnold: Südwestdeutsche Stadttypen und Städtegruppen bis zum frühen 19. Jahrhundert. Siehe 6.25.

6.13
Stadtgeographie / Stadtforschung

Raum für Zusätze

- Übriges Europa

BOBEK, Hans und Elisabeth LICHTENBERGER: Wien. Bauliche Gestalt und Entwicklung seit der Mitte des 19. Jahrhunderts. Graz/Köln: Böhlau 1966. 394 S. und Kartenanhang. = Schriften der Kommission für Raumforschung der Österreichischen Akademie der Wissenschaften 1.
Umfassend und methodisch vorbildlich konzipierte monographische Darstellung, die zunächst in einer differenzierten genetisch-analytischen Betrachtungsweise die Perioden der baulichen Entwicklung Wiens seit der Mitte des 19. Jahrhunderts herausarbeitet und interpretiert, sodann die 'Standortsfaktoren und Typologie der Verbauung und Flächennutzung' kennzeichnet und im dritten Teil, unter der etwas irreführenden Bezeichnung 'Die Stadtregionen Wiens', die 'historisch erwachsene' innere Gliederung des Stadtgebietes aufzeigt. Vorzüglich ist auch die Ausstattung mit Karten und Abbildungen. Hei

LEISTER, Ingeborg: Wachstum und Erneuerung britischer Industriegroßstädte. Wien/Köln/Graz: Böhlau 1970. 294 S. = Schriften der Kommission für Raumforschung der Österreichischen Akademie der Wissenschaften 2.
Umfassendste deutschsprachige Darstellung nicht nur der Entwicklung und Gegenwartsprobleme (bis ca. 1967) der komplexen Stadterneuerung, sondern zugleich auch des Großstadtwachstums in Großbritannien seit der industriellen Revolution. Die zum großen Teil auf eigenen Feldarbeiten (in Glasgow, Sheffield, Leeds, Birmingham und Coventry) basierenden Ergebnisse werden stets nationalen Entwicklungsprozessen und -bedingungen zugeordnet. Nicht nur die gelungene Dokumentation durch reichhaltiges, aussagekräftiges Bildmaterial und thematische Kärtchen, sondern auch die unkomplizierte Art der Formulierung erleichtern die Lektüre dieser breit angelegten Arbeit. Hei

LICHTENBERGER, Elisabeth: Wirtschaftsfunktion und Sozialstruktur der Wiener Ringstraße. Wien/Köln/Graz: Böhlau 1970. 268 S. = Die Wiener Ringstraße, Bild einer Epoche 6.
Außerordentlich gründliche, historisch-genetisch angelegte stadtgeographische Untersuchung des Wiener Ringstraßengebiets als wichtigem Teil der Großstadtcity, in der alle wesentlichen strukturellen und funktionalen Aspekte in ihrer räumlichen Differenzierung beispielhaft berücksichtigt werden. Vorzüglich ist auch die Ausstattung mit thematischen Karten, Diagrammen, Photographien und Tabellen als wichtigem Belegmaterial. Hei

MONHEIM, Rolf: Die Agrostadt Siziliens - ein städtischer Typ agrarischer Großsiedlungen. Siehe 6.11.

- Sowjetunion

HARRIS, Chauncy D.: Cities of the Soviet Union. Studies in their functions, size, density, and growth. Chicago: Rand McNally 1970. 484 S. = The Monograph Series of the Association of American Geographers 5.
Methodisch interessante Darstellung der Entwicklung des sowjetischen Städtewesens, die vor allem auf der Auswertung der sowjetischen stadtgeographischen Literatur und der zur Verfügung stehenden Städtestatistik (1897, 1926, 1939, 1959, 1967) basiert. Die Statistiken wurden in interessante kartographische Darstellungen umgesetzt (z.B. Bevölkerungspotentialkarten). Leider blieben einige wichtige Aspekte, z.B. die Maßnahmen und konkreten Auswirkungen der 'sozialistischen Stadtplanung', völlig unberücksichtigt. Hei

- Nordamerika

HOFMEISTER, Burkhard: Stadt und Kulturraum Angloamerika. Braunschweig: Vieweg 1971. 341 S.
Sehr umfassende und anschauliche Darstellung des nordamerikanischen

6.13
Stadtgeographie /
Stadtforschung

Raum für Zusätze

Städtewesens in vorwiegend 'kultur-genetischer Betrachtungsweise',
d.h. der 'Wesensmerkmale, die die Städte im US-amerikanisch-kanadi-
schen Raume als geistig geprägte und materiell in Erscheinung tretende Kulturelemente des angloamerikanischen Kulturerdteils ausweisen'.
Im ersten Teil erfolgt zunächst die kurze, leicht verständliche Erläuterung wichtiger angloamerikanischer stadtgeographischer Termini
(Kap. 2). Die drei anschließenden Hauptteile behandeln sehr differenziert die 'Wesenszüge', d.h. vor allem die spezifischen physiognomischen Merkmale, gegenwärtige Strukturwandlungen und die regionalen
Unterschiede im Städtewesen. Reichhaltiges, gut ausgewähltes Anschauungsmaterial (Bilder, Karten) und ein gegliedertes weiterführendes
Schrifttumsverzeichnis.   Hei

VOPPEL, Götz: Die bevölkerungsgeographische Entwicklung der Großag-
glomerationen in den Vereinigten Staaten von Amerika. Siehe 6.4.

 ZSILINCSAR, Walter: Fragen der Stadtgeographie in den Vereinigten
Staaten von Amerika. In: Mitteilungen der Österreichischen Geographischen Gesellschaft 113, 1971, S. 235-261.
Knappe Darstellung spezifischer Merkmale der Entwicklung, Gegenwarts-
struktur und -probleme sowie Berücksichtigung wichtiger geographischer Untersuchungen des US-amerikanischen Städtewesens.   Hei

- Lateinamerika

SANDNER, Gerhard: Die Hauptstädte Zentralamerikas. Wachstumsprobleme,
Gestaltwandel und Sozialgefüge. Heidelberg: Quelle & Meyer 1969. 198
S. und Bildanhang.
Hauptziel dieser wichtigen Untersuchung war nicht der stadtgeographische Vergleich; vielmehr sollten die Erfassung und Darstellung
individueller Merkmale der historischen Entwicklung, der Viertelbil-
dung oder Binnengliederung, der allgemeinen Struktur und Sonderstellung der zentralamerikanischen Hauptstädte vor allem zur Beantwor-
tung folgender spezieller Fragestellungen beitragen: das Erfassen
der zentralamerikanischen Länder und ihrer nationalen Eigenheiten im
Spiegel ihrer Hauptstädte, der Kräfte, die zur Herausbildung und
Verlagerung unterschiedlicher sozialgeographischer Stadtviertel geführt haben, der 'Vereinheitlichungstendenzen' in der modernen Groß-
stadtgliederung.   Hei

WILHELMY, Herbert: Südamerika im Spiegel seiner Städte. Hamburg:
Cram, De Gruyter 1952. 450 S. = Hamburger Romanistische Studien,
Reihe B, 23. Unveränd. Nachdr. 1968.
Für einen breiten Leserkreis konzipierte umfassende geographische
Darstellung der Stadtentwicklung in Südamerika seit Beginn der kolo-
nialen Durchdringung. Nach Überblicken über die allgemeinen Voraus-
setzungen und Entwicklungslinien des spanischen und portugiesischen
Städtebaus nehmen monographische Darstellungen der wichtigsten Städ-
te den größten Raum ein. Wenngleich der jüngere Verstädterungspro-
zeß noch nicht erfaßt werden konnte, behält die Darstellung ihren
Wert.   Hei

- Afrika

KULS, Wolfgang: Zur Entwicklung städtischer Siedlungen in Äthiopien.
In: Erdkunde 24, 1970, S. 14-26.
Nach einem Überblick über die Phasen der historischen Stadtentwicklung, deren Anfänge ebenso wie in den meisten Ländern Schwarzafrikas
kaum über die zweite Hälfte des 19. Jahrhunderts zurückreichen, wird
die Verteilung der Städte nach Größenklassen und Regionen betrachtet.
Ferner werden typische Strukturmerkmale herausgearbeitet, wobei Aspekte der Grund- und Aufrißgestaltung, der wirtschaftlichen Funktionen,
der inneren Differenzierung und der Bevölkerungszusammensetzung angesprochen werden. Als typisch für einen präindustriellen Entwicklungsstand wird die Stellung von Addis Abeba als 'Primate City' her-

6.13
Stadtgeographie /
Stadtforschung

Raum für Zusätze

ausgestellt.

- Orient

DETTMANN, Klaus: Damaskus. Eine orientalische Stadt zwischen Tradition und Moderne. Erlangen: Palm & Enke 1969. 133 S. = Erlanger Geographische Arbeiten 26. Zugleich in: Mitteilungen der Fränkischen Geographischen Gesellschaft 15/16, 1969, S. 183-311.
RUPPERT, Helmut: Beirut. Eine westlich geprägte Stadt des Orients. Erlangen: Palm & Enke 1969. 148 S. = Erlanger Geographische Arbeiten 27. Zugleich in: Mitteilungen der Fränkischen Geographischen Gesellschaft 15/16, 1969, S. 313-456.
Zwei detaillierte Stadtmonographien (von E. WIRTH betreute Dissertationen), die keine enzyklopädische Stoffsammlung anstreben, sondern nach regelhaften Zügen des innerstädtischen Aufbaus fragen und die Prägung des heutigen baulichen Bildes, der wirtschaftlichen Funktionen und der heutigen sozialen Struktur der Wohnbevölkerung durch historische und kulturelle Faktoren verfolgen, wobei sich unterschiedliche Spannungsverhältnisse islamisch-traditioneller und westlich-moderner Einflüsse ergeben. Beide Arbeiten zeigen beispielhaft die vielfältigen Erkenntnismöglichkeiten moderner geographischer Stadtforschung durch die Kombination historisch-, wirtschafts- und sozialgeographischer Aspekte.
Blo

DETTMANN, Klaus: Zur Variationsbreite der Stadt in der islamisch-orientalischen Welt. Die Verhältnisse in der Levante sowie im Nordwesten des indischen Subkontinents. In: Geographische Zeitschrift 58, 1970, S. 95-123.
Wichtiger Beitrag zur vergleichenden, einen größeren Kulturkreis berücksichtigenden Stadtgeographie, der am Beispiel von Städten in der stark französisch geprägten Levante und im Nordwesten des britisch beeinflußten indischen Subkontinents zunächst die charakteristischen gemeinsamen sowie die voneinander trennenden Merkmale der Altstadtbereiche herausstellt und im zweiten Teil die sehr unterschiedliche Entwicklung und Struktur der modernen Wohn- und Geschäftsviertel kennzeichnet.
Hei

HAHN, Helmut: Die Stadt Kabul (Afghanistan) und ihr Umland. Teil I: Gestaltwandel einer orientalischen Stadt. Bonn: Dümmler 1964. 88 S., Bildanhang und 3 Karten als Beilage. = Bonner Geographische Abhandlungen 34.
HAHN, Helmut: Wachstumsabläufe in einer orientalischen Stadt am Beispiel von Kabul/Afghanistan. In: Erdkunde 26, 1972, S. 16-32.
Während sich die zuerst genannte Arbeit vor allem der Beschreibung der strukturellen und funktionalen Gliederung der Stadt widmet (mit guter themakartographischer Darstellung der Bebauung und Funktionen 1960-61), bezieht sich die neuere Untersuchung auf die baulichen Veränderungen in funktional unterschiedlichen Stadtvierteln, auf die Differenzierungen innerhalb der Geschäftsviertel, die Konzentration der Behördenstandorte und die Maßnahmen im Rahmen der Stadtsanierung und Stadtplanung. Erfaßt werden außerdem die Wandlungen der Sozialstruktur in der Altstadt und die soziale Hierarchie der Neustadtteile.
Hei

WIRTH, Eugen: Damaskus - Aleppo - Beirut. Ein geographischer Vergleich dreier nahöstlicher Städte im Spiegel ihrer sozial und wirtschaftlich tonangebenden Schichten. In: Die Erde 97, 1966, S. 96-137 und 166-202.
In einer thematisch breit angelegten vergleichenden Darstellung - berücksichtigt werden wesentliche Merkmale der Lagebedingungen und -beziehungen, der Genese, wichtige Funktionen, die Auswirkungen der wirtschaftlichen Aktivitäten der führenden Schichten (Muslim, Christen) - werden im ersten Teil Gemeinsamkeiten und wesentliche Unterschiede zwischen der Oasen- und Hauptstadt Damaskus und der Steppen- und Handelsstadt Aleppo behandelt. Im zweiten Teil werden 'Beirut

6.13
Stadtgeographie /
Stadtforschung

Raum für Zusätze

und der Wirtschaftsgeist der syrisch-libanesischen Oberschicht' betrachtet, ergänzt durch einen abschließenden Gesamtvergleich.   He:

WIRTH, Eugen: Strukturwandlungen und Entwicklungstendenzen der orientalischen Stadt. Versuch eines Überblicks. In: Erdkunde 22, 1968, S. 101-128.
Lebendig geschriebener Forschungsbericht über Ergebnisse vergleicher der stadtgeographischer empirischer Studien unter sozialgeographischer Fragestellung: Dargestellt werden eingehend die durch 'Verwest lichung' bedingten jüngeren Wandlungen der traditionellen Wirtschaft zentren ('Bazar' und 'Khane') der orientalischen Stadt, die Entwicklung moderner Geschäfts- und Verwaltungsviertel, Wandlungen der Altstadtquartiere sowie die Prägung der orientalischen Städte durch den Straßenverkehr, wobei interessante Vergleiche zur europäischen Stadt charakteristische 'Eigengesetzlichkeiten' des orientalischen Städtewesens verdeutlichen.   Hei

- Indien

STANG, Friedrich: Die indischen Stahlwerke und ihre Städte. Eine wirtschafts- und siedlungsgeographische Untersuchung zur Industrialisierung und Verstädterung eines Entwicklungslandes. Siehe 7.6.

- Japan

Japanese cities - a geographical approach. Tokyo: The Association of Japanese Geographers 1970. 264 S. = The Association of Japanese Geographers, Special Publication 2.
Dieser Sammelband vermittelt nicht nur einen Überblick über die Strukturen, Verflechtungen und Entwicklungsprobleme der japanischen Stadtregionen, sondern zeigt zugleich den beachtlichen methodologischen Stand der geographischen Stadtforschung in Japan. Vorangestellt ist eine kritische Analyse der Entwicklung der japanischen Stadtgeographie von S. KIUCHI (mit umfangreicher Bibliographie). Darauf folgen 29 Beiträge mit den Leitthemen: Aspekte der Stadtentwicklung (insb. der regionalen Differenzierung der historischen Städtetypen der Feudalzeit), Verstädterungsprobleme und damit verbundene bevölkerungsgeographische Fragestellungen, Flächennutzung und Stadtmorphologie, zentralörtliche Struktur und Hierarchie im japanischen Städtewesen, Verkehrsentwicklung und -probleme (am Beispiel von Groß-Tokyo) Probleme des Großstadtwachstums und Planungsfragen.   Hei

SCHÖLLER, Peter: Ein Jahrhundert Stadtentwicklung in Japan. In: Beiträge zur geographischen Japanforschung. Vorträge aus Anlaß des 50. Todestages von Johannes Justus Rein (1835-1918). Hrsg. v. Wilhelm LAUER. Bonn: Dümmler 1969. S. 13-57. = Colloquium Geographicum 10.
*Dieser konzentriert formulierte stadtgeographische Beitrag beinhaltet zunächst einen knappen Abriß von 6 Phasen der Stadtentwicklung in Japan seit der Meiji-Restauration(1868), sodann eine kurze Darstellung charakteristischer Wandlungen der inneren Stadtstrukturen (vor allem des für das japanische Städtewesen bestimmenden Typs der Burgstadt) sowie wichtiger Veränderungen im System der Städtehierarchie und Zentralität. Eine Serie von Karten zur Stadtentwicklung (Verteilung und Größe) sowie Fotos tragen sehr zur Veranschaulichung bei.*Hei

Städtesysteme

BECKMANN, Martin J. und John C. McPHERSON: City size distribution in a central place hierarchy: an alternative approach. Siehe 6.14.

BERRY, Brian J.L.: Cities as systems within systems of cities. In: The Regional Science Association, Papers 13, 1964, S. 147-163.
Versuch einer Verknüpfung theoretischer Ansätze der Stadtgeographie im Rahmen der allgemeinen Systemtheorie. Behandelt Gesetzmäßigkeiten und Theorien, die sich sowohl auf Städtegruppen (Ranggrößenregel und

**6.13
Stadtgeographie /
Stadtforschung**

Raum für Zusätze

Theorie der zentralen Orte) wie auch auf innerstädtische Strukturen (Bevölkerungsdichtegradienten, Faktoren der Stadtgliederung) beziehen. Erhebliche Vorkenntnisse werden vorausgesetzt. *Blo*

BERRY, Brian J.L. und Katherine B. SMITH (Hrsg.): City classification handbook: methods and applications. Siehe 6.11.

BROWN, Lawrence A., John ODLAND und Reginald G. GOLLEDGE: Migration, functional distance, and the urban hierarchy. Siehe 6.4.

▶ CARTER, Harold: Structure and scale in the city system. In: Michael CHISHOLM und Brian RODGERS (Hrsg.): Studies in human geography. London: Heinemann Educational Books 1973. S. 172-202.
Guter einführender Überblick, der drei Aspekte schwerpunktmäßig behandelt: a) theoretische Ansätze (Ranggrößenregel, zentralörtliche Hierarchien), b) Wachstumsvorgänge in Städtesystemen und c) großstädtische Agglomerationen. *Blo*

CURRY, Leslie: The random spatial economy: an exploration in settlement theory. Siehe 6.2.

IBLHER, Peter: Hauptstadt oder Hauptstädte? Die Machtverteilung zwischen den Großstädten der BRD. Opladen: Leske 1970. 138 S. = Analysen 4.
Interessante empirische Arbeit (aus dem Forschungsgebiet der Sozialökologie), mit der zum ersten Mal der Versuch unternommen wurde, Aussagen über die relative Bedeutung westdeutscher Großstädte auf der Basis kommunalstatistischen Materials zu gewinnen. Untersucht wurde die Verteilung wichtiger zentraler Funktionen und ähnlicher Merkmale aus den Bereichen Politik, Wirtschaft, Kultur und Verkehr auf 17 ausgewählte Großstädte. *Hei*

JANELLE, Donald G.: Spatial reorganization: a model and concept. Siehe 6.2.

ROBSON, Brian T.: Urban growth: an approach. Siehe 6.25.

TÖRNQVIST, Gunnar: Contact systems and regional development. Siehe 6.20.

Stadtmodelle

FORRESTER, Jay W.: Urban dynamics. Cambridge, Mass./London: The M.I.T. Press 1969. XIII, 285 S.
Berühmter Entwurf eines Stadtmodells, mit dem FORRESTER seine Methode systemtheoretischer Simulationsmodelle auf ein Stadtgebiet anwendet. Zahlreiche städtische Variable (Wohnungen, Beschäftigungsmerkmale etc.) werden miteinbezogen und durch Rückkoppelungsschleifen zu einem dynamischen Modell verknüpft. *Blo*

KILCHENMANN, André: Stadt- und Regionalmodelle (Seminararbeiten). Siehe 6.2.

NOWAK, Jürgen: Simulation und Stadtentwicklungsplanung. Siehe 7.3.

POPP, W. u.a.: Entwicklung des Planungsmodelles SIARSSY. Siehe 7.1.

REICHENBACH, Ernst: Vergleich von Stadtentwicklungsmodellen. Braunschweig: Institut für Stadtbauwesen 1972. 175 S. = Veröffentlichungen des Instituts für Stadtbauwesen, Technische Universität Braunschweig 10.
Städtebauliche Untersuchung, die die wichtigsten formalisierten Stadtmodelle in ihren Grundzügen referiert und kritisch vergleicht. *Blo*

REIF, Benjamin: Models in urban and regional planning. Siehe 6.2.

6.13
Stadtgeographie/
Stadtforschung

Raum für Zusätze

▶ SAUBERER, Michael: Mathematische Modelle in der Stadtforschung und Stadtplanung. In: Raumforschung und Raumordnung 30, 1972, S. 3-8.
Kurze referierende und kritisch bewertende Darstellung verschiedener Bestimmungen des Modellbegriffs, von Klassifikationsmöglichkeiten und Beispielen unterschiedlicher Modellbildungen, die nicht nur in der Stadtforschung zunehmend an Bedeutung gewinnen, sondern auch wichtige Entscheidungshilfen für die Stadtplanung sein können. Hei

WILSON, Alan G.: Papers in urban and regional analysis. Siehe 6.2.

WILSON, Alan G.: Urban and regional models in geography and planning. Siehe 4.2.

Stadtwirtschaft

BARTELS, Dietrich: Die Bochumer Wirtschaft in ihrem Wandel und ihrer räumlichen Verflechtung. Siehe 6.15.

BOESLER, Klaus-Achim: Die städtischen Funktionen. Ein Beitrag zur allgemeinen Stadtgeographie aufgrund empirischer Untersuchungen in Thüringen. Berlin: Dietrich Reimer 1960. 80 S. = Abhandlungen des (1.) Geographischen Instituts der Freien Universität Berlin 6.
Grundlegende Arbeit zur Systematik städtischer Funktionen, um damit einen Beitrag zur Theorie der Stadtgeographie zu liefern. Unter Funktion versteht der Verfasser 'wirtschaftlich bewertete Tätigkeiten .. die von dem Umfang und der räumlichen Struktur der Nachfrage abhängig sind' (S. 12, 15) und gliedert diese in überregionale, zentralörtliche (= regionale) und Lokalfunktionen. Nach einem ausführlichen theoretischen Teil wird eine Gruppe thüringischer Städte hinsichtlich ihrer Funktionen analysiert und typisiert. Blo

DANIELS, P.W.: Office location. An urban and regional study. Siehe 6.20.

GOODALL, Brian: The economics of urban areas. Siehe 6.15.

HAAS, Hans-Dieter: Industriegeographische Forschung als Grundlage einer städtischen Industrieplanung. Beispiel: Esslingen am Neckar. Siehe 6.19.

HAAS, Hans-Dieter: Wirtschaftsgeographische Faktoren im Gebiet der Stadt Esslingen und deren näherem Umland in ihrer Bedeutung für die Stadtplanung. Siehe 7.3.

HEUER, Hans: Zur empirischen Analyse des städtischen Wirtschaftswachstums. Siehe 6.15.

HEUER, Hans: Sozioökonomische Bestimmungsfaktoren der Stadtentwicklung. Siehe 6.15.

HOTTES, Karlheinz: Köln als Industriestadt. Siehe 6.19.

MONHEIM, Heiner: Zur Attraktivität deutscher Städte. Einflüsse von Ortspräferenzen auf die Standortwahl von Bürobetrieben. Siehe 6.10.

RICHARDSON, Harry W.: Urban economics. Siehe 6.15.

▶ ROHR, Hans-Gottfried von: Die Tertiärisierung citynaher Gewerbegebiete. Verdrängung sekundärer Funktionen aus der inneren Stadt Hamburgs. In: Berichte zur deutschen Landeskunde 46, 1972, S. 29-48.
Interessante Fallstudie, die wichtige Gründe und Erscheinungsformen der 'Unterwanderung' citynaher Gewerbegebiete durch tertiäre Funktionen sowie die Konsequenzen für die Cityausweitung und -entlastung darstellt. Hei

6.13
Stadtgeographie /
Stadtforschung

Raum für Zusätze

SPIEGEL, Erika: Standortverhältnisse und Standorttendenzen in einer Großstadt. Zu einer Untersuchung mittlerer und größerer Betriebe in Hannover. Siehe 6.19.

Standortwahl und Flächenbedarf des tertiären Sektors in der Stadtmitte. Siehe 6.20.

THÜRAUF, Gerhard: Industriestandorte in der Region München. Geographische Aspekte des Wandels industrieller Strukturen. Siehe 6.19.

WOTZKA, Paul: Standortwahl im Einzelhandel. Standortbestimmung und Standortanpassung großstädtischer Einzelhandelsbetriebe. Siehe 6.20.

Städtische Bodenwerte und Bodeneigentumsverhältnisse

HEINRITZ, Günter: Grundbesitzstruktur und Bodenmarkt in Zypern. Eine sozialgeographische Untersuchung junger Entwicklungsprozesse. Siehe 6.12.

KADE, Gunnar und Karl VORLAUFER: Grundstücksmobilität und Bauaktivität im Prozeß des Strukturwandels citynaher Wohngebiete. Beispiel: Frankfurt/M.-Westend. Materialien zur Bodenordnung I. Frankfurt: Seminar für Wirtschaftsgeographie der Universität 1974. 89 S., 7 Karten im Anhang. = Frankfurter Wirtschafts- und Sozialgeographische Schriften 16.
VORLAUFER, Karl: Bodeneigentumsverhältnisse und Bodeneigentümergruppen im Cityerweiterungsgebiet Frankfurt/M.-Westend. Materialien zur Bodenordnung II. Frankfurt: Seminar für Wirtschaftsgeographie der Universität 1975. 166 S., 17 Karten im Anhang. = Frankfurter Wirtschafts- und Sozialgeographische Schriften 18.
Detaillierte sozialgeographische Untersuchung der Bodeneigentumsverhältnisse in Frankfurt-Westend, das in der Nachkriegszeit einen spektakulären Struktur- und Funktionswandel von einem bürgerlichen citynahen Wohnviertel zu einem Ausweitungsgebiet der Frankfurter City durchgemacht hat. Im einzelnen werden untersucht: der Zusammenhang zwischen Eigentumswechsel und Bauaktivität im Zeitraum 1948-1972 (erstes Heft), die Verteilung des Bodens auf die verschiedenen Grundeigentümergruppen im raumzeitlichen Prozeß, die unterschiedlichen Bauaktivitäten der Eigentümergruppen, deren unterschiedliche Verwertungsinteressen sowie die Bedeutung des Kapitaleinsatzes im Prozeß des Strukturwandels (zweites Heft). Fraglich erscheint die im Titel des ersten Heftes postulierte Übertragbarkeit der Ergebnisse. Blo

MAI, Ulrich: Städtische Bodenwerte und ökonomische Raumstrukturen. Erläuterungen zu einer Bodenwertkarte der Stadt Bielefeld. In: Geographische Rundschau 27, 1975, S. 293-302.
Knappe Erörterung der räumlichen Verteilung der Grundstückspreise im Stadtgebiet von Bielefeld als Indikator für räumliche Strukturen. Nach der Vorstellung der amtlichen Bodenrichtwertkarte von 1973 werden die verschiedenen Nutzungsformen und deren Standortbedingungen untersucht. Schließlich wird das zentral-periphere Bodenwertgefälle auf ein Modell konzentrischer Nutzungsringe zurückgeführt und die Entwicklung der Bodenpreise seit 1963 betrachtet. Blo

POLENSKY, Thomas: Die Bodenpreise in Stadt und Region München. Räumliche Strukturen und Prozeßabläufe. Kallmünz/Regensburg: Michael Lassleben 1974. 100 S. = Münchner Studien zur Sozial- und Wirtschaftsgeographie 10.
Umfassende Analyse des räumlichen Bodenpreisgefüges innerhalb der Stadtregion München. Nach einem Vergleich mit der Bodenpreisentwicklung in anderen westdeutschen Großstädten stehen die Veränderungen der kleinräumigen Bodenpreisdifferenzierungen innerhalb des Stadtgebietes im Mittelpunkt der Untersuchung. Im Ergebnis werden als Zonen größter Steigerung einerseits der Citykern und andererseits der Stadtrand hervorgehoben und diese Differenzierungen auf regional unter-

6.13
Stadtgeographie /
Stadtforschung

Raum für Zusätze

schiedliche Bewertungsmuster sozialer Gruppen zurückgeführt. Zahlreiche anschauliche Farbkarten.   Blo

Stadtverkehr

BUCHANAN, Colin D.: Traffic in towns. Verkehr in Städten. Siehe 7.3.

HEIDEMANN, Claus: Gesetzmäßigkeiten städtischen Fußgängerverkehrs. Siehe 6.21.

Die Kernstadt und ihre strukturgerechte Verkehrsbedienung. Siehe 6.2

MENKE, Rudolf: Stadtverkehrsplanung. Siehe 7.3.

MONHEIM, Rolf: Fußgänger und Fußgängerstraßen in Düsseldorf. Zur Feld arbeit im Geographieunterricht. In: Geographische Rundschau, Beiheft 3, 1973, S. 56-64.
Knapper Erfahrungs- und Ergebnisbericht über mit Schülern und Studenten in der Düsseldorfer Altstadt durchgeführte Untersuchungen, die nicht nur quantitative und qualitative Passantenerhebungen, sondern vor allem auch die Ermittlung der Wege und Kontakte der Passanten ('räumliches Passantenverhalten') umfassen. Der Aufsatz gibt vielseitige Anregungen für die Durchführung ähnlicher Feldarbeiten nicht nu. im Geographieunterricht der Sekundarstufe II, sondern auch in Gelände praktika an der Hochschule. Gute kartographische Darstellungen.   He.

MONHEIM, Rolf: Fußgängerbereiche. Bestand und Entwicklung. Siehe 7.3.

PETZOLDT, Heinrich: Innenstadt-Fußgängerverkehr. Räumliche Verteilung und funktionale Begründung am Beispiel der Nürnberger Altstadt. Siehe 6.21.

RÖCK, Werner: Interdependenzen zwischen Städtebaukonzeptionen und Verkehrssystemen. Siehe 7.3.

Methoden und Beispiele innerstädtischer Gliederung

ABELE, Gerhard und Adolf LEIDLMAIR: Karlsruhe. Studien zur innerstädtischen Gliederung und Viertelsbildung. Karlsruhe: Geographisches Institut der Universität 1972. 76 S., 9 Kartenbeilagen. = Karlsruher Geographische Hefte 3.
Nach einer allgemeinen Einführung in die Stadtentwicklung von Karlsruhe wird zunächst die innerstädtische Differenzierung hinsichtlich einiger demographisch-sozialer Merkmale beschrieben, jedoch bildet die Erfassung des Hauptgeschäftszentrums und der Nebenzentren nach 'Geschäftsdichtestufen' den Kern der Untersuchung. Neben der methodisch beachtenswerten Zentrenuntersuchung verdient die aufwendige Farbkartographie besondere Erwähnung, insbesondere die interessante Darstellung der funktionalen Gebäudekartierung.   Blo

BRAUN, Peter: Die sozialräumliche Gliederung Hamburgs. Göttingen: Vandenhoeck & Ruprecht 1968. 206 S. = Weltwirtschaftliche Studien 10.
Auf der Basis der kleinräumigen Verteilung statistischer Berufsgruppen (Volkszählungsergebnisse 1961) wird eine Typisierung nach der beruflich-sozialen Zusammensetzung der Erwerbsbevölkerung in 13 Stufen vorgenommen und das Hamburger Stadtgebiet nach diesen Strukturtypen gegliedert. Daran anknüpfend werden sämtliche Stadtviertel einzeln charakterisiert und die sozialstrukturellen Merkmale mit genetischen und städtebaulich-physiognomischen Aspekten verknüpft. Eine große Farbkarte, die das Gliederungsergebnis zeigt, ist beigegeben.
Blo

GANSER, Karl: Sozialgeographische Gliederung der Stadt München aufgrund der Verhaltensweisen der Bevölkerung bei politischen Wahlen. Siehe 6.5.

6.13
Stadtgeographie /
Stadtforschung

Raum für Zusätze

Die Gliederung des Stadtgebietes. Hannover: Gebrüder Jänecke 1968. VII, 232 S. = Veröffentlichungen der Akademie für Raumforschung und Landesplanung, Forschungs- und Sitzungsberichte 42.
Interdisziplinärer Sammelband mit 12 Einzelbeiträgen aus den Bereichen Städtebau, Stadtgeographie und Städtestatistik, die sich mit unterschiedlichen Ansätzen den differenzierten Möglichkeiten und Problemen der kleinräumigen Stadtgliederung als Hilfsmittel für die städtebauliche Bestandsaufnahme bzw. für Statistik, Stadtplanung und vergleichende Stadtforschung widmen. Von besonderer Bedeutung ist die in dem Beitrag 'Hierarchische Gliederung des Stadtgebietes' von H. HOLLMANN vorgenommene Zusammenfassung und Gesamtwertung der Einzelergebnisse. Hei

GODDARD, J.B.: Functional regions within the city centre: a study by factor analysis of taxi flows in Central London. In: Institute of British Geographers, Transactions 49, 1970, S. 161-182.
In dieser knappen, aber wichtigen Studie wird das Problem der Messung der Interdependenzen zwischen Regelhaftigkeiten von komplexen Bewegungen und der Standortverteilung von 'Aktivitäten' in einem 'metropolitan centre' untersucht. Als Indikator der vielseitigen funktionellen Verbindungen in Zentral-London wurden Taxibewegungen analysiert, wobei mit Hilfe der Korrelations- und Faktorenanalyse die zugrunde liegende Struktur des Systems der Taxibewegungen bestimmt und räumlich gegliedert wurde. Der Vergleich der somit gewonnenen 5 funktionellen 'Regionen' mit einer gewöhnlichen strukturellen Gliederung ergab eine grundsätzliche Übereinstimmung zwischen derartigen Regionalisierungen. Hei

KANT, Edgar: Zur Frage der inneren Gliederung der Stadt, insbesondere der Abgrenzung des Stadtkerns mit Hilfe bevölkerungskartographischer Methoden. In: Proceedings of the IGU Symposium in urban geography Lund 1960. Lund: Gleerup 1962. = Lund Studies in Geography, Serie B, Nr. 24. Auszug auch in: Peter SCHÖLLER (Hrsg.): Allgemeine Stadtgeographie. Darmstadt: Wissenschaftliche Buchgesellschaft 1969. S. 360-378. = Wege der Forschung 181.
Knapper Forschungsbericht über verschiedene Methoden der innerstädtischen Gliederung, der zugleich einen guten Überblick über die (ältere) Literatur zu diesem Problem bietet. Gute Bibliographie. Blo

NIEMEIER, Georg: Braunschweig. Soziale Schichtung und sozialräumliche Gliederung einer Großstadt. In: Raumforschung und Raumordnung 27, 1969, S. 193-209.
Darstellung von Grundüberlegungen zum Problem der innerstädtischen sozialräumlichen Gliederung, des Ablaufs einer recht pragmatischen (mit Studentengruppen) durchgeführten Untersuchung (sehr arbeitsaufwendige Auswertungen von Volkszählungsunterlagen, Test- und ergänzende Befragungen sowie Kartierungen) und der damit erzielten 'Sozialschichtung' der Bevölkerung und der anschließenden sozialräumlichen Gliederung des Stadtgebietes. Die Einordnung der Haushalte in die ermittelten 5 Sozialschichten erfolgte aufgrund der teilweise empirisch schwer zu ermittelnden Kriterien: Stellung des Haushaltsvorstandes im Beruf, wirtschaftliche Verhältnisse und 'geistig-kulturelles Niveau'. Der Aufsatz ist durchaus als Einführung in die Problemstellung geeignet, wenngleich berücksichtigt werden muß, daß eine Diskussion wichtiger Begriffe ('soziale Schicht', 'soziale Gruppe', 'sozialräumliche Gliederung' etc.) ausgeklammert wird. Hei

REES, Philip H.: Concepts of social space: toward an urban social geography. Siehe 6.2.

ROBSON, Brian: A view on the urban scene. In: Michael CHISHOLM und Brian RODGERS (Hrsg.): Studies in human geography. London: Heinemann Educational Books 1973. S. 203-241.
Guter Forschungsbericht zur Stadtgeographie in der Perspektive der Sozialökologie. Ausgehend von der klassischen Sozialökologie der

6.13
Stadtgeographie /
Stadtforschung

Raum für Zusätze

Chicagoer Schule (BURGESS) wird die Weiterentwicklung während der sechziger Jahre durch die Anwendung faktorenanalytischer Verfahren besonders herausgestellt und auf die darauf aufbauenden einzelnen Zweige eingegangen. Schließlich wird das Verhältnis zwischen ökologischer Aggregierung und den Einzelhaushalten diskutiert. Betont die engen Verbindungen zwischen Stadtgeographie und Stadtsoziologie, die im Rahmen einer übergreifenden 'urban ecology' zusammenarbeiten.
Zahlreiche (meist englischsprachige) Literaturhinweise.   Blo

SCHAFFER, Franz: Sozialgeographische Probleme des Strukturwandels einer Bergbaustadt: Beispiel Penzberg/Obb. In: Deutscher Geographentag Kiel 1969. Tagungsbericht und wissenschaftliche Abhandlungen. Wiesbaden: Franz Steiner 1970. S. 313-325. = Verhandlungen des Deutschen Geographentages 37.
Sozialgeographische Fallstudie einer durch eine plötzliche Bergwerksstillegung betroffenen Kleinstadt. Betrachtet werden u.a. der Grundstücksmarkt, das Sozial- und Berufsgruppengefüge, die Arbeitsplatzentwicklung sowie die Mobilität, wobei die Fragestellung in erster Linie auf kleinräumige Differenzierungen und Typisierungen zielt, die in mehreren großen Karten veranschaulicht werden.   Blo

Die Innenstadt: City, Stadtkern, Central Business District

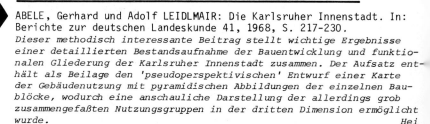ABELE, Gerhard und Adolf LEIDLMAIR: Die Karlsruher Innenstadt. In: Berichte zur deutschen Landeskunde 41, 1968, S. 217-230.
Dieser methodisch interessante Beitrag stellt wichtige Ergebnisse einer detaillierten Bestandsaufnahme der Bauentwicklung und funktionalen Gliederung der Karlsruher Innenstadt zusammen. Der Aufsatz enthält als Beilage den 'pseudoperspektivischen' Entwurf einer Karte der Gebäudenutzung mit pyramidischen Abbildungen der einzelnen Baublöcke, wodurch eine anschauliche Darstellung der allerdings grob zusammengefaßten Nutzungsgruppen in der dritten Dimension ermöglicht wurde.   Hei

DUCKERT, Winfried: Die Stadtmitte als Stadtzentrum und Stadtkern. Funktionale und physiognomische Aspekte ihrer Nutzung am Beispiel von Darmstadt. In: Die Erde 99, 1968, S. 209-235.
Konzentrierte Darstellung der Ergebnisse einer detaillierten empirischen Untersuchung, mit der eine quantitativ-normative Erfassung, Abgrenzung und Analyse der Stadtmitte, unter besonderer Berücksichtigung des Problems der kleinsten Erhebungseinheiten, angestrebt wurde. Gut als Einführung in die differenzierte Problematik physiognomischer und funktionaler Stadtkernanalysen geeignet.   Hei

GAD, Günter: Büros im Stadtzentrum von Nürnberg. Ein Beitrag zur City-Forschung. Siehe 6.20.

GODDARD, J.B.: Office linkages and location. A study of communications and spatial patterns in Central London. Siehe 6.20.

KLÖPPER, Rudolf: Der Stadtkern als Stadtteil, ein methodologischer Versuch zur Abgrenzung und Stufung von Stadtteilen am Beispiel von Mainz. In: Berichte zur deutschen Landeskunde 27, 1961, S. 150-162. Auch in: Proceedings of the IGU Symposium in Urban Geography Lund 1960. Lund: Gleerup 1962. S. 535-553. = Lund Studies in Geography, Serie B, Nr. 24.
Methodisch interessanter, wenn auch teilweise umstrittener Beitrag. Zum einen diente die Bewertung von Nutzungsarten nach ihrer Eignung oder Nicht-Eignung für Citystandorte der Gliederung und Abgrenzung des funktionalen Stadtkerns. Zum andern wurden für einen überörtlichen Stadtkernvergleich ökonomisch bestimmte Spezialisierungsreihen verwandter Geschäftsbranchen entwickelt, wobei allerdings das differenzierte Angebot an Dienstleistungen zur Bestimmung der Rangordnung innerstädtischer Hauptgeschäftszentren völlig vernachlässigt wurde.   Hei

6.13
Stadtgeographie /
Stadtforschung

Raum für Zusätze

▶ LICHTENBERGER, Elisabeth: Ökonomische und nichtökonomische Variablen kontinentaleuropäischer Citybildung. In: Die Erde 103, 1972, S. 216-262.
Wichtiger, im wesentlichen phänomenologisch-typologisch ausgerichteter stadtgeographischer Beitrag, in dem - vor allem aufgrund detaillierter Untersuchungen in Wien - wichtige Merkmale und Faktoren der Citybildung im kontinentalen West- und Mitteleuropa zusammengefaßt und bewertet werden. Die Studie ist besonders wegen der Herausarbeitung von Regelhaftigkeiten der Standortdifferenzierungen (großstädtischer) Funktionen innerhalb der Wachstumsprozesse kontinentaleuropäischer Cities von grundsätzlicher Bedeutung. Hei

LICHTENBERGER, Elisabeth: Die Wiener City. Bauplan und jüngste Entwicklungstendenzen. In: Mitteilungen der Österreichischen Geographischen Gesellschaft 114, 1972, S. 42-85.
Methodisch interessanter Beitrag zur geographischen 'Stadtkernforschung', der an frühere umfassendere Arbeiten der Verfasserin anknüpft und einen wichtigen Teilaspekt behandelt: den modernen 'Umbauprozeß der City, der gegenwärtig in Richtung auf eine zunehmende Dominanz des quartären Sektors der Wirtschaft zielt'. Die Prüfung dieser Arbeitshypothese erfolgt mittels zweier 'Querschnittserhebungen' (1963 und 1968). Das Schwergewicht der Erhebungen und der Darstellung bildet die Feststellung der Standortveränderungen von Betrieben (bzw. wichtigen Betriebszweigen), wobei die City in 'Viertel charakteristischer Mengung von Betriebsstätten' gegliedert wird. Hei

MONHEIM, Rolf: Fußgängerbereiche. Bestand und Entwicklung. Siehe 7.3.

MURPHY, Raymond E.: The central business district. London: Longman 1971. 193 S.
Umfassende, dabei relativ leicht verständlich formulierte zusammenfassende Darstellung von Methoden, Problemen und wichtigen Ergebnissen der Analyse städtischer Geschäftszentren vor allem US-amerikanischer Prägung. Die ersten Kapitel basieren weithin auf den älteren 'klassischen' Studien von R.E. MURPHY und J.E. VANCE über Abgrenzung und Vergleich von CBDs (Central Business Districts) in den USA, die 1954 in der Zeitschrift 'Economic Geography' erschienen ('Delimiting the CBD' S. 189-222 und 'A comparative study of nine central business districts' S. 301-336). Behandelt werden außerdem die Ergebnisse anderer wichtiger englischsprachiger CBD-Studien (z.B. von D.H. DAVIES über Kapstadt oder von P. SCOTT über den australischen CBD) sowie allgemeine Struktur- und Verflechtungsmerkmale und Entwicklungsprobleme. Hei

▶ NIEMEIER, Georg: Citykern und City. In: Erdkunde 23, 1969, S. 290-306.
Dieser Beitrag, der vor allem auf den differenzierten und teilweise kartographisch dargestellten Ergebnissen empirischer Untersuchungen in Braunschweig basiert, diskutiert eingehend die Problematik der begrifflichen Fassung und räumlichen Abgrenzung von City und Citykern sowie verwandter funktioneller Raumkategorien (Stadtkern, CBD etc.). Die Kartierung der Merkmale Arbeitsstättenstruktur, Verhältnis Tag-/Nachtbevölkerung und Bodenwerte wird vom Verfasser als geeignetstes empirisches Verfahren zur Erfassung einer City herausgestellt. Hei

SOLDNER, Helmut: Die City als Einkaufszentrum im Wandel von Wirtschaft und Gesellschaft. Siehe 6.20.

STÖBER, Gerhard: Das Standortgefüge der Großstadtmitte. Siehe 6.20.

TAUBMANN, Wolfgang: Die Innenstadt von Århus. I. Innere Gliederung aufgrund der Flächennutzung. In: Kulturgeografi 110, 1969, S. 333-366.
In dieser knappen, methodisch interessanten Fallstudie, die ausge-

6.13
Stadtgeographie /
Stadtforschung

Raum für Zusätze

zeichnetes kommunalstatistisches Erhebungsmaterial nutzen konnte, wird versucht, das Problem der Erfassung und Abgrenzung der inneren Differenzierung von Innenstadtgebieten durch Anwendung des PALschen Konzentrationsindexes, d.h. durch Konzentrationsmessung in der sekto riellen Dimension ('zentrales Etagenareal' in v.H. des gesamten Etagenareals) und in der räumlichen Dimension (zentrales Etagenareal : Grundetagenareal) zu lösen.
Hei

Empirische Untersuchungen von Geschäftszentren und Geschäftsstraßen

ABELE, Gerhard und Klaus WOLF: Methoden zur Abgrenzung und inneren Differenzierung verschiedenrangiger Geschäftszentren. In: Berichte zur deutschen Landeskunde 40, 1968, S. 238-252.
Knappe Darstellung zweier methodischer Ansätze zur empirischen Geschäftszentrenanalyse: Als Indikator für die Ausdehnung und den Rang der Geschäftszentren einer mittleren Großstadt (Karlsruhe) diente die horizontale und vertikale Häufung von Geschäftsstockwerten (G. ABELE, Eine Rangordnung verschiedener Städte in der BRD sollte mit Hilfe der empirischen Ermittlung bzw. Auswertung der geschoßweisen Raumnutzung, bezogen auf Gebäudelängen, in den jeweils 'höchstwertigen Geschäftsgebieten' vorgenommen werden (K. WOLF).
Hei

AUST, Bruno: Stadtgeographie ausgewählter Sekundärzentren in Berlin (West). Berlin: Dietrich Reimer 1970. 151 S. und Tabellen-, Bilder- und Kartenanhang. = Abhandlungen des 1. Geographischen Instituts der Freien Universität Berlin 16.
Interessante vergleichende Zentrenanalyse dreier Subzentren, mit der neben der - allerdings nur wenig differenzierten - Darstellung der funktionalen Ausstattungen auch versucht wurde, die Verteilung der Arbeits- und Wohnbevölkerung, der Dichte und Frequenz des Fußgängerverkehrs sowie die (mittels verschiedener Auswahlverfahren erfaßten) Reichweiten ('Hinterländer') und hierarchischen Stufungen der Zentren mitzuberücksichtigen.
Hei

BÖKEMANN, Dieter: Das innerstädtische Zentralitätsgefüge, dargestellt am Beispiel der Stadt Karlsruhe. Siehe 6.14.

CAROL, Hans: The hierarchy of central functions within the city. Siehe 6.14.

DAHLKE, Jürgen: Die Intensität der Anzeigenwerbung als Kriterium der Geschäftsgebietsdifferenzierung am Beispiel von Freiburg i.Br. Siehe 6.20.

HOMMEL, Manfred: Zentrenausrichtung in mehrkernigen Verdichtungsräumen an Beispielen aus dem rheinisch-westfälischen Industriegebiet. Siehe 6.14.

HÜBSCHMANN, Eberhard W.: Die Zeil. Sozialgeographische Studien über eine Straße. Siehe 6.25.

Institute of British Geographers (Hrsg.): The retail structure of cities. Siehe 6.20.

KREMER, Arnold: Die Lokalisation des Einzelhandels in Köln und seinen Nachbarorten. Siehe 6.20.

LICHTENBERGER, Elisabeth: Die Geschäftsstraßen Wiens. Eine statistisch-physiognomische Analyse. In: Mitteilungen der Österreichischen Geographischen Gesellschaft 105, 1963, S. 463-504.
Gutes Beispiel empirischer Geschäftszentrenanalysen. Nach einer kurzen Einführung in die 'allgemeine Charakteristik des Wiener Geschäftslebens' werden 27 Geschäftsstraßen nach 2 Methoden untersucht: 1) durch die Erfassung der Schaufensterlänge und Errechnung einer Schaufensterindexes als Maß für die Nutzungsintensität und 2) durch die

6.13
Stadtgeographie /
Stadtforschung

Raum für Zusätze

Zuordnung der Geschäfte zu Konsumgruppen. Daraufhin wird eine Typisierung der Geschäftsstraßen vorgenommen und die räumliche Struktur und Dynamik der verschiedenen Geschäftsviertel herausgearbeitet. Zur Erklärung der räumlichen Strukturen wird dabei die Bedeutung historischer Faktoren betont. Zahlreiche interessante Diagrammdarstellungen.
Blo

► LICHTENBERGER, Elisabeth: Die Differenzierung des Geschäftslebens im zentralörtlichen System am Beispiel der österreichischen Städte. In: Deutscher Geographentag Bad Godesberg 1967. Tagungsbericht und wissenschaftliche Abhandlungen. Wiesbaden: Franz Steiner 1969. S. 229-242. = Verhandlungen des Deutschen Geographentages 36.
Knappe Erläuterung der von der Verfasserin bereits 1963 (siehe oben) ausführlicher dargelegten 'physiognomisch-statistischen Methode' zur Geschäftsstraßenanalyse in Städten verschiedener Größenordnung und kurze Darstellung der Ergebnisse von empirischen Vergleichsuntersuchungen. Aus der Erhebung von Schaufensterlänge, Warensortiment, Alter und Aufmachung der Geschäftsportale sowie der Zusammenfassung zu Schaufensterindizes, Konsumgruppen und historischen Ausstattungstypen werden physiognomische Rangordnungen, Entwicklungs- und Funktionstypen von Geschäftsstraßen entwickelt.
Hei

ORGEIG, Hans Dieter: Der Einzelhandel in den Cities von Duisburg, Düsseldorf, Köln und Bonn. Siehe 6.20.

SEDLACEK, Peter: Zum Problem intraurbaner Zentralorte, dargestellt am Beispiel der Stadt Münster. Siehe 6.14.

TOEPFER, Helmuth: Die Bonner Geschäftsstraßen. Räumliche Anordnung, Entwicklung und Typisierung der Geschäftskonzentrationen. Siehe 6.20.

WOLF, Klaus: Geschäftszentren. Nutzung und Intensität als Maß städtischer Größenordnung. Ein empirisch-methodischer Vergleich von 15 Städten der Bundesrepublik Deutschland. Frankfurt: Waldemar Kramer 1971. 250 S. = Rhein-Mainische Forschungen 72.
Diese empirisch breit angelegte, textlich jedoch relativ knapp gefaßte Geschäftszentrenanalyse repräsentiert einen der jüngeren Ansätze zur Entwicklung quantitativer Modellvorstellungen in der deutschsprachigen Stadtgeographie. Neben der Darstellung räumlicher Verteilungsmuster ausgewählter (z.T. sehr heterogener) Nutzungsgruppen und der Entwicklung eines Intensitätsmodells der wichtigsten Geschäftsgebietsnutzungen erfolgt - als Hauptziel der Untersuchung - die Gewichtung des jeweiligen 'höchstwertigen Geschäftsgebietes' mit Hilfe eines speziellen Indexes ('Geschäftsgebietskennziffer'), der zugleich als Maß städtischer Größenordnung in der BRD dient.
Hei

Stadtbevölkerung

BERRY, Brian J.L., James W. SIMMONS und Robert J. TENNANT: Urban population densities: structure and change. Siehe 6.4.

BÖHM, Hans, Franz-Josef KEMPER und Wolfgang KULS: Studien über Wanderungsvorgänge im innerstädtischen Bereich am Beispiel von Bonn. Siehe 6.4.

NEWLING, Bruce E.: Urban growth and spatial structure: mathematical models and empirical evidence. In: Geographical Review 56, 1966, S. 213-225.
Geostatistische Analyse innerstädtischer Bevölkerungsdichteverteilungen mit Hilfe von Distanzabnahmefunktionen, insb. den häufig gebrauchten negativen Exponentialfunktionen zur Basis e. An verschiedenen amerikanischen Beispielen (insb. Kingston, Jam., und Pittsburgh) wird die Aussagekraft dieses Beschreibungsmodells für verschiedene Fragestellungen, wie z.B. für Wachstumsprozesse, anschaulich vorgeführt.
Blo

6.13 Stadtgeographie / Stadtforschung

PALOTÁS, Zoltán: Die Tagbevölkerung der Siedlungen. Siehe 6.4.

Städtisches Leben

BUCHHOLZ, Hanns Jürgen: Formen städtischen Lebens im Ruhrgebiet, untersucht an sechs stadtgeographischen Beispielen. Paderborn: Ferdinand Schöningh 1970. 87 S. = Bochumer Geographische Arbeiten 8.
Methodisch interessante Untersuchung, in der unterschiedliche städtische 'Lebensformen' in 6 ausgewählten Wohngebieten (in Essen, Dortmund, Duisburg, Marl und Oer-Erkenschwick) nach den Kriterien Berufsdifferenzierung, Wohnformen, Versorgung, Pendelwanderung, Wanderungsmobilität und Seßhaftigkeit, soziale Mobilität und Wahlverhalten analysiert und vergleichend bewertet werden. He

BUCHHOLZ, Hanns Jürgen: Die Wohn- und Siedlungskonzentration in Hong Kong als Beispiel einer extremen städtischen Verdichtung. Siehe 6.4.

HAMM, Bernd: Betrifft: Nachbarschaft. Verständigung über Inhalt und Gebrauch eines vieldeutigen Begriffs. Düsseldorf: Bertelsmann Fachverlag 1973. 133 S. = Bauwelt Fundamente 40.
Ausgezeichnetes Resümee der umfangreichen soziologischen Nachbarschaftsforschung. Nach einer knappen begrifflichen Einleitung wird zunächst ein Überblick über die Entwicklung des Nachbarschaftsgedankens als 'Nachbarschaftsideologie' gegeben, wobei der Autor insbesondere auf die Zusammenhänge zur Stadtkritik der Jahrzehnte um 1900 eingeht. Der nächste Teil enthält eine Zusammenfassung empirischer Ergebnisse der Nachbarschaftsforschung, die aus soziologischer Sicht systematisiert und als Ansätze einer 'Raum-Verhalten-Theorie' angesehen werden. Im 4. Teil geht der Autor abschließend auf das Nachbarschaftskonzept in der heutigen Stadtplanung ein. Blo

▶ JACOBS, Jane: The death and life of great American cities. New York: Random House 1961. Gekürzte deutsche Übersetzung unter dem Titel: Tod und Leben großer amerikanischer Städte. Berlin/Frankfurt/Wien: Ullstein 1963. Neuauflage Braunschweig: Vieweg 1976. 221 S. = Bauwelt Fundamente 4.
Lebendig geschriebene, engagierte Auseinandersetzung mit den beherrschenden Leitvorstellungen von Städtebau und Stadtplanung (insb. der fünfziger Jahre), basierend auf einer scharfsinnigen Analyse des 'Funktionierens' der Städte, die zahlreiche wichtige, jedoch bis dahin vielfach vernachlässigte Aspekte des städtischen Lebens in die Stadtplanungsdiskussion einbrachte. In ihrem weithin beachteten und diskutierten Buch setzt sich die Autorin insbesondere für eine Mannigfaltigkeit und Verdichtung von Nutzungen und Bausubstanz ein (entgegen den Lehrsätzen des funktionalistischen Städtebaus) und gibt zugleich eine anschauliche, wenn auch bisweilen überspitzte Schilderung nordamerikanischer Großstadtprobleme, die freilich nur teilweise auf europäische Verhältnisse übertragbar erscheinen. Blo

KLAGES, Helmut: Der Nachbarschaftsgedanke und die nachbarliche Wirklichkeit in der Großstadt. 2. Aufl. Stuttgart: Kohlhammer 1968 (^{1}1958) 211 S. = Schriftenreihe des Vereins für Kommunalwissenschaften 20.
Wichtige soziologische Untersuchung zur Kritik des städtebaulichen Nachbarschaftskonzepts und zur empirischen Erfassung von Nachbarschaftskontakten in Großstädten. Im ersten Teil wird zunächst eine knappe Darstellung der Konzeption und Fortentwicklung des Nachbarschaftsgedankens (insb. in den USA durch PARK, BURGESS, McKENZIE und PERRY) gegeben. Dann folgen zwei empirische Teile: 1) Untersuchung von zwei Hamburger Siedlungen (gebaut um 1920) hinsichtlich der Ausprägung nachbarschaftlicher Beziehungen im Sinne des Konzepts, 2) ausführlicher Bericht über empirische Untersuchungen in verschiedenen Wohngebieten von Dortmund mit dem Ziel einer differenzierten Erfassung der wirklich vorhandenen Nachbarschaftskontakte. Blo

RUPPERT, Karl und Franz SCHAFFER: Sozialgeographische Aspekte urba-

6.13
Stadtgeographie /
Stadtforschung

Raum für Zusätze

nisierter Lebensformen. Siehe 6.2.

Studenten in Marburg. Sozialgeographische Beiträge zum Wohn- und Migrationsverhalten in einer mittelgroßen Universitätsstadt. Siehe 6.7.

Ghettos und Slums

BLENCK, Jürgen: Slums und Slumsanierung in Indien. Siehe 7.6.

BUNGE, William: Fitzgerald: geography of a revolution. Siehe 6.2.

DESAI, A.R. und S.D. PILLAI (Hrsg.): Slums and urbanization. Siehe 7.6.

MORRILL, Richard L. und Ernest H. WOHLENBERG: The geography of poverty in the United States. Siehe 6.2.

NICKEL, Herbert J.: Unterentwicklung als Marginalität in Lateinamerika. Einführung und Bibliographie zu einem lateinamerikanischen Thema.
NICKEL, Herbert J.: Marginalität und Urbanisierung in Lateinamerika. Eine thematische Herausforderung auch an die politische Geographie. Siehe 7.6.

ROSE, Harold M. (Hrsg.): Geography of the ghetto. Perceptions, problems, and alternatives. Siehe 6.2.

Wohngebiete und Wohnverhalten

BRAUN, Axel: Hamburg-Uhlenhorst. Entwicklung und Sozialstruktur eines citynahen Wohnquartiers. Hamburg: Geographische Gesellschaft 1972. 194 S. und Kartenanhang. = Mitteilungen der Geographischen Gesellschaft in Hamburg 59.
Gründliche genetische, dabei sozialgeographisch orientierte Untersuchung eines Hamburger Stadtteils, die sich vor allem durch den Versuch einer Herausarbeitung von Zusammenhängen zwischen Gebäudetypen und Sozialstruktur im zeitlichen Vergleich auszeichnet. Gute Farbkartographie.
Hei

DITTRICH, Gerhard G. (Hrsg.): Sozialplanung. Siehe 7.3.

HERLYN, Ulfert: Wohnen im Hochhaus. Eine empirisch-soziologische Untersuchung in ausgewählten Hochhäusern der Städte München, Stuttgart, Hamburg und Wolfsburg. Stuttgart/Bern: Karl Krämer 1970. 275 S. = Beiträge zur Umweltplanung.
Gründliche soziologische Untersuchung der hochhausspezifischen Einflüsse auf die soziale Situation der Bewohner. Nach einer Einführung in allgemein-soziologische Aspekte des Wohnens und einem interessanten Exkurs 'Zum Verhältnis von gebauter Umwelt und sozialem Handeln im Wohnbereich' wird über Fragestellungen, Durchführung und Ergebnisse einer Befragung berichtet (vgl. Titel). Dabei werden insbesondere Wohnzufriedenheit und Wohnwünsche, die nachbarliche Kommunikationsstruktur sowie die besonderen Wohnprobleme von Familien mit Kindern behandelt. Im Ergebnis wendet sich HERLYN gegen eine pauschale Ablehnung des Wohnhochhauses und skizziert kurz Empfehlungen zur baulichen Gestaltung und zur Bewohnerstruktur.
Blo

HOLZNER, Lutz: Sozialsegregation und Wohnviertelsbildung in amerikanischen Städten: dargestellt am Beispiel Milwaukee, Wisconsin. In: Räumliche und zeitliche Bewegungen. Methodische und regionale Beiträge zur Erfassung komplexer Räume (Festschrift Walter GERLING). Hrsg. v. Gerhard BRAUN. Würzburg: Geographisches Institut der Universität 1972. S. 153-182. = Würzburger Geographische Arbeiten 37.
Kurze Darstellung der modernen Entwicklungsunterschiede zwischen

6.13
Stadtgeographie /
Stadtforschung

Raum für Zusätze

Kernstadt und Außenzonen nordamerikanischer Stadtregionen am Beispie
von Milwaukee, illustriert durch zahlreiche Karten und ein generali-
siertes Stadtgliederungsmodell. Zur ersten Orientierung geeignet. B.

IBLHER, Gundel: Wohnwertgefälle als Ursache kleinräumiger Wanderunge
untersucht am Beispiel der Stadt Zürich. Siehe 6.4.

JOHNSTON, R.J.: Urban residential patterns. An introductory review.
London: Bell 1971. 383 S.
*Umfassend angelegter Literaturbericht, der systematisch, in Form ei-
ner lehrbuchartigen Darstellung, die Ergebnisse bzw. die sozialwissenschaftlich orientierten geographischen Ansätze in der englischsprachigen Literatur bis 1970 zum Problemkreis 'räumliche Differenzierungen des Wohnens und Wohnverhaltens' zusammenfaßt und kritisch
wertet.*
He

SCHÄFERS, Bernhard: Bodenbesitz und Bodennutzung in der Großstadt.
Eine empirisch-soziologische Untersuchung am Beispiel Münster. Biele
feld: Bertelsmann Universitätsverlag 1968. 138 S. = Beiträge zur Rau
planung 4.
*Analyse wichtiger soziologisch - und größtenteils auch sozialgeogra-
phisch - relevanter direkter und indirekter bodenbezogener Handlungs
und Motivationssysteme mit besonderer Berücksichtigung der 'sozialen
Determinanten' Grundstücks-, Haus- und Gartenbesitz in der Großstadt
Interessant ist nicht nur die Darstellung des theoretischen Bezugs-
rahmens, sondern auch der empirische Ansatz: Grundlage bildete eine
zweistufige Stichprobe (653 Befragte), wobei das gesamte Stadtgebiet
Münsters unter Berücksichtigung unterschiedlicher Wohn- und Siedlung
formen zunächst in Wohnviertel eingeteilt wurde. Die statistische
Aufbereitung der fast ausschließlich qualitativen Variablen erfolgte
größtenteils mittels eines Signifikanztests (Chi-Quadrat). Die dadurch ermittelten zahlreichen einfachen Zusammenhänge zwischen den
Sozial-, Besitz- und Verhaltensmustern ergeben interessante Einzeler
gebnisse.*
He

SCHAFFER, Franz: Untersuchungen zur sozialgeographischen Situation
und regionalen Mobilität in neuen Großwohngebieten am Beispiel Ulm-
Eselsberg. Kallmünz/Regensburg: Michael Lassleben 1968. 150 S. und
28 Karten im Anhang. = Münchner Geographische Hefte 32.
*Paradigmatische Untersuchung eines Stadtviertels entsprechend der so
'Münchner Konzeption' der Sozialgeographie (HARTKE, RUPPERT, SCHAFFE
Basierend auf umfangreichem empirischen Datenmaterial (Befragung,
städtische Statistiken) werden behandelt: 1) die Struktur der Wohnun
gen, 2) die räumliche Verteilung der 'Sozialgruppen' (d.h. der nach
Sozialschichten gebildeten Berufsgruppen), 3) Wanderungsvorgänge und
ihre Auswirkungen sowie 4) die 'Lebensform' der Sozialgruppen, unter
sucht an der Wirtschafts- und Erwerbstätigkeit und am Wahlverhalten
der Bevölkerung. Hervorzuheben sind ferner der Abdruck des Fragebogens sowie der umfangreiche kartographische Anhang, der die breite
statistische Untermauerung durch zahlreiche Kartogramme auf Zählbezirksbasis dokumentiert.*
Blo

▶ SCHAFFER, Franz: Prozeßhafte Perspektiven sozialgeographischer Stadtforschung - erläutert am Beispiel von Mobilitätserscheinungen. In:
Zum Standort der Sozialgeographie (Festschrift Wolfgang HARTKE). Hrsg
von Karl RUPPERT. Kallmünz/Regensburg: Michael Lassleben 1968. S.
185-207. = Münchner Studien zur Sozial- und Wirtschaftsgeographie 4.
▶ SCHAFFER, Franz: Neue Wohnsiedlungen - Mobilitätsprozesse und sozialgeographische Entwicklungen in neuen Großwohngebieten der Stadt Ulm.
In: Deutscher Geographentag Bad Godesberg 1967. Tagungsbericht und
wissenschaftliche Abhandlungen. Wiesbaden: Franz Steiner 1969. S. 139
-154. = Verhandlungen des Deutschen Geographentages 36.
*Beide Aufsätze, die weithin auf der obigen umfangreicheren Studie des
Verfassers basieren (und teilweise die gleichen hervorragenden Themakarten enthalten), eignen sich vorzüglich als problembezogene erste*

6.13 Stadtgeographie / Stadtforschung

Raum für Zusätze

Einführungen in Fragestellungen und Methoden der modernen sozialgeographischen Stadtforschung. Am Beispiel des neuen Großwohngebiets Ulm-Eselsberg werden aktuelle sozialgeographische Wandlungsprozesse, ihre Ursachen und Folgerungen in knapper und anschaulicher Form aufgezeigt. Blo

STÄBLEIN, Gerhard und Peter VALENTA: Faktorenanalytische Bestimmung von Wohnbereichstypen am Beispiel der Stadt Würzburg. In: Berichte zur deutschen Landeskunde 48, 1974, S. 219-238.
Methodisch interessanter Beitrag, in dem mittels einer faktorenanalytischen Auswertung und Distanzgruppierung einer 10%-Stichprobe aus den Zählbezirken der Wohnungs- und Volkszählung 1968 und 1970 acht Wohnbereichstypen unterschieden und interpretiert werden. Als grundlegende Merkmale werden verschiedene Dichtewerte und Einkommenswerte berücksichtigt, die auf zwei Faktoren als komplexe Meßskalen zurückgeführt werden. Die allgemeinen Arbeitsschritte des quantitativen Verfahrens werden knapp erläutert. Hei

WÄCHTER, Klaus: Wohnen in der städtischen Agglomeration des zwanzigsten Jahrhunderts. Stuttgart/Bern: Karl Krämer 1971. 77 S. = Schriftenreihe der Institute für Städtebau der Technischen Hochschulen und Universitäten 7.
Diese auch für den Stadtgeographen interessante städtebauliche Studie stellt anhand ausgewählter Beispiele aus deutschen Städten und aus Wien kritisch die Entwicklung des gemeinnützigen (sozialen) Wohnungsbaus für den in drei Phasen gegliederten Zeitraum 1890-1955 dar, wobei das in zeitgenössischen Fachpublikationen veröffentlichte Material die wichtigste Quellenbasis darstellte. Der Band enthält zahlreiche Grundrißdarstellungen typischer Bebauungsformen. Hei

WEEBER, Rotraut: Eine neue Wohnumwelt. Beziehungen der Bewohner eines Neubaugebiets am Stadtrand zu ihrer sozialen und räumlichen Umwelt. Stuttgart/Bern: Karl Krämer 1971. 183 S. = Beiträge zur Umweltplanung.
Methodisch interessante gemeindesoziologische Fallstudie. Thema der Untersuchung waren die Einstellung der Bewohner einer modernen (noch nicht fertiggestellten) Stadtrandsiedlung (Stuttgart-Freiberg) 'zu ihrer neuen Umwelt, ihr Zurechtkommen, ihr subjektives Befinden in dieser Umwelt und Auswirkungen der neuen Umwelt auf das Verhalten der Bewohner'. Mit Hilfe detaillierter Befragungen (zweistufige Zufallsauswahl) wurden vor allem erfaßt: die Beziehungen der Bewohner zu ihrer 'sozialen Umwelt' ('soziales Klima' der Nachbarschaft, Statusdifferenzierungen im Wohngebiet, Kontaktsituation der Befragten) und die Beziehungen der Befragten zu ihrer 'räumlichen Umwelt' (u.a. Bewertung des eigenen Wohngebietes, Erlebnis der 'bebauten Umwelt', Teilnahme am Entstehungs- und Gestaltungsprozeß). Die differenzierten und gut interpretierten Einzelergebnisse haben die weitere Bebauungs- und Sozialplanung in diesem Stadtteil beeinflußt. Hei

* ZAPF, Katrin, Karolus HEIL und Justus RUDOLPH: Stadt am Stadtrand. Eine vergleichende Untersuchung in vier Münchner Neubausiedlungen. Frankfurt: Europäische Verlagsanstalt 1969. 372 S. = Veröffentlichungen des Instituts für angewandte Sozialwissenschaft 7. 20,00 DM.
Umfassende, gründliche Darstellung der Ergebnisse empirischer Untersuchungen in neuen Großwohngebieten. Die knappe Einleitung von W. HARTENSTEIN gibt einen guten Überblick über die Studie. Analysiert und in Beziehung gesetzt zu Einstellungen und Verhalten der Bewohner werden zunächst (vom Architekten J. RUDOLPH) die städtebaulichen Strukturelemente (Flächenangebot in Wohnungen und Siedlungen, Baudichten und Verkehrsnetze). Vom Soziologen K. HEIL werden die sozialpsychologischen Reaktionen der Bewohner auf die neue Umgebung im einzelnen dargestellt und erklärt. Wichtige Merkmale der (ungleichgewichtigen) Bevölkerungsstruktur und Mobilität sowie die Ausstattung der Wohngebiete mit Versorgungseinrichtungen und deren Inanspruchnahme und Beurteilung durch die Bewohner werden von der Sozio-

6.13
Stadtgeographie / Stadtforschung

Raum für Zusätze

login K. ZAPF analysiert. Methode und Durchführung dieser planungsbezogenen Untersuchung sind auch für sozialgeographisch orientierte stadtgeographische Arbeiten interessant.　　　　　　　　　　　　　Hei

Probleme der Verstädterung

BREESE, Gerald (Hrsg.): The city in newly developing countries: readings on urbanism and urbanization. Siehe 7.6.

COWAN, Peter: Developing patterns of urbanization. Edinburgh: Oliver & Boyd 1970. 216 S.
Dieser interessante Sammelband enthält größtenteils Reprints aus der Zeitschrift 'Urban Studies' 6, 1969, Nr. 3. Behandelt wird am Beispiel Großbritannien die - in der Stadtforschung stark vernachlässigte - Vorhersage zukünftiger Entwicklungstrends und räumlicher Muster der Verstädterung bis gegen Ende des 20. Jahrhunderts, wobei die unterschiedlichsten Aspekte Berücksichtigung fanden: soziale und technologische Trends, Entwicklung von Verkehr, Freizeit, Erholung, Bildung, Prognose der Planung etc.　　　　　　　　　　　　　Hei

▶ GOLZ, Elisabeth: Die Verstädterung der Erde. Ein weltweites siedlungs- und sozialgeographisches Problem. Paderborn: Ferdinand Schöningh und München: Blutenburg 1975. 40 S. = Fragenkreise.
Dieses einfach formulierte Heft aus der in erster Linie für den Oberstufenunterricht an Gymnasien konzipierten Reihe vermittelt eine knappe, auch im Grundstufenstudium der Hochschule benutzbare Einführung in wichtige Voraussetzungen und Merkmale der Verstädterung in Deutschland, den Niederlanden, Großbritannien, den USA, in Südamerika und Japan. Mit Aufgaben für Schülerarbeiten.　　　　　Hei

JOHNSON, James H.: Suburban growth. Geographical processes at the edge of the western city. London: John Wiley 1974. 257 S.
Interessanter Sammelband mit 11 knappen Beiträgen, die sich den - in der stadtgeographischen Forschung bislang weniger beachteten - unterschiedlichsten Erscheinungsformen, Funktionswandlungen und Folgewirkungen der 'Vorortentwicklung' bzw. des schnellen Wachstums an der Peripherie der Städte, in der Übergangszone zwischen Stadt und Land ('urban fringe'), widmen. Beispiele zumeist aus Großbritannien, sonst aus anderen westlichen Ländern.　　　　　　　　　　　　　Hei

KLASEN, Jürgen: Urbanisierung in Frankreich. Bevölkerungs-, wirtschafts- und sozialgeographische Aspekte. Siehe 6.4.

KÖLLMANN, Wolfgang: Der Prozeß der Verstädterung in Deutschland in der Hochindustrialisierungsperiode. Siehe 6.25.

WEBER, Peter: Ländliche Lebensformen im urbanen Raum. Afrikanische Barackenbewohner in Beira/Moçambique. In: Geographische Rundschau 27, 1975, S. 100-107.
Knappe, methodisch interessante Fallstudie zum Verstädterungsprozeß in Afrika. Zur Einordnung des Untersuchungsbeispiels in den 'allgemeinen Rahmen der Verstädterung' erfolgt zunächst eine kurze Darstellung des von J. FRIEDMANN entwickelten Urbanisierungsmodells. Nach der Erörterung der Lebensformen afrikanischer Zuwanderer im Raum Beira anhand zweier Teilkomplexe größerer Barackenquartiere wird kritisch ein Bezug zum o.g. Modell hergestellt.　　　　　Hei

▶ ZSILINCSAR, Walter: Städtewachstum und unkontrollierte Siedlungen in Lateinamerika. In: Geographische Rundschau 23, 1971, S. 454-461.
Knappe Einführung in wichtige Ursachen, Erscheinungsformen und Probleme des lateinamerikanischen Urbanisierungsprozesses. Behandelt werden vor allem die Zusammenhänge zwischen Verstädterung und Binnenwanderung, die sozioökonomischen Grundlagen der Verstädterung und das Problem des unkontrollierten Siedlungswachstums an den Rändern der Großstädte.　　　　　　　　　　　　　　　　　　　　Hei

6.13
Stadtgeographie /
Stadtforschung

Raum für Zusätze

Verdichtungsräume, Stadtregionen

BAHLBURG, Manfred: Stadtregionen 1970. Methode und Ergebnisse. In: Raumforschung und Raumordnung 33, 1975, S. 292-294, 1 Kartenbeilage.
Sehr knappe Erläuterung der beigefügten Karte 'Stadtregionen in der Bundesrepublik Deutschland ohne Berlin (West), Stand: 27.5.1970', in der die Ergebnisse der Neuabgrenzung der Stadtregionen für 1970 dargestellt sind.
Hei

BECK, Hartmut: Neue Siedlungsstrukturen im Großstadt-Umland, aufgezeigt am Beispiel von Nürnberg-Fürth. Nürnberg: Wirtschafts- und Sozialgeographisches Institut der Universität 1972. VI, 214 S. = Nürnberger Wirtschafts- und Sozialgeographische Arbeiten 15.
Diese Fallstudie behandelt den Prozeß der Entstehung neuer Wohnsiedlungen im Umland der beiden Städte Nürnberg und Fürth seit der Mitte der fünfziger Jahre bis 1969. Besonders berücksichtigt wurden die Gründe für Wohnsitzverlagerungen von der Stadt in das Umland.
Hei

▶ BORCHERDT, Christoph, Reinhold GROTZ, Klaus KAISER und Klaus KULINAT: Verdichtung als Prozeß. Dargestellt am Beispiel des Raumes Stuttgart. In: Raumforschung und Raumordnung 29, 1971, S. 201-207.
Interessante, als Einführung in die Problematik sehr geeignete Fallstudie, die am Beispiel Stuttgarts die besondere Dynamik des 'Prozeßfeldes Verdichtungsraum' aufzeigt. Anhand der Indikatoren der regional unterschiedlichen Veränderungen der Bevölkerungsdichte, der Konzentration von Wohnungen, der Bodenpreise, der Verlagerung von Industriebetrieben und der Pendelwanderung werden wesentliche Aspekte und Kennzeichen der Verdichtungsvorgänge dargestellt. Im gleichen Heft finden sich weitere Beiträge zur Stadtforschung und -planung im Großraum Stuttgart.
Hei

▶ BOUSTEDT, Olaf: Wesen und Bedeutung der Stadtregionen. Eine kurzgefaßte Darstellung.
BOUSTEDT, Olaf: Die Stadtregionen in der Bundesrepublik Deutschland. In: Stadtregionen in der Bundesrepublik Deutschland. Bremen: Walter Dorn 1960. S. 1-4 und 5-29. = Veröffentlichungen der Akademie für Raumforschung und Landesplanung, Forschungs- und Sitzungsberichte 14.
In diesen beiden Beiträgen werden die für das Jahr 1950 von einem Arbeitskreis der Akademie für Raumforschung und Landesplanung erarbeitete Abgrenzung und innere Differenzierung der Stadtregionen der BRD methodisch begründet und gut erläutert. Der Band enthält ferner einige empirische und methodische Studien, die zur tieferen Einarbeitung in die Probleme der statistischen Erfassung, Abgrenzung und inneren Gliederung von Stadtregionen geeignet sind.
Hei

DUCKWITZ, Gert: Möglichkeiten und Probleme der strukturellen Veränderung im Verdichtungsraum Siegen. In: Raumforschung und Raumordnung 32, 1974, S. 67-76.
Nachdem zunächst die Diskussion um die Begriffsbestimmung des Verdichtungsraumes aufgegriffen wird, werden für den Raum Siegen wesentliche Merkmale eines Verdichtungsraumes herausgearbeitet und Alternativen zur räumlichen Strukturveränderung und -verbesserung diskutiert. Am Beispiel zweier Gemeinden werden die Folgen und Ergebnisse raumordnerischer Maßnahmen (vor allem kommunale Neugliederung und Fernstraßenbau) herausgestellt.
Hei

Zum Konzept der Stadtregionen. Methoden und Probleme der Abgrenzung von Agglomerationsräumen. Hannover: Gebrüder Jänecke 1970. 167 S. = Veröffentlichungen der Akademie für Raumforschung und Landesplanung, Forschungs- und Sitzungsberichte 59.
Die in diesem Sammelband veröffentlichten Beiträge behandeln das Konzept der Stadtregionen im Hinblick auf die Volkszählung von 1970. Im einleitenden Grundsatzbeitrag von Karl SCHWARZ werden die Abgrenzungen der Stadtregionen von 1950 und 1961 knapp erläutert und dem neuen Konzept für 1970 gegenübergestellt. Von den anschließenden Beispiels-

6.13
Stadtgeographie /
Stadtforschung

Raum für Zusätze

untersuchungen sind vor allem der Beitrag von Olaf BOUSTEDT 'Zur Konzeption der Stadtregion, ihrer Abgrenzung und inneren Gliederung - dargestellt am Beispiel Hamburg' und die vergleichende Übersichtsstudie von Werner NELLNER über 'Die Abgrenzung von Agglomerationen im Ausland' von besonderem Interesse. Hei

LAMBOOY, Johannes Gerard: City and city region in the perspective of hierarchy and complementarity. Siehe 6.14.

Neuabgrenzung der Verdichtungsräume. Siehe 1.5.

OELKE, E.: Kriterien zur Beurteilung der Verdichtung in Ballungsgebieten. In: Petermanns Geographische Mitteilungen 118, 1974, S. 126-129.
Knappe informative Darstellung der Aussagekraft wichtiger Dichtemaße (Bevölkerungs-, Wohn-, Beschäftigten- und Industriedichte, Besiedlungsgrad) und deren Kombination zur Kennzeichnung des Verdichtungsgrades der Ballungsgebiete der DDR unter besonderer Berücksichtigung des Ballungsgebietes Halle-Leipzig. Hei

SCHLIEBE, Klaus und Hans-Dieter TESKE: Verdichtungsräume in West- und Mitteldeutschland. Ein innerdeutscher Vergleich. In: Raumforschung und Raumordnung 27, 1969, S. 145-156.
SCHLIEBE, Klaus und Hans-Dieter TESKE: Verdichtungsräume - eine Gebietskategorie der Raumordnung. In: Geographische Rundschau 22, 1970 S. 347-352.
Der erste Beitrag enthält interessante methodische Überlegungen zur Abgrenzung von Verdichtungsräumen in beiden Teilen Deutschlands und einen kurzen Vergleich anhand einiger Dichtewerte mit informativen tabellarischen Übersichten. - Der zweite Aufsatz bringt nach einer knappen Zusammenfassung wichtiger Versuche zur Abgrenzung von Verdichtungsräumen in der BRD für die 24 Verdichtungsräume gemäß Beschluß der Ministerkonferenz für Raumordnung (1968) wichtige Strukturdaten für 1961 und 1967 und stellt einige - vor allem demographische Wachstumstendenzen innerhalb dieses Zeitraumes heraus. Hei

Stadtregionen in der Bundesrepublik Deutschland 1961. Hannover: Gebrüder Jänecke 1967. 4 Bände. = Veröffentlichungen der Akademie für Raumforschung und Landesplanung, Forschungs- und Sitzungsberichte 32.
Die Gesamtveröffentlichung gliedert sich in einen Textband und drei Ergänzungsbände. Der Textband enthält zunächst einen einleitenden Beitrag von Olaf BOUSTEDT ('Die Stadtregionen in der Bundesrepublik Deutschland im Jahre 1961', S. 1-24), in dem die bereits früher entwickelte Methode zur Abgrenzung der Stadtregionen und ihrer inneren Gliederung in Kernstädte, Ergänzungsgebiete, verstädterte Zonen, Randzonen knapp erläutert wird. Außerdem werden die wichtigsten Ergebnisse der Abgrenzung von 1961 im Vergleich zu 1950 dargestellt. Daran schließen sich knappe Einzeldarstellungen der Stadtregionen in den Bundesländern sowie ein Tabellenteil an, ergänzt durch eine Karte (1 : 1 Mill.). Die drei umfangreichen Ergänzungsbände enthalten Erläuterungen und Aufbereitungen wichtigen Zahlenmaterials aus der Volks- und Berufszählung, der Gebäudestättenzählung und der nichtlandwirtschaftlichen Arbeitsstättenzählung von 1961 für alle Stadtregionen der BRD. Eine entsprechende statistische Aufbereitung fehlt im Programm der amtlichen Statistik. Hei

Stadtregionen in der Bundesrepublik Deutschland 1970. Hannover: Hermann Schroedel 1975. VIII, 134 S., 1 Karte. = Veröffentlichungen der Akademie für Raumforschung und Landesplanung, Forschungs- und Sitzungsberichte 103.
Dieser Band informiert über die Neuabgrenzung der Stadtregionen anhand der Volkszählungsdaten von 1970 und bringt erste ausgewählte Strukturdaten. Besonders wichtig: das Grundsatzreferat von Werner NELLNER über Methoden und Hauptergebnisse der Neuabgrenzung, das auch die methodischen Probleme infolge kommunaler Neugliederung und Signi-

6.13
Stadtgeographie /
Stadtforschung

Raum für Zusätze

fikanzverlust der zugrunde gelegten Dichtewerte, Pendler- und Agrarquoten aufzeigt. Anschließend folgen knappe regionale Darstellungen sowie ausgewählte wichtige statistische Daten für alle Stadtregionen, aufgeschlüsselt nach Zonen sowie den Stichjahren 1950, 1961 und 1970. Beigelegt wurde eine Farbkarte 1 : 1 500 000, die den neuen Abgrenzungsstand zeigt.   Blo

Grundlegende Beiträge aus Nachbarwissenschaften

- Stadtgeschichte   Siehe 6.25.

- Städtebau

EGLI, Ernst: Geschichte des Städtebaus. Siehe 6.25.

GOLDZAMT, Edmund: Städtebau sozialistischer Länder. Soziale Probleme. Siehe 7.3.

HARTOG, Rudolf: Stadterweiterung im 19. Jahrhundert. Siehe 6.25.

HOWARD, Ebenezer: Gartenstädte von morgen. Siehe 6.25.

LANGKAU-HERRMANN, Monika und Hannes TANK unter Mitarbeit von Arndt SCHULZ: Ziele für den Städtebau in Ballungsgebieten. Siehe 7.3.

LYNCH, Kevin: Das Bild der Stadt. Siehe 6.10.

MORRIS, E.A.J.: History of urban form. Prehistory to the Renaissance. Siehe 6.25.

MÜLLER, Wolfgang und Mitarbeiter: Städtebau. Siehe 7.3.

Zur Ordnung der Siedlungsstruktur. Siehe 7.3.

TAMMS, Friedrich und Wilhelm WORTMANN: Städtebau. Umweltgestaltung: Erfahrungen und Gedanken. Siehe 7.3.

- Soziologie und Sozialpsychologie

ATTESLANDER, Peter: Dichte und Mischung der Bevölkerung. Siehe 7.3.

BAHRDT, Hans Paul: Humaner Städtebau. Überlegungen zur Wohnungspolitik und Stadtplanung für eine nahe Zukunft. Siehe 7.3.

➤ BAHRDT, Hans Paul: Die moderne Großstadt. Soziologische Überlegungen zum Städtebau. 2. Aufl. Hamburg: Christian Wegner 1969. 199 S.
Engagiert geschriebenes, bereits 1961 in erster Auflage erschienenes Buch, dessen Hauptziel es u.a. war, Kritik an der traditionellen Großstadtkritik zu üben und 'Kategorien zu finden, die eine sachgemäße, gerechte, keineswegs unkritische Beurteilung der Großstadt von heute ermöglichen'. Von besonderem Interesse ist die Darstellung einiger Grundzüge einer soziologischen Theorie der Stadt im Kapitel II ('Öffentlichkeit und Privatheit als Grundformen städtischer Vergesellschaftung'), aus der eine eigene Kritik der heutigen Großstadt abgeleitet wird. Die Neuauflage wurde sowohl textlich als auch durch das von U. HERLYN verfaßte Schlußkapitel über wichtige neuere Literatur ergänzt.   Hei

HERLYN, Ulfert und Hans-Jürg SCHAUFELBERGER unter Mitarbeit von Helmut FASSHAUER und Barbara MARTWICH: Innenstadt und Erneuerung. Eine soziologische Analyse historischer Zentren mittelgroßer Städte. Bonn-Bad Godesberg: Bundesminister für Städtebau und Wohnungswesen 1972. 597 S. = Schriftenreihe 'Städtebauliche Forschung' des Bundesministers für Städtebau und Wohnungswesen 03.007.
Umfassende planungsbezogene, methodisch interessante Darstellung,

6.13
Stadtgeographie /
Stadtforschung

Raum für Zusätze

die sich auf empirische Erhebungen der Innenstadtstrukturen sowie auf Befragungen von 'Innenstadt- und Außenstadtbewohnern' in Göttingen, Erlangen, Lüneburg und Heidelberg bezieht. Von besonderem Interesse ist die Berücksichtigung der Wahrnehmung und Bewertung der Innenstädte bzw. ihrer 'baulichen Umweltstrukturen' durch die Bewohner. Die Arbeit behandelt abschließend Zielvorstellungen zur Erneuerung historischer Stadtzentren sowie die Problematik der politischen Durchsetzungschancen von Erneuerungsvorhaben. Der umfangreiche Fragebogen ist im zweiten Teil des Bandes abgedruckt.   He

MAYNTZ, Renate: Soziale Schichtung und sozialer Wandel in einer Industriegemeinde. Eine soziologische Untersuchung der Stadt Euskirchen. Siehe 6.2.

MICHELSON, William: Man and his urban environment: a sociological approach. Reading, Mass.: Addison-Wesley 1970. XIII, 242 S.
Klar aufgebaute und leicht verständlich geschriebene Darstellung soziologischer Aspekte der Beziehungen zwischen dem Menschen und seiner (physischen) städtischen Umwelt. Ausgehend von einem Rückblick auf dieses Forschungsgebiet seit der Chicagoer Schule der Sozialökologie (PARK u.a.) werden die Zusammenhänge zwischen baulich-räumlichen Stadtstrukturen einerseits und 1) Lebensform, 2) Lebenszyklen, 3) Sozialschichtung, 4) Werten und 5) Krankheiten der Stadtbevölkerung andererseits behandelt, wobei die Ergebnisse der umfangreichen soziologischen Literatur kritisch zusammengefaßt werden.   Blo

MITSCHERLICH, Alexander: Die Unwirtlichkeit unserer Städte - Anstiftung zum Unfrieden. Siehe 7.3.

PFEIL, Elisabeth: Großstadtforschung. Entwicklung und gegenwärtiger Stand. 2. Aufl. Hannover: Gebrüder Jänecke 1972 (^{1}1950). X, 410 S.
= Veröffentlichungen der Akademie für Raumforschung und Landesplanung, Abhandlungen 65.
Umfangreiches Standardwerk, das in erster Linie die Entwicklung sowie wichtige Ergebnisse und Fragestellungen der soziologischen Großstadtforschung darstellt. Behandelt werden außerdem grundsätzliche Probleme der Großstadtgestaltung bzw. -planung. Wenngleich die Ergebnisse und Methoden der neueren (sozial-)geographischen Stadtforschung weitestgehend unberücksichtigt blieben, ist das Werk auch für den Stadtgeographen ein sehr informatives Handbuch. Leider fehlt ein Sachregister.
                                                                           Hei

SCHMIDT- RELENBERG, Norbert: Soziologie und Städtebau. Versuch einer systematischen Grundlegung. Siehe 7.3.

SIEVERTS, Thomas und Martina SCHNEIDER: Zur Theorie der Stadtgestalt. Siehe 6.10.

WATERHOUSE, Alan: Die Reaktion der Bewohner auf die äußere Veränderung der Städte. Siehe 6.10.

Stadtkartographie und Luftbildwesen

BIHR, Wilhelm, Klaus MARZAHN und Joachim VEIL: Die Bauleitpläne. Eine Anleitung zur Aufstellung und Bearbeitung von Flächennutzungs- und Bebauungsplänen. Siehe 4.3.

COLLINS, W.G. und A.H.A. EL-BEIK: The acquisition of urban land use information from aerial photographs of the city of Leeds (Great Britain). Siehe 4.5.

DODT, Jürgen: Methodische Aspekte der stadtgeographischen Luftbildauswertung. Ein Überblick über den Stand der Forschung. Siehe 4.5.

Die Karte als Planungsinstrument. Siehe 7.1.

6.13
Stadtgeographie /
Stadtforschung

Raum für Zusätze

PAPE, Heinz: Stadtkarten, unter besonderer Berücksichtigung kartographischer Probleme. Siehe 4.3.

PAPE, Heinz: Stadtkartographie - Stadtplanung. Siehe 4.3.

Stadt Dortmund (Hrsg.): Dortmund. Stadtentwicklung. Grundlagen für die Flächennutzungsplanung. Siehe 3.2.

STAMS, Werner: Die Stadtkarte von Dresden. Siehe 4.3.

STOOB, Heinz: Deutscher Städteatlas. Siehe 6.25.

Städtestatistik

BOUSTEDT, Olaf, Hans-Ewald SCHNURR und Elfried SÖKER: Informationssystem für die Stadt- und Regionalforschung (Hauptstudie). Siehe 7.3.

FEHRE, Horst: Zu den Entwicklungstendenzen im Bereich der Bundeshauptstadt. Aufgezeigt anhand der Gemeindestatistiken 1950 und 1961. In: Raumforschung und Raumordnung 23, 1965, S. 198-222.
In der methodischen Konzeption sehr pragmatisch ausgerichtete, allgemeinverständlich formulierte Studie eines Städtestatistikers, die sehr gut die Auswertungsmöglichkeiten und -grenzen der gemeindlichen Bevölkerungs-, Wohn-, Erwerbs- und Wirtschaftsstatistik verdeutlicht. Besonderer Wert wird auf die Veranschaulichung des statistischen Materials in Form farbiger Themakarten gelegt. Methodisch interessant ist die mit Hilfe der Dreieckskoordinatendarstellung erarbeitete funktionale Gemeindetypisierung. Hei

Bibliographien

KEYSER, Erich (Hrsg.): Bibliographie zur Städtegeschichte Deutschlands. Siehe 6.25.

SCHÖLLER, Peter, Hans H. BLOTEVOGEL, Hanns J. BUCHHOLZ und Manfred HOMMEL: Bibliographie zur Stadtgeographie. Deutschsprachige Literatur 1952-1970. Paderborn: Ferdinand Schöningh 1973. XVI, 139 S. = Bochumer Geographische Arbeiten 14.
Diese Bibliographie ist zwar unkommentiert, jedoch nach einer differenzierten Systematik gegliedert und enthält insgesamt 1457 Titel, auch aus Nachbarwissenschaften. Sie schließt zeitlich an den Forschungsbericht von P. SCHÖLLER 1953 ('Aufgaben und Probleme der Stadtgeographie', siehe oben) an. Orts- und Verfasserindex. Blo

STREUMANN, Charlotte u.a.: Gliederung nach Wirtschaftsräumen und funktionalen Bereichen. Siehe 6.15.

TESDORPF, Jürgen: Systematische Bibliographie zum Städtebau. Stadtgeographie - Stadtplanung - Stadtpolitik. Köln: Carl Heymanns Verl. 1975. VIII, 618 S.
Umfassend angelegte und gut strukturierte, jedoch unkommentierte Bibliographie zur interdisziplinären Stadtforschung und Stadtplanung, die nicht nur für Planer und Kommunalpolitiker, sondern vor allem auch im Rahmen des Studiums der Stadtgeographie ein nützliches Nachschlagewerk darstellt. Die unter dem Punkt 'Theorie, Standort und wichtige Werke der Sozialgeographie' genannten Arbeiten sind eine nur sehr geringe und - gemessen an den heutigen Einzelansätzen der Sozialgeographie - zu lückenhafte Auswahl, zumal wichtige englischsprachige Beiträge unberücksichtigt blieben. Gut ist die Gliederung nach übergreifenden Themenbereichen (z.B. Stadt und Umwelt, Wohnplanung und -gestaltung), unter denen auch zahlreiche geographische Arbeiten aufgeführt sind. Die Beiträge der einzelnen beteiligten Disziplinen wurden allerdings nicht besonders kenntlich gemacht. Hei

6.14 Zentralitätsforschung

Einführende Darstellungen

▶ BERRY, Brian J.L.: Geography of market centers and retail distribution. Englewood Cliffs, N.J.: Prentice-Hall 1967. X, 146 S. = Foundations of Economic Geography Series. Ca. 14,00 DM.
Hervorragende systematische Einführung in die moderne Zentralitätsforschung. Der Schwerpunkt liegt auf einer Zusammenfassung der klassischen Theorie und moderner theoretischer Weiterentwicklungen, die ergänzt werden durch knapp dargestellte empirische Beispiele. Behandelt auch kulturvergleichende, entwicklungsgeschichtliche und anwendungsbezogene Aspekte. Geht in manchen Kapiteln über ein einführendes Niveau hinaus, sowohl durch Mathematisierung wie auch durch die Vertiefung von Einzelproblemen; dennoch als bisher beste Lehrbuchdarstellung besonders zu empfehlen. Blo

▶ BORCHERDT, Christoph: Zentrale Orte und zentralörtliche Bereiche. In: Geographische Rundschau 22, 1970, S. 473-483.
Leicht verständlicher kurzer Überblick über einige Begriffe und Fragestellungen der empirischen Zentralitätsforschung. Anhand von Beispielen aus Baden-Württemberg werden landeskundliche und sozialgeographische Aspekte miteinander verbunden. Blo

▶ NEEF, Ernst: Das Problem der zentralen Orte. In: Petermanns Geographische Mitteilungen 94, 1950, S. 6-17. Auch in: Peter SCHÖLLER (Hrsg.): Zentralitätsforschung. Darmstadt: Wissenschaftliche Buchgesellschaft 1972. S. 193-230. = Wege der Forschung 301.
Empirisch ausgerichtete Untersuchung der zentralen Orte in Sachsen, deren Zentralität anhand des Bedeutungsüberschusses im Einzelhandel bestimmt wird. Gibt Einblick in die landeskundlich orientierte Diskussion der Nachkriegszeit um die Theorie der zentralen Orte. Besonders betont werden die Diskrepanzen zwischen Modell und empirischem Befund, die im wesentlichen auf die Überformung durch industrielle Standortagglomerationen zurückgeführt werden. Blo

SCHÖLLER, Peter: Aufgaben und Probleme der Stadtgeographie. Siehe 6.13.

▶ SCHÖLLER, Peter: Stadt und Einzugsgebiet. Ein geographisches Forschungsproblem und seine Bedeutung für Landeskunde, Geschichte und Kulturraumforschung. In: Studium Generale 10, 1957, S. 602-612. Auch in: Peter SCHÖLLER (Hrsg.): Zentralitätsforschung. Darmstadt: Wissenschaftliche Buchgesellschaft 1972. S. 267-291. = Wege der Forschung 301.
Kurze Einführung in die funktionale Stadtgeographie. Fächert eine Vielzahl von Fragestellungen zum Problemkreis Stadt/Einzugsgebiet auf, wobei historisch-genetische Aspekte besonders berücksichtigt werden. Betont die interdisziplinäre Bedeutung des Stadt-Umland-Problems, insbesondere auch für die Geschichtswissenschaft. Blo

Empirische Regionalstudien

- Zentralörtliche Bereichsgliederungen mit Hilfe der 'Umlandmethode'

KLUCZKA, Georg: Nordrhein-Westfalen in seiner Gliederung nach zentralörtlichen Bereichen. Eine geographisch-landeskundliche Bestandsaufnahme 1964-1968. Düsseldorf: Ministerpräsident des Landes Nordrhein-Westfalen und Verlag für Wirtschaft und Verwaltung Hubert Wingen 1970. 42 S., 1 Karte. = Landesentwicklung, Schriftenreihe des Ministerpräsidenten des Landes Nordrhein-Westfalen 27.
Kartographische Darstellung einer flächendeckenden Bestandsaufnahme des zentralörtlichen Systems, die nach der sog. 'Umlandmethode'

6.14
Zentralitäts-
forschung

Raum für Zusätze

durchgeführt wurde. Sehr knapp gefaßte Erläuterungen von Methodik, Begriffen und Ergebnissen. Enthält gegenüber der entsprechenden Darstellung des gesamten Bundesgebietes (siehe nächsten Titel) auch sämtliche Unterzentren und ihre Bereiche. Obwohl die Methodik vor allem in Ballungsgebieten problematisch erscheint, bildet die Darstellung eine wichtige Grundlage für Landeskunde, Raumforschung, Raumplanung und Verwaltungsneugliederung. Blo

* KLUCZKA, Georg: Zentrale Orte und zentralörtliche Bereiche mittlerer und höherer Stufe in der Bundesrepublik Deutschland. Bonn - Bad Godesberg: Bundesforschungsanstalt für Landeskunde und Raumordnung 1970. 46 S., 1 Karte. = Forschungen zur deutschen Landeskunde 194. 12,00 DM. Die Karte erschien auch in: Die Bundesrepublik Deutschland in Karten, Blatt 5131.
Das Heft besteht im wesentlichen aus Erläuterungen zu der beigegebenen Karte im Maßstab 1 : 1 Mill., in der die Ergebnisse einer flächendeckenden Bestandsaufnahme des zentralörtlichen Systems der Bundesrepublik Deutschland wiedergegeben sind, die in den Jahren 1964-1968 von zahlreichen Geographischen Instituten nach einem relativ einheitlichen Verfahren (sog. 'Umlandmethode') durchgeführt wurde. Das Textheft enthält eine knappe Darstellung von Methodik, Begriffen und Ergebnissen, wobei allerdings zu beachten ist, daß hier eine Reihe methodischer Probleme ausgeklammert wurde, für die auf die weitere Literatur (vgl. die folgenden Titel) zurückgegriffen werden muß. Wenn auch die zugrunde gelegte Methodik nicht unumstritten ist (vor allem für Ballungsgebiete problematisch), kommt dieser Bestandsaufnahme doch eine grundlegende Bedeutung für Landeskunde, Raumforschung, Raumplanung und Verwaltungsneugliederung zu. Blo

MEYNEN, Emil, Rudolf KLÖPPER und Jürgen KÖRBER: Rheinland-Pfalz in seiner Gliederung nach zentralörtlichen Bereichen. Remagen: Bundesanstalt für Landeskunde 1957. 367 S., 1 Karte. = Forschungen zur deutschen Landeskunde 100.
Erste großräumige landeskundlich ausgerichtete Bestandsaufnahme zentraler Orte und ihrer Bereiche. Nach einem relativ kurzen methodischen Teil, in dem u.a. die hier erstmalig erprobte sog. 'Umlandmethode' erläutert wird, folgt eine breite landeskundliche Darstellung der einzelnen zentralen Orte und ihrer Bereiche, bevor am Ende die allgemeinen Ergebnisse knapp zusammengefaßt werden. Die Studie besitzt eine forschungsgeschichtlich bedeutende Innovationswirkung und hat die deutsche Zentralitätsforschung maßgeblich beeinflußt. Blo

OVERBECK, Hermann, Herbert HELLWIG, Udo HÖGY und Hans-Joachim NAUMANN: Die zentralen Orte und ihre Bereiche im nördlichen Baden und in seinen Nachbargebieten. In: Berichte zur deutschen Landeskunde 38, 1967, S. 73-133.
Bericht über eine landeskundlich ausgerichtete zentralörtliche Bestandsaufnahme. Enthält neben detaillierten landeskundlichen Beschreibungen des zentralörtlichen Systems im Untersuchungsgebiet einen wichtigen Beitrag von H. OVERBECK zur Methodik, insbesondere zu Problemen der sog. 'Selbstversorgerorte', der 'Umlandmethode' sowie zur Quantifizierung zentraler Funktionen und Orte, ferner eine Zusammenfassung der allgemeinen empirischen Untersuchungsergebnisse.
Blo

- Zentralitätsbestimmungen mit Hilfe statistisch erfaßbarer Merkmale

BOBEK, Hans: Die Versorgung mit zentralen Diensten. Ein Blatt aus dem Atlas der Republik Österreich. In: Mitteilungen der Österreichischen Geographischen Gesellschaft 110, 1968, S. 143-158.
Im Rahmen von Grundlagenuntersuchungen für drei kartographische Darstellungen im 'Atlas der Republik Österreich' (2.-4. Liefg. 1963-68) erfolgte eine umfangreiche empirische Bestandsaufnahme des zentralörtlichen Systems in Österreich. Anders als in der entsprechenden Bestandsaufnahme in der BRD wurde hier mit Quantifizierungen von zen-

6.14
Zentralitäts-
forschung

Raum für Zusätze

tralen Orten und zentralen Diensten gearbeitet. Dadurch wurde die
Messung regionaler Unterschiede in der Versorgung mit zentralen
Diensten möglich, über die hier berichtet wird und der eine beson-
dere raumplanerische Relevanz zukommt. 1 Atlaskarte als Beilage. Blo

BOUSTEDT, Olaf: Die zentralen Orte und ihre Einflußbereiche. Eine
empirische Untersuchung über die Größe und Struktur der zentralörtlichen Einflußbereiche. In: Proceedings of the IGU Symposium in Urban Geography Lund 1960. Lund: Gleerup 1962. S. 201-226. = Lund
Studies in Geography, Serie B, Nr. 24.
*Methodisch interessante empirische Untersuchung der zentralen Orte
in Bayern: Quantifizierung der absoluten Zentralität anhand eines
Ausstattungskatalogs (nach Arbeitsstättenzählung, Adreßbüchern und
Branchenverzeichnissen), Vergleich mit Einpendler- und Industrie-
funktion, Bestimmung zentrenbezogener verkehrsräumlicher Einheiten
aufgrund der Pendlerbeziehungen und der Verkehrsdichte des öffentlichen und privaten Verkehrs.* Blo

- Differenzierte Analysen einzelner zentralörtlicher Bereiche

▶ KLÖPPER, Rudolf: Der Einzugsbereich einer Kreisstadt. In: Raumforschung und Raumordnung 11, 1953, S. 73-81.
*Exemplarische empirische Fallstudie, in der durch eine Befragung die
zentralörtliche Ausrichtung im Bereich des Kreises Peine (Niedersachsen) untersucht und die Reichweite verschiedener Güter bzw. Dienste
und das Nachfrageverhalten verschiedener Sozialgruppen analysiert
wird.* Blo

▶ MESCHEDE, Winfried: Grenzen, Größenordnung und Intensitätsgefälle
kommerziell-zentraler Einzugsgebiete. In: Erdkunde 25, 1971, S. 264-
278.
▶ MESCHEDE, Winfried: Kurzfristige Zentralitätsschwankungen eines
großstädtischen Einkaufszentrums - Ergebnisse von Kundenbefragungen
in Bielefeld. In: Erdkunde 28, 1974, S. 207-216.
*Methodisch interessante Fallstudien zu bisher wenig berücksichtigten
speziellen Fragestellungen der Zentralitätsforschung, basierend auf
den Ergebnissen von Geländepraktika. Untersucht u.a. Intensitätsun-
terschiede innerhalb von Einzugsbereichen, kurzfristige Schwankungen
von Reichweiten der Citygeschäfte, im ersten Aufsatz am Beispiel von
Münster, im zweiten am Beispiel von Bielefeld.* Hei

MÜLLER, Ulrich und Jochen NEIDHARDT: Einkaufsort-Orientierungen als
Kriterium für die Bestimmung von Größenordnung und Struktur kommunaler Funktionsbereiche. Stuttgart: Geographisches Institut der Universität 1972. X, 161 S. = Stuttgarter Geographische Studien 84.
*Empirische Untersuchung der Einzelhandelsverflechtungen von 6 Gemein-
den im Randgebiet des Ballungsraums Stuttgart. Die Arbeit zeichnet
sich aus durch eine Verknüpfung zentralörtlicher und sozialgeographischer Aspekte sowie durch die Anwendung statistischer Analyseverfahren (Kontingenz, multiple und partielle Korrelation). Basierend
auf einer Stichprobenbefragung wird zunächst die Bedeutung der wichtigsten Einkaufsorte für die Untersuchungsgemeinden in Abhängigkeit
von den Reichweiten zentraler Güter ermittelt. Dann werden die Einkaufsort-Orientierungen mit verschiedenen sozialstrukturellen Merkmalen der Haushalte korreliert, wobei sich zeigt, daß die Aktionsreichweiten wesentlich vom sozialen Status der Haushalte bestimmt
werden. Schließlich werden aus den Ergebnissen Folgerungen für die
Siedlungsstrukturplanung gezogen.* Blo

SCHÖLLER, Peter: Einheit und Raumbeziehungen des Siegerlandes. Ver-
suche zur funktionalen Abgrenzung. In: Franz PETRI, Otto LUCAS und
Peter SCHÖLLER: Das Siegerland. Geschichte, Struktur und Funktionen.
Münster: Aschendorff 1955. S. 75-122. = Veröffentlichungen des Pro-
vinzialinstituts für westfälische Landes- und Volkskunde, Reihe I,
Heft 8.

6.14
Zentralitäts-
forschung

Raum für Zusätze

Exemplarische empirisch-landeskundliche Untersuchung des zentralörtlichen Gefüges im Siegerland, insbesondere des Einzugsbereichs der Stadt Siegen. Ein Schwerpunkt liegt auf der genetischen Betrachtungsweise und der Mitberücksichtigung 'sozialräumlicher Bindungen', d.h. religiöser, politischer, publizistischer und sozialpsychologischer Raumbindungen.
Blo

TAUBMANN, Wolfgang: Bayreuth und sein Verflechtungsbereich. Siehe 6.13.

- Innerstädtische Zentralität

AUST, Bruno: Stadtgeographie ausgewählter Sekundärzentren in Berlin (West). Siehe 6.13.

BÖKEMANN, Dieter: Das innerstädtische Zentralitätsgefüge, dargestellt am Beispiel der Stadt Karlsruhe. Karlsruhe: Institut für Städtebau und Landesplanung an der Universität 1967. 117 S. = Karlsruher Studien zur Regionalwissenschaft 1.
Grundlegender regionalwissenschaftlicher Ansatz zur Analyse innerstädtischer Zentralitätsgefüge. Der Schwerpunkt liegt auf theoretischen Erörterungen zur Hierarchie zentraler Versorgungsfunktionen, ihrer Standortqualitäten und ihrer Veränderungen unter dem Einfluß dynamischer Komponenten. Die Anwendung der Modelle erfolgt durch eine umfangreiche empirische Analyse des innerstädtischen Zentrensystems der Stadt Karlsruhe. Besonders hervorhebenswert sind außerdem zum einen die sehr konzentrierte, aber gehaltvolle Klärung von Begriffen und einigen Grundgedanken der Theorie der zentralen Orte sowie zum andern die Darstellung der empirischen Ergebnisse durch Konzentrationsmaße ('Lorenzkurve'). Sehr empfehlenswert zur vertieften Einarbeitung, doch erscheinen statistische und theoretische Vorkenntnisse empfehlenswert.
Blo

CAROL, Hans: The hierarchy of central functions within the city. In: Proceedings of the IGU Symposium in Urban Geography Lund 1960. Lund: Gleerup 1962. S. 555-576. = Lund Studies in Geography, Serie B, Nr. 24. Auch in: Peter SCHÖLLER (Hrsg.): Zentralitätsforschung. Darmstadt: Wissenschaftliche Buchgesellschaft 1972. S. 307-330. = Wege der Forschung 301. Längere Fassung unter dem gleichen Titel in: Annals of the Association of American Geographers 50, 1960, S. 419-438.
Wichtiger Ansatz zur Analyse der räumlichen Verteilung innerstädtischer Geschäftszentren. Erstmalig werden hier die Grundgedanken der Theorie der zentralen Orte auf innerstädtische Zentralortsysteme übertragen. Der empirische Teil enthält eine Analyse des hierarchischen Zentrensystems in der Stadtregion Zürich, wobei 3 Hauptstufen unterschieden werden: 1) CBD (Central Business District), 2) regionales Geschäftszentrum, 3) Nachbarschaftszentrum.
Blo

HOMMEL, Manfred: Zentrenausrichtung in mehrkernigen Verdichtungsräumen an Beispielen aus dem rheinisch-westfälischen Industriegebiet. Paderborn: Ferdinand Schöningh 1974. XII, 144 S. = Bochumer Geographische Arbeiten 17.
Empirisch ausgerichtete Untersuchung des Verbraucherverhaltens in der Nähe jeweils mehrerer Großstadtzentren: Castrop-Rauxel (zwischen Dortmund und Bochum) und Gevelsberg/Ennepetal (zwischen Hagen und Wuppertal). Betrachtet schwerpunktmäßig 1) kleinräumige Differenzierungen der Zentrenausrichtung und ihre Ursachen und 2) sozial- und altersgruppenspezifische Verhaltensweisen. Beispiel für moderne sozialgeographisch orientierte Zentralitätsforschung, die die Fragestellungen der landeskundlichen Bestandsaufnahme (siehe oben KLUCZKA 1970) weiter differenziert.
Blo

SEDLACEK, Peter: Zum Problem intraurbaner Zentralorte, dargestellt am Beispiel der Stadt Münster. Münster: Institut für Siedlungs- und Wohnungswesen der Universität 1973. 80 S. = Beiträge zum Siedlungs-

6.14 Zentralitätsforschung

Raum für Zusätze

und Wohnungswesen und zur Raumplanung 10. Zugleich: Westfälische Geographische Studien 28.
Methodisch interessante, knapp formulierte Arbeit mit dem Versuch der Quantifizierung der Zentralität von 'zentralen Einkaufsorten' außerhalb des Hauptgeschäftszentrums einer Großstadt, basierend auf Daten der amtlichen Arbeitsstättenzählung und eigenen Erhebungen. Nach der anschließenden Typisierung der Einkaufsorte nach der Struktur der Wirtschafts- und 'Frequenzgruppen' (kurz-, mittel- und langfristige Bedarfsdeckung) erfolgt eine Erfassung der 'Versorgungszufriedenheit' der Bevölkerung durch Auswertung von Ergebnissen der Wohnungszählung 1968 auf der Basis statistischer Bezirke. Hei

- Zur Zentralitätsentwicklung in West und Ost

GRIMM, Frankdieter und Ingrid HÖNSCH: Zur Typisierung der Zentren in der DDR nach ihrer Umlandbedeutung. In: Petermanns Geographische Mitteilungen 118, 1974, S. 282-288.
Knappe Darstellung der Methodik und wichtigsten Resultate einer Typisierung aller Städte und Gemeinden der DDR über 5000 Einwohner nach ihrer gegenwärtigen Umlandbedeutung. Im gleichen Zeitschriftenheft finden sich weitere wichtige Beiträge zur jüngeren geographischen Siedlungsforschung in der DDR. Hei

SCHÖLLER, Peter: Veränderungen im Zentralitätsgefüge deutscher Städte. Ein Vergleich der Entwicklungstendenzen in West und Ost. In: Deutscher Geographentag Bad Godesberg 1967. Tagungsbericht und wissenschaftliche Abhandlungen. Wiesbaden: Franz Steiner 1969. S. 243-249. = Verhandlungen des Deutschen Geographentages 36.
Untersucht skizzenhaft moderne zentralörtliche Strukturwandlungen in der Bundesrepublik Deutschland und in der DDR im Vergleich. BRD: Differenzierung der Zentrenbeziehungen durch Privatmotorisierung und freie Konsumorientierung; DDR: staatlich gesteuerte Kongruenz von Industrieproduktion und Zentralität. Blo

- Bereichsbildung spezieller zentraler Funktionen

HARTKE, Wolfgang: Die Zeitung als Funktion sozial-geographischer Verhältnisse im Rhein-Main-Gebiet. Siehe 6.2.

ILLERIS, Sven und Poul O. PEDERSEN: Central places and functional regions in Denmark. Factor analysis of telephone traffic. Lund: Gleerup 1968. 18 S. = Lund Studies in Geography, Serie B, Nr. 31. Auch in: Geografisk Tidskrift 67, 1968, S. 1-18.
Quantitative Untersuchung der zwischen den 62 dänischen Telefonbezirken gemessenen Telefonkontakt-Häufigkeiten mit Hilfe der Faktorenanalyse. Die sich ergebenden Faktoren werden als Indikatoren zur Bestimmung zentraler Orte und zur Abgrenzung ihrer Bereiche interpretiert. Blo

SCHÖLLER, Peter: Wanderungszentralität und Wanderungsfolgen in Japan. Siehe 6.4.

- Kartographische Darstellungen zentralörtlicher Systeme

BORCHERDT, Christoph: Versorgungsorte und zentralörtliche Bereiche im Saarland. Anhand einer Karte aus dem Planungsatlas. In: Geographische Rundschau 25, 1973, S. 48-54.
Der kurze Aufsatz besteht im wesentlichen aus einer Erläuterung der im gleichen Heft beigelegten Farbkarte aus dem Planungsatlas des Saarlandes 'Versorgungsorte und zentralörtliche Versorgungsbereiche 1964', bearbeitet von Christoph BORCHERDT und Karl-Heinz LOOS. In kartographisch hervorragender Form wird hier das Ausstattungs- und Verflechtungsgefüge der zentralörtlichen Raumorganisation des Saarlandes dargestellt. Blo

**6.14
Zentralitäts-
forschung**

Raum für Zusätze

Die klassische Theorie

CHRISTALLER, Walter: Die zentralen Orte in Süddeutschland. Eine ökonomisch-geographische Untersuchung über die Gesetzmäßigkeit der Verbreitung und Entwicklung der Siedlungen mit städtischen Funktionen. Jena: Gustav Fischer 1933. Neudruck Darmstadt: Wissenschaftliche Buchgesellschaft 1968. 331 S., 5 Karten.
Berühmtes Standardwerk, das die klassische Fassung der 'Theorie der zentralen Orte' durch Walter CHRISTALLER enthält. Als Ausgangspunkt der interdisziplinären Zentralitätsforschung hat es der Stadtgeographie und teilweise auch der Wirtschaftsgeographie eine neue theoretische Grundlage gegeben und darüber hinaus die gesamte methodische Entwicklung der Geographie beeinflußt. Abgesehen von der wissenschaftsgeschichtlichen Bedeutung als einem der wichtigsten Bücher der Geographie überhaupt erscheint es durch seinen methodischen Ansatz auch heute noch zur Einarbeitung in die klassische Theorie geeignet.
                                                                 Blo

LÖSCH, August: Die räumliche Ordnung der Wirtschaft. Siehe 6.15.

Die Weiterentwicklung der Theorie der zentralen Orte

BERRY, Brian J.L. und William L. GARRISON: Recent developments of central place theory. In: Regional Science Association, Papers 4, 1958, S. 107-120. Auch in: Peter SCHÖLLER (Hrsg.): Zentralitätsforschung. Darmstadt: Wissenschaftliche Buchgesellschaft 1972. S. 69-83. = Wege der Forschung 301.
Knapper Überblick über die Weiterentwicklung der Theorie seit CHRISTALLER 1933 und LÖSCH 1940. Gute Einführung in die älteren Ansätze der theoretisch ausgerichteten angelsächsischen Zentralitätsforschung, die bis heute von Bedeutung geblieben sind und deren Kenntnis für das Studium der modernen Zentralitätsforschung notwendig ist (Konzepte der Reichweite eines Gutes und der Schwelle minimaler Marktgrößen, Hierarchieproblem).
                                                                 Blo

BERRY, Brian J.L., H. Gardiner BARNUM und Robert J. TENNANT: Retail location and consumer behavior. In: Regional Science Association, Papers 9, 1962, S. 65-106. Auch in: Peter SCHÖLLER (Hrsg.): Zentralitätsforschung. Darmstadt: Wissenschaftliche Buchgesellschaft 1972. S. 331-381. = Wege der Forschung 301.
Vorbildliche Untersuchung des räumlichen Konsumentenverhaltens durch Rückgriff auf die Theorie der zentralen Orte. Empirische Erhebungen in SW-Iowa (USA), quantitative Analyse (u.a. Faktorenanalyse) und eingehende Darstellung der empirischen Ergebnisse in Streuungsdiagrammen und Karten. Die theoretische Analyse zielt vor allem auf die hierarchische Struktur der zentralen Orte und des Versorgungsverhaltens. Gutes Beispiel für die quantitativ und theoretisch ausgerichtete angelsächsische Zentralitätsforschung, doch werden Kenntnisse der Theorie und der quantitativen Methoden vorausgesetzt.   *Blo*

BOBEK, Hans: Die Theorie der zentralen Orte im Industriezeitalter. In: Deutscher Geographentag Bad Godesberg 1967. Tagungsbericht und wissenschaftliche Abhandlungen. Wiesbaden: Franz Steiner 1969. S. 199-207. Diskussion S. 208-213. = Verhandlungen des Deutschen Geographentages 36. Auch in: Peter SCHÖLLER (Hrsg.): Zentralitätsforschung. Darmstadt: Wissenschaftliche Buchgesellschaft 1972. S. 165-177. = Wege der Forschung 301.
Knapper, teilweise umstrittener Versuch, einige Grundbegriffe der Theorie der zentralen Orte im Hinblick auf die Siedlungsstruktur des Industriezeitalters neu zu fassen. Wichtig sind insbesondere die Ausführungen zu den Begriffen 'zentraler Ort' (= räumliche Konzentration von Versorgungseinrichtungen <u>oder</u> Siedlung mit Bedeutungsüberschuß?) und 'zentrale Funktion' (= absolute Bedeutung von Funktionen des tertiären Wirtschaftssektors <u>oder</u> Bedeutungsüberschuß bzw. 'regionale' Siedlungsfunktion?). Kurze Darstellung einiger Ergebnis-

6.14 Zentralitätsforschung

Raum für Zusätze

se einer zentralörtlichen Bestandsaufnahme in Österreich. Wegen der sehr knappen Formulierung sind Vorkenntnisse empfehlenswert. Blo

BÖVENTER, Edwin von: Die Struktur der Landschaft. Versuch einer Synthese und Weiterentwicklung der Modelle J.H. von Thünens, W. Christallers und A. Löschs. Siehe 6.15.

OLSSON, Gunnar: Central place systems, spatial interaction and stochastic processes. In: Regional Science Association, Papers 18, 1967 S. 13-45. Deutsche Übersetzung unter dem Titel: Zentralörtliche Systeme, räumliche Interaktion und stochastische Prozesse. In: Dietric BARTELS (Hrsg.): Wirtschafts- und Sozialgeographie. Köln/Berlin: Kiepenheuer & Witsch 1970. S. 141-178. = Neue Wissenschaftliche Bibliothek 35.
Kritisches Resümee der modernen theoretisch ausgerichteten Diskussion um die Weiterentwicklung der Theorie der zentralen Orte. Zwei Schwerpunkte: 1) Zusammenhänge zwischen der Theorie der zentralen Orte und allgemeinen räumlichen Interaktionstheorien, 2) Es wird die Anwendung verschiedener Wahrscheinlichkeitsmodelle geprüft, z.B. in dem zentralörtliche Systeme als Ergebnis stochastischer (= zufallsgesteuerter) Prozesse angesehen werden. Insgesamt ein sehr komprimierter anspruchsvoller Text, der erhebliche theoretische und statistische Kenntnisse voraussetzt. Blo

Übergreifende Sammelbände

Neue Wege in der zentralörtlichen Forschung. 5. Arbeitstagung des Verbands deutscher Berufsgeographen. Kallmünz/Regensburg: Michael Lassleben 1969. 60 S. = Münchener Geographische Hefte 34.
Interdisziplinärer Sammelband mit 5 regionalwissenschaftlich-geographischen Beiträgen. K. HEIL ('Empirische Erfassung zentraler Orte in großstädtischen Verdichtungsräumen') berichtet über methodische Probleme und Ergebnisse einer empirischen Untersuchung des Konsumentenverhaltens in München. K. GANSER ('Planungsbezogene Erforschung zentraler Orte in einer sozialgeographischen prozessualen Betrachtungsweise') diskutiert sehr kritisch das Verhältnis zwischen geographischer Zentralitätsforschung und Raumplanung. Blo

* SCHÖLLER, Peter (Hrsg.): Zentralitätsforschung. Darmstadt: Wissenschaftliche Buchgesellschaft 1972. XXI, 497 S. = Wege der Forschung 301. 41,50 DM (Mitgliederpreis).
Sammelband mit grundlegenden Beiträgen zur Theorie der zentralen Orte und ihrer Anwendung in Stadtgeographie, Landeskunde und Raumplanung. Nach einer knappen wertenden Einleitung des Herausgebers ('Entwicklung und Akzente der Zentralitätsforschung') folgen im ersten Teil zunächst 7 theoretisch ausgerichtete Beiträge, darunter Auszüge aus den Werken CHRISTALLERs und LÖSCHs sowie Aufsätze zur Weiterentwicklung der Theorie, insbesondere von B.J.L. BERRY, W.L. GARRISON und H. BOBEK. Der zweite Teil enthält 9 Beispiele für empirische Zentralitätsuntersuchungen, wobei die Spannweite von landeskundlichen Arbeiten über stadt- und sozialgeographische Studien bis zu quantitativen Analysen des Versorgungsverhaltens reicht. Im dritten Teil sind Beiträge zum Konzept der zentralen Orte in der Raumplanung abgedruckt und eine Auswahlbibliographie beschließt den Band. Anders als in den übrigen mehr forschungsgeschichtlich ausgerichteten Bänden stammen die meisten Beiträge aus den sechziger Jahren. Blo

Stadt-Land-Beziehungen und Zentralität als Problem der historischen Raumforschung. Siehe 6.25.

Zentralörtliche Funktionen in Verdichtungsräumen. Hannover: Gebrüder Jänecke 1972. V, 201 S. = Veröffentlichungen der Akademie für Raumforschung und Landesplanung, Forschungs- und Sitzungsberichte 72.
Sammelband mit 7 meist wirtschafts- bzw. regionalwissenschaftlichen Beiträgen zur Zentralitätsforschung. Der Schwerpunkt liegt auf theo-

6.14 Zentralitätsforschung

Raum für Zusätze

retischen Erörterungen und anspruchsvollen quantitativen empirischen Analysen, vor allem in Baden-Württemberg. Erhebliche Vorkenntnisse in der Theorie der zentralen Orte und in quantitativen Methoden werden vorausgesetzt. Der Band gibt insgesamt einen guten Einblick in die moderne regionalwissenschaftliche Diskussion zur Zentralitätsforschung, die auch Planungsaspekte stark betont. Umfangreiche gute Bibliographie.
Blo

Neuere theoretische Ansätze

- Zur Problematik der Prämissen

DIETRICHS, Bruno: Die Theorie der zentralen Orte. Aussage und Anwendung heute. In: Raumforschung und Raumordnung 24, 1966, S. 259-267.
Gedankenreicher kritischer Beitrag zur Frage der empirischen Relevanz der Theorie der zentralen Orte aus wirtschaftswissenschaftlicher Sicht. DIETRICHS betont die geringe Erklärungskraft der Theorie für die heutige Siedlungsstruktur, die weithin durch die Industrie geprägt sei, die jedoch in der Theorie ausgeklammert werde. Sie habe zwar innerhalb ihrer engen theoretischen Voraussetzungen Gültigkeit, doch sei sie für die heutige Wirtschafts- und Siedlungsentwicklung durch eine dynamisierte Weiterentwicklung, die industrielle Standorttendenzen zu berücksichtigen habe und deren Grundgedanken grob umrissen werden, zu ersetzen. Raumwirtschaftliche Grundkenntnisse empfehlenswert.
Blo

WEBBER, M.J.: Empirical verifiability of classical central place theory. In: Geographical Analysis 3, 1971, S. 15-28.
Lesenswerter Beitrag zu dem häufig mißverstandenen Problem der Verifizierbarkeit. Der Autor betont, daß eine unmittelbare Verifizierung und Falsifizierung der Theorie in ihrer klassischen Form wegen ihrer (teilweise impliziten) Prämissen nicht möglich sei; sie trage jedoch trotzdem zum Verständnis der Realität bei. Im einzelnen diskutiert werden die verschiedenen der klassischen Theorie zugrunde liegenden Annahmen.
Blo

- Zum Problem der Quantifizierung von Zentralität

▶ DAVIES, Wayne K.D.: The ranking of service centres: a critical review. In: Institute of British Geographers, Transactions 40, 1966, S. 51-65.
Übersicht über die in der angelsächsischen Geographie (bis ca. 1965) angewandten Verfahren zur Bestimmung des Zentralitätsgrades von Geschäftszentren. Aufgrund eines kritischen Vergleichs der Methoden werden 11 Gesichtspunkte für künftige Forschungen aufgestellt, wobei besonders eine bessere Vergleichbarkeit gefordert wird.
Blo

GUSTAFSSON, Knut: Zentralitätsanalyse mit Hilfe der Diskriminanzanalyse. In: Zentralörtliche Funktionen in Verdichtungsräumen. Hannover: Gebrüder Jänecke 1972. S. 49-70. = Veröffentlichungen der Akademie für Raumforschung und Landesplanung, Forschungs- und Sitzungsberichte 72.

GUSTAFSSON, Knut: Grundlagen zur Zentralitätsbestimmung, dargestellt am Beispiel der Region 'Westküste Schleswig-Holstein'. Hannover: Gebrüder Jänecke 1973. VIII, 116 S. = Veröffentlichungen der Akademie für Raumforschung und Landesplanung, Abhandlungen 66.
Versuch einer neuen Definition des Zentralitätsbegriffs als Menge der auf einen Ort gerichteten Interaktionen (Pendelbewegungen zur Inanspruchnahme des Angebots einer Funktion X). Unterscheidet Arbeitsplatz-, Handels- und Dienstleistungszentralität, die (teilweise mit Hilfe von Kennziffern) quantifiziert werden. Ermittlung der Gesamtzentralität der Orte durch Aggregation der 'Einzelzentralitäten' mit Hilfe der Diskriminanzanalyse, die ausführlich erläutert wird. Anwendung auf die Westküstenregion von Schleswig-Holstein (6 Kreise). Die universelle Anwendbarkeit und (vom Verfasser postulier-

6.14
Zentralitäts-
forschung

Raum für Zusätze

te) Objektivität des Verfahrens erscheinen allerdings problematisch (Industrieorte, Bezugsflächen in Ballungsgebieten, Auswahl der vorzugebenden Gruppen). Blo

KÖCK, Helmut: Das zentralörtliche System von Rheinland-Pfalz. Ein Vergleich analytischer Methoden zur Zentralitätsbestimmung. Bonn: Bundesforschungsanstalt für Landeskunde und Raumordnung 1975. 204 S. = Forschungen zur Raumentwicklung 2.
Wichtige Arbeit zum Problem der quantitativen Zentralitätsbestimmung. In den beiden ersten theoretisch ausgerichteten Teilen wird zunächst ein Überblick über die Grundgedanken und -begriffe der zentralörtlichen Theorie gegeben, wobei in verdienstvoller Weise die unterschiedlichen Begriffsfassungen (absolute/relative Zentralität u.a.) herausgearbeitet werden. Der zweite Teil bringt eine knappe Übersicht über die wichtigsten bisher entwickelten Verfahren zur Zentralitätsquantifizierung. Im 3. Teil (Hauptteil) wird am Beispiel von 340 potentiellen Zentralorten (definiert als Gemeinden) von Rheinland-Pfalz eine Erprobung von 4 ausgewählten Methoden vorgenommen: 1) Faktorenanalyse, 2) 'gewichtete Bemessung', 3) 'Versorgungsüberschußmethode' und 4) 'Umsatzüberschußmethode'. Die Ergebnisse werden im Hinblick auf Größenverteilungen analysiert und mit vorliegenden früheren Klassifizierungen verglichen. Blo

MARSHALL, John Urquhart: The location of service towns. An approach to the analysis of central place systems. Toronto: University of Toronto Press 1969. XII, 184 S. = University of Toronto, Department of Geography, Research Publications 3.
Diese Studie, die sich durch eine vorbildliche Verknüpfung von Theorie und Empirie auszeichnet, behandelt in erster Linie das Problem der hierarchischen Anordnung zentraler Orte und Möglichkeiten der empirischen Erfassung und Quantifizierung. Nach einem relativ ausführlichen Rückblick auf das Hierarchieproblem in der klassischen Theorie und auf bisherige Ansätze zur hierarchischen Klassifizierung von Städten erfolgt eine gründliche Diskussion empirischer Methodenprobleme, isnbesondere der Bildung eines Zentralitätsindexes, bevor am Beispiel eines Untersuchungsgebietes im südlichen Teil der kanadischen Provinz Ontario die Fragestellungen überprüft und die entwickelten Methoden angewandt werden. Blo

- <u>Zentralörtliche Hierarchie und Ranggrößenregel</u>

BECKMANN, Martin J. und John C. McPHERSON: City size distribution in a central place hierarchy: an alternative approach. In: Journal of Regional Science 11, 1970, S. 25-33.
Diskussion des Zusammenhanges zwischen zentralörtlichen Hierarchien, Ranggrößenregel und Stadtgrößen. Entwickelt im Anschluß an die klassischen Theoriefassungen ein mathematisches Modell zur Bestimmung von Zentren- und Bereichseinwohnerzahlen in alternativen Hierarchieformen. Zum vertieften Studium geeignet. Blo

- <u>Räumliche Regelhaftigkeit und Zufälligkeit zentralörtlicher Systeme</u>

CURRY, Leslie: Central places in the random spatial economy. In: Journal of Regional Science 7, 1967, S. 217-238.
Anspruchsvoller Beitrag zur theoretischen Weiterentwicklung, der sich bemüht, deterministische Elemente der klassischen Theorie zu eliminieren und die Zufälligkeit des Verhaltens Einzelner in die Theorie explizit mit einzubeziehen. Durch das zufällige Zusammenwirken verschiedener Faktoren lassen sich bestimmte Merkmale zentralörtlicher Systeme besser erklären, wie z.B. die Verteilung von Stadtgrößen entsprechend der Ranggrößenregel gegenüber der Annahme diskreter Größenklassen in der klassischen Theorie der zentralen Orte. Für das Verständnis dieses weithin beachteten Aufsatzes sind allerdings erhebliche Vorkenntnisse erforderlich (Autokorrelation, Spektralanalyse). Blo

5.14
Zentralitäts-
forschung

Raum für Zusätze

GEISENBERGER, Siegfried und J. Heinz MÜLLER: Analyse der räumlichen Verteilung der zentralen Orte in Baden-Württemberg. In: Zentralörtliche Funktionen in Verdichtungsräumen. Hannover: Gebrüder Jänecke 1972. S. 71-116. = Veröffentlichungen der Akademie für Raumforschung und Landesplanung, Forschungs- und Sitzungsberichte 72.
Quantitative Analyse des zentralörtlichen Systems in Baden-Württemberg im Hinblick auf Regelmäßigkeit und Zufälligkeit der Siedlungsstruktur. Vergleich der empirisch gemessenen räumlichen Verteilung mit Zufallsverteilungen durch Gitteranalyse sowie durch eine verfeinerte Gitteranalyse (Berechnung regionaler Entropiemaße) und durch Asymmetriemessungen topologischer Eigenschaften regionaler Straßennetze. Im Ergebnis wird eine signifikante Regelmäßigkeit der räumlichen Verteilung der zentralen Orte nicht festgestellt. Trotz knapper Erläuterungen der angewandten Verfahren ein recht anspruchsvoller Text, der statistische Vorkenntnisse voraussetzt. Blo

- Modellhafte Erfassung räumlichen Versorgungsverhaltens

BUCKLIN, Louis P.: Retail gravity models and consumer choice: a theoretical and empirical critique. In: Economic Geography 47, 1971, S. 489-497.
Der Autor diskutiert die Anwendbarkeit des Gravitationsmodells für die Beschreibung und Prognose von Einzugsbereichen, wobei der variablen Größe des Exponenten eine entscheidende Bedeutung zukommt. Im Ergebnis wird die Fragwürdigkeit einer globalen Anwendung herausgestellt, da die Höhe des Exponenten von der Entfernung zum Zentrum abhängig sei und bei kleinräumigen Beziehungen der Einfluß der Distanz schwinde. Blo

GÜSSEFELDT, Jörg: Zu einer operationalisierten Theorie des räumlichen Versorgungsverhaltens von Konsumenten. Empirisch überprüft in den Mittelbereichen Varel und Westerstede und in den Bereichsausschnitten Leer und Oldenburg. Gießen: Geographisches Institut der Universität 1975. 149 S. = Gießener Geographische Schriften 34.
In dieser bemerkenswerten Dissertation wird ein anspruchsvoller statistischer Modellansatz zur Erklärung räumlichen Versorgungsverhaltens vorgestellt. Nach einer Darstellung des metatheoretischen Standpunktes und einer Einführung in die Theorie der zentralen Orte und mit ihr verbundenen Modellvorstellungen wird die Kernhypothese aufgestellt, Merkmale räumlichen Versorgungsverhaltens ließen sich durch Beta-Verteilungen beschreiben, deren Parameter durch Steuerungsvariablen bestimmbar und damit erklärbar seien. Im anschließenden empirischen Test, der auf einer Befragung basiert, werden zunächst die beobachteten Inanspruchnahmen durch Beta-Verteilungen approximiert. Diese werden dann mit simulierten Verteilungen verglichen, deren Parameter mit Hilfe der multiplen Regressionsrechnung von den Steuerungsvariablen abgeleitet werden. Damit sind regelhafte Zusammenhänge erfaßt, die für Prognosezwecke der Planung eingesetzt werden können. Der theoretisch komprimierte Stil und das anspruchsvolle mathematisch-statistische Niveau stellen an den Leser erhebliche Ansprüche. Blo

LANGE, Siegfried: Die Verteilung von Geschäftszentren im Verdichtungsraum. Ein Beitrag zur Dynamisierung der Theorie der zentralen Orte. In: Zentralörtliche Funktionen in Verdichtungsräumen. Hannover: Gebrüder Jänecke 1972. S. 7-48. = Veröffentlichungen der Akademie für Raumforschung und Landesplanung, Forschungs- und Sitzungsberichte 72.
LANGE, Siegfried: Wachstumstheorie zentralörtlicher Systeme. Eine Analyse der räumlichen Verteilung von Geschäftszentren. Münster: Institut für Siedlungs- und Wohnungswesen der Universität 1973. XVI, 140 S. = Beiträge zum Siedlungs- und Wohnungswesen und zur Raumplanung 5.
Theoretischer Ansatz zur Dynamisierung der Theorie der zentralen Orte, insbesondere zur modellhaften Erfassung von Determinanten, die zu Veränderungen in zentralörtlichen Systemen führen können. Besondere Bedeutung wird dabei den Verhaltensweisen der beteiligten Gruppen zuge-

6.14
Zentralitäts-
forschung

Raum für Zusätze

messen: der Konsumenten, der Unternehmer und der Politiker. Analysi‹
wird vor allem das Konsumentenverhalten mit wichtigen Ausführungen :
Verbrauchshäufigkeiten, zur Theorie der 'Engelkurven' und zum Proble
der Kopplung von Besorgungen. Leider verzichtet LANGE auf eine empirische Anwendung der theoretisch erfaßten Zusammenhänge. Theoretiscl
Vorkenntnisse erforderlich.
B.

RUSHTON, Gerard: Analysis of spatial behavior by revealed space preference. Siehe 6.2.

RUSHTON, Gerard: Postulates of central-place theory and the proper-
ties of central-place systems. In: Geographical Analysis 3, 1971, S.
140-156.
*Interessanter Beitrag zur Frage der realitätsfernen Prämissen sowie
zur Dynamisierung der Theorie der zentralen Orte. Diskutiert wird
insbesondere die der klassischen Theoriefassung zugrunde liegende
(sehr restriktive) Prämisse des räumlichen Konsumentenverhaltens, un
mit Hilfe eines dynamischen Computer-Modells wird geprüft, welches
zentralörtliche System durch eine realistischere Verhaltensprämisse
entsteht (zu beachten: Abb. 6 auf S. 154 ist falsch, vgl. Berichti-
gung im gleichen Band). Theoretische Vorkenntnisse erforderlich.* Bl

- Zentralität in Stadtregionen

LAMBOOY, Johannes Gerard: City and city region in the perspevtive of
hierarchy and complementarity. In: Tijdschrift voor Economische en
Sociale Geografie 60, 1969, S. 141-154. Auch in: Peter SCHÖLLER (Hrs
Zentralitätsforschung. Darmstadt: Wissenschaftliche Buchgesellschaft
1972. S. 132-164. = Wege der Forschung 301.
*Theoretisch ausgerichtete Untersuchung einiger Zusammenhänge zwische.
Zentralität und Verstädterung, insbesondere der zentralörtlichen Str
tur von flächenhaft verstädterten Stadtregionen. Es wird darauf hingewiesen, daß mit wachsender Verstädterung zwar hierarchische Anord-
nungen von Funktionen bestehen bleiben, jedoch Hierarchien von zentralen Orten aufgelöst und durch vielfältige Verflechtungen und Funk
tionsspezialisierungen ersetzt werden können.* Bl‹

- Zur Optimierung zentralörtlicher Systeme

KIND, Gerold: Modellvorstellungen der Entwicklung von Zentralortsy-
stemen. In: Landschaftsforschung (Festschrift Ernst NEEF). Hrsg. v.
Hellmuth BARTHEL. Gotha/Leipzig: Hermann Haack 1968. S. 207-223.
= Petermanns Geographische Mitteilungen, Ergänzungsheft 271.
*Theoretischer Ansatz zur Optimierung von zentralörtlichen Systemen.
Nachdem kurz das Verhältnis zwischen der Theorie der zentralen Orte
und der sozialistischen Wirtschaftstheorie erörtert wird, entwickelt
KIND ein mathematisches Optimierungsmodell, das den Gesamtzeitauf-
wand aller Einwohner für die Versorgung mit zentralen Gütern und
Diensten in einem gegebenen Zentralortsystem minimiert.* Blo

Zentralität in Entwicklungsländern

BRONGER, Dirk: Kriterien der Zentralität südindischer Siedlungen.
Siehe 7.6.

VORLAUFER, Karl: Das Netz zentraler Orte in ausgewählten Räumen Tanzanias und die Bedeutung des zentralörtlichen Prinzips für die Entwicklung des Landes nach den gesellschaftspolitischen Zielvorstellungen der Regierung. Siehe 7.6.

VORLAUFER, Karl: Zentralörtliche Forschungen in Ostafrika. Eine
vergleichende Analyse von Untersuchungen in den Uferregionen des
Viktoriasees. Siehe 7.6.

6.14 Zentralitätsforschung

Raum für Zusätze

Zentralität und Raumplanung

Funktionelle Erfordernisse zentraler Einrichtungen als Bestimmungsgröße von Siedlungs- und Stadteinheiten in Abhängigkeit von Größenordnung und Zuordnung. Bonn: Bundesminister für Städtebau und Wohnungswesen 1972. 505 S. = Schriftenreihe 'Städtebauliche Forschung' des Bundesministers für Städtebau und Wohnungswesen 03.003.
Umfassendes Gutachten, das im ersten allgemeinen Teil zunächst die Ergebnisse von Arbeiten zusammenfaßt, die erstens optimale Stadtgrößen unter ökonomischen Aspekten zu bestimmen versuchen und zweitens die sich mit der Festlegung von Größenordnungen aus Einzugsbereichen beschäftigen. Der weit umfassendere Hauptteil enthält Begründungen und Darstellungen von Einwohnerrichtzahlen für öffentliche Versorgungseinrichtungen. Die Studie vermittelt wesentliche Grundlagen für die Standortplanung öffentlicher Einrichtungen. Hei

HELLBERG, Hans: Zentrale Orte als Entwicklungsschwerpunkte in ländlichen Gebieten. Kriterien zur Beurteilung ihrer Förderungswürdigkeit. Siehe 7.2.

RHODE-JÜCHTERN, Tilman: Geographie und Planung. Eine Analyse des sozial- und politikwissenschaftlichen Zusammenhangs. Siehe 7.1.

WAGENER, Frido: Neubau der Verwaltung. Gliederung der öffentlichen Aufgaben und ihrer Träger nach Effektivität und Integrationswert. Siehe 6.5.

Bibliographien

BERRY, Brian J.L. und Allen PRED: Central place studies. A bibliography of theory and applications. Including supplement through 1964 by H.G. BARNUM, R. KASPERSON and S. KIUCHI. 2. Aufl. Philadelphia: Regional Science Research Institute 1965 (^{1}1961). VI, 152 S., Supplement VI, 50 S. = Regional Science Research Institute, Bibliography Series 1.
Sehr gehaltvolle und umfassende Bibliographie mit rund 700 Titeln zur Zentralitätsforschung und benachbarten Themen bis 1960, die durch knappe Inhaltsangaben erläutert und in 16 Sektionen gruppiert sind. Der Supplementteil umfaßt die Jahre 1961-1964 und erschließt weitere rund 300 Titel, die zum Teil ebenfalls knapp kommentiert sind. Anders als die meisten englischsprachigen Bibliographien wird hier auch die nicht-englischsprachige Literatur berücksichtigt. Blo

BLOTEVOGEL, Hans Heinrich, Manfred HOMMEL und Peter SCHÖLLER: Bibliographie zur Zentralitätsforschung. In: Peter SCHÖLLER (Hrsg.): Zentralitätsforschung. Darmstadt: Wissenschaftliche Buchgesellschaft 1972. S. 473-497. = Wege der Forschung 301.
Auswahlbibliographie mit 280 Titeln bis einschließlich 1969, die zwar unkommentiert, jedoch nach 12 Sachgebieten gruppiert sind. Blo

GUSTAFSSON, Knut und Elfried SÖKER: Bibliographie zum Untersuchungsobjekt 'Zentralörtliche Erscheinungen in Verdichtungsräumen'. In: Zentralörtliche Funktionen in Verdichtungsräumen. Hannover: Gebrüder Jänecke 1972. S. 185-201. = Veröffentlichungen der Akademie für Raumforschung und Landesplanung, Forschungs- und Sitzungsberichte 72.
Systematisch gegliederte, unkommentierte Auswahlbibliographie der Jahre 1960-1970, die damit an die Bibliographie von BERRY und PRED von 1961 anschließt. Schwerpunkt auf regionalwissenschaftlicher Literatur, quantitativen Methoden und englischsprachigen Titeln. Blo

STREUMANN, Charlotte u.a.: Gliederung nach Wirtschaftsräumen und funktionalen Bereichen. Deutschsprachige Schriften und Karten. Siehe 6.15.

6.15 Lehrbücher und allgemeine Aspekte der Wirtschaftsgeographie / Raumwirtschaftslehre

Einführungen in die allgemeine Wirtschaftsgeographie

HODDER, B.W. und Roger LEE: Economic geography. London: Methuen 1974 207 S. = The field of geography. Ca. 10,00 DM.
Als erste Einführung in wichtige Aspekte der modernen Wirtschaftsgeographie konzipiertes 'Textbook': Regelhaftigkeiten und Prozesse wirtschaftlicher Entscheidungen, Interaktionen und Entwicklungen werden systematisch und unter Berücksichtigung einfacher mathematischer Modellansätze dargestellt. Hei

McDANIEL, Robert und Michael E. ELIOT HURST: A systems analytic approach to economic geography. Washington, D.C.: Association of American Geographers 1968. 92 S. = Association of American Geographers, Commission on College Geography, Publication 8.
Als Leitfaden für den College-Unterricht geschriebenes Heft, in dem die Autoren versuchen, eine systemtheoretische Konzeption von Wirtschaftsgeographie in einfacher und knapper Form darzustellen. Blo

OTREMBA, Erich: Räumliche Ordnung und zeitliche Folge im industriell gestalteten Raum. Siehe 6.19.

TOYNE, Peter: Organisation, location and behaviour. Decision-making in economic geography. London: Macmillan 1974. 285 S. Ca. 16,00 DM.
Ausgehend von der Betrachtung der 'regional landscape' als System werden die wirtschaftsgeographisch relevanten Faktoren menschlicher Entscheidungsprozesse unter Berücksichtigung allgemeiner kulturgeographischer Modellvorstellungen und Quantifizierungsansätze systematisch-theoretisch behandelt. Wegen der verhältnismäßig leicht verständlichen und klar gegliederten Darstellungsform als Einführung in moderne Ansätze der Wirtschaftsgeographie (insbesondere des englischsprachigen Raumes) sehr geeignet. Hei

VOPPEL, Götz: Wirtschaftsgeographie. Stuttgart: Kohlhammer und Düsseldorf: Schwann 1970. 188 S. = Schaeffers Grundriß des Rechts und der Wirtschaft, Abt. III: Wirtschaftswissenschaften 98. 22,00 DM.
Konzentrierte Einführung in Aufgaben, Methoden und Grundlagen der Allgemeinen Wirtschaftsgeographie und ihrer wichtigsten Teilbereiche einschließlich der Geographie der zentralen Einrichtungen und Berufe und der Verkehrsgeographie. Zahlreiche ergänzende bzw. weiterführende Literaturhinweise am Ende eines jeden Kapitels ermöglichen ein vertiefendes Studium. Leider sehr teuer. Hei

Umfassende Lehrbuchdarstellungen der theoretisch-systematischen Wirtschaftsgeographie

CHISHOLM, Michael: Geography and economics. London: Bell 1970. 219 S.
Dieses in erster Linie für Geographen konzipierte Lehrbuch unterscheidet sich wesentlich von den üblichen Darstellungen der Allgemeinen Wirtschaftsgeographie in zumeist erdweiter Betrachtungsweise: Hier wird die Bedeutung fundamentaler wirtschaftswissenschaftlicher Ansätze und Theorien zur Erklärung raumrelevanter menschlicher Aktivitäten, d.h. die 'geographische Signifikanz ökonomischer Konzepte', anhand wichtiger Fragestellungen und ausgewählter Beispiele vornehmlich aus dem Bereich der Industriewirtschaft eingehend erläutert. Die Lektüre dieses Buches kann vor allem zur Vertiefung des Studiums der modernen Wirtschaftsgeographie, weniger jedoch als erste Einführung empfohlen werden. Hei

ELIOT HURST, Michael E.: A geography of economic behavior. An intro-

6.15 Lehrbücher und allgemeine Aspekte der Wirtschaftsgeographie / Raumwirtschaftslehre

Raum für Zusätze

duction. North Scituate, Mass.: Duxbury Press 1972. X, 427 S. Paperbackausgabe London: Prentice-Hall 1974. Ca. 20,00 DM.
Herausragendes umfassendes Lehrbuch der modernen Wirtschaftsgeographie. Geht konsequent von einem verhaltenstheoretischen Verständnis der (Wirtschafts-)Geographie aus, indem über deterministische Raumtheorien hinausgegangen wird und die menschlichen Handlungsweisen und die ihnen zugrunde liegenden Entscheidungen in den Mittelpunkt gestellt werden. Insgesamt ein sehr umfang- und inhaltsreicher Text, der zwar als einführendes 'Textbook' konzipiert ist, jedoch auf einem (für deutsche Lehrbuchverhältnisse) sehr hohen theoretisch-methodischen Niveau steht und dessen Lektüre nicht an der Sprachbarriere scheitern sollte. Zahlreiche anschauliche Graphiken sowie Literaturhinweise.
Blo

*

LLOYD, Peter E. und Peter DICKEN: Location in space: a theoretical approach to economic geography. New York: Harper & Row 1972. X, 292 S. Paperbackausgabe ca. 24,00 DM.
Didaktisch vorzüglich konzipiertes Lehrbuch, in dem, ausgehend von einem vereinfachten Modell einer 'Wirtschaftslandschaft', sämtliche Aspekte der von der Modellbildung und Systemtheorie geprägten modernen Wirtschaftsgeographie bzw. Raumwirtschaftslehre theoretisch dargestellt und anhand von Beispielen aus der westlichen Welt empirisch überprüft werden. Die benutzten quantitativen Techniken werden knapp erläutert und durch Darstellungen veranschaulicht. Zahlreiche Hinweise auf zugrunde liegende und weiterführende Literatur.
Hei

OTREMBA, Erich: Der Wirtschaftsraum - seine geographischen Grundlagen und Probleme. 2. neubearb. Aufl. von 'Die geographischen Grundlagen und Probleme des Wirtschaftslebens' von Rudolf LÜTGENS. Stuttgart: Franckh'sche Verlagshandlung 1969. 256 S. = Erde und Weltwirtschaft 1.
Grundlegendes, sehr gehaltvolles Einführungswerk, das jedoch weniger die Theorie als vielmehr die vielfältigen Aspekte des Wirtschaftsraumes als eine Einführung in wirtschaftsgeographische Probleme und Denkweisen zum Gegenstand der Darstellung hat. Behandelt werden auch die Beziehungen zu anderen kulturgeographischen sowie auch physischgeographischen Raummerkmalen. Weitgehend unberücksichtigt blieben neuere (quantitative) Analyseverfahren, insbesondere zur wirtschaftsräumlichen Gliederung.
Hei

Zur Konzeption der 'Ökonomischen Geographie' in der DDR

MOHS, G. (Hrsg.): Geographie und technische Revolution. Siehe 6.2.

SCHMIDT-RENNER, Gerhard: Elementare Theorie der Ökonomischen Geographie, nebst Aufriß der Historischen Ökonomischen Geographie. Siehe 6.2.

Sammelbände

SMITH, Robert H.T., Edward J. TAAFFE und Leslie J. KING (Hrsg.): Readings in economic geography. The location of economic activity. Chicago: Rand McNally 1968. 406 S.
Für das Studium der modernen Wirtschaftsgeographie sehr geeigneter Sammelband mit 21 Beiträgen (zumeist Abdrucken wichtiger Zeitschriftenaufsätze), darunter auch Darstellungen aus den Wirtschaftswissenschaften und der 'Regional Science'. Neben allgemeinen Einführungen in die wirtschaftsgeographische Standortanalyse (von H.H. McCARTY und R. HARTSHORNE) folgen im 1. Teil Abhandlungen über klassische Standorttheorien, sodann ausgewählte, relativ leicht verständliche empirische Fallstudien (Teil 2) sowie theoretische und empirische Beiträge für das fortgeschrittene Studium (Teile 3 und 4), die zumeist sehr stark quantitativ ausgerichtet sind und entsprechende Vorkenntnisse voraussetzen.
Hei

6.15
Lehrbücher
und allgemeine
Aspekte der
Wirtschaftsgeo-
graphie / Raum-
wirtschaftslehre

Raum für Zusätze

WIRTH, Eugen (Hrsg.): Wirtschaftsgeographie. Darmstadt: Wissenschaftliche Buchgesellschaft 1969. 566 S. = Wege der Forschung 219.
Sammelband mit insgesamt 30 Neuabdrucken wichtiger, die Entwicklung der deutschen Wirtschaftsgeographie aufzeigender Aufsätze bzw. kürzerer Beiträge mit starker Berücksichtigung bedeutender Ansätze aus der Zwischenkriegszeit (RÜHL, WAIBL, CREDNER). Im Vordergrund stehen Arbeiten zur Agrargeographie und Bergwirtschaftsgeographie, während einige Teildisziplinen der modernen Wirtschaftsgeographie (Fremdenverkehrsgeographie, Konsumgeographie) - entsprechend den früheren Forschungsschwerpunkten - unberücksichtigt blieben. Hei

Lehr- und Handbücher der Weltwirtschaftsgeographie

BAADE, Fritz: Dynamische Weltwirtschaft. Weltverkehrswirtschaft von Hugo HEECKT. München: List 1969. 503 S. = Harms Handbuch.
Sehr gehaltvolle, dabei allgemein verständlich geschriebene Gesamtdarstellung der Entwicklungsprozesse, Probleme und Kräfte der Weltwirtschaft. Neben der verhältnismäßig breiten Darstellung der Welternährungswirtschaft werden die Energiewirtschaft, Rohstoffwirtschaft und Verkehrswirtschaft sowie Zukunftsperspektiven für einen Ausgleich zwischen armen und reichen Ländern weltweit behandelt. Hei

▶ BOESCH, Hans: Weltwirtschaftsgeographie. 2. Aufl. Braunschweig: Westermann 1969. 312 S.
Inhaltlich sehr weit gespannte, einfach formulierte Globalübersicht mit jeweils unterschiedlichen Schwerpunktsetzungen innerhalb der nach den drei Wirtschaftssektoren gegliederten Hauptabschnitte, deren Lektüre durchaus als eine Einführung in die allgemeine Wirtschaftsgeographie empfohlen werden kann, wenngleich neuere quantifizierende Modellbildungen und systemtheoretische Ansätze weitgehend unberücksichtigt blieben. Hei

OBST, Erich: Allgemeine Wirtschafts- und Verkehrsgeographie. 3. Aufl. Berlin: Walter de Gruyter 1965. 698 S. = Lehrbuch der Allgemeinen Geographie 7.
Umfassende systematische Darstellung geographischer Grundlagen von Wirtschaft und Verkehr sowie der Ernährungswirtschaft, Industriewirtschaft, Energiewirtschaft und unterschiedlicher Wirtschaftsräume mit ihren Verkehrsbeziehungen in zumeist globaler Sicht. U.a. wegen der konventionellen methodischen Konzeption und der weitgehenden Vernachlässigung des tertiären Wirtschaftssektors nur in beschränktem Maße als einführendes Lehrbuch der modernen Wirtschaftsgeographie geeignet. Aufgrund der breit angelegten Stoffsammlung kann es vor allem als nützliches Nachschlagewerk dienen. Hei

OBST, Erich und Gerhard SANDNER: Nachtrag 1969 zur 3. Aufl. der Allgemeinen Wirtschafts- und Verkehrsgeographie (Lehrbuch der Allgemeinen Geographie VII). Berlin: Walter de Gruyter 1969. 64 S.
Zusammenstellung aktuelleren Zahlenmaterials (zumeist für 1968) zu den produktionsgeographischen Abschnitten des obigen Handbuchs. Hei

OTREMBA, Erich: Die Güterproduktion im Weltwirtschaftsraum. 3. Aufl. von Rudolf LÜTGENS: 'Die Produktionsräume der Erde' und Erich OTREMBA: 'Allgemeine Agrar- und Industriegeographie'. Stuttgart: Franckh'sche Verlagshandlung 1976. 407 S. = Erde und Weltwirtschaft. Ein Handbuch der Allgemeinen Wirtschaftsgeographie 2/3.
Umfassende, fundierte Lehrbuchdarstellung einer 'Produktionsgeographie' in systematischer, dabei globaler Betrachtungsweise. Nach der einleitenden Diskussion methodologischer Grundfragen folgen die Hauptkapitel 'Der Agrarraum und die ihn gestaltenden Kräfte', 'Wälder im Wirtschaftsraum', 'Bergwirtschaftsgebiete der Erde' und 'Industrie im Weltwirtschaftsraum'. Leider wurde gegenüber den früheren Teilbänden die Zahl der Abbildungen erheblich reduziert (nur 42 gegenüber 89 Abbildungen allein im Band 'Allgemeine Agrar- und Industriegeographie'). Hei

6.15
Lehrbücher
und allgemeine
Aspekte der
Wirtschaftsgeo-
graphie / Raum-
wirtschaftslehre

Raum für Zusätze

OTREMBA, Erich: Allgemeine Geographie des Welthandels und des Weltverkehrs. Siehe 6.20.

Methoden und Beispiele wirtschaftsräumlicher Gliederungen

BERRY, Brian J.L. und Andrzej WRÓBEL (Hrsg.): Economic regionalization and numerical methods. Final report of the Commission on Methods of Economic Regionalization of the International Geographical Union. Warschau: Państwowe Wydawnictwo Naukowe 1968. 240 S. = Geographia Polonica 15.
Wichtiger Sammelband zur modernen Methodik wirtschaftsräumlicher Gliederung, in dem die Arbeitsergebnisse einer internationalen geographischen Kommission für Fragen wirtschaftlicher Regionalisierung aus dem Zeitraum 1960-1968 zusammengefaßt sind. Den Hauptteil bilden 8 Einzelbeiträge zu methodischen und theoretischen Aspekten: Anwendungsmöglichkeiten komplexer mathematischer Techniken (Faktorenanalyse, Distanzgruppierung usw.), Gruppierungsalgorithmen für funktionale Regionen, Ansätze zur Entwicklung einer allgemeinen 'Feldtheorie'. Bei gewissen Vorkenntnissen ist der Band vorzüglich zur Einarbeitung in die komplexe Problematik 'numerischer Regionalisierung' geeignet. Hei

FISCHER, Alois: Die Struktur von Wirtschaftsräumen. Ein Beitrag zur Anwendung statistischer Methoden in der Regionalforschung. Wiesbaden: Franz Steiner 1969. 124 S. = Statistische Studien 4.
Wichtige Arbeit der volkswirtschaftlich orientierten regionalen Wirtschaftsforschung. Knappe Darstellung grundlegender theoretischer Ansätze sowie wichtiger Verfahren der deskriptiven und analytischen Statistik zur Abgrenzung und Typisierung von Wirtschaftsräumen. An zwei 'Testgebieten' werden die Möglichkeiten der Abgrenzung 'homogener Strukturregionen' mit Hilfe der Faktorenanalyse sowie regionale Entwicklungshypothesen mit Hilfe der 'Exportbasentheorie' überprüft.
Hei

GIESE, Ernst: Die ökonomische Bereichsgliederung im mittelasiatisch-kazachstanischen Raum der Sowjet-Union. In: Erdkunde 27, 1973, S. 265-279.
Eingehende Erörterung der Beweggründe und Kriterien der zu Anfang der 60er Jahre geschaffenen wirtschaftlichen Großraumgliederung. Mit Hilfe der Rang-Korrelationsanalyse werden vom Verfasser eigene Bereichsgliederungen nach agrarwirtschaftlichen und industriellen Merkmalen vorgenommen. Hei

HOTTES, Karlheinz, Emil MEYNEN und Erich OTREMBA: Wirtschaftsräumliche Gliederung der Bundesrepublik Deutschland. Geographisch-landeskundliche Bestandsaufnahme 1960-1969. Bonn - Bad Godesberg: Bundesforschungsanstalt für Landeskunde und Raumordnung 1972. 269 S. = Forschungen zur deutschen Landeskunde 193.
Umfangreicher Erläuterungsband zur Karte 'Wirtschaftsgeographische Gliederung der Bundesrepublik Deutschland' im Maßstab 1 : 1 Mill, die zugleich - nach einer mehr als 15jährigen Entwicklungszeit - im Atlas 'Die Bundesrepublik Deutschland in Karten' erschienen ist. (Vgl. auch die früheren konzeptionell-methodischen Beiträge von E. MEYNEN, K. HOTTES und R. KLÖPPER 1955 sowie von E. OTREMBA 1959). In dem knappen Vorwort dieses Bandes wird der Arbeitsgang der vom Zentralausschuß für deutsche Landeskunde und dem Institut für Landeskunde gemeinsam erarbeiteten wirtschaftsräumlichen Gliederung beschrieben. In der Einleitung sind die 'Richtlinien und Mitteilungen' abgedruckt, die den Bearbeitern als Grundlage ihrer Arbeit und zur Koordination dienten: sehr knappe Ausführungen zur 'Aufgabe' und zum 'Wesen der wirtschaftsräumlichen Gliederung', zum 'Begriff der wirtschaftsräumlichen Einheit', zu 'Grenzen und Größe der wirtschaftsräumlichen Einheiten' sowie - etwas ausführlicher - zur 'Arbeitsmethode' und zu den 'Erfassungs- und Abgrenzungsmerkmalen'. Die kurzen textlichen Erläuterungen berücksichtigen zunächst die übergeordneten 'Wirtschaftsgebiete', sodann die darin eingeschlossenen 'Wirtschaftsbe-

6.15
Lehrbücher
und allgemeine
Aspekte der
Wirtschaftsgeographie / Raumwirtschaftslehre

Raum für Zusätze

zirke' und schließlich die große Zahl der 'wirtschaftsräumlichen Einheiten'.
He

KLEMMER, Paul und Dieter KRAEMER: Regionale Arbeitsmärkte. Ein Abgrenzungsvorschlag für die Bundesrepublik Deutschland. Siehe 7.2.

KRAEMER, Dieter: Funktionale Raumeinheiten für die regionale Wirtschaftspolitik. Siehe 7.2.

▶ MEYNEN, Emil: Die wirtschaftsräumliche Gliederung Deutschlands, Aufgabe und Methode. In: Deutscher Geographentag Hamburg 1955. Tagungsbericht und wissenschaftliche Abhandlungen. Wiesbaden: Franz Steiner 1957. S. 274-281. = Verhandlungen des Deutschen Geographentages 30.
Einführungsreferat zur Problematik der von einem (späteren) Arbeitskreis entwickelten wirtschaftsräumlichen Gliederung der BRD (siehe oben K. HOTTES, E. MEYNEN und E. OTREMBA 1972), dem während des damaligen Geographentages die exemplarische Darstellung und Interpretation von Kartierungen wirtschaftsräumlicher Einheiten im nördlichen Rheinland durch Karlheinz HOTTES sowie am Mittelrhein durch Rudolf KLÖPPER folgten. Kennzeichnend für die deutsche wirtschaftsgeographische Forschungsausrichtung der 50er und großenteils noch der 60er Jahre (vgl. auch G. VOPPEL 1969).
He

▶ OTREMBA, Erich: Struktur und Funktion im Wirtschaftsraum. In: Berichte zur deutschen Landeskunde 23, 1959, S. 15-28. Auch in: Eugen WIRTH (Hrsg.): Wirtschaftsgeographie. Darmstadt: Wissenschaftliche Buchgesellschaft 1969. S. 422-440. = Wege der Forschung 219.
Die Probleme der Inhaltsbestimmung, empirischen Erfassung und Abgrenzung struktureller und funktionaler Wirtschaftsräume (wirtschaftsräumlichen Einheiten) sowie der gegenseitigen Beziehungen beider Raumkategorien zueinander werden diskutiert. Der Beitrag kennzeichnet gut den Methodenstand bei der Erarbeitung der 'wirtschaftsräumlichen Gliederung' in der BRD.
Hei

SCHAMP, Eike W.: Das Instrumentarium zur Beobachtung von wirtschaftlichen Funktionalräumen. Wiesbaden: Franz Steiner 1972. 184 S. = Kölner Forschungen zur Wirtschafts- und Sozialgeographie 16.
Gut verständlich geschriebener methodischer Beitrag. Knappe Kennzeichnung der Entwicklung der geographischen funktionellen Betrachtungsweise und Gegenüberstellung des sozialwissenschaftlichen Funktionalismus. Das Schwergewicht der Studie liegt auf der kritischen zusammenfassenden und teilweise methodisch weiterführenden Darstellung der Eignung von Merkmalen zur Erfassung wirtschaftlicher Funktionalräume, der Problematik von Abgrenzungsverfahren sowie der Quantifizierung der inneren Beziehungen von Funktionalräumen.
Hei

SCHOLZ, Dieter: Zur Methode der wirtschaftsräumlichen Gliederung in der DDR. In: Petermanns Geographische Mitteilungen 112, 1968, S. 28-36.
Mit diesem methodisch interessanten Beitrag wurde zunächst versucht, die wenigen bis 1968 in der DDR publizierten Ansätze und Ergebnisse zur wirtschaftsräumlichen Gliederung im Verhältnis zum internationalen Stand zu beleuchten. Der Schwerpunkt liegt auf der Ableitung einer hierarchischen Gliederung von Wirtschaftsgebieten durch Zuordnung zu bzw. Zusammenfassung von sog. 'Zentralortbereichen', die nicht nur durch Versorgungs-, sondern auch durch Liefer- und Pendelverflechtungen gekennzeichnet sind. Diskutiert werden auch die Beziehungen zwischen Wirtschaftsgebieten und Versorgungseinheiten sowie das Problem der sog. Rayonierung in der DDR.
Hei

TODT, Horst: Zur Abgrenzung von wirtschaftlichen Regionen. In: Zeitschrift für die gesamte Staatswissenschaft 127, 1971, S. 284-295.
Knapper Beitrag mit dem Versuch der Abgrenzung 'strukturierter Regionen' nach dem Prinzip der 'minimalen Potentialdichte' am Beispiel der BRD. Zugrunde gelegt wurde eine Variante des sog. Potentialmodells

6.15
Lehrbücher
und allgemeine
Aspekte der
Wirtschaftsgeo-
graphie / Raum-
wirtschaftslehre

Raum für Zusätze

(nach B. HARRIS 1964), womit die räumliche Verteilung des 'ökonomischen Potentials' anhand der Einwohnerzahlen der Kreise der BRD gemessen wurde.
                      Hei

VOPPEL, Götz: Analyse und Erfassung eines Wirtschaftsraumes. In: Geographische Rundschau 21, 1969, S. 369-379.
Erörterung der begrifflichen Fassung, der Gestaltungsprinzipien, Abgrenzung und Erfassung von strukturell-funktional bestimmten Wirtschaftsräumen, die in erster Linie die seit Mitte der 50er Jahre in der BRD erfolgte wissenschaftliche Diskussion über die Problematik wirtschaftsräumlicher Gliederungen zusammenfaßt. Als Einstieg in die wirtschaftsgeographische Betrachtungsweise geeignet.
                      Hei

<u>Beispiele komplexer wirtschaftsgeographischer Regionalstudien</u>

BARTELS, Dietrich: Die Bochumer Wirtschaft in ihrem Wandel und ihrer räumlichen Verflechtung. In: Bochum und das mittlere Ruhrgebiet. Festschrift zum 35. Deutschen Geographentag Bochum 1965. Paderborn: Ferdinand Schöningh 1965. S. 129-150. = Bochumer Geographische Arbeiten 1.
Gründliche und methodisch interessante Fallstudie, in der zunächst wichtige Merkmale des wirtschaftlichen Strukturwandels der Ruhrgebietsgroßstadt für vier wesentliche, für das gesamte Ruhrgebiet wirksame 'dynamische Tendenzen' zurückgeführt werden. Behandelt werden außerdem der interessante Aspekt der kommunalen Finanzsituation und deren Beeinflussung durch die wirtschaftlichen Wandlungen sowie die regionale Stellung und Verflechtungen der Wirtschaft, darunter auch die zentralörtlichen Beziehungen.
                      Hei

DAHLKE, Jürgen: Der westaustralische Wirtschaftsraum. Möglichkeiten und Probleme seiner Entwicklung unter dem Einfluß von Bergbau und Industrie. Bericht einer Reise von 1973. Wiesbaden: Franz Steiner 1975. 167 S. = Aachener Geographische Arbeiten 7.
Gehaltvolle Darstellung, in der vor allem die jüngeren Tendenzen und unterschiedlichen Probleme der Raumentwicklung in den großen Ungunstgebieten des tropischen Nordens sowie in dem kleinen Ballungsgebiet im Südwesten des Bundeslandes Westaustralien gegenübergestellt werden.
                      Hei

GROTZ, Reinhold: Die Wirtschaft im Mittleren Neckarraum und ihre Entwicklungstendenzen. In: Geographische Rundschau 28, 1976, S. 14-26.
Gedankenreiche und klar formulierte Darstellung der modernen wirtschaftlichen Entwicklungsprozesse, ihrer Ursachen, Einzelaspekte und Auswirkungen in einem großen Ballungsgebiet (Stuttgart). Besondere Beachtung wird der Entwicklung der Beschäftigungsstruktur und dem Wachstum der Ballungsrandzone durch Gewerbeverlagerungen geschenkt, illustriert durch anschauliche Abbildungen.
                      Blo

HEINEBERG, Heinz: Wirtschaftsgeographische Strukturwandlungen auf den Shetland-Inseln. Siehe 1.4.

MAIER, Jörg: Die Leistungskraft einer Fremdenverkehrsgemeinde. Modellanalyse des Marktes Hindelang/Allgäu. Ein Beitrag zur wirtschaftsgeographischen Kommunalforschung. Siehe 6.8.

WAGNER, Horst-Günter: Italien. Wirtschaftsräumlicher Dualismus als System. In: Geographisches Taschenbuch 1975/76, S. 57-79.
Knappe, interessante Darstellung wesentlicher Bestimmungsgründe und Entwicklungstrends der italienischen Wirtschaftsstruktur, wobei vor allem am Indikator der Bevölkerungsdynamik der wirtschaftliche Nord-Süd-Gegensatz Italiens aufgezeigt wird.
                      Hei

6.15
Lehrbücher
und allgemeine
Aspekte der
Wirtschaftsgeographie / Raumwirtschaftslehre

Raum für Zusätze

Spezielle Aspekte

- Regionale Wirtschaftsentwicklung und Wirtschaftsgeist

WIRTH, Eugen: Der heutige Irak als Beispiel orientalischen Wirtschaftsgeistes. In: Die Erde 8, 1956, S. 30-50. Auch in Eugen WIRTH (Hrsg.): Wirtschaftsgeographie. Darmstadt: Wissenschaftliche Buchgesellschaft 1969. S. 391-421. = Wege der Forschung 219.
Eine auch heute noch sehr lesenswerte Studie, in der aufgrund eigener Beobachtungen versucht wurde, die für die Gestaltung des orientalischen Wirtschaftsgeistes im Irak maßgebenden Faktoren (vor allem die geschichtliche und soziale Entwicklung) aufzuzeigen. Der Verfasser setzt sich dabei auch mit den Auffassungen A. RÜHLs auseinander, der bereits früher die Bedeutung des Wirtschaftsgeistes für die regionale Differenzierung der Wirtschaft herausgearbeitet hat. Untersucht wird auch die Objektivierung des Wirtschaftsgeistes in der Physiognomie der Kulturlandschaft. Hei

- Internationale Verflechtungen

FREEMAN, Donald B.: International trade, migration, and capital flows: a quantitative analysis of spatial economic interaction. Chicago: University of Chicago, Department of Geography 1973. XIV, 201 S. = University of Chicago, Department of Geography, Research Paper 146.
Recht anspruchsvolle Untersuchung internationaler Verflechtungen, basierend auf dem Konzept der 'Feldtheorie' von B. BERRY. Berücksichtigt werden Handelsverflechtungen, Wanderungen sowie Kapital- und Informationsflüsse zwischen fast allen Staaten der Erde. Nach einer Zusammenfassung theoretischer Ansätze zur Erklärung internationaler Verflechtungen (insb. der Raumwirtschaftstheorie) steht die quantitative Analyse der Interaktionsmatrizen im Mittelpunkt, wobei durch mehrere Faktorenanalysen Interaktionsfaktoren und Strukturfaktoren ermittelt werden, die wiederum einer kanonischen Analyse unterzogen werden. Die Lektüre dieser sehr gehaltvollen Arbeit setzt erhebliche theoretische und statistische Vorkenntnisse voraus. Blo

- Regionale Einkommensverteilung

WARNTZ, William: Macrogeography and income fronts. Philadelphia, Pa.: Regional Science Research Institute 1965. 117 S. = Regional Science Research Institute, Monograph Series 3.
Interessante Analyse der räumlichen Verteilung des Einkommens und sog. 'Einkommensfronten' in den USA und in der Welt mit Hilfe des Potentialmodells, d.h. der Konstruktion von Einkommenspotentialoberflächen (Isopotentialkarten). Hei

- Infrastrukturinvestitionen

BOESLER, Klaus-Achim: Infrastrukturraum und Wirtschaftsraum. In: Deutscher Geographentag Kiel 1969. Tagungsbericht und wissenschaftliche Abhandlungen. Wiesbaden: Franz Steiner 1970. S. 299-308. = Verhandlungen des Deutschen Geographentages 37.
Nach Definitionen der Begriffe 'Infrastruktur', 'öffentliche Einrichtungen' und 'Infrastrukturraum' wird die geographische Relevanz öffentlicher Investitionen herausgestellt und über empirische Untersuchungen berichtet, in denen der Umfang und die Verwendung von Infrastrukturinvestitionen (auf der Basis der Gemeinde- und Kreishaushalte 1952-1966) im Rhein-Neckar-Raum erfaßt und analysiert wird. Blo

Einführungen in die allgemeine Volkswirtschaftslehre

EHRLICHER, Werner, Ingeborg ESENWEIN-ROTHE, Harald JÜRGENSEN und Klaus ROSE: Kompendium der Volkswirtschaftslehre. 2 Bände. Göttingen: Vandenhoeck & Ruprecht. Band 1: 5. Aufl. 1975. 600 S. Band 2:

6.15
Lehrbücher und allgemeine Aspekte der Wirtschaftsgeographie / Raumwirtschaftslehre

Raum für Zusätze

4. Aufl. 1975. 532 S.
Das Werk gibt einen umfassenden Gesamtüberblick über den Stand der Volkswirtschaftslehre (Volkswirtschaftstheorie und Volkswirtschaftspolitik). Die einzelnen Themenbereiche werden durch Beiträge namhafter Autoren abgedeckt.
Ker

HEERTJE, Arnold: Grundbegriffe der Volkswirtschaftslehre. Berlin/Heidelberg/New York: Springer 1970. X, 207 S. = Heidelberger Taschenbücher 78.
Sehr einfach formulierte und übersichtlich gegliederte Darstellung der grundlegenden Begriffe und Zusammenhänge der modernen Volkswirtschaftslehre, allerdings ohne Berücksichtigung der räumlichen Dimension. Auch zum Nachschlagen volkswirtschaftlicher Begriffe geeignet.
Blo

HEERTJE, Arnold: Volkswirtschaftslehre. Grundbegriffe der Volkswirtschaftslehre II. Berlin/Heidelberg/New York: Springer 1971. IX, 163 S. = Heidelberger Taschenbücher 90.
Dieser Band, der inhaltlich auf dem oben genannten ersten Band aufbaut und dessen Kenntnis voraussetzt, vertieft insbesondere das volkswirtschaftstheoretische Modelldenken und gibt eine Einführung in die Ökonometrie. Auch hier wird die Raumwirtschaftslehre leider nicht behandelt.
Blo

SAMUELSON, Paul A.: Volkswirtschaftslehre. 2 Bände. 5. Aufl. Köln: Bund-Verlag 1972. 464 und 628 S.
Durch viele Beispiele (vorwiegend aus den USA) wirklichkeitsnahes und lebendig geschriebenes Lehrbuch der Volkswirtschaftslehre. In der gesamtwirtschaftlichen Betrachtung wird sowohl der wirtschaftspolitische als auch der mikroökonomische Aspekt berücksichtigt. Das didaktisch gut aufbereitete Werk ist wegen seines Umfanges für Geographen in erster Linie zur Vertiefung einzelner Aspekte und zum Nachschlagen wichtig.
Ker

Wirtschaftliche Entwicklungsstadien

BOBEK, Hans: Die Hauptstufen der Gesellschafts- und Wirtschaftsentfaltung in geographischer Sicht. Siehe 6.2.

FOURASTIÉ, Jean: Le grand espoir du XXe siècle. 1. Aufl. Paris: Presses Universitaires de France 1949. Deutsche Übersetzung unter dem Titel: Die große Hoffnung des Zwanzigsten Jahrhunderts. 3. Aufl. Köln: Bund-Verlag 1969 (^{1}1954). 279 S.
Originärer Entwurf einer Neuinterpretation gesamtwirtschaftlichen Geschehens. FOURASTIÉ weist dem Begriff der 'Arbeitsproduktivität' (pro Zeiteinheit durch menschliche Arbeit erzeugter Wert) eine Schlüsselstellung zu und unterscheidet danach primäre, sekundäre und tertiäre Tätigkeiten, die in etwa (nicht identisch!) den herkömmlichen Wirtschaftssektoren (insb. nach Colin CLARK) entsprechen. Nach dem Anteil der Tätigkeiten lassen sich verschiedene volkswirtschaftliche Entwicklungsstadien unterscheiden: 1) 'primäre' (= agrarisch geprägte) Zivilisation vor 1800, 2) Übergangsperiode (wechselnde Anteile der Sektoren, vorübergehend hoher Anteil des sekundären Sektors) 1800-2000, 3) 'tertiäre' Zivilisation (Anteil des tertiären Sektors über 80%) ab 2000. Wenn auch im einzelnen umstritten und empirisch widerlegt, so behält das Werk doch seine Bedeutung als höchst anregender Entwurf.
Blo

ROSTOW, Walt Whitman: Stadien wirtschaftlichen Wachstums. Siehe 7.5.

Abhandlungen zur allgemeinen Betriebswirtschaftslehre bzw. betriebswirtschaftlichen Standortbestimmungslehre

BEHRENS, Karl Christian: Allgemeine Standortbestimmungslehre. 2. Aufl. Opladen: Westdeutscher Verlag 1971 (^{1}1961). 120 S. = UTB 27. 12,80 DM.

6.15
Lehrbücher
und allgemeine
Aspekte der
Wirtschaftsgeo-
graphie / Raum-
wirtschaftslehre

Raum für Zusätze

Einführung in Problemstellung und Methoden der betriebswirtschaftlichen Standortbestimmungslehre, in der - ohne die 'klassischen' abstrakten, meist jedoch nur wenige Faktoren berücksichtigenden Standorttheorien (z.B. J.H. v. THÜNEN, A. WEBER) zu vernachlässigen - die vielfältigen, real vorkommenden Einflußgrößen systematisiert und knapp erläutert werden. Der Band bietet daher besonders für empirische wirtschaftsgeographische Arbeiten eine geeignete theoretische Grundlage.
Hei

WÖHE, Günter: Einführung in die Allgemeine Betriebswirtschaftslehre. 11. Aufl. Berlin: Franz Vahlen 1974. XXIV, 1026 S. = Vahlen's Handbücher der Wirtschafts- und Sozialwissenschaften.
Ein Lehrbuch, welches sich vor allem an Studierende ohne große Vorkenntnisse wendet. Es wird eine breite Übersicht über die Grundlagen der Betriebswirtschaftslehre gegeben, die dem Leser gut verständlich nahegebracht werden.
Ker

Wirtschaftsgeographie und Raumwirtschaftslehre bzw. Wirtschaftswissenschaften

- Einführende Darstellungen

▶ BÖVENTER, Edwin von: Allgemeine Wirtschaftstheorie und räumliche Wirtschaftsbeziehungen. In: Zeitschrift für die gesamte Staatswissenschaft 121, 1965, S. 633-645.
Leicht verständliche knappe Darstellung elementarer Prinzipien der raumwirtschaftlichen Betrachtungsweise, die als Einführung sehr geeignet ist. Behandelt werden vor allem folgende 'spezielle Merkmale des Raumes': die Transportkosten, die Konkurrenz im Raum und Agglomerationseffekte.
Hei

▶ McNEE, Robert B.: The changing relationships of economics and economic geography. In: Economic Geography 35, 1959, S. 189-198. Deutsche Übersetzung unter dem Titel: Der Wandel der Beziehungen zwischen Wirtschaftswissenschaft und Wirtschaftsgeographie. In: Dietrich BARTELS (Hrsg.): Wirtschafts- und Sozialgeographie. Köln/Berlin: Kiepenheuer & Witsch 1970. S. 405-417. = Neue Wissenschaftliche Bibliothek 35.
Ausgehend von einer Skizzierung der geschichtlichen Entwicklung beider Disziplinen, die bis in das 20. Jahrhundert weitgehend getrennt verlief, wird die wechselseitige Annäherung in der neuesten Forschungsentwicklung herausgestellt und eine engere Kooperation gefordert. Geeignet zur Einführung in die Konzeption der Wirtschaftsgeographie.
Blo

SCHÄTZL, Ludwig: Zur Konzeption der Wirtschaftsgeographie. In: Die Erde 105, 1974, S. 124-134.
Mit dieser knappen theoretischen Darlegung versucht der Verfasser, ausgehend von einem 'raumwissenschaftlichen Ansatz der Geographie', die Aufgaben und die Konzeption einer modernen, problemorientierten, stark von der Raumwirtschaftstheorie beeinflußten Wirtschaftsgeographie zu umreißen: 1) Die theoretische Erklärung der räumlichen Ordnung der Wirtschaft (z.B. Erstellung räumlicher Gleichgewichtstheorien), 2) Die empirische Erfassung, Beschreibung und Analyse räumlicher Prozesse, 3) Beitragsleistung zur Lenkung des räumlichen Prozeßablaufs in Richtung auf eine Optimierung wirtschafts- und gesellschaftspolitischer Zielsetzungen. Wegen der sehr konzentrierten Formulierung und des relativ hohen Abstraktionsniveaus nur sehr bedingt zur Einführung geeignet.
Hei

WITT, Werner: Ökonomische Raummodelle und geographische Methoden. Siehe 6.2.

*6.15
Lehrbücher
und allgemeine
Aspekte der
Wirtschaftsgeo-
graphie / Raum-
wirtschaftslehre*

Raum für Zusätze

- Kürzere Grundsatzbeiträge und Überblicksdarstellungen der Raumwirtschaftstheorie

BÖVENTER, Edwin von: Raumwirtschaftstheorie. In: Handwörterbuch der Sozialwissenschaften. Band 8. Stuttgart: Gustav Fischer, Tübingen: Mohr (Paul Siebeck) und Göttingen: Vandenhoeck & Ruprecht 1964. S. 704-728.
Konzentriert formulierte, insgesamt nicht leicht verständliche Überblicksdarstellung wesentlicher Fragestellungen, Forschungsansätze und Methoden der Raumwirtschaftstheorie, die einerseits als Teil der von W. ISARD begründeten Regional Science aufgefaßt wird, andererseits die Standorttheorie mit einschließt. Der Beitrag widmet sich vor allem wichtigen Partialmodellen der landwirtschaftlichen, städtischen und industriellen Standortlehren, den Untersuchungsansätzen über räumliche Konkurrenzbeziehungen und Marktgebiete sowie den Modellen von CHRISTALLER und LÖSCH (und Weiterentwicklungen) und den Totalmodellen der Wirtschaft (WALRAS-Modelle). Als Untersuchungsmethoden werden besonders die interregionale lineare Programmierung und Input-Output-Analyse sowie die Industrie-Komplex-Analyse berücksichtigt. Hei

BÖVENTER, Edwin von: Die Struktur der Landschaft. Versuch einer Synthese und Weiterentwicklung der Modelle J.H. von Thünens, W. Christallers und A. Löschs. In: Rudolf HENN, Gottfried BOMBACH und Edwin von BÖVENTER: Optimales Wachstum und Optimale Standortverteilung. Berlin: Duncker & Humblot 1962. S. 77-133. = Schriften des Vereins für Socialpolitik N.F. 27.
Unter 'Struktur der Landschaft' wird hier die 'regionale Verteilung von Produzenten und Konsumenten', d.h. die räumliche Differenzierung der Wirtschaft verstanden, die mittels raumwirtschaftlicher Theorien bzw. Modelle erklärt werden soll. In diesem grundlegenden Beitrag geht BÖVENTER zunächst auf die raumwirtschaftlichen Partialmodelle THÜNENs (Agrarwirtschaft), LÖSCHs (in stark modifizierter Form für den sekundären Sektor) und CHRISTALLERs (für den tertiären Sektor) ein, deren Grundgedanken in knapper Form herausgearbeitet werden. Im zweiten Teil wird dann versucht, vor allem die Modelle LÖSCHs und CHRISTALLERs weiterzuentwickeln und zu verknüpfen. Wirtschaftswissenschaftliche Grundkenntnisse erforderlich. Blo

BORRIES, Hans-Wilkin von: Ökonomische Grundlagen der westdeutschen Siedlungsstruktur. Siehe 6.11.

CHISHOLM, Michael: In search of a basis for location theory: microeconomics or welfare economics? In: Progress in Geography 3. London: Arnold 1971. S. 111-133.
Diskussionsbeitrag zu Grundfragen der Standort- und Raumwirtschaftstheorien. Im Gegensatz zu der gegenwärtig häufigen Bevorzugung deskriptiv-probabilistischer Modelle betont CHISHOLM die daneben unveränderte Bedeutung normativ-deterministischer Standorttheorien, z.B. für planerische Aufgaben auf regionaler und nationaler Ebene. Ansatzpunkte für die (Weiter-)Entwicklung dieser Theorien werden dabei weniger auf der klassischen mikroökonomischen Ebene (Standortentscheidungen einzelner Firmen) gesehen, sondern auf makroökonomischer Ebene durch die Einbeziehung sozialer Wohlfahrt als Norm. Vorkenntnisse empfehlenswert. Blo

ISARD, Walter und Thomas A. REINER: Regionalforschung: Rückschau und Ausblick. Siehe 6.2.

OLSSON, Gunnar und Stephen GALE: Spatial theory and human behavior. Siehe 6.2.

 STAVENHAGEN, Gerhard: Industriestandortstheorien und Raumwirtschaft. In: Handwörterbuch der Raumforschung und Raumordnung. Band II. 2.

6.15
Lehrbücher
und allgemeine
Aspekte der
Wirtschaftsgeographie / Raumwirtschaftslehre

Raum für Zusätze

Aufl. Hannover: Gebrüder Jänecke 1970. Spalten 1281-1309.
Gute zusammenfassende und kritische Darstellung wichtiger 'Standorttheorien' und grundlegender Modelle der Raumwirtschaftstheorie. Hei

▶ TÖPFER, Klaus: Überlegungen zur Quantifizierung qualitativer Standortfaktoren. In: Zur Theorie der allgemeinen und der regionalen Planung. Bielefeld: Bertelsmann Universitätsverlag 1969. S. 149-163.
= Beiträge zur Raumplanung 1.
In diesem methodisch interessanten Beitrag werden zunächst 3 Hindernisse für die Entwicklung einer allgemeinen erklärungs- und prognosefähigen Standorttheorie aufgezeigt: 1) bestehende Informationslücken insb. in bezug auf die 'empirischen Wirkungszusammenhänge', 2) Bezug dieser Theorie(n) auf menschliche Entscheidungen, so daß Annahmen üb die individuellen Zielsetzungen erforderlich werden, 3) das Problem der Quantifizierung qualitativer Standortfaktoren. Der Aufsatz beschäftigt sich eingehend mit dem 3. Problem, d.h. den Möglichkeiten und Grenzen des Messens qualitativer Sachverhalte, führt dabei zugleich allgemein in Skalierungsverfahren ein, diskutiert bisherige 'Meßversuche' und Bewertungssysteme (Punktsysteme) und mißt abschlie ßend sog. 'mehrparametrischen Maßen' für die Kennzeichnung von Standortqualitäten die relativ größte Bedeutung zu. He.

- Geographische Einzelbeiträge zur Theorie der wirtschaftlichen Raumorganisation

ANGEL, Shlomo und Geoffrey M. HYMAN: Transformations and geographic theory. Siehe 4.3.

CHRISTALLER, Walter: Die zentralen Orte in Süddeutschland. Eine ökonomisch-geographische Untersuchung über die Gesetzmäßigkeit der Verbreitung und Entwicklung der Siedlungen mit städtischen Funktionen. Siehe 6.14.

CURRY, Leslie: Central places in the random spatial economy. Siehe 6.14.

CURRY, Leslie: The random spatial economy: an exploration in settlement theory. Siehe 6.2.

RUSHTON, Gerard: Analysis of spatial behavior by revealed space preference. Siehe 6.2.

TÖRNQVIST, Gunnar: Contact systems and regional development. Siehe 6.20.

WOLPERT, Julian: The decision process in spatial context.
WOLPERT, Julian: Eine räumliche Analyse des Entscheidungsverhaltens in der mittelschwedischen Landwirtschaft. Siehe 6.2.

- Umfassende Darstellungen der Raumwirtschaftslehre

ISARD, Walter: Location and space-economy. A general theory relating to industrial location, market areas, land use, trade, and urban structure. Cambridge, Mass./London: M.I.T. Press 1956. XIX, 350 S.
= The Regional Science Studies Series 1.
Berühmter Entwurf einer Raumwirtschaftstheorie, der unter Anknüpfung an die älteren Standorttheoretiker (insb. A. WEBER, PREDÖHL, WEIGMANN, PALANDER, LÖSCH) zwar ebenfalls die Faktoren des Industriestandortes in den Mittelpunkt stellt, doch diese mit den anderen im Untertitel genannten Bereichen verknüpft. Die Darstellung setzt wirtschaftswissenschaftliche Grundkenntnisse voraus, und manche Kapitel dürften wegen ihrer wirtschaftstheoretischen Ausrichtung den Geographen überfordern, doch sollte man das Buch wegen seiner grundlegenden Bedeutung für ein vertieftes Studium unbedingt heranziehen. Für Geographen besonders interessant: Kapitel 3 (empirische Regelhaftigkeiten) und Ka-

**6.15
Lehrbücher und allgemeine Aspekte der Wirtschaftsgeographie / Raumwirtschaftslehre**

Raum für Zusätze

pitel 11 (graphische Veranschaulichung der raumwirtschaftlichen Modelle). *Blo*

ISARD, Walter u.a.: General theory. Siehe 6.2.

LAUSCHMANN, Elisabeth: Grundlagen einer Theorie der Regionalpolitik. Siehe 7.2.

LÖSCH, August: Die räumliche Ordnung der Wirtschaft. 3. Aufl. Stuttgart: Gustav Fischer 1962 (^{1}1940). XV, 380 S. Kurzer Auszug auch in: Peter SCHÖLLER (Hrsg.): Zentralitätsforschung. Darmstadt: Wissenschaftliche Buchgesellschaft 1972. S. 23-53. = Wege der Forschung 301.
Unveränderter Nachdruck der 2. Aufl. von 1944 dieses Klassikers der Raumwirtschaftstheorie, dem auch für die Entwicklung der Theoretischen Geographie eine grundlegende Bedeutung zukommt. In den ersten Teilen entwirft LÖSCH unter Anknüpfung an die industrielle und landwirtschaftliche Standortlehre systematisch eine Theorie der räumlichen Organisation der Wirtschaft, wobei neben der Darstellung der standorttheoretischen Grundlagen (Teil 1) und der Handelstheorie (Teil 3) vor allem der an CHRISTALLER anknüpfende Teil 2 von Interesse ist, der die räumliche Anordnung von Marktgebieten behandelt. Im 4. Teil ('Beispiele') wird an einer Fülle von wirtschaftsgeographischen Einzelstudien die Wirksamkeit der theoretischen Gedankengänge in der Realität demonstriert. Leider ist die Darstellung nicht immer leicht lesbar (und setzt zudem wirtschaftswissenschaftliche Grundkenntnisse voraus), doch lohnt für ein vertieftes Studium zumindest eine Teillektüre (Teile 1 und 2, Teil 4 kursorisch). *Blo*

RICHARDSON, Harry W.: Regional economics. Location theory, urban structure and regional change. London: World University, Weidenfeld and Nicolson 1972. XII, 457 S.
Umfassendes Lehrbuch der Raumwirtschaftslehre, das sich von wirtschaftswissenschaftlicher Seite mit der räumlichen Organisation der Volkswirtschaft befaßt. Nach einer Darstellung der allgemeinen Standorttheorie im ersten Teil (104 S.) folgt im zweiten Teil eine systematische Abhandlung über die Stadtwirtschaft (101 S.), während der dritte Teil auf <u>regionaler</u> Ebene die Grundzüge der Wirtschaftsforschung und Regionalpolitik behandelt (206 S.). *Blo*

THÜNEN, Johann Heinrich von: Der isolierte Staat in Beziehung auf Landwirtschaft und Nationalökonomie. Siehe 6.16.

- Allgemeine und regionale Wachstumstheorie

FRITSCH, Bruno (Hrsg.): Entwicklungsländer. Siehe 7.5.

LEWIS, W.A.: Die Theorie des wirtschaftlichen Wachstums. Siehe 7.5.

RICHARDSON, Harry W.: Regional growth theory. London/Basingstoke: MacMillan 1973. VIII, 264 S.
Umfassende Darstellung theoretischer Ansätze zur Erklärung regionalen Wirtschaftswachstums. Als neuestes Lehrbuch des bekannten britischen Regionalökonomen wohl eines der derzeit besten Lehrbücher zur Raumwirtschaftslehre bzw. theoretischen Wirtschaftsgeographie. Deutlich ist eine zunehmend kritische Einschätzung der neoklassischen Modelle zugunsten einer stärkeren Berücksichtigung der Agglomerationsprozesse und -vorteile. Volks- bzw. raumwirtschaftliche Vorkenntnisse sind erforderlich. *Blo*

ROSTOW, Walt Whitman: Stadien wirtschaftlichen Wachstums. Siehe 7.5.

SIEBERT, Horst: Zur Theorie des regionalen Wirtschaftswachstums. Tübingen: Mohr (Paul Siebeck) 1967. XI, 182 S. = Schriften zur angewandten Wirtschaftsforschung 11.
Theoretischer Versuch, die allgemeine volkswirtschaftliche Wachstums-

6.15
Lehrbücher
und allgemeine
Aspekte der
Wirtschaftsgeographie / Raumwirtschaftslehre

Raum für Zusätze

theorie durch die Einführung der Raumdimension und durch die Anwendung auf Regionen weiterzuentwickeln, um die Lücke zu den wenigen vorliegenden regionalen Wachstumsmodellen (Theorie der Wachstumspole Exportbasiskonzept) zu verringern. Im Mittelpunkt des ersten Teils steht die Analyse regionsinterner Wachstumsdeterminanten; im zweiten Teil werden interregionale Beziehungen (d.h. regionsexterne Wachstumsdeterminanten) in die Betrachtung einbezogen, bevor im 3. Teil ein Gesamtmodell konstruiert wird und regionalpolitische Folgerungen abgeleitet werden. Die Darstellung setzt wirtschaftstheoretische Vor kenntnisse voraus und ist nicht immer leicht lesbar, sollte jedoch für ein vertieftes Studium der raumwirtschaftlichen Theorie herangezogen werden, auch wenn der Verzicht auf empirische Bezüge den Wert gerade für Geographen etwas mindert. Eine wesentlich veränderte Neubearbeitung erschien unter dem Titel:
SIEBERT, Horst: Regionales Wirtschaftswachstum und interregionale Mobilität. Tübingen: Mohr (Paul Siebeck) 1970. VII, 258 S.
Wie aus dem Titel hervorgeht, wurden hier vor allem die Kapitel über die interregionale Mobilität als Wachstumsdeterminanten erheblich erweitert. Diese behandeln die Mobilität von Arbeit und Kapital, die Mobilität technischen Wissens sowie die Gütermobilität. Blo

WHEAT, Leonard F.: Regional growth and industrial location. An empirical viewpoint. Siehe 6.19.

- Stadtwirtschaft

GOODALL, Brian: The economics of urban areas. Oxford: Pergamon 1972. XII, 379 S.
Umfassendes Lehrbuch ökonomischer Aspekte der Stadt, das stadt- und wirtschaftsgeographische Gesichtspunkte mit der theoretischen Raumwirtschaftslehre verknüpft. Behandelt werden allgemeine wirtschaftswissenschaftliche Grundlagen, innerstädtische Landnutzung, gewerbliche und private Standortentscheidungen, städtische Wachstumsprozesse, Städtesysteme und planungspolitische Aspekte. Wenn sich auch manche Details sehr auf britische Verhältnisse beziehen, so besitzt doch die Darstellung der theoretischen Ansätze eine allgemeine Bedeutung.
Blo

HAAS, Hans-Dieter: Wirtschaftsgeographische Faktoren im Gebiet der Stadt Esslingen und deren näherem Umland in ihrer Bedeutung für die Stadtplanung. Siehe 7.3.

HEUER, Hans: Zur empirischen Analyse des städtischen Wirtschaftswachstums. In: Archiv für Kommunalwissenschaften 11, 1972, S. 73-103.
Nach einer knappen Zusammenfassung stadtwirtschaftlicher Wachstumsdeterminanten wird diskutiert, inwieweit zwei in der empirischen Regionalforschung bzw. regionalen Wirtschaftsforschung häufig benutzte statistische Verfahren - die Faktorenanalyse und Shift-Analyse - zur Untersuchung des wirtschaftlichen Entwicklungsstandes (Analyse der städtischen Wirtschaftskraft) und von Wachstumsdifferenzen (Analyse der Standort- und Struktureffekte) von Städten geeignet sind. Wichtig sind dabei die Aussagen über die Grenzen der Anwendbarkeit (Restriktionen) dieser Analyseverfahren. Hei

HEUER, Hans: Sozioökonomische Bestimmungsfaktoren der Stadtentwicklung. Stuttgart: Kohlhammer 1975. 491 S. = Schriften des Deutschen Instituts für Urbanistik 50.
Sehr wichtige und gehaltvolle Untersuchung zur Entwicklung der Großstädte der BRD zwischen 1950 und 1970. Zwei Fragen werden untersucht: 1) Welches sind die wesentlichen Ursachen für ein unterschiedliches demographisches und wirtschaftliches Wachstum der Städte? 2) Welche Struktur- und Entwicklungsunterschiede bestanden zwischen den Großstädten der BRD im Zeitraum 1950-1970 und worauf sind sie zurückzuführen? Nach einführenden knappen Darstellungen zum Stadtbegriff und zu ökonomischen Theorien der Stadtentwicklung werden im Hauptteil

6.15
Lehrbücher und allgemeine Aspekte der Wirtschaftsgeographie / Raumwirtschaftslehre

Raum für Zusätze

systematisch die Determinanten der Wirtschaftsentwicklung in Städten behandelt und die Entwicklung der städtischen Wirtschaftskraft sowie die städtischen Wachstumsdifferenzen einer quantitativen Analyse unterzogen. Die im Text sowie im 140seitigen Anhang abgedruckten Statistiken bilden eine Fundgrube für vergleichende Betrachtungen der westdeutschen Großstädte.   Blo

RICHARDSON, Harry W.: Urban economics. Harmondsworth: Penguin Books 1971. 208 S. = Penguin Modern Economics Texts.
Knappe Darstellung der Stadtwirtschaftstheorie aus wirtschaftswissenschaftlicher Sicht. Behandelt werden Grundzüge der raumwirtschaftlichen Standorttheorie, die Beziehungen zwischen Rendite, Bodenwerten und Raumstruktur, wirtschaftswissenschaftliche Aspekte städtischen Wachstums, des Stadtverkehrs, der Stadterneuerung, des städtischen Steuerwesens, der Stadtumwelt und der Stadtplanung.   Blo

RITTENBRUCH, Klaus: Zur Anwendbarkeit der Exportbasiskonzepte im Rahmen von Regionalstudien. Siehe 7.1.

SPIEGEL, Erika: Standortverhältnisse und Standorttendenzen in einer Großstadt. Zu einer Untersuchung mittlerer und größerer Betriebe in Hannover. Siehe 6.19.

TIETZ, Bruno: Einzelhandelsdynamik und Siedlungsstruktur. Siehe 6.20.

WOTZKA, Paul: Standortwahl im Einzelhandel. Standortbestimmung und Standortanpassung großstädtischer Einzelhandelsbetriebe. Siehe 6.20.

- Quantitative Methoden der ökonomischen Raumanalyse

ISARD, Walter u.a.: Methods of regional analysis: an introduction to regional science. Siehe 6.1.

MAI, Horst: Input-Output-Tabelle 1970. Siehe 8.1.

MASSER, Ian: Analytical models for urban and regional planning. Siehe 7.1.

Methoden der empirischen Regionalforschung (1. Teil). Siehe 4.2.

Methoden der empirischen Regionalforschung (2. Teil). Hannover: Hermann Schroedel 1975. 231 S. = Veröffentlichungen der Akademie für Raumforschung und Landesplanung, Forschungs- und Sitzungsberichte 105.
Dieser Band gibt - zusammen mit dem bereits 1973 veröffentlichten 1. Teil (siehe 4.2) - einen guten Überblick über die wichtigsten quantitativen Methoden, die zunehmend in der interdisziplinären 'empirischen Regionalforschung' Anwendung finden. Ein Teil der 12 Beiträge behandelt statistisch-ökonometrische Verfahren (z.B. das Basic-Nonbasic-Konzept, Input-Output-Rechnung). Andere dargestellte Methoden sind von allgemeiner Bedeutung (z.B. Korrelations-, Varianz- und Kovarianz-, Diskriminanz- und Cluster-Analyse), auch im Rahmen der geographischen Raumanalyse. Die Verfahren werden zumeist gut verständlich, unter Berücksichtigung von Anwendungsmöglichkeiten und -problemen, erläutert. Gute Einführungen geben die einleitende Zusammenfassung von J. Heinz MÜLLER und der abschließende Beitrag von Günter STRASSERT und Peter TREUNER, die die Eignung ausgewählter Methoden für bestimmte raumbezogene Fragestellungen herausstellen.   Hei

MÜLLER, J. Heinz: Methoden zur regionalen Analyse und Prognose. Siehe 4.2.

THEIL, Henri, John C.G. BOOT und Teun KLOEK: Prognosen und Entscheidungen. Einführung in Unternehmensforschung und Ökonometrie. Opladen: Westdeutscher Verlag 1971. 285 S. = Moderne Lehrtexte: Wirtschafts-

6.15
Lehrbücher
und allgemeine
Aspekte der
Wirtschaftsgeo-
graphie / Raum-
wirtschaftslehre

Raum für Zusätze

wissenschaften 3.
*Leicht verständlich und 'unterhaltsam' formuliertes einführendes
Lehrbuch. Für den Wirtschaftsgeographen ist besonders die kaum mathe
matische Kenntnisse voraussetzende Darstellung grundlegender stati-
stisch-ökonometrischer Methoden (z.B. lineare Programmierung, ökono-
metrische Makromodelle, Wirtschaftsprognosen) von Interesse.*
He

Einführungen in die allgemeine Wirtschaftspolitik

OHM, Hans: Allgemeine Volkswirtschaftspolitik. 2 Bände. Berlin/New
York: de Gruyter. Band 1: 4. Aufl. 1972. 179 S. Band 2: 3. Aufl.
1974. 243 S. = Sammlung Göschen 4195 und 6196.
*Im ersten Band werden systematisch-theoretische Grundlagen behandelt
wobei die Zielproblematik, die Mittel und die Systemkonformität des
wirtschaftspolitischen Instrumentariums dargelegt werden. Der zweite
Band befaßt sich mit den Teildisziplinen, wobei im wesentlichen die
Mittel der Globalsteuerung vorgestellt werden (z.B. Konjunktur- und
Beschäftigungspolitik). Die spezielle sektorale Wirtschaftspolitik
(z.B. Agrarpolitik, Industriepolitik) wird nicht gesondert behandelt*
Ker

Regionale Wirtschaftspolitik / Wirtschaftliche Problemgebiete

Dritter Rahmenplan der Gemeinschaftsaufgabe 'Verbesserung der regionalen Wirtschaftsstruktur' für den Zeitraum 1974 bis 1977.
Vierter Rahmenplan der Gemeinschaftsaufgabe 'Verbesserung der regionalen Wirtschaftsstruktur' für den Zeitraum 1975 bis 1978. Siehe 7.2

FISCHER, Georges: Praxisorientierte Theorie der Regionalforschung.
Siehe 7.2.

GEISENBERGER, Siegfried, Wolfgang MÄLICH, J. Heinz MÜLLER und Günter
STRASSERT: Zur Bestimmung wirtschaftlichen Notstands und wirtschaftlicher Entwicklungsfähigkeit von Regionen. Eine theoretische und empirische Analyse anhand von Kennziffern unter Verwendung von Faktoren
und Diskriminanzanalyse. Hannover: Gebrüder Jänecke 1970. 164 S.
= Veröffentlichungen der Akademie für Raumforschung und Landesplanun
Abhandlungen 59.
*Methodisch interessante Studie, die sich im ersten Teil umfassend und
kritisch mit der Aussagekraft verschiedener regionalwirtschaftlicher
Kennziffern (Indizes) im Hinblick auf die Beschreibung wirtschaftlichen Notstands (bzw. der Förderungsbedürftigkeit) und der wirtschaftlichen Entwicklungsfähigkeit (bzw. der Förderungswürdigkeit) von Regionen auseinandersetzt. Im zweiten Teil wird versucht, durch die Anwendung multivariater statistischer Verfahren zu einer Messung des
Entwicklungsstandes und zu 'objektiven' Anhaltspunkten zur Abgrenzung
von Notstands- und Fördergebieten zu gelangen. Vorbildlich ist in die
sem Teil die anschauliche, leicht verständliche Einführung in die mul
tiple Faktorenanalyse.*
Hei
Eine kürzere Fassung der wesentlichen Grundgedanken erschien auch:
MÜLLER, J. Heinz und Siegfried GEISENBERGER: Probleme und Möglichkeiten der Bestimmung des Entwicklungsstands von Regionen. In: Neue Wege
der Wirtschaftspolitik. Hrsg. v. Ernst DÜRR. Berlin: Duncker & Humblot 1972. S. 293-310. = Schriften des Vereins für Socialpolitik,
N.F. 67.

HANSEN, Niles M. (Hrsg.): Growth centers in regional economic development. Siehe 7.2.

HENNINGS, Gerd: Grundlagen und Methoden der Koordination des Einsatzes raumwirksamer Bundesmittel, dargestellt am Beispiel der Politikbereiche Raumordnungspolitik, regionale Gewerbestrukturpolitik und
regionale Arbeitsmarktpolitik. Siehe 7.2.

HOLDT, Wolfram: Industrieansiedlungsförderung als Instrument der Re-

6.15
Lehrbücher und allgemeine Aspekte der Wirtschaftsgeographie / Raumwirtschaftslehre

Raum für Zusätze

gionalpolitik. Siehe 7.2.

KLEMMER, Paul: Die Theorie der Entwicklungspole - strategisches Konzept für die regionale Wirtschaftspolitik? Siehe 7.2.

KÖPPER, Utz Ingo: Regionale Geographie und Wirtschaftsförderung in Großbritannien und Irland. Siehe 7.2.

KUKLINSKI, Antoni (Hrsg.): Growth poles and growth centres in regional planning. Siehe 7.5.

Ländliche Problemgebiete. Beiträge zur Geographie der Agrarwirtschaft in Europa. Siehe 6.16.

MONHEIM, Rolf: Aktiv- und Passivräume. Zum Problem der Begriffsbestimmung. Siehe 6.2.

MÜLLER, J. Heinz: Regionale Strukturpolitik in der Bundesrepublik. Kritische Bestandsaufnahme. Siehe 7.2.

STOCKMANN, Willehad: Beschäftigtenrückgänge und Regionalpolitik in monoindustriellen Problemgebieten. Düsseldorf: Bertelsmann Universitätsverlag 1972. 178 S. = Beiträge zur Raumplanung 10.
Gründliche wirtschaftswissenschaftliche Untersuchung, deren Ergebnis zwar nicht aus einem schlüssigen regionalpolitischen Konzept besteht, die jedoch die zahlreichen Folge- und Wechselwirkungen bei Beschäftigtenrückgängen und Strukturwandlungen in monoindustriellen Problemgebieten offenlegt. Blo

STORBECK, Dietrich: Ansätze zur regionalen Wirtschaftspolitik. Ein Beitrag zur Begriffsklärung. Siehe 7.2.

Lexika, Bibliographien und Systematiken

Dr. Gablers Wirtschaftslexikon. Hrsg. v. R. SELLIEN und H. SELLIEN. 2 Bände. 8. Aufl. Wiesbaden: Gabler 1971. Band 1: A - K. 2392 Sp. Band 2: L - Z. 2374 Sp.
Sehr umfassendes Nachschlagewerk mit alphabetisch angeordneten Begriffsklärungen aus den Bereichen der Betriebswirtschaft, Volkswirtschaft, des Steuer- und Wirtschaftsrechts sowie kaufmännisch-technischer Stoffgebiete und wichtiger Nachbardisziplinen, das auch beim Studium der Wirtschaftsgeographie zur Klärung zahlreicher Begriffe sehr nützlich sein kann. Leider ist die vor einigen Jahren erschienene (gekürzte, aber sehr viel billigere) Taschenbuchausgabe vergriffen; sie soll auch nicht wieder aufgelegt werden. Hei

Statistisches Bundesamt, Wiesbaden (Hrsg.): Systematik der Wirtschaftszweige mit Betriebs- u. ä. Benennungen. Aufgestellt für Zwecke der Arbeitsstätten- und der Berufszählung 1961. Stuttgart/Mainz: Kohlhammer 1961. 222 S.
Dieser ausführliche Katalog der in der amtlichen Arbeitsstätten- und Berufszählung erfaßten differenzierten Betriebsarten, die zumeist nach Warenbezeichnungen benannt wurden, gliedert sich in Abteilungen (z.B. Handel), Unterabteilungen (z.B. Einzelhandel), Gruppen, Untergruppen und Klassen. Wichtig nicht nur für den Umgang mit der amtlichen Statistik, sondern auch für die eigene Erstellung von Legenden bzw. für Kategorienbildungen bei kulturgeographischen Kartierungen und primärstatistischen Erhebungen. Hei

STREUMANN, Charlotte unter Mitwirkung von Georg KLUCZKA und Rolf Diedrich SCHMIDT: Gliederung nach Wirtschaftsräumen und funktionalen Bereichen. Deutschsprachige Schriften und Karten. Zusammengestellt für die Commission on Methods of Economic Regionalization of the International Geographic Union im Institut für Landeskunde in Bad Godesberg. Bad Godesberg: Bundesforschungsanstalt für Landeskunde und

6.15
*Lehrbücher
und allgemeine
Aspekte der
Wirtschaftsgeo-
graphie / Raum-
wirtschaftslehre*

Raum für Zusätze

Raumordnung 1968. 380 S. = Berichte zur deutschen Landeskunde, Sonderheft 10.
Die Bibliographie erfaßt 2292 deutschsprachige Beiträge (Monographien, Aufsätze und Karten) zur Gliederung und Abgrenzung von Wirtschaftsräumen und funktionalen Bereichen, einschließlich der Arbeiten zur Abgrenzung von Verkehrsräumen, Stadtregionen, zentralörtlichen Gliederung, zur Gliederung nach Planungsregionen und der Rayonierung sowie zur Abgrenzung von Notstands- und Fördergebieten in systematischer und regional gegliederter Form mit knappen Erläuterungen. He<!---->

Wirtschaftsgeographische Atlanten

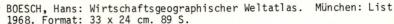BOESCH, Hans: Wirtschaftsgeographischer Weltatlas. München: List 1968. Format: 33 x 24 cm. 89 S.
In erster Linie für weiterführende Schulen, jedoch auch für das Geographiestudium an Hochschulen konzipierte Sammlung analytischer Weltkarten, die in zumeist gelungener thematischer Darstellung und in einer besonderen flächentreuen Projektionsart einzelne wirtschaftsgeographische Sachverhalte darstellen. Textliche Erläuterungen einführenden Charakters, zahlreiche Diagramme und tabellarische Aufstellungen sowie zahlreiche Farbkarten erleichtern die Interpretation der Karten. Geeignet als erste Einführung in die Wirtschaftsgeographie, allerdings in einigen Punkten überholt. Bey/Hei

HUMLUM, Johannes: Kulturgeografisk Atlas. Siehe 3.2.

Oxford economic atlas of the world. Siehe 3.2.

Weltatlas. Die Staaten der Erde und ihre Wirtschaft. Bearb. von Edgar LEHMANN. Siehe 3.2.

6.16 Geographie der Agrarwirtschaft / Agrargeographie

Zur ersten Einführung

▶ BARTELS, Dietrich: Die heutigen Probleme der Land- und Forstwirtschaft in der Bundesrepublik Deutschland. 5. Aufl. Paderborn: Ferdinand Schöningh und München: Blutenburg 1974. 33 S. = Fragenkreise.
Diese vornehmlich für den Oberstufenunterricht an Gymnasien konzipierte Darstellung führt in erster Linie in die Grundlagen, Merkmale und Problematik des Strukturwandels der westdeutschen Landwirtschaft ein, wobei auch die Ziele der Agrarpolitik berücksichtigt werden. Hei

▶ HEUER, Adolf: Landwirtschaft und Wirtschaftsordnung. Die Gestaltung von Erdräumen durch politische Leitbilder. Braunschweig: Westermann 1973. 72 S. = Westermann-Colleg Raum + Gesellschaft 4.
Für den Unterricht an Gymnasien verfaßtes Heft, das in die Probleme der Landwirtschaft unter verschiedenen Wirtschaftsformen einführt. Behandelt wird die Landwirtschaft im Kommunismus, in Angola und Moçambique, Ghana und Ecuador. 51 Abbildungen, statistisches Material und ausgewählte Literaturzitate bieten guten Vergleichs- und Diskussionsstoff. Die Landwirtschaft der BRD wird nur im Vergleich mit der DDR äußerst knapp berücksichtigt. Nig

▶ ILEŠIČ, Svetozar: Für eine komplexe Geographie des ländlichen Raumes und der ländlichen Landschaft als Nachfolgerin der reinen 'Agrargeographie'. In: Zum Standort der Sozialgeographie (Festschrift Wolfgang HARTKE). Kallmünz/Regensburg: Michael Lassleben 1968. S. 67-74. = Münchner Studien zur Sozial- und Wirtschaftsgeographie 4.
Der Beitrag diskutiert die drei Hauptrichtungen der Agrargeographie (1) die morphogenetische, 2) die sozialgeographische und 3) die wirtschaftliche) und fordert eine möglichst komplexe Verknüpfung, insbesondere, da in Industrieländern keine 'reine Agrargeographie' mehr betrieben werden könne: Der ländliche Raum werde zu sehr von außeragrarischen Elementen und Einflüssen überlagert, so daß man nicht mehr von einer 'Agrarlandschaft' sprechen könne. Nig

▶ RÖHM, Helmut: Die westdeutsche Landwirtschaft. Agrarstruktur, Agrarwirtschaft und landwirtschaftliche Anpassung. München/Basel/Wien: BLV 1964. 141 S.
Eine mit zahlreichen Karten und Tabellen versehene Einführung in die Struktur und Entwicklung der westdeutschen Landwirtschaft. Die Veröffentlichung ist noch immer der gelungenste Versuch eines Agrarwissenschaftlers, die komplexen Zusammenhänge landwirtschaftlicher, gesamtwirtschaftlicher und sozialer Strukturen in ihren regionalen Unterschieden für einen breiten Leserkreis darzustellen. Nig

VOPPEL, Götz: Wirtschaftsgeographie. Siehe 6.15.

▶ WINDHORST, Hans-Wilhelm: Spezialisierung und Strukturwandel der Landwirtschaft. Paderborn: Ferdinand Schöningh 1974. 32 S. = Fragenkreise.
Einführung in die neuere Entwicklung der Landwirtschaft, die sich in ihrer Struktur weltweit schnell wandelt und in der EG zur Spezialisierung und Veredlungsproduktion führt. An Beispielen spezialisierter Betriebe in der BRD und den USA wird die Entwicklung aufgezeigt.
Nig

Umfassendere Einführungen und Lehrbücher

ANDREAE, Bernd: Betriebsformen in der Landwirtschaft. Entstehung und Wandlung von Bodennutzungs-, Viehhaltungs- und Betriebssystemen in Europa und Übersee sowie neue Methoden ihrer Abgrenzung. Systemati-

**6.16
Geographie der
Agrarwirtschaft /
Agrargeographie**

Raum für Zusätze

scher Teil einer Agrarbetriebslehre. Stuttgart: Eugen Ulmer 1964. 426 S.
Das umfassende Werk gibt einen weltweiten Überblick über die Formenvielfalt landwirtschaftlicher Betriebe. Unter Betriebsformen werden hier Betriebssysteme, Bodennutzungssysteme, Fruchtfolgesysteme und Viehhaltungssysteme gefaßt. Methodisch geht der Verfasser über die traditionellen Ansätze der Betriebssystematisierung hinaus und untersucht unter Einbeziehung des technischen Fortschritts in der Landwirtschaft die Intensität, Standorte und Entwicklung der Landwirtschaft. Die klare Gedankenführung, die Fülle an aufbereitetem Material und die tabellarisch-graphische Umsetzung des Materials qualifizieren das Buch zu einem Standardwerk und zur Pflichtlektüre für Agrargeographen.
Nig

BLANCKENBURG, Peter von und Hans-Diedrich CREMER: Handbuch der Landwirtschaft und Ernährung in den Entwicklungsländern. 2 Bände. Stuttgart: Eugen Ulmer. Band 1: 1967. 606 S. Band 2: 1971. 1041 S.
Zahlreiche in- und ausländische Autoren haben zu den beiden Bänden Beiträge geliefert. Band 1 informiert sehr detailliert über die Landwirtschaft in der wirtschaftlichen Entwicklung der Entwicklungsländer und speziell über die Ernährungsverhältnisse, Band 2 über die pflanzliche und tierische Produktion in den Tropen und Subtropen. Für die Agrargeographie der Entwicklungsländer sind beide Bände sehr wichtig, für die Entwicklungsländer unerläßlich.
Nig

► GREGOR, Howard F.: Geography of agriculture: themes in research. Englewood Cliffs, N.J.: Prentice-Hall 1970. 181 S. = Foundations of
* Economic Geography Series. Ca. 12,00 DM.
Die Entwicklung der Agrargeographie wird aus nordamerikanischer Sicht in anschaulicher Darstellung abgehandelt, wobei eine Fülle von Literaturhinweisen den Einstieg in einzelne Teilgebiete erleichtert. Der Schwerpunkt liegt auf der Darstellung einzelner Forschungsansätze, die einen guten Überblick über das Fachgebiet geben.
Nig

OTREMBA, Erich: Die Güterproduktion im Weltwirtschaftsraum. Siehe 6.15.

► OTREMBA, Erich und Margrit KESSLER: Die Stellung der Viehwirtschaft im Agrarraum der Erde. Forschungsstand und Forschungsaufgaben. Wiesbaden: Franz Steiner 1965. 173 S. = Erdkundliches Wissen 10, Geographische Zeitschrift, Beihefte.
Gründliche Darstellung der Viehwirtschaft, die vom Domestikationsprozeß bis zur heutigen räumlichen Ordnung der Tierhaltung reicht. Dem historischen Aufbau, dem Anteil anderer Disziplinen an der Erforschung der Entwicklungsgeschichte der Viehwirtschaft sowie einem kapitelweise angegliederten Literaturverzeichnis wird breiter Raum gegeben.
Nig

Sammelband zur Entwicklung der Agrargeographie

► RUPPERT, Karl (Hrsg.): Agrargeographie. Darmstadt: Wissenschaftliche Buchgesellschaft 1973. IX, 511 S. = Wege der Forschung 171. 38,50 DM
* (Mitgliedspreis der Wissenschaftlichen Buchgesellschaft).
Der Band enthält 19 Abhandlungen zur Agrargeographie aus dem Zeitraum 1915 bis 1967. Die meisten Beiträge sind als 'klassische' Arbeiten zu bezeichnen und teilweise zur Pflichtlektüre zu zählen: H. BERNHARD: Die Agrargeographie als wissenschaftliche Disziplin; G. STUDENSKY: Die Grundideen und Methoden der landwirtschaftlichen Geographie; A. RÜHL: Das Standortproblem in der Landwirtschaftsgeographie; H. ENGELBRECHT: Die Landbauzonen der Erde; L. WAIBEL: Das System der Landwirtschaftsgeographie; L. WAIBEL: Das Thünensche Gesetz und seine Bedeutung für die Landwirtschaftsgeographie; E. OTREMBA: Stand und Aufgaben der deutschen Agrargeographie; W. MÜLLER-WILLE: Zur Systematik und Bezeichnung der Feldsysteme in Nordwestdeutschland; W. CREDNER: Die deutsche Agrarlandschaft im Kartenbild; H. CAROL: Das agrargeographische Betrachtungssystem; K. RUPPERT: Zur Klassifi-

6.16
Geographie der Agrarwirtschaft / Agrargeographie

Raum für Zusätze

zierung agrargeographischer Karten; G. PFEIFER: Zur Funktion des Landschaftsbegriffs in der deutschen Landwirtschaftsgeographie; K. RUPPERT: Das Problem der sozialgeographischen Differenzierung der Agrarlandschaft; W. KULS und K. TISOWSKY: Standortfragen einiger Spezialkulturen im Rhein-Main-Gebiet; E. WIRTH: Junge Wandlungen der Kulturlandschaft in Nordostsyrien; P. FLATRES: Die zweite 'Agrarrevolution' in Finistère; E. JUILLARD: Die französische Agrargeographie; W. HARTKE: Sozialbrache; J. KOSTROWICKI: Die Agrargeographie in Polen. Das knappe Vorwort von K. RUPPERT gibt einen Ausblick auf den gegenwärtigen Standort der Agrargeographie. Unter diesem Aspekt ist auch die Literaturauswahl am Schluß des Bandes getroffen worden. *Nig*

Umfassende Darstellungen agrarwissenschaftlicher Nachbardisziplinen

- Nahrungswirtschaft

➤ THIMM, Heinz-Ulrich und Martin BESCH: Die Nahrungswirtschaft. Zunehmende Verflechtung der Landwirtschaft mit vor- und nachgelagerten Wirtschaftsbereichen. Hamburg/Berlin: Parey 1971. 213 S. = Agrarpolitik und Marktwesen 12.
Dieses Werk ist der Versuch, das Zusammenwirken der verschiedenen Wirtschaftsbereiche darzustellen, die man als 'Nahrungswirtschaft' bezeichnet. Die der Landwirtschaft vorgelagerten Bereiche (Futtermittel-, Landmaschinen- und andere Betriebsmittelindustrien), die Landwirtschaft selbst und ihre nachgelagerten Vermarktungs- und Verarbeitungsbereiche werden in ihrer Verflechtung analysiert. Interessant ist der Vergleich der deutschen Nahrungswirtschaft mit der nordamerikanischen, französischen, ostdeutschen und sowjetischen. *Nig*

- Agrarpolitik

ABEL, Wilhelm: Agrarpolitik. 3. Aufl. Göttingen: Vandenhoeck & Ruprecht 1967. 477 S. = Grundriß der Sozialwissenschaft 11.
Standardwerk der Agrarpolitik und auch für die Agrargeographie von grundlegender Bedeutung. ABEL verarbeitet eine außerordentliche Fülle an Literatur zu einer gelungenen Synthese dogmengeschichtlicher, agrarhistorischer und wirtschaftsgeschichtlicher Zusammenhänge zur Grundlage seiner Agrarpolitik. Hervorzuheben ist die klare Gliederung, die sehr detailliert das ganze Werk in zeitlicher und sachlicher Hinsicht zu einem Nachschlagewerk macht, wobei die agrarischen Einzelphänomene miteinander verknüpft werden. *Nig*

GERHARD, Eberhard und Paul KUHLMANN (Hrsg.): Agrarwirtschaft und Agrarpolitik. Köln/Berlin: Kiepenheuer & Witsch 1969. 506 S. = Neue Wissenschaftliche Bibliothek 30.
23 Beiträge verschiedener namhafter Autoren beschäftigen sich mit agrarsozialökonomischen Zusammenhängen. In den Beiträgen zur Agrarpolitik geht es darum, die landbewirtschaftende Bevölkerung ohne Einkommensdisparitäten in die Gesamtgesellschaft einzugliedern und die Landwirtschaft der gesamtwirtschaftlichen Entwicklung anzupassen. Diese Probleme werden international und insbesondere für den EG-Raum erörtert. *Nig*

- Angewandte landwirtschaftliche Betriebslehre

BLOHM, Georg: Angewandte landwirtschaftliche Betriebslehre. 4. Aufl. Stuttgart: Eugen Ulmer 1964. 441 S.
Zur Einführung in betriebswirtschaftliche Zusammenhänge in der Landwirtschaft zu empfehlen, weil in klarer Darstellung und für Studenten ohne landwirtschaftliche Vorkenntnisse verständlich die ganze Breite der Landbewirtschaftung erfaßt wird. Besonders die Funktionen der einzelnen Betriebszweige, Intensitätsstufen, Standortfragen, Betriebsmittel und Betriebssysteme werden detailliert dargestellt. *Nig*

STEFFEN, G.: Aufgaben der Betriebswirtschaftslehre für die Gestaltung

6.16
Geographie der Agrarwirtschaft / Agrargeographie

Raum für Zusätze

des ländlichen Raumes und der Umwelt. Siehe 7.2.

- Agrarsoziologie

BLANCKENBURG, Peter von: Einführung in die Agrarsoziologie. Stuttgart: Eugen Ulmer 1962. 170 S.
Sehr übersichtliche Einführung in die Grundlagen und Probleme der Agrarsoziologie. Insbesondere geeignet für Studenten, die mit bäuerlichen und ländlichen Lebensformen nicht vertraut sind. Nig

- Agrargeschichte

ABEL, Wilhelm: Agrarkrisen und Agrarkonjunktur. Eine Geschichte der Land- und Ernährungswirtschaft Mitteleuropas seit dem hohen Mittelalter. Siehe 6.23.

ABEL, Wilhelm: Verdorfung und Gutsbildung in Deutschland zu Beginn der Neuzeit. Siehe 6.24.

ABEL, Wilhelm (Hrsg.): Wüstungen in Deutschland. Ein Sammelbericht. Siehe 6.24.

FRANZ, Günther (Hrsg.): Deutsche Agrargeschichte. Band I - V. Siehe 6.23.

Theoretische Konzepte zur landwirtschaftlichen Bodennutzung

CHISHOLM, Michael: Rural settlement and land use. An essay in location. Siehe 6.12.

FOUND, William C.: A theoretical approach to rural land-use patterns. London: Edward Arnold 1971. X, 190 S. Paperbackausgabe 1974.
Umfassende, jedoch relativ leicht verständliche und anschauliche Darstellung klassischer und moderner Theorieansätze zur Erklärung agrarwirtschaftlicher Raumstrukturen. Nach einer Einführung in allgemeine wirtschafts- bzw. agrarwissenschaftliche Grundlagen bilden die auf J.H. von THÜNEN zurückgehenden Modelle der agrarwirtschaftlich orientierten Raumwirtschaftstheorie den ersten Hauptteil. Dem folgen in den letzten Kapiteln die modernen deskriptiv ausgerichteten Ansätze, die auf das reale Verhalten der am Wirtschaftsprozeß Beteiligten abzielen (Spieltheorie, Lern- und Informationstheorie, Innovationsdiffusionen etc.). Zahlreiche anschauliche einfache Graphiken. Blo

THÜNEN, Johann Heinrich von: Der isolierte Staat in Beziehung auf Landwirtschaft und Nationalökonomie. Teil I: Hamburg: Perthes 1826. 2. Aufl. Rostock: Leopold 1842. Teil II: Rostock: Leopold 1850. Gesamtausgabe in 3 Teilen: Berlin: Wiegandt, Hempel und Parey 1875. Neuausgabe der Teile I und II, 1 (hrsg. von H. WAENTIG): 4. Aufl. Stuttgart: Gustav Fischer 1966 ([1]Jena 1910). XV, 678 S.
Berühmtes klassisches Werk der Raumwirtschaftstheorie, das bis heute die Grundlage der gesamten Raumwirtschaftslehre bildet und auch als eigentliche Begründung der Agrargeographie angesehen werden kann. Von besonderer methodologischer Bedeutung ist der Modellansatz des 'isolierten Staates', d.h. eines räumlichen Modells mit einem städtischen Absatzmarkt in der Mitte und einer nach außen abgeschlossenen homogenen landwirtschaftlich genutzten Ebene. Durch diese 'Methode der isolierenden Abstraktion' konnte THÜNEN grundlegende Zusammenhänge der agrarräumlichen Organisation und der räumlichen Differenzierung der Agrarlandschaft ableiten. Aus dem umfangreichen Werk sind besonders wichtig (Seitenzählung nach der Neuausgabe): S. 11-311 und 386-395. Blo/Nig

6.16
Geographie der
Agrarwirtschaft /
Agrargeographie

Raum für Zusätze

Spezielle Aspekte

- Zum Formationsbegriff

NITZ, Hans-Jürgen: Agrarlandschaft und Landwirtschaftsformation. In: Moderne Geographie in Forschung und Unterricht. Beiträge von Lydia BÄUERLE u.a. (Festschrift Wilhelm GROTELÜSCHEN). Hannover: Hermann Schroedel 1970. S. 70-93. = Auswahl, Reihe B, Heft 39/40.
Grundlegender Beitrag zur Terminologie zweier zentraler Begriffe der Agrargeographie. Vor allem der Begriff der 'Landwirtschaftsformation', der auf Leo WAIBEL zurückgeht, wird ausführlich diskutiert und anhand eines Merkmalskatalogs systematisch erläutert. Zur Veranschaulichung dienen 3 knapp skizzierte Beispiele: 1) Täler des mittleren Schwarzwaldes, 2) Golfküsten-Tiefland Mexikos, 3) Bergstraße zwischen Heidelberg und Weinheim. Blo

WINDHORST, Hans-Wilhelm: Agrarformationen. In: Geographische Zeitschrift 62, 1974, S. 272-294.
Methodisch interessanter Beitrag, der die Diskussion um die Verwendbarkeit des von L. WAIBEL (1927) geprägten Formationsbegriffes in der Agrargeographie weiterführen will. Der Verfasser definiert den Begriff der 'Agrarformation', zeigt verschiedene Untersuchungsansätze auf, unterscheidet am Beispiel der spezialisierten agrarischen Produktion Südoldenburgs verschiedene Agrarformationen und stellt anhand zweier Formationen knapp Untersuchungsansätze und -ergebnisse dar. Hei

- Raumgliederung nach landwirtschaftlichen Merkmalen

GRIGG, David: The agricultural regions of the world: review and reflections. In: Economic Geography 45, 1969, S. 95-132.
Der Beitrag diskutiert anhand elf verschiedener - in Themakarten beigefügter - Gliederungen der Erde in landwirtschaftliche Regionen die Problematik der Bestimmung und Abgrenzung bzw. des Vergleichs derartiger Regionalisierungen in globalem Maßstab. Der Aufsatz gibt zugleich einen guten Überblick über die Verteilung allgemeiner landwirtschaftlicher Bodennutzungs- und Betriebsformen auf der Erde. Hei

HOGEFORSTER, Jürgen und Hans-Rudolf JÜRGING: Die Abgrenzung homogener Planungsräume. Ein Beitrag zur Formulierung von Modellen für die Regionalplanung. In: Raumforschung und Raumordnung 31, 1973, S. 126-137.
Hinter dem etwas irreführenden Haupttitel verbirgt sich ein methodisch interessanter Beitrag zur Problematik der Abgrenzung 'homogener' räumlicher Einheiten bezüglich der Einkommens- und Entwicklungsmöglichkeiten in der Landwirtschaft am Beispiel Nordrhein-Westfalens, wobei multivariate statistische Techniken (Faktorenanalyse) und die Regressionsanalyse angewandt wurden. Wichtig ist die eingehende Diskussion der verschiedenartigen räumlichen Aggregation (Kreis- und Gemeindebene) der Daten für die unterschiedlichen Bedingungen, woraus sich für die Quantifizierungsansätze erhebliche Probleme ergeben. Grundkenntnisse der mathematischen Verfahren erleichtern die Lektüre. Hei

OTREMBA, Erich: Agrarische Wirtschaftsräume, ihr Wesen und ihre Abgrenzung. In: Die Landwirtschaft in der Europäischen Wirtschaftsgemeinschaft. 3. Teil: Aspekte und Wege der Integration. Hannover: Gebrüder Jänecke 1962. S. 5-20. = Veröffentlichungen der Akademie für Raumforschung und Landesplanung, Forschungs- und Sitzungsberichte 20.
Dieser Beitrag stellt zunächst die (teilweise auch heute noch) bestehende Verwirrung in der begrifflichen Fassung der verschiedenen Arten agrarischer Wirtschaftsräume heraus. Im einzelnen werden erörtert: agrarische Eignungsräume, strukturbestimmte und funktionale Agrarwirtschaftsräume sowie administrativ und politisch abgegrenzte Räume in agrarwirtschaftlicher Sicht. Hei

6.16 Geographie der Agrarwirtschaft / Agrargeographie

Raum für Zusätze

- Agrarische Tragfähigkeit

DÖHRMANN, Wilhelm: Bonitierung und Tragfähigkeit eines Alpentales. Innerstes Defereggen in Osttirol. Münster: Institut für Geographie und Länderkunde und Geographische Kommission für Westfalen 1972. 147 S., 17 Abbildungen als Beilage. = Westfälische Geographische Studien 24.
Beispielhafte Untersuchung eines Alpentales zur Differenzierung der physisch-geographischen Voraussetzungen. Die agrarische Tragfähigkeit einerseits und Möglichkeiten des Fremdenverkehrs andererseits werden diskutiert. Besonders wird auf die Frage der landwirtschaftlichen Grenzexistenz und die Höhenflucht der Landwirtschaft eingegangen. Die Arbeit stellt damit zugleich einen exemplarischen Beitrag zu den Problemen der alpinen Landwirtschaft dar. Nig

MÜCKENHAUSEN, Eduard: Die Produktionskapazität der Böden der Erde. Siehe 5.6.

SCHUCH, Hermann: Zur Frage der agraren Tragfähigkeit. In: Die Erde 90, 1959, S. 60-73.
Statistische Analyse über die Zusammenhänge zwischen Bodenwertzahl, Betriebsgröße, Arbeitsanspruch und Betriebsorganisation sowie der landwirtschaftlichen Bruttoproduktion anhand einer Stichprobe thüringischer Gemeinden. Die Arbeit bildet ein gutes Beispiel für die Anwendung sowohl der einfachen wie auch der partiellen und multiplen Regressions- und Korrelationsrechnung. Die im Ergebnis relativ geringen Korrelationen mahnen zur Vorsicht beim Schluß von quantitativ faßbaren Standortfaktoren auf die agrare Tragfähigkeit. Blo

- Innovationen in der Landwirtschaft

ALBRECHT, Hartmut: Innovationsprozesse in der Landwirtschaft. Eine kritische Analyse der agrarsoziologischen 'adoption'- und 'diffusion'-Forschung in bezug auf Probleme der landwirtschaftlichen Beratung. Siehe 6.9.

BORCHERDT, Christoph: Die Innovation als agrargeographische Regelerscheinung. Siehe 6.9.

MEFFERT, Ekkehard: Die Innovation ausgewählter Sonderkulturen im Rhein-Mainischen Raum in ihrer Beziehung zur Agrar- und Sozialstruktur. Frankfurt: Waldemar Kramer 1968. 313 S., 28 Karten im Anhang. = Rhein-Mainische Forschungen 64.
Beispielhafte Untersuchung über Sonderkulturanbau im Rhein-Main-Gebiet, wobei die Sonderkulturen als Indikatoren für die Erfassung agrarsozialer Verhältnisse und Veränderungen dienen. Zahlreiche Karten- und Diagrammdarstellungen. Nig

- Nebenberufliche Landwirtschaft

▶ HOTTES, Karlheinz: Der landwirtschaftliche Nebenerwerb in Deutschland. Ein Beitrag zur angewandten Agrargeographie. In: Berichte zur deutschen Landeskunde 39, 1967, S. 49-69.
Wichtiger Aufsatz zum Problem der nebenberuflichen Landwirtschaft in der BRD. Nig

STEFFEN, G. und J. HOGEFORSTER: Bestimmungsgründe und Formen nebenberuflicher Landbewirtschaftung. In: Agrarwirtschaft 20, 1971, S. 62-72.
Methodisch interessante quantitative Untersuchung 'externer' und 'interner' Bestimmungsgründe für die Existenz von Nebenerwerbsbetrieben am Beispiel Nordrhein-Westfalens. Mittels der multiplen Regressionsanalyse wurde geprüft, welche Faktoren in welchem Umfang die Entwicklung von Nebenerwerbsbetrieben bestimmen. Interessant ist auch die Klassifizierung der Betriebe nach der Stärke interner Be-

6.16 Geographie der Agrarwirtschaft / Agrargeographie

Raum für Zusätze

stimmungsgrößen (individuelle Motive der Betriebsleiter). Hei

- Brache, Sozialbrache, Grenzertragsböden

BORCHERDT, Christoph: Über verschieden Formen von Sozialbrache. In: Zum Standort der Sozialgeographie (Festschrift Wolfgang HARTKE). Kallmünz/Regensburg: Michael Lassleben 1968. S. 143-154. = Münchner Studien zur Sozial- und Wirtschaftsgeographie 4.
Diskussion verschiedener Grenzformen von Sozialbrache, beobachtet an saarländischen und baden-württembergischen Beispielen. Dabei handelt es sich zumeist um nicht genutzte Grenzertragsböden, die jedoch nicht 'infolge einer sozialen Differenzierung' (RUPPERT), sondern aus anderen verschiedenen Gründen brachliegen, so daß dafür der Begriff 'Pseudo-Sozialbrache' erwogen wird. Blo

GRAUL, Hans: Über die Brache in agrargeographischer Sicht. In: Heidelberger Studien zur Kulturgeographie (Festschrift Gottfried PFEIFER). Wiesbaden: Franz Steiner 1966. S. 37-58. = Heidelberger Geographische Arbeiten 15.
Wichtiger kritischer Beitrag zur agrargeographischen Terminologie. Zunächst wird der Begriffsinhalt des Wortes Brache diskutiert, wobei betont wird, daß die Brache nicht nur eine vorübergehende Nichtbebauung bedeute, sondern verschiedene (positive) Funktionen innerhalb der Fruchtfolgen besitze. Danach werden einige Beispiele von Brache in verschiedenen Landbauzonen skizziert, und im dritten Abschnitt wird der Terminus Sozialbrache kritisiert, da ihm eine Fehldeutung des Brachebegriffs zugrunde liege. Blo

HARTKE, Wolfgang: Die soziale Differenzierung der Agrar-Landschaft im Rhein-Main-Gebiet. In: Erdkunde 7, 1953, S. 11-27.
Sehr wichtiger, grundlegender Aufsatz zum Verständnis des Phänomens der Sozialbrache. Betont die Mehrdeutigkeit des landschaftlichen Erscheinungsbildes, das häufig nur wenig von den physisch-ökologischen Faktoren, sondern häufig noch stärker von sozialen Faktoren bestimmt sei. Veranschaulichung durch 6 Flurkartierungen. Blo/Nig

▶ HARTKE, Wolfgang: Die 'Sozialbrache' als Phänomen der geographischen Differenzierung der Landschaft. In: Erdkunde 10, 1956, S. 257-269. Auch in: Werner STORKEBAUM (Hrsg.): Sozialgeographie. Darmstadt: Wissenschaftliche Buchgesellschaft 1969. S. 268-293. = Wege der Forschung 59.
Grundlegender sozialgeographischer Ansatz innerhalb der Agrargeographie. Der Verfasser zieht ein Resümee der frühen Untersuchungen zur Sozialbrache, gibt eine knappe theoretische Betrachtung des Begriffs sowie einen Überblick über die regionale Verbreitung der Sozialbrache in der BRD zu Beginn der fünfziger Jahre. Blo

HARTKE, Wolfgang: Sozialgeographischer Strukturwandel im Spessart. Siehe 6.2.

▶ NIGGEMANN, Josef: Das Problem der landwirtschaftlichen Grenzertragsböden. In: Berichte über Landwirtschaft 49, 1971, S. 473-549.
In der Fülle der Literatur über Brachflächen ist diese (geographische) Arbeit ein kritischer Versuch, zwischen Sozialbrache und Grenzertragsbrache zu differenzieren. Die Grenzertragsbodenproblematik wird im Hauptteil über grundsätzliche Fragen der Bodenbewertung unter historischen und aktuellen Gesichtspunkten beleuchtet. Bu

▶ RUPPERT, Karl: Zur Definition des Begriffes 'Sozialbrache'. In: Erdkunde 12, 1958, S. 226-231.
Knapper Diskussionsbeitrag zur Terminologie, in dem die bis dahin unterschiedlichen Begriffsfassungen diskutiert und eine Definition des Terminus 'Sozialbrache' vorgeschlagen wird. Blo

WENDLING, Wilhelm: Die Begriffe 'Sozialbrache' und 'Flurwüstung' in

6.16 Geographie der Agrarwirtschaft / Agrargeographie

Raum für Zusätze

Etymologie und Literatur. In: Berichte zur deutschen Landeskunde 35, 1965, S. 264-310.
Grundlegende Abhandlung zur Terminologie der Begriffe Sozialbrache und Flurwüstung. Die umfangreiche einschlägige Literatur wird kritisch referiert, wobei vor allem die Ursachen für Brache- und Wüstungserscheinungen diskutiert werden. Blo

- Ländliche Problemgebiete

BRONNY, Horst M., Jürgen DODT, Dieter GLATTHAAR, Heinz HEINEBERG, Alois MAYR und Josef NIGGEMANN: Ländliche Problemgebiete. Beiträge zur Geographie der Agrarwirtschaft in Europa. Paderborn: Ferdinand Schöningh 1972. 198 S. = Bochumer Geographische Arbeiten 13.
Der Sammelband enthält 6 Beiträge zur Agrargeographie in West- und Nordeuropa: Einleitend wird eine umfassende Begriffsbestimmung landwirtschaftlicher und ländlicher Problemgebiete vorgenommen (J. NIGGEMANN). D. GLATTHAAR untersucht die Strukturveränderungen des Kreises Alsfeld, A. MAYR agrarstrukturelle Wandlungen im Fürstentum Liechtenstein, J. DODT rückständige Entwicklungsgebiete in Südwestirland, H. HEINEBERG Wandlungsprozesse auf den Shetland-Inseln und H. BRONNY die neuere agrarische Entwicklung der Region Finnmarken. Nig

- Prognose landwirtschaftlicher Nutzflächen

BERG, Ernst: Analyse und Prognose der Entwicklung landwirtschaftlich genutzter Flächen in Nordrhein-Westfalen. In: Raumforschung und Raumordnung 31, 1973, S. 242-258.
Ziel der Untersuchung ist 1) die Analyse der bisherigen Veränderung der landwirtschaftlichen Nutzflächen und deren Bestimmungsfaktoren, 2) die Vorausschätzung des zukünftigen Flächenpotentials unter Berücksichtigung regionaler Unterschiede bis gegen Ende der 70er Jahre. Auf der Basis von Kreisdaten (1958 bis 1968) wird versucht, die Wirkungszusammenhänge mit Hilfe der Faktorenanalyse aufzuzeigen, die Einflußgrößen mit Regressionsanalysen zu quantifizieren sowie Trends der Flächenabnahmen zu berechnen. Hei

- Landwirtschaft und Geoökologie

HAASE, Günter: Inhalt und Methodik einer umfassenden landwirtschaftlichen Standortkartierung auf der Grundlage landschaftsökologischer Erkundung. Siehe 7.4.

SCHREIBER, Karl-Friedrich: Landschaftsökologische und standortkundliche Untersuchungen im nördlichen Waadtland als Grundlage für die Orts- und Regionalplanung. Siehe 7.4.

SCHREIBER, Karl-Friedrich: Landschaftspflege mit oder ohne Landbewirtschaftung - wie sieht es der Landschaftsökologe. Siehe 7.4.

TISCHLER, Wolfgang: Agrarökologie. Siehe 5.8.

Umweltschutz in Land- und Forstwirtschaft. Hrsg. vom Bundesministerium für Ernährung, Landwirtschaft und Forsten. Siehe 7.4.

VAN EIMERN, Joseph: Wetter- und Klimakunde für Landwirtschaft, Gartenbau und Weinbau. Siehe 5.4.

- Verhaltenstheoretische Ansätze

GOULD, Peter R.: Man against his environment; a game theoretic framework. Der Mensch gegenüber seiner Umwelt: ein spieltheoretisches Modell. Siehe 6.3.

SAARINEN, Thomas Frederick: Perception of the drought hazard on the Great Plains. Siehe 6.10.

6.16
Geographie der
Agrarwirtschaft /
Agrargeographie

Raum für Zusätze

WOLPERT, Julian: The decision process in spatial context.
WOLPERT, Julian: Eine räumliche Analyse des Entscheidungsverhaltens in der mittelschwedischen Landwirtschaft. Siehe 6.2.

Regionale Darstellungen und Fallstudien

- Bundesrepublik Deutschland

- - Gesamtdarstellungen

➤ ANDREAE, Bernd: Strukturen deutscher Agrarlandschaft. Landbaugebiete und Fruchtfolgesysteme in der Bundesrepublik Deutschland. Bonn - Bad Godesberg: Bundesforschungsanstalt für Landeskunde und Raumordnung 1973. 107 S. = Forschungen zur deutschen Landeskunde 199.
Knappe, mit zahlreichen Tabellen und Abbildungen ausgestattete Darstellung der neueren Prozesse und Strukturen im Agrarbereich. Behandelt werden insbesondere Standortfragen, die Kombinationen der Produktionsfaktoren, Anpassungsprobleme der Landwirtschaft und Probleme der Abgrenzung von Landbaugebieten und Fruchtfolgesystemen in der BRD. Nig

➤ OTREMBA, Erich: Die deutsche Agrarlandschaft. 2. Aufl. Wiesbaden: Franz Steiner 1961. 83 S. = Erdkundliches Wissen 3, Geographische Zeitschrift, Beihefte.
Trotz des inzwischen erfolgten Strukturwandels in der Landwirtschaft ist diese Veröffentlichung noch immer eine gute Einführung in die Grundlagen der deutschen Agrarlandschaft. Nig

➤ OTREMBA, Erich: Der Agrarwirtschaftsraum der Bundesrepublik Deutschland. Wiesbaden: Franz Steiner 1970. 66 S. = Erdkundliches Wissen 24, Geographische Zeitschrift, Beihefte.
Straffe Darstellung der Landwirtschaft der BRD, der natürlichen Voraussetzungen, ländlichen Bevölkerung und Gestaltelemente der deutschen Agrarlandschaft. Die knappe Beschreibung einzelner Produktionsräume in regional-typologischer Sicht und der Dynamik des Wandlungsprozesses gibt einen guten Einblick in die deutsche Landwirtschaft. Weiterführende Literatur ist nicht angegeben. Nig

SPITZER, Hartwig: Regionale Landwirtschaft. Hamburg/Berlin: Paul Parey 1975. 203 S., 48 Abbildungen.
Übersichtliche Darstellung der regionalen Strukturen der Landwirtschaft in der Bundesrepublik Deutschland. Wichtig als Grundlage für die Angewandte Geographie, Raum- und Umweltplanung. Nig

- - Fallstudien und regionale Darstellungen

BLENCK, Jürgen: Die Insel Reichenau. Eine agrargeographische Untersuchung. Heidelberg: Geographisches Institut der Universität 1971. 347 S. = Heidelberger Geographische Arbeiten 33.
Beispielhafte Untersuchung über den Kulturlandschaftswandel eines Sonderkulturgebietes. Die breite Textdarstellung und exakte Kartierungen geben einen Einblick in die Vielschichtigkeit agrargeographischer Arbeit. Untersucht wird nach einer eingehenden methodischen Einleitung die Kulturlandschaft der Insel Reichenau in den letzten 100 Jahren, wobei der Wandel in der sozioökonomischen Struktur, die neueren Entwicklungstendenzen und gegenwärtigen Planungsfragen behandelt werden. Nig

DEGE, Eckart: Filsen und Osterspai. Wandlungen der Sozial- und Agrarstruktur in zwei ehemaligen Weinbaugemeinden am Oberen Mittelrhein. Siehe 6.12.

DITT, Hildegard: Struktur und Wandel westfälischer Agrarlandschaften. Münster: Aschendorff 1965. 135 S., 2 Karten als Beilage. = Veröffentlichungen des Provinzialinstituts für Westfälische Landes- und

6.16
Geographie der
Agrarwirtschaft /
Agrargeographie

Raum für Zusätze

Volkskunde, Reihe I, Heft 13.
Klar gegliederte Analyse der westfälischen Landwirtschaft in ihrer räumlichen Differenzierung, ihrem Strukturwandel einerseits und in ihrem Beharrungsvermögen andererseits im Laufe des letzten Jahrhunderts. Gewicht wird dabei auch auf die Mentalitätsunterschiede in der bäuerlichen Bevölkerung gelegt. Das Ergebnis ist schließlich eine gelungene Agrar/Kulturraumanalyse. Eine interessante Karte der Bodennutzung in Westfalen 1956 verdient besondere Erwähnung, weil sie statistisch genau und optisch sehr anschaulich die Kulturartenanteile, gemeindeweise berechnet, darstellt.
Ni

KULS, Wolfgang und Karl TISOWSKY: Standortfragen einiger Spezialkulturen im Rhein-Main-Gebiet. In: Geographische Studien aus dem Rhein-Mainischen Raum. Zusammengestellt von W. KULS. Frankfurt: Waldemar Kramer 1961. S. 9-29. = Rhein-Mainische Forschungen 50. Auch in: Karl RUPPERT (Hrsg.): Agrargeographie. Darmstadt: Wissenschaftliche Buchgesellschaft 1973. S. 318-344. = Wege der Forschung 171.
Interessante Studie über die Standortfaktoren einiger Feldgemüse und Beerenobst-Kulturen im südhessischen Verdichtungsraum. Im Ergebnis wird gezeigt, daß zur Erklärung weniger die Marktnähe, sondern die spezifische Sozialstruktur der Anbaugemeinden ('Freizeitlandwirte') wirksam ist.
Blo

RUPPERT, Karl: Die Bedeutung des Weinbaues und seiner Nachfolgekulturen für die sozialgeographische Differenzierung der Agrarlandschaft in Bayern. Kallmünz/Regensburg: Michael Lassleben 1960. 160 S., 6 Abbildungen, 13 Karten. = Münchener Geographische Hefte 19.
Grundlegende Arbeit über die Entwicklung des Weinbaues in Bayern seit Beginn des 19. Jahrhunderts und seiner Nachfolgekulturen. Dabei stehen sozialgeographische Gesichtspunkte und die soziale Differenzierung der Bevölkerung im Vordergrund.
Nig

WINDHORST, Hans-W.: Spezialisierte Agrarwirtschaft in Südoldenburg. Leer: Schuster 1975. 215 S., 87 Abb., 25 Bilder und 3 Karten.
Die tierische Veredlungswirtschaft, die in Südoldenburg ein Zentrum hat, ist in der Entwicklung schon so weit fortgeschritten, daß sie teilweise schon agrarindustrielle Formen angenommen hat. Die großenteils bodenunabhängige Produktion von Nahrungsgütern wurde in der Agrargeographie bisher nur wenig beachtet. Da der Spezialisierungsprozeß der Landwirtschaft ständig an Bedeutung gewinnt, verdient dieser Beitrag besondere Aufmerksamkeit.
Nig

- Weitere Regionalstudien (außer Entwicklungsländer)

DAHLKE, Jürgen: Der Weizengürtel in Südwestaustralien. Anbau und Siedlung an der Trockengrenze. Wiesbaden: Franz Steiner 1973. XI, 275 S., 4 Karten. = Erdkundliches Wissen 34, Geographische Zeitschrift, Beihefte.
Gute agrargeographische Arbeit, die über den Bereich der Agrargeographie hinaus einen ausgezeichneten Beitrag zur Landeskenntnis von SW-Australien vermittelt. Vor allem wird die historische Entwicklung klar gegliedert dargestellt. Zahlreiche anschauliche Skizzen und Karten.
Nig

GIESE, Ernst: Sovchoz, Kolchoz und persönliche Nebenerwerbswirtschaft in Sowjet-Mittelasien. Eine Analyse der räumlichen Verteilungs- und Verflechtungssysteme. Münster: Institut für Geographie und Länderkunde und Geographische Kommission für Westfalen 1973. XII, 300 S., 11 Abbildungen im Anhang. = Westfälische Geographische Studien 27.
Interessante umfangreiche Untersuchung über privat betriebene Landwirtschaft in Sowjet-Mittelasien durch Kolchosniki und Nebenerwerbslandwirtschaften von Arbeitern und Angestellten. Die Naturausstattung des Untersuchungsgebiets, die landwirtschaftlichen Betriebsformen in der Kollektivierungsentwicklung sowie die Bedeutung der privaten Landbewirtschaftung werden eingehend behandelt.
Nig

6.16
Geographie der Agrarwirtschaft / Agrargeographie

Raum für Zusätze

HELMFRID, Staffan: Die Wandlung der Agrarstruktur in Schweden 1944-1966 in regionaler Sicht. In: Geografiska Annaler 50 B, 1968, S. 32-47.
Klar aufgebaute, methodisch vorbildliche Untersuchung der räumlichen Differenzierung des Strukturwandels von Betriebsgrößen in Mittel- und Südschweden. Basierend auf amtlichen Statistiken wird die Veränderung der Betriebsgrößenklassen kartographisch dargestellt und zunächst als raum-zeitlicher Prozeß beschrieben. Sodann wird eine Reihe von Erklärungshypothesen aufgestellt, um diese dann mittels einfacher statistischer Analysen, weiterer Literaturauswertungen und kartographischer Darstellungen zu überprüfen. Blo

HEMPEL, Ludwig: Individuelle Züge in der kollektivierten Kulturlandschaft der Sowjetunion. In: Die Erde 101, 1970, S. 7-22.
Studie über die kulturlandschaftliche Vielfalt durch privatwirtschaftliche Aktivitäten in der kollektivierten Kulturlandschaft. Nig

THIEDE, Günther: Standorte der EWG-Agrarerzeugung. Schwerpunkte und Entwicklungstendenzen. Hamburg/Berlin: Paul Parey 1971. 102 S. = Betriebs- und Arbeitswirtschaft in der Praxis 17.
In den zahlreichen Karten, für die eine Fülle statistischen Materials aufbereitet wurde, wird die EWG (1971 = 6 Länder) in 55 Regionen aufgeteilt. Die gesamte pflanzliche und tierische Erzeugung des EWG-Raumes wird im Detail erfaßt und ein Ausblick auf die künftige Produktionsstruktur gegeben. Nig

UHLIG, Harald: Die ländliche Kulturlandschaft der Hebriden und der westschottischen Hochlande.
UHLIG, Harald: Typen kleinbäuerlicher Siedlungen auf den Hebriden. Siehe 6.12.

- Entwicklungsländer

ACHENBACH, Hermann: Agrargeographische Entwicklungsprobleme Tunesiens und Ostalgeriens. Siehe 7.6.

➤ BIEHL, Max: Die Landwirtschaft in China und Indien. Frankfurt: Moritz Diesterweg 4. Aufl. 1973. 119 S. = Themen zur Geographie und Gemeinschaftskunde.
Informativer Vergleich von zwei agrarischen Entwicklungswegen; geeignet für den Oberstufenunterricht an Gymnasien und zur Einführung im Rahmen des Grundstudiums an Hochschulen. Nig

BRONGER, Dirk: Caste system and cooperative farming in India. Siehe 7.6.

BRONGER, Dirk: Der sozialgeographische Einfluß des Kastenwesens auf Siedlung und Agrarstruktur im südlichen Indien. Siehe 6.12.

BÜNSTORF, Jürgen: Die Ackerbauzone im argentinischen Gran Chaco. Ein Beitrag zum Problem der Anbaugrenze in den wechselfeuchten Subtropen. In: Geographische Rundschau 28, 1976, S. 144-153.
Knappe Fallstudie, die die agrarstrukturellen und -sozialen Wandlungen seit der Kolonisationsphase und vor allem den gegenwärtigen 'Konsolidierungsprozeß' in der Landwirtschaft aufzeigt. Hei

DEGE, Eckart: Stand und Entwicklung der Agrarstruktur Südkoreas. In: Geographisches Taschenbuch 1975/76, S. 106-127.
Konzentrierte Darstellung der neueren Agrarentwicklung seit Ende des Koreakrieges (1953). In knappen Kapiteln werden die Besonderheiten der koreanischen Agrarstruktur gekennzeichnet. Eine Abbildung und 2 Karten vermitteln einen anschaulichen Überblick. Nig

FRICKE, Werner: Die Rinderhaltung in Nordnigeria und ihre natur- und sozialräumlichen Grundlagen. Siehe 7.6.

**6.16
Geographie der
Agrarwirtschaft /
Agrargeographie**

Raum für Zusätze

GUTH, Wilfried (Hrsg.): Die Stellung von Landwirtschaft und Industrie im Wachstumsprozeß der Entwicklungsländer. Siehe 7.5.

JÄTZOLD, Ralph: Entwicklungsprobleme der Schwemmlandebenen an der neuen Tanzania-Zambia-Eisenbahn im südlichen Ostafrika. Siehe 7.6.

MANSHARD, Walter: Die geographischen Grundlagen der Wirtschaft Ghanas unter besonderer Berücksichtigung der agrarischen Entwicklung. Siehe 7.6.

MANSHARD, Walther: Agrargeographie der Tropen. Eine Einführung. Mannheim: Bibliographisches Institut 1968. 307 S. = B.I.-Hochschultaschenbücher 356.
Als Taschenbuch preis- und anschaffenswerte Publikation, die in klarem Aufbau eine ausgewogene Darstellung der tropischen Landwirtschaf und Agrarlandschaft vermittelt.   *Nig*

MERTINS, Günter: Kriterien der wirtschaftlichen und sozialen Beurteilung von Landreformprojekten in Kolumbien, am Beispiel des Landreformprojektes Antlantico 3. Siehe 7.6.

MONHEIM, Felix: Zur Entwicklung der peruanischen Agrarreform. Siehe 7.6.

ROTHER, Klaus: Stand, Auswirkungen und Aufgaben der chilenischen Agrarreform. Zum Fortgang der Agrarreform in Chile. Siehe 7.6.

WEBER, Peter: Agrarkolonisation in Mittel-Moçambique. Landwirtschaftliche Erschließungsmaßnahmen mit kombinierter Projektstruktur als raumplanerisches Modell in Entwicklungsländern. Siehe 7.6.

WEBER, Peter: Die agrargeographische Struktur von Mittel-Moçambique. Natur- und sozialräumliche Grundlagen der Bantu-Landwirtschaft. Marburg: Geographisches Institut der Universität 1971. 189 S. = Marburger Geographische Schriften 48.
Fundierte, auf umfassenden statistischen Erhebungen eines FAO-Programms und auf eigenen Feldarbeiten basierende Darstellung der Bantu-Landwirtschaft und ihrer wichtigsten Bedingungen. Gute Ausstattung mit kartographischen Darstellungen.   *Blo*

WIRTH, Eugen: Agrargeographie des Irak. Hamburg: Institut für Geographie und Wirtschaftsgeographie der Universität 1962. 193 S., 53 Karten im Anhang. = Hamburger Geographische Studien 13.
Beispiel einer umfassenden agrargeographischen Regionalstudie. Nach der analytischen Behandlung der Bodennutzungs- und Viehhaltungssysteme, der Agrarverfassung und landwirtschaftlichen Betriebsformen, der Landnutzungsintensität und anderer Einzelaspekte folgt eine synthetische Darstellung einzelner ländlicher Kulturlandschaften ('Agrarlandschaften'). Abschließend werden Grundtendenzen der räumlichen Ordnung und Differenzierung herausgestellt. Die Ausführungen beziehen sich im wesentlichen auf die Verhältnisse vor der 'irakischen Revolution'.   *Hei*

<u>Zur Genese der Agrarlandschaft</u>   Siehe 6.24.

Ländliche Raumordnung

Entwicklung ländlicher Räume. Siehe 7.2.

FISCHER, Klaus: Die ländliche Nahbereichsplanung. Grundlagen, Methoden und Leitmodelle. Siehe 7.2.

GÖB, Rüdiger u.a.: Raumordnung und Bauleitplanung im ländlichen Raum. Siehe 7.2.

6.16
Geographie der Agrarwirtschaft / Agrargeographie

Raum für Zusätze

Grundlagen und Methoden der landwirtschaftlichen Raumplanung. Siehe 7.2.

HOTTES, Karlheinz und Josef NIGGEMANN: Flurbereinigung als Ordnungsaufgabe. Siehe 7.3.

HOTTES, Karlheinz, Fritz BECKER und Josef NIGGEMANN: Flurbereinigung als Instrument der Siedlungsneuordnung. Siehe 7.3.

Der ländliche Raum. Randerscheinung oder integriertes Ausgleichsgebiet. Siehe 7.2.

MEYER, Konrad: Ordnung im ländlichen Raum. Siehe 7.2.

Agrargeographische Kartierungen

RUPPERT, Karl: Spalt. Ein methodischer Beitrag zum Studium der Agrarlandschaft mit Hilfe der kleinräumlichen Nutzflächen- und Sozialkartierung und zur Geographie des Hopfenbaus. Kallmünz/Regensburg: Michael Lassleben 1958. 55 S. = Münchener Geographische Hefte 14.
Methodisch wichtige Arbeit zur Agrargeographie. Einführung der Methode großmaßstäblicher sozialgeographischer Kartierung zur Deutung des Bildes kleinräumlicher Landnutzungsdifferenzierungen. Ble

Landnutzung und Luftbild

STEINER, Dieter: Die Jahreszeit als Faktor bei der Landnutzungsinterpretation auf panchromatischen Luftbildern, gezeigt am Beispiel des schweizerischen Mittellandes.
MEIENBERG, Paul: Die Landnutzungskartierung nach Pan-, Infrarot- und Farbluftbildern. Ein Beitrag zur agrargeographischen Luftbildinterpretation und zu den Möglichkeiten der Luftbildphotographie. Siehe 4.5.

Landwirtschaftsstatistik und amtliche Berichte

Agrarbericht 1976. Agrar- und ernährungspolitischer Bericht der Bundesregierung. Bonn: Deutscher Bundestag 1976. 94 S. = Deutscher Bundestag, 7. Wahlperiode, Drucksache 7/4680.
Materialband (einschließlich Buchführungsergebnisse) zum Agrarbericht 1976 der Bundesregierung. Bonn: Deutscher Bundestag 1976. 454 S. = Deutscher Bundestag, 7. Wahlperiode, Drucksache 7/4681.
Der seit 1956 jährlich erscheinende Agrarbericht (bis 1970: 'Grüner Bericht') der Bundesregierung informiert über die Lage der Agrarwirtschaft sowie über die Ziele und Programme der Agrar- und Ernährungspolitik. Die umfangreiche (seit 1971 erscheinende) Materialband enthält im wesentlichen statistische Zusammenstellungen zu den einzelnen Punkten des Berichts. Blo/Nig

DENNUKAT, Gerhard und Heinrich HASSKAMP: Die Landwirtschaftszählung 1971. Siehe 8.1.

DENNUKAT, Gerhard und Heinrich HASSKAMP: Klassifizierung der land- und forstwirtschaftlichen Betriebe und deren Betriebseinkommen. Ergebnisse der Landwirtschaftszählung 1971. Siehe 8.1.

Food and Agriculture Organization (FAO): Production Yearbook. Siehe 8.3.

Food and Agriculture Organization (FAO): Trade Yearbook. Siehe 8.3.

Statistisches Jahrbuch über Ernährung, Landwirtschaft und Forsten der Bundesrepublik Deutschland. Hrsg. vom Bundesministerium für Er-

6.16
Geographie der
Agrarwirtschaft /
Agrargeographie

Raum für Zusätze

nährung, Landwirtschaft und Forsten. Hamburg/Berlin: Paul Parey Jg. 1ff., 1956ff.
Inhalt: Volks- und landwirtschaftliche Grunddaten, Ernährungswirtschaft, Preise, Löhne, Wirtschaftsrechnungen, Warenverkehr, Forst- und Holzwirtschaft, Ernährung, Landwirtschaft und Forsten in den Ländern der EG. Die meisten Angaben beziehen sich auf die BRD; teilweise sind sie nach Bundesländern aufgegliedert.   Nig

Atlanten

Atlas der deutschen Agrarlandschaft. Siehe 3.2.

World atlas of agriculture. Under the aegis of the International Association of Agricultural Economists. Novara: Instituto geografico de Agostini 1969ff. Textbände Format 25 x 35 cm, Kartenband 35 x 49 cm. Band 1 (Europa, UdSSR, Kleinasien): 1969. 527 S. Band 2 (Asien und Ozeanien): 1973. 671 S. Band 3 (Amerika): 1970. 497 S. Kartenband 1969ff. (in Lieferungen).
Ziel ist die möglichst vollständige Erfassung der Landwirtschaft der Erde nach natürlichen Grundlagen, Erzeugnissen, Betriebs-, Eigentums- und Absatzformen sowie der Sozial- und Einkommensverhältnisse der Landbevölkerung. Der Kartenband enthält Bodennutzungskarten von Staaten und Staatengruppen; die Textbände geben für jeden Staat und die Kontinente umfangreiche Erläuterungen, Statistiken, Diagramme und Skizzen. Text in englischer Sprache.   Bey

Bibliographien

BOHTE, Hans-Günther (Bearb.): Bibliographie des Schrifttums über Agrarstruktur und Landeskultur (Verbesserung der Agrarstruktur) in der Bundesrepublik Deutschland. 1949-1970. Bonn: Landschriften-Verl. 1971. 274 S.
Auswahlbibliographie, die alle wichtigen nicht überholten Schriften zum angegebenen Thema erfaßt. Die über 3000 Titel sind im systematischen Teil chronologisch geordnet. Schlagwort- und Verfasserregister.
Bra

Dokumentationsstelle für Agrarpolitik, landwirtschaftliches Marktwesen und ländliche Soziologie: Informationsdienstkartei. Bonn: Forschungsgesellschaft für Agrarpolitik und Agrarsoziologie. Erscheint in zweimonatlichen Lieferungen von ca. 200 Karteikarten, letzte Lieferung 70, 1976. Bisher insg. ca. 4500 Karteikarten.
Die in laufenden Lieferungen erscheinende Bibliographie berichtet auf Karteikarten im Format DIN A 6 über land- und ernährungswirtschaftliche Veröffentlichungen in umfassender Form. Über die bibliographischen Angaben hinaus wird jeweils eine kurze Inhaltsangabe gegeben. Zu jeder Lieferung erscheint je ein 'Register der Fachgebiete' und ein 'Geographisches Register', die den Inhalt der letzten Jahrgänge (zuletzt: 1974-1976) erschließen.   Nig

6.17 Geographie der Fischereiwirtschaft/Meereswirtschaft

Einführungen in die Meeresforschung und Meereswirtschaft

BARDACH, John: Die Ausbeutung der Meere. Wissenschaftliche und wirtschaftliche Interessen in der Meeresforschung. Hamburg: Fischer Taschenbuch Verlag 1972. 212 S. = Bücher des Wissens 6251. 5,80 DM.
Allgemeinverständliche gehaltvolle Einführung in die vielfältigen Probleme und Möglichkeiten der Meereswirtschaft sowie der umfassenden (interdisziplinären) Meeresforschung. Hei

SCHOTT, Friedrich: Das Weltmeer als Wirtschaftsraum. 2. Aufl. Paderborn: Ferdinand Schöningh und München: Blutenburg 1974. 33 S.
In erster Linie als Arbeitsgrundlage für den Oberstufenunterricht an Gymnasien konzipierte knappe Darstellung wichtiger Aspekte der Meeresnutzung (Nahrung aus dem Meer, Seeverkehr, Rohstoffe aus dem Meer), der Problematik der Meeresverschmutzung, des Küstenschutzes, der Energiegewinnung aus dem Meer sowie auch der rechtlichen Probleme der Meeresnutzung. Hei

Umfassende Darstellungen der Geographie der Fischereiwirtschaft

BARTZ, Fritz: Die großen Fischereiräume der Welt. Versuch einer regionalen Darstellung der Fischereiwirtschaft der Erde. Band I: Atlantisches Europa und Mittelmeer. Wiesbaden: Franz Steiner 1964. 461 S. Band II: Asien mit Einschluß der Sowjetunion. Wiesbaden: Franz Steiner 1965. 594 S. Band III: Neue Welt und südliche Halbkugel. Nordamerika und Mittelamerika, Südamerika, Afrika, Australien, Ozeanien. Wiesbaden: Franz Steiner 1974. 800 S.
Umfassende geographische Darstellung der räumlichen Struktur und Entwicklung der fischereiwirtschaftlichen Betriebsformen in den 'großen Fischereiräumen' und 'Fischereiländern' der Erde. Weniger als Lehrbuch für Studenten geeignet, jedoch trotz der bis zur Gegenwart eingetretenen Strukturwandlungen immer noch ein wichtiges Handbuch. Hei

COULL, James R.: The fisheries of Europe. An economic geography. London: Bell 1972. 240 S.
Leicht verständliche Überblicksdarstellung wichtiger Grundlagen, Entwicklungstrends, Strukturmerkmale und marktwirtschaftlicher Verflechtungen der Fischereiwirtschaft bedeutender europäischer Fischereinationen: von der Verteilung und 'Produktivität' der Fanggebiete, der Fangflotten und Fischereibeschäftigten über die Fischanlandungen und Fischverarbeitung bis hin zum Fischhandel bzw. -vermarktung und Fischkonsum. Hei

Regionale Fallstudien

BÄHR, Jürgen: Zum gegenwärtigen Stand der Fischereiwirtschaft in Südwestafrika. In: Mitteilungen der Österreichischen Geographischen Gesellschaft 114, 1972, S. 86-104.
Dieser Beitrag stellt den jüngeren raschen wirtschaftlichen Aufschwung (und plötzlichen Rückschlag) der Fischerei im Bereich des kalten nährstoffreichen Benguelastroms, die staatlichen Einflußnahmen auf die Fischereiwirtschaft, die Auswirkungen der Fischereiwirtschaft auf die Entwicklung der Küstenstädte sowie ihre Bedeutung für die weitere Erschließung der südwestafrikanischen Küstenzone dar. Diese knappe Fallstudie ist gut als Einführung in die geographische Betrachtungsweise der Fischereiwirtschaft geeignet. Hei

HEINEBERG, Heinz: Die Fischereiwirtschaft der Shetland-Inseln und ihre Stellung im nordeuropäischen Raum. In: Deutscher Geographentag

6.17
Geographie der Fischereiwirtschaft / Meereswirtschaft

Raum für Zusätze

Kiel 1969. Tagungsbericht und wissenschaftliche Abhandlungen. Wiesbaden: Franz Steiner 1970. S. 539-553. = Verhandlungen des Deutschen Geographentages 37.
Regionale Fallstudie, die sich zur systematischen Einführung in die physisch-geographischen Grundbedingungen, in die geographische Darstellung von Strukturwandlungsprozessen sowie in Organisation und Probleme der Fischereiwirtschaft eignet. Hei

JÜNGST, Peter: Die Grundfischversorgung Großbritanniens. Häfen, Verarbeitung und Vermarktung. Marburg: Geographisches Institut der Universität 1968. 299 S. = Marburger Geographische Schriften 35.
Vorbildliche (fischerei)wirtschaftsgeographische Arbeit, in der die 'Entwicklung und Struktur der einzelnen Zweige der Fischwirtschaft in ihrer räumlichen Differenzierung ... vor allem auf ihre Stellung und Funktion als Teilglieder im Ablauf des auf die Erfüllung einer Nachfrage ausgerichteten Versorgungsgeschehens hin untersucht' bzw. dargestellt werden. Hei

STEIN, Norbert: Die Fischereiwirtschaft Westsiziliens und ihre Auswirkungen auf die Siedlungs- und Bevölkerungsstruktur. Freiburg i. Br.: Geographische Institute der Universität 1970. 140 S. = Freiburger Geographische Hefte 8.
In dieser gründlichen geographischen Fallstudie sind nicht nur die unterschiedlichen Betriebsformen, die wirtschaftliche Bedeutung und natürlichen Voraussetzungen, sondern auch - und darin liegt der besondere methodische Wert der Untersuchung - die siedlungs- und sozialgeographischen Zusammenhänge und Auswirkungen der Fischerei räumlich differenziert dargestellt. Hei

Amtliche Statistiken und Berichte

Food and Agriculture Organization of the United Nations (FAO) (Hrsg.): Yearbook of fishery statistics. Siehe 8.3.

Informationen über die Fischwirtschaft des Auslandes. Hrsg. vom Bundesministerium für Ernährung, Landwirtschaft und Forsten. Bonn/Hamburg Jg. 1ff., 1951ff. (1974 = 24. Jg.).
In Monatsheften zusammengefaßte Kurzberichte, Statistiken und kleinere Mitteilungen (deutsch übersetzte Auszüge aus ausländischen Fachzeitschriften), die über die Entwicklung und Probleme der Fischwirtschaft wichtiger Fangnationen informieren. Hei

Jahresbericht über die Deutsche Fischwirtschaft. Hrsg. vom Bundesministerium für Ernährung, Landwirtschaft und Forsten unter Mitwirkung des Statistischen Bundesamtes. Zuletzt: 40. Ausg. für 1973/74, Berlin 1974.
Sammlung jeweils aktueller (statistischer) Einzelberichte über die strukturelle Gesamtentwicklung der deutschen Fischerei- und Fischindustriezweige, des fischwirtschaftlichen Außenhandels, der Fischwirtschaftspolitik usw. Hei

6.18 Forstgeographie / Forstwissenschaften

Einführungen

▶ BLÜTHGEN, Joachim und Hans-Wilhelm WINDHORST: Methodische Betrachtungen zur Forstgeographie. In: Berichte zur deutschen Landeskunde 44, 1970, S. 267-292.
Grundsätzliche Überlegungen über Wesen, Aufgaben, Methodik und pflanzengeographische Grundlagen der Forstgeographie, ihre Entwicklung und Stellung innerhalb der Geographie sowie über die Unterschiede in den Forschungsansätzen und -zielen zwischen der Forstwirtschaft und der Forstgeographie. Die Autoren kommen zu der Schlußfolgerung, daß die Geographie als Raumwissenschaft diesen bislang vernachlässigten Forschungszweig stärker berücksichtigen sollte. Der Aufsatz bildet zugleich den ergänzten methodischen Teil zu einer Fallstudie des zweiten Verfassers (s.u.). Gra/Hei

▶ WECK, Johannes: Die Wälder der Erde. Berlin: Springer 1957. VII, 152 S. = Verständliche Wissenschaft 67.
Kurzgefaßte und doch inhaltsreiche Darstellung der Waldregionen der Erde, des Naturwaldes und des Kulturwaldes, der Produktionskraft einzelner Waldregionen, des Holzverbrauchs und nicht zuletzt auch der Wohlfahrtswirkungen des Waldes. Es werden ferner die Fragen der Waldverwüstung erodierter Gebiete sowie Leitlinien einer überregionalen Forst- und Holzwirtschaftspolitik behandelt. Im Anhang werden in einer Tabelle wissenschaftliche Namen, Volksnamen, Verbreitungsangaben, ökologisch und forstlich wichtige Eigenschaften sowie die Angaben über die holzwirtschaftliche Bedeutung wichtigster Baumarten zusammengestellt. Gra

▶ WINDHORST, Hans-Wilhelm: Gedanken zur räumlichen Ordnung der Forstwirtschaft. Ein Beitrag zur Forstgeographie. In: Geographische Zeitschrift 60, 1972, S. 357-374.
Dieser Grundsatzbeitrag stellt zunächst die unterschiedlichen Betrachtungsrichtungen der Forstwirtschaft und der Forstgeographie heraus. Dabei werden wichtige forstgeographische Begriffe erläutert, darunter vor allem der Begriff der Waldbauformation. Dann folgt ein knapper Abriß einer forstgeographischen Standortslehre sowie der Auswirkungen des Landschaftsschutzes und der Raumplanung auf die 'räumliche Ordnung der Forstwirtschaft'. Hei

Forstwirtschaftliches Wörterbuch

WECK, Johannes (Hrsg.): Wörterbuch der Forstwirtschaft. Deutsch, Englisch, Französisch, Spanisch, Russisch, mit Baumarten, tierischen und pflanzlichen Schädlingen des Waldes im Anhang. München/Basel/Wien: BLV und Amsterdam/London/New York: Elsevier 1966. XXVI, 573 S.
Umfassendes mehrsprachiges Fachwörterbuch. Gra

Forstgeographische Fallstudien

HAGGETT, Peter: Regionale und lokale Komponenten der Waldflächenverteilung in Südostbrasilien: Ein Multivarianz-Ansatz. In: Dietrich BARTELS (Hrsg.): Wirtschafts- und Sozialgeographie. Köln/Berlin: Kiepenheuer & Witsch 1970. S. 305-322. = Neue Wissenschaftliche Bibliothek 35.
Methodisch klar aufgebaute quantitative Untersuchung zur räumlichen Waldflächenverteilung: 1) kleinräumige Ausschnittuntersuchung mit Hilfe einer mehrfachen Varianzanalyse, 2) großräumige Ergänzungsuntersuchung mit Hilfe einer multiplen Regressionsanalyse. Statistische Vorkenntnisse sind erforderlich. Blo

6.18
Forstgeographie/
Forstwissenschaften

Raum für Zusätze

HOLTMEIER, Friedrich-Karl: Geoökologische Beobachtungen und Studien an der subarktischen und alpinen Waldgrenze in vergleichender Sicht. Siehe 5.7.

LINDEMANN, Rolf: Studien zur Geographie der Waldgrenzen im westlichen Norwegen, exemplarisch behandelt an der Fosen-Halbinsel in Tröndelag. Siehe 5.7.

MÜLLER-HOHENSTEIN, Klaus: Die Wälder der Toskana. Ökologische Grundlagen, Verbreitung, Zusammensetzung und Nutzung. In: Mitteilungen der Fränkischen Geographischen Gesellschaft 15/16, 1968/69, S. 47-181.
Die Analyse der aktuellen Waldvegetation verschiedener Landschaften der Toskana, ihrer klimatischen und edaphischen Grundlagen sowie der menschlichen Einflüsse auf die Wälder und die Untersuchung des aktuellen Waldbildes mit Hilfe von vier ausgewählten Profilen führen zur Aufstellung einer Übersicht der Waldvegetationstypen für einzelne Klimaxgebiete und zur Darstellung der vertikalen Waldvegetationsgliederung und der Typen der Wald-Offenland-Verteilung. Abschließend werden die heutigen Tendenzen des toskanischen Waldbaues und ihre Bedeutung für die künftige Kulturlandschaftsentwicklung erörtert. Gra

RÖMHILD, Georg: Die Forst- und Industrielandschaft des Dickenberger Bergbaubezirks bei Ibbenbüren. Siehe 6.19.

RUTZ, Werner: Der Reichswald bei Nürnberg - Probleme seiner Nutzung im Jahre 1971. Anregungen zur Behandlung stadtnaher Waldgebiete im Erd- und Gemeinschaftskundeunterricht. In: Geographische Rundschau 23, 1971, S. 181-191, 1 Karte.
Am Beispiel des Reichswaldes bei Nürnberg werden exemplarisch Anregungen für die Behandlung folgender Themen im Unterricht gegeben: 1) Bestockung und Baumartenverteilung als Anzeiger der naturräumlichen Ausgangslage, 2) Stadtnahe Forsten als Aufnahmeraum für Versorgungseinrichtungen, 3) Stadtnahe Forsten als Erholungswald und 4) Forstflächenabtretungen zu Siedlungszwecken (insb. seit 1946). Gra

WEISEL, Hans: Die Bewaldung der nördlichen Frankenalb. Ihre Veränderungen seit der Mitte des 19. Jahrhunderts. In: Mitteilungen der Fränkischen Geographischen Gesellschaft 17, 1970, S. 1-68. Zugleich Erlangen 1971. = Erlanger Geographische Arbeiten 28.
Die Ursachen für die erhebliche Zunahme der Waldfläche im Untersuchungsgebiet werden analysiert und der Nachweis erbracht, daß die heutige Dominanz der Kiefer kein ursprüngliches Merkmal der nördlichen Frankenalb darstellt, sondern erst durch diese Waldausbreitung herbeigeführt wurde. Gra

WINDHORST, Hans-Wilhelm: Der Stemweder Berg. Eine forstgeographische Untersuchung. Münster: Geographische Kommission 1971. 101 S. = Spieker, Landeskundliche Beiträge und Berichte 19.
Vorbildliche kleinräumige Fallstudie, die auf intensiver Feld- und Archivarbeit basiert. Der Verfasser gelangt aufgrund der Analyse der Bestandsverhältnisse (mit Hilfe von Zustandskartierungen) und der Betriebssysteme zu räumlichen Gliederungen in Form von 'Bestandsbezirken' bzw. 'Betriebssystembezirken'. Als Synthese wurde eine Gliederung des Untersuchungsgebietes in 'Waldbaubezirke' vorgenommen, wobei die wirtschaftliche Aktivität als Hauptkriterium herangezogen wurde. Hei

ZENNECK, Wolfgang: Der Veldensteiner Forst. Eine forstgeographische Untersuchung. In: Mitteilungen der Fränkischen Geographischen Gesellschaft 6, 1959, S. 75-136, Kartenanhang.
Empirische Untersuchung, die sich vor allem durch eine differenzierte kartographische Erfassung des Waldes durch eine detaillierte Bestandskartierung (als Farbkarte beigegeben) auszeichnet. Hei

6.18
Forstgeographie/
Forstwissen-
schaften

Raum für Zusätze

Lehrbücher des Waldbaus

▶ DENGLER, Alfred: Waldbau auf ökologischer Grundlage. Ein Lehr- und Handbuch. 4. Aufl. von Alfred BONNEMANN und Ernst RÖHRIG. Hamburg/Berlin: Paul Parey.
Band 1: Der Wald als Vegetationstyp und seine Bedeutung für den Menschen. 1971. 229 S.
Band 2: Baumartenwahl, Bestandesgründung und Bestandespflege. 1972. 246 S.
Bewährtes Hand- und Lehrbuch des Waldbaus, das im ersten Band vor allem die naturwissenschaftlichen Grundlagen, d.h. die ökologischen Bedingungen im Walde, die wichtigsten Waldformen und ihre Verbreitung auf der Erde, die natürliche Verbreitung der mitteleuropäischen Waldbaumarten und die Waldtypen Mitteleuropas, dann aber auch die Bedeutung des Waldes für die Holzproduktion sowie die waldbaulichen Aspekte der Schutz- und Erholungsfunktionen des Waldes behandelt. Der zweite Band ist dagegen den eigentlichen waldbaulichen Maßnahmen gewidmet, die nicht nur die Holzproduktion, sondern auch das Landschaftsbild und die ökologischen Verhältnisse wesentlich beeinflussen.   *Gra*

MAYER, Hannes: Gebirgswaldbau-Schutzwaldpflege. Ein waldbaulicher Beitrag zur Landschaftsökologie und zum Umweltschutz. Stuttgart: Gustav Fischer 1976. XX, 436 S.
Diese erste zusammenfassende Darstellung des Gebirgswaldbaus geht von der Bedeutung der natürlichen Waldökosysteme für die Schutzfunktionen aus. Einleitend wird daher der Wald als Ökosystem dargestellt, wobei der Abriß der Waldökosysteme der Alpen u.a. auf dem Buch 'Wälder des Ostalpenraumes' (Stuttgart: G. Fischer 1974) vom selben Autor beruht. Nach eingehender ausgezeichneter Erörterung der Umweltwirkungen und Schutzwirkungen des Waldes werden auf soziologisch-ökologischer Basis differenzierte Waldbehandlungskonzepte für verschiedene Standorte und Bestandstypen entwickelt. Ausführliches weiterführendes Literaturverzeichnis.   *Gra*

RUBNER, Konrad und Fritz REINHOLD: Das natürliche Waldbild Europas als Grundlage für einen europäischen Waldbau. Hamburg/Berlin: Paul Parey 1953. XII, 288 S.
Das Buch beschreibt neun große Waldregionen in Europa, die weiter in einzelne Waldgebiete unterteilt werden. Dabei wird gezeigt, daß die großräumige Verteilung und Zusammensetzung der Wälder in erster Linie vom Klima abhängig ist. Ferner werden Zuwachs und waldbauliche Probleme einzelner Waldregionen erörtert.   *Gra*

Bäume und Sträucher (Dendrologie)

▶ AMANN, Gottfried: Bäume und Sträucher des Waldes. Taschenbildbuch der Nadeln und Blätter, Blüten, Früchte und Samen, Zweige im Winterzustand und Keimlinge der beachtenswertesten Bäume und Sträucher des mitteleuropäischen Waldes mit Textteil über deren Bau und Leben. 11. Aufl. Melsungen: Neumann-Neudamm 1972. 231 S.
Die charakteristischen Teile unserer wichtigsten einheimischen und einiger eingeführten Bäume und Sträucher sind farbig abgebildet und ermöglichen eine leichte Erkennung der Arten, die darüber hinaus im Textteil kurz beschrieben sind.   *Gra*

KRÜSSMANN, Gerd: Handbuch der Laubgehölze in zwei Bänden. Berlin/Hamburg: Paul Parey. Band 1. 1960. VII, 495 S., 164 Tafelseiten. Band 2. 1962. VII, 608 S., 220 Tafelseiten.
Umfassendes Handbuch der in Europa einheimischen oder eingeführten winterharten Laubgehölze. Im ersten Band werden nach einer Einführung in die Terminologie und einem Verzeichnis botanischer Autoren und Gärtner die Gattungen in alphabetischer Reihenfolge ihrer lateinischen Namen von A bis H aufgezählt und beschrieben (samt Verbreitungsangaben). Der zweite Band enthält die Gattungen von H bis

6.18
Forstgeographie/
Forstwissenschaften

Raum für Zusätze

Z und einen Anhang, in dem u.a. ein Register die ungültigen Namen verzeichnet. Der erste Band enthält 684, der zweite Band 875 Abbildungen.
Gra

KRÜSSMANN, Gerd: Handbuch der Nadelgehölze. Berlin/Hamburg: Paul Parey 1972. VIII, 366 S, 152 Tafelseiten.
In alphabetischer Reihenfolge werden Gattungen aufgezählt und mit ihren 569 Arten und 1807 Gartenformen beschrieben und in 779 Abbildungen dargestellt. Ein Verzeichnis der ungültigen Namen und ein Verzeichnis der gebräuchlichsten deutschen Namen erleichtern die Orientierung. Literaturangaben zu den einzelnen Gattungen.
Gra

Waldgesellschaften

ELLENBERG, Heinz und Frank KLÖTZLI: Waldgesellschaften und Waldstandorte der Schweiz. In: Mitteilungen der Schweizerischen Anstalt für das Forstliche Versuchswesen 48, 1972, S. 587-930.
Exemplarische Darstellung von 71 Waldgesellschaften der Schweiz auf Grund der Auswertung von 5000 Vegetationsaufnahmen mit Hilfe von Sichtlochkarten. Die Waldgesellschaften sind mit lateinischen, deutschen und französischen Namen aufgezählt, ihre Verbreitung auf einer Kartenskizze, ihre Expositions- und Bodenansprüche, systematische Stellung, mittlere Artenzahlen, Steten-Kombination und sonstige stellenweise dominierende Arten sowie Übergänge zu anderen Einheiten dargestellt. Auf ganzseitigen Fotos sind außerdem 49 von ihnen abgebildet. Mehrere Verzeichnisse und Register erleichtern die Benutzung.
Gra

▶ HARTMANN, Friedrich-Karl: Mitteleuropäische Wälder. Zur Einführung in die Waldgesellschaften des Mittelgebirgsraumes in ihrer Bedeutung für Forstwirtschaft und Umwelt. Stuttgart: Gustav Fischer 1974. XIX, 214 S.
Dieser Bildband versucht, die Waldgesellschaften anschaulich zu erläutern und ihren Bauwert für die Landschaft aufzuzeigen. Die Waldgesellschaften sind nach dem pflanzensoziologischen System geordnet, kurz beschrieben und in 212 Fotos und Zeichnungen abgebildet. Als besonders anschaulich sind die Zeichnungen von K. HAMPE hervorzuheben, auf denen die charakteristische Artenkombination im Waldbild zusammengestellt ist. Zwei Fachausdruckregister und ein geographisches Sachregister erleichtern die Benutzung dieses didaktisch und wissenschaftlich wertvollen Buches.
Gra

MAYER, Hannes: Wälder des Ostalpenraumes. Standort, Aufbau und waldbauliche Bedeutung der wichtigsten Waldgesellschaften in den Ostalpen samt Vorland. Stuttgart: Gustav Fischer 1974. XVI, 344 S. = Ökologie der Wälder und Landschaften 3.
Umfassende Darstellung sämtlicher Waldgesellschaften der Ostalpen vom wärmeliebenden Steineichenbuschwald an oberitalienischen Seen bis zum subalpinen Fichtenwald und den Lärchen-Zirbenwäldern an der Waldgrenze der Zentralalpen. In besonderen Kapiteln werden Naturwald-Ersatzgesellschaften und Forstgesellschaften sowie die Waldgebiete und Wuchsbezirke des Ostalpenraumes, ferner in einem Beitrag von F. KRAL die Grundzüge einer postglazialen Waldgeschichte des Ostalpenraumes behandelt. Anschauliche Waldvegetationsprofile durch die westlichen, mittleren und östlichen Ostalpen.
Gra

RICHARDS, P.W.: The tropical rain forest, an ecological study. Siehe 5.7.

Regionale und globale Darstellungen der Forstwirtschaft

Die Forst- und Holzwirtschaft der Bundesrepublik Deutschland. Hrsg. v. AID Land- und Hauswirtschaftlichen Dienst, Bad Godesberg, im Auftrage des Bundesministers für Ernährung, Landwirtschaft und Forsten, Bonn. 5. Aufl. Hiltrup: Landwirtschaftsverlag 1967. 151 S.

**6.18
Forstgeographie/
Forstwissenschaften**

Raum für Zusätze

Allgemeinverständliche Darstellung der wichtigsten Merkmale der deutschen Forst- und Holzwirtschaft, u.a.: Waldgebiete, Waldfläche, Betriebsarten, Verteilung des Waldbesitzes nach Besitzarten, Betriebsarten und Bundesländern, Wald und Raumordnung, Organisation der Forstverwaltung in Bund und Ländern, forstliche Lehre und Forschung, Jagdwesen, forstliche und jagdliche Verbände und Organisationen, Holzindustrie und holzverarbeitendes Handwerk, Holzhandel, Holzforschung und Ausbildung in der Holzwirtschaft. Anhang: Anschriften von Behörden, Institutionen und Organisationen; Zeitschriften und zusammenfassende Darstellungen auf dem Gebiet der Forst- und Holzwirtschaft.   *Gra*

WECK, Johannes und Claus WIEBECKE: Weltforstwirtschaft und Deutschlands Forst- und Holzwirtschaft. München/Bonn/Wien: BLV 1961. VIII, 200 S.
Im ersten Teil behandelt WECK die Weltforstwirtschaft, und zwar u.a. Zuwachs und Ertragspotential verschiedener Waldformationsklassen, Probleme der Tropenwaldnutzung, Raumordnung in Tropenlandschaften sowie die besonderen Probleme der Forst- und Holzwirtschaft in Industrieländern und Entwicklungsländern. Im zweiten Teil stellt WIEBECKE die Produktionsgrundlagen, Struktur und volkswirtschaftliche Bedeutung der Forst- und Holzwirtschaft Deutschlands dar.   *Gra*

▶ WINDHORST, Hans-Wilhelm: Die Nutzung und Bewirtschaftung der Wälder der Erde. Paderborn: Ferdinand Schöningh 1972. 32 S. = Fragenkreise.
Knappe globale, für den Erdkundeunterricht verfaßte Überblicksdarstellung der Wald- und Forstwirtschaft als Produktionszweig unter Berücksichtigung der pflanzengeographischen Grundlagen der Waldverbreitung, wichtiger Nutzungs- und Bewirtschaftungsformen, der Einflüsse von Landschaftsschutz und Raumplanung auf die Forstwirtschaft, der Holzproduktion und des Weltholzhandels.   *Hei*

Spezielle Aspekte und Probleme der Forstwirtschaft

- Aufforstungsprobleme

GRAČANIN, Zlatko: Verbreitung und Wirkung der Bodenerosion in Kroatien. Siehe 5.6.

NEUWINGER, Irmentraud und Anna CZELL: Standortuntersuchungen in subalpinen Aufforstungsgebieten. 1. Teil: Böden in den Tiroler Zentralalpen. Siehe 5.6.

ZEDNIK, Friedrich: Aufforstungen in ariden Gebieten. Wien: Österreichischer Agrarverlag 1972. 103 S. = Mitteilungen der Forstlichen Bundes-Versuchsanstalt Wien 99.
Bericht über Erfahrungen bei Aufforstungen in Tunesien im Rahmen zweier Großprojekte der FAO: 'Ouseltia' mit rd. 380 mm Jahresniederschlag noch innerhalb der natürlichen Waldgrenze der Aleppokiefer und 'Sidi-Bou-Zid' mit 220 mm Jahresniederschlag bereits im Steppengebiet. Kosten- und wassersparende Neuerung: Tiefenbewässerung, Windschutzstreifen.   *Gra*

- Sozialfunktionen (Wohlfahrtswirkungen) des Waldes

▶
* Arbeitskreis Zustandserfassung und Planung der Arbeitsgemeinschaft Forsteinrichtung, Arbeitsgruppe Landespflege: Leitfaden zur Kartierung der Schutz- und Erholungsfunktionen des Waldes (Waldfunktionenkartierung) WFK. Frankfurt: J.D. Sauerländers Verl. 1974. 84 S. 9,80 DM.
Um eine einheitliche Grundlagenerhebung der Schutz- und Erholungsfunktionen des Waldes in allen Bundesländern zu ermöglichen, definiert der Leitfaden die einzelnen Funktionen, beschreibt knapp ihre Wirkung, Problematik der Abgrenzung und gesetzliche Grundlagen, gibt Hinweise für die Waldbehandlung und Neuanlage von Wald und bringt eine ausführliche Planzeichenempfehlung. Weiterführendes neueres Schrifttum zu den einzelnen Begriffen.   *Gra*

6.18
Forstgeographie/ Forstwissenschaften

Raum für Zusätze

JACOB, Hartmut: Zur Messung der Erlebnisqualität von Erholungs-Waldbeständen. Siehe 6.10.

ZUNDEL, Rolf: Wald-Mensch-Umwelt. Freiburg i.Br. 1973. = Mitteilungen der Baden-Württembergischen Forstlichen Versuchs- und Forschungsanstalt 52.
Allgemeinverständliche Darstellung der Wohlfahrtsfunktionen des Waldes mit 55 Abb. und weiterführendem Literaturverzeichnis.   Gra

- Forstliche Raumordnung

MANTEL, Wilhelm: Der Wald in der Raumordnung. In: Raumforschung und Raumordnung 26, 1968, S. 1-10.
Konzentrierte Darstellung wichtiger Probleme und Maßnahmen der forstlichen Raumordnung mit knappen Erläuterungen an einigen Beispielen für Erholungswaldungen.   Hei

Praktische Arbeitsweisen

Arbeitskreis für Standortskartierung in der Arbeitsgemeinschaft Forsteinrichtung: Forstliche Standortsaufnahme. 2. Aufl. Hiltrup: Landwirtschaftsverlag 1966. 100 S.
Da die einmal getroffene Baumartenwahl eine langfristige Entscheidung bedeutet und der Erfolg vor allem von den gegebenen Standortseigenschaften abhängt, bemüht sich die Forstwirtschaft seit langem, Standortseinheiten zu erfassen, zu klassifizieren und zu kartieren, um Grundeinheiten zu bekommen, deren Eigenschaften so homogen sind, daß die angebauten Kulturen gleichmäßig wachsen und auf alle waldbaulichen Maßnahmen einheitlich reagieren. Das Ergebnis sind Karten 1 : 10 000 und Erläuterungen, die im Rahmen der Forsteinrichtungswerke von den Forstämtern als Manuskriptkarten benutzt und dort eingesehen werden können. Die vorliegende Anleitung versucht zur Vereinheitlichung der Standortsaufnahme beizutragen, indem sie die Beurteilung einzelner Standortfaktoren (Lage, Klima, Boden), Einheiten der forstlichen Standortsaufnahme, Trophie, Wasser- und Lufthaushalt beschreibt sowie die soziologisch-ökologischen Artengruppen zusammenstellt.   Gra

WINDHORST, Hans-Wilhelm: Methodische Hinweise zur Anfertigung forstgeographischer Arbeiten. In: Geographisches Taschenbuch 1970/72, S. 333-341.
Dieser knappe Beitrag erläutert nicht nur wichtige Untersuchungsmethoden (Feldarbeit, Auswertung von Statistiken, Karten und Luftbildern) der 'physiognomisch-funktionalen' Forstgeographie, sondern stellt auch die unterschiedlichen Forschungsansätze der Forstgeographie, Vegetationsgeographie und Forstwirtschaftslehre heraus und schlägt eine Nomenklatur für die Darstellung forstgeographischer Ergebnisse vor.   Hei

Karten, Atlanten

ELLENBERG, Heinz (Hrsg.): Vegetations- und bodenkundliche Methoden der forstlichen Standortskartierung. Ergebnisse eines internationalen Methodenvergleichs im Schweizer Mittelland. Zürich 1967. 296 S., 4 Karten im Anhang. = Veröffentlichungen des Geobotanischen Instituts der ETH, Stiftung Rübel, 39.
Im Rahmen eines internationalen Methodenvergleichs wurde das gleiche Gebiet mit vier verschiedenen Methoden der forstlichen Standortsaufnahme aufgenommen und das Ergebnis durch gutachtliche Stellungnahmen von vier Waldbauexperten bewertet.   Gra

PITSCHMANN, H., H. REISIGL, H.-M. SCHIECHTL und R. STERN: Karte der aktuellen Vegetation von Tirol 1 : 100 000. Siehe 5.7.

RICHTER, Gerold: Bodenerosion. Schäden und gefährdete Gebiete in der

6.18
*Forstgeographie/
Forstwissen-
schaften*

Raum für Zusätze

Bundesrepublik Deutschland. Siehe 5.6.

SCHLENKER, Gerhard und Siegfried MÜLLER: Erläuterungen zur Karte der regionalen Gliederung von Baden-Württemberg 1. Teil (Wuchsgebiete Neckarland und Schwäbische Alb). In: Mitteilungen des Vereins für forstliche Standortskunde und Forstpflanzenzüchtung 23, 1973, S. 3-51 und 24, 1975, S. 3-38.
In der zum Heft 23 beigelegten farbigen Karte 1 : 600 000 sind die Verbreitung der wichtigsten Regionalgesellschaften sowie die Gliederung Baden-Württembergs in Wuchsgebiete und Wuchsbezirke dargestellt. In den Erläuterungen werden Landschaft, geologische Schichtfolge, Bodenverhältnisse und Klima kurz charakterisiert. Gra

Weltforstatlas. Waldverbreitung der Erde. Hrsg. von der Bundesforschungsanstalt für Forst- und Holzwirtschaft. Hamburg/Berlin 1951ff. Format: 41,5 x 61,5 cm. 128 S. Karten (1974).
Der in Lieferungen erscheinende Atlas behandelt das Thema sehr detailliert. Die Darstellung erfolgt nach Staaten, hinzu kommen zusammenfassende Karten für Kontinente und Subkontinente. Die Maßstäbe übertreffen die der großen physischen Weltatlanten. Bey

Bibliographien

Food and Agriculture Organisation of the United Nations, Documentation Centre: Forestry. Band 1: Annotated Bibliography. Band 2: Author and subject index. Rom: FAO 1974. 436 und 413 S.
Die Bibliographie enthält FAO-Publikationen und Dokumente aus den Jahren 1967-1973, die sich mit Forstwirtschaft, Holzindustrie, forstlicher Ausbildung, Verwaltung, Umwelt, Jagdwesen und verwandten forstlichen Themen in aller Welt befassen. Für die Jahre 1945-1966 ist eine ähnliche Bibliographie veröffentlicht worden. Gra

HILDEBRANDT, Gerd: Bibliographie des Schrifttums auf dem Gebiet der forstlichen Luftbildauswertung 1887-1968. Freiburg i.Br.: Institut für Forsteinrichtung und forstliche Betriebswirtschaft 1969. 307 S.
Umfassende Bibliographie, gegliedert nach dem in den Forstwissenschaften üblichen Oxford-System der Dezimal-Klassifikation für Forstwesen. Erfaßt sind von den allgemeinen Darstellungen, Handbüchern, Lehrbüchern bis zu Holzvorratsermittlung, Standortserfassung, Schadenfeststellungen, alle Gebiete des forstlichen Luftbildwesens, ferner eine Auswahl der Veröffentlichungen über Luftbildauswertung für Vegetations- und Landnutzungsaufnahmen sowie landwirtschaftliche Zwecke. Gra

MANTEL, Kurt (Hrsg.): Deutsche forstliche Bibliographie 1560-1965. Hannover: Schaper 1967-72. Teil 1. Mit einer Einleitung: Entwicklung der forstlichen Literatur in Deutschland vom Ende des Mittelalters bis zur klassischen Zeit. 1967. L, 578 S. Teil 2. 1970. 639 S. Teil 3. Registerband. 1972. 327 S.
Die Bibliographie enthält Titel von Büchern und anderen selbständigen Schriften aus dem deutschen Sprachraum, geordnet nach dem Oxford-System der Dezimal-Klassifikation für Forstwesen sowie eine umfangreiche Zusammenstellung von forstlichen Zeitschriften, Schriftenreihen, Versammlungsberichten, Mitteilungen usw. und eine Sammlung von Forst-, Wald- und Holzordnungen, soweit sie als selbständige Druckwerke erschienen sind. Der Registerband enthält ein Personenregister, ein geographisches Register und ein Sachregister. Es sind auch Veröffentlichungen über forstliche Probleme anderer Länder miterfaßt worden. Gra

Forststatistik

Food and Agricultural Organization (FAO) (Hrsg.): Yearbook of forest products. Siehe 8.3.

6.19 Industriegeographie / Geographie der Energiewirtschaft

Einführende Darstellungen

➤ OTREMBA, Erich: Räumliche Ordnung und zeitliche Folge im industriell gestalteten Raum. In: Geographische Zeitschrift 51, 1963, S. 30-53. Auszug S. 30-44 auch in: Eugen WIRTH (Hrsg.): Wirtschaftsgeographie. Darmstadt: Wissenschaftliche Buchgesellschaft 1969. S. 503-520. = Wege der Forschung 219.
Leicht verständlich geschriebene Darstellung einiger grundlegender Aspekte der Industriegeographie. Nach einer kurzen Einführung in die Aufgaben der Industriegeographie werden im ersten Hauptteil die Gesetzmäßigkeiten der räumlichen Ordnung der Industrie behandelt, wobei unter Rückgriff auf die Standortlehre ein zentral-peripheres Stadt-Umland-Modell eines Wirtschaftsraumes skizziert wird. Das zweite Hauptkapitel behandelt einige Grundzüge des zeitlichen Ablaufs des Industrialisierungsprozesses, wobei die Darstellung der europäischen Entwicklung ergänzt wird durch eine knappe Betrachtung verschiedener außereuropäischer Regionen. Blo

➤ SEDLACEK, Peter: Industrialisierung und Raumentwicklung. Braunschweig: Georg Westermann 1975. 72 S. = Westermann-Colleg Raum + Gesellschaft 7,80 DM.
Dieses Heft aus der für den Oberstufenunterricht an Gymnasien konzipierten Reihe bietet auch für das Grundstufenstudium an der Hochschule eine gute problemorientierte Einführung. Anhand geschickt ausgewählter Fallstudien (meist aus der BRD) und reichhaltigen Anschauungsmaterials werden vor allem Standortfragen, Probleme der Industrieansiedlungspolitik bzw. der industriebezogenen Regionalpolitik sowie abschließend 'Zielkonflikte am Mikrostandort' am Beispiel des Veba-Chemie-Projektes am Niederrhein behandelt. Hei

VOPPEL, Götz: Wirtschaftsgeographie. Siehe 6.15.

Zur Entwicklung und Konzeption der Industriegeographie

BECK, Günther: Zur Kritik der bürgerlichen Industriegeographie. Ein Seminarbericht. Göttingen: Redaktionskollektiv Göttinger Geographen 1973. 269 S. = Geographische Hochschulmanuskripte 1.
Eine Analyse ausgewählter industriegeographischer Arbeiten (u.a. GERLING, KOLB, QUASTEN) aus marxistischer Sicht. Die Kritik an den älteren Arbeiten ist z.T. berechtigt, doch es sollte dabei bedacht werden, daß diese Arbeiten die industriegeographischen Methoden der damaligen Zeit widerspiegeln. Daneben wird auch die standorttheoretische Arbeit von LÖSCH 'marxistisch' analysiert, ebenso wie BARTELS' 'wissenschaftstheoretische Grundlegung' mit dem marxistischen Wissenschaftsverständnis verglichen wird. Das Buch zeigt überdenkenswerte Aspekte auf und steht auf einem bemerkenswerten wissenschaftstheoretischen Niveau, verlangt aber vom Leser Vorkenntnisse geographisch-methodologischer, wissenschaftstheoretischer und wirtschaftswissenschaftlicher Art. Der Sprachstil des Verfassers ist leider 'gedruckter Stacheldraht'. Ker

GERLING, Walter: Die moderne Industrie. Probleme ihrer Physiognomie, Struktur und wirtschaftsgeographischen Gliederung. 2. Aufl. Würzburg: Stahel'sche Universitätsbuchhandlung 1954. 108 S.
Diese ältere industriegeographische Arbeit, die den Methodenstand der 50er Jahre widerspiegelt, befaßt sich mit den physiognomischen Erscheinungsformen der Industrie im Raum, der Gestaltung der Industrielandschaft und den Industrialisierungsprozessen. Hierbei stehen technische Vorgänge im Mittelpunkt, während die ökonomischen Bezie-

6.19
Industriegeographie /
Geographie der Energiewirtschaft

Raum für Zusätze

hungen nur wenig berücksichtigt sind. *Ker*

KOLB, Albert: Aufgaben und System der Industriegeographie. In: Landschaft und Land. Der Forschungsgegenstand der Geographie (Festschrift Erich OBST). Remagen: Amt für Landeskunde 1951. S. 207-219.
Methodengeschichtlich aufschlußreicher Beitrag. Im Mittelpunkt industriegeographischer Arbeit steht bei KOLB noch allein die 'Physiognomie der Industrielandschaft und deren räumliche Differenzierung'; Industriegeographie wird somit vor allem als deskriptive Darstellung verstanden. *Ker*

MAERGOIZ, I.M.: Fragen der Typologie in der Ökonomischen Geographie. Auf der Grundlage von Materialien über die Industriegeographie der sozialistischen Länder Europas. In: Petermanns Geographische Mitteilungen 111, 1967, S. 161-178.
Nach einem Entwurf einer geographischen Typenlehre (die deutlich an den traditionellen geisteswissenschaftlichen Typusbegriff anknüpft) wird eine industriegeographische Typisierung für den Bereich der RGW-Länder vorgenommen, sowohl auf der Ebene der einzelnen 'primären Industrieobjekte' als auch der Ebene der großräumigen 'Industriegebiete'. Gibt Einblick in methodische Fragen der sowjetischen Industriegeographie und informiert zugleich über charakteristische Strukturmerkmale des industriellen Gefüges der RGW-Länder. *Blo*

Lehrbücher der Industriegeographie (mit überwiegend regional-deskriptiver Ausrichtung)

ALEXANDERSSON, Gunnar: Geography of manufacturing. Englewood Cliffs, N.J.: Prentice-Hall 1967. 148 S. = Foundations of Economic Geography Series.
Der Hauptteil des Buches besteht aus einer Darstellung ausgewählter Industriegruppen in ihrer räumlichen Verteilung, Entwicklung und Bedeutung für das jeweilige Land (schwerpunktmäßig USA und Westeuropa). Vorangestellt ist eine kurze Einführung in industriegeographische Arbeitsmethoden (in Abgrenzung zur wirtschaftswissenschaftlichen Betrachtung). Der sehr kurze regionale Teil beschränkt sich auf Japan, Australien, Neuseeland, Indien und Brasilien. *Ker*

FRIEDENSBURG, Ferdinand: Die Bergwirtschaft der Erde. Bodenschätze, Bergbau und Mineralienversorgung der einzelnen Länder. 6. Aufl. Stuttgart: Ferdinand Enke 1965 (^{1}1938). 566 S.
Die Staaten der Erde werden auf ihre bergwirtschaftliche Bedeutung hin untersucht. Wichtig vor allem als umfangreiche Stoffsammlung. *Ker*

MILLER, E. Willard: A geography of manufacturing. Englewood Cliffs, N.J.: Prentice-Hall 1962. XIV, 490 S.
Das Buch ist gegliedert in einen regionalen und einen systematischen Teil. Im regionalen Teil werden die wichtigsten Industrieräume der Erde knapp und übersichtlich dargestellt, im systematischen Teil die wichtigsten Industriegruppen. Der Schwerpunkt der Darstellung liegt auf der Vermittlung von Fakten über Verteilung und Standortvoraussetzungen der Industrie und Struktur der Industrieräume, veranschaulicht durch zahlreiche Karten. *Ker*

OTREMBA, Erich: Die Güterproduktion im Weltwirtschaftsraum. Siehe 6.15.

Lehrbücher der Industriegeographie (mit überwiegend theoretisch-systematischer Ausrichtung)

CHISHOLM, Michael: Geography and economics. Siehe 6.15.

KARASKA, Gerald J. und David F. BRAMHALL (Hrsg.): Locational analysis for manufacturing. A selection of readings. Cambridge, Mass./

6.19
Industrie-
geographie /
Geographie
der Energie-
wirtschaft

Raum für Zusätze

London: M.I.T. Press 1969. XI, 515 S. = The Regional Science Studies Series 7.
In diesem Sammelband sind Aufsätze vor allem aus der raumwirtschafts theoretischen Schule von W. ISARD zusammengetragen. Durch das Nebeneinander von raumwirtschaftlich-wirtschaftswissenschaftlichen Ansätzen und Untersuchungen ausgewählter Industrieräume (in den USA) soll eine Verbindung zwischen Theorie und der praktischen Umsetzung erreicht werden. Die Darstellungen der distanzabhängigen Kosten und der räumlichen Absatzpotentials für die industrielle Standortentscheidun sind z.T. von hohem Abstraktionsgrad, und die abgeleiteten Raummodelle gehören mehr in den Bereich der 'Regional Science'. Dennoch ist das Buch gerade wegen dieser Ansätze auch für Industriegeographen lesenswert; wirtschaftswissenschaftliche Vorkenntnisse sind aber erforderlich. Ker

SMITH, David M.: Industrial location. An economic geographical analysis. New York: John Wiley 1971. 553 S.
Umfassende, stark von der Raumwirtschaftslehre und neueren verhaltenstheoretischen Ansätzen geprägte moderne industriegeographische Standortlehre, in der zunächst deduktiv die Wirkungen allgemeiner Standortfaktoren und grundlegende modelltheoretische Ansätze behandelt werden. Im zweiten Teil erfolgt der Versuch der 'empirischen Anwendung der industriellen Standortanalyse', wobei auch wichtige quantitative Analyseverfahren Berücksichtigung finden. Abschließend folgen vergleichende Betrachtungen zur staatlichen Industrieverteilungspolitik. Beispiele meist aus den USA. Hei

WHEAT, Leonard F.: Regional growth and industrial location. An empirical viewpoint. Lexington, Mass./Toronto/London: Lexington Books 1973. 223 S.
Das Buch versucht, die zwischen theoretischen Raummodellen und empirischen Regionaluntersuchungen oft klaffende Lücke zu schließen, d.h. dem Wirtschaftswissenschaftler den konkreten räumlichen Bezug und dem Geographen die Abstraktionsfähigkeit zu vermitteln. Am Beispiel der USA werden zunächst verschiedene Hypothesen für unterschiedliche regionale Entwicklungen aufgeführt und dann mit Hilfe von Korrelationsanalysen die Einflüsse verschiedener Faktoren aufgezeigt. Entsprechende Vorkenntnisse werden vorausgesetzt. Ker

Zur Entwicklung der industriellen Standortlehre

MEYER-LINDEMANN, Hans Ulrich: Typologie der Theorien des Industriestandortes. Bremen-Horn: Walter Dorn 1951. 240 S. = Veröffentlichungen der Akademie für Raumforschung und Landesplanung, Abhandlungen 21.
Umfassende Darstellung und Interpretation der Standorttheorien, wobei der Forschungsstand bis zum Zweiten Weltkrieg exakt wiedergegeben wird. Die einzelnen Entwicklungsphasen in ihren unterschiedlichen theoretischen Ansätzen werden nachgezeichnet und in ihrer Bedeutung für eine Raumwirtschaftstheorie untersucht. Ker

STAVENHAGEN, Gerhard: Industriestandortstheorien und Raumwirtschaft. Siehe 6.15.

WEBER, Alfred: Über den Standort der Industrien. 1. Teil: Reine Theorie des Standorts. Tübingen: Mohr 1909. VII, 246 S., 64 Abbildungen.
Alfred WEBER ist der Begründer der industriellen Standorttheorie. Er führt den tragenden Begriff des Standortfaktors ein. Basis der WEBERschen Theorie sind die Transportkosten; dadurch wird sein Modell sehr restriktiv und wirklichkeitsfremd. Für die Geschichte der Standortlehre jedoch ein grundlegendes Werk. Ker

6.19
*Industrie-
geographie /
Geographie
der Energie-
wirtschaft*

Raum für Zusätze

Lehrbuch zur Industriebetriebslehre

SCHÄFER, Erich: Der Industriebetrieb. Betriebswirtschaftslehre der Industrie auf typologischer Grundlage. 2 Bände. Köln/Opladen: Westdeutscher Verlag. Band 1: 1969. 203 S. Band 2: 1971. 378 S.
Eine Industriebetriebslehre, bei der der Industriebetrieb selbst in seinen verschiedenen Merkmalsausprägungen im Mittelpunkt steht. Darauf aufbauend werden die speziellen Fragen wie Standort, Fertigung, Beschaffung, Absatz, Kostenrechnung differenziert behandelt.
Ker

Empirische wirtschaftswissenschaftliche Studien zur industriellen Standortlehre

BALLESTREM, Ferdinand Graf von: Standortwahl von Unternehmen und Industriestandortpolitik. Ein empirischer Beitrag zur Beurteilung regionalpolitischer Instrumente. Berlin: Duncker & Humblot 1974. 158 S. = Finanzwissenschaftliche Forschungsarbeiten 44.
Konzentriert formulierte, sehr gehaltvolle Studie, die vor allem das Ziel verfolgt, das komplexe Entscheidungsverhalten industrieller Unternehmen bei ihrer Standortwahl und die Wirkungen regionalpolitischer Maßnahmen auf Standortentscheidungen zu untersuchen. Grundlage bildete eine Befragung von 283 Unternehmen, die in den Jahren 1967-1970 in Nordrhein-Westfalen einen neuen Betriebsstandort gefunden haben. Wichtig an dieser Untersuchung sind nicht nur die empirisch gewonnenen Einzelergebnisse, sondern vor allem die gründliche Erörterung des verhaltenstheoretischen Ansatzes bzw. der Merkmale und Ausprägungen unternehmerischer Entscheidungsprozesse. Das Befragungsprogramm und Tabellen sind im Anhang abgedruckt.
Hei

BREDE, Helmut: Bestimmungsfaktoren industrieller Standorte. Eine empirische Untersuchung. Berlin: Duncker & Humblot 1971. 189 S. = Schriftenreihe des Ifo-Instituts für Wirtschaftsforschung 75.
Die Aussagen dieser wichtigen Studie basieren auf einer umfassenden schriftlichen Befragung von Unternehmen der verarbeitenden Industrie in der BRD (zwischen 1965 und 1967), die in der Vollbeschäftigungsphase von 1955 bis 1964 ihren Betrieb oder Zweigbetrieb neu gründeten oder verlagerten. Damit wollte der Verfasser vor allem die von A. WEBER getroffenen Annahmen zur Theorie der Standortwahl (in der Reihenfolge: Transportkosten, Arbeitskosten, Agglomerationsvorteile) auf ihre heutige Relevanz hin überprüfen. Als bedeutende Standortfaktoren ergaben sich als Ergebnis (in der Reihenfolge ihrer Bedeutung): Arbeit, Boden, Absatz, Steuern und öffentliche Vergünstigungen, Transportkosten und Verkehrslage, Fühlungsvorteile, persönliche Präferenzen. Die in der Zeit der Vollbeschäftigung gewonnenen Ergebnisse können allerdings nicht unbedingt auf andere Zeitphasen und Räume übertragen werden.
Hei

FÜRST, Dietrich und Klaus ZIMMERMANN, unter Leitung von Karl-Heinrich HANSMEYER: Standortwahl industrieller Unternehmen. Ergebnisse einer Unternehmensbefragung. Bonn: Gesellschaft für Regionale Strukturentwicklung 1973. Teilband I: XXI, 210 S. Teilband II: 191 S. und Fragebogen im Anhang. = Schriftenreihe der Gesellschaft für Regionale Strukturentwicklung 1.
Umfangreiche empirische Untersuchung, basierend auf 346 Interviews von Unternehmen, die zwischen 1966 und 1970 Standortentscheidungen über Zweigstellengründungen, Betriebsneugründungen oder Betriebsverlagerungen getroffen haben. Die Arbeit verfolgt konsequent einen entscheidungstheoretischen Ansatz, so daß auch Probleme der Informationsverfügbarkeit und -verarbeitung im Rahmen von Standortentscheidungen ausführlich berücksichtigt werden. Während der 1. Teilband eine geschlossene Darstellung der allgemeinen Problematik, der Untersuchungsergebnisse sowie möglicher regionalpolitischer Folgerungen enthält, wurden Erläuterungen zur Anlage der Befragung, eine umfangreiche tabellarische Darstellung der Einzelergebnisse sowie der Fragebogen im

6.19
Industrie-
geographie /
Geographie
der Energie-
wirtschaft

Raum für Zusätze

2. Teilband zusammengefaßt. Die breit angelegte und nicht immer leicht lesbare Untersuchung bietet eine Fülle neuer Erkenntnisse und sollte für ein vertieftes Studium unbedingt herangezogen werden. Erste Ergebnisse dieser Untersuchung wurden in zwei Aufsätzen, die sich vorzüglich zur Einführung in die komplexe Problemstellung eignen, veröffentlicht: Blo

▶ HANSMEYER, Karl-Heinrich und Dietrich FÜRST: Standortfaktoren industrieller Unternehmen: Eine empirische Untersuchung. In: Institut für Raumordnung, Informationen 20, 1970, S. 481-492.

▶ FÜRST, Dietrich und Klaus ZIMMERMANN: Unternehmerische Standortwahl und regionalpolitisches Instrumentarium. Erste Ergebnisse einer empirischen Umfrage. In: Institut für Raumordnung, Informationen 22, 197 S. 203-217.

Industrielle Zuliefererbeziehungen als Standortfaktor. Forschungsberichte des Ausschusses 'Raum und Gewerbliche Wirtschaft' der Akademi für Raumforschung und Landesplanung. Hannover: Gebrüder Jänecke 1971 100 S. = Veröffentlichungen der Akademie für Raumforschung und Landesplanung, Forschungs- und Sitzungsberichte 65.
Dieser Band enthält eine von Ulrich BRÖSSE zusammengefaßte Darstellung der von den Mitarbeitern des interdisziplinären Forschungsausschusses erstellten Teilberichte. Hauptanliegen der interessanten Untersuchung war es, die von der Raumwirtschaftstheorie aufgestellte Hypothese, daß die Agglomerationseffekte der räumlichen Nähe zwischen industriellen Zulieferern und Abnehmern 'raumdifferenzierende' Wirkungen haben bzw. als Standortfaktor von Bedeutung sind, empirisch zu testen und gegebenenfalls zu modifizieren. Dabei wurde versucht, die durch Zuliefererbeziehungen sich ergebenden externen 'Agglomerationsersparnisse' empirisch nachzuweisen und quantitativ zu bestimmen. Aufgrund der auf der Basis von Unternehmensbefragungen in ausgewählten Handelskammerbezirken der BRD ermittelten Ergebnisse ergab sich, daß die Agglomerationsersparnisse durch die räumliche Nähe von Zulieferbetrieben unbedeutend und nur in seltenen Fällen standortbestimmend sind. Hei

SPIEGEL, Erika: Standortverhältnisse und Standorttendenzen in einer Großstadt. Zu einer Untersuchung mittlerer und größerer Betriebe in Hannover. In: Archiv für Kommunalwissenschaften 9, 1970, S. 21-46.
Knappe Fallstudie, basierend auf einer Umfrage bei allen Industrie- und Dienstleistungsbetrieben mit über 50 Beschäftigten innerhalb des Großstadtgebietes, mit interessanten Ergebnissen über Umzugshäufigkeiten und -gründe, Standortbeurteilungen, Kontakthäufigkeiten, Besucherverkehr, Gründe für beabsichtigte Um- oder Erweiterungsbauten sowie Betriebsverlegungen. Hei

Industrielle Standorttheorie und Industriegeographie

GODDARD, J.B.: Office linkages and location. A study of communications and spatial patterns in Central London. Siehe 6.20.

GODDARD, J.B.: Office location in urban and regional development. Siehe 6.20.

HAMILTON, F.E. Ian (Hrsg.): Spatial perspectives on industrial organization and decision-making. London: John Wiley 1974. 533 S.
Wichtiger umfangreicher Sammelband mit 18 Einzelbeiträgen und einer vorzüglichen Einführung des Herausgebers, die - in der deutschen industriegeographischen Forschung bisher sehr wenig beachtete - verhaltens- und entscheidungstheoretische Aspekte der modernen industriellen Standortanalyse behandeln. Hei

▶ HOTTES, Karlheinz: Industriegeographisch relevante Standortfaktoren. In: Deutscher Geographentag Bochum 1965. Tagungsbericht und wissenschaftliche Abhandlungen. Wiesbaden: Franz Steiner 1966. S. 371-384. = Verhandlungen des Deutschen Geographentages 35.

6.19
Industrie-
geographie /
Geographie
der Energie-
wirtschaft

In diesem Vortrag wird an verschiedenen Beispielen der Bedeutungs-
wandel der 'klassischen' industriellen Standortfaktoren für die
Standortverhältnisse dargelegt und gezeigt, wie je nach Wirtschafts-
system Standortfaktoren unterschiedlich wirksam werden. Die Dynamik
und der Wertwandel der Standortfaktoren und ihre gegenseitigen Sub-
stitutionsmöglichkeiten werden betont. Ker

Raum für Zusätze

SMITH, David M.: A theoretical framework for geographical studies of
industrial location. In: Economic Geography 42, 1966, S. 95-113.
Auch in: Robert D. DEAN, William H. LEAHY und David L. McKEE (Hrsg.):
Spatial economic theory. New York: Free Press 1970. S. 73-99.
*Leicht verständliche Darstellung einiger elementarer Zusammenhänge
zwischen Distanz, Kosten und Preis, anhand derer die theoretischen
Grundlagen der (klassischen) industriellen Standortlehre veranschaulicht werden. Besonders berücksichtigt werden verschiedene Formen
der räumlichen Differenzierung von Kosten, aus denen sich Verschie-
bungen des optimalen Standorts ergeben.* Blo

STAFFORD, Howard A.: The geography of manufacturers. In: Progress in
Geography 4. London: Arnold 1972. S. 181-215.
*Forschungsbericht zur industriegeographischen Standorttheorie, der
die unternehmerischen Standortentscheidungen in den Mittelpunkt
stellt und dementsprechend spieltheoretische und verhaltenstheoretische Ansätze besonders betont. Einschlägige Vorkenntnisse empfehlenswert.* Blo

TÖRNQVIST, Gunnar: Contact systems and regional development. Siehe
6.20.

▶ TÖRNQVIST, Gunnar: Flows of information and the location of economic
activities. Lund: C.W.K. Gleerup 1968. 9 S. = Lund Studies in Geography, Serie B, Nr. 30. Auch in: Geografiska Annaler 50 B, 1968, S.
99-107.
*Kurzer Bericht über Fragestellungen und Ergebnisse moderner schwedi-
scher Untersuchungen zum Problem industrieller Standortentwicklungen
und deren Auswirkungen auf das Städtesystem. Ausgehend von einer
schwindenden Bedeutung der Transportkosten wird die Bedeutung der Informationsflüsse für die Lokalisation von Industrieverwaltungen betont, die im Gegensatz zu den Produktionsabteilungen wenig automati-
siert werden können und die durch die Notwendigkeit von Face-to-Face-
Kontakten an (groß)städtische Standorte gebunden bleiben. Beispiel
für moderne, über die klassische Standortlehre hinausgehende industriegeographische Fragestellungen.* Blo

Regionale Fallstudien der Industriegeographie

- Bundesrepublik Deutschland / EG-Länder

GEIPEL, Robert: Industriegeographie als Einführung in die Arbeits-
welt. Siehe 2.2.

GROTZ, Reinhold: Entwicklung, Struktur und Dynamik der Industrie im
Wirtschaftsraum Stuttgart. Eine industriegeographische Untersuchung.
Stuttgart: Geographisches Institut der Universität 1971. 196 S.
= Stuttgarter Geographische Studien 82.
*Beispiel für eine gelungene moderne industriegeographische Arbeit,
die nicht Standorttheorien belegen will, sondern den Struktur- und
Funktionseinheiten des Stuttgarter Wirtschaftsraumes nachgeht. Es
werden insgesamt 12 Industriebereiche eingehend untersucht, ebenso
wie Standortverlagerungen, Verflechtungen, Pendlerbeziehungen und
Gastarbeiter. Die Arbeit zeichnet sich aus durch eine gelungene The-
makartographie.* Ker

HILSINGER, Horst-H.: Das Flughafen-Umland. Eine Wirtschaftsgeographische Untersuchung an ausgewählten Beispielen im westlichen Europa.

6.19
Industriegeographie /
Geographie
der Energiewirtschaft

Raum für Zusätze

Paderborn: Ferdinand Schöningh 1976. 115 S., 16 Abbildungen, 9 Tabellen im Anhang. = Bochumer Geographische Arbeiten 23.
Anhand der wichtigsten westeuropäischen Flughäfen wird die Bedeutung dieser Verkehrsstationen auf die Standortbildung von Industrie- und Dienstleistungsbetrieben untersucht. Hierbei wird auch die Standortmotivation nicht flughafenbezogener Betriebe berücksichtigt sowie zwischen charakteristischen Umlandtypen unterschieden. Ker

▶ HOTTES, Karlheinz: Köln als Industriestadt. In: Köln und die Rheinlande. Festschrift zum 33. Deutschen Geographentag in Köln 1961. Wiesbaden: Franz Steiner 1961. S. 129-154.
Methodisch interessante, klar aufgebaute industriegeographische Fallstudie. Nachdem zunächst ausführlich auf die allgemeinen Standortvoraussetzungen der Kölner Industrie (Lage Kölns, Rohstoffe, Verkehr Arbeitskräfte, Fühlungsvorteile, Absatzorientierung) eingegangen wird, steht im weiteren die innere industriegeographische Gliederung Kölns im Mittelpunkt. Dazu werden zunächst die speziellen lokalen Standortvoraussetzungen (Verkehr, Bodenpreise, Stadtplanung) behandelt und dann die wichtigsten industriellen Standortkonzentrationen im einzelnen dargestellt, wobei zwischen größeren Industrieballungen und Einzelstandorten sowie zwischen älteren und neuen Standorten unterschieden wird. Blo

HOTTES, Karlheinz: Die Naturwerkstein-Industrie und ihre standortprägenden Auswirkungen. Eine vergleichende Untersuchung dargestellt an ausgewählten europäischen Beispielen. Gießen: Wilhelm Schmitz 1967. 270 S., 8 Abbildungen und Kartenteil. = Gießener Geographische Schriften 12.
Am Beispiel eines Industriezweiges wird die raumprägende Bedeutung in verschiedenen Regionen aufgezeigt. Den ersten und umfassenden Teil nimmt die apuanische Marmorregion ein, im zweiten Teil werden andere europäische Gebiete untersucht. Im dritten Teil wird eine Typologie industriell beeinflußter räumlicher Einheiten dargestellt, wobei das Wirken der industrieräumlichen Einheit (z.B. Einzelstandort, Standortgruppe, Standortgemeinschaft, Industriegebiet) auf die kulturgeographische Einheit (z.B. Industriedorf, Industriestadt, Industrielandschaft, Industriegürtel) und die Gesamtlandschaft gezeigt wird. Beigefügt ist ein betrieblich-technologischer Anhang. Ker

JARECKI, Christel: Der neuzeitliche Strukturwandel an der Ruhr. Marburg: Geographisches Institut der Universität 1967. 247 S. = Marburger Geographische Schriften 29.
Die Arbeit geht in genauen Untersuchungen der Wirtschaftsstruktur des Ruhrgebietes und den in ihr begründeten Ursachen für die Strukturkrise nach. Die Folgen und Auswirkungen, die staatlichen Hilfen und die Anpassungsmaßnahmen des Bergbaus werden kritisch dargestellt, aber auch die Ansätze für die neuen Chancen des Ruhrgebiets angedeutet. Der Wert der Arbeit wird nur wenig dadurch gemindert, daß der Erfassungszeitraum (1957-1962) bereits zurückliegt, da viele Probleme noch immer bestehen. Ker

KRAUS, Theodor: Das Siegerland. Ein Industriegebiet im Rheinischen Schiefergebirge. Länderkundliche Studie. Stuttgart: J. Engelhorns Nachf. 1931. = Forschungen zur Deutschen Landes- und Volkskunde, Band 28, Heft 1. Neudruck: Bad Godesberg: Bundesforschungsanstalt für Landeskunde und Raumordnung 1969. 163 S.
Diese klassische landeskundliche Arbeit über das Siegerland (Habilitationsschrift) ist für die Methode industriegeographischer Darstellungen außerordentlich bedeutsam. Wenn auch der Erzbergbau als wirksamer Faktor und Ausgangsbasis für die Industrialisierung zum Erliegen gekommen ist, haben sich die Grundprobleme jedoch nur wenig verändert. Ker

MAUSHARDT, Volker: Die Neckarkanalisierung und ihre raumwirtschaftlichen Auswirkungen. Siehe 6.21.

5.19
Industrie-
geographie /
Geographie
der Energie-
wirtschaft

Raum für Zusätze

NUHN, Helmut: Industrie im hessischen Hinterland. Entwicklung, Standortproblem und Auswirkungen der jüngsten Industrialisierung im ländlichen Mittelgebirgsraum. Marburg: Geographisches Institut der Universität 1965. 381 S. = Marburger Geographische Schriften 23.
Mit einer Fülle von Detailinformationen versehene Arbeit, in der am Beispiel eines relativ kleinen 'agrarisch-industriellen' Verflechtungsraumes die Auswirkungen der Industrialisierung auf die Struktur des Wirtschaftsraumes gezeigt wird. Dazu werden zunächst die industriellen Entwicklungsphasen und die heutigen Standortprobleme diskutiert, dann die Veränderungen der Agrarstruktur, der Siedlungsstruktur und des Sozialgefüges sowie des Wirtschaftsgeistes betrachtet. Viele gut lesbare Karten und Graphiken veranschaulichen die Ausführungen. Beispiel für die Anwendung industriegeographischer Arbeitsmethoden in einem überschaubaren Raum. Ker

QUASTEN, Heinz: Die Wirtschaftsformation der Schwerindustrie im Luxemburger Minett. Saarbrücken: Geographisches Institut der Universität 1970. 269 S. = Arbeiten aus dem Geographischen Institut der Universität des Saarlandes 13.
Der Verfasser überträgt den von WAIBEL in die Agrargeographie eingeführten Begriff als methodisches Prinzip auf industrielle und industriegeographische Zusammenhänge und Erscheinungsformen. Nach klaren Begriffsdefinitionen und einer übersichtlichen Erläuterung des Begriffs der Wirtschaftsformation wird am Beispiel der Luxemburger Minette das sehr enge innere Beziehungsgefüge dieses Schwerindustriegebietes gut verständlich und überzeugend nachgewiesen. Ker

RIED, Hans: Vom Montandreieck zur Saar-Lor-Lux-Industrieregion. Frankfurt: Moritz Diesterweg 1972. 99 S. = Themen zur Geographie und Gemeinschaftskunde.
Gute erste Einführung in die wirtschaftliche, vor allem industrielle Entwicklung und Struktur sowie in die Probleme der Raumplanung der durch die Staatsgrenzen getrennten Wirtschaftsregion. Hei

RÖMHILD, Georg: Die Forst- und Industrielandschaft des Dickenberger Bergbaubezirks bei Ibbenbüren. Wandel und räumliche Differenzierung unter besonderer Berücksichtigung berg- und steinwirtschaftlicher Zustände sowie raumordnerischer Maßnahmen. Diss. Münster 1974. 341 S. und Kartenanhang.
Gründliche industrie- und forstgeographische Untersuchung, die vor allem das Ziel verfolgt, 'industrielandschaftliche Funktionalität und Typologie einer kleinräumigen Bergwirtschaftslandschaft und ihre Wandelerscheinungen im Rahmen einer alten Waldregion zu erfassen'. Ausgehend von der Untersuchung der frühen Waldungen, der Walddevastation und Aufforstungen in der vorindustriellen Zeit werden sehr differenziert Struktur und Entwicklung des Bergbaus, der Steinindustrie wie auch der Siedlungen und modernen Industrien und ihre Auswirkungen auf die Waldverteilung analysiert. Hei

ROHR, Hans-Gottfried von: Die Tertiärisierung citynaher Gewerbebetriebe. Verdrängung sekundärer Funktionen aus der inneren Stadt Hamburgs. Siehe 6.13.

THÜRAUF, Gerhard: Industriestandorte in der Region München. Geographische Aspekte des Wandels industrieller Strukturen. Kallmünz/Regensburg: Michael Lassleben 1975. 183 S., Anhang mit Fragebogen, Literatur, 10 Karten. = Münchner Studien zur Sozial- und Wirtschaftsgeographie 16.
Sehr gründliche industriegeographische Untersuchung industrieller Entwicklungsprozesse in der Stadt und Region München zwischen 1955 und 1969. Nach einer ausgezeichneten knappen Diskussion über Stellung und Aufgaben der Industriegeographie wird im Hauptteil zunächst eine Analyse der Beschäftigtenstruktur im Hinblick auf die Entwicklung struktureller Merkmale vorgenommen. Die weiteren Hauptkapitel sind der industriellen Standortdynamik gewidmet, wobei eine auf Ar-

6.19
Industrie-
geographie /
Geographie
der Energie-
wirtschaft

Raum für Zusätze

beitsamterhebungen basierende Darstellung des Prozesses ergänzt wird durch eine Analyse individueller Standortbewertungen (auf der Grundlage einer Firmenbefragung). Hervorragende Farbkartographie.   Blo

WEBER, Hans-Ulrich: Formen räumlicher Integration in der Textilindustrie der EWG. Paderborn: Ferdinand Schöningh 1975. 113 S. = Bochumer Geographische Arbeiten 19.
Gründliche, methodisch interessante geographische Analyse wichtiger 'textiler Industrielandschaften' in den Staaten der ehemaligen EWG, in der vor allem die räumlichen Verflechtungen und Standortgruppierungen der Unternehmen sowie sozialgeographische Aspekte der räumlichen Integration herausgearbeitet werden. Die textliche Darstellung wird durch die gute und reichhaltige kartographische Ausstattun veranschaulicht.   Hei

- Deutsche Demokratische Republik / RGW-Länder

FÖRSTER, Horst: Industrialisierungsprozesse in Polen. In: Erdkunde 28, 1974, S. 217-231.
Dieser interessante Bericht stellt im ersten Teil die Hauptphasen und wichtige Ursachen des differenzierten Industrialisierungsprozesses im Gebiet des heutigen Polen seit dem letzten Drittel des 19. Jahrhunderts heraus, wobei die strukturellen Wandlungen seit 1945 besonders berücksichtigt werden. Der zweite Teil behandelt ausführlicher aktuelle Entwicklungs- und Raumordnungsprobleme am Beispiel der 'Makroregion Oberschlesien-Krakau' sowie der Regionen Łódź und Warschau.   Hei

MOHS, G. (Hrsg.): Geographie und technische Revolution. Siehe 6.2.

SCHMIDT-RENNER, Gerhard (Hrsg.): Tendenzen der perspektivischen Standortverteilung der Industrie in der Deutschen Demokratischen Republik. Gotha/Leipzig: Hermann Haack 1969. 256 S. = Wissenschaftliche Abhandlungen der Geographischen Gesellschaft der Deutschen Demokratischen Republik 7.
Das Buch ist eine Sammlung der Referate eines internationalen Symposiums. Es gibt einen Einblick in die Integration der Raumplanung und Industriestandortplanung in die gesamtwirtschaftliche Planung der sozialistischen Länder. Die Einzelbeispiele stammen vor allem aus dem Gebiet der DDR, daneben aus Polen, der CSSR, aus Ungarn und Bulgarien.   Ker

- Beispiele aus Außereuropa

COLLINS, Lyndhurst: Industrial size distributions and stochastic processes. In: Progress in Geography 5. London: Arnold 1973. S. 119-165.
Beispiel für eine moderne theoretisch-quantitativ ausgerichtete industriegeographische Untersuchung. Behandelt das Problem der betrieblichen Größenverteilung und Möglichkeiten der modellhaften Erfassung von Entwicklungsprozessen mit Hilfe von stochastischen Prozessen (insb. Markov-Ketten). Im Rahmen einer Fallstudie (Ontario, Kanada) wird ein Entwicklungsmodell aufgestellt, das auch Prognosen erlaubt. Statistikkenntnisse erforderlich.   Blo

FLÜCHTER, Winfried: Neulandgewinnung und Industrieansiedlung vor den japanischen Küsten. Funktionen, Strukturen und Auswirkungen der Aufschüttungsgebiete (umetate-chi). Paderborn: Ferdinand Schöningh 1975. 179 S. = Bochumer Geographische Arbeiten 21.
Gründlich bearbeitete, interessante industriegeographische Studie, die zunächst zwei typische Vertreter industriell genutzter Aufschüttungsflächen mit einem integrierten Hüttenwerk bzw. einem Großindustriekomplex analysiert. Darauf aufbauend werden allgemeine Ergebnisse über Planung und Kosten von Neulandgewinnung, Standortprobleme von Industrien auf diesen Flächen, Funktionen und Strukturen der

**6.19
Industrie-
geographie /
Geographie
der Energie-
wirtschaft**

Raum für Zusätze

Aufschüttungsgebiete, Auswirkungen auf die Siedlungs- und Sozial-
struktur, Umweltbedingungen etc. sowie die Gründe für den Bau von
Aufschüttungsland dargestellt. Die Arbeit ist mit guten Schwarz-
Weiß-Karten und Luftbildern ausgestattet.
                      Hei

KOHLHEPP, Gerd: Industriegeographie des nordöstlichen Santa Catarina
(Südbrasilien). Ein Beitrag zur Geographie eines deutschsprachigen
Siedlungsgebietes. Heidelberg: Geographisches Institut der Universität 1968. 402 S. und Kartenanhang. = Heidelberger Geographische Arbeiten 21.
*Beispiel einer gründlichen industriegeographischen Regionalstudie
mit historisch-genetischer Betrachtungsweise, der nicht nur eine erhebliche landeskundliche Bedeutung zukommt. Mit der Klassifizierung
industrieller Strukturtypen und der Gliederung des Untersuchungsgebiets in 'lokale und regionale physiognomisch differenzierte, poly-
oder monostrukturell geprägte Zonen verschiedener industrieller Intensität' verdient die Arbeit auch in methodischer Hinsicht Beachtung.*
                      Hei

SCHÄTZL, Ludwig: Räumliche Industrialisierungsprozesse in Nigeria.
Siehe 7.6.

SCHÖLLER, Peter: Kulturwandel und Industrialisierung in Japan. In:
Deutscher Geographentag Bochum 1965. Tagungsbericht und wissenschaftliche Abhandlungen. Wiesbaden: Franz Steiner 1966. S. 55-84. = Verhandlungen des Deutschen Geographentages 35. Auch in: Eugen WIRTH
(Hrsg.): Wirtschaftsgeographie. Darmstadt: Wissenschaftliche Buchgesellschaft 1969. S. 521-544. = Wege der Forschung 219.
*Der Festvortrag zum Geographentag in Bochum 1965 vermittelt am Bei-
spiel Japans, wie eine stürmische Industrialisierung kulturelle und
gesellschaftliche Gegebenheiten wandelt, traditionelle Grundmuster
aber noch sichtbar sind. Die gesellschaftlichen, kulturellen und
geographischen Voraussetzungen der Industrialisierung werden vorgestellt, die industriellen Standorttypen, der Strukturwandel in der
Agrarlandschaft, im Siedlungsbild und im Geschäftsbereich auch mit
Hilfe verschiedener Karten erläutert. Hierbei wird die besondere Bedeutung der Stadt für die Industrialisierung und den Kulturwandel betont.*
                      Ker

STANG, Friedrich: Die indischen Stahlwerke und ihre Städte. Siehe
7.6.

Berichte zur industriellen Standortentwicklung der BRD
───

BORRIES, Hans-Wilkin von: Ökonomische Grundlagen der westdeutschen
Siedlungsstruktur. Siehe 6.11.

Die Standortwahl der Industriebetriebe in der Bundesrepublik Deutschland - verlagerte und neuerrichtete Betriebe im Zeitraum ...
... von 1955 bis 1960, ... von 1961 bis 1963, ... von 1964 bis 1965,
... von 1966 bis 1967, ... von 1968 bis 1969, ... von 1970 bis 1971
(teilweise leicht geänderter Titel). Hrsg. vom Bundesministerium für
Arbeit und Sozialordnung, bearbeitet im Institut für Raumordnung.
6 Bände. Bonn: Bundesministerium für Arbeit und Sozialordnung 1961-
1972.
Standortwahl und Entwicklung von Industriebetrieben sowie Stillegungen in der Bundesrepublik Deutschland mit Berlin (West) von 1955 bis
1967. Bearb. im Institut für Raumordnung v. G. KRONER und K. SCHLIEBE.
Bonn: Bundesmin. f. Arbeit u. Sozialordnung 1973. 226 S., 16 Karten.
*In dieser Veröffentlichungsreihe wird anhand von Unterlagen der Bun-
desanstalt für Arbeit über Standortverlagerungen, Neugründungen und
Stillegungen bundesdeutscher Industriebetriebe berichtet. Die durch
zahlreiche Karten und Tabellen sehr informative Darstellung gibt die
Möglichkeit, regionale Standorttendenzen über Jahre hinweg zu verfolgen.*
                      Ker

6.19
*Industrie-
geographie /
Geographie
der Energie-
wirtschaft*

Raum für Zusätze

Die Shift-Analyse als Forschungsinstrument

ALTERMATT, Kurt: Regional-, Struktur- und Standorteffekte. Darstellung einer regionalwirtschaftlichen Untersuchungsmethode. In: DISP (Dokumentations- und Informationsstelle für Planungsfragen), Informationen zur Orts-, Regional- und Landesplanung Nr. 36, Zürich 1975, S. 42-48.
Knappe Einführung in die regionalwirtschaftliche Methode der Shift-Analyse und ihrer Verfeinerungen nach GERFIN und BAUMGART zur Analyse von Entwicklungstendenzen von Produktionsstandortverteilungen. Anwendung am Beispiel der Industriebeschäftigten in den Schweizer Kantonen 1967-1972.
Blo

BAUMGART, Egon R.: Der Einfluß von Strukturveränderungen auf die Entwicklung der nordrhein-westfälischen Industrie seit 1950. Berlin: Duncker & Humblot 1965. 83 S. = Deutsches Institut für Wirtschaftsforschung, Sonderheft 70.
Die Arbeit untersucht mit Hilfe eines aus der Shift-Analyse entwickelten mathematischen Modells die strukturellen und regionalen Einflüsse auf die Entwicklung der Industrie in Nordrhein-Westfalen. Hierbei werden die Struktureffekte branchenspezifisch ausgegliedert.
Ker

HOPPEN, H.D.: Die Shift-Analyse. Untersuchungen über die empirische Relevanz ihrer Aussagen. Siehe 4.2.

Industrieansiedlung im Rahmen der regionalen Wirtschaftspolitik und Raumplanung

BREDO, William: Industrial estates. Tool for industrialization. Bombay: Asia Publishing House 1960. 270 S.
Die Arbeit vermittelt eingehende Kenntnisse über Entwicklung, Organisationsformen und Planungsvoraussetzungen der 'Industrial Estates', vor allem aber auch über die Einsatzmöglichkeit als Instrument der Industrieansiedlung, besonders in Entwicklungsländern. Viele praktische Beispiele.
Ker

CLAUSEN, Lars: Industrialisierung in Schwarzafrika. Eine soziologische Lotstudie zweier Großbetriebe in Sambia. Siehe 7.6.

GUTH, Wilfried (Hrsg.): Die Stellung von Landwirtschaft und Industrie im Wachstumsprozeß der Entwicklungsländer. Siehe 7.5.

► HAAS, Hans-Dieter: Industriegeographische Forschung als Grundlage einer städtischen Industrieplanung. Beispiel: Esslingen am Neckar. In: Geographische Rundschau 25, 1973, S. 319-326.
Knappe, auf wenige wichtige Fragestellungen (Erfassung und Bewertung der industriellen Mobilität und des industriellen Flächenbedarfs) beschränkte Fallstudie auf der Grundlage eigener Kartierungen und Befragungen. Der Aufsatz gibt einen guten Einblick in die Möglichkeiten planungsorientierter industriegeographischer Forschung.
Hei

HOLDT, Wolfram: Industrieansiedlungsförderung als Instrument der Regionalpolitik. Siehe 7.2.

HOLDT, Wolfram: Industrieansiedlungen und ihre Auswirkungen auf das Arbeitsplatzangebot, dargestellt am Beispiel ausgewählter Städte und Kreise des Landes Nordrhein-Westfalen. Düsseldorf: Ministerpräsident des Landes Nordrhein-Westfalen und Verlag für Wirtschaft und Verwaltung Hubert Wingen 1972. 52 S. = Landesentwicklung, Schriftenreihe des Ministerpräsidenten des Landes Nordrhein-Westfalen 32.
Die Analyse der Effekte von Industrieansiedlungen auf den regionalen Arbeitsmarkt (am Beispiel des nördlichen Ruhrgebiets und des nordwestlichen Münsterlandes zwischen 1955 und 1968) ergab u.a., daß

6.19
Industrie-
geographie /
Geographie
der Energie-
wirtschaft

Raum für Zusätze

sich die Standortwahl der Betriebe überwiegend auf die im Landes-
entwicklungsplan II des Landes Nordrhein-Westfalen (1970) ausgewie-
senen Entwicklungsschwerpunkte konzentrierte. Damit scheinen die
Standorttendenzen 'die empirische Relevanz der sog. Agglomerations-
und Fühlungsvorteile und damit wiederum grundsätzlich die Konzeption
der auf dieser Hypothese aufbauenden Landesentwicklungsstrategie' zu
bestätigen. Hei

KLEIN, Hans-Joachim: Möglichkeiten und Grenzen einer operationalen
Erfolgskontrolle in der regionalen Wirtschaftspolitik. Siehe 7.2.

NIESING, Hartmut: Die Gewerbeparks ('industrial estates') als Mittel
der staatlichen regionalen Industrialisierungspolitik dargestellt am
Beispiel Großbritannien. Siehe 7.2.

OETTLE, Karl: Kommunale Interessen an der Industrieansiedlung und
die Aufgabe ihrer ordnungspolitischen Beeinflussung. In: Ludwig MÜL-
HAUPT und Karl OETTLE (Hrsg.): Gemeindewirtschaft und Unternehmer-
wirtschaft (Festschrift Rudolf JOHNS). Göttingen: Otto Schwartz 1965.
S. 157-210.
*Der Verfasser behandelt die verschiedenen Gründe, die die Gemeinde
zu aktiver Industrieansiedlungspolitik veranlassen, und geht ausführlich auf die Ziel- und Interessenkonflikte ein, die solche Ansied-
lungspolitik mit sich bringt. Er weist darauf hin, daß die Entscheidung der Einzelgemeinde in die übergeordneten regionalpolitischen
Ziele eingepaßt werden muß.* Ker

STOCKMANN, Willehad: Beschäftigtenrückgänge und Regionalpolitik in
monoindustriellen Problemgebieten. Siehe 6.15.

Geographie der Energiewirtschaft

- Einführendes Lehrbuch

▶ GUYOL, Nathaniel B.: Energy in the perspective of geography. Englewood Cliffs, N.J.: Prentice-Hall 1971. 156 S. = Foundations of Economic Geography Series.
*Leicht verständliche, methodisch gelungene Einführung in eine 'Geo-
graphie der Energiewirtschaft', in der nach einer knappen Einführung
und weltweiten Übersicht anhand der als Fallstudienobjekt gewählten
Niederlande vor allem die Faktoren dargestellt und analysiert werden,
die den differenzierten Energiebedarf bestimmen.* Hei

- Regionalstudien: Bundesrepublik Deutschland

▶ MAYER, Ferdinand: Die Energiewirtschaft der Bundesrepublik Deutschland. Gegenwartsanalyse und Zukunftsperspektiven. In: Geographische
Rundschau 26, 1974, S. 257-273.
*Systematische Übersicht über die jüngeren Strukturwandlungen, Grund-
lagen, Probleme und (weltwirtschaftlichen) Verflechtungen der Energiewirtschaft und Energiepolitik der BRD.* Hei

SCHNIOTALLE, Rolf: Der Braunkohlenbergbau in der Bundesrepublik
Deutschland. Seine Stellung im industrie- und energiewirtschaftli-
chen Gefüge. Wiesbaden: Franz Steiner 1971. 410 S. = Kölner Forschun-
gen zur Wirtschafts- und Sozialgeographie 14.
*Sehr gründliche, thematisch breit angelegte vergleichende wirt-
schaftsgeographische Untersuchung, in der vor allem die durch den
Braunkohlenabbau induzierten 'industrie- und energiewirtschaftlichen
Wirkungsgefüge' sowie die wichtigen Auswirkungen des flächenhaften
Abbaus auf den gesamten Lebensbereich (Siedlungen, Verkehr etc.) und
Landschaftshaushalt herausgearbeitet werden. Zahlreiche Tabellen und
einige gute Themakarten.* Hei

Zur Standortproblematik in der regionalen Energiewirtschaft - mit

6.19
Industrie-
geographie /
Geographie
der Energie-
wirtschaft

Raum für Zusätze

besonderer Berücksichtigung der Landesentwicklung in Bayern. Hannover: Gebrüder Jänecke 1972. 110 S. = Veröffentlichungen der Akademie für Raumforschung und Landesplanung, Forschungs- und Sitzungsberichte 82.
Aus 6 Einzelstudien bestehender planungsorientierter Sammelband, der weitgehend den Charakter einer landespolitischen Modelluntersuchung trägt. Der erste Beitrag von Willi GUTHSMUTHS dient der allgemeinen Einführung in raumwirtschaftliche Probleme der regionalen Energiewirtschaftspolitik. Danach werden folgende wichtige Aspekte für die Planung bzw. den Betrieb von Kraftwerken behandelt: standortbeeinflussende technische Faktoren (Anton BACHMAIR), Flächenbedarf und Kühlwasserprobleme (Alfred H. SCHULLER) sowie Grundsatzfragen zur Standortorientierung (Werner PIETZSCH). Außerdem werden Mittelfranken (Hanns FISCHLER) und Oberbayern (Karlheinz WITZMANN) unter energiewirtschaftlichen Aspekten betrachtet. Hei

- Regionalstudien: Sowjetunion

GUMPEL, Werner: Energiepolitik in der Sowjetunion. Köln: Verlag Wissenschaft und Politik 1970. 300 S. = Abhandlungen des Bundesinstituts für ostwissenschaftliche und internationale Studien 24.
Eine zwar in einigen Teilen nicht mehr ganz aktuelle Studie, die jedoch wegen der fundierten, auf der Auswertung zahlreicher russischer Originalquellen basierenden, raumbezogenen Darstellung der Energiewirtschaft und der Energiepolitik der UdSSR auch für die Geographie von Bedeutung ist, zumal vergleichbare geographische Arbeiten zu diesem auch für die Zukunft wichtigen Thema fehlen. Leider wurde auf kartographische Darstellungen verzichtet. Hei

- Nachschlagewerk

Jahrbuch für Bergbau, Energie, Mineralöl und Chemie. 80. Jg., Essen: Verlag Glückauf 1972 (^{1}1893). 1286 S.
Umfangreiches, jährlich erscheinendes Nachschlagewerk zur Information über die betriebliche Struktur, Organisation und Produktion der Energiewirtschaft und der Grundstoffindustrie in der BRD. Informativ sind auch die statistischen Übersichten für die einzelnen Wirtschaftszweige sowie die Aufstellungen bedeutender Behörden und Organisationen (Verbände) mit ihren Aufgabengebieten. Hei

Statistiken der Energiewirtschaft 1974/75. Siehe 8.2.

Bibliographien

STEVENS, Benjamin H. und Carolyn A. BRACKETT: Industrial location. A review and annotated bibliography of theoretical, empirical and case studies. Philadelphia, Pa.: Regional Science Research Institute 1967. 199 S. = Regional Science Research Institute, Bibliography Series 3.
Dieser sehr nützliche Band besteht aus zwei Hauptteilen: einem knappen zusammenfassenden Bericht über jüngere Literatur und einer Bibliographie mit 854 ausgewählten Titeln zum Thema 'Geographische Verteilung industrieller Einrichtungen' aus dem Bereich mehrerer Wissenschaften: u.a. Wirtschaftsgeographie, Regionale Wirtschaftsforschung, Regional Science. Sehr wertvoll: die Kurzkommentare sowie das Sachregister. Hei

TOWNROE, P.M.: Industrial location and regional economic policy. A selected bibliography. Edinburgh: R. Clark 1968. 43 S. = University of Birmingham, Centre for Urban and Regional Studies, Occasional Paper 2.
Bibliographie ausgewählter englischsprachiger Titel, die hauptsächlich zwischen 1960 und 1968 in Großbritannien veröffentlicht wurden. Die systematische Aufgliederung und die knappen Erläuterungen geben der Bibliographie einen Informationsgehalt, der über das regionale, auf Großbritannien bezogene Interesse hinausreicht. Hei

6.20 Geographie des tertiären Wirtschaftssektors

Zur Geographie des Welthandels

COUPER, A.D.: The geography of sea transport. Siehe 6.21

GRÖTZBACH, Erwin: Der Welthandel in der Gegenwart. 3. Aufl. Paderborn: Ferdinand Schöningh und München: Blutenburg 1973. 36 S. = Fragenkreise.
In erster Linie als Arbeitsmaterial für den Oberstufenunterricht an Gymnasien verfaßte knappe geographische Einführung, in der u.a. die Entwicklung des Welthandels seit dem 19. Jahrhundert, gegenwärtige Handelsverflechtungen sowie die Auswirkungen von wirtschaftlichen Zusammenschlüssen in einem guten ersten Überblick dargestellt werden. Hei

OTREMBA, Erich: Allgemeine Geographie des Welthandels und des Weltverkehrs. Stuttgart: Franckh'sche Verlagshandlung 1957. 380 S. = Erde und Weltwirtschaft. Ein Handbuch der Allgemeinen Wirtschaftsgeographie 4.
Umfassendes Lehr- und Nachschlagewerk. Zwar lassen die zwischenzeitlichen Wandlungen im Welthandel und -verkehr und die große Zahl jüngerer Veröffentlichungen und neuerer methodologischer Ansätze das Buch in mancher Hinsicht überholt erscheinen; dessen ungeachtet vermittelt eine Lektüre immer noch viele grundsätzliche Einsichten in wichtige weltwirtschaftliche Zusammenhänge. Als Einführung allerdings nur mit Einschränkungen zu empfehlen. Hei

OTREMBA, Erich und Ulrich AUF DER HEIDE (Hrsg.): Handels- und Verkehrsgeographie. Siehe 6.21.

Darstellungen einer Geographie des Binnenhandels

ILLGEN, Konrad: Geographie und territoriale Organisation des Binnenhandels. Eine Einführung. Gotha/Leipzig: Hermann Haack 1969. 191 S.
Bislang einzige deutschsprachige lehrbuchartige Darstellung einer Geographie des Binnenhandels, die jedoch schwerpunktartig die räumliche Verteilung, Organisation und Verflechtungen sowie vor allem die Probleme einer rationellen Ausrichtung und perspektivischen Planung der Einzel- und Großhandelsstandorte innerhalb des ökonomischen Systems des Sozialismus in der DDR behandelt. Von besonderer Bedeutung ist der Abschnitt über die 'territoriale Organisation' des 'Verkaufsstellennetzes' sowie der Einzugsgebiete des Einzelhandels. Hei

SCOTT, Peter: Geography and retailing. London: Hutchinson 1970. 192 S.
Leicht verständliche Einführung in wichtige Aspekte einer 'Geographie des Einzelhandels', die die Ergebnisse zahlreicher, jedoch ausschließlich englischsprachiger Untersuchungen zusammenfaßt und wertet. Hei

Methoden und Beispiele geographischer Analyse tertiärer Einrichtungen in Stadtzentren

- Forschungsberichte

ABELE, Gerhard und Klaus WOLF: Methoden zur Abgrenzung und inneren Differenzierung verschiedenrangiger Geschäftszentren. Siehe 6.13.

DAVIES, Wayne K.D.: The ranking of service centres: a critical review. Siehe 6.14.

6.20
Geographie
des tertiären
Wirtschafts-
sektors

Raum für Zusätze

- Fallstudien einzelner Stadtzentren

DAHLKE, Jürgen: Die Intensität der Anzeigenwerbung als Kriterium der Geschäftsgebietsdifferenzierung am Beispiel von Freiburg i.Br. In: Berichte zur deutschen Landeskunde 46, 1972, S. 215-222.
Knappe Darstellung einer hier entwickelten 'Inseratmethode', bei der die Intensität der Anzeigenwerbungen in Tageszeitungen als (zusätzliches) Kriterium für die zentrale Bedeutung städtischer Geschäftsbereiche dient.
Hei

DUCKERT, Winfried: Die Stadtmitte als Stadtzentrum und Stadtkern. Funktionale und physiognomische Aspekte ihrer Nutzung am Beispiel von Darmstadt. Siehe 6.13.

GAD, Günter: Büros im Stadtzentrum von Nürnberg. Ein Beitrag zur City-Forschung. In: Mitteilungen der Fränkischen Geographischen Gesellschaft 13/14, 1968, S. 133-341 und Kartenanhang. Zugleich: Erlangen: Fränkische Geographische Gesellschaft 1968. 209 S. und Kartenanhang. = Erlanger Geographische Arbeiten 23.
Sehr gründliche, methodisch vorbildliche Arbeit, die vor allem der Klärung folgender Fragestellung dienen sollte: Wie weit können die Standorte der Büros aus dem wirtschaftlichen Funktions- und Interaktionszusammenhang erklärt werden? Nach methodischen Vorüberlegungen werden Funktionen und räumliche Verteilungsmuster der Bürostandorte in der Nürnberger City - in gruppierter Form (Büro-Haupt- bzw. Untergruppen), auf Gitternetzbasis und mittels verschiedener Maßzahlen bzw. geostatistischer Indizes zur Beschreibung von räumlichen Verteilungen (Schwerpunkt- und Streuungsmaße) - dargestellt und analysiert
Hei

Institute of British Geographers (Hrsg.): The retail structure of cities. London: Institute of British Geographers 1972. 94 S. = The Institute of British Geographers, Occasional Publication 1.
Sammelband mit 5 geographischen Einzel- bzw. Fallstudien zu städtischen Einzelhandelssystemen in Großbritannien mit unterschiedlichen methodischen Ansätzen der quantitativen bzw. modelltheoretischen Erfassung der räumlichen Einzelhandelsstrukturen. Entsprechende Vorkenntnisse der angewandten Verfahren werden vorausgesetzt.
Hei

KLÖPPER, Rudolf: Der Stadtkern als Stadtteil, ein methodologischer Versuch zur Abgrenzung und Stufung von Stadtteilen am Beispiel von Mainz. Siehe 6.13.

LICHTENBERGER, Elisabeth: Die Differenzierung des Geschäftslebens im zentralörtlichen System am Beispiel der österreichischen Städte. Siehe 6.13.

LICHTENBERGER, Elisabeth: Die Geschäftsstraßen Wiens. Eine statistisch-physiognomische Analyse. Siehe 6.13.

LICHTENBERGER, Elisabeth: Die Wiener City. Bauplan und jüngste Entwicklungstendenzen. Siehe 6.13.

MURPHY, Raymond E.: The central business district. Siehe 6.13.

ORGEIG, Hans Dieter: Der Einzelhandel in den Cities von Duisburg, Düsseldorf, Köln und Bonn. Wiesbaden: Franz Steiner 1972. 164 S. = Kölner Forschungen zur Wirtschafts- und Sozialgeographie 17.
Gutes Beispiel für die Möglichkeit und Aussagekraft der Analyse und Interpretation der individuellen Einzelhandelsstrukturen zentraler Geschäftsviertel und ihres Vergleichs anhand wichtiger, großenteils physiognomisch erfaßbarer qualitativer Merkmale (Branchengruppendifferenzierung der Betriebe und Einteilung in Wertigkeitsstufen entsprechend den Preis- und Qualitätsniveaus der Sortimente) und ergänzender quantitativer Merkmale (Betriebsgrößengliederung und Berech-

*6.20
Geographie
des tertiären
Wirtschafts-
sektors*

Raum für Zusätze

nung von Schaufensterdichten). Eine Bestimmung der Rangfolgen von
Geschäftsstraßen erfolgt nach den Kriterien: Konzentrationsgrad des
Einzelhandels, vorherrschendes Sortimentsniveau der Betriebe sowie
prägende Betriebsgrößenstruktur.   Hei

STEWIG, Reinhard u.a.: Methoden und Ergebnisse eines stadtgeographischen Praktikums zur Untersuchung der Einzelhandelsstruktur in der
Stadt Kiel. In: Beiträge zur geographischen Landeskunde und Regionalforschung in Schleswig-Holstein (Festschrift Oskar SCHMIEDER).
Kiel: Geographisches Institut der Universität 1971. S. 313-336.
= Schriften des Geographischen Instituts der Universität Kiel 37.
*Die Erfassung und Analyse wichtiger Ausstattungsmerkmale und der
räumlichen Verteilung des Einzelhandels im gesamten Großstadtgebiet
mit Hilfe studentischer Gruppen- und Einzelarbeiten ermöglichte die
Herausstellung bedeutender Standortfaktoren bzw. räumlich differenzierter Lokalisationsbedingungen. Entsprechend der unterschiedlichen
Zentrenausstattung wurde für die Haupt- und Nebengeschäftszentren
eine Rangfolge erarbeitet. Über die lokalen Einzelbefunde hinaus
kommt der Studie methodisch wie auch didaktisch eine Bedeutung zu.*Hei

STEWIG, Reinhard: Vergleichende Untersuchung der Einzelhandelsstrukturen der Städte Bursa, Kiel und London/Ontario. In: Erdkunde 28,
1974, S. 18-30.
*Interessanter Versuch einer qualitativ-vergleichenden Beschreibung
und Deutung unterschiedlicher Einzelhandelskonzentrationen dreier
Städte in verschiedenen Kulturkreisen, wobei die voneinander abweichenden Strukturen des Einzelhandels in einer genetischen Abfolge
'als Manifestationen einer zyklischen Entwicklung' gesehen werden.*Hei

TOEPFER, Helmuth: Die Bonner Geschäftsstraßen. Räumliche Anordnung,
Entwicklung und Typisierung der Geschäftskonzentrationen. Bonn: Dümm-
ler 1968. 81 S. = Arbeiten zur Rheinischen Landeskunde 26.
*In dieser methodisch interessanten Untersuchung benutzte der Verfas-
ser die von A. KREMER (1961) erarbeitete Bedarfsstufengliederung des
Einzelhandels und die von E. LICHTENBERGER (u.a. 1967) vorgenommene
Konsumgruppeneinteilung der Geschäfte (mit jeweils eigenen Ergänzungen) sowie weitere Ausstattungsmerkmale und den Fußgängerverkehr zur
Bewertung einzelner Geschäftsstraßen. Die Analyse ergab u.a. unterschiedliche physiognomische und funktionale Straßentypen sowie eine
räumliche Anordnung des Einzelhandels in Form von 7 Zonen innerhalb
der Stadt. Die in knapper textlicher Form dargestellten Ergebnisse
werden reichhaltig durch statistische Auswertungen und kartographische Darstellungen veranschaulicht.*   Hei

- Innerstädtische Zentrensysteme

CAROL, Hans: The hierarchy of central functions within the city.
Siehe 6.14.

HOMMEL, Manfred: Zentrenausrichtung in mehrkernigen Verdichtungsräumen an Beispielen aus dem rheinisch-westfälischen Industriegebiet.
Siehe 6.14.

SEDLACEK, Peter: Zum Problem intraurbaner Zentralorte, dargestellt
am Beispiel der Stadt Münster. Siehe 6.14.

Umfassendere Darstellungen zur Zentrenanalyse aus Nachbarwissenschaften

BÖKEMANN, Dieter: Das innerstädtische Zentralitätsgefüge, dargestellt
am Beispiel der Stadt Karlsruhe. Siehe 6.14.

KREMER, Arnold: Die Lokalisation des Einzelhandels in Köln und seinen
Nachbarorten. Köln: Westdeutscher Verlag 1961. 133 S. = Schriften zur

6.20
Geographie
des tertiären
Wirtschafts-
sektors

Raum für Zusätze

Handelsforschung 21.
Methodisch wichtige Untersuchung, in der - aufbauend auf der betriebswirtschaftlichen Standortlehre des Einzelhandels nach R. SEYFFERT - versucht wird, die Einzelhandelsbetriebe vor allem nach der unterschiedlichen Kombination der wichtigen primären Merkmale Konsumhäufigkeit und Konsumwertigkeit der Warenangebote einzustufen (Bedarfsstufenzugehörigkeit). Darüber hinaus werden unter Berücksichtigung funktionaler und physiognomischer Kriterien Rangfolgen einzelner Geschäftsstraßen aufgestellt.
Hei

SOLDNER, Helmut: Die City als Einkaufszentrum im Wandel von Wirtschaft und Gesellschaft. Berlin: Duncker & Humblot 1968. 345 S. = Betriebswirtschaftliche Schriften 27.
Umfassende, primär betriebswirtschaftlich orientierte, jedoch auch soziologische Erkenntnisse berücksichtigende grundlegende Untersuchung der generellen Entwicklungstendenzen des City-Einzelhandels unter dem Einfluß wirtschaftlicher und gesellschaftlicher Wandlungsprozesse. Die Arbeit basiert auf gründlichem und vielseitigem Literaturstudium.
Hei

Standortwahl und Flächenbedarf des tertiären Sektors in der Stadtmitte. Bonn - Bad Godesberg: Bundesminister für Raumordnung, Bauwesen und Städtebau 1974. 68 S. = Schriftenreihe 'Städtebauliche Forschung des Bundesministers für Raumordnung, Bauwesen und Städtebau 03.024.
Enthält zwei 'Vorstudien' zu dem im Titel genannten Thema, die einen guten Überblick über den gegenwärtigen Forschungsstand geben. Zunächst berichten Gertrud DEITERS und Jochen SCHULZ-HEISING über vorliegende Untersuchungen und auswertbare Daten und fügen eine Bibliographie bei; dann stellt Klaus MEHRENS die Grundlagen für Standortwahl und Flächenbedarf von Betrieben des tertiären Sektors in der Stadtmitte aus wirtschaftswissenschaftlicher Sicht zusammen. Vorkenntnisse empfehlenswert.
Blo

STÖBER, Gerhard: Das Standortgefüge der Großstadtmitte. Frankfurt: Europäische Verlagsanstalt 1964. 104 S. = Wege zur neuen Stadt. Schriftenreihe der Verwaltung Bau und Verkehr der Stadt Frankfurt am Main 3.
Diese gründliche und besonders wegen ihrer allgemeinen Aussagen und Ergebnisse wichtige Studie aus dem Bereich der Sozialforschung bildet die Fortsetzung der als Band 2 der gleichen Schriftenreihe von G. STÖBER veröffentlichten Arbeit über die 'Struktur und Funktion der Frankfurter City'. Wurde in dem ersten Beitrag vorrangig die Bedeutung der City im gesamten 'Daseins- und Leistungsgefüge' der Großstadt dargestellt, wird nunmehr mittels einer detaillierten Analyse versucht, die speziellen Merkmale des wirtschaftlichen Standortgefüges der Frankfurter City nachzuweisen.
Hei

Ansätze zu einer Standorttheorie des tertiären Wirtschaftssektors

- Thematisch übergreifende Ansätze

BERRY, Brian J.L. und William L. GARRISON: Recent developments of central place theory. Siehe 6.14.

BOBEK, Hans: Die Theorie der zentralen Orte im Industriezeitalter. Siehe 6.14.

CHRISTALLER, Walter: Die zentralen Orte in Süddeutschland. Siehe 6.14.

DAVIES, Ross: The location of service activities. In: Michael CHISHOLM und Brian RODGERS (Hrsg.): Studies in human geography. London: Heinemann Educational Books 1973. S. 125-171.
Ausgezeichneter knapper Überblick über die wichtigsten Forschungsansätze der angelsächsischen Geographie zur Geographie des tertiären

6.20 Geographie des tertiären Wirtschaftssektors

Raum für Zusätze

Wirtschaftssektors, die zwar weitgehend auf den Arbeiten deutscher Standorttheoretiker (CHRISTALLER, LÖSCH) basieren, deren Weiterentwicklungen jedoch in Deutschland erstaunlich wenig beachtet worden sind. Nach einer kurzen Übersicht über die theoretischen Grundlagen (Theorie der zentralen Orte, allgemeine Interaktionstheorie) konzentriert sich die Darstellung auf den Bereich des Einzelhandels, wobei im einzelnen behandelt werden: a) regionale Systeme von Geschäftszentren, b) innerstädtische Zentrenstrukturen, c) Wandlungsprozesse und Prognose von Geschäftsausstattungen sowie d) verhaltenstheoretische Ansätze zur Erklärung der Einkaufsverflechtungen und individueller Präferenzen.
Blo

LANGE, Siegfried: Die Verteilung von Geschäftszentren im Verdichtungsraum. Ein Beitrag zur Dynamisierung der Theorie der zentralen Orte.

LANGE, Siegfried: Wachstumstheorie zentralörtlicher Systeme. Eine Analyse der räumlichen Verteilung von Geschäftszentren. Siehe 6.14.

SCHÖLLER, Peter (Hrsg.): Zentralitätsforschung. Siehe 6.14.

TÖRNQVIST, Gunnar: Contact systems and regional development. Lund: C.W.K. Gleerup 1970. 148 S. = Lund Studies in Geography, Serie B, Nr. 35.
Die Studie besteht aus zwei aufeinander bezogenen Teilen: Zunächst werden (auf der Basis von zwei empirischen Erhebungen in Schweden) direkte persönliche Kontaktbeziehungen hinsichtlich der Zwecke, räumlichen Muster sowie der Berufe der beteiligten Personen analysiert, um die Bedeutung von 'Face-to-Face'-Kontakten als Standortfaktor (insb. für tertiäre Aktivitäten) zu erfassen. Im zweiten Teil wird die Entwicklung der räumlichen Beschäftigungsstruktur in Schweden 1960-1965 im Hinblick auf das Wachstum 'kontaktintensiver' Berufsgruppen und ihre Konzentration in den größeren Zentren untersucht.
Blo

TÖRNQVIST, Gunnar: Flows of information and the location of economic activities. Siehe 6.19.

- Darstellungen der betriebswirtschaftlichen Standortlehre des Einzelhandels und der regionalen Handelsforschung

▶ BEHRENS, Karl Christian: Der Standort der Handelsbetriebe. Köln/Opladen: Westdeutscher Verlag 1965. 239 S. = Der Standort der Betriebe 2.
In dieser leicht verständlichen, gründlichen Darstellung einer betriebswirtschaftlichen Standortlehre des Handels werden - aufbauend auf der 'Allgemeinen Standortbestimmungslehre' des gleichen Verfassers - die wichtigsten Standortfaktoren und (neueren) Standorttendenzen einzelner Betriebsformen des Einzel- und Großhandels systematisch behandelt. Das Buch vermittelt wesentliche Grundbegriffe und Gesichtspunkte auch für Geschäftszentrenanalysen im Rahmen der Geographie.
Hei

BEHRENS, Karl Christian: Versuch einer Systematisierung der Betriebsformen des Einzelhandels. In: Karl Christian BEHRENS (Hrsg.): Der Handel heute. Tübingen: Mohr (Paul Siebeck) 1962. S. 131-143.
Betriebswirtschaftlicher Beitrag zur Klassifizierung der Einzelhandelsbetriebe nach wichtigen Struktur- und Absatzmerkmalen. Von besonderer Bedeutung für die Bewertung der Funktionen von Einzelhandelsbetrieben ist dabei die nach Sortimentskriterien vorgenommene Systematisierung.
Hei

▶ TIETZ, Bruno: Einzelhandelsdynamik und Siedlungsstruktur. In: Raumforschung und Raumordnung 32, 1974, S. 113-124.
Grundsätzlicher Beitrag der modernen regionalen Handelsforschung. In

6.20
Geographie
des tertiären
Wirtschafts-
sektors

Raum für Zusätze

systematischer Form werden Entwicklungstrends in der allgemeinen Konsum- und Flächendynamik, Einflüsse der Konsumenten auf die Standortwahl des Einzelhandels, Zusammenhänge mit der Verkehrsausstattung standortlenkende Einflüsse der Bodenpreise, die Agglomerationsfähigkeit von Einzelhandelsbetrieben und gesetzliche Einflüsse in bezug zur Problematik der Standort- und Geschäftsflächenplanung in der BRD knapp dargestellt. Hei

WOTZKA, Paul: Standortwahl im Einzelhandel. Standortbestimmung und Standortanpassung großstädtischer Einzelhandelsbetriebe. Hamburg: Verl. Weltarchiv 1970. 518 S. = Veröffentlichungen des HWWA - Institut für Wirtschaftsforschung - Hamburg.
In dieser umfassenden, relativ anspruchsvollen wirtschaftswissenschaftlichen Studie werden zunächst großstädtische Einzelhandelsbetriebstypen sowie wichtige standorttheoretische Grundlagen behandelt Im Mittelpunkt stehen die Analyse der allgemeinen standortrelevanten Strukturwandlungen des Einzelhandels in Großstädten und, darauf aufbauend, eine Ableitung ökonomisch begründeter Möglichkeiten betrieblicher Standortanpassung. Die grundsätzlichen Ergebnisse dieser wichtigen Arbeit sollten nicht nur bei speziellen geographischen Zentrenuntersuchungen, sondern auch im fortgeschrittenen Studium einer 'Geographie des tertiären Wirtschaftssektors' Berücksichtigung finden. He.

- Standortbedingungen für Bürobetriebe

DANIELS, P.W.: Office location. An urban and regional study. London Bell 1975. 240 S.
Diese wichtige lehrbuchartige Darstellung behandelt systematisch, unter Einbeziehung der Ergebnisse der wichtigsten englischsprachigen Veröffentlichungen zu diesem (in der deutschsprachigen Geographie stark vernachlässigten) Themenbereich, die allgemeinen Entwicklungs- bzw. Wachstumstendenzen der Bürobetriebe und Bürobeschäftigung seit der zweiten Hälfte des 19. Jahrhunderts, die Möglichkeiten der Quantifizierung von Angebot und Nachfrage an Büroraumflächen, regionale und innerstädtische Verteilungen von Bürostandorten, Beziehungen zu Kommunikationssystemen sowie jüngere Wandlungstendenzen, insbesondere die 'Dezentralisation' von Bürobetrieben. Jedes Kapitel enthält zahlreiche Literaturhinweise, die jedoch - ebenso wie die behandelten Beispiele - leider fast ausschließlich aus dem englischsprachigen Raum stammen. Zahlreiche kartographische Darstellungen. Hei

GODDARD, J.B.: Office linkages and location. A study of communications and spatial patterns in Central London. Oxford: Pergamon Press 1973. 126 S. = Progress in Planning Band 1, Teil 2.
Wichtige moderne Untersuchung über die Standortverteilungen und -verflechtungen von Büros, die in der Wirtschaftsgeographie häufig gegenüber den Produktionsbetrieben vernachlässigt worden sind. Während im ersten Teil die Standortmuster der Beschäftigten nach Wirtschaftszweigen analysiert werden, stehen im zweiten umfangreicheren Teil die Kommunikationsverflechtungen (basierend auf täglichen Aufzeichnungen einer Stichprobe von 700 Angestellten) der Bürobetriebe im Mittelpunkt, um die Standortwirksamkeit der Kontaktbeziehungen und die Möglichkeiten für Funktionsverlagerungen aus der Innenstadt zu prüfen. Breite Verwendung multivariater Analyseverfahren (Faktoren- und Clusteranalyse), die Statistikkenntnisse erfordern. Blo

GODDARD, J.B.: Office location in urban and regional development. London: Oxford University Press 1975. 60 S. = Theory and Practice in Geography. Ca. 6,00 DM.
Ausgezeichnete Zusammenfassung neuerer britischer und schwedischer geographischer Untersuchungen zur Frage der Standorte und räumlichen Verflechtungen öffentlicher und privatwirtschaftlicher Verwaltungen. Behandelt werden Ansätze zu einer Standorttheorie privater Verwaltungen (insb. auch von Industrieunternehmen) sowohl auf der Ebene von Städtesystemen (Makrostandorte) wie auch innerhalb von Städten

5.20
Geographie
des tertiären
Wirtschafts-
sektors

Raum für Zusätze

(Mikrostandorte), wobei den Kommunikationsverflechtungen eine zentrale Rolle zukommt. Weitere Abschnitte beschäftigen sich mit der Relevanz dieses Themenkreises für die Raumplanung, insbesondere im Hinblick auf Möglichkeiten der Dezentralisierung, wobei sich die Darstellung allerdings weitgehend auf britische Verhältnisse bezieht.
                                                                    Blo

MONHEIM, Heiner: Zur Attraktivität deutscher Städte. Einflüsse von Ortspräferenzen auf die Standortwahl von Bürobetrieben. Siehe 6.10.

- Zur Standortlehre öffentlicher Einrichtungen

Funktionelle Erfordernisse zentraler Einrichtungen als Bestimmungsgröße von Siedlungs- und Stadteinheiten in Abhängigkeit von Größenordnung und Zuordnung. Siehe 6.14.

LAUX, Eberhard, Heinz NAYLOR und Heinz ESCHBACH: Zum Standortproblem bei öffentlichen Einrichtungen. Hannover: Gebrüder Jänecke 1973. 90 S. = Veröffentlichungen der Akademie für Raumforschung und Landesplanung, Abhandlungen 67.
Versuch einer systematischen, planungsbezogenen Grundlegung einer – in den Wirtschaftswissenschaften und der Geographie bisher nur wenig entwickelten – 'Standortlehre' für öffentliche Einrichtungen. In dieser zusammenfassenden Darstellung werden zunächst Makrostandortfragen behandelt, sodann traditionelle Standorttheorien (THÜNEN, WEBER, ENGLÄNDER, PREDÖHL, LÖSCH, BEHRENS und STORBECK) auf ihre Verwendbarkeit für die Standortbestimmung öffentlicher Einrichtungen geprüft, eine Systematik und ein Funktionsschema von Mikrostandortfaktoren dargelegt sowie Standorthinweise für ausgewählte öffentliche Einrichtungen gegeben. Die gute Literaturübersicht ermöglicht ein vertiefendes Studium.
                                                                    Hei

 MASSAM, Bryan: Location and space in social administration. London: Edward Arnold 1975. IX, 192 S.
Leicht verständlich geschriebene Lehrbuchdarstellung zur räumlichen Organisation öffentlicher Versorgungseinrichtungen. Behandelt werden insbesondere: die räumliche Form und Größe administrativer Gebiete, Standort-Zuordnungsmodelle, Beziehungen innerhalb und zwischen administrativen Gebieten, zeitliche Entwicklungen, Organisationstheorien u.a.
                                                                    Blo

WAGENER, Frido: Neubau der Verwaltung. Siehe 6.5.

Beiträge zur Planung von Geschäftszentren

BUNGE, Helmut: Geplante Standorte für Einzelhandels- und Handwerksbetriebe. Siehe 7.3.

COHEN, Yehoshua S.: Diffusion of an innovation in an urban system. The spread of planned regional shopping centers in the United States 1949-1968. Siehe 6.9.

FALK, Bernd R.: Shopping-Center-Handbuch. Siehe 7.3.

GREIPL, Erich: Einkaufszentren in der Bundesrepublik Deutschland. Bedeutung sowie Grundlagen und Methoden ihrer ökonomischen Planung. Berlin: Duncker & Humblot 1972. 210 S. = Schriftenreihe des Ifo-Instituts für Wirtschaftsforschung 79.
Wichtige, im Auftrag des Bundesministeriums für Wirtschaft und Finanzen durchgeführte Studie, die sich vor allem mit der Stellung geplanter Einkaufszentren im Prozeß der räumlichen Umstrukturierung des Einzelhandels und den Methoden bzw. Verfahren der (optimalen) Planung derartiger Einkaufszentren beschäftigt.
                                                                    Hei

JONAS, Carsten: Flächenbedarf des Einzelhandels. Siehe 7.3.

6.20 Geographie des tertiären Wirtschaftssektors

Raum für Zusätze

SCHLÜTER, Karl-Peter: Tertiäres Gewerbe im Städtebau. Siehe 7.3.

Fremdenverkehrswirtschaft

BURKART, A.J. und S. MEDLIK: Tourism. Past, present and future. Siehe 6.8.

GEIGANT, Friedrich: Die Standorte des Fremdenverkehrs. Eine sozialökonomische Studie über die Bedingungen und Formen der räumlichen Entfaltung des Fremdenverkehrs. Siehe 6.8.

HUNZIKER, W. und W. KRAPF: Grundriß der Allgemeinen Fremdenverkehrslehre. Siehe 6.8.

KLÖPPER, Rudolf: Struktur- und Ausstattungsbedarf in Erholungsorten der BRD. Siehe 6.8.

MAIER, Jörg: Die Leistungskraft einer Fremdenverkehrsgemeinde. Modellanalyse des Marktes Hindelang/Allgäu. Ein Beitrag zur wirtschaftsgeographischen Kommunalforschung. Siehe 6.8.

ROSA, Dirk: Der Einfluß des Fremdenverkehrs auf ausgewählte Branchen des tertiären Sektors im Bayerischen Alpenvorland. Ein Beitrag zur wirtschaftsgeographischen Betrachtung von Fremdenverkehrsorten. Siehe 6.8.

Bibliographien

BERRY, Brian J.L. und Allan PRED: Central place studies. A bibliography of theory and applications including supplement through 1964. Siehe 6.14.

BLOTEVOGEL, Hans Heinrich, Manfred HOMMEL und Peter SCHÖLLER: Bibliographie zur Zentralitätsforschung. Siehe 6.14.

GUSTAFSSON, Knut und Elfried SÖKER: Bibliographie zum Untersuchungsobjekt 'Zentralörtliche Erscheinungen in Verdichtungsräumen'. Siehe 6.14.

6.21 Verkehrsgeographie

Einführende konzeptionelle Beiträge

JACOB, Günter: Zum Gegenstand der Verkehrsgeographie. In: Geographische Berichte Jg. 7, Heft 22, 1962, S. 16-31.
JACOB wendet sich gegen die vom Kulturlandschaftskonzept geprägte 'bürgerliche' Konzeption der Verkehrsgeographie und umreißt aus marxistischer Sicht Aufgaben, Betrachtungsweisen, Themenstellungen und Gliederungsmöglichkeiten dieser Teildisziplin. Blo

MATZNETTER, Josef: Grundfragen der Verkehrsgeographie. In: Mitteilungen der Geographischen Gesellschaft Wien 95, 1953, S. 109-124.
Leicht verständlicher und zur ersten Einführung geeigneter Aufsatz, der den Forschungsgegenstand der Verkehrsgeographie knapp umreißt. Ker

OTREMBA, Erich: Verkehrsgeographische Forschung. In: Verkehrswissenschaftliche Arbeit in der Bundesrepublik Deutschland - eine prognostische Bilanz. Hrsg. v. Fritz VOIGT. Köln 1969. S. 343-359. = Schriftenreihe der Deutschen Verkehrswissenschaftlichen Gesellschaft e.V., Reihe S: Sonderdrucke 1. Auch in: Erich OTREMBA, Erich und Ulrich AUF DER HEIDE (Hrsg.): Handels- und Verkehrsgeographie. Darmstadt: Wissenschaftliche Buchgesellschaft 1975. S. 261-284. = Wege der Forschung 343.
Konzentrierter Abriß der Entwicklung und Aufgaben der Verkehrsgeographie, der sich gut zur ersten Einführung eignet. Hei

Einführende Lehrbuchdarstellungen

FOCHLER-HAUKE, Gustav: Verkehrsgeographie. 3. Aufl. Braunschweig: Georg Westermann 1972 (^{1}1957). 168 S. = Das Geographische Seminar.
Leicht verständliche, recht konventionell konzipierte, jedoch durchaus als erste Einführung geeignete Lehrbuchdarstellung, die vor allem die verschiedenen Verkehrsarten und Verkehrsmittel systematisch behandelt. Andere wichtige Aspekte werden entweder nur kurz gestreift (z.B. Probleme der Verkehrsplanung und kartographischen Darstellungsmöglichkeiten) oder überhaupt nicht berücksichtigt (neuere quantitative Analyseverfahren wie insb. netz- bzw. graphentheoretische Methoden). Hei

LOWE, John C. und S. MORYADAS: The geography of movement. Boston: Houghton Mifflin 1975. 333 S.
Dieses gut lesbare neueste Lehrbuch steht ganz in der Tradition der quantifizierenden und modellbildenden 'spatial analysis'; d.h. es wird hier nicht der Verkehr in seinen vielfältigen Erscheinungsformen, Aspekten und Problemen behandelt, sondern ausschließlich der raumtheoretische Aspekt, wie z.B.: Distanzüberwindungskosten, Knoten, Netze, räumliche Interaktionen, Gravitationsmodelle, das Modell der Entropie-Maximierung nach WILSON, räumliche Diffusionsprozesse. Auf der anderen Seite geht die Darstellung weit über den Verkehr im engeren Sinne hinaus und berücksichtigt neben Pendel-, Einkaufs- und Telefonverkehr auch Wanderungen und Diffusionen als Teil einer 'Geographie räumlicher Bewegungen'. Zahlreiche Abbildungen, die zumeist der einschlägigen Literatur entstammen. Blo

SCHLIEPHAKE, Konrad: Geographische Erfassung des Verkehrs. Ein Überblick über die Betrachtungsweisen des Verkehrs in der Geographie mit praktischen Beispielen aus dem mittleren Hessen. Gießen: Geographisches Institut der Universität 1973. 85 S. und Kartenanhang. = Gießener Geographische Schriften 28.
Wichtige zusammenfassende Darstellung der Aufgaben der Verkehrsgeo-

6.21
Verkehrs-
geographie

Raum für Zusätze

graphie: Beschreibung der Verkehrsvorgänge, Differenzierung von Räumen nach Art und Intensität der Verkehrserschließung, Ausarbeitung
von Gesetzmäßigkeiten in den Beziehungen zwischen Raum und Verkehr
sowie Anwendung verkehrsgeographischer Methoden für die Zwecke der
Prognose und Planung. Die Arbeit vermittelt zugleich einen guten
Überblick über die neuere Fachliteratur. Die knappe Darlegung von
Untersuchungsergebnissen aus dem mittleren Hessen gibt einen Einblick in die Möglichkeiten und Probleme verkehrsgeographischer Regionalanalysen.
Hei

* TAAFFE, Edward J. und Howard L. GAUTHIER: Geography of transportation. Englewood Cliffs, N.J.: Prentice-Hall 1973. 226 S. = Foundations of Economic Geography Series. Ca. 15,00 DM.
Vorzügliche Einführung in wichtige Aufgabenbereiche und Analyseverfahren der modernen Verkehrsgeographie, in der kartographische Darstellungsmethoden und wichtige quantitative Techniken (z.B. Netzwerkanalyse, Interaktionsmodelle) besonders berücksichtigt werden.
Die ausgewählten Beispiele, die zum großen Teil methodisch wichtigen
Originalarbeiten entnommen wurden, beziehen sich überwiegend auf die
USA, so daß das Buch gleichzeitig in die verkehrsgeographische Ent-
wicklung in den USA einführt.
Hei

VOPPEL, Götz: Wirtschaftsgeographie. Siehe 6.15.

Umfangreichere Gesamtdarstellungen und Sammelbände zur Handels- und
Verkehrsgeographie

OBST, Erich: Allgemeine Wirtschafts- und Verkehrsgeographie. Siehe
6.15.

OTREMBA, Erich: Allgemeine Geographie des Welthandels und des Weltverkehrs. Siehe 6.20.

OTREMBA, Erich und Ulrich AUF DER HEIDE (Hrsg.): Handels- und Verkehrsgeographie. Darmstadt: Wissenschaftliche Buchgesellschaft 1975.
VI, 440 S. = Wege der Forschung 343.
Sammelband zur Disziplingeschichte der deutschsprachigen Handels-
und (vor allem der) Verkehrsgeographie mit einer Einführung der Herausgeber, 17 wieder abgedruckten Beiträgen und einer Auswahlbibliographie. Im ersten Teil des Bandes ist eine Reihe grundlegender
programmatischer Aufsätze aus zurückliegenden Forschungsperioden, u.
a. von Alfred HETTNER, Max ECKERT-GREIFENDORFF, Bruno KUSKE, Alfred
RÜHL, Erwin SCHEU und August LÖSCH mit spezielleren Beiträgen von
Wolfgang HARTKE (zum Pendelverkehr) und Walter CHRISTALLER (Fremdenverkehr) sowie einem jüngeren Forschungsbericht von Erich OTREMBA
zusammengefaßt. Der zweite Teil enthält einige länderkundliche Beiträge zur Handels- und Verkehrsgeographie, u.a. von Wilhelm CREDNER,
Theodor KRAUS und Rudolf LÜTGENS.
Hei

Verkehrswissenschaftliche Gesamtdarstellungen

HOFFMANN, Rudolf: Die Gestaltung der Verkehrswegenetze. Hannover:
Gebrüder Jänecke 1961. 207 S. = Veröffentlichungen der Akademie für
Raumforschung und Landesplanung, Abhandlungen 39.
Gehaltvolle, anschauliche planungsbezogene Darstellung der Grundlagen, Formen und Entwicklung der Verkehrsnetzgestaltung. Obwohl von
einem Verkehrswissenschaftler verfaßt, ist das Buch mit seinen zahlreichen Regionalbeispielen und Kartendarstellungen sowie der Berücksichtigung der Beziehungen zwischen Verkehrsnetz, Raumeinflüssen und
raumordnerischen Aspekten durchaus verkehrsgeographisch konzipiert.
Hei

PREDÖHL, Andreas: Verkehrspolitik. 2. Aufl. Göttingen: Vandenhoeck &
Ruprecht 1964. 385 S. = Grundriß der Sozialwissenschaft 15.
Das Buch gliedert sich in drei Teile, die die Entwicklung der Ver-

6.21
Verkehrs-
geographie

Raum für Zusätze

kehrsarten, die Organisation (Betriebe, Märkte, Tarife) und die Gestaltung des Verkehrs behandeln. Wenn auch neuere Forschungsansätze noch nicht behandelt sind, ist die Darstellung doch als Einführung in verkehrswirtschaftliche Denkweisen und Probleme geeignet.   Ker

VOIGT, Fritz: Verkehr. 2 Bände. Berlin: Duncker & Humblot. Band 1: Die Theorie der Verkehrswirtschaft. 1973. XXX, 983 S. Band 2: 1965. XXI, 1426 S.
Das breit angelegte zweibändige Werk vermittelt im zweiten, früher erschienenen Teil einen Überblick über die Entwicklung der Verkehrssysteme. Trotz vieler Detaildarstellungen wird keine lückenlose Geschichte der Verkehrswissenschaft angestrebt, sondern die volkswirtschaftliche Gestaltungskraft der einzelnen Verkehrsarten wird aufgezeigt und die theoretischen Ergebnisse des ersten Bandes werden in ihrem historischen Ablauf überprüft. - Der erste Band behandelt die Theorie der Verkehrswirtschaft; hierbei wird auf die Aufstellung eleganter, aber wirklichkeitsfremder mathematischer Modelle verzichtet und stets der Bezug zur Wirklichkeit gesucht, um die eigenständige Entwicklungsdynamik der Verkehrssysteme nachzuweisen. Behandelt werden dabei die Verkehrsmärkte und der Einfluß auf die wirtschaftlichen Entwicklungsprozesse, wobei auch die raumgestaltenden Auswirkungen verkehrswirtschaftlicher Aktivitäten berücksichtigt werden. - Zwei weitere Bände (Theorie der Organisation und Verkehrspolitik) sind in Vorbereitung.   Ker

Verkehr als wirtschaftlicher Standortfaktor

HILSINGER, Horst-H.: Das Flughafen-Umland. Eine Wirtschaftsgeographische Untersuchung an ausgewählten Beispielen im westlichen Europa. Siehe 6.19.

MAUSHARDT, Volker: Die Neckarkanalisierung und ihre raumwirtschaftlichen Auswirkungen. Düsseldorf: Verlag Handelsblatt 1966. 120 S. = Buchreihe des Instituts für Verkehrswissenschaft an der Universität Köln 20.
Es werden die Beziehungen zwischen Binnenschiffahrt und Standortbildung von Industrie- und Handelsbetrieben am Beispiel des kanalisierten Neckar untersucht. Die Ergebnisse werden durch Betriebsbefragung und Auswertung statistischer Unterlagen des Landesarbeitsamtes Baden-Württemberg über Standortwahl der Industriebetriebe gewonnen.   Ker

Verkehr als räumliche Interaktion

ABLER, Ronald F.: Distance, intercommunications, and geography. Siehe 6.2.

CARROTHERS, Gerald A.P.: A historical review of the gravity and potential concepts of human interaction. Siehe 4.2.

JANELLE, Donald G.: Spatial reorganization: a model and concept. Siehe 6.2.

LILL, Eduard: Das Reisegesetz und seine Anwendung auf den Eisenbahnverkehr, mit verschiedenen auf die Betriebsergebnisse des Jahres 1889 bezugnehmenden statistischen Beilagen in Tabellen und bildlicher Form. Wien: Spielhagen & Schurich 1891. 41 S., 7 Tafeln im Anhang.
Berühmte frühe Fassung eines allgemeinen räumlichen Interaktionsmodells, hier bezogen auf den Eisenbahnverkehr. Das sog. LILLsche Gesetz bildet einen Vorläufer der analog zur physikalischen Gravitationstheorie entwickelten Verkehrstheorie, indem eine hyperbelförmige Distanzabnahmefunktion von beobachteten Reisehäufigkeiten im österreichisch-böhmischen Eisenbahnverkehr abgeleitet und als allgemeingültig postuliert wird.   Blo

6.21
Verkehrs-
geographie

Raum für Zusätze

MÄCKE, Paul Arthur: Die formale Darstellung des regionalen Verkehrs
bedarfs - eine Zusammenfassung. In: Straßenverkehrstechnik 11, 1967
S. 49-55.
Knappe Zusammenfassung verkehrswissenschaftlicher Ansätze, die Auswirkung der Distanz auf das Verkehrsaufkommen (in Form einer Widerstandsfunktion) mathematisch zu erfassen und für die regionale Verkehrsbedarfsplanung einzusetzen. Statistikkenntnisse erforderlich.
Bl

Quantitative Analysemethoden

- Erreichbarkeitsindizes

RUTZ, Werner: Erreichdauer und Erreichbarkeit als Hilfswerte verkehrsbezogener Raumanalyse. In: Raumforschung und Raumordnung 29, 1971, S. 146-156.
Darstellung einer auf Johannes RIEDEL (1911) zurückgehenden Methode der Berechnung von 'mittleren Erreichdauer-' und 'mittleren Erreichbarkeits'-Werten, deren praktische Anwendungsmöglichkeiten an drei Fällen (einzelne Verkehrsverbindungen, zentripetale Verkehrsnetze und vielknotige Verkehrsnetze) veranschaulicht werden.
Hei

- Lineare Programmierung

COX, Kevin R.: The application of linear programming to geographic problems. Siehe 4.2.

- Verkehrsnetze und Netzwerkanalyse

▶ BRIGGS, K.: Introducing transportation networks. 2. Aufl. London: University of London Press 1974 (^{1}1972). Textbook 48 S., Workbook 31 S. = Introducing the New Geography.
Knappe Einführung in die Analyse von Verkehrsnetzen mit Hilfe topologischer Graphen (Netzwerke) und Matrizen. Das beigefügte Arbeitsheft erleichtert sehr die (auch selbständige) Einarbeitung in die Verfahren. Obwohl diese Einführungsdarstellung in erster Linie für die Schule konzipiert wurde, kann sie auch sehr für geostatistische und verkehrsgeographische Übungen im Rahmen des Grundstudiums an der Hochschule empfohlen werden.
Hei

DALTON, Roger, Joan GARLICK, Roger MINSHULL und Alan ROBINSON: Networks in geography. Siehe 4.2.

HAGGETT, Peter und Richard J. CHORLEY: Network analysis in geography. Siehe 1.1.

KANSKY, K.J.: Structure of transportation networks: relationships between geometry and regional characteristics. Chicago: University of Chicago Press 1963 (Reprint 1965). 155 S. = The University of Chicago, Department of Geography, Research Paper 84.
Eine der grundlegenden nordamerikanischen Arbeiten zur Anwendung graphentheoretischer Methoden, insbesondere verschiedener Konnektivitätsindizes (Netzindizes) zur quantitativen Beschreibung ganzer Verkehrsnetzmodelle oder auch einzelner Elemente derartiger Modelle. Aufgezeigt wird außerdem die Möglichkeit der Messung von Zusammenhängen zwischen Netzindizes und wirtschaftlichen Indizes mit Hilfe der multiplen Regression bzw. Korrelation sowie der Simulation von Verkehrsnetzmodellen (am Beispiel Siziliens).
Hei

LEUSMANN, Christoph: Netze - Ein Überblick über Methoden ihrer strukturellen Erschließung in der Geographie. Siehe 4.2.

VETTER, Friedrich: Netztheoretische Untersuchungen zur ökonomisch optimalen Linienführung in ausgewählten Eisenbahnteilnetzen Mitteleuropas. Siehe 7.2.

**6.21
Verkehrs-
geographie**

Raum für Zusätze

VETTER, Friedrich: Netztheoretische Studien zum niedersächsischen Eisenbahnnetz. Ein Beitrag zur angewandten Verkehrsgeographie. Siehe 7.2.

WERNER, Christian: Zur Geometrie von Verkehrsnetzen. Die Beziehung zwischen räumlicher Netzgestaltung und Wirtschaftlichkeit. Siehe 7.1.

Regionalstudien

BOUSTEDT, Olaf: Die zentralen Orte und ihre Einflußbereiche. Eine empirische Untersuchung über die Größe und Struktur der zentralörtlichen Einflußbereiche. Siehe 6.14.

JOHN, Günther: Die Verkehrsströme innerhalb der Bundesrepublik Deutschland nach Gütergruppen und Verkehrsarten. Standortstruktur, Verkehrsverflechtung und Netzbelastung als Basis einer Verkehrsprognose. Berlin: Duncker & Humblot 1967. 83 S., 14 Karten im Anhang. = Deutsches Institut für Wirtschaftsforschung, DIW-Beiträge zur Strukturforschung 3.
Inzwischen zwar etwas veraltete, aber immer noch instruktive Aufbereitung statistischer Daten zum Güterverkehr zwischen den Verkehrsbezirken der BRD im Jahre 1962. Untergliedert nach 13 Gütergruppen sowie nach den Verkehrsträgern Eisenbahn, Binnenschiffahrt und Straßenfernverkehr werden die Produktionsstandorte und Güterverkehrsströme kartographisch dargestellt und durch einen relativ knappen Text erläutert. Blo

RUTZ, Werner: Die Brennerverkehrswege. Straße - Schiene - Autobahn. Verlauf und Leistungsfähigkeit. Bonn - Bad Godesberg: Bundesforschungsanstalt für Landeskunde und Raumordnung 1970. 163 S., 9 Bilder, 13 Karten, 3 Profile. = Forschungen zur deutschen Landeskunde 186.
Detaillierte Studie, in der nach einem Überblick über die Geländebedingungen systematisch 1) die Brennerstraße, 2) die Brennerbahn und 3) die Brennerautobahn behandelt werden, wobei jeweils die Eignung der Brennerquerung, der Trassenverlauf, die Gesamteigenschaften des Baukörpers sowie die Leistungsfähigkeit betrachtet werden. Kennzeichnend ist eine breite Berücksichtigung bautechnischer Aspekte. Reichhaltige Ausstattung mit Karten, Fotos und Diagrammen. Blo

RUTZ, Werner: Nürnbergs Stellung im öffentlichen Personenverkehr seines weiteren Einflußbereiches, dargestellt mit Hilfe von Isochronen der Reisedauer und der Erreichdauer. Nürnberg: Stadtverwaltung 1971. 36 S. = Stadt Nürnberg, Beiträge zum Nürnberg Plan, Reihe E: Stadt- und Regionalforschung, Heft 5.
Methodisch interessante verkehrsgeographische Arbeit, in der mittels detaillierter Berechnungen die Erreichbarkeit Nürnbergs und damit die Verflechtung mit dem Umland aufgezeigt wird. Gute farbkartographische Darstellungen. Ker

SCHAECHTERLE, Karlheinz: Die Verkehrsverhältnisse im Modellgebiet Rhein-Neckar. In: Ansprüche der modernen Industriegesellschaft an den Raum (6. Teil) - dargestellt am Beispiel des Modellgebietes Rhein-Neckar. Hannover: Gebrüder Jänecke 1974. S. 55-110. = Veröffentlichungen der Akademie für Raumforschung und Landesplanung, Forschungs- und Sitzungsberichte 90.
Knappe, jedoch mit einer Fülle statistischer Daten und interessanten Abbildungen versehene Darstellung der Verkehrsstruktur in einem größeren Verdichtungsraum, die auf einer umfassenden Verkehrsanalyse im Rahmen der Erarbeitung eines regionalen Gesamtverkehrsplanes basiert. Berücksichtigt wurden vor allem die Verkehrswegenetz-Belastungen, die Verkehrsverflechtungen und das Verkehrsverhalten der Bevölkerung. Hei

*6.21
Verkehrs-
geographie*

Raum für Zusätze

Studien zu einzelnen Verkehrsarten

- Luftverkehr

SCHAMP, Heinz: Luftverkehrsgeographie. Deutschlands Lage im Weltluftverkehr. Wiesbaden: Franz Steiner 1957. 37 S. = Erdkundliches Wissen 4, Geographische Zeitschrift, Beihefte.
Erste sehr kurz gefaßte deutschsprachige Luftverkehrsgeographie. Geeignet als Einführung in einige Untersuchungsaspekte, wobei die statistischen Angaben naturgemäß längst überholt sind und höchstens historisch-vergleichenden Aussagewert haben. Hil

ZETZSCHE, Rolf: Die Südroute. Analyse eines internationalen Luftverkehrsweges längs der asiatischen Peripherie. Wiesbaden: Franz Steiner 1970. 165 S. = Kölner Forschungen zur Wirtschafts- und Sozialgeographie 9.
Die Arbeit gibt zunächst einen kurzen Einblick in die wirtschafts- und verkehrsgeographischen Voraussetzungen der Südroute, um dann die angeflogenen Flughäfen im Hinblick auf technische Ausstattung, Auslastung und Querverbindungen zu beschreiben. Ker

- Seeverkehr und Binnenschiffahrt

COUPER, A. D.: The geography of sea transport. London: Hutchinson 1972. 208 S.
Moderne Lehrbuchdarstellung des Weltschiffsverkehrs. Behandelt werden: Historischer Seeverkehr, heutige Weltschiffahrtsrouten, moderne ökonomische und technische Trends, konventioneller Güterverkehr, Öltanker, Massengutverkehr, Küstenschiffahrt, Schiffahrt in Entwicklungsländern. Relativ wenig Anschauungsmaterial, jedoch instruktive knappe Textdarstellung. Die statistischen Daten reichen bis 1969. Blo

LAUTH, Wolfgang: Die Standort- und geographische Leistungsstruktur der Unternehmungsformen in der Binnenschiffahrt der BRD und ihre Abhängigkeit von den verkehrsgeographischen Gegebenheiten des bundesdeutschen Wasserstraßennetzes. Frankfurt: Seminar für Wirtschaftsgeographie der Universität 1974. 356 S. = Frankfurter Wirtschafts- und Sozialgeographische Schriften 15.
Ausführlich angelegte Untersuchung der bundesdeutschen Güterbinnenschiffahrt, insbesondere der Frage, inwieweit die betriebsrechtliche Unterscheidung in Partikulier-, Reederei- und Werkschiffahrt durch geographische Bedingungen - sowohl physisch- wie auch wirtschaftsgeographischer Art - mitbestimmt wird. Breiten Raum nimmt dabei die Behandlung der einzelnen Strom- und Kanalgebiete ein, wobei die Darstellung über die engere Fragestellung hinaus nahezu monographischen Charakter annimmt. Blo

STANG, Friedrich: Die Wasserstraßen Oberrhein, Main und Neckar. Häfen und Hinterland. Bad Godesberg: Bundesanstalt für Landeskunde und Raumforschung 1963. X, 204 S. = Forschungen zur deutschen Landeskunde 140.
Das Buch zeigt die ersten Auswirkungen der im Ausbau begriffenen Wasserstraßen Oberrhein, Main und Neckar bis zur Mitte der fünfziger Jahre. Hierbei werden die Entwicklung der Häfen, der Güterströme und die Abgrenzung des jeweiligen Hafenhinterlandes behandelt. Obwohl hinsichtlich der Daten überholt, ist die Arbeit von methodischem Interesse. Die Diskussion über die Abgrenzung des Hinterlandes, welche mit Hilfe des damals noch bedeutenden Kohleverkehrs vorgenommen wurde, zeigt die Problematik der eindeutigen Zuordnung des Wirtschaftsraumes Hafenhinterland. Ker

- Eisenbahnverkehr

DITT, Hildegard und Peter SCHÖLLER: Die Entwicklung des Eisenbahnnetzes in Nordwestdeutschland. Siehe 6.23.

6.21
Verkehrs-
geographie

Raum für Zusätze

HOFFMANN, Rudolf: Rückzug der Eisenbahnen aus der Fläche? Ein Problem der Regional- und der Verkehrspolitik. Hannover: Gebrüder Jänecke 1965. 171 S. = Veröffentlichungen der Akademie für Raumforschung und Landesplanung, Abhandlungen 46.
Gerade im Hinblick auf die aktuellen Stillegungspläne der Deutschen Bundesbahn auf das betriebswirtschaftlich sinnvolle Maß verdient diese Studie, die die regionalpolitische Bedeutung der Eisenbahn untersucht, Beachtung. Ker

MEINIG, D.W.: A comparative historical geography of two railnets: Columbia Basin and South Australia. Siehe 6.23.

O'DELL, Andrew C. und Peter S. RICHARDS: Railways and geography. 2. Aufl. London: Hutchinson 1971 (^{1}1956). 248 S.
Zwar recht konventionelle, jedoch fundierte Darstellung. Die die Anlage und Entwicklung von Eisenbahnstrecken und -netzen beeinflussenden Faktoren, insbesondere die Beziehungen zwischen historischen, technischen, wirtschaftlichen und rechtlichen sowie naturräumlichen Voraussetzungen und Bedingungen werden gut herausgearbeitet. Bei der Auswahl von Beispielen wurden Großbritannien, das 'Ursprungsland der Eisenbahn' und Nordamerika, für dessen Erschließung der Eisenbahnverkehr eine besondere Bedeutung besaß, am meisten berücksichtigt. Neuere quantitative Analyseverfahren (z.B. Netzwerkanalyse) bleiben unerwähnt. Die kartographische Ausstattung ist sehr dürftig. Hei

- Fußgängerverkehr

HEIDEMANN, Claus: Gesetzmäßigkeiten städtischen Fußgängerverkehrs. Bad Godesberg: Kirschbaum 1967. 143 S. = Forschungsarbeiten aus dem Straßenwesen, N.F. 68.
Grundlegende, von einem Ingenieurwissenschaftler erstellte Studie, in der mit Hilfe quantitativer Verfahren (Faktorenanalyse, Verhältnis- und Regressionsschätzung, Stichprobenverfahren etc.) räumliche und vor allem zeitliche Regelhaftigkeiten des innerstädtischen Fußgängerverkehrs aufgedeckt sowie Beziehungen zu ökonomischen, soziologischen, verkehrstechnischen und städtebaulichen Problemen hergestellt werden. Hei

MONHEIM, Rolf: Fußgänger und Fußgängerstraßen in Düsseldorf. Zur Feldarbeit im Geographieunterricht. Siehe 6.13.

PETZOLDT, Heinrich: Innenstadt-Fußgängerverkehr. Räumliche Verteilung und funktionale Begründung am Beispiel der Nürnberger Altstadt. Nürnberg: Wirtschafts- und Sozialgeographisches Institut der Universität 1974. 230 S. = Nürnberger Wirtschafts- und Sozialgeographische Arbeiten 21.
Gründliche und methodisch gut konzipierte empirische Untersuchung der räumlichen und zeitlichen Differenzierung des innerstädtischen Fußgängerverkehrs, in der die Wechselbeziehungen zur funktionalen Ausstattung des Altstadtbereichs besonders berücksichtigt werden. Der Versuch der Bestimmung von Straßentypen aufgrund des Fußgängerverkehrs erscheint jedoch problematisch. Hei

Spezielle Aspekte
- Einzelstudien zu Welthandel und Weltverkehr

THOMAN, Richard S. und Edgar C. CONKLING: Geography of international trade. Englewood Cliffs, N.J.: Prentice-Hall 1967. 190 S. = Foundations of Economic Geography Series.
Informative Lehrbuchdarstellung, deren Schwerpunkt weniger auf einer Beschreibung der einzelnen Handelsverflechtungen, sondern mehr auf systematischen Aspekten liegt: wie z.B. Theorien des internationalen Handels, Exportspezialisierung, Konzerne, Handelszentren, Internationale Organisationen. Zahlreiche einfache Diagrammdarstellungen. Blo

6.21
Verkehrs-
geographie

Raum für Zusätze

- Pendelverkehr

GANSER, Karl: Pendelwanderung in Rheinland-Pfalz. Struktur, Entwicklungsprozesse und Raumordnungskonsequenzen. Siehe 6.4.

KLEMMER, Paul und Dieter KRAEMER: Regionale Arbeitsmärkte. Ein Abgrenzungsvorschlag für die Bundesrepublik Deutschland. Siehe 7.2.

KLINGBEIL, Detlev: Zur sozialgeographischen Theorie und Erfassung des täglichen Berufspendelns. Siehe 6.4.

KRAEMER, Dieter: Funktionale Raumeinheiten für die regionale Wirtschaftspolitik. Siehe 7.2.

KREIBICH, Volker: Möglichkeiten und Probleme bei der Konstruktion von Modellen zur Simulation der Wahl des Arbeitsortes. Siehe 6.4.

UTHOFF, Dieter: Der Pendelverkehr im Raum um Hildesheim. Eine genetische Untersuchung zu seiner Raumwirksamkeit. Siehe 6.4.

- Stadtverkehr und Verkehr in Ballungsgebieten

BUCHANAN, Colin D.: Traffic in towns. Verkehr in Städten. Siehe 7.3.

GODDARD, J.B.: Functional regions within the city centre: a study by factor analysis of taxi flows in Central London. Siehe 6.13.

Die Kernstadt und ihre strukturgerechte Verkehrsbedienung. Hannover: Hermann Schroedel 1974. 170 S. = Veröffentlichungen der Akademie für Raumforschung und Landesplanung, Forschungs- und Sitzungsberichte 92.
In diesem Sammelband werden nach einer Definition des Begriffs Kernstadt technische und organisatorische Lösungsversuche des Verkehrsproblems dargestellt, wobei in einer Stellungnahme des Forschungsausschusses 'Raum und Verkehr' zwischen kurz- und langfristigen Zielen unterschieden wird. Es werden Denkanstöße, keine Rezepte gegeben.
                                                                      Ker

Die Regionalstadt und ihre strukturgerechte Verkehrsbedienung. Hannover: Gebrüder Jänecke 1972. 294 S., zahlreiche Abbildungen. = Veröffentlichungen der Akademie für Raumforschung und Landesplanung, Forschungs- und Sitzungsberichte 71.
Zunächst werden Begriff und Problematik der Regionalstadt dargestellt und dann an Einzelbeispielen vor allem der Verkehrsverbund als Lösungsmöglichkeit zur Bewältigung des regionalstädtischen Personennahverkehrs untersucht. Besondere Beachtung verdienen die Ausführungen von Paul A. MÄCKE über das Ruhrgebiet (mit instruktiven Karten), denen Zielvorstellungen des Generalverkehrsplanes Ruhrgebiet zugrunde liegen.
                                                                      Ker

- Fremdenverkehr   Siehe 6.8

- Verkehrsausbau in Entwicklungsländern

TAAFFE, Edward J., Richard L. MORRILL und Peter R. GOULD: Transport expansion in underdeveloped countries: a comparative analysis. In: Geographical Review 53, 1963, S. 503-529. Deutsche Übersetzung unter dem Titel: Verkehrsausbau in unterentwickelten Ländern - eine vergleichende Studie. In: Dietrich BARTELS (Hrsg.): Wirtschafts- und Sozialgeographie. Köln/Berlin: Kiepenheuer & Witsch 1970. S. 341-366. = Neue Wissenschaftliche Bibliothek 35.
Entwurf eines idealtypischen Ablaufs der Entwicklung von Straßennetzen in unterentwickelten Küstenländern, verifiziert am Beispiel von Ghana und Nigeria. Versuch einer Erklärung der räumlichen Muster mit

**6.21
Verkehrs-
geographie**

Raum für Zusätze

Hilfe der Regressionsanalyse und durch die Interpretation von Residualkarten (= kartographische Darstellungen der nach der Regressionsanalyse verbleibenden nicht 'erklärten' Variationsreste). Methodisch klar aufgebaute Untersuchung, die jedoch statistische Vorkenntnisse voraussetzt.   Blo

Verkehrsplanung

KORTE, Josef Wilhelm: Grundlagen der Straßenverkehrsplanung in Stadt und Land. 2. Aufl. Wiesbaden/Berlin: Bauverlag 1960. 756 S.
Dieses Handbuch richtet sich zwar in erster Linie an Straßenverkehrstechniker, es ist jedoch auch für Geographen ein wertvolles Nachschlagewerk, da die Betonung auf der Planung liegt, die Verbindungen zur Landes-, Regional- und Stadtplanung berücksichtigt und Arbeitsmethoden der Verkehrsplanung dargestellt werden. Ker

MENKE, Rudolf: Stadtverkehrsplanung. Siehe 7.3.

OETTLE, Karl: Forderungen der Landesplanung an die Verkehrsplanung. Siehe 7.2.

Der Raumbedarf des Verkehrs. Hannover: Gebrüder Jänecke 1967. XII, 249 S. = Veröffentlichungen der Akademie für Raumforschung und Landesplanung, Forschungs- und Sitzungsberichte 37.
Sammlung von Aufsätzen von Mitgliedern des Akademieausschusses 'Raum und Verkehr'. Die Raumbeanspruchung der einzelnen Verkehrsarten wird behandelt und an vielen praktischen Beispielen erläutert. Aufsätze über statistische Grundlagen, verkehrswirtschaftliche Vorausschätzungen und Verkehrsplanung in Baugebieten runden die Schrift ab zu einer geschlossenen Darstellung des Problems Raum und Verkehr ab. Ker

RÜCK, Werner: Interdependenzen zwischen Städtebaukonzeptionen und Verkehrssystemen. Siehe 7.3.

Verkehrskarten

FREITAG, Ulrich: Verkehrskarten. Siehe 4.3.

MEINE, Karl-Heinz: Darstellung verkehrsgeographischer Sachverhalte. Ein Beitrag zur thematischen Verkehrskartographie. Siehe 4.3.

Verkehrsstatistik

Verkehr in Zahlen 1974. Hrsg. vom Bundesminister für Verkehr, bearbeitet vom Deutschen Institut für Wirtschaftsforschung (DIW). Berlin: Deutsches Institut für Wirtschaftsforschung 1974. 216 S.
Taschenbuch der Verkehrsstatistik, das in der Unterscheidung zwischen institutionellem und funktionalem Gliederungsprinzip Daten zur Verkehrsentwicklung in der BRD (z.T. seit 1950) zur Verfügung stellt, die bisher nur teilweise in amtlichen Statistiken vorliegen und auf Untersuchungen des DIW basieren. Noch ausführlichere Darstellung in: 'Statistisches Kompendium des Verkehrs für die Bundesrepublik Deutschland 1950-1970'. Bra

Bibliographien

SIDDALL, William: Transportation geography. A bibliography. 3. Aufl. Manhattan: Kansas State University Library 1969. 94 S. = Kansas State University Library, Bibliography Series 1.
Eine Sammlung ausschließlich angelsächsischer Literatur zur Geographie der einzelnen Verkehrsarten. Hil

STREUMANN, Charlotte u.a.: Gliederung nach Wirtschaftsräumen und funktionalen Bereichen. Deutschsprachige Schriften und Karten. Siehe 6.15.

6.22 Lehrbücher und allgemeine Aspekte der Historischen Geographie

Zur Einführung in die Historische Geographie

DARBY, H.C.: Historical geography. In: H. P. R. FINBERG (Hrsg.): Approaches to history. London: Routledge & Kegan Paul 1962. S. 127-156.
Kurz gefaßter Überblick über die (älteren) Konzeptionen und Fragestellungen der Historischen Geographie aus der Feder des bekannten britischen Historischen Geographen. DARBY unterscheidet zwei Grundkonzeptionen: 1) Historische Geographie als Rekonstruktion vergangener Geographien (insb. Landschaftsrekonstruktionen zu verschiedenen zeitlichen Querschnitten) und 2) Historische Geographie als geographischer Wandel in historischer Perspektive (insb. Landschaftswandel). Davon abgehoben wird die 'Geographische Geschichte', die sich mit den geographischen Voraussetzungen der Geschichte beschäftige (und die als historische Hilfswissenschaft auch hier unberücksichtigt bleibt). Blo

Gesamtdarstellungen der Historischen Geographie

JÄGER, Helmut: Historische Geographie. Braunschweig: Georg Westermann 1969. 119 S. = Das Geographische Seminar. 14,00 DM.

Erste und einzige systematische Darstellung der Historischen Geographie. Das Lehrbuch ist trotz seiner knappen Fassung sehr inhaltsreich und von grundlegender Bedeutung für das Fachgebiet. Gliederung: 1) Inhalt, Aufgaben und Entwicklung der Historischen Geographie und ihre Stellung im System der Wissenschaften, 2) Methoden und Betrachtungsweisen, 3) Arbeitsverfahren, 4) Allgemeine historische Naturgeographie, 5) Allgemeine historische Kulturgeographie, 6) Historische Landschaft und Länderkunde; Abbildungen, Schrifttum, Register. Blo

PRINCE, Hugh C.: Real, imagined and abstract worlds of the past. In: Progress in Geography 3. London: Arnold 1971. S. 1-86.
Umfangreicher Forschungsbericht zur Historischen Geographie, der zwar fast nur englischsprachige Literatur berücksichtigt, diese jedoch wohl annähernd vollständig erfaßt. Der Autor unterscheidet 3 Forschungsgebiete der Historischen Geographie (vgl. Titel): 1) real existente, 2) in der Vorstellung existente und 3) abstrakte 'Welten' der Vergangenheit, und nach dieser etwas eigenwilligen Konzeption wird die Literatur gruppiert. Zeigt das Bemühen um eine Neuorientierung der Historischen Geographie, um die wachsende Kluft zur modernen theorie- und modellbildenden Geographie zu überwinden. Blo

Sammelbände zur Historischen Geographie

BAKER, Alan R.H. (Hrsg.): Progress in historical geography. Newton Abbot: David & Charles 1972. 311 S. = Studies in historical geography.
Grundlegender Sammelband mit einer wichtigen methodologischen Einleitung des Herausgebers (vgl. unten) und 9 Berichten zum Forschungsstand der Historischen Geographie in Frankreich (Xavier de PLANHOL), Deutschland/Österreich/Schweiz (Helmut JÄGER), Skandinavien (Staffan HELMFRID), Großbritannien (Alan R.H. BAKER), UdSSR (R.A. FRENCH), Nordamerika (A.H. CLARK), Australien/Neuseeland (R.L. HEATHCOTE und M. McCASKILL), Lateinamerika (D.J. ROBINSON) und Afrika (Kwamina B. DICKSON). Die Forschungsberichte zeigen den recht unterschiedlichen Stand der Historischen Geographie hinsichtlich Fragestellungen und Methoden, erschließen jedoch wertvolle Forschungsansätze. Umfangreiche gute Bibliographie. Blo

BAKER, Alan R.H., John D. HAMSHERE und John LANGTON (Hrsg.): Geographical interpretations of historical sources. Readings in historical geography. Newton Abbot: David & Charles 1970. 458 S. = Studies in

6.22
Lehrbücher
und allgemeine
Aspekte der
Historischen
Geographie

Raum für Zusätze

historical geography.
Sammelband mit einer Einleitung der Herausgeber und 20 wiederabgedruckten Aufsätzen zur Historischen Geographie von England und Wales aus den Jahren 1950-1969. Die Beiträge behandeln Einzelthemen vor allem aus der historischen Agrar-, Industrie-, Stadt- und Bevölkerungsgeographie und reichen in zeitlicher Hinsicht vom berühmten 'Domesday Inquest' von 1086 bis zum Ende des 19. Jahrhunderts. Der Sammelband, der einen ausgezeichneten Überblick über die neuere Entwicklung der britischen 'historical geography' gibt, ist auch von allgemeinem methodischen Interesse, da hier weniger als in Deutschland das landschaftsgenetische Konzept dominiert hat und früher moderne Fragestellungen und Analysemethoden der allgemeinen Kulturgeographie Eingang gefunden haben. Blo

Raumordnung im 19. Jahrhundert (1. Teil). Hannover: Gebrüder Jänecke 1965. XII, 261 S. = Veröffentlichungen der Akademie für Raumforschung und Landesplanung, Forschungs- und Sitzungsberichte 30.
Sammelband mit 11 Beiträgen zu verschiedenen Themen räumlicher und/ oder planerischer Entwicklungen im 19. Jahrhundert, nahezu ausschließlich bezogen auf Deutschland. Für historisch-geographische Belange können besonders hervorgehoben werden die Aufsätze von K. HAUBNER zur städtebaulichen Entwicklung Göttingens, von K. BLASCHKE zur Bevölkerungsentwicklung von Sachsen unter dem Einfluß der Industrialisierung, von K. HORSTMANN zur Bevölkerungs- und Wirtschaftsentwicklung des Raumes Bielefeld/Osnabrück sowie von H.G. STEINBERG zur Entwicklung des Ruhrgebiets - jeweils im 19. Jahrhundert. Blo

Konzeptionelle Aspekte der Historischen Geographie

BAKER, Alan R.H.: A note on the retrogressive and retrospective approaches in historical geography. In: Erdkunde 22, 1968, S. 244-245.
JÄGER, Helmut: Reduktive und progressive Methoden in der deutschen Geographie. In: Erdkunde 22, 1968, S. 245-246.
Knappe Beiträge zur Terminologie und zugleich zur Konzeption der Historischen Geographie. Die Autoren verstehen unter der retrogressiven Methode die 'eigentlich historisch-geographische' Betrachtungsweise, die primär auf die Vergangenheit ziele (im Sinne einer 'Vielzahl historischer Geographien' für vergangene Perioden nach HETTNER), während die retrospektive Methode gegenwartsbezogen sei und die Verhältnisse der Vergangenheit nur zum besseren Verständnis der Gegenwart heranziehe (= genetischer Ansatz der Kulturgeographie). Beide Methoden sind in der Praxis jedoch meist miteinander verknüpft. Blo

▶ BAKER, Alan R.H.: Rethinking historical geography. In: Alan R.H. BAKER (Hrsg.): Progress in historical geography. Newton Abbot: David & Charles 1972. S. 11-28. = Studies in historical geography.
Knappe, aber sehr wesentliche Diskussion der wachsenden Kluft zwischen der modernen quantifizierenden und modellbildenden 'Neuen Geographie' auf der einen und der traditionellen Historischen Geographie auf der anderen Seite sowie der vorliegenden Ansätze zu ihrer Überbrückung. Speziell werden behandelt: analoge Probleme in Nachbardisziplinen, statistisch-quantitative Ansätze, Probleme der Theoriebildung und verhaltenswissenschaftliche Ansätze in der Historischen Geographie. Blo

FEHN, Klaus: Zum wissenschaftstheoretischen Standort der Kulturlandschaftsgeschichte. In: Mitteilungen der Geographischen Gesellschaft in München 56, 1971, S. 95-104.
Im Rahmen einer erweiterten Rezension des Buches von H. JÄGER 'Historische Geographie' diskutiert der Verfasser die Stellung der (Kultur-)Landschaftsgeschichte zwischen Geographie und Geschichtswissenschaft. Blo

HARRIS, Cole: Theory and synthesis in historical geography. In: Canadian Geographer 15, 1971, S. 157-172.

6.22
Lehrbücher
und allgemeine
Aspekte der
Historischen
Geographie

Raum für Zusätze

Engagierter Beitrag zur Diskussion methodologischer Grundfragen. Wendet sich gegen eine einseitige nomologisch-theoretische Ausrichtung der Geographie und insbesondere gegen den Allgemeingültigkeitsanspruch des positivistischen deduktiven Erklärungsmodells. Fordert eine engere methodologische Konvergenz mit der Geschichtswissenschaf der es ebenso wie der Geographie um das Erfassen und Verstehen individueller Sachverhalte gehe. Als Diskussionsbeitrag geeignet zur Ein führung in die Problematik des Spannungsverhältnisses zwischen theoretischer und historischer Geographie.   Blo

LEHMANN, Edgar: Historische Prinzipien in der geographischen Raumfor schung. In: Landschaftsforschung. Beiträge zur Theorie und Anwendung (Festschrift Ernst NEEF). Hrsg. v. Hellmuth BARTHEL. Gotha/Leipzig: Hermann Haack 1968. S. 19-37. = Petermanns Geographische Mitteilungen, Ergänzungsheft 271.
Diskussionsbeitrag zur Konzeption der Historischen Geographie und ihres Untersuchungsobjektes. Im Unterschied zur 'Geographischen Geschichte', die als Geschichtswissenschaft historische Abläufe (innerhalb des geographischen Milieus) untersuche, beschäftige sich die Historische Geographie mit geographischen Räumen, d.h. mit Natur- und Wirtschaftsräumen, als Ergebnis der historischen Entwicklung. Diese methodischen Grundsätze werden näher ausgeführt und am Beispie der mexikanischen Landesentwicklung erläutert.   Blo

OVERBECK, Hermann: Die Entwicklung der Anthropogeographie (insbesondere in Deutschland) seit der Jahrhundertwende und ihre Bedeutung für die geschichtliche Landesforschung. Siehe 1.6.

DE VRIES-REILINGH, Hans Dirk: Gedanken über die Konsistenz in der Sozialgeographie. Siehe 6.2.

WAGNER, Horst-Günter: Der Kontaktbereich Sozialgeographie - historische Geographie als Erkenntnisfeld für eine theoretische Kulturgeographie. Siehe 6.2.

Spezielle Aspekte der Historischen Geographie

- Historische Raumbildung

BLOTEVOGEL, Hans Heinrich: Zentrale Orte und Raumbeziehungen in Westfalen vor der Industrialisierung (1780-1850). Siehe 6.25.

OVERBECK, Hermann: Die deutschen Ortsnamen und Mundarten in kulturgeographischer und kulturlandschaftsgeschichtlicher Beleuchtung. Zu zwei neueren Werken von Adolf BACH. In: Erdkunde 11, 1957, S. 135-145. Auch in: Hermann OVERBECK: Kulturlandschaftsforschung und Landeskunde. Ausgewählte, überwiegend methodische Arbeiten. Heidelberg: Geographisches Institut der Universität 1965. S. 40-59. = Heidelberger Geographische Arbeiten 14.
Ausgangspunkt dieser Untersuchung sind die beiden Handbücher des Germanisten und Volkskundlers BACH 'Die deutschen Ortsnamen' (2 Bände Heidelberg: Carl Winter 1953 und 1954; vgl. auch 6.24) und 'Deutsche Mundartforschung' (2. Aufl. Heidelberg: Carl Winter 1950). Es wird auf die engen Verbindungen zur Kulturgeographie eingegangen und vor allem der Zusammenhang zwischen Mundart- bzw. Sprachgemeinschaften, Verkehrsgemeinschaften und den (historischen) funktionalen Raumeinheiten der Kulturgeographie herausgestellt. Durch zahlreiche Literaturanmerkungen kann gut die umfangreiche ältere Literatur zu diesem Themenkreis erschlossen werden.   Blo

 SCHÖLLER, Peter: Kräfte und Konstanten historisch-geographischer Raumbildung. Gemeinsame Probleme geschichtlicher und geographischer Landeskunde. In: Landschaft und Geschichte (Festschrift Franz PETRI). Bonn: Röhrscheid 1970. S. 476-484.
Methodischer Beitrag zu Problemen der historisch-geographischen

6.22
Lehrbücher
und allgemeine
Aspekte der
Historischen
Geographie

Raum für Zusätze

Raumgliederung. Während im ersten Teil landesgeschichtliche und kulturgeographische Ansätze diskutiert und dabei die Begriffe 'Geschichtslandschaft', 'Strukturgrundlagen' und 'Bindungskräfte' im Mittelpunkt stehen, behandelt der zweite Teil Beharrung und Wechsel historischer Raumbildungen und ihre Bedeutung für die Gegenwart. Blo

- Auswirkungen der Territorialgliederung des Alten Reiches

HEINRITZ, Günter, Hartmut HELLER und Eugen WIRTH: Wirtschafts- und sozialgeographische Auswirkungen reichsritterschaftlicher Peuplierungspolitik in Franken. In: Berichte zur deutschen Landeskunde 41, 1968, S. 45-72.
Interessante Arbeit über die historischen Ursachen der heutigen kulturgeographischen Eigenart einiger fränkischer Orte, die in der frühen Neuzeit zu selbständigen reichsritterschaftlichen Zwergterritorien gehörten und seitdem eine soziale und wirtschaftliche Sonderentwicklung genommen haben. Die auf umfangreicheren Vorarbeiten (G. HEINRITZ über Krenhausierergemeinden und H. HELLER über Peuplierung) basierende Darstellung zeigt beispielhaft die Möglichkeiten eines historisch-kulturgeographischen Forschungsansatzes mit einer über das Kulturlandschaftskonzept hinausgehenden sozialgeographischen Vertiefung. Blo

▶ HUTTENLOCHER, Friedrich: Die ehemaligen Territorien des Deutschen Reiches in ihrer kulturlandschaftlichen Bedeutung. In: Erdkunde 11, 1957, S. 95-106.
Zusammenfassende skizzenhafte Darstellung der bis heute bedeutsamen Auswirkungen der spätmittelalterlich-frühneuzeitlichen Territorialgliederung, wie z.B. Auswirkungen des konfessionell gebundenen Wirtschaftsgeistes und des Merkantilismus, unterschiedliche Erbsitten usw. Unterschieden werden 6 Territorialtypen, wie z.B. dynamische landesfürstliche Territorien und konservative geistliche Herrschaften. Beispiele vor allem aus Südwestdeutschland. Blo

Zur Konzeption der Geschichtlichen Landeskunde

SCHLENGER, Herbert: Die Geschichtliche Landeskunde im System der Wissenschaften. In: Geschichtliche Landeskunde und Universalgeschichte (Festschrift Hermann AUBIN). Hamburg: Nölke 1950. S. 25-45.
Theoretisch-konzeptioneller Beitrag, der die Stellung der Geschichtlichen Landeskunde zwischen Historischer Geographie einerseits und Landesgeschichte andererseits erörtert. Es werden 7 'Forschungsgrundsätze' und 6 Forschungsmethoden unterschieden, anhand derer die Wissenschaftsdisziplin der Geschichtlichen Landeskunde umrissen wird. Blo

Zur Methodologie der Geschichtswissenschaft

BAUMGARTNER, Hans Michael und Jörn RÜSEN (Hrsg.): Seminar: Geschichte und Theorie. Umrisse einer Historik. Frankfurt: Suhrkamp 1976. 403 S. = Suhrkamp Taschenbuch Wissenschaft 98.
Interessanter Sammelband zur geistes- bzw. geschichtswissenschaftlichen Methodologie. Abgesehen von den 3 ersten Beiträgen über allgemeine Grundfragen (insb. zum Theoriebezug der Geschichtswissenschaft) verdienen die beiden Aufsätze von Wolfgang STEGMÜLLER und Alan DONAGAN zum Problem historisch-genetischer Erklärungen und ihr Verhältnis zum deduktiven Erklärungsmodell nach POPPER und HEMPEL besondere Beachtung. Blo

SCHIEDER, Theodor: Geschichte als Wissenschaft. Eine Einführung. 2. Aufl. München/Wien: Oldenbourg 1968. 247 S.
Einführung in die methodologischen Grundlagen der Geschichtswissenschaft(en), die zwar in erster Linie für Geschichtsstudenten geschrieben wurde und historisch-geographische Aspekte nur sehr randlich berührt, jedoch auch für die Historische Geographie und darüber hinaus für die gesamte Kulturgeographie von Interesse ist, da hier

6.22
Lehrbücher
und allgemeine
Aspekte der
Historischen
Geographie

Raum für Zusätze

zugleich die Grundzüge der allgemeinen geistes- bzw. kulturwissenschaftlichen Methodologie entwickelt werden. Blo

SCHULZE, Winfried: Soziologie und Geschichtswissenschaft. Siehe 1.2.

ZORN, Wolfgang: Einführung in die Wirtschafts- und Sozialgeschichte des Mittelalters und der Neuzeit. Probleme und Methoden. München: Beck 1972. 110 S. = Beck'sche Elementarbücher.
Anders als in anderen Werken mit ähnlichem Titel wird hier nicht der geschichtliche Ablauf dargestellt, sondern ein Überblick über die verschiedenen theoretischen Ansätze, Denkweisen, Methoden, Hilfsmittel und wissenschaftsorganisatorischen Formen der Wirtschafts- und Sozialgeschichtsforschung gegeben. Der Autor betont die Unterschiedlichkeit des historisch-hermeneutischen Zugangs auf der einen Seite und des nomologischen wirtschafts- und sozialwissenschaftlichen Zugangs auf der anderen Seite (dieser methodologische Gegensatz ist auch für die Historische Geographie von höchster Bedeutung!). Zur ersten Einführung weniger geeignet. Bl

Geschichtswissenschaftliche Arbeitsmethoden

BRANDT, Ahasvar von: Werkzeug des Historikers. Eine Einführung in die Historischen Hilfswissenschaften. 7. Aufl. Stuttgart: Kohlhammer 197 206 S. = Urban-Taschenbücher 33.
Dieses inzwischen zur geschichtswissenschaftlichen Standardlektüre gewordene Taschenbuch ist auch für den Historischen Geographen von Interesse: erstens wegen der Ausführungen zum Verständnis der 'Historischen Geographie', die dort (im Unterschied zu der hier zugrunde liegenden Konzeption) weitgehend als topographisch-kartographische Hilfswissenschaft gesehen wird, und zum andern wegen der knappen und informativen Darstellung der Quellenkunde, wovon für historisch-geographische Belange vor allem die Ausführungen zur allgemeinen Quellenkunde und über Urkunden und Akten wichtig erscheinen. Zahlreiche Literaturhinweise. Blo

OPGENOORTH, Ernst: Einführung in das Studium der neueren Geschichte. Braunschweig: Georg Westermann 1969. 225 S.
Materialreiche und recht umfassende Einführung. Für den historisch orientierten Geographen dürfte das Kapitel über die historischen Quellen (84 S.) am wichtigsten sein, daneben auch der knappe Abschnitt über die 'Historische Geographie' (6 S.), die als Teildisziplin und nicht als Hilfswissenschaft der Geschichtswissenschaft angesehen wird Blo

Darstellungen zur Sozial- und Wirtschaftsgeschichte Deutschlands

DROEGE, Georg: Deutsche Wirtschafts- und Sozialgeschichte. Frankfurt/Berlin/Wien: Ullstein 1972. 223 S. = Deutsche Geschichte, Ereignisse und Probleme 13.
ENGELSING, Rolf: Sozial- und Wirtschaftsgeschichte Deutschlands. Göttingen: Vandenhoeck & Ruprecht 1973. 212 S.
Relativ knappe Darstellungen, die in großen Zügen über die grundlegenden wirtschafts- und sozialgeschichtlichen Entwicklungen und Zusammenhänge informieren. Blo

Handbuch der deutschen Wirtschafts- und Sozialgeschichte. Hrsg. von Hermann AUBIN und Wolfgang ZORN. Band 1: Von der Frühzeit bis zum Ende des 18. Jahrhunderts. Verfaßt von Wilhelm ABEL, Hermann AUBIN, Karl BOSL, Herbert HASSINGER, Herbert JANKUHN, Hermann KELLENBENZ, Rolf SPRANDEL, Friedrich WIELANDT, Wolfgang ZORN. Mit einer Karte von Hektor AMMANN. Stuttgart: Union Verlag 1971. XIV, 714 S., 1 Karte *Umfassendes Handbuch mit 24 chronologisch-systematisch angeordneten Kapiteln, verfaßt von führenden Fachleuten. Besondere Beachtung verdienen die agrargeschichtlichen Kapitel (verfaßt von W. ABEL), die Kapitel zu Handel und Gewerbe (von 900 bis 1500 verfaßt von R. SPRAN-*

6.22
Lehrbücher
und allgemeine
Aspekte der
Historischen
Geographie

Raum für Zusätze

DEL, danach von H. KELLENBENZ und W. ZORN) sowie die beigelegte Karte von H. AMMANN zu 'Wirtschaft und Verkehr im Spätmittelalter um 1500'. Zahlreiche Literatur- und Quellenhinweise. Geeignet als Nachschlagewerk, auch zur umfassenden Information über einzelne Epochen und Sachgebiete.   Blo

HENNING, Friedrich-Wilhelm: Wirtschafts- und Sozialgeschichte. Paderborn: Ferdinand Schöningh. Band 1: Das vorindustrielle Deutschland 800 bis 1800. 1974. 319 S. = UTB 398. Band 2: Die Industrialisierung in Deutschland 1800 bis 1914. 1973. 304 S. = UTB 145. Band 3: Das industrialisierte Deutschland 1914 bis 1972. 1974. 292 S. = UTB 337.
Moderne Darstellung der Wirtschafts- und Sozialgeschichte Deutschlands, die im Gegensatz zu traditionellen historischen Lehrbüchern den Schwerpunkt auf die neueste Zeit legt. Die Bände zeichnen sich durch eine breite Berücksichtigung der volkswirtschaftlichen Strukturwandlungen und Hintergründe aus, die durch zahlreiche einfache Diagramme veranschaulicht werden. Durch die gedrängte, teilweise stichwortartige Darstellungsweise weniger zur durchgehenden Anfängerlektüre geeignet, sondern eher zur Fundierung der allgemeinen wirtschaftshistorischen Hintergrundkenntnisse und als Nachschlagewerk. Regionale Aspekte sind leider kaum berücksichtigt.   Blo

LÜTGE, Friedrich: Deutsche Sozial- und Wirtschaftsgeschichte. Ein Überblick. 3. Aufl. Berlin/Heidelberg/New York: Springer 1966 (^{1}1952). XVIII, 644 S. = Enzyklopädie der Rechts- und Staatswissenschaft, Abteilung Staatswissenschaft.
*Umfassendes Standardwerk, das durch seinen Umfang und seine Reichhaltigkeit Handbuchcharakter annimmt. Die reine Textdarstellung (keine Diagramme und Karten!) berücksichtigt besonders ausführlich das Mittelalter (etwa die Hälfte des Umfangs) und leider nur wenig regionale Aspekte. Dennoch sehr wichtig zum Nachschlagen für Einzelprobleme und zur vertieften Information über einzelne Zeitabschnitte.*Blo

Handbücher und Nachschlagewerke zur Landes- und Regionalgeschichte im deutschsprachigen Raum

Geschichte der deutschen Länder. 'Territorien-Ploetz'.
Band 1: Die Territorien bis zum Ende des alten Reiches. Hrsg. v. Georg Wilhelm SANTE und A.G. Ploetz-Verlag. Würzburg: Ploetz 1964. XVI, 843 S.
Band 2: Die deutschen Länder vom Wiener Kongreß bis zur Gegenwart. Hrsg. v. Georg Wilhelm SANTE und A.G. Ploetz-Verlag. Würzburg: Ploetz 1971. XVI, 1020 S.
Umfassendes Standardwerk der deutschen Regionalgeschichte, die in übersichtlicher und relativ komprimierter Form landesgeschichtliche 'Fakten' zum Nachschlagen enthält, wobei freilich wirtschafts- und sozialgeschichtliche Aspekte nur randlich berücksichtigt sind. Nach einer allgemeinen Einleitung von G.W. SANTE wird im ersten Band der Stoff nach 'historischen Räumen' aufgegliedert und im Zusammenhang dargestellt. Im zweiten Band erfolgt dann eine Gliederung nach Ländern (bzw. Provinzen), so daß nach 1945 das Gliederungsprinzip mit den Ländern der BRD und SBZ/DDR (bis 1952) erneut umgestellt werden muß. Österreich ist bis 1866 mitbearbeitet. Ein dritter Band über 'Wirtschaftsräume' und 'Struktur und Funktion der historischen Räume' ist angekündigt.   Blo

Handbuch der Historischen Stätten Deutschlands. 11 Bände. Stuttgart: Kröner. Band 1: Schleswig-Holstein und Hamburg. 1958. 236 S. Band 2: Niedersachsen und Bremen. 3. Aufl. 1969. 528 S. Band 3: Nordrhein-Westfalen. 2. Aufl. 1970. 742 S. Band 4: Hessen. 2. Aufl. 1967. 496 S. Band 5: Rheinland-Pfalz und Saarland. 2. Aufl. 1965. 420 S. Band 6: Baden-Württemberg. 1965. 856 S. Band 7: Bayern. 2. Aufl. 1965. 896 S. Band 8: Sachsen. 1965. 443 S. Band 9: Thüringen. 1968. 576 S. Band 10: Berlin-Brandenburg. 1973. 563 S. Band 11: Provinz Sachsen-Anhalt. 1975. 608 S.

6.22
Lehrbücher
und allgemeine
Aspekte der
Historischen
Geographie

Raum für Zusätze

Umfassendes Nachschlagewerk in Taschenbuchform. Die alphabetisch angeordneten Artikel informieren in relativ knapper Form über die wicl
tigsten historischen Daten und Zusammenhänge, nicht nur für alle
Städte und viele ländlichen Siedlungen, sondern auch andere wichtige
Stätten (Burgen, Schlösser usw.). Der Schwerpunkt liegt auf dem Mittelalter und der frühen Neuzeit, während das 19. und 20. Jahrhundert
relativ knapp berücksichtigt sind. Trotz vereinzelter Grundrißpläne
ist die Ausstattung mit Karten für geographische Belange sehr dürfti
Dennoch unentbehrlich als Nachschlagewerk, insb. bei Exkursionen. Bl

Handbuch der Historischen Stätten. Österreich. 2 Bände. Stuttgart:
Kröner. Band 1: Donauländer und Burgenland. Hrsg. v. Karl LECHNER.
1970. 909 S. Band 2: Alpenländer mit Südtirol. Hrsg. v. Franz HUTER.
1966. XVI, 670 S. = Kröners Taschenausgabe 278 und 279.
Ähnlich wie die Deutschland-Bände konzipiertes Nachschlagewerk. Bl

Nachschlagewerke und Darstellungen zur Weltgeschichte

ALBERTINI, Rudolf von (Hrsg.): Moderne Kolonialgeschichte. Siehe 7.5

Fischer Weltgeschichte. 35 Bände. Siehe 7.6.

KIRSTEN, Ernst, Ernst Wolfgang BUCHHOLZ und Wolfgang KÖLLMANN: Raum
und Bevölkerung in der Weltgeschichte. Bevölkerungs-Ploetz. 4 Bände.
3. Aufl. Würzburg: Ploetz. Band 1: Ernst KIRSTEN: Karteteil zu Band
2, 3 und 4. 1965. 144 S. Band 2: Ernst KIRSTEN: Von der Vorzeit bis
zum Mittelalter. 1968. 301 S. Band 3: Ernst Wolfgang BUCHHOLZ: Vom
Mittelalter zur Neuzeit. 1966. 147 S. Band 4: Wolfgang KÖLLMANN: Bevölkerung und Raum in Neuerer und Neuester Zeit. 1965. 332 S.
*Außerordentlich hilfreiches Nachschlagewerk, das in 4 Bänden (davon
ein Kartenband), nach historischen Epochen sowie Erdteilen, Teilräumen und Ländern gegliedert, eine Fülle von Daten zur Bevölkerungszahl, zum generativen Verhalten, zu Binnen- und Fernwanderungen (Ent-
deckungen) und deren Folgen (z.B. Kolonisation, Verstädterung) enthält. Neben dem Einfluß von Kriegen, Epidemien und staatlichen Maßnahmen auf die Bevölkerungsentwicklung und -verteilung wird besonders
das Problem der Tragfähigkeit der Erdräume unter den jeweiligen ökonomischen und sozialen Bedingungen sowie deren Veränderungen durch
die Entwicklung von Handel, Verkehr, Gewerbe und Industrie berücksichtigt. Zahlreiche Literaturangaben.* Bu

Bevölkerungsgeschichte

BLASCHKE, Karlheinz: Bevölkerungsgeschichte von Sachsen bis zur industriellen Revolution. Weimar: Hermann Böhlaus Nachf. 1967. 244 S.
*Gründliche bevölkerungsgeschichtliche Untersuchung eines früh gewerb-
lich verdichteten Landes bis um 1830. Von besonderem methodischen Interesse ist die Verknüpfung demographischer Fragestellungen nicht nur
mit wirtschafts- und sozialgeschichtlichen Aspekten, sondern auch mit
räumlichen bzw. geographischen Gesichtspunkten.* Blo

GREES, Hermann: Die Bevölkerungsentwicklung in den Städten Oberschwaben (einschließlich Ulms) unter besonderer Berücksichtigung der Wanderungsvorgänge. In: Ulm und Oberschwaben. Zeitschrift für Geschichte
und Kunst. Mitteilungen des Vereins für Kunst und Altertum in Ulm und
Oberschwaben 40/41, 1973, S. 123-198.
*Mit zahlreichen Karten und Tabellen ausgestattete (geographische)
Studie zur Bevölkerungsentwicklung einer regionalen Städtegruppe, deren Schwerpunkt auf der Entwicklung im 19. und 20. Jahrhundert liegt
und die auch die räumlichen Wanderungsverflechtungen mitberücksichtigt.* Blo

HAUFE, Helmut: Die Bevölkerung Europas. Stadt und Land im 19. und 20.
Jahrhundert. Berlin: Junker und Dünnhaupt 1936. 244 S., 4 Karten.
= Neue Deutsche Forschungen 7.

6.22
Lehrbücher
und allgemeine
Aspekte der
Historischen
Geographie

Raum für Zusätze

Auch heute noch nicht überholtes Standardwerk zur statistischen Bevölkerungsverteilung und -entwicklung in Europa (ohne Randgebiete). Das umfangreiche statistische Material, das im Tabellenanhang abgedruckt ist, enthält kleinräumig aufgeschlüsselte Bevölkerungszahlen für die Stichjahre 1815, 1871/75 und 1925, jeweils getrennt nach Land und Stadt. Der Textteil besteht im wesentlichen aus einer räumlich differenzierten Beschreibung und Interpretation der beiliegenden 4 Karten, in denen die ländliche Bevölkerungsdichte um 1815, die Verteilung der Städte um 1815, die Bevölkerungsentwicklung 1815-70 sowie die Entwicklung 1870-1925 dargestellt sind. Blo

KÖLLMANN, Wolfgang: Bevölkerung in der industriellen Revolution. Studien zur Bevölkerungsgeschichte Deutschlands. Göttingen: Vandenhoeck & Ruprecht 1974. 286 S. = Kritische Studien zur Geschichtswissenschaft 12.
Sammelband mit 16 Beiträgen des Verfassers aus den Jahren 1956-1973, die insgesamt einen guten Überblick über die Fragestellungen der sozialgeschichtlich ausgerichteten Demographie geben und zugleich ein umfassendes Studium bevölkerungsgeschichtlicher Probleme Deutschlands im Zeitalter der Industrialisierung ermöglichen, einschließlich Fragen der Verstädterung, Binnenwanderung und sozialer Bevölkerungsstrukturen. Regionale Aspekte stehen zwar nicht im Mittelpunkt, sie sind jedoch - vor allem an Städten des rheinisch-westfälischen Industriegebiets - vereinzelt berücksichtigt. Blo

KÖLLMANN, Wolfgang und Peter MARSCHALCK (Hrsg.): Bevölkerungsgeschichte. Köln: Kiepenheuer & Witsch 1972. 413 S. = Neue Wissenschaftliche Bibliothek 54.
Umfangreicher Sammelband mit überwiegend von Demographen und Historikern verfaßten 18 Einzelbeiträgen (Reprints) und einer knappen Einführung von W. KÖLLMANN in die Entwicklung und den Stand demographischer Forschung. Entsprechend der Konzeption des Bandes blieben zwar leider wichtige moderne bevölkerungsgeographische Arbeiten unberücksichtigt, jedoch sind einige der abgedruckten Beiträge auch für Geographen von besonderem Interesse (z.B. R. HEBERLE: 'Zur Typologie der Wanderungen'). Hei

MACKENROTH, Gerhard: Bevölkerungslehre. Siehe 6.4.

Allgemeine Darstellungen zur historischen Kartographie

FRANZ, Günther: Historische Kartographie. Forschung und Bibliographie. 2. Aufl. Hannover: Gebrüder Jänecke 1962. VIII, 92 S. = Veröffentlichungen der Akademie für Raumforschung und Landesplanung, Abhandlungen 29.
Umfassende Bibliographie mit über 1000 Einzeltiteln und einer vorzüglichen 30seitigen Zusammenfassung des Forschungsstandes. Dabei geht es hier nicht um 'historische Karten' im Sinne von 'alten Karten', sondern um wissenschaftliche Geschichtskarten und den dazugehörigen historisch-geographischen Grundlagenuntersuchungen. Das Werk bildet damit eine unentbehrliche Quelle für die (ältere) historisch-geographische Literatur und Kartographie. Blo

GRENACHER, Franz: Das Studium der alten Karten. Siehe 4.3.

KLEINN, Hans: Nordwestdeutschland in der exakten Kartographie der letzten 250 Jahre. Ein Beitrag zur Landeskunde. Siehe 4.3.

OEHME, Ruthardt: Die Geschichte der Kartographie des deutschen Südwestens. Siehe 4.3.

Historisch-geographische Themakartographie

OGRISSEK, Rudi: Die Karte als Hilfsmittel des Historikers. Eine allgemeinverständliche Einführung in Entwurf und Gestaltung von Ge-

6.22
Lehrbücher
und allgemeine
Aspekte der
Historischen
Geographie

Raum für Zusätze

schichtskarten. Gotha/Leipzig: Hermann Haack 1968. 102 S. = Geographische Bausteine, Neue Reihe 4.
Das knapp gefaßte Heft richtet sich zwar vorzugsweise an Historiker ohne kartographische Ausbildung, ist jedoch zur Einführung auch für historisch-geographische Zwecke sehr zu empfehlen, da es neben allge meinen kartographischen Grundlagen vor allem Aufgaben und Gestaltung prinzipien von Geschichtskarten behandelt. Blo

UHLHORN, Friedrich: Probleme der kartographischen Darstellung geschichtlicher Vorgänge. In: Hessisches Jahrbuch für Landesgeschichte 8, 1958, S. 107-132.
Wesentlicher Grundsatzbeitrag zur Problematik der Geschichtskarte, insbesondere zum Problem der kartographischen Darstellung zeitlicher Entwicklungen. Fordert eine engere Verbindung zwischen Geschichtswissenschaft und Geographie. Blo

Geschichtsatlanten

DARBY, H.C. und Harold FULLARD (Hrsg.): The new Cambridge modern history. Volume XIV: Atlas. Cambridge: University Press 1970. XXIV, 319 S. Format: 16 x 23 cm. 288 Kartenseiten.
Dieser handliche, aber inhaltsreiche Atlas zur Neueren Geschichte verzichtet weithin auf spezielle historische Themen und bringt zu allen Staaten bzw. Staatengruppen der Erde eine Folge von Übersichts karten, auch zur Wirtschafts-, Bevölkerungs- und Kulturgeschichte. Großbritannien und die USA sind bemerkenswert wenig überrepräsentiert. Blo

Großer Historischer Weltatlas. Hrsg. vom Bayerischen Schulbuch-Verlag. 3 Bände. München: Bayerischer Schulbuch-Verlag. Format: 24,5 x 34,5 cm. 1. Teil: Vorgeschichte und Altertum. 5. Aufl. 1972. 56 S. Karten, 19 S. Register. 2. Teil: Mittelalter. 1970. 134 S. Karten, 57 S. Register. 3. Teil: Neuzeit. 3. Aufl. 1967. 201 S. Karten, 32 S. Register.
Dieser zur Zeit umfangreichste deutschsprachige Geschichtsatlas enthält neben Karten zur Territorialgeschichte weitere zur Bevölkerungs- Kultur- und Wirtschaftsgeschichte, sowohl Übersichtskarten wie auch zahlreiche Karten zu Einzelproblemen. Im Vergleich zu anderen Geschichtsatlanten hervorzuheben sind große Detailfülle und ein hoher Standard an wissenschaftlicher Genauigkeit, die teilweise auf Kosten der Übersichtlichkeit gehen. Europa und der Mittelmeerraum nehmen, wie auch in den meisten anderen Geschichtsatlanten, eine bevorzugte Stellung ein. Bey/Blo

* Westermanns Großer Atlas zur Weltgeschichte. Vorzeit, Altertum, Mittelalter, Neuzeit. Hrsg. v. Hans-Erich STIER u.a. 8. Aufl. Braunschweig: Georg Westermann 1972 (^{1}1956). Format: 21,5 x 29 cm. 170 S. Karten, 78 S. Register. 44,00 DM.(Mitgliederpreis der Wissenschaftlichen Buchgesellschaft 34,50 DM).
Dieser weit verbreitete Geschichtsatlas zeichnet sich durch besondere kartographische Übersichtlichkeit aus und ist (alternativ zu den obigen Atlanten) auch für jeden Geographen unentbehrlich. Die politischen Übersichtskarten werden ergänzt durch zahlreiche Karten zu Einzelproblemen, beispielsweise zur Bevölkerungs-, Wirtschafts-, Sozial- und Kulturgeschichte sowie zur Siedlungsgeschichte (z.B. Ländliche Siedlungsformen S. 76, Landausbau und Wüstung S. 77) und vor allem zur Stadtgeschichte (mit zahlreichen hervorragenden Stadtplänen). Mitteleuropa ist besonders ausführlich berücksichtigt. Blo

*6.23
Historische
Wirtschafts-
und Verkehrs-
geographie /
Wirtschafts-
geschichte*

Raum für Zusätze

6.23 Historische Wirtschafts- und Verkehrsgeographie/ Wirtschaftsgeschichte

Einführung in das Studium der Wirtschaftsgeschichte

KELLENBENZ, Hermann: Grundlagen des Studiums der Wirtschaftsgeschichte. Köln/Wien: Böhlau 1973. 247 S.
Dieser Band, der eine völlige Neubearbeitung der 'Einführung in die Wirtschaftsgeschichte' von Ludwig BEUTIN (1958) darstellt, ist für den Historischen Geographen in zweierlei Hinsicht wertvoll: Erstens wegen der relativ knappen Darstellung (61 S.) wirtschaftshistorischer Methoden (insb. Quellenkunde), zweitens wegen des Überblicks über die Hauptaspekte der Wirtschaftsgeschichte, gegliedert nicht chronologisch, sondern systematisch nach 13 Themen (47 S.). Zu jedem Abschnitt ausführliche Literaturhinweise. Blo

ZORN, Wolfgang: Einführung in die Wirtschafts- und Sozialgeschichte des Mittelalters und der Neuzeit. Probleme und Methoden. Siehe 6.22.

Darstellungen zur Wirtschaftsgeschichte

DROEGE, Georg: Deutsche Wirtschafts- und Sozialgeschichte.
ENGELSING, Rolf: Sozial- und Wirtschaftsgeschichte Deutschlands. Siehe 6.22.

Handbuch der deutschen Wirtschafts- und Sozialgeschichte. Hrsg. von Hermann AUBIN und Wolfgang ZORN. Siehe 6.22.

HENNING, Friedrich-Wilhelm: Wirtschafts- und Sozialgeschichte. 3 Bände. Siehe 6.22.

LÜTGE, Friedrich: Deutsche Sozial- und Wirtschaftsgeschichte. Ein Überblick. Siehe 6.22.

MOTTEK, Hans: Wirtschaftsgeschichte Deutschlands. Ein Grundriß. 2 Bände. Berlin (Ost): Deutscher Verlag der Wissenschaften. Band 1: Von den Anfängen bis zur Zeit der Französischen Revolution. 5. Aufl. 1968 (^{1}1957). 376 S. Band 2: Von der Zeit der Französischen Revolution bis zur Zeit der Bismarckschen Reichsgründung. 2. Aufl. 1969. 296 S.
Umfangreiches Standardwerk zur Wirtschaftsgeschichte aus marxistischer Sicht. Wie schon aus der Bandaufteilung hervorgeht, ist das 19. Jahrhundert besonders ausführlich behandelt. Blo

Wirtschaftliche Entwicklungsstadien

BOBEK, Hans: Die Hauptstufen der Gesellschafts- und Wirtschaftsentfaltung in geographischer Sicht. Siehe 6.2.

FOURASTIE, Jean: Le grand espoir du XXe siècle. Die große Hoffnung des Zwanzigsten Jahrhunderts. Siehe 6.15.

ROSTOW, Walt Whitman: Stadien wirtschaftlichen Wachstums. Siehe 7.5.

Agrargeschichte

ABEL, Wilhelm: Agrarkrisen und Agrarkonjunktur. Eine Geschichte der Land- und Ernährungswirtschaft Mitteleuropas seit dem hohen Mittelalter. 2. Aufl. Hamburg/Berlin: Paul Parey 1966 (^{1}1935). 301 S.
Dieses Buch ist die zweite, neubearbeitete und erweiterte Auflage des berühmten Originaltitels 'Agrarkrisen und Agrarkonjunktur in Mitteleuropa vom 13. bis zum 19. Jahrhundert' (Berlin: Paul Parey

6.23
*Historische
Wirtschafts-
und Verkehrs-
geographie /
Wirtschafts-
geschichte*

Raum für Zusätze

1935), das mit wirtschaftswissenschaftlichen Methoden die Entwicklung der Agrarwirtschaft untersuchte und dabei durch eine umfassende Analyse der Preise, Löhne und Grundrenten zu grundlegenden Erkenntnissen über spätmittelalterliche und frühneuzeitliche Wirtschaftskrisen und -konjunkturen kam. Die Ergebnisse sind nicht nur für die agrarwirtschaftliche Entwicklung ('spätmittelalterliche Agrarkrise') sondern auch für die gesamte historische Kulturlandschaftsforschung von grundlegender Bedeutung (Wüstungsursachen!) und auch für die historische Bevölkerungs-, Stadt- und Gewerbeentwicklung von Interesse Die Neubearbeitung führt die Darstellung bis zur Zwischenkriegszeit des 20. Jahrhunderts weiter.   Blo

▶ ABEL, Wilhelm: Geschichte der deutschen Landwirtschaft vom frühen Mittelalter bis zum 19. Jahrhundert. 2. Aufl. Stuttgart: Eugen Ulmer 1967 (^{1}1962). 361 S. = Deutsche Agrargeschichte 2.
Umfassende Darstellung der deutschen Agrargeschichte bis zum Ende des 18. Jahrhunderts, die über die agrarwirtschaftliche Entwicklung im engeren Sinne weit hinausgeht und sowohl die ländlichen Siedlungen (einschließlich Flurformen, Wüstungs- und Ausbauvorgänge) wie auch die Zusammenhänge zur gesamtwirtschaftlichen Entwicklung berücksichtigt. Die sehr inhaltsreiche Abhandlung zeichnet sich durch eine leichte Lesbarkeit und die Berücksichtigung regionaler Differenzierungen aus. Zahlreiche Literaturhinweise nach jedem Kapitel.   Blo

FRANZ, Günther (Hrsg.): Deutsche Agrargeschichte. 5 Bände. Stuttgart Eugen Ulmer.
Band 1: Herbert JANKUHN: Vor- und Frühgeschichte vom Neolithikum bis zur Völkerwanderungszeit. 1969. 300 S.
Band 2: Wilhelm ABEL: Geschichte der deutschen Landwirtschaft vom frühen Mittelalter bis zum 19. Jahrhundert. Siehe oben.
Band 3: Friedrich LÜTGE: Geschichte der deutschen Agrarverfassung vom frühen Mittelalter bis zum 19. Jahrhundert. 2. Aufl. 1967. 323 S.
Band 4: Günther FRANZ: Geschichte des Bauernstandes vom frühen Mittelalter bis zum 19. Jahrhundert. 1970. 288 S.
Band 5: Heinz HAUSHOFER: Die deutsche Landwirtschaft im technischen Zeitalter. 2. Aufl. 1972. 290 S.
Umfassendes, grundlegendes Lehrbuch der Agrargeschichte in 5 teils nach chronologischen, teils nach thematischen Gesichtspunkten abgegrenzten Einzelabhandlungen. Umfaßt alle Epochen von den Anfängen im Neolithikum bis zum Ende des Zweiten Weltkrieges unter Berücksichtigung des jeweiligen politisch-historischen, des rechtlichen, des wirtschafts- und sozialhistorischen und des technikgeschichtlichen Hintergrundes.   Lin

Einzelstudien zur Wirtschaftsgeschichte im Mittelalter

AMMANN, Hektor: Karte 'Wirtschaft und Verkehr im Spätmittelalter um 1500'. In: Handbuch der Deutschen Wirtschafts- und Sozialgeschichte. Hrsg. v. Hermann AUBIN und Wolfgang ZORN. Band 1: Von der Frühzeit bis zum Ende des 18. Jahrhunderts. Stuttgart: Union 1971. S. 358-359, 1 Karte.
Diese Karte erschien zuerst in: Atlas Östliches Mitteleuropa. Hrsg. v. Theodor KRAUS, Emil MEYNEN, Hans MORTENSEN und Herbert SCHLENGER. Bielefeld/Berlin/Hannover: Velhagen & Klasing 1959. Blatt 14.
Weithin beachteter Entwurf einer Rekonstruktion wirtschafts- und verkehrsgeographischer Verhältnisse Mitteleuropas um 1500. Dargestellt sind insbesondere: Nahrungs- und Textilproduktion sowie Bergbau und Metallverarbeitung mit Fernhandelsbedeutung, Städtegrößen, besondere Handelsfunktionen sowie Handelsstraßen. Die konzentrierte Kartendarstellung vermittelt mehr historisch-geographische Information als manche umfangreiche Textdarstellung. Auf dieser Karte beruht auch die von H. KELLENBENZ bearbeitete Karte 'Europäische Wirtschaft um 1500' im Großen Historischen Weltatlas, hrsg. vom Bayerischen Schulbuch-Verlag, Teil 2 (Mittelalter), S. 124/125.   Blo

6.23
Historische Wirtschafts- und Verkehrsgeographie / Wirtschaftsgeschichte

Raum für Zusätze

SPRANDEL, Rolf: Das Eisengewerbe im Mittelalter. Stuttgart 1968. 463 S.
Umfassende Arbeit zur Geschichte der Eisengewinnung und des Eisenhandels der Zeit von 500 n.Chr. - 1500 n.Chr. in Europa. Ausführliche Darstellung der technik-, wirtschafts- und sozialgeschichtlichen Zusammenhänge. Untersuchung der einzelnen europäischen Produktionslandschaften nach ihre Eigenarten in den Organisationsformen der Gewinnung und des Handels, auf ihre Bedeutung in der Produktion und auf ihre Stellung im regionalen und überregionalen Handel. Die Arbeit eignet sich vorzüglich zur gründlichen Information über alle Fragen, die im Zusammenhang mit dem Rohstoff Eisen und seinem Produktions- und Verteilergewerbe für die Zeit des Mittelalters von Bedeutung sind. Lin

Zur Entwicklung in der Industriellen Revolution

BORCHARDT, Knut: Die Industrielle Revolution in Deutschland. Mit einer Einführung von Carlo M. CIPOLLA. München: Piper 1972. 119 S. = Serie Piper 40.
Knappe, klare und zugleich fundierte Darstellung der wirtschaftsgeschichtlichen Entwicklung Deutschlands 1800-1914, der eine 15seitige Betrachtung von CIPOLLA zum Begriff und zur Bewertung der 'Industriellen Revolution' vorangestellt ist. Geeignet zur wirtschaftshistorischen Basisinformation über diese wichtige Epoche, wenn auch regionale Aspekte nur randlich berührt werden. Blo

BORCHARDT, Knut: Integration in wirtschaftshistorischer Perspektive. In: Weltwirtschaftliche Probleme der Gegenwart. Verhandlungen auf der Tagung des Vereins für Socialpolitik, Gesellschaft für Wirtschafts- und Sozialwissenschaften, im Ostseebad Travemünde 1964. Berlin: Duncker & Humblot 1965. S. 388-410. = Schriften des Vereins für Socialpolitik N.F. 35.
Interessante wirtschaftswissenschaftlich-wirtschaftshistorische Studie zur Frage der wirtschaftsräumlichen Integration (verstanden hier als Intensitätserhöhung wirtschaftlicher Interdependenz zwischen räumlichen Einheiten), die vor allem im 19. Jahrhundert einsetzte. BORCHARDT stellt thesenartig 4 Determinanten wirtschaftlicher Integration heraus: 1) räumliches Leistungsgefälle, 2) Intensität räumlicher Wissensbeziehungen, 3) Transportkosten, 4) individuelle und gruppenspezifische Verhaltensweisen. Blo

BORCHARDT, Knut: Regionale Wachstumsdifferenzierung in Deutschland im 19. Jahrhundert unter besonderer Berücksichtigung des West-Ost-Gefälles. In: Wirtschaftliche und soziale Probleme der gewerblichen Entwicklung im 15.-16. und 19. Jahrhundert. Bericht über die zweite Arbeitstagung der Gesellschaft für Sozial- und Wirtschaftsgeschichte in Würzburg 8.-10. März 1965. Hrsg. v. Friedrich LÜTGE. Stuttgart: Gustav Fischer 1968. S. 115-130. = Forschungen zur Sozial- und Wirtschaftsgeschichte 10.
Knapper Beitrag zu dem bisher vielfach vernachlässigten Problem regionaler Disparitäten im Deutschen Reich zwischen 1825 und dem Ersten Weltkrieg. Der Verfasser erörtert die schwierige Quellenlage, weist anhand zweier Indikatoren (Arztdichte und Anteil höherer Schüler) nach, daß das Ost-West-Gefälle bereits vor der Industriellen Revolution bestanden hat, und diskutiert einige Hypothesen zur Erklärung des vor- und frühindustriellen Einkommengefälles. Blo

PRED, Allan R.: The spatial dynamics of U.S. urban-industrial growth, 1800-1914: interpretive and theoretical essays. Cambridge, Mass./ London: M.I.T. Press 1966. XI, 225 S. = The Regional Science Studies Series 6.
Interessante, teilweise umstrittene Untersuchung des nordamerikanischen Wirtschafts- und Städtewachstums, die als miteinander verbundene räumliche Prozesse aufgefaßt werden. Kombiniert die historisch-beschreibende mit der standorttheoretisch-erklärenden Betrachtungs-

**6.23
Historische
Wirtschafts-
und Verkehrs-
geographie /
Wirtschafts-
geschichte**

Raum für Zusätze

weise. Besonders interessant erscheint sein Versuch, das ursprünglich von G. MYRDAL in einem anderen Zusammenhang entwickelte Modell der 'zirkulären und kumulativen Verursachung' zur Erklärung des Verstädterungsvorgangs heranzuziehen, sowie der Abschnitt über Beziehungen zwischen städtischem Wachstum einerseits und den regionalen Verteilungen technisch-industrieller Erfindungen und Innovationen andererseits. Einige Grundgedanken sind auch in Aufsatzform zusammengefaßt:

PRED, Allan: Industrialization, initial advantage, and American metropolitan growth. In: Geographical Review 55, 1965, S. 158-185.
PRED, Allan R.: Industrialization and urbanization as interacting spatial processes: examples from the American experience. In: Saul B. COHEN (Hrsg.): Problems and trends in American geography. New York/London: Basic Books 1967. S. 26-36.   *Blo*

Regionalstudien zur Historischen Wirtschaftsgeographie

BORCHERDT, Christoph: Die Innovation als agrargeographische Regelerscheinung. Siehe 6.9.

DÜSTERLOH, Diethelm: Beiträge zur Kulturgeographie des Niederbergisch-Märkischen Hügellandes. Bergbau und Verhüttung vor 1850 als Elemente der Kulturlandschaft. Göttingen: Geographisches Institut der Universität 1967. 215 S. = Göttinger Geographische Abhandlungen 38. Zugleich: Hattingen: Heimatverein 1967. = Hattinger Heimatkundliche Schriften 15.
Beispielhafte Untersuchung des Einflusses von Bergbau- und Verhüttungsbetrieben auf die mittelalterliche und frühneuzeitliche Kulturlandschaftsentwicklung eines eng begrenzten Raumes mit einer umfassenden Darstellung des wirtschafts- und technikgeschichtlichen Hintergrundes. Eine besondere methodische Bedeutung kommt der Erfassung der industriearchäologischen Quellen durch umfangreiche Kartierungen der Reliktformen und ihrer Auswertung in Kombination mit den schriftlichen Quellen zu. Verdeutlichung der Arbeitsergebnisse durch zahlreiche fotographische und kartographische Darstellungen.   *Lin*

HAHN, Helmut und Wolfgang ZORN unter Mitarbeit von Heiner JANSEN und Wilfried KRINGS: Historische Wirtschaftskarte der Rheinlande um 1820. Bonn: Dümmler 1973. 75 S., 16 Abbildungen und 2 Farbkarten. = Arbeiten zur Rheinischen Landeskunde 37. Zugleich: Bonn: Röhrscheid 1973. = Rheinisches Archiv 87.
Kernstück des Bandes ist die beigelegte großformatige Wirtschaftskarte der Rheinprovinz um 1820 im Maßstab 1 : 200 000 (in 2 Teilen), in der nach umfangreichen Vorarbeiten eine synthetische Darstellung aller Wirtschaftszweige versucht wird. Im Begleitheft geben die Autoren Erläuterungen zur Karte, wobei im einzelnen auf die Flächennutzung, die landwirtschaftliche Produktion, auf Bergbau und Gewerbe sowie auf Handel und Verkehr eingegangen wird. Ergänzt wird der Text durch ein Quellenverzeichnis und 16 thematisch spezielle Graphiken und Themakarten. Diese Arbeit stellt zusammen mit den dafür erforderlichen und großenteils gesondert veröffentlichten Vorarbeiten wohl den bisher gründlichsten und umfassendsten Versuch einer Rekonstruktion wirtschaftsgeographischer Verhältnisse in einer Region zu einem speziellen Zeitpunkt dar.   *Blo*

HEINEBERG, Heinz: Wirtschaftsgeographische Strukturwandlungen auf den Shetland-Inseln. Siehe 1.4.

HENNING, Friedrich-Wilhelm: Die Wirtschaftsstruktur mitteleuropäischer Gebiete an der Wende zum 19. Jahrhundert unter besonderer Berücksichtigung des gewerblichen Bereiches. In: Beiträge zu Wirtschaftswachstum und Wirtschaftsstruktur im 16. und 19. Jahrhundert. Berlin: Duncker & Humblot 1971. S. 101-167. = Schriften des Vereins für Socialpolitik N.F. 63.
Von wirtschaftshistorischer Seite verfaßte Darstellung, die auch die

6.23
Historische
Wirtschafts-
und Verkehrs-
geographie /
Wirtschafts-
geschichte

Raum für Zusätze

- ansonsten in der wirtschaftsgeschichtlichen Literatur häufig vernachlässigte - räumliche Dimension mitberücksichtigt. Behandelt werden zunächst die Grundzüge der Wirtschaftsstruktur am Beispiel Preußens, dann Ursachen regionaler Differenzierungen, die gewerbliche Wirtschaft Böhmens und vor allem - sowohl im Überblick wie auch an Beispielen - die Unterschiede zwischen Stadt und Land, wobei die ökonomischen Stadtfunktionen besonders berücksichtigt werden. Blo

MERTINS, Günter: Die Kulturlandschaft des westlichen Ruhrgebiets (Mülheim - Oberhausen - Dinslaken). Siehe 6.25.

STEINBERG, Heinz Günter: Sozialräumliche Entwicklung und Gliederung des Ruhrgebietes. Siehe 6.2.

ZORN, Wolfgang und Sibylle SCHNEIDER: Das räumliche Bild der frühen Industrialisierung im heutigen Jugoslawien: Industriekarte um 1800. In: Vierteljahrschrift für Sozial- und Wirtschaftsgeschichte 60, 1973, S. 166-185.
Der knappe Beitrag besteht im wesentlichen aus Erläuterungen einer im Schwarz-Weiß-Druck beigegebenen Übersichtskarte sowie einem umfangreichen Literaturverzeichnis. Blo

Historische Verkehrsgeographie

DENECKE, Dietrich: Methodische Untersuchungen zur historisch-geographischen Wegeforschung im Raum zwischen Solling und Harz. Ein Beitrag zur Rekonstruktion der mittelalterlichen Kulturlandschaft. Göttingen: Goltze 1969. 423 S. und Kartenband. = Göttinger Geographische Abhandlungen 54.
Musterhafte Fallstudie in Form einer umfassenden Darstellung der Methoden und Quellengattungen der Altstraßenforschung und einer umfangreichen Regionaluntersuchung. Besonders hervorzuheben sind die allgemeinen Ausführungen zur Terminologie und Typologie sowie zum straßenbautechnischen Hintergrund. Gute Verdeutlichung der Ergebnisse durch zahlreiche kartographische und fotographische Darstellungen.
Lin

DITT, Hildegard und Peter SCHÖLLER: Die Entwicklung des Eisenbahnnetzes in Nordwestdeutschland. In: Westfälische Forschungen 8, 1955, S. 150-180, 1 Karte als Beilage.
Instruktive Untersuchung zur historischen Verkehrsgeographie, die als erweiterte Erläuterung zu einer beigelegten Farbkarte 1 : 600 000, in der die Entstehung des nordwestdeutschen Eisenbahnnetzes dargestellt ist, entstand. Behandelt werden: vorhergehende Pläne, die einzelnen Phasen der Entstehung, die bestimmenden Kräfte, insb. der Einfluß der Territorialpolitik, das Aufkommen des Kraftverkehrs sowie ein Vergleich der Streckenbedeutung 1951/53 mit der Streckenentstehung.
Blo

MEINIG, D.W.: A comparative historical geography of two railnets: Columbia Basin and South Australia. In: Annals of the Association of American Geographers 52, 1962, S. 394-413.
Nach einer getrennten Darstellung der Netzentwicklung werden kurz Unterschiede und Ähnlichkeiten zusammengestellt. Blo

POESCHEL, Hans-Claus: Alte Fernstraßen in der mittleren Westfälischen Bucht. Münster: Geographische Kommission 1968. 257 S. und Anhang. = Spieker, Landeskundliche Beiträge und Berichte 17.
Detaillierte Studie zur Rekonstruktion einiger nord-südlicher Fernwege zwischen dem Hellweg im Süden und dem Teutoburger Wald im Norden. POESCHEL geht aus von dem durch die Katasterkarten des beginnenden 19. Jahrhunderts überlieferten Bestand und versucht, diesen durch verschiedene ältere Quellen rückzuschreiben. Umfangreiches Material zu einzelnen Streckenabschnitten und zur Stellung der Städte im mittelalterlichen Verkehrsnetz. Blo

VOIGT, Fritz: Verkehr. Siehe 6.21.

6.24 Historische Geographie des ländlichen Raumes/ Genetische Kulturlandschaftsforschung

Grundfragen und Gesamtdarstellungen der ländlichen Kulturlandschaftsentwicklung

- Gesamtdarstellungen, Lehrbücher und Sammelbände

ABEL, Wilhelm: Agrarkrisen und Agrarkonjunktur. Eine Geschichte der Land- und Ernährungswirtschaft Mitteleuropas seit dem hohen Mittelalter. Siehe 6.23.

ABEL, Wilhelm: Geschichte der deutschen Landwirtschaft vom frühen Mittelalter bis zum 19. Jahrhundert. Siehe 6.23.

BRÜNGER, Wilhelm: Einführung in die Siedlungsgeographie. Siehe 6.11.

▶ JÄGER, Helmut: Zur Geschichte der deutschen Kulturlandschaften. In: Geographische Zeitschrift 51, 1963, S. 90-143.
Kurzgefaßte, überblicksartig angelegte Darstellung der Ergebnisse der Kulturlandschaftsforschung, die sich besonders gut zur Einführung in die Problematik grundsätzlicher Fragestellungen eignet. Lin

✱ NITZ, Hans-Jürgen (Hrsg.): Historisch-genetische Siedlungsforschung. Genese und Typen ländlicher Siedlungen und Flurformen. Darmstadt: Wissenschaftliche Buchgesellschaft 1974. VII, 532 S. = Wege der Forschung 300. 45,00 DM (Mitgliederpreis).
Entsprechend der Zielsetzung der Reihe umfaßt der Band (insgesamt 21) Beiträge, die eine besondere Stellung in der Forschungsgeschichte einnehmen, z.T. aber nur schwer zugänglich sind. Die Auswahl erfaßt die Komplexe der Entstehung der Gewannflur und der Langstreifenfluren und die Problematik der Rundlingsforschung. Die zeitliche Spanne der Arbeiten reicht von den frühen Untersuchungen MEITZENs und GRADMANNs bis zur gegenwärtigen Forschung. Ausführliches, nach Sachkomplexen geordnetes Literaturverzeichnis. Lin

▶ OGRISSEK, Rudi: Dorf und Flur in der Deutschen Demokratischen Republik. Kleine historische Siedlungskunde. Leipzig: Verlag Enzyklopädie 1961. 142 S.
Knapp gefaßte Darstellung der Genese der ostelbischen Kulturlandschaft einschließlich der Entwicklungen nach 1945 mit ausgeprägtem Lehrbuchcharakter. Eine stark detaillierte Gliederung, zahlreiche graphische Darstellungen und ein ausführlicher Begriffskatalog zur Siedlungskunde erleichtern eine schnelle Information. Eignet sich vorzüglich (aber nur!) zur ersten Information. Lin

SCHLÜTER, Otto: Die Siedlungsräume Mitteleuropas in frühgeschichtlicher Zeit. Erläuterungen zu einer Karte.
Erster Teil: Einführung in die Methodik der Altlandschaftsforschung. Hamburg: Atlantik-Verl. Paul List und Remagen: Amt für Landeskunde 1952. 48 S., 1 Karte. = Forschungen zur deutschen Landeskunde 63.
Zweiter Teil: Erklärung und Begründung der Darstellung. I. Das südliche und nordwestliche Mitteleuropa. Remagen: Bundesanstalt für Landeskunde 1953. 240 S. = Forschungen zur deutschen Landeskunde 74. II. Das mittlere und nordöstliche Mitteleuropa. Remagen: Bundesanstalt für Landeskunde 1958. 124 S. = Forschungen zur deutschen Landeskunde 110.
Das Kernstück des Werkes bildet eine Karte Mitteleuropas im Maßstab 1 : 1,5 Mill., in der SCHLÜTER eine (heute teilweise umstrittene) Rekonstruktion der Landschaft in frühgeschichtlicher Zeit (um 500 n.

**6.24
Historische
Geographie
des ländlichen
Raumes /
Genetische
Kulturland-
schaftsforschung**

Chr.), d.h. vor den mittelalterlichen Rodungen, vornimmt (= 'Alt-
landschaft'). Unterschieden werden als wichtigste Kategorien 'Siedlungsräume', 'Wald' und 'Sumpf', deren Verbreitung anhand verschiedener historischer Quellen, zumeist jedoch hypothetisch aufgrund
von Annahmen über die Zusammenhänge mit Böden und Klima dargestellt
wird. Während der erste Band außer der Karte einen Abriß der theoretischen und methodischen Grundlagen enthält, folgt in den beiden
weiteren Bänden eine detaillierte regionale Darstellung mit Beschreibungen und Erläuterungen zur Karte sowie Quellennachweisen. Blo

SCHRÖDER, Karl Heinz und Gabriele SCHWARZ: Die ländlichen Siedlungsformen in Mitteleuropa. Grundzüge und Probleme ihrer Entwicklung.
Bad Godesberg: Bundesforschungsanstalt für Landeskunde und Raumordnung 1969. 106 S. = Forschungen zur deutschen Landeskunde 175.
*Grundlegende Darstellung mit Lehrbuchcharakter. Teil I umfaßt über-
blickartig eine Abhandlung einzelner Perioden der Kulturlandschaftsgenese, Teil II behandelt Begriff, Aussehen, Genese und Verbreitung
der einzelnen Siedlungsformen nach ihren Typisierungsmerkmalen. Ein
umfassendes Literaturverzeichnis ermöglicht weiterführende Studien.*
  Lin

SCHWARZ, Gabriele: Allgemeine Siedlungsgeographie. Siehe 6.11.

- Literatur- und Forschungsberichte

BORN, Martin: Die Entwicklung der deutschen Agrarlandschaft. Darmstadt: Wissenschaftliche Buchgesellschaft 1974. X, 185 S. = Erträge
der Forschung 29. 18,00 DM (Mitgliederpreis).
*Umfassende Darstellung von Forschungsergebnissen zur Genese der
ländlichen Kulturlandschaft in Deutschland, die alle Problemkomplexe
der Forschung berücksichtigt. Eignet sich besonders als Einstieg, da
neben den Ergebnissen auch die Arbeitsmethoden und ihre forschungs-
geschichtliche Bedeutung in prägnanter Weise skizziert werden und
die weiterführende Literatur in einer ausführlichen, nach Sachkomplexen geordneten Bibliographie genannt wird.* Lin

BORN, Martin: Die ländlichen Siedlungsformen in Mitteleuropa. Forschungsstand und Aufgaben. Siehe 6.12.

BORN, Martin: Zur Erforschung der ländlichen Siedlungen. Siehe 6.12.

GLÄSSER, Ewald: Die ländlichen Siedlungen. Ein Bericht zum Stand der
siedlungsgeographischen Forschung. Siehe 6.12.

Regionale Fallstudien und spezielle Untersuchungen zur Genese der
ländlichen Kulturlandschaft

ENGELHARD, Karl: Die Entwicklung der Kulturlandschaft des nördlichen
Waldeck seit dem späten Mittelalter. Gießen: Wilhelm Schmitz 1967.
269 S., 22 Abbildungen. = Gießener Geographische Schriften 10.
*Umfassende Studie zur Kulturlandschaftsentwicklung. Besonders aus-
führlich behandelt werden die Wandlungen der hoch- und spätmittelalterlichen Siedlungs- und Agrarstruktur, insbesondere der spätmittelalterliche Wüstungsprozeß, sowie die frühneuzeitlichen Entwicklungen bis zum 18. Jahrhundert, doch werden die Entwicklungszüge bis
zur Gegenwart weiterverfolgt. Gutes Beispiel einer gründlichen Kul-
turlandschaftsmonographie.* Blo

FLIEDNER, Dietrich: Die Kulturlandschaft der Hamme-Wümme-Niederung.
Gestalt und Entwicklung des Siedlungsraumes nördlich von Bremen.
Göttingen: Goltze 1970. 208 S. = Göttinger Geographische Abhandlungen 55.
*Methodisch wichtige Fallstudie über den Entwicklungsgang der Kultur-
landschaft in einem natürlichen Ungunstraum. Untersuchung der Wandlungsprozesse und Formungstendenzen in ihren raumfunktionalen Be-*

6.24
Historische
Geographie
des ländlichen
Raumes /
Genetische
Kulturland-
schaftsforschung

Raum für Zusätze

dingtheiten. Gute kartographische Darstellungen. Lin

GREES, Hermann: Das Seldnertum im östlichen Schwaben und sein Einfluß auf die Entwicklung der ländlichen Siedlungen. In: Berichte zur deutschen Landeskunde 31, 1963, S. 104-150.
Materialreiche Untersuchung zur Verbreitung der Seldner (= regionale Bezeichnung für Kleinbauern, also der bäuerlichen Unterschicht, entsprechend den norddeutschen 'Köttern') im östlichen Schwaben. Behandelt werden die zeitliche Entwicklung des Seldnerstandes (vom 13. bis zum beginnenden 19. Jahrhundert), ihre sozialen und wirtschaftlichen Hauptmerkmale sowie ihre Siedlungen, veranschaulicht durch zahlreiche lokale Beispiele, Karten und Fotos. Blo

HAARNAGEL, Werner: Die Marschen im deutschen Küstengebiet der Nordsee und ihre Besiedlung. In: Berichte zur deutschen Landeskunde 27, 1961, S. 203-219.
Kurze, aber wichtige Überblicksdarstellung zur Besiedlungsgeschichte der Marschen von den Anfängen im Neolithikum bis ins Frühmittelalter vor dem Hintergrund der Meeresspiegelschwankungen. Der Aufsatz gibt einen guten Überblick über die Ergebnisse der Wurtenarchäologie. Lin

HAFEMANN, Dietrich: Beiträge zur Siedlungsgeographie des römischen Britannien. I. Die militärischen Siedlungen. Mainz: Akademie der Wissenschaften und der Literatur, Wiesbaden: Steiner i.Komm. 1956. 197 S. = Akademie der Wissenschaften und der Literatur, Abhandlungen der mathematisch-naturwissenschaftlichen Klasse Jg. 1956, Nr. 3.
Umfassende Rekonstruktion des militärisch geprägten Teils der römerzeitlichen Kulturlandschaft auf der Grundlage der Auswertung archäologischer Quellen bei gleichzeitiger Berücksichtigung der übrigen historischen Quellengattungen. Scharfe Herausarbeitung der Abhängigkeiten der militärischen Anlagen von den physisch-geographischen Voraussetzungen und Darstellung der Bedeutung dieser Anlagen für die Entwicklung der römerzeitlichen Kulturlandschaft. Einen methodisch wichtigen Ansatz bildet der Rekonstruktionsversuch der Ausdehnungsgrenzen des Kulturlandes <u>vor</u> der römischen Okkupation aus dem Verteilungsbild und der Größenordnung der römischen Militärsiedlungen.
Lin

HARTMANN, Wolfgang: Kulturlandschaftswandel im Raum der Mittleren Wümme seit 1770. Untersuchungen zum Einfluß von Standort und Agrarstrukturwandel auf die Landschaft. Stuttgart: Eugen Ulmer (1970). 55 S. = Landschaftshaushalt und Landschaftsentwicklung im Hamme-Wümme-Gebiet 1. Zugleich: Landschaft und Stadt, Beiheft 2.
Beispielhafte Untersuchung einer neuzeitlichen Kulturlandschaftsentwicklung und ihrer Formungskräfte aus landschaftsökologischer Sicht. Das Schwergewicht liegt in der Untersuchung von Konstanz und Wandel anthropogener Eingriffe in den Naturhaushalt und ihrer Auswirkungen bis in die Gegenwart. Gute Verdeutlichung der Ergebnisse durch zahlreiche Graphiken und Karten. Lin

HÜTTEROTH, Wolf: Schwankungen von Siedlungsdichte und Siedlungsgrenze in Palästina und Transjordanien seit dem 16. Jahrhundert. In: Deutscher Geographentag Kiel 1969. Tagungsbericht und wissenschaftliche Abhandlungen. Wiesbaden: Franz Steiner 1970. S. 463-473.=Verhandlungen des Deutschen Geographentages 37.
Beispiel einer siedlungsgenetischen Untersuchung einer außereuropäischen Region. Auf der Basis zweier Quellen von 1580 und 1880 wird die Siedlungsentwicklung rekonstruiert, wobei insbesondere die regionale Verteilung der Wüstungsquotienten und deren zugrunde liegenden möglichen Ursachen erörtert werden. Blo

MEIBEYER, Wolfgang: Die Rundlingsdörfer im östlichen Niedersachsen. Ihre Verbreitung, Entstehung und Beziehung zur slawischen Siedlung in Niedersachsen. Braunschweig: Geographisches Institut der Technischen Hochschule 1964. 143 S., Abbildungen im Anhang. = Braunschweiger Geographische Studien 1.

6.24
Historische
Geographie
des ländlichen
Raumes /
Genetische
Kulturland-
schaftsforschung

Raum für Zusätze

Ausgehend von einer terminologischen Klärung der Begriffe Rundling und Sackgassendorf aus siedlungsgeographischer Sicht werden diese Siedlungsformen auf der Grundlage der Ausdeutung der Flurkarten (Korrespondenzmethode) unter Einbeziehung aller anderen verfügbaren archivalischen Quellen untersucht. Neben der Darstellung des Problems der Genese und des Alters der Rundlingsdörfer und des Einflusses slawischer Bevölkerungsgruppen auf die Entstehung dieser Siedlungsform wird eine ausführliche Analyse der Besitzverhältnisse in der Flur zur Zeit der Dorfanlage vorgenommen, deren Ergebnisse überdies durch eine vorzügliche Kartographie verdeutlicht werden. Lin

MERTINS, Günter: Die Kulturlandschaft des westlichen Ruhrgebiets (Mülheim - Oberhausen - Dinslaken). Siehe 6.25.

OBERBECK, Gerhard: Die mittelalterliche Kulturlandschaft des Gebietes um Gifhorn. Bremen-Horn: Walter Dorn 1957. 175 S. = Schriften der Wirtschaftswissenschaftlichen Gesellschaft zum Studium Niedersachsens e.V., Neue Folge 66.
Beispielhafte Fallstudie für die Rekonstruktion der mittelalterlichen Kulturlandschaft in einer begrenzten Region. Ausgehend von der naturräumlichen Gliederung des Untersuchungsgebietes wird die Entwicklung der Kulturlandschaft von ihren prähistorischen Anfängen bis ins Spätmittelalter nachgezeichnet, wobei stets nach den Beziehungen zwischen den Besiedlungsgängen und der natürlichen Raumausstattung gefragt wird. Musterhafte Auswertung aller historisch-geographischen Quellengattungen. Lin

PERTSCH, Reimar: Landschaftsentwicklung und Bodenbildung auf der Stader Geest. Bonn - Bad Godesberg: Bundesforschungsanstalt für Landeskunde und Raumordnung 1970. 189 S. = Forschungen zur deutschen Landeskunde 200.
Beispiel einer Studie mit physisch-geographischem Hintergrund in einer längsschnittlichen Betrachtungsweise. Untersuchung der Auswirkungen des anthropogenen Einflusses seit prähistorischer Zeit auf Vegetationsentwicklung und Bodenbildungsprozesse. Umfangreiche kartographische Darstellung. Lin

SCHARLAU, Kurt: Landeskulturgesetzgebung und Landeskulturentwicklung im ehemaligen Kurhessen seit dem 16. Jahrhundert. In: Zeitschrift für Agrargeschichte und Agrarsoziologie 1, 1953, S. 126-145.
Beispielhafte Fallstudie für den Einfluß territorialherrschaftlicher Maßnahmen auf die Kulturlandschaftsentwicklung. Untersuchung in Form eines Längsschnittes von den Direktiven merkantilistischer Wirtschaftspolitik bis zu den Verkoppelungsverordnungen des 19. Jahrhunderts. Lin

SCHEFFER, F. und B. MEYER: Bodenkundliche Untersuchungen an neolithischen Siedlungsprofilen des Göttinger Leinetalgrabens. Siehe 5.6.

SCHLETTE, Friedrich: Zur Besiedlungskontinuität und Siedlungskonstanz in der Urgeschichte. In: Karl-Heinz OTTO und Joachim HERRMANN (Hrsg.): Siedlung, Burg und Stadt. Studien zu ihren Anfängen. Berlin (Ost): Akademie-Verl. 1969. S. 11-25. = Deutsche Akademie der Wissenschaften zu Berlin, Schriften der Sektion für Vor- und Frühgeschichte 25.
Methodisch wichtige Abhandlung zum Kontinuitätsproblem aus prähistorischer Sicht. Grundlegende Klärung der Begriffsproblematik anhand ausgewählter Beispiele. Lin

UHLIG, Harald: Die ländliche Kulturlandschaft der Hebriden und der westschottischen Hochlande.
UHLIG, Harald: Typen kleinbäuerlicher Siedlungen auf den Hebriden. Siehe 6.12.

WEBER, Peter: Planmäßige ländliche Siedlungen im Dillgebiet. Eine

6.24
*Historische
Geographie
des ländlichen
Raumes /
Genetische
Kulturland-
schaftsforschung*

Raum für Zusätze

Untersuchung zur historischen Raumforschung. Marburg: Geographisches Institut der Universität 1966. 212 S., 27 Abbildungen. = Marburger Geographische Schriften 26.
Interessante Fallstudie über 12 dillenburgische Dörfer und Flecken, die zwischen 1746 und 1825 durch Brände großenteils zerstört und durch staatlich gelenkte Planungsmaßnahmen wiederaufgebaut wurden, so daß sie sich durch ihre Regelhaftigkeit in Grundriß und Hausformen bis heute von den sie umgebenden unregelmäßigen Siedlungen abheben. Besondere Beachtung wird den beim Wiederaufbau zugrunde liegenden ortsplanerischen Leitbildern des Rationalismus und ihrer konkreten Verwirklichung durch die Anpassung an die räumlichen Erfordernisse geschenkt.
Bl

ZSCHOCKE, Reinhart: Siedlung und Flur der Kölner Ackerebene zwischen Rhein und Ville in ihrer neuzeitlichen Entwicklung. Mit einem Vorschlag zur Flurformenterminologie. Siehe 6.12.

Spezielle Beiträge zur historisch-genetischen Flurformenforschung

BORN, Martin: Arbeitsmethoden der deutschen Flurforschung. In: Dietrich BARTELS (Hrsg.): Wirtschafts- und Sozialgeographie. Köln/Berlin Kiepenheuer & Witsch 1970. S. 245-261. = Neue Wissenschaftliche Bibliothek 35.
Einführende Darstellung siedlungsgeographisch-siedlungshistorischer Methoden der Erforschung der Genese mitteleuropäischer Flurformen. Betont die Notwendigkeit der Kombination verschiedener Verfahren (z. B. Flurkartenanalyse und Flurwüstungskartierungen), die an zwei Beispielen erläutert werden.
Blo

BORN, Martin: Studien zur spätmittelalterlichen und neuzeitlichen Siedlungsentwicklung in Nordhessen. Marburg: Geographisches Institut der Universität 1970. 98 S. = Marburger Geographische Schriften 44.
Beispielhafte Fallstudie innerhalb der Flurformenforschung mittels archivalischer Quellen. Der Schwerpunkt liegt in der Behandlung der Auswirkungen der spätmittelalterlichen Wüstungsperiode auf die Flurentwicklungen, ferner in der Herausarbeitung der Entstehungsbedingungen der Gewannflur und ihrer möglichen Vorformen. Gute Verdeutlichung der Ergebnisse durch Kartenmaterial, u.a. in Form von Flurkartenanalysen.
Lin

HUTTENLOCHER, Friedrich: Das Problem der Gewannfluren in südwestdeutscher Sicht. In: Erdkunde 17, 1963, S. 1-15.
Referierende und wertende Übersicht über den Stand der südwestdeutschen Flurforschung. Besonders hervorgehoben wird das Ergebnis, daß die gewachsenen Gewannfluren nicht generell als Altformen anzusprechen sind, sondern aus sehr verschiedeartigen Wurzeln stammen können.
Blo

KRENZLIN, Anneliese: Die Entwicklung der Gewannflur als Spiegel kulturlandschaftlicher Vorgänge. In: Berichte zur deutschen Landeskunde 27, 1961, S. 19-36. Auch in: Hans-Jürgen NITZ (Hrsg.): Historisch-genetische Siedlungsforschung. Genese und Typen ländlicher Siedlungen und Flurformen. Darmstadt: Wissenschaftliche Buchgesellschaft 1974. S. 108-135. = Wege der Forschung 300.
Kurzer zusammenfassender Ergebnisbericht verschiedener regionaler Untersuchungen. Darstellung der Vergewannungsvorgänge in ihren Abhängigkeiten zu Bevölkerungsentwicklungen, agrarischen Betriebsweisen und wirtschaftlichen Konjunkturen in den einzelnen Perioden der Kulturlandschaftsgeschichte.
Lin

KRENZLIN, Anneliese und Ludwig REUSCH: Die Entstehung der Gewannflur nach Untersuchungen im nördlichen Unterfranken. Frankfurt: Waldemar Kramer 1961. 132 S., 12 Karten. = Frankfurter Geographische Hefte 36 (Jg. 35, Heft 1).
Methodisch wichtige Regionaluntersuchung zur Entwicklungsgeschichte der Gewannflur auf der Grundlage der rückschreibenden Katasteraus-

6.24
Historische
Geographie
des ländlichen
Raumes /
Genetische
Kulturland-
schaftsforschung

Raum für Zusätze

wertung. Diskussion und Einordnung der Untersuchungsergebnisse in
den Gesamtfragenkomplex der Vergewannungstheorien. Umfangreiche Kartographie zu den untersuchten Einzelbeispielen. *Lin*

▶ MORTENSEN, Hans: Die Arbeitsmethoden der deutschen Flurforschung und
ihre Beweiskraft. In: Berichte zur deutschen Landeskunde 29, 1962,
S. 205-214.
*Kurzgefaßte, sehr kritische Bestandsaufnahme aller in der Forschung
angewandten Arbeitsmethoden. Eignet sich vorzüglich zur ersten Information über die Grenzen und Möglichkeiten des methodischen Instrumentariums der Flurformenforschung.* *Lin*

MÜLLER-WILLE, Michael: Eisenzeitliche Fluren in den festländischen
Nordseegebieten. Münster: Geographische Kommission 1965. 218 S. = Landeskundliche Karten und Hefte der Geographischen Kommission für Westfalen. Reihe: Siedlung und Landschaft in Westfalen, Heft 5.
*Gutes Beispiel einer Untersuchung früher Flurformen anhand fossiler
Flurrelikte mit Ausführungen über frühe Agrartechnik und Siedlungsgeschichte des Arbeitsbereichs. Gründliche Inventarisierung der Flurrelikte durch ausführlichen Katalog mit übersichtlichen kartographischen Darstellungen.* *Lin*

MÜLLER-WILLE, Wilhelm: Blöcke, Streifen und Hufen. In: Berichte zur
deutschen Landeskunde 29, 1962, S. 296-306.
*Bedeutende methodische Fallstudie zur Flurformengenese eines ländlichen Bereiches in der Nähe von Münster mittels der rückschreibenden
Katasterkartenauswertung.* *Lin*

NIEMEIER, Georg: Die Eschkerntheorie im Licht der heutigen Forschung.
In: Berichte zur deutschen Landeskunde 29, 1962, S. 280-286, Diskussion S. 286-295.
*Kurze zusammenfassende Betrachtung zum Problem der Genese früher und
frühester Flurformen im Rahmen eines Forschungsberichtes. Gut als
Einführung in die Gesamtproblematik geeignet.* *Lin*

NITZ, Hans-Jürgen: Die ländlichen Siedlungsformen des Odenwaldes.
Untersuchungen über ihre Typologie und Genese und die Prinzipien der
räumlichen Organisation des mittelalterlichen Siedlungsbildes. Heidelberg: Geographisches Institut der Universität 1962. 146 S. = Heidelberger Geographische Arbeiten 7.
*Grundlegende Untersuchung der Kulturlandschaftsgenese mit Hilfe der
rückschreibenden Flurkartenanalyse eines sowohl von geistlichen als
auch von weltlichen Grundherren erschlossenen Mittelgebirgsraumes.
Klare Gegenüberstellung der Auswirkungen verschieden strukturierter
Grundherrschaften auf die Formung von Fluren und Siedlungen. Ausführliche Diskussion siedlungstypologischer Probleme.* *Lin*

▶ NITZ, Hans-Jürgen: Langstreifenfluren zwischen Ems und Saale. Wege
und Ergebnisse ihrer Erforschung in den letzten drei Jahrzehnten.
In: Siedlungs- und agrargeographische Forschungen in Europa und Afrika (Festschrift Georg NIEMEIER). Wiesbaden: Franz Steiner 1971. S.
11-34. = Braunschweiger Geographische Studien 3.
Ausführlicher, besonders kritischer Forschungsbericht zur Flurformengenese im norddeutschen Altsiedelland. Ermöglicht schnelle und gründliche Information über den gegenwärtigen Forschungsstand. *Lin*

TIMMERMANN, Otto Friedrich: Bedeutung der Wildbeute für die Entwicklung der agraren Landnutzung und Parzellierung des Landes in Mitteleuropa. In: Geografiska Annaler 43, 1961, S. 277-284.
Kurze Abhandlung zur Bedeutung der Nutzung von Wildpflanzen für agrarische Gesellschaften in historischer Zeit und Darstellung des Einflusses dieser Nutzungsart auf das Gefüge der Kulturlandschaft. *Lin*

UHLIG, Harald (Hrsg.): Flur und Flurformen. Types of field patterns.
Le finage agricole et sa structure parcellaire. Siehe 6.12.

6.24
Historische Geographie des ländlichen Raumes / Genetische Kulturlandschaftsforschung

Raum für Zusätze

Zur Wüstungsforschung

ABEL, Wilhelm: Verdorfung und Gutsbildung in Deutschland zu Beginn der Neuzeit. In: Geografiska Annaler 43, 1961, S. 1-7. Auch in: Zeitschrift für Agrargeschichte und Agrarsoziologie 9, 1961, S. 39-48.
Kurze, aber grundlegende Darstellung des Auswirkungen der spätmittelalterlichen Wüstungsperiode auf die spätere Kulturlandschaftsentwicklung. Gegenüberstellung der Formungsprozesse in Westdeutschland und in den ostelbischen Bereichen in ihren rechtlichen, wirtschaftlichen und gesellschaftlichen Abhängigkeiten.   Li

ABEL, Wilhelm (Hrsg.): Wüstungen in Deutschland. Ein Sammelbericht. Frankfurt: DLG-Verlag 1967. 101 S. = Zeitschrift für Agrargeschichte und Agrarsoziologie, Sonderheft 2.
Interdisziplinärer Sammelband mit 8 Beiträgen (teilweise Kongreßvorträge) von Historikern, Geographen und Prähistorikern. Neben mehrere knapp dargestellten regionalen Fallstudien sind zwei auf allgemeine Fragen ausgerichtete Beiträge von W. ABEL (Wirtschaftshistoriker) un H. JÄGER (Geograph) hervorzuheben. Insgesamt wird ein guter Überblic über Fragestellungen und Methoden der modernen Wüstungsforschung gegeben.   Bl

FEHN, Klaus: Orts- und Flurwüstungen im europäischen Industriezeitalter. Siehe 6.12.

▶ JÄGER, Helmut: Zur Methodik der genetischen Kulturlandschaftsforschung. Zugleich ein Bericht über eine Exkursion zur Wüstung Leisenberg. In: Berichte zur deutschen Landeskunde 30, 1963, S. 158-196.
Am Beispiel der durch den schützenden Northeim-Katlenburger Wald konservierten Wüstung Leisenberg wird paradigmatisch die Methodik der genetischen Kulturlandschaftsforschung aufgezeigt: Zunächst wird ein allgemeine Übersicht über die 8 wichtigsten Quellengruppen gegeben, bevor an dem genannten Beispiel die konkreten Auswertungsmöglichkeiten und -probleme diskutiert werden und die Ergebnisse in einer landschaftsgeschichtlichen Darstellung zusammengefaßt werden.   Bl

▶ JÄGER, Helmut: Wüstungsforschung und Geographie. In: Geographische Zeitschrift 56, 1968, S. 165-180.
Einführender Forschungsbericht mit deutlicher Herausstellung des Standortes und Stellenwertes der Wüstungsforschung innerhalb der geographischen Landeskunde.   Li

JANSSEN, Walter: Methodische Probleme archäologischer Wüstungsforschung. In: Nachrichten der Akademie der Wissenschaften in Göttingen aus dem Jahre 1968, Philologisch-Historische Klasse 1968, Heft 2, S. 29-56.
Kritische Diskussion der Wüstungsterminologie aus prähistorischer Sicht. Der Verfasser weist weitere, mit archivalischen Quellen nicht faßbare Wüstungsperioden auf und versucht in prägnanter programmatischer Form, die terminologischen Fragen vom Begriffshintergrund der spätmittelalterlichen Wüstungsperiode zu lösen.   Lin

KUCZYNSKI, Jürgen: Einige Überlegungen über die Rolle der Natur in der Gesellschaft anläßlich der Lektüre von Abels Buch über Wüstungen. In: Jahrbuch für Wirtschaftsgeschichte 1963, Teil III, S. 284-297.
Wichtige Abhandlung als Beispiel marxistisch orientierter Geschichtswissenschaft zur Frage der Ursachenklärung der spätmittelalterlichen Getreidepreisdepression. Umstrittene, aber pointierte Gegenposition zur Theorie von W. ABEL.   Lin

NIEMEIER, Georg: Bodenkundliche Differenzierungen in Flurwüstungen. Siehe 5.6.

6.24
*Historische
Geographie
des ländlichen
Raumes /
Genetische
Kulturland-
schaftsforschung*

Raum für Zusätze

Ortsnamenkunde und Siedlungsgeschichte

BACH, Adolf: Die deutschen Ortsnamen. 2 Bände. Heidelberg: Carl Winter 1953. XX, 451 und XXIII, 625 S. = Deutsche Namenkunde, Band II.
Umfassendes Standardwerk zur Ortsnamenkunde aus der Feder des bekannten Germanisten und Volkskundlers. Gegenüber dem ersten, mehr sprachwissenschaftlich ausgerichteten Band ist für geographische Belange der zweite Band wichtiger: Er behandelt die Ortsnamen vor allem in ihrer geschichtlichen Entfaltung und ihrer landschaftlich-räumlichen Verteilung. Blo

HÖMBERG, Albert K.: Ortsnamenkunde und Siedlungsgeschichte. Beobachtungen und Betrachtungen eines Historikers zur Problematik der Ortsnamenkunde. In: Westfälische Forschungen 8, 1955, S. 24-64.
Sehr kritischer Beitrag zur Ortsnamenkunde aus landesgeschichtlicher Sicht, der an eindrucksvollen Beispielen (insbesondere aus dem Münsterland) die Wandelbarkeit der Ortsnamengebung aufzeigt und eindringlich vor einem allgemeinen Schluß vom Ortsnamen auf die Siedlungsentstehung warnt. Durch die Fülle der Beispiele gleichzeitig ein Beitrag zur Siedlungsgeschichte Westfalens. Blo

NIEMEIER, Georg: Die Ortsnamen des Münsterlandes. Ein kulturgeographischer Beitrag zur Methodik der Ortsnamenforschung. Münster: Geographisches Institut der Universität 1953. 130 S. = Westfälische Geographische Studien 7.
Regionale Untersuchung anhand über 1000 quellenmäßig belegter Ortsnamen hinsichtlich ihrer Aussagekraft für die Siedlungsgeschichte. Im Mittelpunkt steht das Problem der Zuordnung der verschiedenen Ortsnamentypen (Grundworttypen) zu spezifischen Orts- und Flurformen und ihren Entstehungsschichten. Im Ergebnis wird ein Zusammenhang und eine zeitliche Schichtung der Ortsnamentypen nur mit erheblichen Einschränkungen festgestellt und die Haltlosigkeit schematischer Siedlungsdatierungen aufgrund von Ortsnamen betont. Blo

OVERBECK, Hermann: Die deutschen Ortsnamen und Mundarten in kulturgeographischer und kulturlandschaftsgeschichtlicher Beleuchtung. Zu zwei neueren Werken von Adolf BACH. Siehe 6.22.

Historisch-geographische Hausforschung

SCHRÖDER, Karl Heinz: Einhaus und Gehöft in Südwestdeutschland. Ergebnisse und Probleme der geographischen Hausforschung. In: Berichte zur deutschen Landeskunde 31, 1963, S. 84-103.
Nach einführenden allgemeinen Bemerkungen über 'Wesen und Ziel der geographischen Hausforschung' werden als südwestdeutsche Haupttypen die Einhaus- und die Gehöft-Formengruppe unterschieden, ihre Verbreitung skizziert und vor allem Probleme ihrer genetischen Deutung erörtert. Blo

SCHRÖDER, Karl Heinz (Hrsg.): Geographische Hausforschung im südwestlichen Mitteleuropa. Tübingen: Geographisches Institut der Universität 1974. 110 S. = Tübinger Geographische Studien 54.
Der Sammelband enthält 6 zumeist regionale Fragen behandelnde Einzelstudien und eine knappe Übersicht des Herausgebers über 'Stand und Aufgaben der geographischen Hausforschung im südwestlichen Mitteleuropa' (S. 1-20) mit zahlreichen weiterführenden Literaturverweisen. Blo

WEISS, Richard: Häuser und Landschaften der Schweiz. Erlenbach-Zürich/Stuttgart: Eugen Rentsch 1959. 368 S.
Durch zahlreiche Zeichnungen (und einige Karten) sehr anschauliche Darstellung der ländlichen Hausformen der Schweiz aus volkskundlicher Sicht. Die Arbeit hat zahlreiche kulturgeographische Bezüge und berücksichtigt auch die Verbindungen zur Wirtschaftsweise, zu Dorf- und Flurformen sowie zu nichtbäuerlichen Siedlungen in einer kulturhistorisch-kulturräumlichen Betrachtungsweise. Blo

6.25 Historische Stadtgeographie/Stadtgeschichte

Zum historischen Stadtbegriff

 HAASE, Carl: Stadtbegriff und Stadtentstehungsschichten in Westfalen. Überlegungen zu einer Karte der Stadtentstehungsschichten. In: Westfälische Forschungen 11, 1958, S. 16-32. Auch in: Carl HAASE (Hrsg.) Die Stadt des Mittelalters. Band 1: Begriff, Entstehung und Ausbreitung. Darmstadt: Wissenschaftliche Buchgesellschaft 1969. S. 60-94. = Wege der Forschung 243.
Grundlegender Beitrag zum Problem des historischen Stadtbegriffs. Enthält die theoretischen Vorüberlegungen und allgemeinen Ergebnisse einer größeren Untersuchung HAASEs zur Entstehung der westfälischen Städte (1960). Wendet sich gegen einen einheitlichen ahistorischen Stadtbegriff und konzipiert statt dessen eine Folge von epochenspezifischen Stadtbegriffen, die von zwei streng voneinander unterschiedenen Grundtypen abgeleitet werden: 1) dem hochmittelalterlichen Stadtbegriff und 2) dem Stadtbegriff des Industriezeitalters. Geeignet auch als erste Einführung und als rascher Überblick über genetische Städtetypen.   Blo

Gesamtdarstellungen und Sammelbände zur Entwicklung des Städtewesens

DYOS, H.J. (Hrsg.): The study of urban history. London: Edward Arnold 1968. XXII, 400 S., 54 Abbildungen.
Hinter diesem weit gefaßten Titel verbirgt sich ein Sammelband mit 16 Beiträgen, die ursprünglich als Referate bei einer Konferenz zur Stadtgeschichte 1966 in Leicester gehalten wurden. Die Aufsätze stammen überwiegend von Historikern, daneben auch von Geographen und Soziologen und vermitteln in ihrer Mischung von konzeptionell-methodischen und empirischen Themen einen guten Überblick über die Methoden der modernen Stadtgeschichtsforschung. Thematisch ist der Band weitgehend auf Großbritannien bezogen, insb. auf das 19. Jahrhundert, ergänzt jedoch durch gelegentliche internationale Vergleiche.   Blo

HAASE, Carl (Hrsg.): Die Stadt des Mittelalters. Band I: Begriff, Entstehung und Ausbreitung. Darmstadt: Wissenschaftliche Buchgesellschaft 1969. IX, 435 S. = Wege der Forschung 243. Band II: Recht und Verfassung. Darmstadt: Wissenschaftliche Buchgesellschaft 1972. V, 299 S. = Wege der Forschung 244. Band III: Wirtschaft und Gesellschaft. Darmstadt: Wissenschaftliche Buchgesellschaft 1973. VI, 506 S. = Wege der Forschung 245.
Von den drei Sammelbänden, die zum großen Teil bereits klassische Studien zur mittelalterlichen Stadtgeschichte aus den letzten fünf Jahrzehnten enthalten, sind vor allem der erste und dritte Band für geographische Belange relevant. Aus dem ersten Band können die Beiträge von F. RÖRIG, M. WEBER, C. HAASE und E. ENNEN zum historischen Stadtbegriff, ferner von E. ENNEN und W. SCHLESINGER zum frühmittelalterlichen Städtewesen, von E. KEYSER über den Stadtgrundriß als Geschichtsquelle und von H. AMMANN über die Größe der mittelalterlichen Stadt hervorgehoben werden. Im dritten Band seien die wirtschaftsgeschichtlichen Aufsätze von R. HÄPKE und H. AMMANN sowie die bevölkerungs- und sozialgeschichtlichen Aufsätze von H. JECHT, H. REINCKE und E. MASCHKE gesondert genannt.   Blo

SCHÖLLER, Peter: Die deutschen Städte. Siehe 6.13.

STOOB, Heinz: Forschungen zum Städtewesen in Europa. Band 1. Räume, Formen und Schichten der mitteleuropäischen Städte. Eine Aufsatzfolge. Köln/Wien: Böhlau 1970. XI, 329 S.
Sammelband mit einer Einführung und 9 wiederabgedruckten Aufsätzen von H. STOOB zur mittelalterlichen und frühneuzeitlichen Stadtge-

**6.25
Historische
Stadtgeographie /
Stadtgeschichte**

Raum für Zusätze

schichte Mitteleuropas. Besonders hervorgehoben werden können folgende Aufsätze: 'Minderstädte, Formen der Stadtentstehung im Spätmittelalter' (1959), 'Kartographische Möglichkeiten zur Darstellung der Stadtentstehung in Mitteleuropa, besonders zwischen 1450 und 1800' (1956), 'Über frühneuzeitliche Städtetypen' (1966). Die beiden letzteren Aufsätze geben einen ausgezeichneten Überblick über die frühneuzeitliche Stadtentwicklung in Mitteleuropa.
Blo

Zur Entwicklung des Städtebaus

BENEVOLO, Leonardo: Die sozialen Ursprünge des modernen Städtebaus. Lehren von gestern - Forderungen für morgen. Siehe 7.3.

EGLI, Ernst: Geschichte des Städtebaus. Erlenbach-Zürich/Stuttgart: Eugen Rentsch. 1. Band: Die alte Welt. 1959. 371 S. 2. Band: Das Mittelalter. 1962. 465 S. 3. Band: Die neue Zeit. 1967. 416 S.
Umfassendes, auch für Geographen sehr informatives Standardwerk, das die Entwicklung der 'Grundzüge des Städtebaus' in großräumiger Differenzierung (und nicht die 'Geschichte der Städte' oder etwa die 'Architekturgeschichte') zum Gegenstand der Betrachtung hat. Es wird systematisch versucht, die städtebauliche Entwicklung in einzelnen Staaten oder größeren Kulturbereichen in die jeweilige historische Entwicklung einzuordnen. Reichhaltige Ausstattung mit Anschauungsmaterial (Fotos, Stadtpläne).
Hei

▶ HOWARD, Ebenezer: Gartenstädte von morgen. Das Buch und seine Geschichte. Hrsg. von Julius POSENER. Berlin: Ullstein 1968. 198 S. = Bauwelt Fundamente 21.
Dieses sehr lesenswerte Buch enthält nicht nur die deutsche Übersetzung des berühmten Buches 'Garden-Cities of To-Morrow' (= Neuauflage des 1898 veröffentlichten Werkes 'To-Morrow') des Begründers der Gartenstadt-Idee, sondern zunächst eine vorzügliche knappe Einführung des Herausgebers, der vor allem die sozialreformerischen Ideen von E. HOWARD herausstellt und seine Ausführungen durch eine Reihe instruktiver Kartendarstellungen veranschaulicht. Am Ende des Bandes folgt das deutsch übersetzte Vorwort zur englischen Neuausgabe von 1945, verfaßt von Frederic J. OSBORNE, dem 'Nachfolger' HOWARDs in der englischen Gartenstadtbewegung, der die Gestaltung der 'New Towns' in Großbritannien nach dem Zweiten Weltkrieg mitbeeinflußt hat. Ein weiteres 'Nachwort' von Lewis MUMFORD skizziert vor allem den Einfluß der Gartenstadtidee auf die amerikanische Stadtentwicklung.
Hei

▶ MORRIS, A.E.J.: History of urban form. Prehistory to the Renaissance. London: George Godwin 1972. 268 S. Paperbackausgabe 1974.
Durch zahlreiche Karten, Pläne und Bilder reich ausgestattete Städtebaugeschichte von den Anfängen in Mesopotamien und Ägypten bis zum 18. (!) Jahrhundert in weltweiter Betrachtung. Besondere Beachtung wird der Entwicklung der Stadtgrundrisse geschenkt.
Blo

Historische Zentralität

AMMANN, Hektor: Vom Lebensraum der mittelalterlichen Stadt. Eine Untersuchung an schwäbischen Beispielen. In: Berichte zur deutschen Landeskunde 31, 1963, S. 284-316.
Wichtige Arbeit des bekannten Stadt- und Wirtschaftshistorikers zur Frage mittelalterlicher Stadt-Umland-Beziehungen. Auf umfangreicher Quellengrundlage und an zahlreichen Beispielen werden vor allem regionale Handelsbeziehungen sowie Land-Stadt-Wanderungen untersucht, veranschaulicht durch 30 Karten.
Blo

BLOTEVOGEL, Hans Heinrich: Zentrale Orte und Raumbeziehungen in Westfalen vor der Industrialisierung (1780-1850). Münster: Aschendorff 1975. X, 268 S., 3 Tabellen und 2 Karten im Anhang. = Veröffentlichungen des Provinzialinstituts für Westfälische Landes- und Volksforschung des Landschaftsverbandes Westfalen-Lippe, Reihe I,

6.25
Historische
Stadtgeographie /
Stadtgeschichte

Raum für Zusätze

Heft 19. Zugleich Paderborn: Ferdinand Schöningh 1975. = Bochumer Geographische Arbeiten 18.
Umfangreiche Studie zur Rekonstruktion des zentralörtlichen Systems in Westfalen und seinen Nachbargebieten zu den zeitlichen Querschni ten 1800, 1820 und 1848. Der erste Teil ist allgemeinen Problemen h storischer Zentralität gewidmet und enthält außer einem Forschungsb richt theoretisch-methodische Erörterungen zur historischen Zentral tät. Danach folgt eine Darstellung der umfangreichen Einzelergebnis. (veranschaulicht durch zahlreiche Karten) sowie des rekonstruierten zentralörtlichen Gefüges sowohl im Gesamtraum wie auch in den Einze. regionen Westfalens. Die Arbeit zeigt beispielhaft die Möglichkeiter eines historisch-geographischen Forschungsansatzes durch die Übertragung von Fragestellungen der modernen Kulturgeographie auf die H: storische Geographie. He

FEHN, Klaus: Die zentralörtlichen Funktionen früher Zentren in Altbayern. Raumbindende Umlandbeziehungen im bayerisch-österreichischer Altsiedelland von der Spätlatènezeit bis zum Ende des Hochmittelalters. Wiesbaden: Franz Steiner 1970. XI, 268 S., 8 Karten im Anhang.
Umfassende Studie zur Entwicklung zentraler Funktionen und zentraler Orte von den keltischen Oppida der Spätlatènezeit (1. Jh. v.Chr.) über die Zentren der Römer- und Karolingerzeit bis zum hochmittelalterlichen Städtewesen. Die Arbeit verfolgt systematisch die historischen Phasen der Zentrenentwicklung, die Entwicklungstypen (Oppida, Römerstädte, Bischofssitze, Klöster, Pfalzen und Höfe, Burgen, Märkte, Städte) sowie die verschiedenen Funktionsbereiche, wobei politisch-administrative, kultisch-kirchliche und wirtschaftliche Funktionen unterschieden werden. Bl

MITTERAUER, Michael: Das Problem der zentralen Orte als sozial- und wirtschaftshistorische Forschungsaufgabe. In: Vierteljahrschrift für Sozial- und Wirtschaftsgeschichte 58, 1971, S. 433-467.
Gedankenreicher Beitrag von historischer Seite, der mit der Anwendun und Übertragung der Theorie der zentralen Orte auf sozial-, wirtscha und landesgeschichtliche Probleme ein fruchtbares neues Forschungsge biet umreißt, das zur Kooperation historischer und geographischer Di ziplinen führen kann. Behandelt werden sowohl terminologische und da mit verbundene konzeptionelle Fragen, methodische Probleme der Erfaß barkeit historischer Zentralität sowie mögliche Forschungsfragestellungen, insb. Wandlungsvorgänge historischer Zentralitätssysteme. Bl

SCHÖLLER, Peter: Stadt und Einzugsgebiet. Siehe 6.14.

Stadt-Land-Beziehungen und Zentralität als Problem der historischen Raumforschung. Hannover: Gebrüder Jänecke 1974. XI, 345 S. = Veröffentlichungen der Akademie für Raumforschung und Landesplanung, Forschungs- und Sitzungsberichte 88.
Interdisziplinärer Sammelband mit 15 Beiträgen zu Problemen historischer Stadt-Land- und Zentralitätsbeziehungen, darunter mehrere, die sich mit der Rekonstruktion und Entwicklung historischer Zentralitätssysteme beschäftigen. Blc

Zur Entstehung und Entwicklung regionaler Städtegruppen

HAASE, Carl: Die Entstehung der westfälischen Städte. 2. Aufl. Münster: Aschendorff 1965 (¹1960). VIII, 294 S., 5 Karten im Anhang. = Veröffentlichungen des Provinzialinstituts für westfälische Landes- und Volkskunde, Reihe I, Heft 11.
Grundlegende Arbeit zur Periodisierung der Stadtentstehung, entstanden als Grundlagenuntersuchung für eine Karte der westfälischen Stadt entstehungsschichten. Besonders beachtenswert sind die knappen, aber klaren einleitenden 'methodologischen Erörterungen', insb. zum kombinierten Stadtbegriff und zum Problem der zeitlichen Schichtung. Im Hauptteil werden für jede Schicht die wichtigsten Entwicklungsmerkmale umrissen und für die in der Periode entstandenen Städte die

6.25
Historische
Stadtgeographie /
Stadtgeschichte

Raum für Zusätze

wichtigsten Quellen zur Stadtwerdung aufgelistet. Die zahlreichen Übersichtskarten erhöhen den Wert gerade für historisch-geographische Aspekte wesentlich. *Blo*

KEYSER, Erich: Städtegründungen und Städtebau in Nordwestdeutschland im Mittelalter. Remagen: Bundesanstalt für Landeskunde 1958. Textteil 272 S., Kartenteil 2 Karten, 40 Pläne, 86 Abbildungen. = Forschungen zur deutschen Landeskunde 111.
Vergleichende Untersuchung zur Entstehung des nordwestdeutschen Städtewesens mit besonderem Akzent auf der historischen Grundrißforschung. Analysiert wird die Entstehung der Grundrisse sowohl von frühen Kleinformen in Niedersachsen und Holstein, von mehrkernigen Anlagen und planmäßigen Gründungsstädten sowie auch von kombinierten Gründungsformen und der mittelalterlichen Großstädte Braunschweig, Lübeck, Bremen und Hamburg. Jedes Beispiel wird auf einigen Seiten Text und wertvollen kartographischen Darstellungen behandelt. *Blo*

SCHEUERBRANDT, Arnold: Südwestdeutsche Stadttypen und Städtegruppen bis zum frühen 19. Jahrhundert. Ein Beitrag zur Kulturlandschaftsgeschichte und zur kulturräumlichen Gliederung des nördlichen Baden-Württemberg und seiner Nachbargebiete. Heidelberg: Geographisches Institut der Universität 1972. XVII, 440 S., 22 Karten und 49 Figuren im Anhang. = Heidelberger Geographische Arbeiten 32.
Sehr gründliche und materialreiche Studie zur Entstehung, Entwicklung und Typisierung der zahlreichen Städte in der nördlichen Hälfte von Baden-Württemberg von der Römerzeit bis zum Ende des Alten Reiches um 1800. Nach einleitenden methodologischen Erörterungen, in denen sich der Autor in fundierter und umsichtiger Form vor allem mit dem Typusbegriff und Problemen der Typisierung auseinandersetzt, wird die Entstehung und Entwicklung der Städte, gegliedert nach Stadtentstehungsschichten und gruppiert nach verschiedenen Typenbildungen, eingehend dargestellt. Dabei wird die Längsschnittbetrachtung durch zwei Querschnitte um 1600 (mit Grundriß- und Funktionstypen) und um 1800 (mit regionalen Städtegruppen) ergänzt. Der umfangreiche kartographische Anhang entspricht dem bemerkenswerten Standard dieser inhaltsreichen historisch-geographischen Studie. *Blo*

Beispiele lokaler Fallstudien

BOBEK, Hans und Elisabeth LICHTENBERGER: Wien. Bauliche Gestalt und Entwicklung seit der Mitte des 19. Jahrhunderts. Siehe 6.13.

FRIEDMANN, Helmut: Alt-Mannheim im Wandel seiner Physiognomie, Struktur und Funktionen (1606-1965). Bad Godesberg: Bundesforschungsanstalt für Landeskunde und Raumordnung 1968. XII, 150 S., 33 Abbildungen. = Forschungen zur deutschen Landeskunde 168.
Vorbildliche historisch-geographische Stadtmonographie, die die Entwicklung Mannheims seit der Gründung im Jahre 1606 als Festungsstadt über den Ausbau als kurpfälzische barocke Residenzstadt im 18. Jahrhundert bis zur Gegenwart verfolgt. Aufgegliedert nach 7 Perioden werden jeweils die Physiognomie (Grund- und Aufriß), die Struktur (Bevölkerungs-, Wirtschafts- und Sozialstruktur) sowie die Funktionen (lokal, regional und überregional) behandelt. Hervorzuheben ist die reiche Ausstattung mit Abbildungen, vor allem die kartographischen Darstellungen zur historischen Stadtstruktur. *Blo*

HUBSCHMANN, Eberhard W.: Die Zeil. Sozialgeographische Studie über eine Straße. Frankfurt: Kramer 1952. 58 S. = Frankfurter Geographische Hefte Jg. 26 (Heft 30). Auszug auch in: Werner STORKEBAUM (Hrsg.): Sozialgeographie. Darmstadt: Wissenschaftliche Buchgesellschaft 1969. S. 249-267. = Wege der Forschung 59.
Exemplarische Untersuchung der Nutzungsentwicklung der Frankfurter Hauptgeschäftsstraße von 1853 bis 1950 anhand von 19 zeitlichen Querschnitten, die durch Auswertung von Adreßbüchern gewonnen wurden und in Diagrammen dargestellt sind. Einprägsam wird der Prozeß der City-

6.25
Historische
Stadtgeographie /
Stadtgeschichte

Raum für Zusätze

bildung im Spiegel der Entwicklung von Physiognomie und Funktion der Gebäude herausgearbeitet. Blo

LICHTENBERGER, Elisabeth: Von der mittelalterlichen Bürgerstadt zur City. Sozialstatistische Querschnittsanalysen am Wiener Beispiel. In: Beiträge zur Bevölkerungs- und Sozialgeschichte Österreichs. Nebst einem Überblick über die Entwicklung der Bevölkerungs- und Sozialstatistik. Hrsg. v. Heimold HELCZMANOVSZKI. Wien: Verlag für Geschichte und Politik 1973. S. 297-331.
▶ Vorbildliche Studie aus dem 'bisher kaum betretenen Grenzbereich von städtischer Sozialgeschichte, Stadtgeographie und historischer Statistik', die durch eine Reihe sozialstatistischer Querschnitte die großen Linien der sozialgeographischen Entwicklung Wiens herausarbeitet. Dabei wird dem sozialstrukturellen Wandel der Stadtbevölkerung in Abhängigkeit von den sich wandelnden Stadtfunktionen und dem Prozeß der Citybildung besondere Aufmerksamkeit geschenkt. Bl

LICHTENBERGER, Elisabeth: Wirtschaftsfunktion und Sozialstruktur der Wiener Ringstraße. Siehe 6.13.

MAUERSBERG, Hans: Wirtschafts- und Sozialgeschichte zentraleuropäischer Städte in neuerer Zeit. Dargestellt an den Beispielen von Basel, Frankfurt a.M., Hamburg, Hannover und München. Göttingen: Vandenhoeck & Ruprecht 1960. 604 S.
Detailreiche stadthistorische Untersuchung, in der die unterschiedlichen Entwicklungszüge der freien Handelsstädte Basel, Frankfurt und Hamburg einerseits sowie der typischen Landeshauptstädte Hannover und München andererseits zwischen dem 15. und 19. Jahrhundert herausgearbeitet werden. Nach zwei kürzeren bevölkerungs- und sozialgeschichtlichen Kapiteln nehmen wirtschaftsgeschichtliche Aspekte den größten Teil der Darstellung ein, ergänzt durch verkehrs- und finanzgeschichtliche Kapitel. Blo

▶ MEIBEYER, Wolfgang: Bevölkerungs- und sozialgeographische Differenzierung der Stadt Braunschweig um die Mitte des 18. Jahrhunderts. In: Braunschweigisches Jahrbuch 47, 1966, S. 125-157.
Anhand eines Steuerverzeichnisses aus dem Jahre 1758 wird das innere Gefüge der Stadt Braunschweig untersucht. Behandelt werden die Verteilung der Bevölkerungsdichte und der sozialen Schichten im Stadtgebiet, um daraufhin eine Gliederung in funktionale Stadtviertel vorzunehmen. Blo

MERTINS, Günter: Die Kulturlandschaft des westlichen Ruhrgebiets (Mülheim - Oberhausen - Dinslaken). Gießen: Wilhelm Schmitz 1964. 235 S., 23 Bilder, 8 Karten. = Gießener Geographische Schriften 4.
Gründliche kulturlandschaftsgenetisch angelegte Monographie eines quer zu den Entwicklungszonen angelegten Ausschnittes des Ruhrgebiets. Etwa die Hälfte des Umfanges ist der vorindustriellen Landschaftsentwicklung gewidmet; danach werden ausführlich die Anfänge des Bergbaus und der Eisenindustrie behandelt, während die Zeit nach 1945 nur sehr knapp berücksichtigt ist. Abschließend wird der Versuch einer kulturlandschaftlichen Gliederung vorgenommen. Zahlreiche Fotos (insb. Luftbilder) und Karten. Blo

MOMSEN, Ingwer Ernst: Die Bevölkerung der Stadt Husum von 1769 bis 1860. Versuch einer historischen Sozialgeographie. Kiel: Geographisches Institut der Universität 1969. 420 S. = Schriften des Geographischen Instituts der Universität Kiel 31.
Detaillierte und materialreiche Studie mit nahezu monographischem Charakter. Behandelt werden: Entwicklung der Gesamtbevölkerung und demographische Struktur, die soziale Struktur, die Ursachen (insb. Stadtfunktionen) und Folgen (räumliche Ordnung innerhalb des Stadtgebiets) sowie Wanderungen. Blo

6.25
*Historische
Stadtgeographie /
Stadtgeschichte*

Raum für Zusätze

THIENEL, Ingrid: Städtewachstum im Industrialisierungsprozeß des 19. Jahrhunderts. Das Berliner Beispiel. Berlin/New York: de Gruyter 1973. XIV, 504 S. = Veröffentlichungen der Historischen Kommission zu Berlin 39, Publikationen zur Geschichte der Industrialisierung 3.
Sehr detaillierte historische Darstellung der städtebaulichen, sozialen und wirtschaftlichen Entwicklung Berlins im 19. Jahrhundert. Besonders ausführlich werden beispielhaft der Industrialisierungsprozeß von Moabit und die weitere Entwicklung der vorindustriellen Webersiedlung Rixdorf zur Berliner Vorstadt behandelt. Blo

Städtewachstum und Verstädterung im Zeitalter der Industrialisierung

ENGELS, Friedrich: Über die Umwelt der arbeitenden Klasse. Aus den Schriften von Friedrich ENGELS ausgewählt von Günter HILLMANN. Gütersloh: Bertelsmann Fachverlag 1970. 238 S. = Bauwelt Fundamente 27.
Enthält als Kernstück eine klassische Schilderung der englischen Industriestädte des 19. Jahrhunderts (Auszüge aus 'Die Lage der arbeitenden Klasse in England', 1845), ergänzt durch verschiedene Landschafts- und Städtebeschreibungen, einen Bericht über kommunistische Siedlungen sowie eine Streitschrift zur 'Wohnungsfrage'. Die Beschreibungen der englischen Industriegroßstädte bilden ein eindringliches Dokument zur industriellen Stadtentwicklung des 19. Jahrhunderts. Blo

▶ HARTOG, Rudolf: Stadterweiterungen im 19. Jahrhundert. Stuttgart: Kohlhammer 1962. 124 S. = Schriftenreihe des Vereins zur Pflege kommunalwissenschaftlicher Aufgaben e.V. Berlin 6.
Sehr anschauliche und allgemeinverständliche Darstellung der Entwicklung des deutschen Städtebaus im 19. Jahrhundert, vor allem in dessen zweiter Hälfte, in der neben allgemeinen Hintergründen vor allem die volkswirtschaftlichen, tiefbautechnischen und gesetzgeberischen Voraussetzungen der Stadterweiterung, die hygienischen und sozialen Fortschritte der Wohnungsreform sowie die Träger und Pioniere des sozialen Wohnungsbaus besonders berücksichtigt werden. Die differenzierte Entwicklung wird anhand weniger, sorgfältig ausgewählter einfacher kartographischer Darstellungen und Bildbeilagen veranschaulicht. Das Buch ist als Einführung, insbesondere als Ergänzung zu einer stadtgeographischen Darstellung, sehr zu empfehlen. Hei

▶ KÖLLMANN, Wolfgang: The process of urbanization in Germany an the height of the industrialization period. In: Journal of Contemporary History 4, 1969, S. 59-76. Deutsche Übersetzung unter dem Titel: Der Prozeß der Verstädterung in Deutschland in der Hochindustrialisierungsperiode. In: Rudolf BRAUN u.a. (Hrsg.): Gesellschaft in der industriellen Revolution. Köln: Kiepenheuer & Witsch 1973. S. 243-258. = Neue Wissenschaftliche Bibliothek 56.
Untersucht die Periode intensivster Verstädterung zwischen 1871 und 1910 aus bevölkerungs- und sozialgeschichtlicher Sicht. Betrachtet werden im einzelnen demographische Strukturwandlungen, Wanderungsvorgänge und soziale Veränderungsprozesse, als deren Ergebnis die Ausformung der industriellen Gesellschaft durch horizontale (räumliche) und vertikale (soziale) Mobilität gesehen wird. Als konzentrierte Übersichtsdarstellung auch zur Einführung geeignet. Blo

LEISTER, Ingeborg: Wachstum und Erneuerung britischer Industriegroßstädte. Siehe 6.13.

PRED, Allan: Industrialization, initial advantage, and American metropolitan growth. Siehe 6.23.

PRED, Allan R.: The spatial dynamics of U.S. urban-industrial growth, 1800-1914. Siehe 6.23.

ROBSON, Brian T.: Urban growth: an approach. London: Methuen 1973. XIV, 268 S.
Umfassende Untersuchung des Bevölkerungswachstums der Städte in Eng-

6.25
*Historische
Stadtgeographie /
Stadtgeschichte*

Raum für Zusätze

*land und Wales im 19. Jahrhundert, die in bisher noch nicht gekannte
Ausmaß quantitative Methoden zur Beschreibung des städtischen Wachstums anwendet: Ranggrößenregel, Regressionsanalyse der Wachstumsrate
Standardisierung der Wachstumsraten und Trendoberflächenanalyse. Dar
ber hinaus werden Versuche zur Erklärung des Wachstums durch Verglei
mit Innovationsdiffusionen (Baugesellschaften, Telefonvermittlungen
und Gaswerke) sowie durch die Konstruktion eines Simulationsmodells
städtischen Wachstums unternommen. Insgesamt ein interessanter quant
tativer Ansatz zur historischen Stadtgeographie, wenn auch die Versu
che zur Erklärung teilweise problematisch erscheinen. Geostatistisch
und stadtgeographische Vorkenntnisse sind empfehlnswert.* B

STEINBERG, Heinz Günter: Sozialräumliche Entwicklung und Gliederung
des Ruhrgebietes. Siehe 6.2.

Spezielle Aspekte

- Zum Städtewesen der Antike

KIRSTEN, Ernst: Die griechische Polis als historisch-geographisches
Problem des Mittelmeerraumes. Bonn: Dümmler 1956. 154 S. = Colloquiur
Geographicum 5.
*Umfassende historisch-geographische Studie zur griechischen Polis
(= Gemeindestaat, Groß-Polis = Stadtstaat). Behandelt werden der Begriff, die Siedlungslage, die Verbreitung der Polis im Mittelmeerrau
die Funktionen, das Verhältnis zur Stadtentwicklung im alten Hellas
und der Übergang zur Urbanisierung im Zuge der Hellenisierung und in
der römischen Kaiserzeit.* Blo

POUNDS, Norman J.G.: The urbanization of the classical world. In:
Annals of the Association of American Geographers 59, 1969, S. 135-15
*Zusammenfassende quantifizierende Übersichtsdarstellung des antiken
Städtewesens, wobei vor allem die räumliche Verteilung, Größe und
Funktion der griechischen Polis sowie der gallischen und britannische
Römerstädte behandelt werden. In mehreren Karten und Diagrammen werde
die antiken Städtesysteme dargestellt.* Bl

- Zum Städtewesen des Mittelalters

ENNEN, Edith: Die europäische Stadt des Mittelalters. Göttingen: Vandenhoeck & Ruprecht 1972. 287 S. = Sammlung Vandenhoeck.
*Informative Gesamtdarstellung, die in Taschenbuchform einen Überblick
über den Forschungsstand der mittelalterlichen Stadtgeschichtsforschu
vermittelt. Schwerpunkte bilden die Frühzeit, eine regional gegliederte Darstellung der 'europäischen Stadtlandschaften' sowie in räumlicher Hinsicht Mitteleuropa, Frankreich und Oberitalien. Umfassende
sehr gute Auswahlbibliographie mit 952 Titeln.* Blo

RUSSELL, Josiah Cox: Medieval regions and their cities. Newton Abbot:
David & Charles 1972. 286 S. = Studies in Historical Geography.
*Interessanter, wenn auch nicht voll überzeugender Versuch, die Stadtgrößenverteilung Europas um 1300 mit Ansätzen der modernen Stadtgeographie (insb. Ranggrößenregel) zu analysieren. Angehängt ist ein Kapitel über indische Städte im 7. Jahrhundert. Wertvoll schon wegen
der zusammengetragenen Einwohnerzahlen.* Blo

- Beiträge zu Baugeschichte und Stadtbaukunst

BINDING, Günther, Udo MAINZER und Anita WIEDENAU: Kleine Kunstgeschichte des deutschen Fachwerkbaus. Darmstadt: Wissenschaftliche
Buchgesellschaft 1975. VIII, 247 S., 208 S. Fotos.
*Zusammenfassende Darstellung dieses oft vernachlässigten Teilgebietes
der Baugeschichte. An zahlreichen Beispielen werden Konstruktions-
und Schmuckformen alemannischer, fränkischer, niedersächsischer und
mittel- und ostdeutscher Fachwerkbauten vom 14. Jahrhundert bis zur*

6.25
Historische
Stadtgeographie /
Stadtgeschichte

Raum für Zusätze

Gegenwart behandelt. Zahlreiche Zeichnungen und Kunstdrucktafeln. Blo

GROTE, Ludwig (Hrsg.): Die deutsche Stadt im 19. Jahrhundert. Stadtplanung und Baugestaltung im industriellen Zeitalter. München: Prestel 1974. 327 S. = Studien zur Kunst des neunzehnten Jahrhunderts 24.
Dieser mit Fotos und Skizzen sehr aufwendig ausgestattete Sammelband behandelt den deutschen Städtebau des 19. Jahrhunderts nach architekturgeschichtlich-kunstgeschichtlichen Gesichtspunkten. Nach einem instruktiven Überblicksbeitrag von Rudolf WURZER (S. 9-32) folgen weitere 16 Aufsätze zu speziellen Einzelthemen. Blo

POTHORN, Herbert: Bild-Handbuch Baustile. Architekturgeschichte. Vergleichende Stilkunde. Lexikon. Frankfurt: Fischer Taschenbuch Verlag 1972. 215 S. = Fischer Handbücher.
Das Taschenbuch gibt einen ersten sehr knappen Überblick über die Entwicklung der Baustile vom Altertum bis zur Gegenwart, illustriert durch zahlreiche Abbildungen und ergänzt durch ein 'Lexikon' (38 S.) mit Fachausdrücken aus der Stilkunde und Bautechnik. Die für geographische Belange wichtigeren Baustile des 19. Jahrhundert sowie die 'Massen'-Architektur von Bürger- und Bauernhäusern sind leider kaum berücksichtigt. Blo

RAUDA, Wolfgang: Lebendige städtebauliche Raumbildung. Asymmetrie und Rhythmus in der deutschen Stadt. Stuttgart: Julius Hoffmann (1957). 412 S.
Reich mit Fotos, Plänen und Zeichnungen ausgestattete Dokumentation zur historischen Innenstadtgestaltung von 19 in der DDR gelegenen Städten (Berlin wurde nicht berücksichtigt). Besondere Beachtung wird den Formen der Platzgestaltung, der Grundrißentwicklung sowie typischen historischen Gebäudeensembles geschenkt. Blo

- Genetische Aufrißformen

MÖLLER, Ilse: Die Entwicklung eines Hamburger Gebietes von der Agrar- zur Großstadtlandschaft. Mit einem Beitrag zur Methode der städtischen Aufrißanalyse. Hamburg: Institut für Geographie und Wirtschaftsgeographie 1959. XI, 248 S., 3 Pläne. = Hamburger Geographische Studien 10.
Die Arbeit ist zwar insgesamt als landschaftsgenetische Studie (am Beispiel der Stadtteile Eimsbüttel, Harvestehude und Eppendorf) angelegt, doch besteht ihr Wert in erster Linie in der detaillierten Bestandsaufnahme und Analyse der städtischen Bausubstanz nach Aufrißmerkmalen (u.a. Dach-, Giebel- und Fensterformen, Fassadenschmuck). Für dieses in der modernen Stadtgeographie vernachlässigte Thema hat die Arbeit bis heute grundlegende Bedeutung. Blo

- Denkmalpflege, Altstadterhaltung und Wiederaufbau historischer Stadtkerne

Lebensraum und historisches Erbe. Siehe 7.3.

MIELKE, Friedrich: Die Zukunft der Vergangenheit. Grundsätze, Probleme und Möglichkeiten der Denkmalpflege. Siehe 7.3.

MULZER, Erich: Der Wiederaufbau der Altstadt von Nürnberg 1945-1970. Erlangen: Palm & Enke 1972. 231 S., 24 Farbkarten als Beilage. Auch in: Mitteilungen der Fränkischen Geographischen Gesellschaft 19, 1972, S. 1-225, 12 Farbkarten.
Detaillierte, materialreiche Studie zum Wiederaufbau der im Zweiten Weltkrieg schwer zerstörten Nürnberger Altstadt. Behandelt werden im ersten Teil 'strukturelle Änderungen' seit der Vorkriegszeit: Bevölkerungsentwicklung, Grundstücksveränderungen, Straßennetz und Verkehr. Der zweite (interessantere) Teil beschäftigt sich mit 'gestalterischen Änderungen' der Bausubstanz, insb. mit denkmalspflegerischen Arbeiten

6.25
Historische
Stadtgeographie /
Stadtgeschichte

Raum für Zusätze

und dem Neuaufbau zerstörter Gebäude, wobei dem Aspekt der Erhaltung der historischen Individualität des Stadtbildes besondere Aufmerksamkeit geschenkt wird. Zahlreiche Fotos und vorbildliche Farbkarten. B

WILDEMAN, Diether: Erneuerung denkmalwerter Altstädte. Historischer Stadtkern als Ganzheit - lebendige Stadtmitte von morgen. Siehe 7.3.

- Zur Simulation historischer Stadtentwicklung

FORSTER, C.A.: Monte Carlo simulation as a teaching aid in urban geography: evaluation of an example. In: Geography 58, 1973, S. 13-28.
Interessanter Bericht über die Konstruktion und Erprobung eines sehr einfachen Monte-Carlo-Simulationsmodells, das in dieser Form sowohl für den Oberstufenunterricht an der Schule wie auch für Grundstufenseminare an der Hochschule geeignet erscheint. Am Beispiel des städtischen Wachstums von Adelaide (Australien) in der zweiten Hälfte de 19. Jahrhunderts wird in leicht verständlicher Weise das Grundprinzip probabilistischer Simulationsmodelle deutlich gemacht. Da sich diese Projekt in beliebig modifizierbarer Form übertragen läßt, lassen sich daran gut Modelldenken und empirisches Testen von Theorien üben. Bl

Nachschlagewerke zur Stadtgeschichte

Deutsches Städtebuch. Handbuch städtischer Geschichte. Hrsg. von Erich KEYSER, fortgeführt von Heinz STOOB. Stuttgart: Kohlhammer.
Band 1: Nordostdeutschland. 1939. 911 S.
Band 2: Mitteldeutschland. 1941. 762 S.
Band III, Teil 1: Niedersächsisches Städtebuch. 1952. 400 S.
Band III, Teil 2: Westfälisches Städtebuch. 1954. 396 S.
Band III, Teil 3: Rheinisches Städtebuch. 1956. 441 S.
Band IV, Teil 1: Hessisches Städtebuch. 1957. 473 S.
Band IV, Teil 2: Badisches Städtebuch. 1959. 422 S.
          Württembergisches Städtebuch. 1962. 489 S.
Band IV, Teil 3: Städtebuch Rheinland-Pfalz und Saarland. 1964. 550 S
Band V: Bayerisches Städtebuch. Teil 1: 1971. 637 S. Teil 2: 1974.
   758 S.

Österreichisches Städtebuch. Hrsg. v. Alfred HOFFMANN. Wien: Hollinek
Band 1: Die Städte Oberösterreichs. 1968. XII, 338 S.
Band 2: Die Städte des Burgenlandes. 1970. V, 175 S.
Band 3: Die Städte Vorarlbergs. 1973. 137 S.

Umfassendes lexikalisch aufgebautes Handbuch zur Stadtgeschichte. Für alle zur Zeit der Bearbeitung bestehenden Städte ist in 1- bis ca. 20-seitigen Artikeln nach einem einheitlichen Schema eine Fülle von Informationen z.T. stichwortartig zusammengetragen. Zwar liegt der Schwerpunkt auf historischen Ereignissen, doch sind auch geographisch relevante Aspekte (Lage, Siedlungsentwicklung, Bevölkerung, Wirtschaft), wenn auch sehr knapp, berücksichtigt. Leider fehlen Karten.   Bl

Handbuch der Historischen Stätten Deutschlands. 11 Bände. Siehe 6.22.

Handbuch der Historischen Stätten. Österreich. 2 Bände. Siehe 6.22.

Städteatlas

STOOB, Heinz (Hrsg.): Deutscher Städteatlas. Lieferung I (Blätter 1-10: Bad Mergentheim, Buxtehude, Dortmund, Gelnhausen, Isny, Neuwied, Öhringen, Regensburg, Schleswig, Warburg). Dortmund: Größchen 1973. Das Werk wird in 10 Lieferungen mit jeweils mehreren Einzelblättern etwa 70-80 Städte erfassen. Jede Stadt wird in einem Einzelblatt behandelt, das als Kernstück eine vierfarbige Katasterkarte 1 : 2 500 enthält, die auf der Basis der ersten allgemeinen, exakten Vermessung in der ersten Hälfte des 19. Jahrhunderts nach einer einheitlichen Legende für den Atlas nachgezeichnet wurde. Damit wird dieses wichtige Quellenmaterial, das den Stand des Städtewesens vor der Umfor-

6.25
Historische Stadtgeographie / Stadtgeschichte

Raum für Zusätze

mung durch die Industrialisierung dokumentiert, für eine - nach stadthistorischen Kriterien - repräsentative Auswahl deutscher Städte einem breiten Benutzerkreis erschlossen. Zu jedem Einzelblatt gehören außerdem eine moderne Stadtkarte 1 : 5 000, eine Karte 1 : 5 000 der Wachstumsphasen bis zur Katasteraufnahme, eine Karte 1 : 25 000 des Umlandes zur Zeit der Katasteraufnahme, ein kommentierender Text und historische Abbildungen. Geplant ist ferner die Herausgabe von Senkrechtluftbildern 1 : 10 000 sowie evtl. Schrägaufnahmen von Ausschnitten als Ergänzungslieferungen.
Hom

Bibliographie

KEYSER, Erich (Hrsg.): Bibliographie zur Städtegeschichte Deutschlands. Köln/Wien: Böhlau 1969. 404 S. = Acta collegii historiae urbanae societatis historicorum internationalis A.
In über 5000 Titeln wird Literatur vor 1968 zur Geschichte deutscher Städte erfaßt. Die Auswahl der Titel erfolgt nach ihrem Umfang (weniger als 16 S. umfassende Beiträge sind in der Regel nicht genannt). Die Auswahl der ca. 800 Städte wurde nach ihrer Bedeutung in Vergangenheit und Gegenwart in den Grenzen Deutschlands von 1937 vorgenommen. Alphabetisches Orts- und Verfasserregister sowie eine Karte der erfaßten Städte.
Bra

7 Angewandte Geographie / Raumplanung / Entwicklungsländerforschung

7.1 Lehrbücher und allgemeine Aspekte der Angewandten Geographie und Raumplanung

Zum Begriff und Konzept der 'Angewandten Geographie'

Angewandte Geographie (Festschrift Erwin SCHEU). Hrsg. v. Ernst WEIGT. Nürnberg: Wirtschafts- und Sozialgeographisches Institut der Universität 1966. 223 S. = Nürnberger Wirtschafts- und Sozialgeographische Arbeiten 5.
Sammelband mit Einzelbeiträgen verschiedener Autoren zum Begriff der 'Angewandten Geographie' sowie zahlreichen angewandt-geographischen Fallbeispielen aus verschiedenen Räumen der Erde. Von den insgesamt für die Diskussion um Geographie und Praxis wichtigen Beiträgen können die zwei Aufsätze zur Konzeption der 'Angewandten Geographie' von E. WEIGT und A. KÜHN besonders hervorgehoben werden. Du

 KÜHN, Arthur sen.: Geographie, Angewandte Geographie und Raumforschung. In: Die Erde 93, 1962, S. 170-186.
Versuch der Abgrenzung von Geographie, Angewandter Geographie und Raumforschung vor allem anhand ihrer historischen Entwicklung mit Beispielen für heutige Tätigkeitsfelder. Angewandte Geographie und Raumforschung werden als normative Zweckwissenschaften definiert. Du

MOEWES, W.: Integrierende geographische Betrachtungsweise und Angewandte Geographie. Siehe 1.1.

RHODE-JÖCHTERN, Tilman: Geographie und Planung. Eine Analyse des sozial- und politikwissenschaftlichen Zusammenhangs. Marburg: Geographisches Institut der Universität 1975. 306 S. = Marburger Geographische Schriften 65.
Sehr kritische Analyse zur Frage der Eignung der (Sozial-)Geographie als Planungsdisziplin. Zunächst wird in einem eigenen Kapitel die gesellschaftliche Situation und das breite Spektrum gegenwärtiger Theoriekonzepte der 'politischen Planung in der BRD' umrissen. Im Hauptteil werden 3 ausgewählte Kernbereiche der (Sozial-)Geographie einer scharfen Kritik hinsichtlich ihrer wissenschaftstheoretischen Konsistenz und ihrer Planungseignung unterzogen: 1) Theorie der Sozialgeographie und Konzept der Grunddaseinsfunktionen, 2) Theorie der zentralen Orte, 3) die geographische Forschungsperspektive 'Umweltwahrnehmung'. Blo

Beispiele komplexer geographischer planungsorientierter Regionalanalysen

DÜRR, Heiner: Boden- und Sozialgeographie der Gemeinden um Jesteburg/ nördliche Lüneburger Heide. Ein Beitrag zur Methodik einer planungsorientierten Landesaufnahme in topologischer Dimension. Hamburg: Institut für Geographie und Wirtschaftsgeographie der Universität 1971. VII, 205 S. = Hamburger Geographische Studien 26.
Interessanter Versuch einer Weiterentwicklung traditioneller landeskundlicher Fragestellungen und Forschungstechniken in Richtung auf eine planungsbezogene Regionalanalyse, die in einem kleinräumigen Gebiet des südlichen Hamburger Ballungsrandes erprobt wird. Besonders hervorzuheben ist Teil 4, in dem die kultur- und sozialgeogra-

7.1
Lehrbücher und allgemeine Aspekte der Angewandten Geographie und Raumplanung

Raum für Zusätze

phischen Umbruchprozesse der Nachkriegszeit betrachtet werden, wobei die aktionsräumlichen Verhaltensweisen und das Problem der sozialgeographischen Gruppe im Mittelpunkt der Analyse stehen. Vorbildliche Kartographie, gelungene Kombination von Text und Graphiken (verschiedene Diagrammformen, Strukturdreieck etc.). Blo

DUCKWITZ, Gert: Möglichkeiten und Probleme der strukturellen Veränderung im Verdichtungsraum Siegen. Siehe 6.13.

MEYER, Rolf: Der Knüll als Entwicklungsgebiet. Materialien und Überlegungen zum Problem der Landesentwicklung in peripheren Mittelgebirgsräumen. Gießen: Geographisches Institut der Universität 1973. 101 S. = Gießener Geographische Schriften 30.
Mit dieser gründlichen kleinräumigen Untersuchung 'entwicklungsrelevanter' Struktur- und Funktionsmerkmale gelang es, anhand von Teilräumen des nordhessischen Knüllgebietes Art und Ausmaß der Rückständigkeit dieses Entwicklungsgebietes zu bestimmen. Damit konnten beispielhaft wichtige Entscheidungshilfen für realistische Entwicklungsmaßnahmen in derartigen Schwächeräumen der BRD erarbeitet werden. Die Fallstudie zeichnet sich auch durch gute themakartographische Darstellungen aus. Hei

Zur Einführung in allgemeine Aspekte der Raumordnung / Raumplanung

ALBERS, Gerd: Über das Wesen der räumlichen Planung. Versuch einer Standortbestimmung. Siehe 7.3.

▶ BRÖSSE, Ulrich: Raumordnungspolitik. Berlin/New York: de Gruyter 1975. 223 S. = Sammlung Göschen 9006. 19,80 DM.
✱ *Dieses Taschenbuch ist zugleich Handbuch, Lehrbuch und Nachschlagewerk zur Raumordnungspolitik und zeichnet sich aus durch ein ausgewogenes Verhältnis von Klarheit der Darstellung, Umfang und Preis. 'Die Raumplanung kann als Programm zukünftiger Aktivität bezeichnet werden, die praktische Raumordnungspolitik ist diese Aktivität'; nach dieser Definition ist das Buch zugleich ein Lehrbuch der Raumplanung. Besonderes Augenmerk gilt der Darstellung des raumordnungspolitischen Instrumentariums. Ein begrüßenswerter Exkurs: der Finanzausgleich.* Du

MAURER, Jakob: Repetitorium für Raumplaner. Zürich: Institut für Orts-, Regional- und Landesplanung der ETHZ 1975. 216 S. = Schriftenreihe zur Orts-, Regional- und Landesplanung 23.
In persönlichem Stil abgefaßtes Buch des an der ETH Zürich tätigen Professors für Methodik der Raumplanung. Es ist allerdings kein Repetitorium im üblichen Sinne, d.h. keine Sammlung von Fakten, Merksätzen und Rezepten, sondern eine Aufstellung von Fragen und Begriffen, die in etwa den Kenntnisstand des ausgebildeten Raumplaners umschreiben sollen. Darüber hinaus enthält das Buch Anleitungen zum Verständnis, zur Präzisierung und zur Operationalisierung von Problemsituationen aus der Raumplanerpraxis, an denen die Fähigkeit zur Problemanalyse geübt werden kann. Die leicht verständlich abgefaßte Schrift kann allen angehenden Diplomgeographen als Hilfe zur Gestaltung des Studienablaufs in der Hauptstufe (keinesfalls zur Einführung!) und als Anregung zum Selbststudium empfohlen werden. Blo

▶ PETZOLD, Volker: Modelle für morgen - Probleme von Städtebau und Umweltplanung. Hamburg: Rowohlt 1972. 137 S. = Rororo tele 51. 3,80 DM.
✱ *Dieses Taschenbuch stellt in anschaulicher und auch für den Laien verständlicher Form Beispiele von Siedlungs- und Freizeitplanungen vor. Die Auswahl 'gelungener' Planungsobjekte aus der BRD, England, Schweden, Dänemark und Frankreich verfolgt die Absicht, weiteste Kreise als Planungsbetroffene für eine Beteiligung an der Planung und Gestaltung ihrer Umwelt zu motivieren. Dabei wird für den Studierenden zugleich erkennbar, daß die Planung unserer Umwelt ein komplexes Verständnis von Umwelt voraussetzt.* Du

*7.1
Lehrbücher
und allgemeine
Aspekte der
Angewandten
Geographie und
Raumplanung*

Raum für Zusätze

▶ STAHL, Konrad und Gerhard CURDES: Umweltplanung in der Industriegesellschaft. Hamburg: Rowohlt 1970. 123 S. = Rororo tele 30. 4,80 DM.
✱ *Dieses Bändchen vermittelt eine engagiert geschriebene, leichtverständliche und anschauliche Einführung in Probleme, Zielvorstellunge Aufgaben der einzelnen Instanzen und Methoden der Raumplanung in de BRD. Behandelt wird auch die Frage der Beteiligung der Öffentlichkeit an Planungsprozessen.* Hei

▶ STORBECK, Dietrich: Grundfragen und Entwicklung der Raumplanung in der Bundesrepublik Deutschland (BRD). In: Bernhard SCHÄFERS (Hrsg.): Gesellschaftliche Planung. Materialien zur Planungsdiskussion in der BRD. Stuttgart: Ferdinand Enke 1973. S. 253-282.
Knapp gefaßter Aufsatz, der in großen Zügen einen Überblick über den Stand der bundesdeutschen Raumplanung geben will. Nach einer Klärung allgemeiner Planungsbegriffe und einem Abriß der Planungsentwicklung werden zahlreiche Grundfragen der Raumplanung kurz angeschnitten. Blc

Zur Theorie der Raumplanung

CHADWICK, George: A systems view of planning. Towards a theory of the urban and regional planning process. Oxford: Pergamon 1971. XIII, 390 S.
Anspruchsvoller Entwurf einer allgemeinen Planungstheorie, bezogen auf Stadt- und Regionalplanung, unter starker Verwendung systemtheoretischer Modellvorstellungen und mathematischer Darstellungsweisen (Planung als zielgerichtetes System). In die Darstellung eingestreut sind knappe Einführungen in verschiedene planungsrelevante Konzepte und Verfahren: systemtheoretische Grundlagen, Raumdimensionen, Interaktionsmodelle, allgemeine Modellbildung, lineare Programmierung etc. Zeigt die modernen Bemühungen um die Entwicklung einer Planungstheorie (hier auf der Basis der allgemeinen Systemtheorie), die freilich eine breite Kluft zur Planungspraxis entstehen läßt (was allerdings nicht der Theorie angelastet werden kann!). Blo

KLAGES, Helmut: Planungspolitik. Probleme und Perspektiven der umfassenden Zukunftsgestaltung. Stuttgart: Kohlhammer 1971. 167 S.
Sehr allgemein gehaltene soziologische Reflexion über gesamtgesellschaftliche Planung, die in engem Zusammenhang mit der Zukunftsforschung gesehen wird. Nach der heute allgemein eingetretenen Ernüchterung gegenüber der um 1970 vielfach herrschenden Gesamt-Entwicklungsplanungs-Euphorie dürfte der Entwurf von KLAGES, der für eine umfassende emanzipatorische Gesellschaftsplanung eintritt, vielfach utopisch erscheinen, doch kann man ihn deshalb noch nicht als 'überholt' abtun. Für die Diskussion der allgemeinen sozialwissenschaftlichen Grundlagen der Raumplanung bietet das Buch eine Fülle von Anregungen, insb. das 6. Kapitel, in dem einzelne kritische Planungsphasen (Zielerkennung, Ziel-Mittel-Zuordnung, Selbstbegrenzungen der Planung, Entscheidungen zwischen alternativen Ziel-Mittel-Systemen) behandelt werden. Blo

▶ MAURER, Jakob: Grundzüge einer Methodik der Raumplanung I. Zürich: Institut für Orts-, Regional- und Landesplanung an der ETH Zürich 1973. 150 S. = Schriftenreihe zur Orts-, Regional- und Landesplanung 14.
Entwurf eines theoretischen Grundgerüsts der Raumplanung. Ausgehend von einem Verständnis von Planung als 'Stückwerks-Technologie' (POPPER) werden sowohl allgemein-methodische Grundlagen (Begriff und Funktion der Raumplanung, Information in der Raumplanung, Prüfung von Methoden, Zwecke der Raumplanung, Vorstellung über die Realität) wie auch Aspekte der Realisierung (Pläne, Körperschaften, Planungsträger, dabei teilweise speziell für die Verhältnisse in der Schweiz) behandelt. Die Arbeit zeichnet sich aus durch eine bemerkenswert leichte Lesbarkeit und das Hervorheben von Kernsätzen. Blo

✱ SCHÄFERS, Bernhard (Hrsg.): Gesellschaftliche Planung. Materialien

7.1
Lehrbücher und allgemeine Aspekte der Angewandten Geographie und Raumplanung

Raum für Zusätze

zur Planungsdiskussion in der BRD. Stuttgart: Ferdinand Enke 1973. VIII, 419 S. 15,80 DM.
Sammelband in Taschenbuchform mit 17 Beiträgen und einer Einführung des Herausgebers. Behandelt werden Aspekte der Planungstheorie und -methodologie aus soziologischer Perspektive, bezogen auf die BRD. Der Schwerpunkt der Beiträge liegt auf allgemeinen wissenschaftstheoretischen und planungsphilosophischen Problemen, doch wird auch die Situation der gesellschaftlichen Planung in der BRD sowie die Planung in einzelnen Gesellschaftsbereichen behandelt (Stadtplanung, Raumplanung, Gesundheitsplanung, Bildungsplanung). Insgesamt ein 'Reader', der in recht anspruchsvoller Weise einen guten Überblick über den Stand der allgemeinen 'Planungstheorie' gibt. Blo

Zur Theorie der allgemeinen und der regionalen Planung. Bielefeld: Bertelsmann Universitätsverlag 1969. 199 S. = Beiträge zur Raumplanung 1.
Diese Aufsatzsammlung von 8 Mitarbeitern des interdisziplinären Zentralinstituts für Raumplanung an der Universität Münster enthält einige Beiträge, die auch für Fragen der Raumplanung im Rahmen der Angewandten Geographie und für die Theoriebildung und Methodik in der Kultur- und Sozialgeographie von Bedeutung sind: H. SCHELSKY: Über die Abstraktheiten des Planungsbegriffes in den Sozialwissenschaften; H.K. SCHNEIDER: Planung und Modell; H. SCHULTE: Öffentliche und private Fachplanung; P.G. JANSEN: Zur Theorie der Wanderungen; K. TÖPFER: Überlegungen zur Quantifizierung qualitativer Standortfaktoren. Hei

Zum Begriff und zur Konzeption der Entwicklungsplanung

KNALL, Bruno: Grundsätze und Methoden der Entwicklungsprogrammierung. Siehe 7.5.

KRUSE-RODENACKER, Albrecht: Grundfragen der Entwicklungsplanung. Siehe 7.5.

Raumplanung - Entwicklungsplanung. Hannover: Gebrüder Jänecke 1972. 164 S. = Veröffentlichungen der Akademie für Raumforschung und Landesplanung, Forschungs- und Sitzungsberichte 80.
Wichtiger Sammelband zur Diskussion des Verhältnisses von Raumplanung und Entwicklungsplanung. Die Einzelbeiträge verschiedener Autoren behandeln die begriffliche, methodische und rechtliche Bestimmung der Entwicklungsplanung, insbesondere die Aufgaben und Möglichkeiten der am weitesten fortgeschrittenen Stadt(Kommunal-)Entwicklungsplanung. Du

THORMÄHLEN, Thies: Integrierte Regionale Entwicklungsplanung. Möglichkeiten und Grenzen. Göttingen: Vandenhoeck & Ruprecht 1973. XII, 328 S. = Wirtschaftspolitische Studien 31.
'Regionalplanung' wird hier nicht als Planung auf einer mittleren räumlichen Ebene, sondern als umfassende Raumplanung (bezogen auf eine Hierarchie von Räumen) verstanden. Im Mittelpunkt der Untersuchung, die sich mit planungstheoretischen und planungsorganisatorischen Fragen befaßt, steht das Problem der Planungsintegration, das in 3 grundlegende Dimensionen aufgegliedert wird: 1) zeitliche Integration des Planungsablaufs, 2) sachliche Integration der Fachplanungen und 3) räumliche Integration mehrerer Planungsebenen. Erwähnenswert ist weiterhin das erste Kapitel, in dem in klarer und übersichtlicher Form Prinzipien und Grundbegriffe der integrierten regionalen Entwicklungsplanung diskutiert werden. Blo

▶ WAGENER, Frido: Zur Praxis der Aufstellung von Entwicklungsplanungen. In: Archiv für Kommunalwissenschaften 9, 1970, S. 47-63.
Knappe, aber fundierte Darstellung des Ablaufs komplexer staatlicher und kommunaler Entwicklungsplanungen (und deren Beeinflussung durch Verwaltung, Politik und Wissenschaft), die u.a. Aufgaben räumlicher Planung (Standortplanung), Planung der Ausstattung des Verwaltungs-

7.1
Lehrbücher und allgemeine Aspekte der Angewandten Geographie und Raumplanung

Raum für Zusätze

gebietes mit öffentlichen Einrichtungen und Anlagen (Infrastrukturplanung), Planung sozialökonomischer Bedingungen (Wirtschafts- und Siedlungsplanung), Organisations- und Finanzplanung umfaßt. Am Beispiel des Entwicklungsprogramms für ein Land oder eine Großstadt werden vereinfachend 12 einzelne Phasen des in Wirklichkeit noch komplexeren Planungsprozesses unterschieden.
Hei

Nachschlagewerke

Daten zur Raumplanung. Zahlen - Richtwerte - Übersichten. Hrsg. von der Akademie für Raumforschung und Landesplanung. Hannover: Gebrüder Jänecke 1969ff. = Veröffentlichungen der Akademie für Raumforschung und Landesplanung.
Loseblattsammlung von Daten und Übersichten aus Raumforschung und Raumordnung, wobei auf die Darstellung von Methoden weitgehend verzichtet wird. Als Nachschlagewerk und Informationsquelle sowohl für den Fachplaner als auch den Raumplaner zum schnellen Auffinden von Zahlen, Tabellen und Darstellungen zu räumlichen Problemen geeignet.
Du

GROCHLA, Erwin (Hrsg.): Handwörterbuch der Organisation. Ungekürzte Studienausgabe Stuttgart: Poeschel 1973 (^{1}1969). 1886 S.
Dieses umfassende Nachschlagewerk enthält in einzelnen Artikeln auch knappe Darstellungen über Probleme und Methoden der Organisation in der Raumplanung hinsichtlich der Entwicklung von Plänen, deren Durchsetzung und Kontrolle. Beispiele für einige Artikel: Ablaufdiagramme Theorie der Graphen, Innovationen, Modelle und Experimente, Simulation, Systemanalyse, Wachstum und Organisation.
Du

Handwörterbuch der Raumforschung und Raumordnung. Siehe 3.1.

* MALZ, Friedrich: Taschenwörterbuch der Umweltplanung. Begriffe aus Raumforschung und Raumordnung. München: List 1974. 671 S. = List Taschenbücher der Wissenschaft 1614. 25,00 DM.
Dieses allgemeinverständliche und relativ preiswerte Nachschlagewerk enthält ca. 500 Begriffe aus den Gebieten Raumforschung und Raumordnung und ist damit für den Studierenden, für den das 'Handwörterbuch der Raumforschung und Raumordnung' unerschwinglich ist, eine empfehlenswerte Alternative. Reichhaltige Querverweise, 60 Karten und Abbildungen sowie 10 Tabellen und zahlreiche Literaturhinweise zu den einzelnen Begriffen und Themenbereichen machen dieses Werk zu einem unentbehrlichen Studienbegleiter.
Du

Zur Entwicklung der Raumordnung in Deutschland

GRAMKE, Jürgen Ulrich: 'Raumordnung' in Deutschland in den Jahren 1871-1933. Eine kritische Darstellung der rechtlichen und tatsächlichen staatlichen Maßnahmen im Kaiserreich und in der Weimarer Republik, die den Raum wirksam beeinflußt haben. Düsseldorf: (Dissertationsdruck) 1972. 201 S.
Juristische Dissertation, die zugleich von erheblichem geographischen Interesse ist. Einleitend erfolgt eine Klärung des Begriffs 'Raumordnung' und verwandter Bezeichnungen. Die beiden Hauptteile über das Kaiserreich und die Weimarer Republik beinhalten eine leicht verständliche, gut gegliederte Erörterung der wichtigsten raumbeeinflussenden Gesetze, einschließlich der Einzelstaaten-Gesetzgebung, und ihrer 'Raumwirksamkeit'.
Hei

HUNKE, Heinrich: Raumordnungspolitik - Vorstellungen und Wirklichkeit. Untersuchungen zur Anatomie der westdeutschen Raumentwicklung im 20. Jahrhundert in ihrer demographischen und gesamtwirtschaftlichen Einbindung. Hannover: Gebrüder Jänecke 1974. 227 S. = Veröffentlichungen der Akademie für Raumforschung und Landesplanung, Abhandlungen 70.
Inwieweit ist Landesentwicklung machbar und bis zu welchem Grade ist

**7.1
Lehrbücher
und allgemeine
Aspekte der
Angewandten
Geographie und
Raumplanung**

Raum für Zusätze

sie ein irreversibler Vorgang? Die Studie von H. HUNKE will auf dem Hintergrund historischer Raumentwicklung Strukturen und Abläufe räumlicher Ordnung analysieren, fragt kritisch nach den Zielvorstellungen und behandelt das Problem des Handlungsspielraums in der Raumordnungspolitik der Zeit 1939-1970. Das Problem der Raumordnungsintervention ist regional auf Norddeutschland beschränkt. Betrachtung von Raumordnung und Landesentwicklung aus vorwiegend volkswirtschaftlicher Sicht.
Du

WERNER, Frank: Zur Raumordnung in der DDR. Berlin: Kiepert (um 1971). 129 S.
Informative kritische Überblicksdarstellung der Entwicklung der raumplanenden Verwaltung, der Planungsräume (Wirtschafts-, Administrativ- und Fördergebiete) sowie der Ziele und Instrumente der Raumordnungspolitik in der DDR bis zum Stand 1970/71 aus 'westlicher' Sicht. Der Verfasser (Geograph) skizziert auch den Stellenwert 'ökonomisch-geographischer' und städtebaulicher Forschung in Bezug zur Raumplanung.
Hei

Methoden der Raumplanung und der planungsbezogenen Raumanalyse

- Einführende Darstellungen und Lehrbücher

BARTELS, Dietrich: Beiträge der sozialwissenschaftlichen Geographie zu den Grundlagen der räumlichen Planung. Siehe 6.2.

BÖKEMANN, Dieter: Planungsbezogene Standorttheorie. Beziehungen zwischen Infrastruktur und Flächennutzung. Wien: Technische Hochschule Wien 1974. 20 S. = Antrittsvorlesungen der Technischen Hochschule in Wien 40.
Sehr knapp und konzentriert formulierte Einführung in die theoretischen Grundlagen einer planungsbezogenen Regionalforschung. Ausgehend von einem kurzen Überblick über die bisherigen raumtheoretischen Ansätze (insb. ökonomische Standorttheorien) wird deren mangelhafter Planungsbezug betont und versucht, mögliche Weiterentwicklungen aufzuzeigen. Gibt Einblick in die Bedeutung regionalwissenschaftlicher Grundlagen für die Raumplanung.
Blo

BOUSTEDT, Olaf: Grundriß der empirischen Regionalforschung. 4 Bände. Siehe 6.1.

HAGGETT, Peter: Locational analysis in human geography. Einführung in die kultur- und sozialgeographische Regionalanalyse. Siehe 6.1.

MÜLLER, J. Heinz: Methoden zur regionalen Analyse und Prognose. Siehe 4.2.

TREUNER, Peter: Fragestellungen der empirischen Regionalforschung. Siehe 6.2.

- Demographische Analyse und Prognose als Grundlage der Raumplanung

DHEUS, Egon: Die regionale Bevölkerungsprognose. Methode und Aussage mit Beispielen aus München. Siehe 6.4.

SCHWARZ, Karl: Demographische Grundlagen der Raumforschung und Landesplanung. Siehe 6.4.

SCHWARZ, Karl: Methoden der Bevölkerungsvorausschätzung unter Berücksichtigung regionaler Gesichtspunkte. Siehe 6.4.

- Zur Prognose räumlicher Entwicklungen

CHISHOLM, Michael, Allan E. FREY und Peter HAGGETT (Hrsg.): Regional forecasting. Siehe 1.1.

7.1
Lehrbücher
und allgemeine
Aspekte der
Angewandten
Geographie und
Raumplanung

Raum für Zusätze

▶ GEHMACHER, Ernst: Methoden der Prognostik. Eine Einführung in die Probleme der Zukunftsforschung und Langfristplanung. Freiburg: Rombach 1971. 126 S. = Rombach Hochschul Paperback 29.
Sehr knapp gefaßte, jedoch außerordentlich reichhaltige Darstellung verschiedenster Methoden der Zukunftsforschung, die sehr eng mit allgemeinen Planungs- und Entscheidungsmethoden verbunden oder größenteils identisch sind. Dargestellt werden Verfahren der einfachen Trendextrapolation, alternative Trendfunktionen, Netzplantechnik, Delphi-Technik, Analogiemodelle, Szenario, Kausalmodelle, komplexe Simulations- und Optimierungsmodelle. Der außerordentlich knapp gehaltene Haupttext wird ergänzt durch zahlreiche Beispiele. Blo

HAGGETT, Peter: Forecasting alternative spatial, ecological and regional futures: problems and possibilities. Siehe 1.1.

- Stadt- und Regionalmodelle in der Raumplanung

▶ KILCHENMANN, André: Zur Anwendung geographischer Regionalmodelle in der Praxis. Karlsruhe: Geographisches Institut der Universität 1974. 25 S. = Karlsruher Manuskripte zur Mathematischen und Theoretischen Wirtschafts- und Sozialgeographie 3.
Kurze kritische Betrachtung der Einsatz- und Aussagemöglichkeiten computerisierter mathematischer Regionalmodelle innerhalb von Planungsprozessen. Von den nach konzeptionellen Merkmalen unterschiedenen Modellansätzen (Interaktions-, Systemdynamische Modelle, Optimierungsansatz, Spiel-Simulation, Verhaltens- und Ökologie-Modelle) werden die Interaktionsmodelle (oder Gravitations-, Potential-, Lowry-Typ-Modelle) in diesem Beitrag ausführlicher behandelt, weil für diese Gruppe die Theorie, Dokumentation, Anwendungsbeispiele und Computerprogramme am besten entwickelt sind. Hei

KLATT, Sigurd, Jürgen KOPF und Bernhard KULLA: Systemsimulation in der Raumplanung. Hannover: Gebrüder Jänecke 1974. IX, 143 S. = Veröffentlichungen der Akademie für Raumforschung und Landesplanung, Abhandlungen 71.
Stark beeinflußt von den dynamischen Modellsimulationen von FORRESTER und MEADOWS entwickelten die Autoren ein eigenes Simulationsmodell (BAYMO 70), in dem zahlreiche Variablen der Sektoren Boden, Bevölkerung, Betriebe, Wohnungen, Infrastruktur und Staatshaushalt miteinander verknüpft sind und das Prognosen für die einzelnen Variablen ermöglicht. Zu beachten ist, daß die Kernprobleme dieser Modelle in der empirischen Bestimmung der Verknüpfungsregeln für die Variablen und in der Beschaffung geeigneter Daten liegen und daß davon die Güte der Prognosen wesentlich abhängt. Blo

▶ MASSER, Ian: Analytical models for urban and regional planning. Newton Abbot: David & Charles 1972. 164 S.
Relativ leichtverständliche, didaktisch geschickt aufgebaute Einführung in wichtige einfache mathematische Modellbildungen, die bei Grundlagenuntersuchungen für die Stadt- und Regionalplanung Anwendung finden können: Verfahren zur Analyse und Prognose der Bevölkerungsentwicklung und Wirtschaft (vor allem Gravitationsmodelle). Es wird ein Minimum mathematischer Kenntnisse vorausgesetzt; die zugrundegelegte Matrixalgebra wird im Anhang erläutert. Hinweise auf weiterführende Literatur und Computerbenutzung. Hei

McLOUGHLIN, J.B.: Simulation for beginners: the planting of a subregional model system. In: Regional Studies 3, 1969, S. 313-323.
Bericht über die Entwicklung eines einfachen Simulationsmodells für die Stadt Leicester (England) und Umgebung. Blo

POPP, W. u.a.: Entwicklung des Planungsmodelles SIARSSY. Bonn - Bad Godesberg: Bundesminister für Raumordnung, Bauwesen und Städtebau 1974. 205 S. = Schriftenreihe 'Städtebauliche Forschung' des Bundesministers für Raumordnung, Bauwesen und Städtebau 03.018.

Das Modell SIARSSY ('Simulative Analyse regionaler und städtischer Systeme') entstand als Weiterentwicklung der Züricher ORL-MOD-Simulationsmodells und bildet gegenwärtig wohl das den Erfordernissen der Planungspraxis am weitesten entsprechende räumliche Simulations- bzw. Prognosemodell. Das Heft enthält einen Bericht des Arbeitsteams über die Entwicklung bis zum Stand 1973 und über die Einzelansätze zur weiteren Differenzierung des Modells. Dadurch werden die Prinzipien der Modellkonstruktion - aber auch (die bisher noch) recht begrenzten praktischen Anwendungsmöglichkeiten - deutlich. Einschlägige Vorkenntnisse empfehlenswert. Blo*

REIF, Benjamin: Models in urban and regional planning. Siehe 6.2.

WILSON, Alan G.: Urban and regional models in geography and planning. Siehe 4.2.

- Spezielle Methoden

KILCHENMANN, André: Quantitative Geographie als Mittel zur Lösung von planerischen Umweltproblemen. In: Geoforum 12, 1972, S. 53-71.
Methodisch interessanter Beitrag, in dem - neben dem Versuch der begrifflichen Klärung von 'Quantitativer Geographie' - die Bedeutung spezieller quantitativer Verfahren als Hilfsmittel für die Raumplanung und Umweltforschung dargestellt wird: Anwendungsmöglichkeiten der bislang umstrittenen Faktorenanalyse qualitativer (!) Variablen zur Entwicklung von Eignungskarten für die Raumplanung; Konstruktion von 'Relativ-Räumen' (Zeit-, Kosten-Räume u.a.) und Entwicklung eines Zentralitätsmaßes zum Vergleich verschiedener Relativräume. Mathematisch-statistische Kenntnisse erforderlich. Hei

Methoden der empirischen Regionalforschung (1. Teil). Siehe 4.2.

Methoden der empirischen Regionalforschung (2. Teil). Siehe 6.15.

SCOTT, Allen J.: Combinatorial programming, spatial analysis and planning. Siehe 4.2.

THEIL, Henri, John C.G. BOOT und Teun KLOEK: Prognosen und Entscheidungen. Einführung in Unternehmensforschung und Ökonometrie. Siehe 6.15.

ZANGEMEISTER, Christof: Nutzwertanalyse in der Systemtechnik. Eine Methodik zur multidimensionalen Bewertung und Auswahl von Projektalternativen. 2. Aufl. München: Wittemannsche Buchh. 1971. 370 S.
Die Nutzwertanalyse gewinnt auch in der Angewandten Geographie und Raumplanung ständig an Bedeutung, da sie in Planungsprozessen mit einer Vielfalt von Zielkriterien angewandt werden kann und die Bewertungen der Planungsbeteiligten explizit mit einbezieht. In dieser gründlichen und ausführlichen Darstellung werden die allgemeinen Prinzipien des Verfahrens behandelt und an Beispielen knapp erläutert, so daß bei einem vertieften Studium mit Gewinn auf dieses Buch zurückgegriffen werden kann, auch wenn es aus der Perspektive der allgemeinen Systemanalyse und ohne Bezug zu Problemen der Raumplanung abgefaßt ist. Blo

Einzelaspekte der Raumplanung (vgl. dazu auch 7.2, 7.3 und 7.4)

- Raumplanung und Umweltschutz

KÜPPER, Utz Ingo und Reinhard WOLF: Umweltschutz in Raumforschung und Raumordnung. Siehe 7.4.

7.1
Lehrbücher
und allgemeine
Aspekte der
Angewandten
Geographie und
Raumplanung

Raum für Zusätze

- Infrastrukturplanung

ARNDT, Helmut und Dieter SWATEK (Hrsg.): Grundfragen der Infrastrukturplanung für wachsende Wirtschaften. Berlin: Duncker & Humblot 19 XII, 738 S. = Schriften des Vereins für Sozialpolitik, N.F. 58.
Aus der Vielzahl der in diesem umfangreichen Sammelband behandelten Themen ist nur ein Teil geographisch-raumplanerisch relevant, insb. Knut BORCHARDTs Grundsatzreferat zum Begriff der Infrastruktur, Edw. von BÖVENTER über die räumlichen Wirkungen von Investitionen, Horst Claus RECKTENWALD zur Kosten-Nutzen-Analyse und Peter TREUNER zur Bewertung von Infrastrukturinvestitionsprogrammen. Volkswirtschaftliche Vorkenntnisse erforderlich.
Bl(

JOCHIMSEN, Reimut und Udo E. SIMONIS (Hrsg.): Theorie und Praxis der Infrastrukturpolitik. Berlin: Duncker & Humblot 1970. XV, 846 S. = Schriften des Vereins für Sozialpolitik, N.F. 54.
Dieser umfassende Sammelband enthält insgesamt 37 Einzelbeiträge zu den verschiedensten grundsätzlichen theoretischen, methodischen und institutionellen Problemen des sehr weiten Bereiches der Infrastrukturpolitik bzw. -planung sowie einige empirische Fallstudien zu diesem Themenbereich, wodurch vor allem die Bedeutung der Infrastruktur für die heutige Wachstums-, Struktur- und Verteilungspolitik aufgezeigt wird. Einige Studien sind für den Geographen - und nicht nur für den angehenden Diplom-Geographen - von besonderem Interesse, zumal sie zumeist sehr knappe, problemorientierte Einführungen darstellen: z.B. über 'Städtebauliche Konzeptionen und Infrastrukturbereitstellung' (Gerd ALBERS), den 'Optimalen räumlichen Bezugsrahmen in der Infrastrukturpolitik' (Karl-Hermann HÜBLER) oder über 'Gewerbeparks als Instrument der regionalen Industrialisierungspolitik' (Hartmut NIESING).
Hei

- Angewandte Verkehrsgeographie / Verkehrsplanung

MÄCKE, Paul Arthur: Die formale Darstellung des regionalen Verkehrsbedarfs - eine Zusammenfassung. Siehe 6.20.

VETTER, Friedrich: Netztheoretische Studien zum niedersächsischen Eisenbahnnetz. Ein Beitrag zur angewandten Verkehrsgeographie. Siehe 7.2.

VETTER, Friedrich: Netztheoretische Untersuchungen zur ökonomisch optimalen Linienführung in ausgewählten Eisenbahnteilnetzen Mitteleuropas. Siehe 7.2.

WERNER, Christian: Zur Geometrie von Verkehrsnetzen. Die Beziehung zwischen räumlicher Netzgestaltung und Wirtschaftlichkeit. Berlin: Dietrich Reimer 1966. 136 S. = Abhandlungen des 1. Geographischen Instituts der Freien Universität Berlin 10.
Diese in hohem Maße abstrahierende, deduktiv angelegte Studie versucht, rein theoretisch - unter bestimmten Voraussetzungen (wie Verkehrsspannung, kilometrische Bau- und Betriebskosten) - Netzstrukturen in einem hypothetischen zweidimensionalen homogenen Verkehrsraum abzuleiten, die vom Gesichtspunkt einer Gesamtkostenrechnung her optimal sind. Die Arbeit beschäftigt sich mathematisch bzw. mit Hilfe geometrischer Konstruktionen u.a. mit einem wichtigen Grundproblem der Netztheorie: drei Verkehrsquellen mit zwei Verkehrsspannungen (Drei-Punkte-Problem). In den dargestellten Modellansätzen zur Gesamtkostenrechnung sind noch zahlreiche Sachverhalte bzw. Faktoren ausgeklammert worden, die auf die Wirtschaftlichkeit von Verkehrsnetzen Einfluß nehmen (z.B. Reliefenergie). Von der Demonstration der theoretischen Untersuchungsergebnisse an praktischen Beispielen wurde leider - mangels geeigneten Zahlenmaterials - völlig abgesehen. Die Ergebnisse sind somit insgesamt nur in beschränktem Umfang in der Praxis anwendbar.
Hei

7.1
Lehrbücher
und allgemeine
Aspekte der
Angewandten
Geographie und
Raumplanung

Raum für Zusätze

- Neugliederung   Siehe 6.5.

Statistische Grundlagen der Raumplanung

BOUSTEDT, Olaf unter Mitarbeit von Elfried SÖKER sowie J. GERHARDT und H.-J. BACH: Grundriß der empirischen Regionalforschung. Teil IV: Regionalstatistik. Siehe 8.1.

HOLLMANN, Heinz: Statistische Grundlagen der Regionalplanung. Siehe 8.1.

Karten und Atlanten zur Raumplanung

BOSSE, Heinz (Hrsg.): Deutsche Kartographie der Gegenwart in der Bundesrepublik Deutschland. Siehe 4.3.

Deutscher Planungsatlas. 10 Bände. Siehe 3.2.

Dortmund. Stadtentwicklung. Grundlagen für die Flächennutzungsplanung. Siehe 3.2.

Die Karte als Planungsinstrument. Hrsg. v. Siedlungsverband Ruhrkohlenbezirk. Essen: Siedlungsverband Ruhrkohlenbezirk 1970. 61 S. = Schriftenreihe Siedlungsverband Ruhrkohlenbezirk 36.
Beispielsammlung wichtiger thematischer Karten über planerische Aktivitäten des SVR. Folgende Planungsabsichten bzw. Bestandsaufnahmen aus dem Gebiet des SVR werden dargestellt: Gebietsentwicklungsplan 1966, Grünflächensystem, Verbandsverzeichnis, Bebauungsplan 'Die Haard', Industrie- und Gewerbeflächen, Straßennetz, Freizeit- und Erholungseinrichtungen, Nahverkehr, Wassergewinnung und Lagerung von Abfallstoffen, Raumordnungskataster, Amtliches Stadtplanwerk Ruhrgebiet, Luftbildpläne. Jedes Beispiel umfaßt: 1) editorische Angaben, 2) Einführung (Text), 3) Legende, 4) Kartenausschnitte.   Bra

Siedlungsverband Ruhrkohlenbezirk. Regionalplanung. Siehe 3.2.

Untersuchungen zur thematischen Kartographie (1. Teil). Siehe 4.3.

WITT, Werner: Thematische Kartographie. Siehe 4.3.

Bibliographien

Documentatio Geographica. Dokumentation zur Raumentwicklung. Siehe 3.3.

MAURER, Jakob: Literaturnotizen zur Raumplanung. Zürich: Institut für Orts-, Regional- und Landesplanung der ETHZ 1974. 222 S. = Schriftenreihe zur Orts-, Regional- und Landesplanung 20.
Zwar subjektive, aber darum auch informative Besprechung ausgewählter Literatur zur Raumplanung. Der Autor möchte mit dieser Schrift einen Kontakt zu Veröffentlichungen der Raumplanung, besonders hinsichtlich ihrer theoretischen Grundlagen und allgemeinen Methodik, herstellen, um dem Studierenden den Erwerb der notwendigen allgemeinen Grundlagen zu erleichtern.   Blo/Du

Referateblatt zur Raumentwicklung. Siehe 3.3.

Referateblatt zur Raumordnung. Siehe 3.3.

*7.2
Landes- und
Regionalplanung /
Regionale Wirtschaftspolitik*

Raum für Zusätze

7.2 Landes- und Regionalplanung / Regionale Wirtschaftspolitik

Zur ersten Einführung

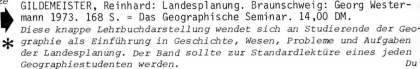

GILDEMEISTER, Reinhard: Landesplanung. Braunschweig: Georg Westermann 1973. 168 S. = Das Geographische Seminar. 14,00 DM.
Diese knappe Lehrbuchdarstellung wendet sich an Studierende der Geographie als Einführung in Geschichte, Wesen, Probleme und Aufgaben der Landesplanung. Der Band sollte zur Standardlektüre eines jeden Geographiestudenten werden. Du

WATERKAMP, Rainer: Interventionsstaat und Planung. Raumordnung, Regional- und Strukturpolitik. Köln: Verlag Wissenschaft und Politik 1973. 173 S.
Eine für einen breiten Leserkreis verfaßte, auch im Geographiestudium als erste Einführung geeignete Überblicksdarstellung der gesetzlichen Grundlagen und Ziele der Raumordnung und Raumplanung, Regional- und Strukturpolitik in der BRD, einzelnen Bundesländern sowie auch in den Europäischen Gemeinschaften. Hei

Zur Konzeption regionaler Entwicklungsplanung

FROMMHOLD, Gerhard: Regionalplanung als integrierte Entwicklungsplanung. Notwendigkeit, Aufgaben und Arbeitsverfahren. In: Raumforschung und Raumordnung 28, 1970, S. 261-266.
Dieser knappe Beitrag stellt die Dringlichkeit integrierter Planung sowie die Verflechtungen zwischen den einzelnen Hauptbereichen des menschlichen Daseins (Daseinsgrundfunktionen) heraus und veranschaulicht den Aufbau und Inhalt eines für die Belange der regionalen Entwicklungsplanung vom Verfasser entworfenen (allerdings noch stark verbesserungsfähigen) 'integrierten Planungsmodells'. Hei

HENNINGS, Gerd: Grundlagen und Methoden der Koordination des Einsatzes raumwirksamer Bundesmittel, dargestellt am Beispiel der Politikbereiche Raumordnungspolitik, regionale Gewerbestrukturpolitik und regionale Arbeitsmarktpolitik. Münster: Institut für Siedlungs- und Wohnungswesen der Universität 1972. XII, 344 S. = Beiträge zum Siedlungs- und Wohnungswesen und zur Raumplanung 2.
Gründliche Untersuchung zum Problem der Koordination landes- und regionalplanerischer Ziele und Instrumente in der BRD. Nach einer theoretischen Bestimmung des Koordinationsbegriffs steht im Mittelpunkt der Untersuchung eine Fallstudie des ostwestfälisch-niedersächsischen Grenzraumes, anhand deren die praktische Abstimmung der Planungsträger sowie der Ziele und Instrumente der Raumordnungs- und Regionalpolitik untersucht wird. Schließlich werden in einem Schlußkapitel Verbesserungen der bisher mangelhaften Koordination vorgeschlagen. Blo

JÜRGENSEN, Harald und Thies THORMÄHLEN: Regionale Entwicklungspläne: Ziele, Ansätze, Erfolgsmöglichkeiten. In: Neue Wege der Wirtschaftspolitik. Hrsg. v. Ernst DÜRR. Berlin: Duncker & Humblot 1972. S. 261-291. = Schriften des Vereins für Socialpolitik, N.F. 67.
Gehaltvoller Diskussionsbeitrag zur Frage der Zielbestimmung in der regionalen Wirtschaftspolitik im Verhältnis zur Raumordnungspolitik (ökonomische und außerökonomische Ziele, Zielkonflikte, Forderung nach einem konsistenten und koordinierten Zielsystem). Ferner werden die mangelnde Koordination regionalpolitischer Maßnahmen herausgestellt und Vorschläge zur Koordinierung vorgelegt. Abschließend wird das Problem der Erfolgskontrolle angeschnitten. Blo

**7.2
Landes- und
Regionalplanung /
Regionale Wirtschaftspolitik**

Raum für Zusätze

Methoden der Raumanalyse als Grundlage für die Landes- und Regionalplanung

– Einfache statistisch-ökonometrische Methoden zur Regionalanalyse und -prognose

MÜLLER, J. Heinz: Methoden zur regionalen Analyse und Prognose. Siehe 4.2.

RITTENBRUCH, Klaus: Zur Anwendbarkeit der Exportbasiskonzepte im Rahmen von Regionalstudien. Berlin: Duncker & Humblot 1968. 141 S. = Schriften zu Regional- und Verkehrsproblemen in Industrie- und Entwicklungsländern 4.
Eine besonders für (angehende) Diplomgeographen aufschlußreiche Abhandlung, die kritisch einfache - in der regionalen Wirtschaftsforschung häufig benutzte - Methoden der Regionalanalyse und -prognose auf die Möglichkeiten ihrer Anwendbarkeit hin untersucht. Der Verfasser kommt nach sehr eingehender Erörterung zu dem Schluß, daß diese bestimmten theoretischen Mindestbedingungen nicht genügen (z.B. Vernachlässigung intersektoraler Verflechtungen, der Auswirkungen von Investitionen, der sozialen Faktoren). Bei der anschließenden Diskussion anderer für den Regionalplaner (auch Geographen) praktikabler Prognoseinstrumente (z.B. Input-Output-Analyse) wird vor allem das wichtige Problem des Fehlens geeigneter Daten herausgestellt.
Hei

STORBECK, Dietrich: Zur Methodik und Problematik von Maßstäben der regionalen Konzentration. Siehe 4.2.

– Gemeindetypisierung

BOUSTEDT, Olaf: Gemeindetypisierung. Siehe 6.11.

SCHNEPPE, Friedrich: Gemeindetypisierung auf statistischer Grundlage. Die wichtigsten Verfahren und ihre methodischen Probleme. Siehe 6.11.

– Methoden der Raumgliederung / Planungsräume

BARTELS, Dietrich: Die Abgrenzung von Planungsregionen in der Bundesrepublik Deutschland - eine Operationalisierungsaufgabe. In: Ausgeglichene Funktionsräume. Grundlagen für eine Regionalpolitik des mittleren Weges. Hannover: Hermann Schroedel 1975. S. 93-115. = Veröffentlichungen der Akademie für Raumforschung und Landesplanung, Forschungs- und Sitzungsberichte 94.
Nach einer konzentrierten Einführung in die allgemeine Regionalisierungsproblematik (und einer Typologie von Regionsbegriffen) werden Kriterien zur Bildung von Planungsregionen diskutiert. Im zweiten Teil wird über einen Versuch berichtet, Bedingungen und Ziele zu operationalisieren, sowie eine Folge von 5 Regionsabgrenzungen (bei unterschiedlichen Erreichbarkeitsbedingungen) vorgestellt. Blo

BOUSTEDT, Olaf unter Mitarbeit von Elfried SÖKER und Ursel WOLFRAM: Grundriß der empirischen Regionalforschung. Teil I: Raumstrukturen. Siehe 6.1.

▶ Flurbereinigung bei Planungsräumen. In: Informationen zur Raumentwicklung, 1976, Heft 1, S. 1-80.
Interessantes Themenheft mit Diskussionsbeiträgen über Möglichkeiten und Probleme der Abgrenzung von Planungsräumen in der BRD. Karl GANSER stellt zunächst Grundsätze zur Bildung von Planungsräumen für das Bundesraumordnungsprogramm heraus. Günter KRONER und Hans-Reiner KESSLER schlagen anschließend eine diesen Grundsätzen entsprechende Planungsraumgliederung (nach der Erreichbarkeit von Oberzentren) vor.

7.2
Landes- und
Regionalplanung /
Regionale Wirtschaftspolitik

Raum für Zusätze

Rainer THOSS diskutiert die Abgrenzung von Regions-Hierarchien für die regionale Entwicklungspolitik. Gerhard CURDES, Florian FESTER und Peter HELMER stellen 'grundsätzliche Probleme der Raumabgrenzung für raumwirksame Maßnahmen' dar. Paul KLEMMER schlägt die Abgrenzung von Funktionalräumen für Planungszwecke nach 'regionalen Arbeitsmärkten und gehobenen mittelzentralen Verflechtungsbereichen' vor. Frido WAGENER führt den begrenzten Erfolg der Raumordnungspolitik z.T. auf die Raumabgrenzungsproblematik zurück. Informativ ist besonders die von Rainer LUTZE erstellte Kurzdokumentation bestehender Raumgliederungen in der BRD.   Hei

HOGEFORSTER, Jürgen und Hans-Rudolf JÜRGING: Die Abgrenzung homogener Planungsräume. Ein Beitrag zur Formulierung von Modellen für die Regionalplanung. Siehe 6.16.

KLEMMER, Paul und Dieter KRAEMER: Regionale Arbeitsmärkte. Ein Abgrenzungsvorschlag für die Bundesrepublik Deutschland. Bochum: Brockmeyer 1975. 282 S. = Beiträge zur Struktur- und Konjunkturforschung 1.
Im Rahmen der 'Gemeinschaftsaufgabe Verbesserung der regionalen Wirtschaftspolitik' wurden als Gutachten mehrere Raumgliederungen der BRD anhand der Pendlerverflechtungen durch P. KLEMMER und Mitarbeiter vorgenommen. Der vorliegende Band informiert über das Ergebnis des dritten, gemeindescharf vorgenommenen Abgrenzungsversuchs (sog 'Klemmer-III-Regionen'), das in modifizierter Form der Neuabgrenzung der Fördergebiete zugrunde gelegt wurde. Auf den ersten 40 Seiten wird zunächst eine knappe Darstellung der Aufgaben und Methode der Regionalisierung gegeben, während der folgende größere Teil eine detaillierte textliche Beschreibung der insgesamt 174 abgegrenzten Pendlerregionen ('Aktionsräume') enthält. Leider wird auf jegliche kartographische Darstellung verzichtet.   Blo

KRAEMER, Dieter: Funktionale Raumeinheiten für die regionale Wirtschaftspolitik. Bochum: Brockmeyer 1975. 253 S. = Bochumer Wirtschaftswissenschaftliche Studien 11.
Bemerkenswerte wirtschaftswissenschaftliche Dissertation zur Methodik der Regionalisierung für Zwecke der regionalen Wirtschaftspolitik. Behandelt werden: der Regionsbegriff, die Bedeutung regionalpolitischer Ziele für die Regionalisierung, grundlegende Verfahren der Regionalisierung (synthetische/analytische, deskriptive/normative, homogene/funktionale Raumgliederung), Probleme der Merkmalsauswahl, Techniken zur Abgrenzung funktionaler Regionen und erste Erprobung des sog. 'Funktional-Distanz-Ansatzes' (nach L.A. BROWN u.a. auf der Basis der Markov-Ketten-Analyse) zur Gliederung des Ruhrgebietes nach Pendlerverflechtungen. Die Arbeit zeigt beispielhaft die Anwendungsmöglichkeiten der von der Quantitativen Geographie entwickelten Analysemethoden.   Blo

Neuabgrenzung der Verdichtungsräume. Siehe 1.5.

▶ RUPPERT, Karl: Regionalgliederung und Verwaltungsgebietsreform als gesellschaftspolitische Aufgabe - Geographie im Dienste der Umweltgestaltung. In: Deutscher Geographentag Erlangen-Nürnberg 1971. Tagungsbericht und wissenschaftliche Abhandlungen. Wiesbaden: Franz Steiner 1972. S. 53-64. = Verhandlungen des Deutschen Geographentages 38.
In seinem Festvortrag zur Eröffnung des 38. Geographentages diskutiert RUPPERT einige zentrale Aspekte der staatlichen Raumorganisation und ihrer Neuordnung. Dabei werden einige Grundprinzipien der Gliederung in Planungsregionen und der territorialen Verwaltungsreform (bezogen vor allem auf Bayern) thesenartig zusammengestellt. Dann werden einige Probleme der politischen Verwirklichung sowie die Möglichkeiten zur Mitwirkung der Geographie angesprochen.   Blo

SCHUMACHER, Günther: Zur Abgrenzung und Bestimmung von Planungsre-

gionen. In: Geographica Helvetica 24, 1969, S. 195-202.
Knappe Darstellung wichtiger Kriterien und Probleme bei der Abgrenzung und Bestimmung von (vor allem schweizerischen) Planungsregionen, wobei Abgrenzungsmerkmale und -gesichtspunkte für Verkehrsregionen anhand der Region Bern besonders berücksichtigt werden.   Hei

Theorie und Praxis bei der Abgrenzung von Planungsräumen - dargestellt am Beispiel Nordrhein-Westfalen. Hannover: Gebrüder Jänecke 1972. 79 S. = Veröffentlichungen der Akademie für Raumforschung und Landesplanung, Forschungs- und Sitzungsberichte 77.
Dieser Sammelband enthält 5 Beiträge von Mitgliedern der interdisziplinär zusammengesetzten Landesarbeitsgemeinschaft Nordrhein-Westfalen der Akademie. Nach einem das Thema umfassend behandelnden Aufsatz von K. HOTTES ('Planungsräume; ihr Wesen - ihre Abgrenzungen'), in dem aus geographischer Sicht räumliche Gliederungsprinzipien, Planungsziele, planungsräumliche Komponenten und Kriterien zur Abgrenzung diskutiert werden, versucht U. BRÖSSE (Wirtschaftswissenschaftler), von den Zielen der Regionalplanung her eine Regionalisierung abzuleiten. Es folgen drei von Landesplanern verfaßte Beiträge über die Überlegungen, die zur Abgrenzung von landesplanerisch wichtigen Teilen ihres jeweiligen Planungsgebietes (Rheinland, Ruhrgebiet und Westfalen) geführt haben.   Hei

- Flächenbilanz

STREMPLAT, Axel: Die Flächenbilanz als neues Hilfsmittel für die Regionalplanung. Dargestellt am Beispiel von Oberhessen. Gießen: Geographisches Institut der Universität 1973. 61 S. und Kartenanhang. = Gießener Geographische Schriften 29.
Methodisch wichtiger Beitrag von seiten der Angewandten Geographie. Die vom Verfasser entwickelte und am Beispiel von Oberhessen erprobte Methode der Berechnung von Flächenbilanzen ermöglicht die Charakterisierung von Gebieten nach der Disponibilität für bestimmte Flächenansprüche. Diese Quantifizierung setzte die Kartierung aller wichtigen Einschränkungskriterien (z.B. Naturschutzgebiete, Freihaltestreifen von Leitungstrassen), die Ausplanimetrierung derartiger Flächen in einem Quadratgitternetz und Gewichtung der einzelnen Kriterien nach dem Maß ihrer Auswirkung auf die Einschränkung der Bebauung voraus. Nach Ermittlung der 'Bilanzen' pro Einheitsquadrat konnte unter Berücksichtigung von Bevölkerungsdaten eine Gebietstypisierung hinsichtlich künftiger Maßnahmen für die Bebauungsentwicklung durchgeführt werden. Gute Farbkartographie.   Hei

Rechtliche Grundlagen der Landes- und Regionalplanung

ERBGUTH, Wilfried: Probleme des geltenden Landesplanungsrechts - ein Rechtsvergleich. Münster: Institut für Siedlungs- und Wohnungswesen der Universität 1975. XXIII, 224 S. = Beiträge zum Siedlungs- und Wohnungswesen und zur Raumplanung 19.
Die Arbeit ist eine grundlegende Analyse des Bundesraumordnungsgesetzes (ROG) und der Landesplanungsgesetze, wobei der Frage nachgegangen wird, ob und inwieweit die Länder den durch das ROG gesetzten Rahmen ausfüllen bzw. erweitern. Besonderes Gewicht bekommt die Untersuchung durch die Klärung der in den Planungsgesetzen verwandten Begriffe, des Instrumentariums und der Organisation der Landesplanung sowie der Konzeption der Landesplanung als Entwicklungsplanung. Die rechtsvergleichende Arbeit ist gleichzeitig eine Einführung in die Planungsgrundlagen von Bund und Ländern.   Du

Landesplanung und Raumordnung. Hrsg. v. Wolfgang ULLRICH und Heinz LANGER. Neuwied: Luchterhand 1963ff. (Loseblattsammlung).
Aus z.Zt. 7 Bänden bestehende Loseblattsammlung von Rechtsvorschriften von Bund, Ländern und Gemeinden als Trägern der Planungshoheit. Laufende Ergänzung nach der Veröffentlichung neuer oder geänderter Vorschriften.   Du

**7.2
Landes- und
Regionalplanung /
Regionale Wirtschaftspolitik**

Raum für Zusätze

Raumordnung - Landesplanung - Regionalplanung. Hrsg. v. H. BRÜGELMANN, G. ASMUS, E.W. CHOLEWA und H.J. VON DER HEIDE. Stuttgart: Kohlhammer 1965ff. (Loseblattsammlung). = Kohlhammer Kommentare.
Neben der Kommentierung des Raumordnungsgesetzes vom 8. April 1965 enthält diese Loseblattsammlung alle Landesplanungsgesetze mit einer vergleichenden Einführung sowie die Satzungen einer Auswahl von Regionalplanungsgemeinschaften nebst Erläuterungen. Du

Programme und Berichte zur Bundesraumordnung, Landes- und Regionalplanung

- Bundesraumordnungsprogramm und Raumordnungsberichte der Bundesregierung

BRENKEN, Günter: Das Bundesraumordnungsprogramm. Entstehung, Inhalt und Bedeutung. In: Raumforschung und Raumordnung 33, 1975, S. 103-11
Informiert kurz über das am 14.2.1975 von der Ministerkonferenz für Raumordnung verabschiedete erste Bundesraumordnungsprogramm der BRD (BROP). Nachdem im ersten Teil über die von 1969 bis 1975 reichende Entstehungsgeschichte des BROP berichtet wird, enthält der zweite Teil eine knappe übersichtliche Inhaltszusammenfassung, während im 3. Teil die praktische Bedeutung und das Problem der Verwirklichung angesprochen werden. Blo

KOCH, Reinhold: Das Bundesraumordnungsprogramm - Aufgabe und Inhalt. In: Geographische Rundschau 28, 1976, S. 1-4, 1 Kartenbeilage.
Der sehr knappe Text besteht im wesentlichen aus kurzen Erläuterungen zur farbigen Kartenbeilage, die 6 Einzelkarten aus dem Bundesraumordnungsprogramm zur großräumigen strukturellen Entwicklung der BRD enthält: Lohn- und Gehaltsumme, Wanderungen, raumwirksame Bundesmittel zur Infrastruktur, Strukturschwächen. Blo

Raumordnungsbericht 1972. Bonn: Deutscher Bundestag 1972. 193 S. = Deutscher Bundestag, 6. Wahlperiode, Drucksache VI/3793.
Raumordnungsbericht 1974. Bonn: Deutscher Bundestag 1975. 171 S. = Deutscher Bundestag, 7. Wahlperiode, Drucksache 7/3582.
Der in zweijährigem Abstand erscheinende Bericht der Bundesregierung nach dem Bundesraumordnungsgesetz informiert über: räumliche Entwicklung des Bundesgebietes (Bestandsaufnahme, Entwicklungstendenzen); Auswirkungen zwischenstaatlicher Verträge auf die räumliche Entwicklung, besonders auf die regionale Wirtschaftsstruktur; Planungen und Maßnahmen der Raumordnungspolitik, gegliedert nach Schwerpunktbereichen (Raum- und Siedlungsstruktur, Bevölkerung, Flächennutzung, Natürliche Ressourcen, Arbeit, Energie, Verkehr, Bildung, Freizeit und Erholung). Der Anhang enthält im wesentlichen Verlautbarungen der Ministerkonferenz für Raumordnung und des Beirats für Raumordnung. Die in den letzten Ausgaben außerordentlich informativ gewordenen und reich mit Karten ausgestatteten Berichte sind für alle Geographen (und nicht nur für angehende Diplomgeographen) nachdrücklich zu empfehlen, zumal sie in Einzelstücken kostenlos abgegeben werden. Blo/Du

Raumordnungsprogramm für die großräumige Entwicklung des Bundesgebietes (Bundesraumordnungsprogramm). Bonn: Bundesminister für Raumordnung, Bauwesen und Städtebau 1975. IV, 53 S. = Schriftenreihe 'Raumordnung' des Bundesministers für Raumordnung, Bauwesen und Städtebau 06.002. Erschien auch: Deutscher Bundestag, 7. Wahlperiode, Drucksache 7/3584.
Das am 14.2.1975 von der Ministerkonferenz für Raumordnung beschlossene BROP erhält seine Bedeutung für die Raumordnung in Bund und Ländern nur unter Berücksichtigung der föderalistischen Struktur der BRD. Der dadurch erforderliche Kompromiß einerseits und die Partikularinteressen der Länder andererseits haben ein BROP entstehen lassen, dessen Aussagen oft unpräzise und auslegungsbedürftig sind. Das gilt insbesondere für das Kapitel I 'Ziele für die gesamträumliche

**7.2
Landes- und
Regionalplanung /
Regionale Wirt-
schaftspolitik**

Raum für Zusätze

Entwicklung des Bundesgebietes'. Die auf (sehr große) Gebietseinheiten bezogenen Daten sind veraltet und bedürfen, ebenso wie das Gesamtprogramm, einer baldigen Fortschreibung, wobei der Umstellung der Regionalisierung von Gebietseinheiten auf funktionale Bereiche (zentralörtliche Mittelbereiche) besondere Bedeutung zukommt. Trotz stark beschränkter Verbindlichkeit leistet das Programm eine begrüßenswerte Weiterentwicklung der Grundsätze und Ziele der Raumordnung nach § 2 ROG.   Du

Städtebaubericht 1975 der Bundesregierung. Siehe 7.3.

Zur Entwicklungsplanung der Bundesländer

Nordrhein-Westfalen. Probleme der Landesstruktur sowie Aufgaben und Ziele der Landesentwicklungsplanung. In: Raumforschung und Raumordnung 31, 1973, Heft 1, S. 1-48.
Dieses Themenheft der Zeitschrift enthält einige kürzere, jedoch informative Beiträge, die einen guten zusammenfassenden Überblick über die 'Grundlagen und Ziele der Landesentwicklung' in diesem größten Bundesland (Friedrich HALSTENBERG), über die 'Erfahrungen mit der Landesplanungsgesetzgebung in Nordrhein-Westfalen' (Hans-Gerhart NIEMEIER) und über die Aufgaben und Probleme der Landesplanung bzw. regionalen Entwicklungsplanung in den Planungsgebieten der (ehem.) Landesplanungsgemeinschaften Rheinland (Alfred LEHMANN), Westfalen (Heinz LANGER) und des Siedlungsverbandes Ruhrkohlenbezirk (Gottfried SCHMITZ) geben. Zwei weitere Beiträge beschäftigen sich mit den jüngeren sozio-ökonomischen Strukturwandlungen in Nordrhein-Westfalen (H.G. STEINBERG, V. von MALCHUS).   Hei

STREIBL, Max: Das bayerische Landesentwicklungsprogramm. In: Raumforschung und Raumordnung 33, 1975, S. 49-55.
Das anläßlich des 1974 verabschiedeten Entwurfs des bayerischen Landesentwicklungsprogramms gestaltete Themenheft (Nr. 2 des Jg. 33, 1975) enthält außer der knappen Darstellung der Gesamtkonzeption und der Einzelziele des Landesentwicklungsprogramms durch Max STREIBL weitere zusammenfassende und kritische Beiträge zur Landesplanung in Bayern von Ludwig HEIGL (Rechtliche Grundlagen, Aufgaben und Organisation), Karl RUPPERT (Planungsräume), Wolfgang ISTEL (zukünftige strukturräumliche Entwicklung), Helmut GRASSER (Kritik aus ökonomischer Sicht), Gerd ELVERS (Kritik aus der Sicht des Deutschen Gewerkschaftsbundes) und Andreas URSCHLECHTER (Kritik aus der Sicht einer Großstadt).   Hei

Zielsetzungen in den Entwicklungsprogrammen der Länder. Teil A: Vergleichende Darstellung. Teil B: Darstellung und Analyse der Zielsetzungen. Bad Gocesberg: Bundesforschungsanstalt für Landeskunde und Raumordnung 1972. = Mitteilungen aus dem Institut für Raumordnung 73.
Dieses Heft bringt in Teil A eine vergleichende Darstellung der Ziele und Maßnahmen in den Programmen der Landesplanung sowie anhand ihrer Pläne. Teil B bringt eine Darstellung und Analyse der Zielsetzungen nach Problemkreisen wie Zentrale Orte, System der Entwicklungsachsen, Verdichtungsräume, ländliche Räume, Erholungsgebiete, Umweltschutz, Bildungswesen. Außerdem Literaturhinweise zur Planung in den Ländern und im Bund.   Du

Bürgerbeteiligung am Planungsprozeß

▶ SCHÄFERS, Bernhard: Zur Genesis und zum Stellenwert von Partizipationsforderungen im Infrastrukturbereich. In: Raumforschung und Raumordnung 32, 1974, S. 1-6.
Das Heft 1 des Jg. 32, 1974, ist als Themenheft gestaltet mit dem 'Versuch der Bilanz' der bisherigen Bemühungen zur bürgerschaftlichen Beteiligung in der Raumplanung. Der genannte Beitrag von B. SCHÄFERS ist eine knappe, jedoch fundierte einführende Überblicksdarstellung, vor allem der Entwicklung der Partizipationsforderungen seit Ende

7.2
Landes- und Regionalplanung / Regionale Wirtschaftspolitik

Raum für Zusätze

der sechziger Jahre. Anschließend behandelt Peter C. DIENEL eingehen der das Problem der Bürgerbeteiligung an Landesplanung und Raumordnung hinsichtlich Fragestellung, Nachfrage und Antwortversuchen. Herbert BIERMANN untersucht kooperationstheoretische Ansätze der Stadt- und Regionalplanung. Es folgen Erfahrungsberichte zur Partizipation aus der Regionalplanung von Arthur BLOCH und Klaus FISCHER sowie aus der Landesplanung von Gerhard BAHR.
He:

Räumliche Konzeptionen zur Landes- und Regionalentwicklung

- Das System der zentralen Orte in der Landes- und Regionalplanung

HELLBERG, Hans: Zentrale Orte als Entwicklungsschwerpunkte in ländlichen Gebieten. Kriterien zur Beurteilung ihrer Förderungswürdigkeit Göttingen: Vandenhoeck & Ruprecht 1972. XIII, 125 S. = Beiträge zur Stadt- und Regionalforschung 4.
In dieser methodisch interessanten Arbeit wird mit Hilfe der Faktorenanalyse ein komplexer Zentralitätsindex auf der Basis von 45 Einzelvariablen für insgesamt 125 Klein- und Mittelzentren in Niedersachsen bestimmt. Damit bildet die Arbeit einen wichtigen Ansatz zum Problem der Quantifizierung von Zentralität. Im zweiten Teil wird nach einem knappen Überblick über die Konzeption der Entwicklungsschwerpunkte (nach PERROUX) eine Bestimmung der wirtschaftlichen Leistungskraft und der Standortgunst der zentralen Orte vorgenommen, um ein Bewertungssystem für ihre Förderungswürdigkeit im Rahmen der regionalen Wirtschaftspolitik zu entwickeln.
Blo

KLUCZKA, Georg: Zentrale Orte und zentralörtliche Bereiche mittlerer und höherer Stufe in der Bundesrepublik Deutschland. Siehe 6.14.

KLUCZKA, Georg: Nordrhein-Westfalen in seiner Gliederung nach zentralörtlichen Bereichen. Eine geographisch-landeskundliche Bestandsaufnahme 1964-1968. Siehe 6.14.

Neue Wege in der zentralörtlichen Forschung. Siehe 6.14.

Zentralörtliche Funktionen in Verdichtungsräumen. Siehe 6.14.

- Zum Modell punkt-achsialer Raumentwicklung

ISTEL, Wolfgang: Entwicklungsachsen und Entwicklungsschwerpunkte - Ein Raumordnungsmodell. Eine vergleichende Untersuchung unter besonderer Berücksichtigung Bayerns. München: Lehrstuhl für Raumforschung, Raumordnung und Landesplanung, TH München 1971. 163 S.
Die Arbeit untersucht im ersten Teil das Prinzip punkt-achsialer Entwicklung als Raumordnungsmodell zur Leitung und Steuerung raumbedeutsamer Maßnahmen in der Landesplanung. Im zweiten Teil wird dieses Modell in Bayern zur Anwendung gebracht. Ein dritter Teil der Arbeit bringt Beispiele punkt-achsialer Modelle in Ländern der BRD und im Ausland.
Du

Planung im ländlichen Raum

Entwicklung ländlicher Räume. Bonn: Eichholz 1974. XX, 272 S. = Studien zur Kommunalpolitik, Schriftenreihe des Instituts für Kommunalwissenschaften 2.
Sehr gehaltvolle und empfehlenswerte Abhandlung zur landes- und regionalplanerischen Problematik ländlicher Räume, erarbeitet von einer Arbeitsgruppe des Instituts für Kommunalwissenschaften unter Beteiligung namhafter Fachleute und unter der Leitung von Rüdiger GÖB. Das erste Kapitel enthält zunächst eine 'Bestandsaufnahme und Analyse' der gegenwärtigen Situation, dann folgt eine Diskussion der Ziele und Methoden der Raumordnungs- und Regionalpolitik sowie allgemeiner Entwicklungsstrategien. Den Hauptteil nimmt schließlich eine systematische Darstellung konkreter Entwicklungsmaßnahmen ein.

7.2
Landes- und
Regionalplanung /
Regionale Wirtschaftspolitik

Raum für Zusätze

Von besonderem Interesse erscheint die entwicklungspolitisch relevante Typisierung des ländlichen Raumes: A) Ländliche Räume im Einzugsbereich von Verdichtungsräumen, B) Ländliche Räume im Einzugsbereich ausgebauter Mittelzentren, C) Ländliche Räume im Bereich schwacher Mittelzentren. Blo

FISCHER, Klaus: Die ländliche Nahbereichsplanung. Grundlagen, Methoden und Leitmodelle. Hiltrup: Landwirtschaftsverlag (ca. 1970). 219 S. = Schriftenreihe für Flurbereinigung 52.
Für Planungen im ländlichen Raum bietet diese Untersuchung, für die der Nahbereich als räumliche Bezugsebene angenommen wird, einen wichtigen Beitrag. Modellbeispiele, Strukturanalysen, Verfahrensgrundsätze und Planungsbeispiele werden kartographisch-anschaulich dargestellt. Im Rahmen des Studiums der Angewandten Geographie im ländlichen Raum, aber auch für agrarstrukturelle Vorplanungen zur Durchführung von Flurbereinigungen empfehlenswert. Nig

GÖB, Rüdiger u.a.: Raumordnung und Bauleitplanung im ländlichen Raum. Stuttgart: Kohlhammer 1967. 189 S. = Schriften des Instituts für Städtebau und Raumordnung, Stuttgart, 1.
Dieser Sammelband enthält 11 Beiträge von recht heterogener Thematik (und Qualität), von denen hervorgehoben werden können: G. ISBARY: Zentrale Orte und Versorgungsnahbereiche; H. RÖHM: Strukturwandel der Landwirtschaft als Grundlage der Planung im ländlichen Raum; G. ALBERS: Wesen und methodische Grundlagen des Bebauungsplanes. Als einziger spezifisch geographischer Beitrag verdient ferner ein gedankenreicher Essay von W. MECKELEIN besondere Beachtung (Entwicklungstendenzen der Kulturlandschaft im Industriezeitalter), dessen allgemeine Thematik über die übrigen mehr planungsbezogenen Aufsätze hinausgeht. Blo

Grundlagen und Methoden der landwirtschaftlichen Raumplanung. Hannover: Gebrüder Jänecke 1969. 452 S. = Veröffentlichungen der Akademie für Raumforschung und Landesplanung.
Die 37 Beiträge dieses Bandes, der im Rahmen der Arbeiten des Forschungsausschusses 'Raum und Landwirtschaft' der Akademie entstand, befassen sich einleitend mit den Grundlagen und Elementen der Agrarplanung. Sie gliedern sich dann in 1) politische und sozialökonomische Planungsgrundlagen, 2) Methoden der landwirtschaftlichen Raumplanung. Unentbehrlich für die Behandlung ländlicher Raumordnungsprobleme. Nig

Der ländliche Raum. Randerscheinung oder integriertes Ausgleichsgebiet. Referate und Diskussionsbericht anläßlich der Wissenschaftlichen Plenarsitzung 1973 in Nürnberg. Hannover: Gebrüder Jänecke 1974. VII, 60 S. = Veröffentlichungen der Akademie für Raumforschung und Landesplanung, Forschungs- und Sitzungsberichte 89.
Das Heft enthält 5 Referate zu Grundproblemen der ländlichen Raumplanung. Im Vordergrund stehen ökonomische Aspekte, die durch ein allgemeines Grundsatzreferat (v. MALCHUS) sowie einen Beitrag zu ökologischen Problemen (KIEMSTEDT) ergänzt werden. Blo

▶ MEYER, Konrad: Ordnung im ländlichen Raum. Stuttgart: Eugen Ulmer 1964. 367 S.
Das Buch ist der Versuch einer Systematisierung aller Fragen und Probleme der Raumordnung und Landes- sowie Ortsplanung im ländlichen Raum. Wegen der stürmischen Entwicklung der Planungswissenschaften in den letzten 10 Jahren hat das Buch an Aktualität zwar eingebüßt, der Wert der systematischen Aufbereitung bleibt aber nach wie vor erhalten. Du

▶ STEFFEN, G.: Aufgaben der Betriebswirtschaftslehre für die Gestaltung des ländlichen Raumes und der Umwelt. In: Raumforschung und Raumordnung 33, 1975, S. 280-285.
Knappe konzentrierte, auch für den Geographen interessante Über-

7.2
Landes- und
Regionalplanung /
Regionale Wirtschaftspolitik

Raum für Zusätze

blicksdarstellung der Aufgaben des ländlichen Raumes, nicht nur im
Hinblick auf die Agrarproduktion, sondern auch als Träger anderer
wichtiger Funktionen (Verkehr, Bebauung, Freiraumfunktionen). Dargestellt werden die Aufgaben der verschiedenen Planungsebenen, die zur
Ordnung der Flächennutzung und der Umwelt im ländlichen Raum besteh
die Zuordnung des Agrarsektors zu den verschiedenen Ebenen der Raumplanung sowie die Einflüsse von Raumplanung und Umweltschutz auf ein
zelbetriebliche Entscheidungen.
He

Regionale Wirtschaftspolitik

- Zur Einführung

BRÖSSE, Ulrich: Raumordnungspolitik. Siehe 7.1.

STORBECK, Dietrich: Ansätze zur regionalen Wirtschaftspolitik. Ein
Beitrag zur Begriffsklärung. In: Raumforschung und Raumordnung 22,
1964, S. 248-259.
*Gründliche Diskussion verschiedener Begriffe, die unterschiedliche
Ansätze der regionalen Steuerung des Wirtschaftsgeschehens durch politische Maßnahmen kennzeichnen. Trotz bis zur Gegenwart teilweise
gewandelter Konzeptionen der regionalen Wirtschaftspolitik ist dieser Beitrag immer noch gut zur Einführung geeignet.* Hei

- 'Rahmenpläne' zur regionalen Wirtschaftspolitik in der BRD

Dritter Rahmenplan der Gemeinschaftsaufgabe 'Verbesserung der regionalen Wirtschaftsstruktur' für den Zeitraum 1974 bis 1977. Bonn: Deutscher Bundestag 1974. 150 S. = Deutscher Bundestag, 7. Wahlperiode,
Drucksache 7/1769.
Vierter Rahmenplan der Gemeinschaftsaufgabe 'Verbesserung der regionalen Wirtschaftsstruktur' für den Zeitraum 1975 bis 1978. Bonn: Deutscher Bundestag 1975. 162 S. = Deutscher Bundestag, 7. Wahlperiode,
Drucksache 7/3601.
*Auf der Grundlage des Gesetzes über die Gemeinschaftsaufgabe 'Verbesserung der regionalen Wirtschaftsstruktur' (GRW) vom 6.10.1969 beschließen der Bundeswirtschafts- und -finanzminister sowie die Wirtschaftsminister und -senatoren der 11 Bundesländer in jährlichem Abstand sog. 'Rahmenpläne'. Die Pläne enthalten jeweils eine allgemeine Einführung in die Ziele und Grundprinzipien, im zweiten Teil eine
Darstellung der Regelungen über Voraussetzungen, Art und Intensität
der Förderung, im dritten Teil eine Auflistung der einzelnen Regionalen Aktionsprogramme, sowie im Anhang Tabellen, Gesetzes- und Richtlinientexte und eine Karte mit Förderungsgebieten und -orten.* Blo

- Umfassende Darstellungen zur Konzeption der regionalen Wirtschaftspolitik

FISCHER, Georges: Praxisorientierte Theorie der Regionalforschung.
Analyse räumlicher Entwicklungsprozesse als Grundlage einer rationalen Regionalpolitik für die Schweiz. Tübingen: Mohr (Paul Siebeck)
1973. 300 S. = St. Galler Wirtschaftswissenschaftliche Forschungen 29
*Umfassende Darstellung allgemeiner Grundprobleme der Regionalpolitik,
theoretischer Grundlagen der Erfassung und Erklärung regionaler Entwicklungsprozesse und - allerdings überwiegend wirtschaftswissenschaf
licher - Methoden zur Analyse teilräumlicher Entwicklungsprozesse. In
jeweils knappen Abschnitten werden die für die Regionalpolitik wichtigen Ergebnisse zusammengefaßt. Obwohl die Arbeit auf die speziellen
raumordnungspolitischen Verhältnisse der Schweiz zugeschnitten ist,
wurden regionale Beispiele oder konkrete Einzelmaßnahmen zur Regionalplanung nicht berücksichtigt.* Hei

LAUSCHMANN, Elisabeth: Grundlagen einer Theorie der Regionalpolitik.
2. Aufl. Hannover: Gebrüder Jänecke 1973. 414 S. = Veröffentlichungen

7.2 Landes- und Regionalplanung / Regionale Wirtschaftspolitik

Raum für Zusätze

der Akademie für Raumforschung und Landesplanung, Taschenbücher zur Raumplanung 2. 16,00 DM.

Umfassendste deutschsprachige Bestandsaufnahme der (heterogenen) theoretischen und methodischen Ansätze der Raumwirtschaftslehre und Regionalpolitik mit Einführungscharakter. Die Darstellung basiert auf außerordentlich breitem Literaturstudium, wobei auch die wichtigsten englischsprachigen Arbeiten mitberücksichtigt wurden. Behandelt werden 4 größere Themenkomplexe: Der erste Teil 'Bildung und Abgrenzung von Wirtschaftsräumen und Regionen' ist leider zu knapp geraten und vernachlässigt eine Anzahl wichtiger geographischer Beiträge bzw. Ergebnisse zur wirtschaftsräumlichen Gliederung. Der Teil 2 ist für Geographen von besonderer Bedeutung, denn er vermittelt einen gelungenen Überblick über 'ökonomische Gesetzmäßigkeiten in der räumlichen Ordnung der Wirtschaft' (u.a. Modelle von THÜNEN, CHRISTALLER, LÖSCH). Der anwendungsbezogene 3. Teil behandelt grundlegende Methoden zur empirischen Analyse räumlicher Wirtschaftsbeziehungen und ergänzt damit teilweise die allerdings insgesamt ausführlicheren Darstellungen von J.H. MÜLLER im 1. Band dieser Taschenbuchreihe (vgl. hier 4.2). Der 4. Teil schließlich ist ausgesprochen regionalpolitisch ausgerichtet und behandelt Ziele, Instrumente, Probleme und Möglichkeiten einer Erfolgskontrolle in der Regionalpolitik. Das Buch verdeutlicht zwar insgesamt die bestehende Heterogenität der theoretischen Basis der Regionalpolitik bzw. regionalen Wirtschaftspolitik, ist aber dennoch im Rahmen des Geographiestudiums zur Lektüre dringend zu empfehlen.
                                                                                                                Hei

▶ MÜLLER, J. Heinz: Regionale Strukturpolitik in der Bundesrepublik. Kritische Bestandsaufnahme. Göttingen: Otto Schwartz 1973. 40 S. = Kommission für wirtschaftlichen und sozialen Wandel 3.
Eine zwar nicht mehr ganz aktuelle, aber immer noch wichtige zusammenfassende und kritische Darstellung der Entwicklung der 'regionalen Strukturpolitik' (synonym: 'Regionalpolitik', 'regionale Wirtschaftspolitik') in der Nachkriegszeit, der regionalen Aktionsprogramme als zentrale Förderungsmaßnahmen, der Ziele und speziellen Probleme dieser Politik zu Beginn der siebziger Jahre. Es werden vor allem die Faktoren herausgestellt, die die Wirksamkeit der regionalen Wirtschaftspolitik in der BRD stark einschränken.
                                                                                                                Hei

- Zum Konzept der Entwicklungsschwerpunkte und Entwicklungsachsen

BERRY, Brian J.L.: Hierarchical diffusion: the basis of developmental filtering and spread in a system of growth centers. Siehe 6.9.

HANSEN, Niles M. (Hrsg.): Growth centers in regional economic development. New York: Free Press und London: Collier-Macmillan 1972. XV, 298 S.
Sammelband mit 11 Beiträgen zur Theorie der Wachstumspole (nach F. PERROUX) aus der Sicht der Raumwirtschaftslehre, Wirtschaftsgeographie und regionalen Wirtschaftspolitik. Während die ersten 7 Aufsätze einen guten und größtenteils auch leicht verständlichen Überblick über theoretische Aspekte geben, behandeln die letzten 4 Beiträge regionale Probleme Nordamerikas. Die theoretischen Ansätze versuchen vor allem, die Theorie der Wachstumspole mit anderen Raumtheorien (Standorttheorien, Diffusionstheorien) zu verknüpfen. Teilweise sind Vorkenntnisse erforderlich.
                                                                                                                Blo

▶ KLEMMER, Paul: Die Theorie der Entwicklungspole - strategisches Konzept für die regionale Wirtschaftspolitik? In: Raumforschung und Raumordnung 30, 1972, S. 102-107.
Fundierte anwendungsbezogene, kritische Betrachtung der zuerst von der französischen Raumwirtschaftslehre im Rahmen der aufkommenden Regionalisierung der französischen 'Planification' entwickelten Theorie - auch 'Theorie der Wachstumspole', 'Theorie der polarisierten regionalen Entwicklung' oder 'Theorie der Wachstumszentren' genannt. Der Beitrag stellt vor allem den entscheidenden Mangel der Theorie

7.2
Landes- und
Regionalplanung/
Regionale Wirtschaftspolitik

Raum für Zusätze

heraus: die zu einseitige Berücksichtigung der von großen ('motorischen') Industrien ausgehenden 'polarisierenden Effekte' bzw. Wachstumsimpulse, bedingt durch Liefer- und Empfangsverflechtungen. Ausgeklammert werden in der Theorie die für Industrieansiedlungen häufig weit wichtigeren Vorbedingungen des Arbeitsmarktes und der Infrastrukturausstattung. Die Theorie der Entwicklungspole bietet daher nach Meinung des Verfassers für die meisten regionalpolitischen Aufgaben in der BRD kein ausreichendes strategisches Konzept. He:

KUKLINSKI, Antoni (Hrsg.): Growth poles and growth centres in regional planning. Siehe 7.5.

- Industrieansiedlungspolitik

BALLESTREM, Ferdinand Graf von: Standortwahl von Unternehmen und Industriestandortpolitik. Ein empirischer Beitrag zur Beurteilung regionalpolitischer Instrumente. Siehe 6.19.

FÜRST, Dietrich und Klaus ZIMMERMANN: Standortwahl industrieller Unternehmen. Ergebnisse einer Unternehmensbefragung. Siehe 6.19.

HOLDT, Wolfram: Industrieansiedlungen und ihre Auswirkungen auf das Arbeitsplatzangebot, dargestellt am Beispiel ausgewählter Städte und Kreise des Landes Nordrhein-Westfalen. Siehe 6.19.

HOLDT, Wolfram: Industrieansiedlungsförderung als Instrument der Regionalpolitik. Münster: Institut für Siedlungs- und Wohnungswesen de Universität 1974. VI, 234 S. = Beiträge zum Siedlungs- und Wohnungswesen und zur Raumplanung 13.
Gründliche volkswirtschaftliche Untersuchung zu Grundfragen der Industrieansiedlungsförderung, bezogen vor allem auf ländliche Räume. Zwe Fragen werden schwerpunktmäßig behandelt: 1) Welche Standorte eignen sich für die Förderung der Industrieansiedlung? und 2) Welche Ansiedlungsobjekte sind förderungswürdig? Volkswirtschaftliche Grundkenntnisse sind erforderlich. Blo

KLEIN, Hans-Joachim: Möglichkeiten und Grenzen einer operationalen Erfolgskontrolle in der regionalen Wirtschaftspolitik. In: Raumforschung und Raumordnung 31, 1973, S. 86-92.
Dieser knappe Beitrag stellt das Fehlen bzw. die Notwendigkeit einer umfassenden Erfolgskontrolle nach der geförderten Ansiedlung gewerblicher Produktionsbetriebe in den Fördergebieten der BRD sowie die Unzulänglichkeit des von Bund und Ländern in der praktischen Regionalpolitik angestrebten einseitigen Zieles, nämlich der Schaffung neuer Arbeitsplätze, heraus. Hei

NIESING, Hartmut: Die Gewerbeparks ('industrial estates') als Mittel der staatlichen regionalen Industrialisierungspolitik, dargestellt am Beispiel Großbritannien. Berlin: Duncker & Humblot 1970. 193 S. = Schriften zu Regional- und Verkehrsproblemen in Industrie- und Entwicklungsländern 7.
Gründliche volkswirtschaftliche Untersuchung der Voraussetzungen und Auswirkungen der Ansiedlung staatlicher Gewerbeparks in den wirtschaftlichen Problemregionen Großbritanniens (seit den 30er Jahren). Leider fehlen (exemplarische) kartographische Darstellungen von 'Industrial Estates', wodurch bestehende Gestaltungs- und Nutzungsdifferenzierungen hätten veranschaulicht werden können. Hei

SCHILLING, Helmut: Standortfaktoren für die Industrieansiedlung. Ein Katalog für die regionale und kommunale Entwicklungspolitik sowie die Standortwahl von Unternehmungen. Siehe 6.19.

**7.2
Landes- und
Regionalplanung /
Regionale Wirtschaftspolitik**

Raum für Zusätze

- Arbeitnehmermobilität und Regionalpolitik

ZIMMERMANN, Horst, unter Mitarbeit von Klaus ANDERSECK, Kurt REDING und Amrei ZIMMERMANN: Regionale Präferenzen. Wohnortorientierung und Mobilitätsbereitschaft der Arbeitnehmer als Determinanten der Regionalpolitik. Siehe 6.4.

- Infrastrukturpolitik im Rahmen der regionalen Wirtschaftspolitik

ARNDT, Helmut und Dieter SWATEK (Hrsg.): Grundfragen der Infrastrukturplanung für wachsende Wirtschaften. Siehe 7.1.

JOCHIMSEN, Reimut und Udo E. SIMONIS (Hrsg.): Theorie und Praxis der Infrastrukturpolitik. Siehe 7.1.

Verschiedene Fachplanungen

- Standorte von Energieversorgungseinrichtungen

Zur Standortproblematik in der regionalen Energiewirtschaft - mit besonderer Berücksichtigung der Landesentwicklung in Bayern. Siehe 6.19.

- Regionale Verkehrsplanung

HOFFMANN, Rudolf: Rückzug der Eisenbahnen aus der Fläche? Ein Problem der Regional- und der Verkehrspolitik. Siehe 6.21.

▶ OETTLE, Karl: Forderungen der Landesplanung an die Verkehrsplanung. In: Raumforschung und Raumordnung 30, 1972, S. 108-116.
Gute Einführung in die Interdependenzen zwischen den verschiedenen Aufgaben und Zielen der Landesplanung und der Verkehrsplanung bzw. Verkehrspolitik. Herausgearbeitet wird vor allem die raumwirtschaftliche Bedeutung der Verkehrsplanung. Hei

Öffentlicher Nahverkehr außerhalb der Verdichtungsräume. In: Raumforschung und Raumordnung 32, 1974, Heft 6
Dieses Themenheft ist der - nicht nur sozialpolitisch begründbaren - Notwendigkeit des stärkeren Ausbaus des öffentlichen Nahverkehrs im 'ländlichen Raum' bzw. in Räumen mit weniger verdichteten Siedlungsstrukturen gewidmet. Sechs kurze Grundsatzbeiträge und Einzelstudien von Walter LABS, Nikolaus L. MEYER, Dieter KANZLERSKI, Konrad SCHLIEPHAKE, Rudolf HOFFMANN und Rolf HANSEN geben vielfältige Anregungen zur Entwicklung von (bislang stark vernachlässigten) Konzeptionen des öffentlichen Nahverkehrs in diesen Räumen. Hei

PREDÖHL, Andreas: Verkehrspolitik. Siehe 6.21.

Die Regionalstadt und ihre strukturgerechte Verkehrsbedienung. Siehe 6.21.

▶ VETTER, Friedrich: Netztheoretische Studien zum niedersächsischen Eisenbahnnetz. Ein Beitrag zur angewandten Verkehrsgeographie. Berlin: Dietrich Reimer 1970. 150 S. = Abhandlungen des 1. Geographischen Instituts der FU Berlin 15.
▶ VETTER, Friedrich: Netztheoretische Untersuchungen zur ökonomisch optimalen Linienführung in ausgewählten Eisenbahnteilnetzen Mitteleuropas. In: Die Erde 105, 1974, S. 135-150.
Die zuerst genannte umfangreiche Fallstudie (Diss.) vermittelt eine gute Einführung in Anwendungsmöglichkeiten und Aussagekraft der quantitativen Beschreibung bzw. des Vergleichs von Verkehrsnetzmodellen mit Hilfe von graphentheoretischen Konnektivitätsmaßen (Netzindizes). Im Kapitel 2 wird zunächst, in z.T. starker Anlehnung an K.J. KANSKY (1963), ein leicht verständlicher Überblick über netztheoretische Definitionen und die gebräuchlichsten Beschreibungsverfahren gege-

7.2
Landes- und
Regionalplanung/
Regionale Wirtschaftspolitik

Raum für Zusätze

ben. Schwerpunkte der Untersuchung bilden vor allem die Analyse der zeitlichen Variationen des Eisenbahnnetzes mit Hilfe von Netzindizes, die Korrelationen der Indizes von Teilnetzen mit ausgewählten 'relevanten Raumfaktoren', die Simulation eines 'optimalen' Netzmodells und der netztheoretische Vergleich zwischen Netzmodellen und dem bestehenden Eisenbahnnetz in Niedersachsen. - Der zweite, knappe Beitrag zeigt anhand von 4 ausgewählten Beispielräumen (Brandenburg, Niederösterreich, Niedersachsen und Hessen) mit Hilfe der gleichen Methodik die Möglichkeit der Simulation von Eisenbahn-Modellnetzen und deren Beschreibung durch Netzindizes.   Hei

VOIGT, Fritz: Theorie der regionalen Verkehrsplanung. Ein Beitrag zur Analyse ihrer wirtschaftlichen Problematik. Berlin: Duncker & Humblot 1964. 263 S. = Verkehrswissenschaftliche Forschungen 10.
Umfassende systematische Darstellung aus der Feder des führenden Verkehrswissenschaftlers. Nach einer knappen Einführung in Begriffe und Wesen der regionalen Verkehrsplanung steht die Durchführung der regionalen Verkehrsplanung mit den Kapiteln 1) Zielsetzung, 2) Situationsanalyse und 3) Maßnahmen im Mittelpunkt.   Blo

- <u>Standortplanung öffentlicher Versorgungseinrichtungen</u>

Funktionelle Erfordernisse zentraler Einrichtungen als Bestimmungsgröße von Siedlungs- und Stadteinheiten in Abhängigkeit von Größenordnung und Zuordnung. Siehe 6.14.

LAUX, Eberhard, Heinz NAYLOR und Heinz ESCHBACH: Zum Standortproblem bei öffentlichen Einrichtungen. Siehe 6.20.

- <u>Regionale Bildungsplanung</u>

BAHRENBERG, Gerhard: Zur Frage optimaler Standorte von Gesamthochschulen in Nordrhein-Westfalen. Eine Lösung mit Hilfe der linearen Programmierung. In: Erdkunde 28, 1974, S. 101-114.
Die in diesem Beitrag getroffenen Standortempfehlungen für Hochschulneuplanungen basieren auf der Konstruktion eines 'optimalen' Netzes von Hochschulstandorten, das die (mit Hilfe von Luftlinien abgeschätzten) Gesamtreisezeiten der Studenten minimiert und vom räumlichen Gesichtspunkt her 'sozial gerecht' ist. Die Optimierung erfolgte mit Hilfe eines linearen Programmierungsmodells mit ganzzahligen Lösungen, dessen mathematischer Ansatz leichtverständlich und zugleich kritisch aufgezeigt wird, so daß der Beitrag eine gute Einführung in die bislang in der deutschen Geographie vernachlässigte Methode darstellt. Die Einzelergebnisse sind im Hinblick auf konkrete Standortplanungen nicht nur wegen der Nichtberücksichtigung der Mikrostandorte, sondern auch wegen der relativ groben Ausgangsdaten und räumlichen Bezüge noch unbefriedigend.   Hei

Beiträge zur Regionalen Bildungsplanung. Siehe 6.7.

Bildungsplanung und Raumordnung. Siehe 6.7.

 GEIPEL, Robert: Bildungsplanung und Raumordnung als Aufgaben moderner Geographie. In: Geographische Rundschau 21, 1969, S. 15-26.
Die Studie fragt nach dem Ansehen und der Bedeutung von Planung und Geographie und erläutert ihren Stellenwert an Beispielen aus der regionalen Bildungsforschung aus Hessen und Rheinland-Pfalz. Abiturienten, Realschulabsolventen, Lehrernachwuchs sowie das Verhältnis von Bildungsbeteiligung und Berufsstrukturen werden analysiert und in ihrer Bedeutung für die Landesentwicklung untersucht. Methoden der Angewandten Geographie auf dem Gebiet der Bildungsforschung und Bildungsplanung sollen stärker in der Öffentlichkeit bekannt und ihre Bedeutung in der Schulgeographie bewußt gemacht werden.   Ma

GEIPEL, Robert: Bildungsplanung und Raumordnung. Siehe 6.7.

7.2
Landes- und
Regionalplanung /
Regionale Wirt-
schaftspolitik

Raum für Zusätze

GEISSLER, Clemens: Hochschulstandorte - Hochschulbesuch. Siehe 6.7.

LINDE, Horst: Hochschulplanung. Siehe 6.7.

MAYR, Alois: Zur Verflechtung von Landesentwicklungsplanung und Bildungsplanung in den Raumordnungsprogrammen der Bundesländer. In: Raumforschung und Raumordnung 33, 1975, S. 185-201.
Dieser Beitrag stellt die in den Landesplanungsgesetzen sowie den Raumordnungs- und Landesentwicklungsprogrammen der einzelnen Bundesländer getroffenen Aussagen zur Bildungsplanung zusammen und bewertet diese in einer vergleichenden Betrachtung, vor allem unter dem Hauptgesichtspunkt der Standortbestimmungen der Bildungseinrichtungen sowie der Integration der verschiedenen allgemeinen und beruflichen Bildungswege. Dabei interessiert insbesondere die Frage, inwieweit bei Standortbestimmungen von Bildungsinstitutionen Mitbestimmungen von Gemeinden bzw. Gemeindeverbänden erfolgen. Hei

MEUSBURGER, Peter: Landes-Schulentwicklungsplan von Vorarlberg. Siehe 6.7.

- Regionale Gesundheitsplanung

BOPP, Sigrid: Regionale Krankenhausplanung. Versuch ihrer theoretischen Erfassung und Untersuchung der Praxis in der Bundesrepublik, in den USA und in England. Berlin: Duncker & Humblot 1970. 115 S. = Schriften zu Regional- und Verkehrsproblemen in Industrie- und Entwicklungsländern 6.
Von den wenigen deutschsprachigen Schriften zur regionalen Gesundheitsplanung kann diese zusammenfassende Darstellung, die die ökonomischen Aspekte besonders betont, hervorgehoben werden. Im ersten konzeptionellen Teil wird die Krankenhausplanung als Teil der regionalen Sozial- bzw. Infrastrukturplanung verstanden. Im größeren zweiten Teil werden allgemeine Planungsgrundlagen behandelt, vor allem die Verteilung von Krankenhäusern im Raum (Zusammenhang mit zentralen Orten) und die Berechnung des regionalen Bedarfs. Im dritten Teil wird die Planungspraxis in der BRD, den USA und England vergleichend betrachtet. Blo

GODLUND, Sven: Population, regional hospitals, transport facilities, and regions. Planning the location of regional hospitals in Sweden. Lund: University of Lund, Department of Geography 1961. 32 S. = Lund Studies in Geography, Serie B, Nr. 21.
Englischsprachige Kurzfassung eines geographischen Gutachtens zur Standortbestimmung geplanter Regionalkrankenhäuser in Schweden. Die Studie ist eine der ersten Arbeiten von geographischer Seite zur systematischen Standortplanung öffentlicher Versorgungseinrichtungen und erscheint vor allem wegen des klaren und übersichtlichen Aufbaus zur Einführung geeignet, wobei allerdings zu beachten ist, daß inzwischen formalisierte EDV-Verfahren zur Lösung von Problemen dieser Art entwickelt worden sind. Blo

KRYSMANSKI, Renate und Bernhard SCHÄFERS (Hrsg.): Planung und Interessen im Gesundheitswesen. Düsseldorf: Bertelsmann Universitätsverlag 1972. 179 S. = Beiträge zur Raumplanung 11.
Sammelband mit 8 Beiträgen zur regionalen Gesundheitsplanung, zumeist aus der Sicht der Medizinsoziologie, der auch für geographische Interessen von Belang ist, insbesondere die Aufsätze von Helga LANGE-GARRITSEN und Bernhard SCHÄFERS zur regionalen medizinischen Versorgung und Planung in Nordrhein-Westfalen. Blo

PYLE, Gerald F.: Heart disease, cancer and stroke in Chicago. A geographical analysis with facilities, plans für 1980. Siehe 6.3.

7.2
Landes- und Regionalplanung / Regionale Wirtschaftspolitik

Raum für Zusätze

- Regionale Freizeitplanung

AFFELD, D., R. KLEIN, O. PEITHMANN und G. TUROWSKI: Ein Ansatz zu regional und funktional differenzierter Freizeitplanung. Siehe 6.8.

Freizeit und Erholungswesen als Aufgabe der Raumordnung. Hannover: Gebrüder Jänecke 1972. 48 S. = Veröffentlichungen der Akademie für Raumforschung und Landesplanung, Forschungs- und Sitzungsberichte 73
Informative Berichte über planungsorientierte Arbeiten in fremdenverkehrswissenschaftlichen Hochschulinstituten (Wien, St. Gallen) über allgemeine sowie regionale Fragen der Erholungs- und Freizeitplanung insbesondere in den Niederlanden, in Österreich und der Schweiz.   Do

HEBERLING, Gerold: Modellansätze für die Freizeitplanung. Karlsruhe: Institut für Städtebau und Landesplanung 1974. 147 S. = Schriftenreihe des Instituts für Städtebau und Landesplanung der Universität Karlsruhe 5.
Gründliche Arbeit, die 23 ausgewählte Modellansätze, klassifiziert nach deren Struktur (Regressions-, echte und variierte Gravitations- System- und sonstige Modelle), zur Ermittlung des Besucheraufkommens in Freizeitgebieten und -einrichtungen vergleichend gegenübergestellt. Die - überwiegend der nordamerikanischen Literatur entnommenen - Modelle werden in kurzen, daher einige Kenntnisse voraussetzenden Texten erläutert und kritisch gewürdigt.   Do

SCHULZE-GÖBEL, Hansjörg: Fremdenverkehr in ländlichen Gebieten Nordhessens. Eine geographische Untersuchung jüngster Funktionswandlungen bäuerlicher Gemeinden im deutschen Mittelgebirge. Siehe 6.8.

TUROWSKI, Gerd: Bewertung und Auswahl von Freizeitregionen. Karlsruhe: Institut für Städtebau und Landesplanung der Universität 1972. 132 S. = Schriftenreihe des Instituts für Städtebau und Landesplanung der Universität Karlsruhe 3.
Gibt einen kurzen, aber umfassenden und klaren Überblick über bisherige Ansätze und Methoden zur Auswahl und Beurteilung von Räumen für Erholungszwecke und entwickelt auf der Grundlage der Nutzwertanalyse einen 'Freizeitpotentialwert', in den als freizeitrelevante Raumfaktoren verschiedene natürliche Geofaktoren, Komponenten der Infrastruktur und soziale Faktoren eingehen. Für planungsorientierte fremdenverkehrsgeographische Arbeiten grundlegend und richtungsweisend.   Do

- Landschaftsplanung und Umweltschutz

BÖDEKER, R. u.a.: Landschaftsplanerisches Gutachten Schwarzbachtal. Siehe 7.4.

Der Bundesminister für Raumordnung, Bauwesen und Städtebau (Hrsg.): Raumordnung und Umweltschutz. Siehe 7.4.

DAHMEN, Friedrich Wilhelm: Landschaftsplanung, eine notwendige Ergänzung der Landes-, Orts- und raumbezogenen Fachplanung. Siehe 7.4.

DREYHAUPT, Franz Joseph: Luftreinhaltung als Faktor der Stadt- und Regionalplanung. Siehe 7.4.

Landesregierung Nordrhein-Westfalen (Hrsg.): Umweltbericht Nordrhein-Westfalen. Düsseldorf: Jarschel 1974. 125 S.
Allgemeinverständlich gehaltene, anschauliche Darstellung der 'Umweltaktivitäten' des größten deutschen Bundeslandes seit ca. 1960. Von den einzelnen behandelten Fachteilen sind für den Geographen von besonderem Interesse: Landesplanung (Raumordnung), Städte- und Wohnungsbau, Landschaftspflege und Naturschutz, Abfallwirtschaft, Luftreinhaltung, Wasserwirtschaft, Energieversorgung. Nützlich ist

**7.2
Landes- und
Regionalplanung /
Regionale Wirtschaftspolitik**

Raum für Zusätze

auch die Zusammenstellung geltender Gesetze und Verordnungen auf dem Gebiet des Umweltschutzes in Nordrhein-Westfalen. Hei

MANTEL, Wilhelm: Der Wald in der Raumordnung. Siehe 6.18.

SCHREIBER, Karl-Friedrich: Ökosysteme als Grundlage für die Landschaftsplanung. Siehe 7.4.

Regionale Darstellungen

- Deutsche Demokratische Republik

MOHS, Gerhard: Gesellschaft und Territorium im Sozialismus. In: Geographische Berichte 17, 1972, S. 166-173.
Der Autor gibt einen kurzen Überblick zu Fragen der Regionalplanung und Raumordnung in der DDR und untersucht, welchen Beitrag die Geographie dazu leisten kann. Im Mittelpunkt steht dabei einerseits eine optimale Landesentwicklung durch Zusammenarbeit von Industrie und örtlichen Behörden, andererseits die Erarbeitung und Verwirklichung von Ordnungsprinzipien für die Entwicklung der Siedlungsstruktur. Bey

SCHMIDT-RENNER, Gerhard: Tendenzen der perspektivischen Standortverteilung der Industrie in der Deutschen Demokratischen Republik. Siehe 6.19.

WERNER, Frank: Zur Raumordnung in der DDR. Siehe 7.1.

- Europäische Gemeinschaften

Kommission der Europäischen Gemeinschaften (Hrsg.): Bericht über die regionalen Probleme in der Erweiterten Gemeinschaft. Brüssel o.V. 1973. 284 S.
Dieser Bericht enthält im ersten Teil eine knappe zusammenfassende Darstellung der gegenwärtigen Lage, der moralischen, umweltspezifischen und wirtschaftlichen Gründe der Regionalpolitik sowie der regionalen Ungleichgewichte in der erweiterten EG und legt eine Konzeption für eine gemeinschaftliche Regionalpolitik dar. In drei umfassenderen, mit kartographischen Darstellungen und zahlreichen vergleichenden Tabellen ausgestatteten Abschnitten in der Anlage wird ausführlicher berichtet über: 1) die regionale Entwicklung, 2) Umfang und Art der wichtigsten regionalen Ungleichgewichte sowie 3) Ziele und Instrumente der Regionalpolitik der Mitgliedsstaaten der EG. Hei

- Frankreich

BEAUJEU-GARNIER, Jacqueline: Toward a new equilibrium in France? In: Annals of the Association of American Geographers 64, 1974, S. 113-125.
Knappe informative Darstellung des räumlichen Ungleichgewichts Frankreichs (Nordost-Südwest-Gefälle, Stellung von Paris) und eine kritische Diskussion der dagegen gerichteten landesplanerischen Strategien. An Stelle der angestrebten Dezentralisierung auf die Hauptstädte von 21 Wirtschafts- und Planungsregionen wird eine Konzentration auf wenige große Regionalmetropolen für aussichtsreicher gehalten. Zahlreiche anschauliche Kartogramme, die über die regionalen Entwicklungstendenzen unterrichten. Blo

- Großbritannien

KÜPPER, Utz Ingo: Regionale Geographie und Wirtschaftsförderung in Großbritannien und Irland. Wiesbaden: Franz Steiner 1970. 300 S. = Kölner Forschungen zur Wirtschafts- und Sozialgeographie 10.
Diese interessante geographische Studie behandelt im wesentlichen die Grundlagen, Entwicklung und Auswirkungen der staatlichen Indu-

7.2
Landes- und
Regionalplanung/
Regionale Wirtschaftspolitik

Raum für Zusätze

strieverteilungspolitik im Rahmen der regionalen Wirtschaftsförderung in beiden Staaten. Aufschlußreich ist auch das methodische Kapitel über die wirtschaftsräumliche Betrachtungsweise in der britischen Geographie. Eine knappe Darstellung der Ziele, Mittel und Ergebnisse der regionalen Entwicklungspolitik wurde vom gleichen Verfasser in der Zeitschrift Raumforschung und Raumordnung 29, 1971, S. 251-265 veröffentlicht.
He

MANNERS, Gerald, David KEEBLE, Brian RODGERS und Kenneth WARREN: Regional development in Britain. Siehe 1.4.

TOWNROE, P.M.: Industrial location and regional economic policy. A selected bibliography. Siehe 6.19.

<u>Landes- und Regionalplanung in Entwicklungsländern</u>   Siehe 7.6.

Nachschlagewerk

HÖTKER, Dieter: Raumordnung, Landesplanung, Regionalplanung, Bauleitplanung im Land Nordrhein-Westfalen von A - Z. Hrsg. vom Siedlungsverband Ruhrkohlenbezirk. 2. Aufl. Essen: Siedlungsverband Ruhrkohlenbezirk 1975. 38 S. und Anhang.
Sehr nützliche, alphabetisch geordnete Zusammenstellung wichtiger Begriffsdefinitionen zur Landes-, (bisherigen) Regional- sowie Stadt-(entwicklungs)planung in Nordrhein-Westfalen, die sich gut zur Einarbeitung in diesen Themenkreis eignet. Der Anhang enthält wichtige Kartendarstellungen zur Landes- und Regionalplanung in Nordrhein-Westfalen. Zu beachten ist, daß der Definitionskatalog durch die derzeitige 'Funktionalreform' der Regionalplanung in NRW für diese Planungsebene modifiziert werden muß.
Hei

7.3 Stadtplanung/Ortsplanung

Raum für Zusätze

Einführende Darstellungen der Stadtplanung bzw. des Städtebaus

ALBERS, Gerd: Was wird aus der Stadt? Aktuelle Fragen der Stadtplanung. München: Piper 1972. 127 S. = Serie Piper 27. 6,00 DM.
Knappe, aber präzise Darstellung einiger Grundprobleme des Städtewesens der Gegenwart und der Stadtplanung, wobei auch die historische Dimension berücksichtigt wird. Das Taschenbuch eignet sich hervorragend zur ersten Einführung in die Grundfragen von Stadtforschung und Stadtplanung. Blo/Du

MAUSBACH, Hans: Einführung in die städtebauliche Planung. Kurzgefaßtes Kolleg zu den Grundbegriffen von Raumordnung, Landesplanung und Stadtplanung. 3. Aufl. Düsseldorf: Werner 1975 (^{1}1970). 104 S. = Werner-Ingenieur-Texte 5.
Zur ersten Orientierung geeignete, sehr knappe Darstellung, die zur Einführung in die städtebaulich-architektonischen Grundbegriffe der Stadtplanung empfohlen werden kann. Zahlreiche Skizzen. Blo

PETZOLD, Volker: Modelle für morgen - Probleme von Städtebau und Umweltplanung. Siehe 7.1.

Städtebauliche Planung - Mitwirkung des Bürgers. 2. Aufl. Düsseldorf: Innenminister des Landes Nordrhein-Westfalen 1975 (^{1}1974). 56 S. = Zur Information 16.
Informative Broschüre zur Stadtplanung - insb. in Nordrhein-Westfalen -, die unter Beifügung des Portos kostenlos beim Innenminister des Landes NRW (4 Düsseldorf, Elisabethstr. 5-11) angefordert werden kann. Illustriert durch zahlreiche Beispiele für verschiedene Entwicklungs-, Flächennutzungs- und Bebauungspläne werden die Grundprinzipien der städtebaulichen Planung in einem sehr knappen, aber gehaltvollen Text dargestellt. Sehr geeignet als Arbeitsmaterial im Schul- und Hochschulunterricht. Blo

TAMMS, Friedrich und Wilhelm WORTMANN: Städtebau. Umweltgestaltung: Erfahrungen und Gedanken. Darmstadt: Carl Habel 1973. 285 S.
Für einen breiten Leserkreis verfaßte und daher leichtverständliche Gesamtdarstellung, die in sehr anschaulicher Form (zahlreiche Abbildungen!) wesentliche Grundlagen und Entwicklungsmerkmale, die einzelnen Sachbereiche (z.B. Verkehr, Wohnen, Freiflächen), wichtige Gegenwartsprobleme und Zukunftsperspektiven behandelt. Wenngleich auf Beiträge der geographischen Stadtforschung kein Bezug genommen wird, kann das Buch dennoch auch im Rahmen des Geographiestudiums sehr zur Einführung empfohlen werden. Hei

TEMLITZ, Klaus: Stadt und Stadtregion. Siehe 6.13.

Umfassende Darstellungen und Sammelbände der Stadtplanung bzw. des Städtebaus

DITTRICH, Gerhard G. (Hrsg.): Stadtplanung - interdisziplinär! Beiträge von elf Wissenschaften zur Bauleit- und Fachbereichsplanung. Nürnberg: SIN Städtebauinstitut Nürnberg und Stuttgart: Deutsche Verlagsanstalt 1972. 214 S.
Sehr informative, vor allem für Diplomstudenten interessante Studie, die vom Bundesminister für Städtebau und Wohnungswesen in Auftrag gegeben wurde und mit der Notwendigkeiten, Möglichkeiten, Voraussetzungen und Grenzen sowie Methoden interdisziplinärer Zusammenarbeit (u.a. auch mit der Geographie) in den im Bundesbaugesetz vorgeschriebenen Planungsstufen der Flächennutzungs- und Bebauungsplanung aufgezeigt werden sollten. Das erste Kapitel ist eine gute

7.3
Stadtplanung /
Ortsplanung

Raum für Zusätze

Einführung in die städtebaulichen Planungsprozesse. Hei

GOLDZAMT, Edmund: Städtebau sozialistischer Länder. Soziale Probleme. Berlin (Ost): Verl. für Bauwesen 1974. 304 S.
Die aus dem Polnischen übersetzte Arbeit bietet eine ausgezeichnete erste Übersicht über die sozialpolitischen und praktisch-städtebaulichen Aktivitäten in den europäischen sozialistischen Ländern. Neben der Analyse der Siedlungsstrukturen einzelner Länder, ihrer unterschiedlichen historischen, politischen, ökonomischen und geographischen Bedingungen, wird versucht, generelle Leitlinien des sozialistischen Städtebaus herauszuarbeiten. Nach marxistischen Begriffsinterpretationen sozialer Problematik der Raumordnung erfolgt in 3 Hauptteilen eine Darstellung der Stadt- und Landstrukturen sozialistischer Länder, der Funktionen von Arbeit und Freizeit in den Siedlungen sowie des Wohnungswesens und der sozialen Struktur. Die nach gleichem methodischen Prinzip aufgebauten Abschnitte stellen jeweils Begriffsbestimmung, Interpretation verschiedener Konzeptionen sowie generelle Entwicklungstendenzen in den sozialistischen Ländern und deren Perspektiven heraus. Das Buch ist sehr reichhaltig mit Anschauungsmaterial (346 Abbildungen, 11 Tabellen) ausgestattet. För

KRENZ, Gerhard, Walter STIEBITZ und Claus WEIDNER (Hrsg.): Städte und Stadtzentren in der DDR. Siehe 6.13.

MÜLLER, Wolfgang unter Mitwirkung von Wolfgang BISCHOF, Rolf EHLGÖTZ Kurt WESSELS und Edzard von WIARDA: Städtebau. 2. Aufl. Stuttgart: Teubner 1974. 497 S.
Thematisch umfassende, außerordentlich gehaltvolle Darstellung, die sehr gut das Zusammenwirken verschiedenster Teildisziplinen im Städtebau herausstellt: Berücksichtigt werden die für den Städtebau wichtigsten Fachplanungen einschließlich der jeweiligen gesetzlichen Grundlagen in der BRD, wichtige Begriffe und Grundkenntnisse sowie außerdem Erfahrungswerte, Faustzahlen und Berechnungsbeispiele als Grundlagen für die praktische Arbeit des Planers. Das sehr differenziert gegliederte Buch erfüllt nicht nur den Zweck als nützliches Nachschlagewerk für den Planer, sondern ist gleichzeitig ein wichtiges Lehrbuch, insbesondere auch für die Diplomgeographenausbildung.
Hei

PEHNT, Wolfgang (Hrsg.): Die Stadt in der Bundesrepublik Deutschland. Lebensbedingungen, Aufgaben, Planung. Siehe 6.13.

Zur Ordnung der Siedlungsstruktur. Hannover: Gebrüder Jänecke 1974. 276 S. und Kartenanhang. = Veröffentlichungen der Akademie für Raumforschung und Landesplanung, Forschungs- und Sitzungsberichte 85.
Gehaltvoller, auch für das Geographiestudium wichtiger interdisziplinärer Sammelband mit 12 verschiedenen, zumeist von bekannten Vertretern der Raumforschung und Raumplanung in der BRD verfaßten Abhandlungen, die insgesamt einen vorzüglichen Überblick über die verschiedensten Aspekte, Voraussetzungen und Grundsätze der 'räumlichen Strukturplanung', bezogen auf die Stadtstruktur, vermitteln. Hei

Zur historischen Entwicklung des Städtebaus

➤ ALBERS, Gerd: Über das Wesen der räumlichen Planung. Versuch einer Standortbestimmung. In: Stadtbauwelt Heft 21, 1969, S. 10-14.
Knappe Darstellung wichtiger Phasen der Entwicklungsgeschichte der räumlichen Planung seit der industriellen Revolution aus der Sicht der Stadtplanung, die auch den Wandel im Verhältnis der Planung zu Wissenschaft und Politik verdeutlicht. Der gehaltvolle, wenngleich auch sehr konzentriert formulierte Aufsatz kann als erste Einführungslektüre zum Verständnis der Stadtplanung sehr empfohlen werden.
Hei

➤ BENEVOLO, Leonardo: Die sozialen Ursprünge des modernen Städtebaus. Lehren von gestern - Forderungen für morgen. Gütersloh: Bertelsmann

*7.3
Stadtplanung /
Ortsplanung*

Raum für Zusätze

Fachverlag 1971. 170 S. = Bauwelt Fundamente 29.
Allgemeinverständlich verfaßte anschauliche Darstellung der Entwicklung der ersten Ansätze der Stadtplanung bzw. der theoretischen und praktischen Leistungen des Städtebaus in England und Frankreich von der zweiten Hälfte des 18. Jahrhunderts bis in die zweite Hälfte des 19. Jahrhunderts, in der sehr gut die gesellschaftspolitischen Zusammenhänge herausgearbeitet werden. Das Buch enthält zahlreiche, aus der Originalliteratur übernommene instruktive Kartendarstellungen sowie Fotos im Anhang.
Hei

EGLI, Ernst: Geschichte des Städtebaus. Siehe 6.25.

HOWARD, Ebenezer: Gartenstädte von morgen. Siehe 6.25.

Städtebaubericht der Bundesregierung

* Städtebaubericht 1975 der Bundesregierung. Hrsg.: Der Bundesminister für Raumordnung, Bauwesen und Städtebau. Bonn - Bad Godesberg: Bundesminister für Raumordnung, Bauwesen und Städtebau 1975. 113 S.
Dieser (zweite) Städtebaubericht der Bundesregierung gibt einen ausgezeichneten Überblick über die Hauptprobleme der aktuellen städtebaulichen Entwicklung (aus der Sicht der Bundesregierung). Der Bericht gliedert sich in 2 Hauptteile: Im ersten Teil, der geographische Interessen besonders berührt, werden einige wichtige Problembereiche der gegenwärtigen Siedlungsentwicklung in der BRD dargestellt, analysiert und bewertet. Auf dieser Grundlage berichtet der zweite Teil über die Maßnahmen der Städtebaupolitik des Bundes. Blo

Methoden und Darstellungen der planungsbezogenen Stadtforschung bzw. Siedlungsstrukturforschung

ABELE, Gerhard, Raimund HERZ und Hans-Joachim KLEIN: Methoden zur Analyse von Stadtstrukturen. Siehe 6.13.

GANSER, Karl: Die Rolle der Stadtforschung in der Stadtentwicklungsplanung. In: Stadtbauwelt 29, 1971, S. 12-15.
Kritische Erörterung des Verhältnisses zwischen Stadtforschung und Stadtplanung. GANSER unterscheidet innerhalb der Forschung vier wissenschaftstheoretische 'Stufen der Rationalität': die 'essentialistische', die 'positivistische', die 'ideologiekritische' sowie die 'gesellschaftspolitische' Wissenschaftsauffassung, denen jeweils eine entsprechende Stufe des Planungsverständnisses an die Seite gestellt wird.
Blo

Die Gliederung des Stadtgebietes. Siehe 6.13.

➤ HAAS, Hans-Dieter: Wirtschaftsgeographische Faktoren im Gebiet der Stadt Esslingen und deren näherem Umland in ihrer Bedeutung für die Stadtplanung. Tübingen: Geographisches Institut der Universität 1972. 106 S. = Tübinger Geographische Studien 47.
Diese im Rahmen von Seminaren und Praktika mit Geographiestudenten durchgeführte Untersuchung ist nicht nur arbeitsmethodisch interessant. Die dargestellten Ergebnisse basieren größtenteils auf Befragungen von Industrie-, Handwerks- und Einzelhandelsbetrieben, von 22 Gemeinden und von Industriebeschäftigten sowie auf Kartierungen. Musterbögen der Erhebungen sind im Anhang abgedruckt. Von Bedeutung ist weiterhin, daß es mit Hilfe der wirtschafts- und sozialgeographischen Analyse gelang, echte Entscheidungshilfen für die Agrar- und Grünflächenplanung, Industrieplanung, Handwerksplanung und die Planung des tertiären Sektors zu entwickeln. Gutes Beispiel für einen Beitrag der Angewandten Geographie als Grundlagenuntersuchung für die Stadtplanung.
Hei

PFEIL, Elisabeth: Großstadtforschung. Entwicklung und gegenwärtiger

7.3
Stadtplanung /
Ortsplanung

Raum für Zusätze

Stand. Siehe 6.13.

SCHMIDT, Ursula: Methoden der Siedlungsstrukturplanung und -forschung in der Deutschen Demokratischen Republik. Siehe 6.11.

Kartographie und Luftbildwesen im Rahmen der Stadtplanung

BRANCH, Melville C.: City planning and aerial information. Siehe 4.5.

DODT, Jürgen: Luftbildauswertung durch 'Indikatoren'. Möglichkeiten und Grenzen der Datengewinnung für die Raumplanung. Siehe 4.5.

BIHR, Wilhelm, Klaus MARZAHN und Joachim VEIL: Die Bauleitpläne. Eine Anleitung zur Aufstellung und Bearbeitung von Flächennutzungs- und Bebauungsplänen. Siehe 4.3.

PAPE, Heinz: Stadtkarten, unter besonderer Berücksichtigung kartographischer Probleme. Siehe 4.3.

PAPE, Heinz: Stadtkartographie - Stadtplanung. Siehe 4.3.

Siedlungsverband Ruhrkohlenbezirk (Hrsg.): Die Karte als Planungsinstrument. Siehe 7.1.

Statistik und Stadtplanung

BOUSTEDT, Olaf, Hans-Ewald SCHNURR und Elfried SÖKER: Informationssystem für die Stadt- und Regionalforschung (Hauptstudie). Bonn-Bad Godesberg: Bundesminister für Raumordnung, Bauwesen und Städtebau 1974. 450 S. = Schriftenreihe 'Städtebauliche Forschung' des Bundesministers für Raumordnung, Bauwesen und Städtebau 03.019.
Umfangreiches Gutachten zur Organisation der amtlichen Regionalstatistik in Hinblick auf den Informationsbedarf der planungsbezogenen Stadt- und Regionalforschung nach kleinräumig aufgeschlüsselten Daten (auf Gebäude- bzw. Grundstücksbasis). Die Studie enthält detaillierte Ausführungen zur gegenwärtigen Situation sowie Vorschläge zum weiteren Ausbau, wobei insbesondere mittel- bis großstädtische Verhältnisse berücksichtigt werden. Umfangreicher Anhang mit zahlreichen Erhebungssystematiken (Betriebe, Berufe, Bodennutzung, Gebäudearten und -nutzungen u.a.). Gute systematisch gegliederte Bibliographie mit rund 400 Titeln. Die Arbeit ist sehr wichtig für angehende Diplomgeographen mit Schwerpunktausrichtung Stadtforschung und -planung, für andere eher als Nachschlagewerk für kommunalstatistische Fragen geeignet. Blo

DHEUS, Egon: Geographische Bezugssysteme für regionale Daten. Siehe 4.2.

ESENWEIN-ROTHE, Ingeborg und Bernhard HESS: Das statistische Instrumentarium für kommunale Entwicklungsplanung. Siehe 4.2.

JÜNGST, Peter und Hansjörg SCHULZE-GÖBEL: Raumdimensionierung statistischer Daten als sozialgeographisches Problem. Vorstellung eines integrativen Informationssystems. Siehe 4.2.

Stadtmodelle und Stadtplanung

LOWRY, Ira S.: A short course in model design. Siehe 4.2.

NOWAK, Jürgen: Simulation und Stadtentwicklungsplanung. Stuttgart: Kohlhammer 1973. 143 S. = Schriften des Deutschen Instituts für Urbanistik 41.
Nach einer ausführlichen Einführung in die allgemeine Stadtsimulationsforschung werden die wichtigsten bisher entwickelten Stadtsimu-

7.3 Stadtplanung / Ortsplanung

Raum für Zusätze

lationsmodelle (z.B. Urban Dynamics von FORRESTER, das Modell POLIS) in ihren Grundzügen dargestellt und kritisch hinsichtlich ihrer (bisher noch sehr begrenzten) Verwendbarkeit für die Stadtentwicklungsplanung gewürdigt. Beachtenswert sind die klaren Ausführungen und knappen Definitionen zur allgemeinen Methodik, wie z.B. zur Modelltheorie und zur Simulationsmethodologie.
Blo

REICHENBACH, Ernst: Vergleich von Stadtentwicklungsmodellen. Siehe 6.13.

SAUBERER, Michael: Mathematische Modelle in der Stadtforschung und Stadtplanung. Siehe 6.13.

WILKENS, M., M. ZLONICKY und P. ZLONICKY: Anwendungsversuche von Optimierungsmodellen in der Stadtplanung. In: Raumforschung und Raumordnung 30, 1972, S. 18-27.
Kritischer Beitrag zur Frage, inwieweit die Methode der linearen Programmierung für Aufgaben der Stadtplanung eingesetzt werden kann. Besondere Beachtung wird dabei dem Einbau des Optimierungsmodells in den gesamten Planungsablauf und den sich daraus ergebenden Restriktionen geschenkt. Am Beispiel der Flächennutzungsplanung von Troisdorf (Rheinland) werden Möglichkeiten und Probleme der Anwendung demonstriert.
Blo

WILSON, Alan G.: Urban and regional models in geography and planning. Siehe 4.2.

Zur Konzeption und Zielbestimmung einer umfassenden Stadtentwicklungsplanung

LANGKAU-HERRMANN, Monika und Hannes TANK unter Mitarbeit von Arndt SCHULZ: Ziele für den Städtebau in Ballungsgebieten. Zielvorstellungen und Zielzusammenhänge zur Lösung städtischer Probleme in Agglomerationen auf der Basis einer umfassenden Entwicklungsplanung. Bonn-Bad Godesberg: Bundesminister für Raumordnung, Bauwesen und Städtebau 1974. 167 S. = Schriftenreihe 'Städtebauliche Forschung' des Bundesministers für Raumordnung, Bauwesen und Städtebau 03.032.
Diese im Auftrag des Ministeriums erstellte Studie behandelt vor allem die verschiedenartigsten soziologischen, sozialpsychologischen und baulich-technischen Aspekte und Probleme der Wohn- und Lebensbedingungen sowie ökonomische Perspektiven in bezug auf die Verbesserung dieser Bedingungen in den Ballungsräumen der BRD. Damit wurde versucht, die Zielvorstellungen weiterzuentwickeln oder auch zu modifizieren, die in den Städtebau- und Raumordnungsberichten der Bundesregierung vorgelegt worden sind.
Hei

LENORT, Norbert J.: Entwicklungsplanung in Stadtregionen. Köln/Opladen: Westdeutscher Verlag 1961. 275 S. = Die industrielle Entwicklung, Abt. B, Nr. 16.
Die Arbeit (Diss.) ist der Versuch einer systematischen Abhandlung stadtregionaler Strukturzusammenhänge, Ordnungsaufgaben, Leitgedanken und Gestaltungsmöglichkeiten. Trotz des relativen Alters der Arbeit ist sie durch die bundesweiten kommunalen und funktionalen Neugliederungen aktuell geblieben, da die Diskussion über die hier dargelegten pragmatischen Lösungen für die 'Entwicklungsplanung', insb. in den Stadtregionen, keineswegs zu befriedigenden Ergebnissen geführt hat. LENORT versteht dabei Entwicklungsplanung als Sozialgestaltung bestimmter Raumeinheiten (hier der Stadtregionen) zur Schaffung, nachhaltigen Sicherung und ständigen Verbesserung der materiellen und immateriellen Voraussetzungen für das Wohl der dort lebenden Menschen unter Berücksichtigung der Dynamik des sozialen Lebens. Allerdings bedürfen die Lösungen von LENORT einer Korrektur unter den veränderten Bedingungen schrumpfender Bevölkerungszahlen.
Du

7.3
Stadtplanung /
Ortsplanung

Raum für Zusätze

Raumplanung - Entwicklungsplanung. Siehe 7.1.

WAGENER, Frido unter Mitarbeit von Walter BÜCHSEL, Hans-Dieter EWE und Rita WAGENER: Ziele der Stadtentwicklung nach Plänen der Länder. Göttingen: Otto Schwartz 1971. XI, 187 S. = Schriften zur Städtebau- und Wohnungspolitik 1.
Bestandsaufnahme und Analyse der Zielformulierungen und prinzipieller Zielkonflikte nach den Plänen und Programmen der Bundesländer der BRD. Keine Antworten auf die Frage, warum Ziele gesetzt worden sind, ob sie sinnvoll sind und welche Mittel zur Verwirklichung notwendig sind. Du

Rechtsgrundlagen

DIETERICH, Hartmut und Christian FAHRENHOLTZ: Städtebauförderungsgesetz für die Praxis. Gesetzestext und systematische Darstellung des praktischen Verfahrensablaufs von Sanierungs- und Entwicklungsmaßnahmen. Stuttgart: Boorberg 1972. 239 S.
Eingehende Beschreibung praktischer Schwierigkeiten und bestimmter Methoden bei der Bearbeitung komplizierter raumplanerischer Probleme. Wertvoller Beitrag zu Praxis und Theorie der Entwicklungsplanung. Beigelegt sind zwei Ablaufschemas, je eins für Sanierungs- und für Entwicklungsmaßnahmen. Du

ERNST, Werner, Willy ZINKAHN und Walter BIELENBERG: Bundesbaugesetz, Kommentar. 2 Bände. Stand: 1. April 1974. München: Beck.
Loseblattsammlung mit Text und Kommentar des Bundesbaugesetzes, der Baunutzungsverordnung und der Planzeichenverordnung. Das Bundesbaugesetz ist die rechtliche Grundlage städtischer Planung und Entwicklung und sollte zusammen mit dem Städtebauförderungsgesetz besonders dem angewandt arbeitenden Geographen inhaltlich bekannt sein. Du

Landesplanung und Raumordnung. Hrsg.: Wolfgang ULLRICH und Heinz LANGER. Siehe 7.2.

Städtebauförderungsgesetz, Kommentar. 5. Lieferung Stand März 1974. Stuttgart: Kohlhammer 1974. = Kohlhammer Kommentar.
Der Kommentar zum Städtebauförderungsgesetz ist als Ergänzungsband zum Kommentar des Bundesbaugesetzes zu verstehen. Mit Literaturverzeichnis sowie einem Anhang mit den Durchführungsvorschriften des Bundes. Du

Zur Praxis der Stadtentwicklungsplanung

Ablaufschema zur Erarbeitung von Standortprogrammen in Nordrhein-Westfalen. Bearbeitung: Planco-Consulting GmbH und Planerbüro Zlonicky. Hrsg. vom Siedlungsverband Ruhrkohlenbezirk. Essen: Siedlungsverband Ruhrkohlenbezirk 1971. 109 S.
Die als Forschungsarbeit vom SVR vergebene Studie versteht sich als Konzept zur Erarbeitung von Standortprogrammen im Rahmen der Stadtentwicklungsplanung. Sie ist gleichzeitig ein Interpretationsbeispiel des noch unbestimmten Begriffes Entwicklungsplanung auf kommunaler Ebene und daher auch von allgemeinem Interesse. Du

➤ DAUB, Martin: Bebauungsplanung. Theorie - Methode - Kritik. 3. Aufl. Stuttgart: Kohlhammer 1973. 225 S., 8 Abbildungen im Anhang. = Schriftenreihe des Vereins für Kommunalwissenschaften e.V. Berlin 32.
Hervorragende lehrbuchartige Darstellung der Bebauungsplanung, die sich durch eine weitgehende Praxisorientierung, eine klare Systematik und zahlreiche Veranschaulichungen durch Graphiken, Schemata und Karten auszeichnet. Der erste Teil behandelt die allgemeinen Grundlagen (Definitionen, Ziele, Flächennutzungen u.a.), der zweite Teil den Verfahrensablauf (Prognose, Leitbild- und Programmformulierung, Bebauungsplanherstellung). Sehr geeignet zur raschen Orientierung (Zusammenfassungen), zum Nachschlagen (Systematik, Sachre-

7.3
**Stadtplanung /
Ortsplanung**

Raum für Zusätze

gister) wie auch zur vertieften Einarbeitung. Blo

▶ Standortprogramm Beispiel Turmkirchen. Hrsg. vom Innenminister des Landes Nordrhein-Westfalen. Essen: Verl. für Wirtschaft und Verwaltung 1972. 47 S. = Zur Information 8.
Kurzfassung eines Muster-Standortprogramms nach den vorläufigen Richtlinien für die Aufstellung von Standortprogrammen in Nordrhein-Westfalen. Das Modell Turmkirchen zeigt pragmatische Möglichkeiten zur Heranführung der traditionellen Stadtplanung an die kommunale Entwicklungsplanung nach den Vorstellungen der Landesregierung. Du

Bürgerbeteiligung am Planungsprozeß

▶ DIENEL, Peter: Partizipation an Planungsprozessen. Mögliche bildungsplanerische Konsequenzen. In: Raumforschung und Raumordnung 28, 1970, S. 212-219.
Gute knappe Einführung in (zukünftige) Möglichkeiten und Probleme der Beteiligung von Bürgern an Planungsprozessen, wobei vor allem die bildungsplanerischen Perspektiven herausgestellt werden. Zur besseren Entwicklung der erforderlichen Motivationen und Fähigkeiten werden spezielle Vermittlungs- und Ausbildungseinrichtungen gefordert, denn eine breite Partizipation setzt ein hohes Ausbildungsniveau voraus. Besondere Bedeutung wird dabei der Beteiligung an 'Planspielen' beigemessen, die bereits sehr erfolgreich in der Primarstufe der Schule durchgeführt werden können. Hei

KÖGLER, Alfred: Bürgerbeteiligung und Planung. Eine Synopse bisheriger Methoden und Erfahrungen und Empfehlungen für die kommunale Praxis und die gemeinnützige Wohnungswirtschaft. Hamburg: Hammonia 1974. VIII, 111 S. = GEWOS-Schriftenreihe, N.F. 12.
Engagierte Darstellung der Möglichkeiten der Bürgerbeteiligung am Planungsprozeß, insbesondere auf den Ebenen der Wohnungsplanung, der Flächennutzungs- und Bebauungsplanung sowie der Stadterneuerungsmaßnahmen. Neben juristischen Aspekten der Planungsbeteiligung stehen die verschiedenen Organisationsformen (Planungsbeiräte, Bürgerinitiativen, Mieterbeiräte etc.) sowie die verschiedenen Methoden (Gemeinwesenarbeit, Planspiele, Nutzwertanalysen usw.) der bürgerschaftlichen Beteiligung im Mittelpunkt der Untersuchung. Zahlreiche Literaturhinweise. Blo

SCHÄFERS, Bernhard: Zur Genesis und zum Stellenwert von Partizipationsforderungen im Infrastrukturbereich. Siehe 7.2.

Stadtsanierung, Stadterneuerung

- Allgemeine Darstellungen

▶ ERNST, Klaus H. und Werner WOLFF: Stadtsanierung, Hauserneuerung. Stuttgart: Alexander Koch 1973. 207 S.
Aus den zahlreichen z.T. populär aufgemachten Veröffentlichungen zum Themenkreis ragt dieser Band wegen seines fundierten Textes, reichen Inhalts und umfangreichen Karten- und Bildmaterials heraus. Während der erste Teil aus städtebaulicher Sicht in knapper Form die Grundprobleme der Stadtsanierung im Rahmen der Stadtentwicklung behandelt und dabei vier Beispiele (Geseke, Herdecke, Regensburg, Berlin-Kreuzberg) vorstellt, beschäftigt sich der zweite längere Beitrag mit dem praktischen Ablauf des Sanierungsprozesses, wobei finanzwirtschaftliche, baurechtliche und architektonische Gesichtspunkte im Vordergrund stehen. Blo

ZAPF, Katrin: Rückständige Viertel. Eine soziologische Analyse der städtebaulichen Sanierung in der BRD. Frankfurt: Europäische Verlagsanstalt 1969. 258 S.
Knapper allgemein-theoretischer Teil und mehrere Fallstudien: Berlin-Wedding, Konstanz und Dortmund-Nord. Der theoretische Ansatz

7.3
Stadtplanung /
Ortsplanung

Raum für Zusätze

knüpft an den Modernitätsbegriff von R. DAHRENDORF an und kritisiert von daher die wichtigsten städtebaulichen Grundvorstellungen. Im Rahmen der Fallstudien erfolgt eine differenzierte Analyse der sozialen Probleme der Sanierungsmaßnahmen, wobei ausführlich auf Daten der amtlichen Statistik zurückgegriffen wird. Wenn auch im einzelnen überholt, so ist die Studie dennoch bis heute von theoretisch-methodischem Interesse geblieben. Blo

- Zum Inhalt sog. Vorbereitender Untersuchungen nach dem Städtebauförderungsgesetz

▶ BLENK, Jürgen: Stadtsanierung. Sozial- und wirtschaftswissenschaftliche Vorbereitende Untersuchungen nach dem Städtebauförderungsgesetz. Ablauf - Umfang - Inhalt - Regionaler Bezug. In: Geographische Rundschau 26, 1974, S. 93-99.
Konzentrierte systematische Einführung in Voraussetzungen, Ablauf und Inhalt der Sanierungsplanung nach dem Städtebauförderungsgesetz (Voruntersuchungen, Vorbereitende Untersuchungen, Zielanalyse, Programmplanung). Wichtig ist vor allem die Darstellung des möglichen Inhalts der Vorbereitenden Untersuchungen im Rahmen der Sozial- und Wirtschaftsplanung, über die im StBauFG über pauschale und vage Hinweise hinaus keine detaillierten Aussagen gemacht sind. Hei

▶ DANNEBOM, Werner: Art und Umfang vorbereitender Untersuchungen nach Städtebauförderungsgesetz. In: Stadtbauwelt 37, 1973, S. 22-25.
Knapper Erfahrungsbericht über 'vorbereitende Untersuchungen' (städtebauliche Bestandsaufnahmen) in Dortmund, wobei auch die Bedeutung der Speicherung räumlicher Daten mit Hilfe der EDV (Einwohner-, Gebäude-, Betriebe- und Blockflächenkarteien) herausgestellt wird. Hei

- Beispiele vorbereitender Grundlagenuntersuchungen

FRIELING, Hans-Dieter von und Jürgen STRASSEL: Sozialstrukturelle Situationsanalyse im Sanierungsgebiet Göttingen Neustadt Ostseite und Überlegungen zu den Grundlagen des Sozialplans. Göttingen: Stadt Göttingen 1973. 218 S. = Göttingen, Planung und Aufbau 15a.
Beispielhafte geographische Grundlagenuntersuchung für die Sozialplanung in einem Sanierungsgebiet (im Sinne des § 4 des Städtebauförderungsgesetzes), die von Mitarbeitern des Geographischen Instituts der Universität Göttingen (am Lehrstuhl Prof. H.J. NITZ) durchgeführt wurde. Empirisch genau erfaßt und in diesem Textband dargestellt werden: Bebauung und Flächennutzung, soziale und demographische Verhältnisse sowie Wohnsituation der Sanierungsbetroffenen, besondere Situation der Gastarbeiter, Lage der Hausbesitzer, wirtschaftliche Situation der Gewerbetreibenden, Einstellung und Mitwirkungsbereitschaft der Betroffenen, Vorstellungen der Betroffenen über die zukünftige Situation und Benachteiligungen durch das Sanierungsgeschehen. Zahlreiche Karten und Tabellen. Ein gesonderter Tabellenteil ist als Heft 15b, eine Kurzfassung der Gesamtuntersuchung als Heft 15c erschienen. Hei

GANSER, Karl: Grundlagenuntersuchung zur Altstadtentwicklung Ingolstadts. Kallmünz/Regensburg: Michael Lassleben 1973. 168 S., 22 Karten, Erhebungsbögen im Anhang. = Münchener Geographische Hefte 36.
Musterbeispiel einer planungsorientierten stadtgeographischen Untersuchung, entstanden als Teil umfassender Vorbereitungsarbeiten zur Altstadterneuerung im Auftrage der Stadt Ingolstadt. Zunächst wird die Stellung Ingolstadts in der Region im Hinblick auf einen oberzentralen Ausbau der Stadt als Planungsziel untersucht. Dann wird unter Anwendung stadt- bzw. sozialgeographischer Methoden (Befragungen, Zählungen, Kartierungen) eine detaillierte Situationsanalyse der Altstadt vorgenommen. Beachtenswert ist die umfangreiche Farbkartographie sowie der Abdruck der Erhebungsbögen im Anhang. Die bereits 1968 begonnene Arbeit ist allerdings nicht identisch

7.3
Stadtplanung /
Ortsplanung

Raum für Zusätze

mit den sog. Vorbereitenden Untersuchungen nach § 4 des Städtebauförderungsgesetzes.
Blo

HEINZ, Walter R., Karl HERMES, Peter HÖHMANN, Hans KILGERT, Peter SCHÖBER und Wolfgang TAUBMANN: Altstadterneuerung Regensburg. Vorbereitende Untersuchung im Sanierungsgebiet I. Sozialbericht (Teil 1). Regensburg: Geographisches Institut der Universität 1975. 305 S. = Regensburger Geographische Schriften 6.
Relativ breit angelegte und über den üblichen Rahmen hinausgehende sog. Vorbereitende Untersuchung eines Sanierungsgebietes gemäß Städtebauförderungsgesetz. Die aus Geographen und Soziologen bestehende Arbeitsgruppe ist zumeist um grundsätzliche Probleme bemüht, so daß die Untersuchung nicht nur als eines der wenigen Beispiele für von Geographen geleistete Voruntersuchungen Interesse verdient, sondern auch wegen der allgemeinen Aspekte und Ergebnisse, die freilich beträchtliche Anschauungsdifferenzen innerhalb der Arbeitsgruppe erkennen lassen. Reiche Kartenausstattung und detaillierter Fragebogen.
Blo

HERLYN, Ulfert und Hans-Jürg SCHAUFELBERGER: Innenstadt und Erneuerung. Eine soziologische Analyse historischer Zentren mittelgroßer Städte. Siehe 6.13.

- Sozialplanung nach dem Städtebauförderungsgesetz

DITTRICH, Gerhard G. (Hrsg.): Sozialplanung. Stuttgart: Deutsche Verlags-Anstalt 1972. 175 S.
Zusammenfassung der Ergebnisse einer vom Städtebauministerium in Auftrag gegebenen Untersuchung des SIN-Städtebauinstituts (Nürnberg) zur Sozialplanung in 16 größeren Wohngebieten der Nachkriegszeit (sog. Demonstrativbauvorhaben der Bundesregierung). Nach einer knappen Diskussion der Begriffs 'Sozialplanung' bilden den Schwerpunkt die nach den einzelnen Untersuchungsgebieten getrennt dargestellten Ergebnisse einer umfangreichen Erhebung zu verschiedenen sozialplanerischen Aspekten, um aus den Erfahrungen Hinweise für künftige Planungsvorhaben zu gewinnen.
Blo

DITTRICH, Gerhard G. (Hrsg.): Grundlagen der Sozialplanung. Gemeinbedarfseinrichtungen in neuen und alten Stadtgebieten. Stuttgart: Deutsche Verlags-Anstalt 1974. 155 S.
Gegenüber der 1972 erschienenen ähnlichen Veröffentlichung wurde der regionale Teil stark gekürzt und der allgemein-systematische Teil erweitert. Sehr nützlich sind die knappe klare Diskussion der Begriffe in den ersten Kapiteln und die 'Folgerungen und Hinweise' (Kap. 5) zur Ausstattung mit den einzelnen Versorgungseinrichtungen.
Blo

➤ SCHÄFERS, Bernhard: Möglichkeiten der Sozialplanung nach dem Städtebauförderungsgesetz. In: Archiv für Kommunalwissenschaften 11, 1972, S. 311-329.
Kritische Betrachtung der recht unsicheren rechtlichen Bestimmungen zur Ausgestaltung von Sozialplänen durch die Gemeinden nach dem Städteförderungsgesetz, das 1) die Sozialplanung zu einem integralen Bestandteil der Stadtplanung werden ließ und 2) mit dem Sozialplan ein Instrument der Beteiligung der Bürger an Planungsprozessen schuf. Hei

SCHMIDT-RELENBERG, Norbert, Gernot FELDHUSEN und Christian LUETKENS: Sanierung und Sozialplan. Mitbestimmung gegen Sozialtechnik. München: Callwey 1973. 139 S.
Diese wichtige Studie wendet sich zwar in erster Linie an Sozialwissenschaftler, ist jedoch auch für die Stadtplanung und die angewandte sozialgeographische Stadtforschung von besonderer Relevanz. Hauptziel ist die Erläuterung der konkreten Anforderungen und Verhaltensvorschriften des 'Sozialplans' nach dem Städtebauförderungsgesetz, über dessen Problematik umfassende wissenschaftliche Forschungen und Diskussionen fehlen. Es erfolgt daher die Darlegung eines 'demokra-

7.3
Stadtplanung /
Ortsplanung

Raum für Zusätze

tischen und sozial orientierten Modells der Auslegung und Anwendung des Städtebauförderungsgesetzes'. Nach Auffassung der Verfasser ist 'Sanierung kein bauliches, sondern ein soziales Problem'. Zur Begründung dieser These enthält das Buch in der ersten Hälfte wichtige Ausführungen über den gesellschaftlichen Zusammenhang von Sanierungsprozessen, über typische Sozialstrukturen in Sanierungsgebieten sowie über Mitbestimmung und Beteiligungsstrategien. Von besonderem Interesse ist für Geographen auch die Darstellung über Fragen und Ablauf empirischer soziologischer Untersuchungen im Rahmen einer 'Sozialplan-Konzeption' im letzten Teil des Buches, dem auch der schematische Ablauf eines 'Sozialplanungsinformationssystems' beigefügt ist.
Hei

SPIEGEL, Erika: Sozialplanung und Mitwirkung der Betroffenen. In: Stadtbauwelt 37, 1973, S. 18-21.
Knappe kritische Interpretation der nach dem Städtebauförderungsgesetz vorgeschriebenen Sozialplanung bei Sanierungsvorhaben, insbesondere der Mitwirkungsmöglichkeiten der betroffenen Bürger im Rahmen des Sozialplanverfahrens.
Hei

- Denkmalpflege, Altstadterhaltung

BESELER, Hartwig: Städtebauförderungsgesetz und Denkmalpflege. In: Stadtbauwelt 37, 1973, S. 41-42.
Knappe Diskussion der durch das Städtebauförderungsgesetz von 1971 gegebenen Möglichkeiten und Grenzen des Schutzes historischer Bausubstanz, insbesondere des Konfliktes mit den durch 'wirtschaftliche Renditevorstellungen' verbundenen Sanierungsvorhaben.
Hei

Lebensraum und historisches Erbe. Stuttgart: Kohlhammer 1975. 135 S. = Der Landkreis, Zeitschrift für kommunale Selbstverwaltung, Jg. 45, 1975, Heft 8/9.
Dieses Doppelheft der Zeitschrift 'Der Landkreis' ist ganz der Denkmalpflege gewidmet und behandelt in über 50 Einzelbeiträgen ein breites Spektrum damit zusammenhängender Themen. Wertvoll ist die sehr reichhaltige Ausstattung mit Fotos und Plänen.
Blo

MIELKE, Friedrich: Die Zukunft der Vergangenheit. Grundsätze, Probleme und Möglichkeiten der Denkmalpflege. Stuttgart: Deutsche Verlags-Anstalt 1975. 328 S.
Materialreiche Darstellung, die sich zwar in einem gesonderten Kapitel um Definitionen und eine wertvolle Systematisierung der Denkmalbegriffe bemüht, die im wesentlichen jedoch durch eine Vielzahl von Einzelbeispielen den Gesamtkomplex der Denkmalpflege veranschaulicht. Zahlreiche Fotos und Pläne sowie weiterführende Literaturhinweise.
Blo

MULZER, Erich: Der Wiederaufbau der Altstadt von Nürnberg 1945-1970. Siehe 6.25.

WILDEMAN, Diether: Erneuerung denkmalwerter Altstädte. Historischer Stadtkern als Ganzheit - lebendige Stadtmitte von morgen. 2. Aufl. Detmold: Lippischer Heimatbund 1971 (^{1}1967). 85 S. = Zeitschrift des Lippischen Heimatbundes, Sonderheft 5.
Instruktives Heft, in dem über die Erhaltung von Einzelobjekten hinaus vor allem die Erneuerung von historischen Ensembles in Altstadtgebieten und Dorfkernen als Aufgabe umrissen wird. Besonders anschaulich sind die in 85 Abbildungen (meist Fotos) dargestellten Beispiele, die zum großen Teil aus dem westfälischen Raum stammen.
Blo

- Beispiele aus dem Ausland

LEISTER, Ingeborg: Wachstum und Erneuerung britischer Industriegroßstädte. Siehe 6.13.

LICHTENBERGER, Elisabeth: Die Stadterneuerung in den USA. In: Be-

richte zur Raumforschung und Raumplanung 19, 1975, S. 3-16.
Knappe und kritische Einführung in die Ursachen, Entwicklung, Maßnahmen und Probleme der Stadterneuerung in den USA, die zugleich einen hervorragenden Einstieg in die gegenwärtige Situation des nordamerikanischen Städtewesens bietet. Hei

Einzelne Fachplanungen und spezielle Aspekte

- Zentrenplanung

BUNGE, Helmut: Geplante Standorte für Einzelhandels- und Handwerksbetriebe. Die Standortplanung privater Versorgungsbetriebe in der Marktwirtschaft, insbesondere die Einplanung in neue Wohnsiedlungen. Bonn: Stadtbau Verl. 1970. 137 S. = Schriften des Deutschen Verbandes für Wohnungswesen, Städtebau und Raumplanung 85.
Das inhaltliche Schwergewicht dieser wichtigen handelswissenschaftlichen Untersuchung geht aus dem Untertitel hervor. Berücksichtigt werden auch allgemeine historische und standorttheoretische Grundlagen und Prinzipien für die Standortplanung privater Versorgungsbetriebe in der sozialen Marktwirtschaft. Hei

FALK, Bernd R.: Shopping-Center-Handbuch. München: GWI 1973. 349 S.
Umfassendes Sammelwerk mit insgesamt 17, von (nicht-geographischen) Wissenschaftlern und Praktikern verfaßte Beiträge zur Planung, Errichtung, Betreibung und Verwaltung von 'Shopping-Centern' (Einkaufs- und Gewerbezentren). Dieses in den Einzelbeiträgen stark untergliederte und mit Stichworten versehene, daher gut als Nachschlagewerk geeignete Handbuch gibt zahlreiche Anregungen für geographische Geschäftszentrenanalysen. Hei

GREIPL, Erich: Einkaufszentren in der Bundesrepublik Deutschland. Bedeutung sowie Grundlagen und Methoden ihrer ökonomischen Planung. Siehe 6.20.

JONAS, Carsten: Flächenbedarf des Einzelhandels. Methoden zur Untersuchung einzelhandelsrelevanter Kaufkraftströme als Grundlage einer Kaufkraftprognose und der Ermittlung des zusätzlichen Flächenbedarfs. In: Bauwelt 63, 1972, S. 1309-1310, 1315.
Knappe kritische Darstellung der Problematik der Erfassung und Quantifizierung von Kaufkraftströmen und Einzugsbereichen mit Hilfe der überwiegend auf der amtlichen Statistik basierenden sog. 'marktanalytischen Verfahren' (Verbrauchsausgaben- und Umsatzwertmethoden) als Grundlage für die erwartete Zunahme des Bedarfs an Einzelhandelsflächen in einer Stadt oder einem Zentrum. Hei

MONHEIM, Rolf: Fußgängerbereiche. Bestand und Entwicklung. Köln: Deutscher Städtetag 1975. VIII, 280 S. = DST-Beiträge zur Stadtentwicklung 4.
Umfassende Bestandsaufnahme der Errichtung von fußläufigen Innenstadtbereichen bundesdeutscher Städte. In einem 70seitigen Textteil, in den mehrere längere Textdokumente eingestreut sind, wird ein ausgezeichneter Überblick über Planungsziele, bisherige Planungsverwirklichungen, deren Auswirkungen auf die Stadtstruktur und mögliche Weiterentwicklungen gegeben, wobei die allgemeinen Aussagen durch zahlreiche Fallbeispiele ergänzt werden. Enthält ferner eine umfängliche Dokumentation mit ca. 750 Stadtplanskizzen von fast allen größeren westdeutschen Städten über den gegenwärtigen Ausbaustand und weitere Planungen. Umfangreiche Bibliographie. Blo

SCHLÜTER, Karl-Peter: Tertiäres Gewerbe im Städtebau. Ein Beitrag zur Optimierung städtischer Dienstleistungsstrukturen. Göttingen: Vandenhoeck & Ruprecht 1974. XIII, 238 S. = Wirtschaftspolitische Studien aus dem Institut für Europäische Wirtschaftspolitik der Universität Hamburg 34.
Wichtige Grundlagenstudie, in der die Eignung der herkömmlichen

7.3
Stadtplanung /
Ortsplanung

Raum für Zusätze

Planungsmethoden im Tertiärbereich kritisch untersucht und ein lineares Investitions-(Optimierungs-)Modell entwickelt wird, das als rationale Grundlage bzw. als Orientierungshilfe für die städtebauliche Planung hierarchisch gestufter privatwirtschaftlicher Versorgungszentren empfohlen wird. Zum Verständnis der Modellrechnung sind mathematisch-statistische Vorkenntnisse erforderlich. Hei

- Standortplanung öffentlicher Einrichtungen

BACH, Lüder, Roland SCHNEIDER und Manfred SINZ: Materialien für Methoden zur Standortplanung von privaten und öffentlichen Einrichtungen mit zentraler Bedeutung. Siehe 4.2.

BUNGE, William u.a.: A report to the parents of Detroit on school decentralization. In: Paul Ward ENGLISH und Robert C. MAYFIELD (Hrsg.): Man, space, and environment. Concepts in contemporary human geography. New York/London/Toronto: Oxford University Press 1972. S. 499-533.
Sozial engagierte Untersuchung über die Einteilung der Schulbezirke in Detroit. Mit Hilfe quantitativer Methoden wird die soziale Ungerechtigkeit offizieller Einteilungspläne nachgewiesen, in denen durch sog. 'Gerrymandering' die Negerbezirke benachbarten 'weißen' Bezirken so zugeordnet werden, daß sie in die Minderheit geraten. Statt dessen wird ein Alternativmodell vorgeschlagen, das den gesetzten ethisch-sozialen Anforderungen der ethnischen Selbstbestimmung am ehesten genügt. Blo

Funktionelle Erfordernisse zentraler Einrichtungen als Bestimmungsgröße von Siedlungs- und Stadteinheiten in Abhängigkeit von Größenordnung und Zuordnung. Siehe 6.14.

LAUX, Eberhard, Heinz NAYLOR und Heinz ESCHBACH: Zum Standortproblem bei öffentlichen Einrichtungen. Siehe 6.20.

LINDE, Horst: Hochschulplanung. Siehe 6.7.

- Freizeitplanung

KLÖPPER, Rudolf (Bearb.): Struktur- und Ausstattungsbedarf in Erholungsorten der BRD. Siehe 6.8.

LENZ-ROMEISS, Felizitas: Freizeit-Planung: Chance der demokratischen Stadtentwicklung. In: Stadtbauwelt 34, 1972, S. 103-107.
Dieser knappe Beitrag diskutiert die unterschiedlichsten Formen und sozialpsychologischen Gründe des Freizeitverhaltens in der 'städtischen Umwelt' und stellt den bislang leider noch zu geringen Stellenwert der Freizeitplanung im Rahmen der Stadtentwicklungsplanung heraus. Als wichtiges zu berücksichtigendes Planungsinstrument bei der zukünftigen Planung von Freizeiteinrichtungen in Städten wird die stärkere Beteiligung der Bürger an der Planung gesehen. Im gleichen Heft folgen weitere Beiträge zur Freiraumplanung bzw. Planung von Freizeitzentren. Hei

- Städtisches Wohnen und Wohngebiete

WEEBER, Rotraut: Eine neue Wohnumwelt. Beziehungen der Bewohner eines Neubaugebietes am Stadtrand zu ihrer sozialen und räumlichen Umwelt. Siehe 6.13.

ZAPF, Katrin, Karolus HEIL und Justus RUDOLPH: Stadt am Stadtrand. Eine vergleichende Untersuchung in vier Münchner Neubausiedlungen. Siehe 6.13.

7.3
Stadtplanung /
Ortsplanung

Raum für Zusätze

- Städtische Industrieplanung

HAAS, Hans-Dieter: Industriegeographische Forschung als Grundlage einer städtischen Industrieplanung. Beispiel: Esslingen am Neckar. Siehe 6.19.

OETTLE, Karl: Kommunale Interessen an der Industrieansiedlung und die Aufgabe ihrer ordnungspolitischen Beeinflussung. Siehe 6.19.

SCHILLING, Helmut: Standortfaktoren für die Industrieansiedlung. Ein Katalog für die regionale und kommunale Entwicklungspolitik sowie die Standortwahl von Unternehmungen. Siehe 6.19.

- Stadtverkehrsplanung

➤ BUCHANAN, Colin D.: Traffic in towns. Harmondsworth: Penguin Books 1964. 263 S. Deutsche Übersetzung unter dem Titel: Verkehr in Städten. Essen: Vulkan 1964. 223 S.
Auftragsuntersuchung der britischen Regierung über die durch die zunehmende Motorisierung hervorgerufenen Probleme der Stadtplanung, die an mehreren Fallstudien britischer Städte unterschiedlicher Größenordnung demonstriert werden. Sieht die Verkehrsplanung als integrierten Teil der Stadtplanung, wendet sich gegen eindeutige Lösungsmöglichkeiten (etwa der 'autogerechten Stadt') und diskutiert statt dessen jeweils (graphisch gut dargestellte) Alternativmodelle. Trotz des relativ großen Zeitabstandes sind die Folgerungen und Ergebnisse auch heute noch weithin akzeptabel.   Blo/Du

Die Kernstadt und ihre strukturgerechte Verkehrsbedienung. Siehe 6.21.

MENKE, Rudolf: Stadtverkehrsplanung. Stuttgart: Kohlhammer 1975. 247 S. = Schriften des Deutschen Instituts für Urbanistik 53.
Sozial engagiert geschriebene kritische Arbeit, mit der eine Gegenposition zu der heute stark autoorientierten Stadtverkehrsplanung vertreten wird. Nach Meinung des Verfassers sollte der Fußgänger- und Fahrradverkehr Vorrang vor dem öffentlichen Verkehr und dem Individualverkehr haben. Trotz der recht einseitigen Ausrichtung eine lesenswerte und für die Stadtplanung anregende Darstellung.   Hei

RÖCK, Werner: Interdependenzen zwischen Städtebaukonzeptionen und Verkehrssystemen. Göttingen: Vandenhoeck & Ruprecht 1974. 347 S. = Beiträge aus dem Institut für Verkehrswissenschaft an der Universität Münster 74.
Gründliche verkehrswissenschaftliche Untersuchung der Auswirkungen der räumlichen Struktur großer Städte bzw. Stadtregionen auf das Verkehrsaufkommen und die Erfordernis der verschiedenen Verkehrssysteme, empirisch untersucht am Beispiel der Stadtregionen Hamburg, Bremen, Hannover, Stuttgart, Nürnberg und München. Zwei kürzere Kapitel behandeln Auswirkungen des Verkehrssystems auf das Siedlungsgefüge und Probleme des Zusammenhangs zwischen Stadtgröße und Nahverkehrssystem. Zahlreiche Literaturangaben.   Blo

- Landschaftsplanung im Rahmen der Stadtplanung

DAHMEN, Friedrich Wilhelm: Landschaftsplanung, eine notwendige Ergänzung der Landes-, Orts- und raumbezogenen Fachplanung. Siehe 7.4.

DREYHAUPT, Franz Joseph: Luftreinhaltung als Faktor der Stadt- und Regionalplanung. Siehe 7.4.

LESER, Hartmut: Nutzflächenänderungen im Umland der Stadt Esslingen am Neckar und ihre Konsequenzen für Planungsarbeiten zur Landschaftserhaltung und Stadtentwicklung aus landschaftsökologischer Sicht. Siehe 7.4.

7.3
Stadtplanung /
Ortsplanung

Raum für Zusätze

NOHL, Werner: Ansätze zu einer umweltpsychologischen Freiraumforschung. Siehe 6.10.

- Stadtimage und Stadtgestalt in ihrer Bedeutung für die Stadtplanu
Siehe 6.10.

Soziologie und Stadtplanung

ATTESLANDER, Peter: Dichte und Mischung der Bevölkerung. Raumreleva te Aspekte des Sozialverhaltens. Berlin/New York: Walter de Gruyter 1975. 106 S. = Stadt- und Regionalplanung.
Für die Arbeit der Stadtplanung geschriebene soziologische Untersuchung, die mit den beiden Begriffen Dichte und Mischung zwei zentrai Probleme der theoretischen Stadtplanung erörtert. Nach einem einleitenden Kapitel über soziologische Aspekte der Planungspraxis wird da Problem der Dichte einerseits von den technischen Dichtewerten der Planung und andererseits vom Zusammenhang mit Dichteerlebnis und sozialem Verhalten angegangen. Das Kapitel über Mischung enthält eine Kritik planerischer Zielvorstellungen sowie eine knappe Forschungszu sammenfassung über Mischung als soziale Ungleichheit. Bl

▶ BAHRDT, Hans Paul: Humaner Städtebau. Überlegungen zur Wohnungspolitik und Stadtplanung für eine nahe Zukunft. 6. Aufl. Hamburg: Christian Wegner 1973. 232 S. = Zeitfragen 4. Zugleich 5. Aufl. München: Nymphenburger Verlagsanstalt 1972. 232 S. = Sammlung Dialog 65.
Der Verfasser versteht diese interessante Studie nicht als fachsozio logisches Buch, sondern als eine 'politische Broschüre, die gegen Mißstände polemisiert, ihre Ursachen aufzudecken versucht, Vorschläg zu ihrer Beseitigung macht und durch sonstige praktische Ratschläge zur Verwirklichung eines Zieles beitragen will' ...: 'nämlich der Er neuerung, Modernisierung und 'Urbanisierung' unserer Städte'. Behandelt wird die Problematik des Wiederaufbaus und Wohnungsbaus, der Wohnquartiere, der citynahen Mischgebiete und der Sanierung, der Cit sowie der 'Planung als politisches Handeln'. Ein für Fragestellungen der sozialgeographisch ausgerichteten Stadtforschung sehr anregendes Buch, dessen Lektüre sehr empfohlen werden kann. He.

BAHRDT, Hans Paul: Die moderne Großstadt. Soziologische Überlegungen zum Städtebau. Siehe 6.13.

HAMM, Bernd: Betrifft: Nachbarschaft. Verständigung über Inhalt und Gebrauch eines vieldeutigen Begriffs. Siehe 6.13.

HERLYN, Ulfert (Hrsg.): Stadt- und Sozialstruktur. Arbeiten zur sozialen Segregation, Ghettobildung und Stadtplanung. Siehe 6.13.

JACOBS, Jane: Tod und Leben großer amerikanischer Städte. Siehe 6.13.

KLAGES, Helmut: Der Nachbarschaftsgedanke und die nachbarliche Wirklichkeit in der Großstadt. Siehe 6.13.

▶ MITSCHERLICH, Alexander: Die Unwirtlichkeit unserer Städte. Anstiftung zum Unfrieden. 10. Aufl. Frankfurt: Suhrkamp 1971 (^{1}1965). 160 S. = Edition Suhrkamp.
Stadtplanung und Städtebau aus der Sicht des sozial engagierten Psychologen. Für jeden unentbehrliche Lektüre zur Bildung und Erweiterung seines Begriffes vom humanen Städtebau. Du

SCHÄFERS, Bernhard: Planung und Öffentlichkeit. Drei soziologische Fallstudien: Kommunale Neugliederung, Flurbereinigung, Bauleitplanung Düsseldorf: Bertelsmann Universitätsverlag 1970. 210 S. = Beiträge zur Raumplanung 8.
Soziologische Untersuchung von Öffentlichkeits- und Interessenstrukturen in 3 verschiedenen Planungsprozessen. Analysiert werden: 1) die

7.3 Stadtplanung / Ortsplanung

Raum für Zusätze

kommunale Neugliederung im Kreis Altena/Lüdenscheid 1968, 2) ein Flurbereinigungsverfahren im münsterländischen Drensteinfurt sowie 3) die Bauleitplanung eines Stadtrandviertels in Münster. Blo

SCHMIDT-RELENBERG, Norbert: Soziologie und Städtebau. Versuch einer systematischen Grundlegung. Stuttgart/Bern: Karl Krämer 1968. 242 S. = Beiträge zur Umweltplanung.
Wichtige umfassende theoretische Darstellung der grundlegenden Voraussetzungen und Möglichkeiten sowie auch Schwierigkeiten der Zusammenarbeit von Soziologen und Städtebauern, wobei die Soziologie als funktionale Hilfswissenschaft des Städtebaus gesehen wird. Der zweite Teil der Darstellung bringt die 'notwendigen theoretischen Grundlagen für eine Soziologie, die sich als praktisch verwertbar erweisen soll': nämlich eine 'Theorie der Stadt' und als wohl wichtigsten theoretischen Beitrag dieser Arbeit die Erörterung eines 'pragmatischen Modells'. Im dritten Teil werden zwei pragmatische Modelle (zur Wohnung bzw. zum Wohngebiet) dargelegt; die sog. 'Komponenten' der Modelle (Modellgegenstand, Erkenntnisdaten, Zieldaten und Modellaussage) entsprechen praktisch der Darstellung eines Planungsprozesses. Hei

Ortsplanung im ländlichen Raum

FISCHER, Klaus: Die ländliche Nahbereichsplanung. Grundlagen, Methoden und Leitmodelle. Siehe 7.2.

GANSER, Karl: Modelluntersuchung zur Dorferneuerung. Strukturanalyse des Marktortes Pförring an der Donau und seines Nahbereiches als Grundlage für ein Dorferneuerungsvorhaben. München/Basel/Wien: Bayerischer Landwirtschaftsverlag 1967. 106 S., 6 Karten als Beilage. Zugleich: Münchener Geographische Hefte 30.
Detaillierte Strukturanalyse einer Gemeinde, deren Entwicklungstendenzen und -möglichkeiten aufgezeigt werden; zugleich ein sehr wertvoller methodischer Beitrag zur Angewandten (Siedlungs-)Geographie. Zahlreiche Tabellen, Diagramme und Abbildungen bereichern diese Arbeit, die damit eine vorbildliche Planungsgrundlage darstellt. Nig

GÖB, Rüdiger u.a.: Raumordnung und Bauleitplanung im ländlichen Raum. Siehe 7.2.

HOTTES, Karlheinz, Fritz BECKER und Josef NIGGEMANN: Flurbereinigung als Instrument der Siedlungsneuordnung. Siehe 6.12.

HOTTES, Karlheinz und Josef NIGGEMANN: Flurbereinigung als Ordnungsaufgabe. Hiltrup: Landwirtschaftsverlag 1971. 73 S. = Schriftenreihe für Flurbereinigung 56. Zugleich Bochum: Geographisches Institut der Universität 1971. = Materialien zur Raumordnung aus dem Geographischen Institut der Ruhr-Universität Bochum, Forschungsabteilung für Raumordnung 5.
Die Untersuchung befaßt sich mit den außeragrarischen Leistungen der Flurbereinigung: Ausbau der ländlichen Infrastruktur, Ortssanierung, Ortsentwicklung, sozio-ökonomischer Strukturwandel durch Flurbereinigungsmaßnahmen. Zahlreiche Beispiele verdeutlichen die Raumordnungstätigkeit der Flurbereinigung. Bu

MEYER, Konrad: Ordnung im ländlichen Raum. Siehe 7.2.

Bibliographie

TESDORPF, Jürgen: Systematische Bibliographie zum Städtebau. Stadtgeographie - Stadtplanung - Stadtpolitik. Siehe 6.13.

7.4 Angewandte Physische Geographie/ Landespflege/Umweltschutz

Thematisch übergreifende Beiträge

- Zur Einführung

BUCHWALD, Konrad: Umwelt und Gesellschaft zwischen Wachstum und Gleichgewicht. In: Raumforschung und Raumordnung 30, 1972, S. 147-167.
Neben diesem Aufsatz finden sich im gleichen Heft (Nr. 4/5), das unter dem Titel 'Umweltgestaltung und Raumordnung' thematisch einheitlich ausgerichtet ist, neun weitere Beiträge, u.a. von D. MARX, R. KNIGGE, R. THOSS, R. KRYSMANSKI und J. UMLAUF, die in ihrer Gesamtheit einen umfassenden Problemaufriß vermitteln. Zum Beitrag von K. BUCHWALD siehe auch 5.8. Fi

ENGELHARDT, Wolfgang: Umweltschutz. Gefährdung und Schutz der natürlichen Umwelt des Menschen. Siehe 5.8.

FINKE, Lothar: Zur Bedeutung neuerer geographischer Forschungen für die Landespflege. In: Natur und Landschaft 48, 1973, S. 44-48.
Zusammenfassende Darstellung physisch-geographischer, vor allem landschaftsökologischer Literatur der letzten 20 Jahre. Die Auswahl geschah unter dem Gesichtspunkt, ob nach Meinung des Verfassers auch ein Bezug zur angewandten Landschaftsökologie im Bereich der Landespflege gegeben oder zu erwarten ist. Fi

KLINK, Hans-Jürgen: Geoökologie und naturräumliche Gliederung - Grundlagen der Umweltforschung. In: Geographische Rundschau 24, 1972, S. 7-19.
Der Beitrag versteht es, auf wenigen Seiten das Wesentlichste der geoökologischen Arbeitsweisen und der weiteren Verwertbarkeit ihrer Forschungsergebnisse aufzuzeigen. Ökotope und Ökotopengefüge (naturräumliche Untereinheiten) bilden für KLINK die adäquaten räumlichen Bezugseinheiten für eine Umwelt-Datenbank. Diese These sollte allerdings noch besser, als in diesem Beitrag geschehen, ausgebaut werden, da für die Planungspraxis hiermit eine Gretchenfrage angesprochen ist. Fi

LESER, Hartmut: Landschaftsökologie. Stuttgart: Eugen Ulmer 1976. 432 S. = UTB 521. 23,80 DM.
Erstes Lehrbuch der Landschaftsökologie, das dem Studierenden die Möglichkeit gibt, sich umfassend über die Landschaftsökologie zu informieren. Allerdings ist das Taschenbuch nicht als 'Einführung in die Landschaftsökologie' zu verstehen, denn seine Lektüre setzt z.T.umfassende Vorkenntnisse voraus. Auf das ca. 100 Seiten umfassende Kapitel 6 'Landschaftsökologische Forschungsergebnisse und ihre praktischen Anwendungen' sei besonders hingewiesen, da hier die Zusammenhänge zwischen den Ergebnissen anwendungsorientierter landschaftsökologischer Grundlagenforschung und der ökologischen Dimension in der Raumplanung behandelt werden. Fi

NEEF, Ernst: Geographie und Umweltwissenschaft. Siehe 5.8.

PULS, Willi Walter: Umwelt-Gefahren und Schutz. Hrsg. von der Bundeszentrale für politische Bildung, Bonn. Wiesbaden: Universum Verlagsanstalt 1972. 28 S.
Anschauliche leichtverständliche erste Einführung in Ursachen und Gefahren sowie Möglichkeiten und Probleme der Beseitigung von Umweltschäden. Berücksichtigt wurde auch das 1971 verabschiedete Umweltprogramm der Bundesregierung. Ein Abschnitt behandelt die Möglichkeiten der Behandlung dieses Themas im Schulunterricht. Hei

7.4
Angewandte Physische Geographie / Landespflege / Umweltschutz

Raum für Zusätze

STOCKMANN, Hans-Ulrich: Die natürlichen Faktoren in der Planung. In: Institut für Raumordnung, Informationen 20, 1970, S. 365-373.
Interessanter Beitrag eines praktisch tätigen Diplomgeographen mit physisch-geographischem Schwerpunkt zu dem Fragenkomplex, wie Faktoren des Landschaftshaushaltes auf bestimmte Nutzungsansprüche wirken. Gefordert wird ein umfassendes Bewertungsmodell zur Quantifizierbarkeit der natürlichen Faktoren. Fi

- Raumordnung und Umweltschutz

* Materialien zum Umweltprogramm der Bundesregierung 1971. Zu Bundestagsdrucksache VI/2710. Stuttgart: Kohlhammer o.J. (ca. 1972). 661 S. = Schriften des Bundesministeriums des Innern 1. 36,-- DM. (Erschien auch unter dem Titel: Materialienband zum Umweltprogramm der Bundesregierung. Bonn: Deutscher Bundestag 1971. 661 S. = Deutscher Bundestag, 6. Wahlperiode, zu Drucksache VI/2710).
Erster Versuch einer umfassenden Bestandsaufnahme über die Ursachen und den Grad der Umweltzerstörung in der BRD. Reichhaltige Informationsquelle über alle umweltrelevanten Teilaspekte, sowohl über den Zustand als auch über erforderliche und mögliche Maßnahmen zur Verbesserung der Umweltsituation. In der im Kohlhammer-Verlag erschienenen Ausgabe ist im Anhang zusätzlich das Umweltprogramm abgedruckt (erschienen auch als Bundestagsdrucksache VI/2710), in dem die Bundesregierung allerdings den Ergebnissen der Wissenschaftler und Projektgruppen nicht immer folgen konnte. Fi

Der Rat von Sachverständigen für Umweltfragen: Umweltgutachten 1974. Siehe 5.8.

▶ Der Bundesminister für Raumordnung, Bauwesen und Städtebau (Hrsg.): Raumordnung und Umweltschutz. Entschließung der Ministerkonferenz für Raumordnung (15. Juni 1972). Denkschrift des Hauptausschusses der Ministerkonferenz für Raumordnung. O.O.u.J. (1972). 59 S.
Ist die 'Entschließung' als politische Willenserklärung zu verstehen, so muß die 'Denkschrift' als Vertiefung und Ergänzung dazu angesehen werden, die besonders für Diplomgeographen interessante Ausführungen zu den Themenbereichen Siedlungsstrukturen, Naturhaushalt, Landschaft, Freizeit und Erholung, Wasser, Abfall, Luftreinhaltung, Lärmbekämpfung und Kernkraftwerke enthält. Die Veröffentlichung zeigt die Zusammenhänge zwischen Raumordnung und Umweltschutz auf und stellt dar, welchen Beitrag zum Umweltschutz die Raumordnung zu leisten vermag. Fi

▶ KÜPPER, Utz Ingo und Reinhard WOLF: Umweltschutz in Raumforschung und Raumordnung. Bonn - Bad Godesberg: Bundesforschungsanstalt für Landeskunde und Raumordnung 1973. 79 S. = Mitteilungen aus dem Institut für Raumordnung 79.
Systematischer Versuch einer Eingliederung der Umweltschutzziele in die Raumplanung unter Verarbeitung umfangreicher Literatur. Während in den ersten allgemein konzipierten Teilen eine umfassende Analyse des Verhältnisses von Umweltschutz einerseits und Raumordnung und Raumforschung andererseits angestrebt wird, wobei vor allem raumwirtschaftliche Aspekte behandelt werden, beschäftigen sich die beiden letzten Teile mit Luftverunreinigung, Lärmbelästigung sowie mit der Belastung und Sicherung regionaler Wasserhaushalte, wobei zahlreiche regionale Beispiele herangezogen werden. Blo

- Landwirtschaft und natürliche Grundlagen

Sammelbericht Umweltschutz in Land- und Forstwirtschaft. Erster Teil: Naturhaushalt. Zweiter Teil: Pflanzliche Produktion. Dritter Teil: Tierische Produktion. In: Berichte über Landwirtschaft, N.F. 50, 1972, S. 1-783.
In insgesamt 66 Einzelbeiträgen wird ein guter Überblick über den im Titel genannten Problemkreis vermittelt. Bezogen auf Land- und

**7.4
Angewandte
Physische
Geographie /
Landespflege /
Umweltschutz**

Raum für Zusätze

Forstwirtschaft werden vorwiegend die natürlichen Produktionsfaktoren Boden, Wasser und Klima behandelt. Es ist gelungen, den damaligen Forschungsstand auf dem Gebiet des Umweltschutzes in der Land- und Forstwirtschaft in umfassender Weise aufzuzeigen. *Fi*

SCHREIBER, Karl-Friedrich: Landschaftsökologische und standortskundliche Untersuchungen im nördlichen Waadtland als Grundlage für die Orts- und Regionalplanung. Stuttgart: Eugen Ulmer 1969. 166 S. = Arbeiten der Universität Hohenheim 45.
Auf der Grundlage der Erfassung einzelner Standortfaktoren wird als Synthese eine Pflanzenstandortkarte erarbeitet, aus der dann Ergänzungskarten für den Anbau von Weizen, Zuckerrüben, Äpfeln und Süßkirschen abgeleitet werden. Eine zusätzliche Untersuchung der Intensivierungswürdigkeit der Jurahochweiden erlaubt abschließend, einen Plan für die 'naturgemäße Nutzung der landwirtschaftlichen Flächen' zu erstellen. Der Struktur des Untersuchungsgebietes entsprechend handelt es sich bei diesem planerischen Teil um fachplanerische Aussagen aus der Sicht der Land- und Forstwirtschaft. *Fi*

TISCHLER, Wolfgang: Agrarökologie. Siehe 5.8.

Theoretische und konzeptionelle Beiträge

▶ BIERHALS, Erich: Gedanken zur Weiterentwicklung der Landespflege. In: Natur und Landschaft 47, 1972, S. 281-285.
Landespflege ist diejenige Nachbardisziplin, die ökologische Parameter am stärksten in die Planungspraxis umsetzt. Insofern ist dieser grundlegende Aufsatz zur Theorie und Praxis dieser Disziplin allen planerisch interessierten Geographen dringend zur Lektüre zu empfehlen, besonders im Zusammenhang mit dem Beitrag von PFLUG im gleichen Band dieser Zeitschrift. *Fi*

BIERHALS, Erich, Hans KIEMSTEDT und Helmut SCHARPF: Aufgaben und Instrumentarium ökologischer Landschaftsplanung. In: Raumforschung und Raumordnung 32, 1974, S. 76-88.
Einer der bedeutendsten Beiträge aus jüngster Zeit zur Theorie und Methode der Landschaftsplanung. Als wichtiges methodisches und planungstechnisches Instrumentarium wird eine Verursacher-Auswirkungen-Betroffene-Matrix vorgestellt, die als Weiterentwicklung früherer Arbeiten KIEMSTEDTs zu sehen ist. Die Verfasser sehen als Hauptaufgabe ökologischer Landschaftsplanung die Verhinderung bzw. Minimierung von Nutzungskonflikten auf der Grundlage einer ökologischen Risiko-Analyse. Sie stehen damit methodisch im Gegensatz zu PFLUG, BAUER u.a. *Fi*

▶ FINKE, Lothar: Zum Problem einer planungsorientierten ökologischen Raumgliederung. In: Natur und Landschaft 49, 1974, S. 291-293.
Es werden die beiden Ansätze ökologischer Planung diskutiert, so wie sie von der Schule PFLUGs einerseits und der Hannoverschen Schule andererseits vorgestellt worden sind. Hier wird eine vermittelnde Position vertreten, indem beide Ansätze in einer Kombination für sinnvoll gehalten werden. Damit werden entscheidende Fragen für die Praxisrelevanz physisch-geographischer Raumgliederungen aufgeworfen. *Fi*

HABER, Wolfgang: Grundzüge einer ökologischen Theorie der Landnutzung. In: Innere Kolonisation 21, 1972, S. 294-298.
Grundlegender Beitrag zu einer allgemeinen Theorie ökologischer Raumplanung. Ausgehend von der in der Ökologie sehr umstrittenen Regel, daß die Stabilität der Ökosysteme von der Vielfältigkeit (Diversität) derselben abhänge, werden Vorstellungen einer ökologischen Landnutzungstheorie entwickelt, die der real vorhandenen Funktionsentmischung und Spezialisierung von Raumeinheiten diametral entgegenstehen. *Fi*

7.4
Angewandte Physische Geographie / Landespflege / Umweltschutz

Raum für Zusätze

▶ LANGER, Hans: Die ökologische Gliederung der Landschaft und ihre Bedeutung für die Fragestellung der Landschaftspflege. Stuttgart: Ulmer 1970. 83 S. = Landschaft und Stadt, Beiheft 3.
Wie im Titel bereits angesprochen, untersucht diese Habilitationsschrift Bedeutung, Aussagewert und Anwendbarkeit der ökologischen Raumgliederung für die Fragestellung der Landschaftspflege. Die Arbeit fällt in den Grenzbereich von wissenschaftlich-theoretischer Grundlagenforschung und angewandter Landschaftsökologie. Fi

▶ LESER, Hartmut: Zum Konzept einer Angewandten Physischen Geographie. In: Geographische Zeitschrift 61, 1973, S. 36-46.
Es wird versucht, das Konzept einer auf dem ökologischen Ansatz basierenden Angewandten Physischen Geographie zu entwerfen und die Bedeutung der dann erzielbaren Arbeitsergebnisse für die Planungspraxis darzulegen. Der in konzeptioneller Hinsicht interessante Beitrag vermag allerdings die bekannten Abgrenzungs- und Profilierungsschwierigkeiten zu den Nachbardisziplinen auch nicht zu beheben. Fi

▶ PFLUG, Wolfram: Wie steht es um eine Konzeption zur Entwicklung unserer Landschaften auf ökologischer Grundlage? In: Veröffentlichungen der Landesstelle für Naturschutz und Landschaftspflege Baden-Württemberg 41, Ludwigsburg 1973, S. 180-188.
Der Verfasser legt hier sehr klar seine Auffassung dar, wie eine Entwicklung unserer Landschaften auf landschaftsökologischer Grundlage erfolgen kann. Diese Auffassungen stehen methodisch zum Teil in krassem Gegensatz zu BIERHALS, KIEMSTEDT und SCHARPF 1974; vgl. dazu auch FINKE 1974 (siehe oben). Fi

Methodische Darstellungen

BRAHE, Peter: Matrix der natürlichen Nutzungseignung einer Landschaft als Hilfsmittel bei der Auswertung landschaftsökologischer Karten für die Planung. In: Landschaft und Stadt 4, 1972, S. 133-141.
Ein typischer Beitrag aus der Aachener Schule (PFLUG), der davon ausgeht, daß die Berücksichtigung ökologischer Kriterien in der Planung die Existenz landschaftsökologischer Karten voraussetzt. Die ökologisch definierten Raumeinheiten werden mit Hilfe einer Matrix hinsichtlich ihrer ökologisch zu rechtfertigenden Nutzungseignung beschrieben. Fi

▶ HAASE, Günter: Inhalt und Methodik einer umfassenden landwirtschaftlichen Standortkartierung auf der Grundlage landschaftsökologischer Erkundung. In: Wissenschaftliche Veröffentlichungen des Deutschen Instituts für Länderkunde, N.F. 25/26, Leipzig 1968, S. 309-349.
Unter der Zielsetzung einer weiteren agraren Ertragssteigerung der landwirtschaftlichen Nutzfläche werden sehr ausführlich die Möglichkeiten dargelegt, wie auf der Grundlage einer umfassenden landschaftsökologischen Erkundung die Geographie dabei Hilfestellung geben kann. Das Verständnis des fachplanungsbezogenen Beitrags setzt erhebliche Vorkenntnisse voraus. Fi

IGMIRE, Thomas J. und Tito PATRI: An early warning system for regional planning. In: American Institute of Planners, Journal 37, 1971, S. 403-410.
Es wird ein Planungsinstrument vorgestellt, mit dessen Hilfe bei der Entwicklungsplanung auftretende Konflikte zwischen geplanten Nutzungen und ökologischen Systemen frühzeitig erkannt und dann vermieden werden können. Als räumliche Bezugseinheiten dienen Planquadrate. Fi

KIEMSTEDT, Hans: Natürliche Beeinträchtigungen als Entscheidungsfaktoren für die Planung. In: Landschaft und Stadt 3, 1971, S. 80-85.
Grundlegender Beitrag zur Theorie und Praxis der ökologischen Raum-

7.4
Angewandte
Physische
Geographie /
Landespflege /
Umweltschutz

Raum für Zusätze

planung. Als planerisches Instrumentarium zur Berücksichtigung natürlicher Faktoren innerhalb einer komplexen planerischen Problemsicht wird eine 'Verflechtungsmatrix' vorgestellt. Es wird von der Voraussetzung ausgegangen, daß ein Nutzungsanspruch dort seinen relativ günstigsten Standort hat, wo er am wenigsten von Beeinträchtigungen aus dem Naturhaushalt betroffen ist und/oder wo er selbst die wenigsten solcher Wirkungen für andere auslöst. *Fi*

KNOCH, Karl: Die Geländeklimaaufnahme im Rahmen der Planung und des Ausbaus eines Kur- und Erholungsbezirkes. In: Internationales Symposion für angewandte Geowissenschaften Eisenstadt 1961. Eisenstadt 1965. S. 56-65. = Wissenschaftliche Arbeiten aus dem Burgenland 30.
In diesem Beitrag versucht der bekannte Klimatologe KNOCH die grundsätzliche Bedeutung meteorologischer Parameter bei Planungen darzulegen. Eine der wenigen Arbeiten zu diesem Thema. *Fi*

NEEF, Ernst: Zur Kartierung von Umweltstörungen. Siehe 4.3.

Umfassende Darstellungen zur Landespflege

* BAUER, Ludwig und Hugo WEINITSCHKE: Landschaftspflege und Naturschutz als Teilaufgaben der sozialistischen Landeskultur. 3. Aufl. Jena: VEB Gustav Fischer 1973. 382 S. 38,50 DM.
Das Werk gilt als Standardwerk der DDR aus dem Bereich des Fachgebietes 'Landespflege' und stellt somit ein Pendant zu dem Werk von BUCHWALD und ENGELHARDT dar. Einer Behandlung der wichtigsten Grundlagen des Landschaftshaushalts folgen Kapitel über Gliederung und Gestaltung der Kulturlandschaft, Flurneugestaltung, Wald-Feld-Verteilung, Behandlung der Abprodukte, Biozide, Verminderung des Lärms, Melioration und Rekultivierung, Küstenschutz, Bauten in der Landschaft, Landschaftsplanung und Erholungswesen sowie Landschaftswegepläne. Das Werk ist wegen seines relativ niedrigen Preises besonders physisch-geographisch orientierten Diplomstudenten und -geographen zur Anschaffung zu empfehlen. *Fi*

BUCHWALD, Konrad und Wolfgang ENGELHARDT (Hrsg.): Handbuch für Landschaftspflege und Naturschutz. 4 Bände. München/Basel/Wien: BLV Verlagsgesellschaft 1968/69. Band I: Grundlagen. 1968. 237 S. Band II: Pflege der freien Landschaft. 1968. 495 S. Band III: Pflege der besiedelten Landschaft, Schutz der Landschaft. 1969. 265 S. Band IV: Planung und Ausführung. 1969. 248 S.
Erstes deutschsprachiges Werk über den Gesamtbereich der Landespflege und des Naturschutzes; vergriffen. *Fi*

▶ BUCHWALD, Konrad und Wolfgang ENGELHARDT (Hrsg.): Landschaftspflege und Naturschutz in der Praxis. München/Bern/Wien: BLV Verlagsgesellschaft 1973. 664 S.
Kurzfassung des vergriffenen vierbändigen 'Handbuches', die als Ersatz erschien, da die seit 1970 lawinenartig ansteigende Informationsflut nicht so schnell in eine zweite Auflage eingearbeitet werden konnte. Gegenüber dem Handbuch enthält diese Kurzfassung nur Abschnitte, die für die Praxis von Bedeutung sind; sie wird daher von den Autoren selbst auch als 'Praxisband' bezeichnet. *Fi*

Natur und Landschaft. Zeitschrift für Umweltschutz und Landespflege. Hrsg. von der Bundesanstalt für Vegetationskunde, Naturschutz und Landschaftspflege. 12 Hefte jährlich. Stuttgart: Kohlhammer. Jg. 50, 1975 (Jg. 1 unter dem Titel 'Der Naturforscher', Berlin-Lichterfelde: Hugo Bermühler 1924).
Die Zeitschrift gilt als eines der führenden Fachorgane für Umweltschutz und Landespflege. Es überwiegen praxisorientierte Beiträge, die insgesamt den jeweiligen Stand der Diskussion aus dem Bereich des planologischen und ökologischen Umweltschutzes vermitteln. Das beiliegende 'Nachrichtenblatt für Naturschutz und Landschaftspflege' berichtet über neue Gesetze aus dem Fachbereich. *Fi*

7.4
Angewandte Physische Geographie / Landespflege / Umweltschutz

Raum für Zusätze

OLSCHOWY, Gerhard: Landschaft und Technik. Landespflege in der Industriegesellschaft. Hannover/Berlin: Patzer Verlag 1970. 325 S.
Das Werk behandelt die Kulturlandschaftsentwicklung in Abhängigkeit von der Entwicklung der Technik und zeigt insbesondere die sich daraus ergebenden ökologischen und landespflegerischen Probleme auf. Besonders das vierte Kapitel bringt interessante Beispiele verschiedenster Industriekomplexe und deren Bemühungen um landschaftliche Eingliederung, die in der Mehrzahl allerdings ästhetisch und nicht ökologisch zu verstehen sind. Fi

OLSCHOWY, Gerhard, Hans Ulrich SCHMIDT und Hans Friedrich WERKMEISTER: Grünordnung in der ländlichen Gemeinde. Stuttgart: Ulmer 1967. 206 S.
Ein von erfahrenen Landschafts- und Grünplanern geschriebenes Buch, in dem der Zusammenhang zwischen Landesplanung, Landschaftsplanung und Grünordnungsplanung aufgezeigt wird. Es ist vor allem physisch-geographisch interessierten Diplomstudenten zur Lektüre zu empfehlen. Fi

Geofaktoren und -teilkomplexe

- Relief

KUGLER, Hans: Die geomorphologische Reliefanalyse als Grundlage großmaßstäbiger geomorphologischer Kartierung. In: Wissenschaftliche Veröffentlichungen des Deutschen Instituts für Länderkunde, N.F. 21/22, Leipzig 1964, S. 541-655.
Eine der wichtigsten Arbeiten KUGLERs, in denen aufgezeigt wird, unter Anwendung welcher Arbeits- und Kartiermethoden geomorphologische Karten für die Praxis von Nutzen sein können. Fi

LESER, Hartmut: Geomorphologische Karten im Gebiet des Bundesrepublik Deutschland nach 1945 (II. Teil). In: Catena 1, 1974, S. 297-326.
An Hand der nach dem Kriege in der BRD erschienenen geomorphologischen Karten wird die Entwicklung der Geomorphologie aufgezeigt. Neuere geomorphologische Kartierungssysteme, die sowohl eine exakte Reliefaufnahme und -wiedergabe als auch gleichzeitig Angaben zum oberflächennahen Untergrund gestatten, machen solche Karten für die Praxis insofern interessant, als sich aus ihnen problembezogene Bewertungskarten ableiten lassen. Fi

- Klima

QUITT, Evžen (Hrsg.): Mesoklima im Umweltkomplex. Brno: Geografický ústav ČSAV 1972. = Studia Geographica 26.
Dieser in deutscher Sprache abgefaßte Band vermittelt in 12 Beiträgen einen guten Überblick über den heutigen Stand geländeklimatologischer Kartierungsmethoden. Der angestrebte Praxisbezug kommt allerdings nicht zum Tragen, wie man sich dies für die Wahrung der Zukunftschancen der Angewandten Geographie wünschen würde. Fi

- Boden

MAAS, Hans: Bodenkarten als Unterlage für Raumordnung und Landespflege. Siehe 5.6.

MÜCKENHAUSEN, Eduard und Ernst Heinz MÜLLER: Geologisch-bodenkundliche Kartierung des Stadtkreises Bottrop i.W. für Zwecke der Stadtplanung. Siehe 5.6.

MÜLLER, Ernst-Heinz: Praktische Auswertungsmöglichkeiten der Bodenkunde. Siehe 5.6.

ROESCHMANN, Günter u.a.: Agrarstrukturelle Vorplanung im Großraum

**7.4
Angewandte
Physische
Geographie /
Landespflege /
Umweltschutz**

Raum für Zusätze

Hannover. Bodenübersichtskarte 1 : 100 000. Siehe 5.6.

SCHRAPS, W.G.: Bodenkarte von Nordrhein-Westfalen 1 : 50 000, Blatt L 3906 Vreden. Siehe 5.6.

- Vegetation

TRAUTMANN, Werner: Vegetation (Potentielle natürliche Vegetation) 1 : 500 000. Siehe 5.7.

TRAUTMANN, Werner: Die Vegetationskarte der Bundesrepublik Deutschland im Maßstab 1 : 200 000 (mit Kartenbeilage). Siehe 5.7.

TÜXEN, Reinhold: Die heutige potentielle natürliche Vegetation als Gegenstand der Vegetationskartierung. Siehe 5.7.

Anwendungs- bzw. Planungsmöglichkeiten und -beispiele

- Landschaftsplanung

- - Grundlagen der Landschaftsplanung

BEZZEL, Einhard und Helmut RANFTL: Vogelwelt und Landschaftsplanung. Eine Studie aus dem Werdenfelser Land (Bayern). Barmstedt 1974. 92 S. = Tier und Umwelt, N.F. 11/12.
Das knapp 100 Seiten umfassende Büchlein versteht es meisterhaft, die in Vielzahl, aber leider sehr zerstreut vorliegenden avifaunistischen Daten über das Untersuchungsgebiet so aufzubereiten, daß dem Landschaftsplaner auch eine eigene fundierte ornithologische Kenntnisse eine Berücksichtigung des ökologischen Zeigerwertes der Vogelwelt bei seinen Planungen ermöglicht wird. Es bleibt zu hoffen, daß ähnliche Arbeiten auch aus anderen Gebieten der Zoologie vorgelegt werden. Fi

KRYSMANSKI, Renate: Die Nützlichkeit der Landschaft. Überlegungen zur Umweltplanung. Düsseldorf: Bertelsmann Universitätsverlag 1971. 219 S. = Beiträge zur Raumplanung 9.
Soziologische Untersuchung über die gesellschaftliche Funktion von Landschaft und über Probleme der Landschafts- bzw. Freiflächenplanung. Unter der Vielzahl der angesprochenen Aspekte erscheinen die Konzeption der 'Freizeitlandschaft', die Zusammenfassung zahlreicher empirischer Freizeituntersuchungen sowie das Problem konkurrierender Nutzungsinteressen an der Landschaft hervorhebenswert. Blo

SCHIECHTL, Hugo Meinhard: Sicherungsarbeiten im Landschaftsbau. Grundlagen, Lebende Baustoffe, Methoden. München: Callwey 1973. 244 S.
Artenwahl für Grün- und Lebendverbauung nach pflanzensoziologischen und ökologischen Gesichtspunkten, nach der Vermehrbarkeit sowie nach der biotechnischen Eignung (z.B. Resistenz gegen mechanische Beanspruchung), nach dem Ziel der Grünverbauung, Nutzeffekt, Schönheit, Farbenpracht der Pflanzen, Wahl der geeignetsten ingenieurbiologischen Bauweisen, Pflege, Unterhalt und Kosten der Grünverbauung sowie - besonders ausführlich - die Methoden des Grünflächen- und Landschaftsbaues werden beschrieben und in 298 Abb. anschaulich dargestellt. Ausführliches weiterführendes Literaturverzeichnis, Erläuterungen von Fachausdrücken, Sachregister, Pflanzenregister. Gra

SCHREIBER, Karl-Friedrich: Ökosysteme als Grundlage für die Landschaftsplanung. In: Umwelthygiene, Landesplanung und Landschaftsschutz. Karlsruhe: C. F. Müller 1973. S. 39-47. = Umwelt Aktuell 1.
Dargestellt wird die Notwendigkeit, im Rahmen einer modernen Flächennutzungsplanung auf ökologische Informationen zurückzugreifen. Karten der räumlichen Gliederung in Ökotope und Ökotopgefügekomplexe sind dafür nach Meinung SCHREIBERs bestens geeignet, obwohl

7.4 Angewandte Physische Geographie / Landespflege / Umweltschutz

Raum für Zusätze

der Beweis dieser Thesen lediglich am Beispiel der Forst- und Landwirtschaft versucht wird. *Fi*

- - Wichtige Grundsatzbeiträge

BAUER, Hermann Josef: Die ökologische Wertanalyse. Siehe 5.8.

DAHMEN, Friedrich Wilhelm: Landschaftsplanung, eine notwendige Ergänzung der Landes-, Orts- und raumbezogenen Fachplanung. Methodische Studien zur Integration landschaftlicher Gesichtspunkte in die Raumplanung. Köln: Landschaftsverband Rheinland, Referat Landschaftspflege 1971. 24 S. = Beiträge zur Landesentwicklung 23. (Erschien auch: Köln 1972. = Kleine Schriften des Deutschen Verbandes für Wohnungswesen, Städtebau und Raumplanung e.V. 51).
Die kleine Schrift versucht, einen neuen methodischen und organisatorischen Ansatz aufzuzeigen, um die Landespflege aus ihrer derzeitigen Randstellung im Rahmen des Gesamtplanungsprozesses herauszuführen. Durch den starken Bezug zur Geographie besonders interessant. *Fi*

GLAVAČ, Vjekoslav: Aufgaben und Methoden der Landschaftsökologie. Siehe 5.8.

JACOB, Hartmut: Zur Messung der Erlebnisqualität von Erholungs-Waldbeständen. Siehe 6.10.

SCHREIBER, Karl-Friedrich: Landschaftspflege mit oder ohne Landbewirtschaftung - wie sieht es der Landschaftsökologe? In: Arbeiten der Deutschen Landwirtschafts-Gesellschaft 141, 1974, S. 7-23.
Interessanter Beitrag zum Problem der aus der landwirtschaftlichen Nutzung ausscheidenden Flächen. Der Verfasser kommt zu dem Ergebnis, daß moderne Landschaftspflege im Sinne der Erhaltung und Entwicklung von Wohlfahrtswirkungen und Erholungsfunktionen des ländlichen Raumes ohne Landbewirtschaftung durch Landwirtschaft gar nicht möglich ist. *Fi*

- - Planungsbeispiele

BALZER, Klaus (Bearbeiter): Landschaftsplan Kreis Unna. Unna: Landkreis Unna 1973. 91 S.
Dieser vom Büro Dr. Werkmeister für den früheren Kreis Unna erstellte Landschaftsplan ist in seiner Fülle des aufbereiteten und bewerteten Materials und seiner stichhaltigen Ausstattung mit Karten als Vorbild für die nach dem neuen Landschaftsgesetz Nordrhein-Westfalens zu erarbeitenden Landschaftspläne anzusehen. *Fi*

BÖDEKER, R. u.a.: Landschaftsplanerisches Gutachten Schwarzbachtal. Aachen und Neandertal: Selbstverlag der Stadt Ratingen 1971.
Dieses Gutachten ist im Auftrag der Stadt Ratingen erstellt worden und nimmt Stellung zum Verlauf der BAB A 140 im Bereich des Schwarzbachtales zwischen Düsseldorf und Ratingen. Der landschaftsökologische Teil ist bearbeitet von PFLUG und seinen Mitarbeitern - er demonstriert sehr anschaulich die Auffassungen dieser Schule über ökologische Planung. Unbedingt lesenswert im Zusammenhang mit den Beiträgen von BIERHALS, KIEMSTEDT und SCHARPF (siehe oben). *Fi*

BUCHWALD, Konrad, Wolfgang HARFST und Ekkehart KRAUSE: Gutachten für einen Landschaftsrahmenplan Gartensee Baden-Württemberg. Stuttgart: Ministerium für Ernährung, Landwirtschaft und Umwelt 1973. 209 S.
Unter Leitung des international bekannten Landespflegers BUCHWALD ist mit dieser Arbeit der Landesregierung von Baden-Württemberg eine sehr gute Entscheidungsgrundlage für die weitere Entwicklung der vielseitig beanspruchten Gartenseelandschaft erstellt worden. Aus landespflegerischer Sicht wird das Problem der Nutzungsansprü-

7.4
Angewandte
Physische
Geographie /
Landespflege /
Umweltschutz

Raum für Zusätze

che Nutzungskombination von Erholungsverkehr, Landwirtschaft und Trinkwasserspeicher mit einer ökologisch vertretbaren industriellen Nutzung behandelt.
Fi

DAHMEN, Friedrich Wilhelm u.a.: Landschafts- und Einrichtungsplan Naturpark Schwalm-Nette. Köln: Rheinland-Verlag 1973. 226 S. = Beiträge zur Landesentwicklung 30.
Dieser vom Referat Landschaftspflege des Landschaftsverbandes Rheinland unter Beteiligung einer Vielzahl auswärtiger Fachleute erarbeitete Plan dürfte mit seiner Bearbeitungszeit von acht Jahren der aufwendigste derartiger in der BRD bisher erstellter Pläne sein. In seinem Grundlagenteil strebt er eine Totalanalyse der Landschaft an, wie man sie von geographischen Länderkunden her kennt. Es darf nicht verwundern, daß viele der mit Mühe zusammengestellten Unterlagen, z. T. Originalaufnahmen speziell im Rahmen dieser Planung (z.B. Bodenkarte) wegen des fehlenden Problembezugs im Entwicklungsteil gar keine oder nur eine randliche Erwähnung finden. Hier liegt ein klassisches Beispiel für eine leider immer noch recht häufig geübte Praxis in der Landschaftsplanung vor, daß im Analyseteil völlig unproblematisiert Daten und Fakten angehäuft werden, auf die im Entwicklungsteil nicht mehr zurückgegriffen wird. Der Wert dieses Planes liegt daher weniger in seinem Beitrag zur Methodik der Landschaftsplanung als in dem, was er zur Bereicherung des landeskundlichen Wissens bietet.
Fi

- Grünplanung

BERNATZKY, Aloys: Grünflächen und Stadtklima. In: Städtehygiene 21, 1970, S. 131-135.
Zur Denaturierung des Stadtklimas finden sich interessante Fakten, ohne daß es dem Verfasser gelingt, eine naturwissenschaftlich abgesicherte Konzeption für die Grünflächenplanung auch nur anzudeuten. Hier werden Forschungslücken deutlich, die u.a. als Ursache der Misere des ökologischen Umweltschutzes in der Stadt- und Regionalplanung zu gelten haben.
Fi

Landeshauptstadt Düsseldorf (Hrsg.): Untersuchungen und Vorschläge zum Grünordnungsplan. Düsseldorf: Stadtverwaltung 1974. 50 S. 10 Karten.
Dieser von der Stadtverwaltung Düsseldorf unter Federführung des Garten-, Friedhofs- und Forstamtes erarbeitete Grünordnungsplan behandelt das Thema ausschließlich unter dem Gesichtspunkt der bedarfs- und nutzungsorientierten Richtwerte. Fragen der Verbesserung des Stadtbildes oder der Qualität der physischen Stadtumwelt werden nicht angesprochen. Ein Beispiel dafür, wie städtische Grün- und Freiraumplanung heute eigentlich nicht mehr betrieben werden sollte.
Fi

Landeshauptstadt Hannover (Hrsg.): Grünordnungsplan Hannover. Hannover: Stadtverwaltung 1974. 75 S., 13 Karten und Pläne.
Dieser von dem bekannten Grünplaner Ralph GÄLZER bearbeitete Grünordnungsplan ist ein positives Beispiel dafür, was Freiraumplanung im Rahmen der Flächennutzungsplanung heute leisten sollte. Der Textteil ist in drei Abschnitte (Methodik, Anwendung und Folgerungen) gegliedert und wird durch einen sehr guten kartographischen Teil (13 Karten bzw. Pläne und 7 Abbildungen) erläutert.
Fi

Landeshauptstadt Mainz (Hrsg.): Integrierte Gesamtplanung. Band 10: Landschafts- und Grünordnungsplan. Nürnberg 1973. 144 S., 1 Karte.
Dieser vom Planungsbüro Grebe (Nürnberg) in Zusammenarbeit mit einer Vielzahl von Fachleuten und der Stadtverwaltung Mainz erarbeitete Landschafts- und Grünordnungsplan stellt eines der wenigen Beispiele dar, wo im Rahmen einer integrierten Gesamtplanung der Aspekt 'Grünplanung' behandelt wird. Im Kernraum der Stadt kann allerdings auch durch diese Planungsorganisation nicht mehr Freiraum geschaffen werden - es bleibt zu hoffen, daß die erarbeiteten Vorschläge

in der Peripherie bei der künftigen Stadtentwicklung berücksichtigt werden.   *Fi*

NOHL, Werner: Ansätze zu einer umweltpsychologischen Freiraumforschung. Siehe 6.10.

RUPPERT, Klaus: Zur Beurteilung der Erholungsfunktion siedlungsnaher Wälder. Siehe 6.8.

- Luftreinhaltung

BACH, Wilfrid: Atmospheric pollution. New York: McGraw-Hill 1972. 143 S.
Fundierte Einführung in wichtige allgemeine und planungsbezogene Aspekte der Luftverschmutzung. Die Beispiele der Darstellung, die auch quantifizierende Ansätze berücksichtigt, stammen zumeist aus den USA. Anschauliche Abbildungen.   *Hei*

DREYHAUPT, Franz-Joseph: Luftreinhaltung als Faktor der Stadt- und Regionalplanung. Köln: TÜV Rheinland 1971. 149 S. = Umweltschutz 1.
Grundlegende Arbeit auf dem Gebiet der Luftreinhaltung auf der Ebene der Stadt- und Regionalplanung. Es werden insbesondere in Köln gesammelte Erfahrungen verwertet und in planerische Empfehlungen und Leitbilder umgesetzt. Neben technischen Möglichkeiten werden explizit die Möglichkeiten der Luftreinhaltung mit den Mitteln der Raumordnung behandelt.   *Fi*

- Auskiesung und Rekultivierung

FINKE, Lothar: Landschaftsökologische Stellungnahme zur Auskiesung im Bereich der Niederterrasse zwischen Siegmündung und Porz. Köln: Rheinland-Verlag 1974. 33 S., 4 Karten im Anhang. = Beiträge zur Landesentwicklung 31.
Auf der Grundlage einer geoökologischen Bestandsaufnahme werden die im Rahmen der Fragestellung relevanten Geofaktoren herausgearbeitet und unter dem Gesichtspunkt untersucht, welche Einflüsse auf den Landschaftshaushalt durch den Kiesabbau zu erwarten sind. Hiermit werden Fragen angeschnitten, die besonders für das Rheintal - aber auch für viele andere Talbereiche - von aktueller Bedeutung sind.   *Fi*

- Flurbereinigung

HABER, Wolfgang: Landschaftsökologie in der Flurbereinigung. In: Pflanzensoziologie und Landschaftsökologie. Bericht über das 7. Internationale Symposium in Stolzenau, Weser, 1963. Den Haag: Junk N.V. 1968. S. 381-396.
Die Erhaltung gesunder natürlicher Raumeinheiten im Zuge von Flurbereinigungsmaßnahmen wird als das aus landschaftsökologischer Sicht wichtigste Ziel angesehen, da nur so ein 'biologischer Ausgleich' von diesen biologischen 'Reserven' und 'Regenerationsflächen' ausgeht. Einer der ganz wenigen Beiträge, in denen zu dem heute so strapazierten Begriff des 'ökologischen Ausgleichsraumes' etwas Konkretes ausgesagt wird.   *Fi*

NIESMANN, Karlheinz: Untersuchungen über Bodenerosion und Bodenerhaltung in Verbindung mit Flurbereinigung. Siehe 5.6.

- Recht

KOLODZIEJCOK, K.-G.: Die Entwicklung des Naturschutzrechts in der Bundesrepublik Deutschland. In: Natur und Landschaft 50, 1975, S. 3-7.
Der Beitrag behandelt die gesetzgeberische Tätigkeit auf dem Gebiet des Naturschutzes und der Landschaftspflege. Die Entwicklung zeigt,

7.4 Angewandte Physische Geographie / Landespflege / Umweltschutz

Raum für Zusätze

daß das konventionelle Ziel des Konservierens heute abgelöst ist von einer gesamtlandschaftlichen Entwicklungskonzeption, wobei der in einigen Ländergesetzen geforderten Landschaftsplanung besondere Bedeutung zukommt. *Fi*

- Landschaftserhaltung und Stadtentwicklung

LESER, Hartmut: Nutzungsflächenänderungen im Umland der Stadt Esslingen am Neckar und ihre Konsequenzen für Planungsarbeiten zur Landschaftserhaltung und Stadtentwicklung aus landschaftsökologischer Sicht. In: Untersuchungen zu Umweltfragen im mittleren Neckarraum. Mit Beiträgen von Hans-Dieter HAAS, Christian HANNSS und Hartmut LESER. Tübingen: Geographisches Institut der Universität 1974. S. 65-101. = Tübinger Geographische Studien 55.
Grundsätzliche Stellungnahme aus geographisch-landschaftsökologischer Sicht zu Fragen der Flächenstandortplanung im Bereich der Stadt Esslingen; enger Zusammenhang zu ähnlichen Arbeiten des Verfassers. *Fi*

Thematische Kartographie und ökologische Planung

LESER, Hartmut: Thematische und angewandte Karten in Landschaftsökologie und Umweltschutz. In: Deutscher Geographentag Kassel 1973. Tagungsbericht und wissenschaftliche Abhandlungen. Wiesbaden: Franz Steiner 1974. S. 466-480. = Verhandlungen des Deutschen Geographentages 39.
Aus den Anforderungen der Praxis des Umweltschutzes an die Landschaftsökologie wird das Erfordernis neuer thematischer Karten aus dem Bereich der Physischen Geographie abgeleitet. Solche direkt planungsbezogenen Karten werden als Sonderform der thematischen Karte als echte 'angewandte' Karte bezeichnet und stellen entweder die Bewertung von Grundkartenmaterial dar oder beinhalten bereits die planerische Umsetzung. LESER liefert hier einen interessanten Beitrag zum Problem der planungsorientierten ökologischen Informationsträger. *Fi*

NEEF, Ernst und Jochen BIELER: Zur Frage der landschaftsökologischen Übersichtskarte. Ein Beitrag zum Problem der Komplexkarte. Siehe 5.8.

TRAUTMANN, Werner: Die Vegetationskarte als Grundlage für die Begrünung und die Beweissicherung im Straßenbau. In: Natur und Landschaft 43, 1968, S. 64-68.
Von der Erkenntnis ausgehend, daß die standortsgerechten Pflanzen und Pflanzengesellschaften als Bau- und Gestaltungsstoff auch den bestmöglichen Schutz der Einschnitte und Dammböschungen gewähren, wurde seinerzeit die Bundesanstalt für Vegetationskunde beauftragt, pflanzensoziologische Spezialkarten entlang der neuen Autobahntrassen zu erstellen. Als Beispiel wird ein Ausschnitt aus der Vegetationskarte der Bundesautobahn Hansalinie mit Erläuterungstabelle wiedergegeben. Genaue Vegetationsaufnahmen zur Beweissicherung werden dort durchgeführt, wo die BAB-Trasse den Bodenwasserhaushalt verändert, so daß man wegen Wasserentzug oder Vernässung mit Schadenersatzforderungen rechnen muß. *Gra*

7.5 Allgemeine (theoretische) Entwicklungsländerforschung

Entwicklungstheorien

HIRSCHMANN, Albert O.: Die Strategie der wirtschaftlichen Entwicklung. Stuttgart: Gustav Fischer 1967. 206 S. = Ökonomische Studien 13.
Noch immer lesenswerter Klassiker. Seine Strategie des 'unbalanced growth' unterstellt Knappheit sowohl an Kapital als auch an unternehmerischen Fähigkeiten. Vertritt daher die These, daß wirtschaftliches Wachstum mit Hilfe einer bewußten Schaffung von Ungleichgewichten (z.B. einseitige Förderung bestimmter Industriebranchen) erzielt werden soll. Kritik: 1) Bedeutsamer Unterschied zwischen 'Wachstum' und 'Entwicklung' bleibt unberücksichtigt und 2) werden die Unterschiede im Entwicklungsstand innerhalb der Entwicklungsländer (einschließlich der unterschiedlichen Entwicklungsbereitschaft der Menschen!) verkannt. Bro

HOSELITZ, Bert F.: Wirtschaftliches Wachstum und sozialer Wandel. Berlin: Duncker & Humblot 1969. 301 S. = Schriften zur Wirtschafts- und Sozialgeschichte 15.
Enthält 11, vom Verfasser selbst ausgewählte Beiträge aus den Jahren 1953-1965. Die Stärke dieses Bandes liegt in der seltenen Fähigkeit des Autors (als Ökonom, Soziologe und Jurist mit Erfahrungen aus praktischer Tätigkeit in einer ganzen Reihe von Entwicklungsländern dazu prädestiniert), interdisziplinär zu denken und zu forschen. Als einer der ersten hat er die Bedeutung außerökonomischer, soziokultureller und politischer Faktoren (z.B. Veränderung der Sozialstruktur, des Wertesystems und der Verhaltensnormen) für die Art und die Dynamik wirtschaftlichen Wachstums erkannt. Folgerichtig stellt der Verfasser die entscheidende Frage nach den Ursachen sowie den Folge- und Begleiterscheinungen des wirtschaftlichen Wachstums in den Mittelpunkt seiner Forschungen. Bro

LEWIS, W. A.: Die Theorie des wirtschaftlichen Wachstums. Tübingen: Mohr (Paul Siebeck) und Zürich: Polygraphischer Verlag 1956. 503 S.
Stärke und Originalität dieses umfassenden Theorieansatzes ist die sich keinesfalls auf den ökonomischen Aspekt beschränkende Darstellung der <u>Ursachen</u> des wirtschaftlichen Wachstums, wobei das menschliche Verhalten als Wachstumsdeterminante in den Mittelpunkt gerückt wird. LEWIS unterscheidet zwei Gruppen wachstumsrelevanter Verhaltensursachen: die unmittelbaren (wirtschaftliche Leistung, Wachstum der wissenschaftlichen Kenntnisse und ihre Anwendung u.a.) und die mittelbaren (institutionelles Rahmenwerk der Gesellschaft, Glaubensvorstellungen, Beziehung der Bevölkerung zu ihren 'Umweltsverhältnissen'). Das selbstverständlich erscheinende Fazit dieses lesenswerten Beitrages, daß ohne den menschlichen Willen zum Fortschritt jegliche Entwicklung illusorisch bleibt, kann nicht nachdrücklich genug unterstrichen werden. Bro

▶ MYRDAL, Gunnar: Ökonomische Theorie und unterentwickelte Regionen. Weltproblem Armut. Stuttgart: Fischer 1959. 162 S. Erschien auch Frankfurt: Fischer 1974. 199 S. = Fischer Taschenbuch 6243.
Gegenposition zu W. W. ROSTOWs Wirtschaftsstufen bildet die hier vertretene Theorie: MYRDAL versucht nachzuweisen, wie sehr die armen Nationen in einem Prozeß der 'zirkularen und kumulativen Verursachung' gefangen sind, mit dem Ergebnis, daß reiche Regionen (hier: Länder) immer reicher und arme Regionen immer ärmer werden. Dabei werden positive Expansionseffekte ('spread effects') und negative Entzugseffekte ('back-wash effects') unterschieden: Ärmere Regionen werden in erster Linie von letzteren betroffen (Abwanderung von Kapital, Arbeitskräften und potentiellen Unternehmern in reichere Regionen). Analog vollzieht sich der Prozeß der Entstehung der regio-

7.5
Allgemeine
(theoretische)
Entwicklungs-
länderforschung

Raum für Zusätze

nalen Disparitäten ebenfalls <u>innerhalb</u> der betroffenen Länder. Bis heute hat das Werk nichts von seiner Aktualität verloren.   Bro

NURSKE, Ragnar: Problems of capital formation in underdeveloped countries. 9. Aufl. Oxford: Blackwell 1964. 163 S.
NURSKE, Ragnar: Problems of capital formation in underdeveloped countries and patterns of trade and development. New York: Oxford University Press 1967. 226 S.
Der hier vertretenen Strategie des 'balanced growth' liegt - im Gegensatz zu HIRSCHMANN - die Auffassung zugrunde, daß zur Überwindung der wirtschaftlichen Stagnation punktuelle Investitionen nicht ausreichen, sondern ein Bündel von aufeinander abgestimmten Investitionsvorhaben geplant und gleichzeitig realisiert werden muß, um dadurch wiederum eine wechselseitige Nachfrage in möglichst vielen Bereichen zu schaffen.   Bro

▶ ROSTOW, Walt Whitman: Stadien wirtschaftlichen Wachstums. Eine Alternative zur marxistischen Entwicklungstheorie. 2. Aufl. Göttingen: Vandenhoeck & Ruprecht 1967 (^{1}1960). 213 S. = Kleine Vandenhoeck-Reihe.
Versuch, Entwicklungsprozesse aus wirtschaftshistorischer Sicht zu deuten. Folgende 5 Stufen charakterisieren den Entwicklungsablauf: 1) traditionelle Gesellschaft, 2) Gesellschaft im Übergang, 3) 'Take-off', 4) Entwicklung zum Reifestadium, 5) Zeitalter des Massenkonsums. Als entscheidend wird dabei die Stufe des 'Take-off' angesehen: diejenige Phase der wirtschaftlichen Entwicklung, in der eine Volkswirtschaft zum sich selbst tragenden Wachstum übergeht ('self-sustained growth'); in China und Indien nach ROSTOW seit 1952. Auch wenn der 'Take-off' als eindeutiger historischer Zeitraum für die Entwicklungsländer nicht genau festgelegt werden kann und die Stufenfolge insgesamt als zu schematisch und dem westlichen Denken behaftet erscheint, so hat diese Stufentheorie auf die Diskussion doch sehr befruchtend gewirkt.   Bro

▶ ZIMMERMANN, Gerd: Sozialer Wandel und ökonomische Entwicklung. Stuttgart: Ferdinand Enke 1969. 159 S. = Bonner Beiträge zur Soziologie 7.
Begrifflich klare Abhandlung, die die Untersuchung der Kausalfaktoren ökonomischer Entwicklung aus soziologischer Sicht zum Gegenstand hat. Lehnt die monokausalen Ansätze, auch die der ökonomischen Wachstumstheorie, als zu vordergründig ab. Für den Verfasser ist wirtschaftliche Entwicklung das Ergebnis eines sozialen Wandels, in dem sich wirtschaftliches Verhalten des Einzelnen bzw. seine Leistung als zentraler sozialer Wert manifestiert. Konkrete praktisch-politische Vorschläge, wie der soziale Wandel verwirklicht werden soll, werden jedoch nicht gemacht. Ohne flankierende regionalspezifische Untersuchungen bleibt die Studie 'idealistisch'-theoretisch.   Bro

Sammelwerke, allgemeine Darstellungen

ALBERTINI, Rudolf von (Hrsg.): Moderne Kolonialgeschichte. Köln: Kiepenheuer & Witsch 1970. 470 S. = Neue Wissenschaftliche Bibliothek 39.
Sammelband mit 23 Beiträgen zum Verständnis wichtiger Teilaspekte des Problems der Unterentwicklung. Ausführliches Literaturverzeichnis.   Ble

BESTERS, Hans und Ernst E. BOESCH: Entwicklungspolitik. Handbuch und Lexikon. Stuttgart/Berlin: Kreuz-Verl. und Mainz: Mathias-Grünewald-Verl. 1966. 1769 Spalten.
Umfassendes und anspruchsvolles, auch heute noch als Standardwerk geltendes Nachschlagewerk über Probleme der Entwicklungsländer und der Entwicklungshilfepolitik. Gliedert sich in einen systematischen Teil (Handbuch mit 31 Artikeln z.T. namhafter Autoren wie BEHRENDT,

**7.5
Allgemeine
(theoretische)
Entwicklungs-
länderforschung**

Raum für Zusätze

TINBERGEN u. a., die in 4 Abschnitte unterteilt sind ('Entwicklungsländer in Vergangenheit und Gegenwart', 'Theorien zur Entwicklung',
'Entwicklungsplanung und Entwicklungspolitik' sowie 'Kirche und Entwicklungshilfe') und in einen lexikalischen Teil (Erläuterung von
300 wesentlichen Begriffen und Einzelfragen der Entwicklungshilfe-
problematik). Über 2 000 Bezeichnungen umfassendes Sachregister.
Kritik: 1) keine einheitliche Terminologie (über 150 Mitarbeiter),
2) Interdependenzverhältnisse zwischen Industrie- und Entwicklungsländern (exogene Determinanten der Unterentwicklung) zu wenig berücksichtigt.   Bro

BOETTCHER, Erik (Hrsg.): Entwicklungstheorie und Entwicklungspolitik.
Festschrift für Gerhard MACKENROTH. Tübingen: Mohr (Paul Siebeck)
1964. 550 S.
Thematisch breit angelegtes, in 6 Abschnitte mit insgesamt 18 Bei-
trägen untergliedertes Sammelwerk. Behandelt werden die politischen
Standorte zur Entwicklungspolitik (mit dem gelungenen Beitrag von
E. BOETTCHER über Beweggründe und Methoden kommunistischer Politik
gegenüber den Entwicklungsländern), Fragen der Wirtschaftstheorie
und wirtschaftlichen Entwicklung, Sozial- sowie Bildungs- und Aus-
bildungsprobleme (hervorzuheben der Beitrag von H. v. RECUM über 'Das
Bildungswesen als Entwicklungsfaktor'). Auch heute noch nützliches
Sammelwerk, das ein gründliches Studium verdient.   Bro

* FRITSCH, Bruno (Hrsg.): Entwicklungsländer. 2. Aufl. Köln: Kiepenheuer & Witsch 1973. 460 S. = Neue Wissenschaftliche Bibliothek 24.
32,00 DM.
Aus der Sicht der Wirtschaftswissenschaften konzipierte Sammlung von
19, z.T. bemerkenswerten Aufsätzen (BEHRENDT!) aus den Jahren 1957
bis 1966. Schwergewicht des Bandes liegt auf der Darstellung wachs-
tumstheoretisch ausgerichteter Planungsmodelle (Teil II) und der
wechselseitigen Abhängigkeit der Industrie- und Entwicklungsländer
von der künftigen Struktur der Weltwirtschaft (Teil III). Die beiden
einleitenden Beiträge zum Begriff Entwicklungsländer lassen regionale Differenzierung innerhalb der Entwicklungsländer vermissen. Das
Studium der Mehrzahl der Beiträge setzt wirtschaftswissenschaftliche
Kenntnisse voraus. Strukturiertes Literaturverzeichnis.   Bro

▶ GUTH, Wilfried (Hrsg.): Die Stellung von Landwirtschaft und Industrie
im Wachstumsprozeß der Entwicklungsländer. Berlin: Duncker & Humblot
1965. 69 S.
Behandelt folgende 3 Problemkreise: 1) Interdependenz von Landreform
und Landbewirtschaftsreform, 2) Ist eine vorrangige Förderung des
industriellen Wachstums in Entwicklungsländern anzustreben? sowie 3)
Selektionskriterien zur Auswahl von Industrieprojekten. Zur Einführung in diese Thematik geeignet.   Bro

Handwörterbuch der Sozialwissenschaften. Siehe 6.1.

HEINTZ, Peter (Hrsg.): Soziologie der Entwicklungsländer. Eine systematische Anthologie. Köln/Berlin: Kiepenheuer & Witsch 1962. 723 S.
Die 37, überwiegend von amerikanischen Soziologen verfaßten Beiträge
gliedern sich in 3 Teile. Der erste beschäftigt sich mit Voraussetzungen (Diffusion neuer Verhaltensweisen, Innovationsträger) der Unterentwicklung. Der zweite geht auf die Konsequenzen der Entwicklungsdynamik ein (kultureller Wandel, Kulturkonflikt). Der dritte enthält
Beiträge zur Beziehung von sozialem Wandel und Gesellschaftsstruktur.
Zur Lektüre dieses sehr anregenden Bandes sind soziologische Vorkenntnisse erforderlich.   Bro

▶ NOHLEN, Dieter und Franz NUSCHELER (Hrsg.): Handbuch der Dritten Welt.
Band I: Theorien und Indikatoren von Unterentwicklung und Entwicklung.
Hamburg: Hoffmann und Campe 1974. 400 S.
Eine - analog den Merkmalskatalogen der 50er und 60er Jahre zur Cha-
rakterisierung der Entwicklungsländer - von Wirtschafts-, Sozial- und

7.5
Allgemeine
(theoretische)
Entwicklungs-
länderforschung

Raum für Zusätze

Politikwissenschaftlern sowie internationalen Institutionen (UNRISD
ECOSOC, CEPAL u.a.) erarbeitete Auswahl, Kombination und Begründung
von quantitativen und qualitativen Indikatoren zur Unterentwicklung,
Entwicklung. Zwar erscheint diese Indikatorenforschung gegenüber de
häufig sehr abstrakt geführten entwicklungstheoretischen Diskussion
als der pragmatischere Weg, doch kann diese Methode nur ein zusätzliches (wenn auch wesentliches) Hilfsmittel bedeuten, weil 1) den
meisten der Indikatoren eine von Land zu Land verschiedene Bedeutung
zukommt und 2) die Daten in ihrer ganz überwiegenden Mehrheit weder
in regionaler Differenzierung noch aufgeschlüsselt nach Empfängern
vorliegen.   Bro

PETER, Hans-Balz und Jürg A. HAUSER (Hrsg.): Entwicklungsprobleme -
interdisziplinär. Bern/Stuttgart: Paul Haupt 1976. 224 S. = UTB 485.
Zwölf recht lesenswerte Vorträge einer Ringvorlesung an der Universität Zürich, von denen insbesondere die von SIEGENTHALER (Entwicklungsfähigkeit der Dritten Welt), HAUSER (Bevölkerung) und PREISWERK
(Kognitive Grundlagen westlichen Handelns in der Dritten Welt) dem
Anfänger sehr zu empfehlen sind.   Ble

ZAPF, Wolfgang (Hrsg.): Theorien des sozialen Wandels. Siehe 6.2.

Beziehungen zwischen Industrie- und Entwicklungsländern /
Imperialismustheorien

BOHNET, Michael (Hrsg.): Das Nord-Süd-Problem. Konflikte zwischen
Industrie- und Entwicklungsländern. 2. Aufl. München: Piper 1972.
305 S. 22,00 DM.
Begrüßenswerter Versuch, durch die Wiedergabe kontroverser Stand-
punkte die in den letzten 10 Jahren zunehmend in das ideologische
Fahrwasser geratene Diskussion zum Thema der Beziehungen zwischen
Industrie- und Entwicklungsländern zu versachlichen. Durch eine jeweils knappe, aber zutreffende Einführung in die 3 Problemkreise -
1) Die Ursachen der Armut in der Dritten Welt, 2) Konflikte und
Strategien, 3) Die Perspektiven des Nord-Süd-Konflikts - als Einstieg in diese die internationale Diskussion beherrschende Frage
gut geeignet. Ausführliches Literaturverzeichnis.   Bro

EVERS, Tilman Tönnies und Peter von WOGAU: 'dependencia': latein-
amerikanische Beiträge zur Theorie der Unterentwicklung. In: Das
Argument 79, 15. Jg., 1973, S. 404-454.
Zusammenfassende Darstellung der lateinamerikanischen dependencia-
Literatur aus marxistischer Sicht. Gehört thematisch zu den drei
theoretischen Aufsätzen bei TIBI und BRANDES (siehe unten).   Ble

GALTUNG, Johan: Eine strukturelle Theorie des Imperialismus. In:
Dieter SENGHAAS (Hrsg.): Imperialismus und strukturelle Gewalt. 2.
Aufl. Frankfurt: Suhrkamp 1973. S. 29-104. = Edition Suhrkamp 563.
10,00 DM.

GALTUNG, Johan: Gewalt, Frieden und Friedensforschung. In: Dieter
SENGHAAS (Hrsg.): Kritische Friedensforschung. 2. Aufl. Frankfurt:
Suhrkamp 1972. S. 55-104. = Edition Suhrkamp 478. 10,00 DM.
Versuch des (bürgerlichen) norwegischen Sozialwissenschaftlers GAL-
TUNG, allgemein bestätigte Ergebnisse der marxistischen Imperialis-
mustheorie, ihres ideologischen Überbaus entkleidet, für die bürgerliche Entwicklungsforschung anwendbar zu machen. Entgegen der
marxistischen Theorie, die Imperialismus nur mit Kapitalismus ge-
koppelt sieht, betrachtet GALTUNG den Imperialismus als 'strukturel-
les Verhältnis zwischen zwei organisierten Kollektiven' (S. 30), womit seine strukturelle Theorie der Unterentwicklung auch zur Analyse
des kommunistischen Imperialismus benutzt werden kann. - GALTUNGs
Aufsätze können als theoretischer Ausgangspunkt für Referate und Se-
minare zur Entwicklungsproblematik sehr empfohlen werden. Ob man
GALTUNG in allen Punkten zustimmen kann, sollte von Entwicklungs-

**7.5
Allgemeine
(theoretische)
Entwicklungs-
länderforschung**

Raum für Zusätze

land zu Entwicklungsland erst empirisch überprüft werden. *Ble*

JUNNE, Gerd und Salua NOUR: Internationale Abhängigkeiten. Fremdbestimmung und Ausbeutung als Regelfall internationaler Beziehungen. Frankfurt: Fischer Athenäum 1974. 171 S.
Warenverkehr (Import- und Exportabhängigkeiten, Außenhandelskonzentrationen, Besitz an internationalen Transportmitteln), Kapitalbewegungen (Direktinvestitionen, Entwicklungshilfe), Informationsflüsse und Migrationen (Ausländische Arbeitskräfte, Tourismus) werden hinsichtlich ihrer Vorteile und Lasten für entwickelte und unterentwickelte Länder untersucht. Wichtiges Quellenmaterial mit weiterführender Literatur. *Ble*

KRIPPENDORFF, Ekkehart (Hrsg.): Probleme der internationalen Beziehungen. Frankfurt: Suhrkamp 1972. 221 S. = Edition Suhrkamp 593.
Sammlung von 8 Aufsätzen, von denen der von KRIPPENDORFF zum Imperialismus-Begriff besonders lesenswert ist, wenngleich er den Imperialismus kommunistischer Prägung total übersieht. *Ble*

KRIPPENDORFF, Ekkehart (Hrsg.): Internationale Beziehungen. Köln: Kiepenheuer & Witsch 1973. 394 S. = Neue Wissenschaftliche Bibliothek 62.
Sammelband mit 20 Beiträgen, von denen man zumindest den Aufsatz von André Gunder FRANK 'Die Entwicklung der Unterentwicklung' gelesen haben sollte, auch wenn man ihm nicht zustimmen kann. *Ble*

SENGHAAS, Dieter (Hrsg.): Imperialismus und strukturelle Gewalt. Analysen über abhängige Reproduktion. 2. Aufl. Frankfurt: Suhrkamp 1973. 405 S. = Edition Suhrkamp 563.
SENGHAAS, Dieter (Hrsg.): Peripherer Kapitalismus. Analysen über Abhängigkeit und Unterentwicklung. Frankfurt: Suhrkamp 1974. 392 S. = Edition Suhrkamp 652.
Darstellungen der Abhängigkeitsverhältnisse der Länder der Dritten Welt von den Industriestaaten aus soziologischer und politischer (überwiegend marxistischer) Sicht. Einseitige Betonung der exogen bestimmten Ursachen der Unterentwicklung: Dem 'Kolonial-Imperialismus' der Vergangenheit und dem 'strukturellen Imperialismus' der Gegenwart wird die Alleinschuld für die ökonomische Rückständigkeit der heutigen Entwicklungsländer gegeben. (Hierzu kontroverse Beiträge sind nicht einmal im Literaturverzeichnis aufgeführt!) Dabei werden Ergebnisse von zudem ungenauen empirischen Untersuchungen in lateinamerikanischen Ländern pauschal auf alle Entwicklungsländer übertragen. Für derartige verallgemeinernde Schlußfolgerungen fehlen detaillierte empirische Untersuchungen zur Frage der Dominanz der exogenen und/oder endogenen Entwicklungsdeterminanten bis heute weitgehend. Ungeachtet dieser Kritik enthalten die Sammelbände eine Reihe lesenswerter Beiträge. Zum eingehenden Studium sei besonders der (empirisch allerdings ebenfalls ungenau untermauerte) Beitrag von J. GALTUNG empfohlen. *Bro*

TIBI, Bassam und Volkhard BRANDES: Handbuch 2. Unterentwicklung. Frankfurt: Europäische Verlagsanstalt 1975. 387 S. = Politische Ökonomie - Geschichte und Kritik.
Aufsatzsammlung mit 14 Beiträgen linksgerichteter Autoren mit drei Schwerpunkten: 1) Theorien der Unterentwicklung, 2) Ökonomische und soziale Strukturen der Unterentwicklung, 3) Emanzipationsstrategien und Gegenstrategien des Kapitals. Da hier weitverstreute theoretische Literatur unter linkem Vorzeichen zusammenfassend dargestellt wird, sind insbesondere die Aufsätze von HAUCK (Bürgerliche Entwicklungstheorie), TIBI (Kritik der sowjetmarxistischen Entwicklungstheorie) und LEGGEWIE (Asiatische Produktionsweise) sehr zur kritischen Lektüre zu empfehlen. *Ble*

7.5
Allgemeine
(theoretische)
Entwicklungs-
länderforschung

Raum für Zusätze

Entwicklungsplanung

KNALL, Bruno: Grundsätze und Methoden der Entwicklungsprogrammierung. Techniken zur Aufstellung von Entwicklungsplänen. Wiesbaden: Harrassowitz 1969. 338 S. = Schriftenreihe des Südasien-Instituts der Universität Heidelberg.
Erstes deutschsprachiges Werk, das in einer umfassenden Darstellung die Grundsätze, Methoden und Techniken der Entwicklungsprogrammierung (nach KNALL: Ausarbeitung und Aufstellung eines Entwicklungsplanes) vermittelt. Zu knapp und auch zu undifferenziert erscheint die Darstellung der ersten Arbeitsphase (Diagnosen- oder Informationsphase); es scheint, als ob der Verfasser die grundsätzliche Bedeutung dieses Arbeitsganges, auf dessen Ergebnissen die nachfolgenden Phasen der Entwicklungsplanung und Entwicklungspolitik aufbauen, unterschätzt. Die für den Entwicklungsplaner unentbehrliche Studie bietet darüber hinaus für den Studenten und Wissenschaftler eine Fülle von Sachinformationen.   Bro

KRUSE-RODENACKER, Albrecht: Grundfragen der Entwicklungsplanung. Berlin: Duncker & Humblot 1964. 298 S. = Schriften der Deutschen Stiftung für Entwicklungsländer 1.
Sammelband mit 17 Beiträgen, die sowohl über sektorale als auch regionale Aspekte der Entwicklungsplanung einschließlich der Probleme ihrer Durchführung und Bewertung referieren. Ihnen ist eine allgemeine Analyse der Probleme und Methoden der Entwicklungsplanung des Herausgebers vorangestellt. Das breite Spektrum der hier angeschnittenen Fragen macht den Band auch heute noch zur wichtigen Lektüre.
Bro

KUKLINSKI, Antoni (Hrsg.): Growth poles and growth centres in regional planning. Paris/The Hague: Mouton 1972. 306 S. = United Nations Research Institute for Social Development, Geneva, Band 5.
Der Herausgeber weist der Idee der Wachstumspole zwei Hauptfunktionen zu: 1) der eines theoretischen Konzepts für die Regionalentwicklung und Regionalplanung und 2) der eines Planungsinstrumentes selbst. In den insgesamt 13 in diesem Sammelband abgedruckten Originalbeiträgen wird sowohl die theoretische Bedeutung als auch - in einer Reihe von empirischen Fallstudien in insgesamt 6 Ländern (darunter Indien, Tanzania und Libyen) - die praktische Relevanz dieses Strategiekonzeptes für die Regionalplanung und -politik aufgezeigt. Das Hauptgewicht der Beiträge liegt im ersten, dem theoretischen Teil.   Bro

TINBERGEN, Jan: Grundlagen der Entwicklungsplanung. 2. Aufl. Hannover: Verl. für Literatur und Zeitgeschehen 1971 (^{1}1964). 109 S. = Schriftenreihe des Forschungsinstitutes der Friedrich-Ebert-Stiftung 29.
Dieses Standardwerk aus der Frühepoche der Entwicklungsplanung gliedert sich in 4 Abschnitte: Grundlagen der Entwicklungspolitik, Fragen der Programmierung, Bewertung und Auswahl öffentlicher Investitionsprojekte, Beitrag der privaten Institutionen zur Entwicklung wirtschaftlich unterentwickelter Gebiete. Bietet dem an Entwicklungsfragen interessierten Laien einen ausgezeichneten Überblick.   Bro

Entwicklungsstrategien

* BEHRENDT, Richard F.: Soziale Strategie für Entwicklungsländer. Entwurf über Entwicklungssoziologie. 2. Aufl. Frankfurt: Fischer 1969. 666 S. 28,00 DM.
Dieser umfassende Entwurf einer Entwicklungsstrategie beruht auf zwei Kerngedanken: 1) dem dynamischen Entwicklungsbegriff ('Entwicklung als gelenkter Kulturwandel') und, damit im Zusammenhang, 2) dem der 'Fundamentaldemokratisierung': Die Impulse für eine effektive und dauerhafte Entwicklung müssen von 'unten nach oben' erfolgen, und der Einzelne muß am Erfolg direkt beteiligt und somit daran

**7.5
Allgemeine
(theoretische)
Entwicklungs-
länderforschung**

Raum für Zusätze

interessiert werden. Dabei wird die Rolle des Staates bzw. der 'Nation' und des 'Nationalismus' allerdings unterschätzt: Ohne ihn wäre manche Unabhängigkeitsbewegung gescheitert. Darüber hinaus lassen sich die Vorstellungen von Nationalismus und Fundamentaldemokratisierung verbinden, auch wenn man die Resultate derartiger Experimente (Tanzania, China) heute noch nicht wird beurteilen können. - Zusätzlich bietet das Werk eine ausgezeichnete umfassende Einführung in die (primär soziologischen) Probleme der Entwicklungsländer. Bro

PEARSON, Lester B.: Der Pearson-Bericht. Bestandsaufnahme und Vorschläge zur Entwicklungspolitik. Wien/München/Zürich: Fritz Molden 1969. 484 S.
Von einer Gruppe internationaler Entwicklungsexperten zusammengestellter und dem ehemaligen kanadischen Premier Pearson vorgelegter Bericht, der eine Bestandsaufnahme der Ergebnisse von 20 Jahren Entwicklungshilfe versucht und Vorschläge für eine zukünftige, wirkungsvollere Entwicklungspolitik unterbreitet. Im Gesamttenor zwar durchaus pragmatisch, erscheinen manche Prognosen dennoch als zu optimistisch, etwa wenn für die Mehrzahl der Entwicklungsländer bis zum Ende dieses Jahrhunderts das Erreichen des Stadiums des sich selbst tragenden Wirtschaftswachstums angenommen wird. Bro

Entwicklungsländerforschung versus Entwicklungspolitik

BOHNET, Michael: Wissenschaft und Entwicklungspolitik. Zur Frage der Anwendung von Forschungsergebnissen. In: Ifo-Studien, Zeitschrift des Ifo-Instituts für Wirtschaftsforschung 15, 1969, S. 57-92.
Ausgehend von der These, daß die Entwicklungsländerforschung in den Dienst der wirtschaftlichen und sozialen Entwicklung des betreffenden Landes gestellt werden muß, wird am Beispiel Ostafrikas untersucht, ob und inwieweit die Entwicklungsländerforschung ihrer zentralen Aufgabe, mit ihren Ergebnissen der Entwicklungspolitik Entscheidungshilfen an die Hand zu geben, bislang gerecht geworden ist. Der Verfasser kommt zu dem Ergebnis, daß die bisher entwickelten Teiltheorien nicht operationalisierbar und darüber hinaus den Planern und Politikern in den betreffenden Ländern weitgehend unbekannt geblieben sind. Die empirische Forschung beschränkt sich vielfach lediglich auf überwiegend sektorale Strukturanalysen, die allein dem Planer und Politiker nur von geringem Nutzen seien. Eine 'problemorientierte Integration' der Einzelergebnisse sei demnach notwendig, eine Aufgabe, die nur interdisziplinär gelöst werden könne. Bro

STEGER, Hans-Albert: Stand und Tendenzen der gegenwartsbezogenen Lateinamerikaforschung in der BRD. In: Arbeitsgemeinschaft Deutsche Lateinamerikaforschung, Informationsdienst 8, 1973, S. 5-40.
Scharfsinnige Analyse der Diskrepanz zwischen Anforderung an die Entwicklungsländerforschung (synthetische Betrachtungs- und Arbeitsweise, d.h. Interdisziplinarität) und Wirklichkeit (Strukturentwicklung der deutschen Hochschulforschung mit ihrer Orientierung zur fachspezifischen Einzelforschung). Ohne eine tiefgreifende Hochschulreform sei dieses Dilemma nicht zu lösen. Bro

Entwicklungshilfe

* Die entwicklungspolitische Konzeption der Bundesrepublik Deutschland und die Internationale Strategie für die Zweite Entwicklungsdekade. Zweite, fortgeschriebene Fassung. Bonn: Bundesministerium für wirtschaftliche Zusammenarbeit 1973. 81 S.
Enthält 3 Dokumente: 1) die Neufassung der entwicklungspolitischen Konzeption der BRD für die Zweite Entwicklungsdekade vom 11. Juli 1973; 2) das vom Bundeskabinett verabschiedete Grundsatzprogramm der Bildungs- und Wissenschaftshilfe vom 22. Dezember 1971; 3) die von der Vollversammlung am 24. Oktober 1970 verabschiedete 'Internationale Strategie für die Zweite Entwicklungsdekade der Vereinten

7.5
Allgemeine
(theoretische) ✱ Bericht zur Entwicklungspolitik der Bundesregierung (Zweiter Bericht
Entwicklungs-   Entwicklungspolitische Konzeption der Bundesrepublik Deutschland
länderforschung   (Neufassung 1975). Bonn: Bundesministerium für wirtschaftliche Zu-
                  sammenarbeit 1975. 162 S. Zugleich Bonn: Deutscher Bundestag 1975.
Raum für Zusätze = Bundestagsdrucksache 7/4293.

Nationen' einschließlich der 'Erklärung' der Regierung der BRD. Br(

In dieser Materialsammlung sind außer den beiden obengenannten Texten wichtige aktuelle Dokumente zur Entwicklungspolitik abgedruckt, u.a.: die '25 Thesen zur Politik der Zusammenarbeit mit Entwicklungsländern' der Bundesregierung (1975) und die 'Erklärung und Aktionsprogramm über die Errichtung einer neuen Weltwirtschaftsordnung' (verabschiedet von der 6. Sondergeneralversammlung der Vereinigten Nationen 1974). Als Ergänzung ist umfangreiches Tabellenmaterial zur wirtschaftlichen und sozialen Lage der Entwicklungsländer beigefügt. Das Heft kann in Einzelstücken vom Ministerium für wirtschaftliche Zusammenarbeit (53 Bonn, Karl-Marx-Str. 4-6) kostenfrei angefordert werden. Blo

HAVEMANN, Hans A. und Willy KRAUS (Hrsg.): Handbuch der Entwicklungshilfe (Fortsetzung unter dem Titel: Handbuch für Internationale Zusammenarbeit). Fortsetzungswerk in Loseblattform. Baden-Baden: Nomos Verlagsgesellschaft 1965ff. Insg. über 10 000 S.
I. Die Entwicklungsländer. A-K 1965, L-Z 1969.
II. Entwicklungshilfe der Industrieländer. A. Die Entwicklungshilfe der Bundesrepublik: Gruppe 0-4 1965, Gruppe 5 1965, Gruppe 6-9 1966. B.-E. Die Entwicklungshilfe der Industrieländer (außer Bundesrepublik) 1964.
III. Internationale Entwicklungshilfe. A. 1965. B.-E. 1965.

Enthält umfassende und fortlaufend geführte Übersicht in Loseblattform über alle wesentlichen Vorgänge auf dem Gebiet der Entwicklungshilfe (Gesetze, Verträge, Charakterisierung der wichtigsten nationalen und internationalen Organisationen und Institutionen), ferner in lexikalischer Form Informationsberichte über die Entwicklungsländer. Unentbehrliches Hilfsmittel für diesen Themenkreis. Bro

7.6 Regionale (empirische) Entwicklungsländerforschung

(Randnotiz: 7.6 Regionale (empirische) Entwicklungsländerforschung — Raum für Zusätze)

Geographie und Entwicklungsländerforschung

BOBEK, Hans: Zur Problematik der unterentwickelten Länder. In: Mitteilungen der Österreichischen Geographischen Gesellschaft 104, 1962, S. 1-24.
Ausgehend von der richtigen Feststellung, daß zwar eine ganze Reihe von Theorien über das wirtschaftliche Wachstum, jedoch keine Theorie über die Unterentwicklung selbst existiert, stellt der Verfasser die entscheidende Frage nach dem Wesen, vor allem aber den Ursachen der Unterentwicklung. Am Beispiel des 'Rentenkapitalismus' zeigt BOBEK die Tragweite der historischen Prozesse sowohl als Determinante des gegenwärtigen Entwicklungsstandes als auch für die Frage der zukünftigen Entwicklung: In einer großen Zahl der Länder der Dritten Welt seien nicht nur erhebliche 'institutionelle Hemmnisse zu überwinden, sondern auch eine geistige Umstellung zu vollziehen, die eine Sache mehrerer Generationen ist'. Bro

* BRONGER, Dirk: Probleme regionalorientierter Entwicklungsländerforschung: Interdisziplinarität und die Funktion der Geographie. In: Deutscher Geographentag Kassel 1973. Tagungsbericht und wissenschaftliche Abhandlungen. Wiesbaden: Franz Steiner 1974. S. 193-215. = Verhandlungen des Deutschen Geographentages 39.
Ausgehend von seiner Begriffsbestimmung 'Entwicklungsländerforschung', die auf die Bedürfnisse der Entwicklungsländer ausgerichtet sein müsse (Entwicklungsländerforschung als anwendungsorientierte Forschung) postuliert der Verfasser, daß Theorie und Empirie als integrale Bestandteile der Entwicklungsländerforschung anzusehen seien. Die sich daraus ergebenden besonderen methodischen Probleme und Schwierigkeiten seien nur in interdisziplinärer Zusammenarbeit zu bewältigen. Da diese bei dem gegenwärtig praktizierten System der Einzelforschung sich nur schwer verwirklichen lasse, ergebe sich die zwingende Notwendigkeit der <u>Intradisziplinarität</u> in der geographischen Entwicklungsländerforschung. Hierfür müßten jedoch zunächst die Voraussetzungen geschaffen werden, die der Verfasser in einer tiefgreifenden Reform der Fachausbildung sieht. Strukturiertes Literaturverzeichnis. Bro

KOLB, Albert: Die Entwicklungsländer im Blickfeld der Geographie. In: Deutscher Geographentag Köln 1961. Tagungsbericht und wissenschaftliche Abhandlungen. Wiesbaden: Franz Steiner 1962. S. 55-72. = Verhandlungen des Deutschen Geographentages 33.
Vielfalt und Individualität der Entwicklungsländer schließe ihren 'Aufbau nach theoretischen Modellen' von vornherein aus. Die Aufgabe der Geographie wird darin gesehen, 'die Strukturen der Entwicklungsländer zu fassen und nicht nur textlich, sondern vor allem auch kartographisch darzustellen'. Der Verfasser beklagt, daß die Geographie bislang nicht ernsthaft zu den Problemen der Entwicklungshilfe gehört worden sei. Die selbstkritische Frage nach den Ursachen für diesen Tatbestand wird allerdings nicht gestellt. Bro

OTREMBA, Erich: Die raumwirtschaftliche Problematik der Entwicklungsländer. In: Studium Generale 15, 1962, S. 519-529.
Betont die individuelle Entwicklungsproblematik jedes einzelnen Landes, die allgemeine Entwicklungsrezepte a priori verbiete. Daraus ergebe sich die Notwendigkeit von regional differenzierenden Analysen bis hin zur Kenntnis des Entwicklungsraumes in seiner Gliederung nach Eignungsräumen als Voraussetzung einer darauf aufzubauenden Entwicklungsplanung. Bro

TROLL, Carl: Die räumliche Differenzierung der Entwicklungsländer in

7.6
Regionale (empirische) Entwicklungsländerforschung

Raum für Zusätze

ihrer Bedeutung für die Entwicklungshilfe. Wiesbaden: Franz Steiner 1966. 133 S. = Erdkundliches Wissen 13, Geographische Zeitschrift, Beihefte.
Enthält 4 Aufsätze des Verfassers aus den Jahren 1944 bis 1964. TROLL sieht folgende Hauptfunktionen geographischer Entwicklungsländerforschung: 1) Erarbeitung räumlich differenzierter Strukturanalysen als Grundlage für die Entwicklungsplanung, 2) die vergleichende Betrachtung und Beurteilung des ökologischen Potentials und der infrastrukturellen Gesamtausstattung der Regionen. Beiden Aufgaben sei ohne gründliche empirische Forschung nicht gerecht zu werden. Anhand von Beispielen aus Lateinamerika, Afrika und Südasien werden diese Thesen begründet und veranschaulicht. Bro

Allgemeine Informationen

BAADE, Fritz: Dynamische Weltwirtschaft. Weltverkehrswirtschaft von Hugo HEECKT. Siehe 6.15.

BOESCH, Hans und Jürg BÜHLER: Eine Karte der Welternährung. Siehe 6.3.

Fischer Weltgeschichte. 35 Bände. Frankfurt a.M.: Fischer 1966ff.
Von internationalen Fachwissenschaftlern verfaßte, thematisch und/ oder regional in sich abgeschlossene Bände. Die Reihe bietet unentbehrliche Informationen zur Erfassung und Interpretation der Entwicklungsprozesse. Folgende Bände sind in diesem Zusammenhang von besonderer Relevanz: Islam I und II (Band 14 und 15), Zentralasien (Band 16), Indien (Band 17), Südostasien (Band 18), Das Chinesische Kaiserreich (Band 19), Altamerikanische Kulturen (Band 21), Süd- und Mittelamerika I und II (Band 22 und 23), Die Kolonialreiche seit dem 18. Jahrhundert (Band 29), Afrika (Band 32), Das moderne Asien (Band 33). Bro

Informationen zur politischen Bildung. Hrsg. von der Bundeszentrale für politische Bildung. Wiesbaden: Universum Verlagsanstalt.
*Informationsreihe, die neben historischen und geographischen Übersichten über den betreffenden Raum instruktive thematische Karten enthält. Über Entwicklungsländer sind bislang folgende Hefte erschienen: Folge 96, 1961: China I (Geschichte). Folge 99, 1962: China II. Folge 100, 1962: Afrika I (Geschichte). Folge 105, Neufassung 1968: Afrika II. Folge 112, 1965: Indien I. Folge 117, 1966: Indien II. Folge 120, 1966: Südamerika (Land und Wirtschaft). Folge 122, 1967: Lateinamerika (Geschichte). Folge 125, 1967: Mittelamerika (Land und Wirtschaft). Folge 136, 1969: Entwicklungsländer I. Folge 137, 1969: Entwicklungsländer II. Folge 144, 1971: Südostasien (Geschichte und Gegenwart). Folge 148, 1972: Südostasien (Länder, Völker, Wirtschaft). Weitere für die Geographie interessante Hefte:
Folge 88, 1960: Südosteuropa seit 1945, Teil II. Folge 89, 1960: Die Entwicklung in der Tschechoslowakei seit 1945. Folge 90, 1960: Die Vereinigten Staaten von Amerika I (Geschichte). Folge 95, 1961: Die Vereinigten Staaten von Amerika II (Land und Wirtschaft). Folge 113, Neudruck 1972: Die Sowjetunion 1917-1972. Folge 115, 1965: Sowjetrußland II (Die Zeit Stalins und Chruschtschows). Folge 128, 1968: Raumordnung in der BRD. Folge 130, 1968: Bevölkerung und Gesellschaft. Folge 139, 1970: Die Sowjetunion (Land und Wirtschaft). Folge 146, 1971: Umwelt - Gefahren und Schutz. Folge 147, 1971: Japan. Folge 151, 1972: Geschichte Rußlands und der Sowjetunion. Folge 155, 1973: Die Europäische Gemeinschaft II (Die Außenbeziehungen der EWG). Folge 156, 1973: Die Vereinigten Staaten von Amerika. Folge 158, 1974: Die Landwirtschaft in der Industriegesellschaft. Folge 162, 1975: Energie.*

7.6
Regionale
(empirische)
Entwicklungs-
länderforschung

Raum für Zusätze

Gesamtdarstellungen

- In weltweiter Perspektive

BERRY, Brian J.L.: An inductive approach to the regionalization of economic development. In: Norton GINSBURG (Hrsg.): Essays on geography and economic development. Chicago: The University of Chicago Press 1960. S. 78-107. = The University of Chicago, Department of Geography, Research Paper 62.
Mit Hilfe der Faktorenanalyse versucht der Verfasser, den Stand der wirtschaftlichen Entwicklung von insgesamt 95 Ländern zu ermitteln. Ausgehend von 43 Einzelvariablen, die die Gesamtheit der wirtschaftlich-sozialen, technischen sowie der demographischen Struktur- und Verhaltensmerkmale zum Ausdruck bringen sollen, wird eine Matrix mit 7 'Hauptkomponenten' gebildet, anhand derer eine Einteilung der Länder der Dritten Welt in vier Entwicklungsstufen vorgenommen wird. Bro

FOCHLER-HAUKE, Gustav: Das politische Erdbild der Gegenwart. Siehe 6.5.

HARTSHORNE, Richard: Geography and economic growth. In: Norton GINSBURG (Hrsg.): Essays on geography and economic development. Chicago: The University of Chicago Press 1960. S. 3-25. = The University of Chicago, Department of Geography, Research Paper 62.
Erstmalig unternommener Versuch, die regionalen Unterschiede im Entwicklungsstand der Länder der Dritten Welt, wenn auch in sehr generalisierter Form, kartographisch darzustellen. Die Auswahl der für die insgesamt 4 Entwicklungsstufen herangezogenen 3 Haupt- und 13 Einzelindikatoren erscheint allerdings lückenhaft (z.B. fehlt die Industrie).
Bro

JOHNSON, E. A. J.: The organization of space in developing countries. Cambridge, Mass.: Harvard University Press 1970. XVI, 452 S.
Umfassende Darstellung der räumlichen Organisation in Entwicklungsländern, insbesondere in ökonomischer Hinsicht. Ausgehend von einer historischen Betrachtung der vorindustriellen Situation heutiger Industrieländer wird die Raumstruktur heutiger Entwicklungsländer untersucht, wobei Aspekte der ländlichen Marktsysteme, der zentralörtlichen Organisation und der 'polarisierten Verstädterung' berücksichtigt werden. Den Schwerpunkt der Untersuchung bilden schließlich die planerisch-regionalpolitischen Kapitel, die systematische Aspekte und Länderbeispiele regionaler Entwicklungspolitik behandeln. Beispiel für die Verknüpfung einer theoretisch ausgerichteten Wirtschaftsgeographie mit der Entwicklungsländerproblematik. Blo

Meyers Kontinente und Meere. Daten, Bilder, Karten. 8 Bände. Siehe 1.4.

MOUNTJOY, Alan B. (Hrsg.): Developing the underdeveloped countries. London: Macmillan 1971. 270 S. = The Geographical Reading Series.
Sammelband mit 20 teils theoretischen (u.a. ROSTOW, NURSKE, HIRSCHMANN, MYRDAL), teils empirischen Beiträgen zum Entwicklungsproblem, aus geographischer Sicht zusammengestellt. Ble

MYRDAL, Gunnar: Asian drama. An inquiry into the poverty of nations. 3 Bände. New York: Pantheon 1968. 2284 S.
Gekürzte Fassung in deutscher Übersetzung unter dem Titel: Asiatisches Drama. Eine Untersuchung über die Armut der Nationen. Kurzfassung aus dem Englischen. Frankfurt: Suhrkamp 1973. 447 S.
Untersuchung über die Natur und die Ursachen der Armut am Beispiel von 11 Ländern Süd- und Südostasiens. Seine Vorschläge zur Besserung der Situation: Notwendigkeit sozialer Reformen, Eindämmung der Bevölkerungsexplosion, Hebung der Arbeitsproduktivität in den betreffenden Ländern, verstärkte Entwicklungshilfe insbesondere in Form von technischer Beratung sowie der Öffnung der Märkte für Produkte der

**7.6
Regionale
(empirische)
Entwicklungs-
länderforschung**

Raum für Zusätze

Entwicklungsländer. Auch heute bedeutsames Standardwerk, zumal die hier vertretenen pessimistischen Prognosen sich bis heute als durchaus realistisch erwiesen haben.
Bro

- <u>Einzelne Länder</u>

KUDER, Manfred: Angola. Eine geographische, soziale und wirtschaftliche Landeskunde. Siehe 1.4.

MANSHARD, Walther: Afrika - südlich der Sahara. Siehe 1.4.

MENSCHING, Horst: Tunesien. Siehe 1.4.

MENSCHING, Horst und Eugen WIRTH, unter Mitarbeit von Heinz SCHAMP: Nordafrika und Vorderasien. Siehe 1.4.

➤ SANDNER, Gerhard und Hans-Albert STEGER, unter Mitarbeit von Jan D. BECKMANN, Wolfgang ERIKSEN, Jürgen GRÄBENER, Günter KAHLE, Gerd
✱ KOHLHEPP und Luiz PEREIRA: Lateinamerika. Frankfurt: Fischer 1973. 444 S. = Fischer Länderkunde 7. 8,80 DM.
Beispielhafte Länderkunde unter dem Entwicklungs-Gesichtspunkt. Gelungene Kombination bewährter traditioneller Forschungs- und Darstellungsmethoden und neuerer, auf der lateinamerikanischen dependencia-Theorie beruhender Einsichten.
Ble

➤ SCHOLZ, Fred: Belutschistan (Pakistan). Eine sozialgeographische Studie des Wandels in einem Nomadenland seit Beginn der Kolonialzeit. Göttingen: Erich Goltze 1974. 322 S. = Göttinger Geographische Abhandlungen 63.
Beispielhafte Fallstudie eines orientalischen Entwicklungslandes zur Frage, welches Gewicht beim Wandel seit Beginn der Kolonialzeit den Stammesstrukturen (endogene Faktoren) und der von außen kommenden Einflußnahme (exogene Faktoren) im Prozeß der Unterentwicklung beizumessen ist. Durch detaillierte historisch-genetische Analyse weist SCHOLZ für Belutschistan nach, daß den exogenen Faktoren eine größere Bedeutung zukommt als bisher angenommen wurde, ohne jedoch die endogenen Strukturen zu unterschätzen. Durch seine kritisch abwägende, historisch untermauerte Methode ist die Arbeit von SCHOLZ jedem, der sich in Probleme der Entwicklungsländer einarbeiten möchte, als Beispiel für eine regionale Fallstudie sehr zu empfehlen.
Ble

SCHULZE, Willi: Liberia. Länderkundliche Dominanten und regionale Strukturen. Siehe 1.4.

SIEVERS, Angelika: Ceylon. Gesellschaft und Lebensraum in den orientalischen Tropen. Eine sozialgeographische Landeskunde. Wiesbaden: Franz Steiner 1964. 398 S. = Bibliothek geographischer Handbücher.
Sozialgeographische Länderkunde eines Entwicklungslandes unter Ausgliederung von Räumen, die als das Ergebnis des Zusammenwirkens von Ökologie, Sozialgruppen und Kolonialwirtschaft zu verstehen sind.
Ble

UHLIG, Harald: Kambodscha. Beiträge zur gegenwartsbezogenen Länderkunde eines Krisenherdes in Südostasien. Siehe 1.4.

UHLIG, Harald, unter Mitarbeit von Werner RÖLL, Joachim METZNER, Walter LORCH, Alfred WIRTHMANN, Ernst LÖFFLER, Jürgen DAHLKE und Wilhelm LUTZ: Südostasien - Austral-pazifischer Raum. Siehe 1.4.

WEISCHET, Wolfgang: Chile. Seine länderkundliche Individualität und Struktur. Siehe 1.4.

WIRTH, Eugen: Orient 1971. Gegenwartsprobleme nahöstlicher Entwicklungsländer. Siehe 1.4.

7.6
*Regionale
(empirische)
Entwicklungs-
länderforschung*

Raum für Zusätze

WIRTH, Eugen: Syrien. Eine geographische Landeskunde. Siehe 1.4.

Fragen der Didaktik

▶ BLENCK, Jürgen: Endogene und exogene entwicklungshemmende Strukturen, Abhängigkeiten und Prozesse in den Ländern der Dritten Welt, dargestellt am Beispiel von Liberia und Indien. In: Hans GRAUL-Festschrift. Hrsg. v. Horst EICHLER und Heinz MUSALL. Heidelberg: Geographisches Institut der Universität 1974. S. 395-418. = Heidelberger Geographische Arbeiten 40.
Verfasser wendet sich gegen die 'einäugige Soziologisierung der Entwicklungsproblematik' im Rahmen der Curriculum-Diskussion zum Thema Dritte Welt. Beispielhaft wird die Problematik der Dominanz sowohl der exogenen (Liberia) als auch der endogenen (Indien) Entwicklungsdeterminanten aufgezeigt. Liefert wichtige Argumente für den Geographieunterricht.   Bro

MEUELER, Erhard (Hrsg.): Unterentwicklung. Wem nützt die Armut der Dritten Welt? Arbeitsmaterialien für Schüler, Lehrer und Aktionsgruppen. 2 Bände. Reinbek: Rowohlt 1974. 428 und 365 S.
Alle Entwicklungsländer sind arm, weil sie jahrhundertelang ausgebeutet sind, und sie bleiben arm, weil die Kapitalisten (der westlichen Welt!) sie auch gegenwärtig ausbeuten. Diese These wird anhand willkürlich und einseitig ausgewählter Texte (Belege empirischer Forschung fehlen ganz) zu untermauern versucht.   Bro

▶ Schule und Dritte Welt. Texte und Materialien für den Unterricht. Hrsg. vom Bundesministerium für wirtschaftliche Zusammenarbeit. Bonn: Bundesministerium für wirtschaftliche Zusammenarbeit Nr. 1, 1970 - Nr. 45, 1974.
In erster Linie für die Hand des Lehrers gedacht, vermitteln die sowohl Einzelthemen als auch Tagungsberichte enthaltenden Hefte ein breites Spektrum zum Fragenkreis Entwicklungsländerforschung und Entwicklungspolitik als Bildungsaufgabe. Indem sie damit zugleich eine Vorstellung von den Problemen und Schwierigkeiten der didaktischen Vermittlung geben, stellt diese Informationsreihe einen wichtigen und instruktiven Beitrag für dieses lange Zeit vernachlässigte zentrale Thema dar.   Bro

▶ STORKEBAUM, Werner: Entwicklungsländer und Entwicklungspolitik. 2. Aufl. Braunschweig: Georg Westermann 1974 ([1]1973). 120 S. = Westermann-Colleg Raum und Gesellschaft 7.
Anhand von Beispielen (Schwarzafrika, Brasilien, Indien) bemüht sich der Verfasser, den Themenbereich Entwicklungsländer und Entwicklungspolitik in seinen vielfältigen Problemzusammenhängen aufzuzeigen. Wenn auch die zitierten Texte von recht unterschiedlichem Problemgehalt sind, so ist dieses Bändchen nicht nur für die Hand des Lehrers, sondern auch als Einführung für Studenten durchaus instruktiv und nützlich. (Abb. 54 bildet allerdings ein negatives Beispiel dafür, wie aus einer didaktisch als notwendig erachteten Vereinfachung ein falsches Bild entsteht.)   Bro

Probleme des Bevölkerungswachstums

▶ HAUSER, Jürg A.: Bevölkerungsprobleme der Dritten Welt. Bern/Stuttgart: Paul Haupt 1974. 316 S. = UTB 316.
Breit angelegte, leicht verständliche Einführung in die Bevölkerungsprobleme der Entwicklungsländer, die nicht nur bei der Bevölkerungsdynamik (Sterblichkeit, Fruchtbarkeit, Bevölkerungswachstum) stehenbleibt, sondern auch auf damit verbundene Problembereiche wie Agrar- und Industriewirtschaft, Ernährung und Nahrungsspielraum, Arbeitslosigkeit, Urbanisierung und Familienplanung eingeht.   Ble

MACKENSEN, Rainer und Heinz WEWER (Hrsg.): Dynamik der Bevölkerungsentwicklung. Strukturen, Bedingungen, Folgen. Siehe 6.4.

7.6
*Regionale
(empirische)
Entwicklungs-
länderforschung*

Raum für Zusätze

RÖLL, Werner: Probleme der Bevölkerungsdynamik und der regionalen Bevölkerungsverteilung in Indonesien. Siehe 6.4.

ZELINSKY, Wilbur, Leszek A. KOSIŃSKI und R. Mansell PROTHERO (Hrsg.): Geography in a crowding world. A symposium on population pressures upon physical and social resources in the developing lands. Siehe 6.4.

Entwicklungsprobleme der Landwirtschaft

ACHENBACH, Hermann: Agrargeographische Entwicklungsprobleme Tunesiens und Ostalgeriens. Exemplarische Strukturanalyse ausgewählter Reform- und Traditionsräume zwischen Mittelmeerküste und Nordsahara. Hannover: Geographische Gesellschaft zu Hannover 1971. 285 S. = Jahrbuch der Geographischen Gesellschaft zu Hannover für 1970.
Anhand von charakteristischen regionalen Beispielen (je 5 aus Tunesien und Ostalgerien) werden die agraren Probleme (Nebeneinander von traditioneller und moderner Bewirtschaftung, Überbevölkerung, einseitige Besitzkonzentration etc.) und die Veränderungsprozesse der beiden Länder aufgezeigt. Der Verfasser zieht eine vergleichende Zwischenbilanz der auf unterschiedlichen politischen Richtungen der beiden Staaten basierenden Ergebnisse der agraren Reformmaßnahmen seit ihrer Unabhängigkeit. Die Auswirkungen der Reformen werden ungeschminkt dargelegt. Bro

BIEHL, Max: Die Landwirtschaft in China und Indien. Siehe 6.16.

BLANCKENBURG, Peter von und Hans-Diedrich CREMER: Handbuch der Landwirtschaft und Ernährung in den Entwicklungsländern. Siehe 6.16.

BRONGER, Dirk: Caste system and cooperative farming in India. A sociogeographic structural analysis. In: P. MEYER-DOHM (Hrsg.): Economic and social problems of Indian development. Tübingen: Erdmann 1975. S. 443-491. = Bochumer Schriften zur Entwicklungsforschung und Entwicklungspolitik 19.
Mit ihrer Politik der Überführung der vorherrschenden Kleinbetriebsform (86,6% der Betriebe kleiner als 5 ha) in größere genossenschaftliche Betriebseinheiten verfolgt der indische Staat zwei Ziele: 1) damit der notwendigen Intensivierung der Landwirtschaft näher zu kommen und 2) eine Nivellierung der großen sozialen und wirtschaftlichen Unterschiede auf dem Lande zu erreichen. Der Verfasser überprüft anhand von 633 untersuchten Landbewirtschaftungs-Genossenschaften, ob und inwieweit die seit Mitte der 50er Jahre verfolgten Zielsetzungen verwirklicht werden konnten. Sein Ergebnis: Das Kastensystem mit seinem kennzeichnenden tiefen sozialen Bewußtsein einerseits und der ausgeprägte Individualismus des Einzelnen (Auflösung der Großfamilie als wirtschaftende Einheit) andererseits haben bislang die Bildung großer leistungsstarker Landbewirtschaftungs-Genossenschaften verhindert. Den beiden Zielsetzungen ist man auf diesem Wege somit bisher nicht nähergekommen. Bro

BRONGER, Dirk: Der sozialgeographische Einfluß des Kastenwesens auf Siedlung und Agrarstruktur im südlichen Indien. Siehe 6.12.

FRICKE, Werner: Die Rinderhaltung in Nordnigeria und ihre natur- und sozialräumlichen Grundlagen. Frankfurt: Waldemar Kramer 1969. 252 S. = Frankfurter Geographische Hefte 46.
Wichtige Arbeit zu den Entwicklungsproblemen eines afrikanischen Rinderweidegebietes. Sie weist auf die enge Anpassung der Viehhaltung an Ökologie, Marktstruktur, Sozial- und Wirtschaftsformen hin und schränkt die allgemeine Auffassung, wonach die Entwicklung der Viehzucht in Nordnigeria durch Traditionen zu stark gehemmt sei, etwas ein. Ble

GANSSEN, Robert: Trockengebiete. Böden, Bodennutzung, Bodenkulti-

7.6
*Regionale
(empirische)
Entwicklungs-
länderforschung*

Raum für Zusätze

vierung, Bodengefährdung. Versuch einer Einführung in bodengeographische und bodenwirtschaftliche Probleme arider und semiarider Gebiete. Siehe 5.5.

GOULD, Peter R.: Man against his environment: a game theoretic framework. Der Mensch gegenüber seiner Umwelt: ein spieltheoretisches Modell. Siehe 6.3.

HEUER, Adolf: Landwirtschaft und Wirtschaftsordnung. Siehe 6.16.

JÄTZOLD, Ralph: Entwicklungsprobleme der Schwemmlandebenen an der neuen Tanzania-Zambia-Eisenbahn im südlichen Ostafrika. In: Deutscher Geographentag Erlangen-Nürnberg 1971. Tagungsbericht und wissenschaftliche Abhandlungen. Wiesbaden: Franz Steiner 1972. S. 431-445. = Verhandlungen des Deutschen Geographentages 38.
Untersucht die Möglichkeiten der Entwicklung der Agrarwirtschaft im südlichen Tanzania im Zusammenhang mit der Frage nach der zukünftigen Rentabilität der Tanzania-Zambia-Railway. Sein Vorschlag: Mobilisierung des Agrarpotentials der an die Bahn angrenzenden Gebiete, in erster Linie der edaphisch begünstigten Schwemmlandebenen, da hier das höchste Potential für Massengüter (Reis, Mais) liegt. Das damit zu erwartende Frachtaufkommen könne entscheidend dazu beitragen, der Bahn eine langfristige Rentabilität zu sichern. Abschliessend werden die Probleme und Schwierigkeiten zur Realisierung dieser Entwicklungsplanung diskutiert. Bro

MANSHARD, Walther: Die geographischen Grundlagen der Wirtschaft Ghanas unter besonderer Berücksichtigung der agrarischen Entwicklung. Wiesbaden: Franz Steiner 1961. 308 S. = Beiträge zur Länderkunde Afrikas, Sonderfolge der Kölner Geographischen Arbeiten 1.
Eine auf gründlichen Geländestudien beruhende, reichhaltig mit Abbildungen und Karten ausgestattete, auch für den Anfänger verständlich geschriebene Arbeit zur Problematik eines agrarisch orientierten tropischen Entwicklungslandes. Durch die Betonung des engen Zusammenhangs von Ökologie und wirtschafts- und sozialgeographischen Problemen, auch der Verflechtung der Agrarwirtschaft mit Handel, Handwerk und Industrie sowie wirtschaftspolitischen Problemen ist das Buch über die Hochschule hinaus auch gut für den Unterricht in der Sekundarstufe II verwendbar. Ble

MANSHARD, Walther: Agrargeographie der Tropen. Eine Einführung. Siehe 6.16.

MERTINS, Günter: Kriterien der wirtschaftlichen und sozialen Beurteilung von Landreformprojekten in Kolumbien, am Beispiel des Landreformprojektes Antlantico 3. In: Deutscher Geographentag Kassel 1973. Tagungsbericht und wissenschaftliche Abhandlungen. Wiesbaden: Franz Steiner 1974. S. 294-309. = Verhandlungen des Deutschen Geographentages 39.
Anhand der exemplarischen Überprüfung eines Landreform-Projektes (778 Betriebe auf 4 115 ha) wird die Frage behandelt, ob und inwieweit derartige Entwicklungsvorhaben zur Lösung der agrarsozialen Probleme Kolumbiens beitragen können. Der Verfasser kommt zu dem Ergebnis, daß - trotz betriebs- und volkswirtschaftlich positiver Resultate der untersuchten Betriebe - dieser Weg bei einem Kostenaufwand von 13 371 US-Dollar für einen 5 ha-Betrieb bei der gleichzeitigen Bevölkerungsexplosion nur eine geringe sozialpolitische Wirkung haben kann. Bro

MONHEIM, Felix: Zur Entwicklung der peruanischen Agrarreform. Beobachtungen auf einer Reise 1970. In: Geographische Zeitschrift 60, 1972, S. 161-180.
Zwischenbilanz der Auswirkungen des Agrarreformgesetzes vom 24. Juni 1969. An Untersuchungsbeispielen aus der nördlichen Costa-Region wird die gegenwärtige Problematik der Reformmaßnahmen aufge-

**7.6
Regionale
(empirische)
Entwicklungs-
länderforschung**

Raum für Zusätze

zeigt und abschließend ihre Erfolgsaussichten einer kritischen Beurteilung unterzogen.   Bro

ROTHER, Klaus: Stand, Auswirkungen und Aufgaben der chilenischen Agrarreform. Beobachtungen in der nördlichen Längssenke Mittelchiles. In: Erdkunde 27, 1973, S. 307-322.

ROTHER, Klaus: Zum Fortgang der Agrarreform in Chile. In: Erdkunde 28, 1974, S. 312-315.
Räumlich differenzierende Betrachtung des Agrarreformprogramms in Chile unter den Regierungen E. Frei (1964-1970) und S. Allende (1970-1973) in seinem zeitlichen Ablauf und seiner gegenwärtigen Problematik. Behandelt die Auswirkungen auf das Agrarlandschaftsgefüge (Eigentumsverhältnisse, Betriebsweise, Bodennutzung, agrarsoziales Gefüge und Siedlungsbild). Um dem Reformvorhaben zu einem Erfolg zu verhelfen, hält es der Verfasser für notwendig, über den agrarischen Bereich hinausgehende flankierende Maßnahmen zu treffen: Entsendung von Fachleuten auf das Land, Maßnahmen zur Verbesserung der Infrastruktur (Flurbereinigung, Mechanisierung, Regelung eines geordneten Absatzes), eine die Eigen-Investitionen anregende Preispolitik, Schaffung zusätzlicher Arbeitsplätze durch verstärkte Industrialisierung der ländlichen Gebiete sowie eine planmäßige Bevölkerungspolitik. Langfristig sei eine Rückführung der bestehenden Genossenschaften in mittlere Betriebsgrößen mit individueller Nutzung in wirtschaftlicher Hinsicht jedoch erfolgversprechender.   Bro

SCHWEINFURTH, Ulrich u.a.: Landschaftsökologische Forschungen auf Ceylon. Wiesbaden: Franz Steiner 1971. 232 S. = Erdkundliches Wissen 27, Geographische Zeitschrift, Beihefte.
Fünf landschaftsökologische Studien als Grundlage einer Entwicklungsplanung, vorgelegt von U. SCHWEINFURTH, H. MARBY, K. WEITZEL, K. HAUSHERR und M. DOMRÖS. Die Arbeiten zeigen, daß die Lösung des Entwicklungsproblems nur über eine regional differenzierte Detailanalyse erreichbar ist.   Ble

WEBER, Peter: Agrarkolonisation in Mittel-Mocambique. Landwirtschaftliche Erschließungsmaßnahmen mit kombinierter Projektstruktur als raumplanerisches Modell in Entwicklungsländern. In: Raumforschung und Raumordnung 28, 1970, S. 118-126.
Knappes, mit sechs instruktiven Beilagen dargestelltes Modell einer Entwicklungsplanung durch agrarkolonisatorische Maßnahmen.   Ni

WEBER, Peter: Die agrargeographische Struktur von Mittel-Mocambique. Natur- und sozialräumliche Grundlagen der Bantu-Landwirtschaft. Siehe 6.16.

WIRTH, Eugen: Agrargeographie des Irak. Siehe 6.16.

Probleme der Industrialisierung und Verkehrsentwicklung

BREDO, William: Industrial estates. Tool for industrialization. Siehe 6.19.

CLAUSEN, Lars: Industrialisierung in Schwarzafrika. Eine soziologische Lotstudie zweier Großbetriebe in Sambia. Bielefeld: Bertelsmann 1968. 221 S. = Bochumer Schriften zur Entwicklungsforschung und Entwicklungspolitik 3.
Versuch, auf induktivem Wege (den Aussagen liegen zwei soziologische Fallstudien von Großbetrieben aus dem copper belt Sambias zugrunde) eine 'soziologische Theorie der Industrialisierung in Schwarzafrika' zu gewinnen. Auch wenn die empirische Basis für dieses Vorhaben sehr schmal erscheint, so stellt diese sehr gründliche Arbeit dennoch einen wesentlichen Beitrag zu dieser bis heute sehr vernachlässigten Fragestellung dar.   Bro

SCHÄTZL, Ludwig: Räumliche Industrialisierungsprozesse in Nigeria.

7.6
Regionale
(empirische)
Entwicklungs-
länderforschung

Raum für Zusätze

Industriegeographische Analyse eines tropischen Entwicklungslandes. Gießen: Geographisches Institut der Universität 1973. 221 S. = Gießener Geographische Schriften 31, Sonderheft 2.
Enthält eine Darstellung der räumlichen Struktur der verarbeitenden Industrie sowie eine statistisch sehr gründlich belegte Analyse und Deutung des Industrialisierungsprozesses für den Zeitraum 1964-1969, in welchem das Land bemerkenswerte Zuwachsraten zu verzeichnen hatte. Räumlich ist jedoch ein Konzentrationsprozeß der Industrialisierung in wenige Großstädte festzustellen, vornehmlich aufgrund von Agglomerationsvorteilen. Dieser Vorsprung führt wiederum zu einer Beschleunigung des Verstädterungsprozesses in erster Linie in den Zentren industrieller Produktion. Als Strategie der Industrialisierung sieht der Verfasser den Abbau der regionalen Disparitäten durch verstärkte Industrieansiedlung in einer größeren Anzahl von ausgewählten Wachstumspolen und gleichzeitig die verstärkte Integration der ländlichen Gebiete in den industriellen Wachstumsprozeß. Bro

STANG, Friedrich: Die indischen Stahlwerke und ihre Städte. Eine wirtschafts- und siedlungsgeographische Untersuchung zur Industrialisierung und Verstädterung eines Entwicklungslandes. Wiesbaden: Franz Steiner 1970. 169 S. = Kölner Forschungen zur Wirtschafts- und Sozialgeographie 8.
Im ersten Teil der Untersuchung wird die Eisen- und Stahlindustrie Indiens in ihren bergbaulichen Grundlagen, der Entwicklung der Standorte und ihrer Anschlußindustrien behandelt, während der zweite Teil den 'Stahlstädten', insbesondere Jamshedpur als 'alter' und Rourkela als 'neuer Stahlstadt', gewidmet ist. Die Herausarbeitung wesentlicher Grundzüge und Probleme (Sanierung, Umlandbeziehungen u.a.) der Stahlstädte beschließt die Abhandlung. Bro

TAAFFE, Edward J., Richard L. MORRILL und Peter R. GOULD: Transport expansion in underdeveloped countries: a comparative analysis. Verkehrsausbau in unterentwickelten Ländern - eine vergleichende Studie. Siehe 6.21.

Verstädterung, Slumbildung

BLENCK, Jürgen: Slums und Slumsanierung in Indien. Erläutert am Beispiel von Jamshedpur, Jaipur und Madras. In: Deutscher Geographentag Kassel 1973. Tagungsbericht und wissenschaftliche Abhandlungen. Wiesbaden: Franz Steiner 1974. S. 310-337. = Verhandlungen des Deutschen Geographentages 39.
Auf gründlicher empirischer Basis beruhende Analyse und Deutung der staatlichen Politik der Slumsanierung am Beispiel dreier Großstädte. Der Verfasser weist nach, daß - vornehmlich infolge der sozialen und wirtschaftlichen Folgewirkungen des Kastensystems - die staatlichen Programme der Slumsanierung bislang nur teilweise der Slumbevölkerung zugute kamen und somit nur sehr wenig zur Überwindung der tiefen Kluft beitrugen, die die Angehörigen tiefstehender Kasten von den übrigen Bevölkerungsgruppen nach wie vor trennt. Eine langfristige Lösung des Problems der Slumsanierung erscheint ohne spürbare Reduzierung der Bevölkerungsexplosion und einen evolutionären Wandel des Sozialsystems nicht möglich. Bro

BREESE, Gerald (Hrsg.): The city in newly developing countries: readings on urbanism and urbanization. Englewood Cliffs, N.J./London: Prentice-Hall 1972. VIII, 151 S.
Sammelwerk mit insgesamt 36 Beiträgen überwiegend aus den Jahren 1961-1967. Gelungener Versuch, der sehr komplexen Thematik 'Verstädterung und Urbanisation in Entwicklungsländern' durch die Aufnahme sowohl theoretischer als auch empirischer (regionaler) Studien von Fachvertretern aus verschiedenen Disziplinen eine ganze Reihe wichtiger Aspekte abzugewinnen. Folgende 4 Problemkreise werden behandelt: 1) Urbanization in major geographic regions, 2) The changing role of the city, 3) The inhabitants, 4) The developing cities. Ent-

7.6
Regionale
(empirische)
Entwicklungs-
länderforschung

Raum für Zusätze

hält viel spezielle Literaturhinweise, leider jedoch keinen Index.
Bro

▶ DESAI, A.R. und S.D. PILLAI (Hrsg.): Slums and urbanization. Bombay: Popular Prakashan 1970. 356 S.
Gute Einführung in das Slum-Problem anhand von 37 Aufsätzen oder Buchauszügen zu den folgenden Themen: Slumtheorie, Slumsanierung und Stadtsanierung, Probleme und Erscheinungsformen der Slums in den USA, in Lateinamerika, Asien und Indien. Ble

▶ NICKEL, Herbert J.: Unterentwicklung als Marginalität in Lateinamerika. Einführung und Bibliographie zu einem lateinamerikanischen Thema. München: Weltforum 1973. LXXX, 231 S. = Materialien zu Entwicklung und Politik, Arnold Bergstraesser-Institut 5.
▶ NICKEL, Herbert J.: Marginalität und Urbanisierung in Lateinamerika. Eine thematische Herausforderung auch an die politische Geographie. In: Geographische Zeitschrift 63, 1975, S. 13-30.
Umfassende Bibliographie (231 S. Literatur!) zum Problem der Unterentwicklung in lateinamerikanischen Städten. Ausgezeichnete Einführung (67 S.) zum Problem von Randsiedlungen und Slums, die auch über die Lateinamerika-Forschung hinaus wichtig ist. Ausgewogene kritische Einstellung gegenüber traditionellen Modernisierungstheorien wie auch gegenüber den (teilweise marxistischen) Imperialismustheorien. Ble

SANDNER, Gerhard: Die Hauptstädte Zentralamerikas. Siehe 6.13.

WEBER, Peter: Ländliche Lebensformen im urbanen Raum. Afrikanische Barackenbewohner in Beira/Moçambique. Siehe 6.13.

ZSILINCSAR, Walter: Städtewachstum und unkontrollierte Siedlungen in Lateinamerika. Siehe 6.13.

Entwicklungs- und Innovationsbereitschaft

▶ BRONGER, Dirk: Der wirtschaftende Mensch in den Entwicklungsländern. Innovationsbereitschaft als Problem der Entwicklungsländerforschung, Entwicklungsplanung und Entwicklungspolitik. In: Geographische Rundschau 27, 1975, S. 449-459.
Am Beispiel der Innovation 'Bewässerung' ('Tungabhadra Irrigation Project' im südlichen Indien) wird die Bedeutung der Innovationsbereitschaft des Menschen als Voraussetzung zur Überwindung der Unterentwicklung aufgezeigt. Die Untersuchung ergab, daß die - regionalen und personellen - Unterschiede in der Aufnahmebereitschaft des Menschen gegenüber Innovationen von besonderer Relevanz für die Praxis der Entwicklungsplanung und -politik sind, da die in einer Region mit einer Neuerung gemachten Erfahrungen keineswegs ohne weiteres auf eine andere Region übertragbar sind. Resümee: der handelnde, der wirtschaftende Mensch muß mehr als bisher in den Mittelpunkt der Entwicklungsländerforschung gestellt werden, denn er ist letztendlich der alleinige Träger der in Aussicht genommenen Entwicklung. Die Untersuchung enthält folgende Begriffsbestimmungen: Innovation, Adoption(sprozeß), Diffusion(sprozeß), Adaptivität. Bro

DRAGUHN, Werner: Entwicklungsbewußtsein und wirtschaftliche Entwicklung in Indien. Wiesbaden: Harrassowitz 1970. 288 S. = Schriften des Instituts für Asienkunde 28.
Ziel der Arbeit soll es sein, die zentrale Bedeutung des 'Faktors Mensch' im wirtschaftlichen Wachstumsprozeß der Entwicklungsländer am Beispiel des indischen Subkontinents aufzuzeigen. Der Verfasser vertritt die These, daß die Kultur und die Sozialstruktur Indiens einem individuellen Entwicklungsbewußtsein nahezu unüberwindliche Barrieren in den Weg stellt. Das bedeutet: es waren nicht die exogenen (englische Kolonialherrschaft), sondern in allererster Linie die endogenen Faktoren, die für die Entwicklung des Landes bestim-

7.6
Regionale
(empirische)
Entwicklungs-
länderforschung

Raum für Zusätze

mend waren und sind. Seine Empfehlung lautet: Neben Kapitalhilfe und die Vermittlung des technischen know-how muß die Bildungshilfe treten. Bro

WIRTH, Eugen: Der heutige Irak als Beispiel orientalischen Wirtschaftsgeistes. Siehe 6.15.

Studien zentralörtlicher Systeme als Grundlage einer Regionalplanung

BRONGER, Dirk: Kriterien der Zentralität südindischer Siedlungen. In: Deutscher Geographentag Kiel 1969. Tagungsbericht und wissenschaftliche Abhandlungen. Wiesbaden: Franz Steiner 1970. S. 498-518. = Verhandlungen des Deutschen Geographentages 37.
Diskutiert die spezifische Bedeutung der Zentralitätsmerkmale sowie die Methoden zur Erfassung ihres zentralen Ranges für die ländlich strukturierten Gebiete Indiens. Im Hinblick auf die Anwendung der Zentralitätsforschungsergebnisse für die Regionalplanung hält der Verfasser die bislang weitgehend unberücksichtigt gelassene Einbeziehung der Wirtschafts- und Verkehrsfunktionen als Zentralitätskriterien für notwendig. Eine dringende Aufgabe der Regionalplanung wird darin gesehen, die entwicklungshemmende 'dezentralisierte zentralörtliche Struktur' mit ihrer ungleichmäßigen Versorgung der Bevölkerung mit zentralen Diensten abzubauen. Bro

VORLAUFER, Karl: Das Netz zentraler Orte in ausgewählten Räumen Tanzanias und die Bedeutung des zentralörtlichen Prinzips für die Entwicklung des Landes nach den gesellschaftspolitischen Zielvorstellungen der Regierung. In: Deutscher Geographentag Erlangen-Nürnberg 1971. Tagungsbericht und wissenschaftliche Abhandlungen. Wiesbaden: Franz Steiner 1972. S. 446-464. = Verhandlungen des Deutschen Geographentages 38.
In einer gründlichen lesenswerten Untersuchung der zentralörtlichen Struktur zweier Distrikte unterschiedlichen Entwicklungsstandes wird der Frage nachgegangen, ob und inwieweit die spezifische regionalplanerische Konzeption Tanzanias den Aufbau zentralörtlicher Netze bestimmen sollte. Der Verfasser hält den - in der Entwicklungsplanung des Landes bislang unberücksichtigt gebliebenen - Ausbau eines zentralörtlichen Netzes für dringend erforderlich: 1) Zur Verbesserung der Versorgungssituation der Agrarbevölkerung, 2) bieten sie als Dienstleistungszentren und nachfolgend auch als solche des produzierenden Gewerbes zusätzliche Arbeitsplätze, und 3) geben sie als Zentren des Verbrauchs Impulse zur Intensivierung der Agrarproduktion (zentrale Orte als Innovationszentren). Zur Verwirklichung dieser Zielstellung ist es notwendig, die Standorte der Ujamaa-Dörfer soweit wie möglich einem rationellen Netz zentraler Orte einzubauen. Bro

VORLAUFER, Karl: Zentralörtliche Forschungen in Ostafrika. Eine vergleichende Analyse von Untersuchungen in den Uferregionen des Viktoriasees. In: Ostafrika. Themen zur wirtschaftlichen Entwicklung am Beginn der siebziger Jahre (Festschrift E. WEIGT). Zusammengestellt von Werner RUTZ. Wiesbaden: Franz Steiner 1974. S. 83-114. = Erdkundliches Wissen 36, Geographische Zeitschrift, Beihefte.
Diskutiert die methodischen Erfordernisse der Erfassung zentralörtlicher Systeme in Entwicklungsländern am Beispiel der vergleichenden Analyse dreier zentralörtlicher Untersuchungen in Ostafrika (Uganda, Kenia, Tanzania). Um regionalplanerische Aussagen treffen zu können, hält es der Verfasser für erforderlich, alle zentralen Einrichtungen sämtlicher zentraler Orte sowohl quantitativ als auch qualitativ zu erfassen. Eine derart aufwendige Methode erscheint allerdings zur Konzipierung einer Regionalplanung für einen größeren Raum (Land) mehr theoretisch denn praktikabel. Bro

**7.6
Regionale
(empirische)
Entwicklungs-
länderforschung**

Raum für Zusätze

Komplexe Regionalanalysen als Grundlage der Regionalplanung und Regionalpolitik

HEIMPEL, Christian, Stefan A. MUSTO, Peter P. WALLER und Dieter WEISS: Planung regionaler Entwicklungsprogramme. Fünf Fallstudien aus Äthiopien, Bolivien, Nepal, Peru, Zambia. Berlin: Bruno Hessling 1973. 315 S. = Schriften des Deutschen Instituts für Entwicklungspolitik 15. Englische Übersetzung unter dem Titel: Planning regional development programs. Berlin: Bruno Hessling 1973. 317 S.
Gemeinsames Ziel dieser 5 Fallstudien ist es, unterschiedliche Aspekte der Planung regionaler Entwicklungsprogramme zu untersuchen und darüber hinaus wichtig erscheinende methodische Ansätze empirisch auf ihre Verwendbarkeit zu testen. Wenn man dieser anspruchsvollen Zielsetzung in toto nicht gerecht werden konnte, spricht dies nicht gegen den Wert der Studien, die wegen der Vielfalt der hier aufgezeigten Konzeptionen und Methoden durchaus lesenswert sind.
Bro

OSBORN, James: Area, development policy and the middle city in Malaysia. Chicago: University of Chicago, Department of Geography 1974. X, 291 S. = University of Chicago, Department of Geography, Research Paper 153.
Vorbildliche politisch-geographische Analyse der regionalen Entwicklungsplanung in Malaysia, die neben der nationalen und regionalen Ebene vor allem die Rolle der Städte - untersucht am Beispiel 3 kleiner und 3 mittlerer Städte sowie einer Großstadt (Penang) - behandelt. Die Arbeit zeichnet sich aus durch eine problemorientierte Anwendung moderner Verfahren der geographischen Raumanalyse und durch die Ableitung konkreter entwicklungsplanerischer Folgerungen, die insbesondere ein Plädoyer für eine kritisch regionalisierte Entwicklungsplanung beinhalten. Die Arbeit zeigt beispielhaft den möglichen Beitrag der Geographie zur Entwicklungsländerforschung auf.
Blo

SANDNER, Gerhard und Helmut NUHN: Das nördliche Tiefland von Costa Rica. Geographische Regionalanalyse als Grundlage für die Entwicklungsplanung. Berlin/New York: de Gruyter 1971. 202 S. = Universität Hamburg, Abhandlungen aus dem Gebiet der Auslandskunde 72 (Reihe C, Band 21).
Umfassende und zugleich gründliche Regionalanalyse eines zuvor weitgehend unerschlossenen Tieflandgebietes, die als Vorbereitung einer regionalen Entwicklungsplanung dienen sollte und diesen Zweck in praxi z.T. sogar erfüllt hat (S. 175f.). Im Schlußteil werden Beispiele regionalspezifischer Planungsprobleme und abschließend eine Gliederung des Untersuchungsgebietes in Planungsregionen vorgelegt sowie Empfehlungen für ihre Entwicklung gegeben. Die Verfasser halten es für notwendig und dringlich, regionale Entwicklungspläne für das gesamte Land zu erarbeiten, die Einzelvorhaben zu koordinieren und die Vorhaben und Planungen in eine umfassende Entwicklungsplanung einzubeziehen.
Bro

SOJA, Edward W.: The geography of modernization in Kenya. A spatial analysis of social, economic, and political change. Syracuse, N.Y.: Syracuse University Press 1968. 143 S. = Syracuse Geographical Series 2.
Gründliche Untersuchung der räumlichen Dimension des Modernisierungsprozesses in Kenia mit den Methoden der modernen geographischen Raumanalyse. Nachdem im ersten Teil einige Einzelindikatoren der Entwicklung (Verkehrsnetz, Bildungsstand u.a.) mit herkömmlichen kartographischen Darstellungsverfahren untersucht werden, erfolgt im zweiten Teil die Bestimmung eines komplexen Modernisierungsindexes mit Hilfe der Hauptkomponentenanalyse. Wenn auch politisch-soziale Probleme weitgehend ausgespart werden, so zeigt die Arbeit doch einige bisher von der Geographie relativ wenig genutzten Mög-

7.6
Regionale
(empirische)
Entwicklungs-
länderforschung

Raum für Zusätze

lichkeiten der grundlagenorientierten Entwicklungsländerforschung auf (räumliche Differenzierungen der Modernisierung, Entwicklungsbarrieren usw.).
Blo

WALLER, Peter P.: Grundzüge der Raumplanung in der Region Kisumu (Kenia). Berlin: Bruno Hessling 1968. 88 S.
Von einer interdisziplinär zusammengesetzten Arbeitsgruppe erarbeitete, als Einführungsbeispiel geeignete Raumanalyse der im äußersten Westen Kenias (am Victoria-See) gelegenen Region Kisumu. Als Grundlage für die anschließend behandelten 'Grundzüge eines regionalen Entwicklungsprogrammes' bleibt jedoch die Darstellung, insbesondere die der funktionalen Raumstruktur, zu kursorisch: Mit der hier angewandten Methode der Bestimmung des Zentralitätsgrades (quantitative Angaben fehlen ganz) dürften die zentralen Orte unterer und unterster Stufe, deren Kenntnis für eine darauf aufbauende Regionalplanung unentbehrlich ist, in ihrer ganz überwiegenden Mehrzahl nicht erfaßt sein.
Bro

Statistische Quellen

FOCHLER-HAUKE, Gustav (Hrsg.): Der Fischer Weltalmanach 1976. Siehe 8.3.

Food and Agricultural Organization (FAO) (Hrsg.): Production Yearbook. Siehe 8.3.

Food and Agricultural Organization (FAO) (Hrsg.): Trade Yearbook. Siehe 8.3.

International Labour Organization (ILO) (Hrsg.): Yearbook of Labour Statistics. Siehe 8.3.

Statistisches Bundesamt Wiesbaden (Hrsg.): Allgemeine Statistik des Auslandes. Länderberichte. Siehe 8.3.

Statistisches Bundesamt Wiesbaden (Hrsg.): Allgemeine Statistik des Auslandes. Länderkurzberichte. Siehe 8.3.

UNESCO (Hrsg.): Statistical Yearbook. Siehe 8.3.

United Nations (UN), Department of Economic and Social Affairs, Statistical Office (Hrsg.): Demographic Yearbook. Siehe 8.3.

United Nations (UN), Department of Economic and Social Affairs, Statistical Office (Hrsg.): Yearbook of International Trade Statistics. Siehe 8.3.

Die Welt in Zahlen. Harms Statistik. Siehe 8.3.

8 Statistische Quellen

8.1 Statistische Quellenkunde/Wirtschafts- und Sozialstatistik

Darstellungen und Lehrbücher zur Kommunal- und Regionalstatistik

BOUSTEDT, Olaf, Hans-Ewald SCHNURR und Elfried SÖKER: Informationssystem für die Stadt- und Regionalforschung (Hauptstudie). Siehe 7.3.

BOUSTEDT, Olaf unter Mitarbeit von Elfried SÖKER sowie J. GERHARDT und H.-J. BACH: Grundriß der empirischen Regionalforschung. Teil IV: Regionalstatistik. Hannover: Hermann Schroedel 1975. XI, 224 S. = Veröffentlichungen der Akademie für Raumforschung und Landesplanung, Taschenbücher zur Raumplanung 7. 14,00 DM.
Dieser vierte und letzte Teil des 'Grundrisses' bringt eine ausgezeichnete Lehrbuchdarstellung des vielfach als spröde angesehenen und dennoch sehr wichtigen Gebietes der 'Regionalstatistik', d.h. nicht statistischer Analyseverfahren, sondern der räumlich differenzierten angewandten Statistik, insb. der amtlichen Statistik. Hierfür bietet das Taschenbuch die gegenwärtig wohl beste (und aktuellste) Einführung, die nicht nur über Organisation, Methoden der Datenerhebung und -speicherung, über regionalstatistische Maßzahlen und über die einschlägigen Quellenwerke informiert, sondern auch Probleme des Raumbezugs und der Klassifikationssysteme der amtlichen Statistik ausführlich behandelt und dabei auf mögliche Fehlinterpretationen hinweist. Besonders verdienstvoll: die Auflistung der gebräuchlichsten statistischen Maßzahlen (Kennziffern) für strukturelle und funktionale Merkmale, die Übersicht über das Veröffentlichungsprogramm der amtlichen Regionalstatistik sowie die Zusammenstellung von wichtigen Begriffsbestimmungen der amtlichen Statistik. Sehr gute Auswahlbibliographie zur empirischen Regionalforschung von E. SÖKER mit 320 Titeln. Blo

ESENWEIN-ROTHE, Ingeborg und Bernhard HESS: Das statistische Instrumentarium für kommunale Entwicklungsplanung. Siehe 4.2.

HOLLMANN, Heinz: Statistische Grundlagen der Regionalplanung. Hannover: Gebrüder Jänecke 1968. 242 S. = Veröffentlichungen der Akademie für Raumforschung und Landesplanung, Beiträge 3.
Nützliche Darstellung der für die Raumforschung und Raumplanung relevanten Grundlagen der amtlichen Statistik in der BRD (also nicht statistischer Analyseverfahren). Die beiden wichtigeren ersten Teile enthalten eine knappe Beschreibung der wichtigsten Statistiken (insb. der Gemeindestatistik der Statistischen Landesämter) sowie eine sehr gute Diskussion ihrer Anwendungsgrenzen, wobei der Autor die Aussagekraft der Gemeindestatistik für die verschiedenen Sachgebiete der Raumplanung prüft und auf begriffliche und methodische Probleme eingeht. Die Darstellung ist zwar in vielen Punkten veraltet und weithin durch das Taschenbuch von BOUSTEDT (siehe oben) ersetzt, doch kann ihre Lektüre (insb. Teil II) vor dilettantischem Umgang mit Zensusdaten bewahren. Blo

SCHLIER, Otto: Das regionale Moment in der Statistik. Bremen: Walter Dorn 1961. 84 S. = Veröffentlichungen der Akademie für Raumforschung und Landesplanung, Abhandlungen 38.
Die Darstellung vermittelt - aus der Sicht eines erfahrenen Praktikers aus der amtlichen Statistik - nützliche Hinweise über das Arbeitsgebiet der regionalen Statistik in Deutschland vor 1961. Die Ausführungen über die 'regionale Auswertung' statistischer Daten (Kap.

8.1
Statistische
Quellenkunde /
Wirtschafts- und
Sozialstatistik

Raum für Zusätze

IV) in der Geographie, Raumforschung etc., die mit einer Anzahl interessanter einfacher Verteilungskarten für das Gebiet des ehem. Deutschen Reiches veranschaulicht werden, sind jedoch in methodischer Hinsicht weitgehend überholt.   Hei

Zur Wirtschafts- und Sozialstatistik

Das Arbeitsgebiet der Bundesstatistik. Hrsg.: Statistisches Bundesamt. Wiesbaden: Statistisches Bundesamt 1971. 410 S. (Auch als Kurzausgabe, 120 S., erhältlich).
Übersicht über die Gliederung der Veröffentlichungen des Statistischen Bundesamtes, ihre Aufgaben und Ziele sowie über die Zusammenarbeit des Bundesamtes mit internationalen Organisationen.   Bra

DENNUKAT, Gerhard und Heinrich HASSKAMP: Klassifizierung der land- und forstwirtschaftlichen Betriebe und deren Betriebseinkommen. Ergebnis der Landwirtschaftszählung 1971 (Grunderhebung Mai 1971). In: Wirtschaft und Statistik 1973, S. 211-222.
Die Verfasser erläutern zunächst die in der Landwirtschaftszählung zugrunde gelegte 'Neue Betriebssystematik' (mit schematischer Übersicht S. 214). Außerdem werden wichtige Ergebnisse der Grunderhebung, veranschaulicht durch Tabellen und Diagramme, zusammengestellt und erläutert.   Hei

DENNUKAT, Gerhard und Heinrich HASSKAMP: Die Landwirtschaftszählung 1971. In: Wirtschaft und Statistik 1971, S. 275-283.
Gute Erläuterung der Ziele, des Erhebungskonzepts und des Frageprogramms sowie des Aufbereitungs- und Darstellungsprogramms für die verschiedenen Erhebungsteile (Haupt-, Sonder- und Nacherhebungen) der letzten Großzählung in der Landwirtschaft, Forstwirtschaft und Binnenfischerei der BRD, die zwischen Mai 1971 und Februar 1973 stattfand.   Hei

FEICHTINGER, Gustav: Bevölkerungsstatistik. Siehe 6.4.

KELLERER, Hans: Statistik im modernen Wirtschafts- und Sozialleben. Siehe 4.2.

MAI, Horst: Input-Output-Tabelle 1970. In: Wirtschaft und Statistik 1974, S. 167-176 (Textteil) und S. 178-193 (Tabellenteil).
Leichtverständliche Darstellung des Inhalts, Aufbaus, der Konzepte, Berechnungsgrundlagen und -methoden sowie der Interpretation von Input-Output-Tabellen, die die güter- und produktionsmäßigen Verflechtungen in der Volkswirtschaft beschreiben. Das Statistische Bundesamt erstellt im Rahmen der volkswirtschaftlichen Gesamtrechnungen seit 1970 jährlich Input-Output-Tabellen.   Hei

NELLNER, Werner: Bevölkerungsgeographische und bevölkerungsstatistische Grundbegriffe. Siehe 6.4.

▶ SCHUBNELL, Hermann und Lothar HERBERGER: Die Volkszählung am 27. Mai 1970. In: Wirtschaft und Statistik 1970, S. 179-185.
Die Verfasser erläutern den Inhalt des Befragungsprogramms (Erhebungsmerkmale und Fragen) der letzten Volkszählung, wobei vor allem die Abweichungen zu den beiden vorangehenden Großzählungen (1950 und 1961) herausgestellt und begründet werden.   Hei

8.2
Deutsche
Statistiken

8.2 Deutsche Statistiken

Raum für Zusätze

Bundesrepublik Deutschland

- Gesamtgebiet

- - Statistiken des Statistischen Bundesamtes

Statistisches Jahrbuch für die Bundesrepublik Deutschland. Hrsg.: Statistisches Bundesamt. Stuttgart/Mainz: Kohlhammer 1975. Ca. 750 S
Dieses seit 1952 erscheinende Jahrbuch, das an das Statistische Jahrbuch für das Deutsche Reich (1. Jg. 1880) anknüpft, gibt umfassend Auskunft über Fakten und Entwicklungen des wirtschaftlichen, sozialen und kulturellen Lebens in der BRD. Der Hauptteil bietet Angaben über Bevölkerung und Wirtschaft in der BRD und West-Berlin in weitgehender sachlicher Gliederung, allerdings nur zum Teil auf der Ebene der Bundesländer. Der Anhang enthält: 1) ausgewählte Daten aus dem Statistischen Jahrbuch der DDR (früher mit Angaben über die Gebiete unter polnischer und sowjetischer Verwaltung), 2) internationale Übersichten, in denen alle wesentlichen Arbeitsgebiete der Statistik im zwischenstaatlichen Vergleich behandelt werden, 3) ein Quellenverzeichnis, das auf sachlich und regional tiefer gegliederte Angaben in speziellen Veröffentlichungen des Statistischen Bundesamtes verweist, und 4) ein ausführliches Sachregister.
Sachlich und regional tiefer gegliederte Angaben über die BRD (auf Länder-, Regierungsbezirks- oder Kreisebene) finden sich in anderen Veröffentlichungen des Statistischen Bundesamtes, die sich in 5 Großbereiche gliedern:
1) Zusammenfassende Veröffentlichungen: Ergebnisse aus verschiedenen Arbeitsgebieten des Amtes ('Statistisches Jahrbuch', 'Wirtschaft und Statistik' u.a.), aber auch Publikationen über organisatorische methodische und technische Fragen, Untersuchungen zur Wirtschaftsstruktur, Auslandsstatistik etc.
2) Fachserien (Bevölkerung, Kultur, Wirtschaft, Handel, Verkehr, Finanzen, Soziales etc.), von denen sich jede in eine bestimmte Zahl von Veröffentlichungsreihen gliedert, in denen periodisch anfallende Ergebnisse einer Statistik und in unregelmäßigen Abständen herausgegebene Sonderbeiträge dazu enthalten sind.
3) Systematische Verzeichnisse (Unternehmens-, Betriebs-, Güter-, Berufssystematiken u.a.), die nur ausnahmsweise Zahlen enthalten.
4) Kartographische Darstellungen (Gebäude- und Wohnungszählung von 1968, Arbeitsstätten- und Volkszählung 1970).
5) Fremdsprachige Veröffentlichungen
Ein Veröffentlichungsverzeichnis (38 S.) mit genauen Angaben z.B. zur Erscheinungsfolge und zur regionalen Gliederung (!) jeder Einzelveröffentlichung steht zur Verfügung und wird Interessenten kostenlos übersandt. Bra

- - Erläuterungen zu bundeseinheitlichen Großzählungen Siehe 8.1

- - Statistiken einzelner Bundesministerien

Bericht der Bundesregierung über die Lage der Landwirtschaft ('Grüner Bericht'). Siehe 6.16.

Jahresbericht über die Deutsche Fischwirtschaft. Siehe 6.17.

Statistisches Jahrbuch über Ernährung, Landwirtschaft und Forsten der Bundesrepublik Deutschland. Siehe 6.16.

Verkehr in Zahlen 1974. Hrsg. vom Bundesminister für Verkehr. Siehe 6.21.

8.2
Deutsche
Statistiken

Raum für Zusätze

- - Weitere spezielle Bundesstatistiken

ERMRICH, Roland: Basisdaten. Zahlen zur sozio-ökonomischen Entwicklung der Bundesrepublik Deutschland. Bonn - Bad Godesberg: Verlag Neue Gesellschaft 1974. VIII, 648 S.
Umfangreiche Sammlung von 549 Tabellen und 75 Graphiken mit kurzen Erläuterungen und Kommentaren. Enthält ausgewählte Strukturdaten der letzten Jahre (insb. 1968-72) aus den verschiedensten Bereichen von Wirtschaft und Gesellschaft, basierend nicht nur auf den Ergebnissen von amtlichen Zählungen, sondern auch von Erhebungen privater Sozialforschungsinstitute und Verbände. Für geographische Belange allerdings viel zu sparsame regionale Aufschlüsselung. Blo

Jahrbuch für Bergbau, Energie, Mineralöl und Chemie. Siehe 6.19.

Statistik der Energiewirtschaft 1974/75. Hrsg.: Vereinigung Industrielle Kraftwirtschaft (VIK). Düsseldorf: VDI-Verlag (1975). 126 S.
Nach den verschiedenen Energiearten gegliederte umfassende Statistik. Die Daten beziehen sich zumeist auf die BRD, sind jedoch teilweise auch regional tiefer aufgeschlüsselt und werden teilweise durch internationale Vergleichsdaten ergänzt. Blo

- Statistiken der Statistischen Landesämter

Statistisches Jahrbuch Nordrhein-Westfalen. Hrsg.: Landesamt für Datenverarbeitung und Statistik Nordrhein-Westfalen (früher: Statistisches Landesamt), Düsseldorf. 17. Jg. 1975. 608 S.
Dieses bis 1971 im jährlichen Wechsel mit dem (im Aufbau dem Jahrbuch entsprechenden) Statistischen Taschenbuch Nordrhein-Westfalen erschienene Jahrbuch enthält Ergebnisse aus sämtlichen Bereichen der amtlichen Statistik und ausgewählte Daten nicht amtlicher statistischer Stellen. Die Daten sind regional oft tief gegliedert (Kreise). Jahrgang 1975 ist besonders wichtig, weil in vielen Kreistabellen die Entwicklung der Verwaltungsbezirke bis zu den am 1.1.1975 in Kraft getretenen zahlreichen kommunalen Neugliederungen abschließend dargestellt wird.
Ähnliche Jahrbücher erscheinen regelmäßig in allen Bundesländern. Auch Kreise und größere Städte geben - soweit sie über eigene statistische Ämter verfügen - Statistische Jahrbücher und auch statistische Sonderveröffentlichungen heraus, die z.T. kostenlos abgegeben werden.
Wie das Statistische Bundesamt veröffentlichen auch die Statistischen Landesämter über global berichtende Periodika hinaus zahlreiche Ergebnisse amtlicher Statistik in tiefer sachlicher und regionaler Gliederung.
So gliedern sich z.B. die Veröffentlichungen des Landesamtes für Datenverarbeitung und Statistik Nordrhein-Westfalen in Zusammenfassende Schriften, Veröffentlichungen der Fachbereiche und Sonderveröffentlichungen. Zu den 'Zusammenfassenden Schriften' gehören außer dem Statistischen Jahrbuch die Statistische Rundschau für das Ruhrgebiet, die Statistische Rundschau für die Regierungsbezirke (in unregelmäßiger Folge) und die Statistische Rundschau für Kreise (knappe statistische Kreisbeschreibungen). Die für Geographen weitaus wichtigsten Daten finden sich in den 'Veröffentlichungen der Fachbereiche', in denen Einzelveröffentlichungen über sämtliche in Zahlen faßbare demographische, soziale, wirtschaftliche, kulturelle u.a. Fakten und Entwicklungen des Landes Nordrhein-Westfalen (in der Regel in tiefer regionaler Gliederung: Kreis, Gemeinde, Wohnplatz) berichten. Bekannt sind hierunter besonders die Veröffentlichungen der Volkszählungsergebnisse von 1939, 1946, 1950, 1961 und 1970, wovon allein die Zählungen 1961 und 1970 34 bzw. 39 Einzelschriften umfassen. Zum dritten Veröffentlichungsbereich (Sonderveröffentlichungen) gehören u.a. das Behördenverzeichnis NW (neueste Ausgabe 1975) und der Industrieatlas NW. Ein ausführliches Veröffentlichungsverzeichnis wird Interessenten auf Anfrage kostenlos übersandt. Bra

8.2
Deutsche
Statistiken

Raum für Zusätze

- Regional- und Kommunalstatistik

Stadtregionen in der Bundesrepublik Deutschland 1961. 4 Bände. Siehe 6.13.

Stadtregionen in der Bundesrepublik Deutschland 1970. Siehe 6.13.

Statistisches Jahrbuch deutscher Gemeinden. Hrsg.: Deutscher Städtetag, Köln. Köln: Bachem 61. Jg. 1974. 515 S.
Fortsetzung des 'Statistischen Jahrbuchs deutscher Städte' (1. Jg. 1906). Aktuelles, umfassendes kommunalstatistisches Informationswerk, das wirtschaftliche, soziale, kulturelle u.a. Daten für 1034 (1974) Gemeinden mit 10000 und mehr Einwohnern (seit 1964 auch über Stadtregionen) veröffentlicht. Infolge Änderung des methodischen Vorgehens sind nicht alle Zahlenangaben in den jüngeren Ausgaben mit denen der älteren Bände ohne weiteres vergleichbar.   Bra

Deutsche Demokratische Republik

Statistisches Jahrbuch der Deutschen Demokratischen Republik. Hrsg.: Staatliche Zentralverwaltung für Statistik. 20. Jg. Berlin: Staatsverlag der DDR 1975. XVI, 578 S.
Statistisches Jahrbuch in üblicher Gliederung und Ausführlichkeit, durch Sachregister und ausführliches Inhaltsverzeichnis gut erschlossen. Neue Jahrgänge enthalten auch Diagramme und Kartogramme. Im Anhang: Übersichtszahlen über die Länder des COMECON (Rat für gegenseitige Wirtschaftshilfe) und internationale Übersichten.   Bra

Statistisches Taschenbuch der Deutschen Demokratischen Republik. Hrsg.: Staatliche Zentralverwaltung für Statistik. Berlin: Staatsverlag der DDR.
Dieses jährlich erscheinende Taschenbuch bietet auf rund 200 S. Auszüge aus dem 'Statistischen Jahrbuch der DDR'.   Bra

8.3 Internationale Statistiken

Thematisch übergreifende internationale Übersichten

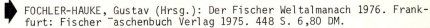
FOCHLER-HAUKE, Gustav (Hrsg.): Der Fischer Weltalmanach 1976. Frankfurt: Fischer Taschenbuch Verlag 1975. 448 S. 6,80 DM.
Seit 1959 jährlich erscheinender statistischer Almanach. Enthält auf den neuesten Stand gebrachte Kurzangaben u.a. zu: Bevölkerungs-, Wirtschafts- und Verfassungsstruktur sowie Außenhandel sämtlicher Staaten der Erde (mit schwerpunktmäßiger Berücksichtigung des deutschsprachigen Raumes); Struktur der politischen und wirtschaftlichen Zusammenschlüsse; Entwicklung der Weltbevölkerung sowie die Weltchronik des betreffenden Jahres. Außerdem enthält jeder Band Sonderkapitel zu verschiedenen wirtschaftlichen, politischen oder sozialen Themen. Die Ausgabe 1976 erschien im November 1975 und enthält Zahlenmaterial für die Jahre 1973 und 1974 (Entsprechendes gilt für die älteren Ausgaben). Sehr nützliches und vielseitiges Kompendium für Schule und Studium.   Bra/Bro

SHOWERS, Victor: The world in figures. New York: John Wiley 1973. 585 S.
Thematisch breit angelegte Sammlung ausgewählter internationaler Statistiken und zusätzlicher Informationen, die z.T. auch für geographische Zwecke nützlich sind (vor allem die Tabellen über die Einwohnerzahlen und Klimadaten zahlreicher größerer Städte). Wichtige internationale Fachstatistiken blieben allerdings unberücksichtigt.   Hei

The Statesman's Yearbook. Statistical and historical annual of the states of the world. Jg. 109. London: John Paxton 1972. 1565 S.
Umfassender Almanach über demographische, wirtschaftliche, politische, historische u.a. Daten und Fakten aller Staaten der Welt (unter besonderer Berücksichtigung der USA und der Staaten des Commonwealth). Jeder Band stellt außerdem die wichtigsten internationalen Organisationen nach Entwicklung, Funktionen, Organisation, besonderen Aktivitäten, Veröffentlichungen und Mitgliedstaaten dar.   Bra

Statistisches Jahrbuch für die Bundesrepublik Deutschland. Siehe 8.2.

Statistical Yearbook. Hrsg.: Department of Economic and Social Affairs, Statistical Office (United Nations). Jg. 26, 1974. New York: United Nations 1975. 877 S.
Die Angaben dieses Jahrbuches (über demographische, wirtschaftliche, soziale, kulturelle u.a. Fakten) reichen von Globalübersichten über Daten auf Länderebene teilweise bis zu Regionaldaten. Besonders beim Vergleich von Zahlenreihen, die sich über mehrere Jahre erstrecken, manchmal problematisch. Die Daten stammen in der Regel von den staatlichen Statistischen Ämtern.   Bra

Die Welt in Zahlen. Harms Statistik. 2. Aufl. München: Paul List 1971.
Für einen breiten Leserkreis, vor allem als Ergänzung zum zehnbändigen geographischen Handbuch (Harms Erdkunde, vgl. 1.4) konzipierte Zusammenstellung ausgewählter wirtschaftlicher und sozialer Daten, geordnet nach Ländern sowie in Form 'vergleichender Weltübersichten'. Diese übersichtlich gegliederte Sammlung wichtiger Statistiken ist besonders für Lehrer sehr nützlich.   Hei

Nationalstatistiken

Allgemeine Statistik des Auslandes. Länderberichte. Hrsg. vom Statistischen Bundesamt Wiesbaden. Je ca. 90 S.
Die 'Länderberichte' stellen das jeweils über ein bestimmtes Land

8.3 Internationale Statistiken

Raum für Zusätze

(häufig Entwicklungsländer) verfügbare Zahlenmaterial, das über das wirtschaftliche und gesellschaftliche Leben dieses Landes Auskunft gibt, zusammen. Als Quellen dienen Statistische Jahrbücher und andere statistische Veröffentlichungen der betreffenden Länder sowie statistische Veröffentlichungen internationaler Organisationen. Die Hefte erscheinen in unregelmäßiger Folge; z.T. erheblich veraltete Exemplare werden nach und nach durch Neuausgaben ersetzt; die Angaben über Entwicklungsländer sind nicht absolut zuverlässig. Jedes Heft enthält neben dem Zahlenmaterial einen einführenden Text- und Kartenteil.
Bra

Allgemeine Statistik des Auslandes. Länderkurzberichte. Hrsg. vom Statistischen Bundesamt Wiesbaden. Je ca. 35 S.
In Zielsetzung und Inhalt unterscheiden sich die 'Länderkurzberichte' von den 'Länderberichten' (siehe oben) durch die straffere Auswahl des statistischen Zahlenmaterials und die dadurch mögliche raschere Aktualisierung. Inzwischen liegen die Länderkurzberichte für weit mehr als 100 Länder vor (viele davon aus dem Jahre 1975).
Bra

Statistisches Handbuch für die Republik Österreich. Hrsg.: Österreichisches Statistisches Zentralamt, Wien. Jg. 26 (Neue Folge), 1975. 700 S.
Umfassendes Nachschlagewerk über demographische, wirtschaftliche, soziale und kulturelle Verhältnisse in Österreich. Zahlenangaben z.T. auf der Ebene der österreichischen Bundesländer und z.T. in Zeitreihen. Ein ausführliches Quellenverzeichnis verweist auf weiterführende Statistiken, die in der Regel regional und sachlich tiefer gegliedert sind. Im Anhang: Internationale Übersichten, Sachregister.
Bra
Über weitere amtliche statistische Quellen für Österreich informiert:
Österreichisches Statistisches Zentralamt: Publikationsverzeichnis 1960-1975. Wien: Österreichisches Statistisches Zentralamt 1976. 98 S.

Statistisches Jahrbuch der Schweiz 1974. Hrsg.: Eidgenössisches Statistisches Amt, Bern. Basel: Birkhäuser. 659 S.
In der für nationale Statistiken üblichen Gliederung und Ausführlichkeit enthält das Statistische Jahrbuch der Schweiz die wichtigsten Ergebnisse schweizerischer Statistiken und mehrere internationale Übersichten. Im Anhang: Letzte Veröffentlichungen des Eidgenössischen Statistischen Amtes.

Statistiken der Europäischen Gemeinschaften

Kommission der Europäischen Gemeinschaften (Hrsg.): Bericht über die regionalen Probleme in der Erweiterten Gemeinschaft. Siehe 7.2.

Statistisches Amt der Europäischen Gemeinschaften (SAEG), Luxemburg/Brüssel (Hrsg.):
1. Allgemeine Statistik. 2. Volkswirtschaftliche Gesamtrechnungen, Zahlungsbilanzen. 3. Sozialstatistik. 4. Agrarstatistik. 5. Industriestatistik. 6. Energiestatistik. 7. Außenhandelsstatistik. 8. Verkehrsstatistik. 9. Statistik der überseeischen Assoziierten.
Jede dieser 9 Reihen gliedert sich in jährlich oder zweijährig erscheinende Jahrbücher und häufiger erscheinende weitgehend gegliederte statistische Angaben zum betreffenden Sachbereich, von sehr großem Umfang, z.T. mit Vergleichen zu anderen europäischen und außereuropäischen Ländern. Jedes Heft enthält darüber hinaus ein ausführliches Verzeichnis der Veröffentlichungen des Statistischen Amtes der Europäischen Gemeinschaften, das auch einzeln beim Statistischen Amt erhältlich ist. Alle Veröffentlichungen erscheinen zwei- bis sechssprachig.
Bra

8.3
Internationale
Statistiken

Raum für Zusätze

Fachstatistiken

- Bevölkerungsstatistik

Demographic Yearbook. Hrsg.: United Nations, Department of Economic and Social Affairs, Statistical Office, New York. 25. Jg., 1973.
Demographische Daten auf Länderbasis in weitgehender sachlicher Gliederung. Jede Ausgabe enthält genaue statistische Angaben zu einem speziellen Thema; so berichten z.B. die Ausgaben 1971-1973 über die Ergebnisse der Volkszählungen um 1970. Bra

HAUFE, Helmut: Die Bevölkerung Europas. Stadt und Land im 19. und 20. Jahrhundert. Siehe 6.22.

WITTHAUER, Kurt: UNO-Jahrbücher als Grundlage aktueller Bevölkerungszahlen. In: Petermanns Geographische Mitteilungen 113, 1969, S. 147-152.
Kritische sachkundige Betrachtung der Aktualität und Zuverlässigkeit der jährlich im 'Demographic Yearbook' der UN (siehe oben) veröffentlichten demographischen Daten, die zum Teil Schätzungen sind. Hei

WITTHAUER, Kurt: Verteilung und Dynamik der Erdbevölkerung. Gotha: Hermann Haack 1969. 555 S. = Petermanns Geographische Mitteilungen, Ergänzungsheft 272.
Wichtiges Nachschlagewerk über Bevölkerungszahl (1960-67) und -entwicklung quasi aller Länder und Territorien der Erde, zumeist untergliedert nach Teilgebieten und wichtigen Städten. Unterschiedliche räumliche Differenzierung je nach Quellenlage. Ferner wird ein mit zahlreichen Daten, Quellen und Schaubildern angereicherter Überblick über die bisherige und zu erwartende Gesamtentwicklung der Erdbevölkerung (Erdteile, Länder) und ihre Dichte und Verteilung unter besonderer Berücksichtigung des Städtewachstums gegeben. Bu

- Kulturstatistik

Unesco (Hrsg.): Statistical Yearbook. Paris: Unesco Press.
Jahresstatistik der Arbeitsbereiche der UNESCO (Erziehung, Wissenschaft, Kultur) für alle Mitgliedstaaten. Das Zahlenmaterial ist - der schwierigen Ermittlung entsprechend - in der Regel mehrere Jahre alt. Knappe Einführungen zu jedem Hauptabschnitt. Bra

- Wirtschafts- und Sozialstatistik

Direction of trade. Published jointly by The International Monetary Fund and The International Bank for Reconstruction and Development. Washington, D.C. Ca. 1170 S. pro Jahr.
Statistik über Handelsbeziehungen sämtlicher Staaten der Erde. Von jedem aufgeführten Land werden Export und Import - gegliedert nach Handelspartnern - in US Dollar angegeben. Die monatlich erscheinende Statistik berücksichtigt nicht in jedem Heft sämtliche Staaten der Erde. Ein Staatenschlüsselverzeichnis erleichtert das Auffinden der gesuchten Länder. Bra

Food and Agricultural Organization (FAO) (Hrsg.): Production Yearbook. 27. Jg., Rom 1973.
Das 'Production Yearbook' enthält jährlich Angaben über alle wichtigen Bereiche der Ernährung und Landwirtschaft. Bezugsfläche: Staaten. Die FAO bemüht sich, auch solche Daten zu veröffentlichen, die über das von den Statistischen Ämtern der Staaten zur Verfügung gestellte Zahlenmaterial hinausgehen. Bra

Food and Agricultural Organization (FAO) (Hrsg.): Trade Yearbook. 27. Jg., Rom 1973. 536 S.
Jahresangaben über Export und Import von Agrarprodukten. Bezugsfläche: Staaten. Die FAO ist bemüht, die ihr zur Verfügung gestellten

8.3
Internationale
Statistiken

Raum für Zusätze

offiziellen Daten durch eigene Recherchen zu vervollständigen. Br

Food and Agricultural Organization (FAO) (Hrsg.): Yearbook of fores products 1972. Review 1961-1972. Rom: FAO 1974. LXVIII, 371 S.
Diese 27. Ausgabe des statistischen Jahrbuches der forstlichen Produkte der FAO enthält Angaben über die Produktion und den Handel forstlicher Produkte in den Jahren 1961-1972 und die Richtungen des Handels in den Jahren 1971 und 1972 für die ganze Welt sowie nach den Ländern und Kontinenten sowie den wirtschaftlichen Ländergruppen aufgegliedert. In drei Sprachen werden die einzelnen statistischen Einheiten für die Produktion und den Handel definiert und die benutzten Umrechnungsfaktoren erklärt.
Gra

Food and Agricultural Organization (FAO) (Hrsg.): Yearbook of fisher statistics. Fishery commodities. Rom: FAO 1973.
Die für die Fischereiwirtschaft wichtigste internationale Statistik enthält tabellarische Zusammenstellungen (mit unterschiedlichen Schwerpunktsetzungen) über Fangerträge und Anlandungen der Fischereinationen, über Fischindustrieproduktion und den Fischhandel. Einführung und Inhaltsverzeichnis sind dreisprachig (englisch, französisch und spanisch), die Tabellen zweisprachig (englisch, französisch) gehalten.
Hei

International Labour Organization (ILO) (Hrsg.): Yearbook of labour statistics. Genf: ILO 1974. 803 S.
Diese dreisprachige (engl., franz., span.) internationale Statistik erfaßt ca. 180 Länder. Die Tabellen geben in der Regel die Zahlen für 1964-1973 an, basierend auf den Angaben nationaler Statistischer Ämter. Besonders wichtig: Angaben über Gesamtbevölkerung und Erwerbstätige, Beschäftigte nach Wirtschaftszweigen, Erwerbslose, Arbeitsproduktivität und die Unternehmensstatistik.
Bra

United Nations, Department of Economic and Social Affairs, Statistical Office (Hrsg.): Yearbook of international trade statistics 1972-1973. New York: UN 1974. 1117 S.
Diese 1974 in der 22. Ausgabe erschienene Statistik informiert über Handelsbeziehungen von 139 Staaten. Angegeben sind für jeden aufgeführten Staat Export und Import nach Gewicht und Wert (US Dollar), gegliedert nach Handelspartnern und Waren, und eine Übersicht über die Entwicklung von Ein- und Ausfuhrwert, die z.T. bis zum Ende des Zweiten Weltkrieges zurückreicht. Kurzkommentare zu besonderen Angaben zu jedem Land.
Bra

Personenregister des zweiten Bandes

12, 78, 157 = Haupteintragung
14, 35, 119 = Nennung von Personennamen in Querverweisen
(8), (192) = Sonstige Nennung von Personennamen (meist innerhalb eines Kommentars)

ABEL, Wilhelm 167, 168, 222, 227, 228, 232, 238, (238)
ABELE, Gerhard 90, 120, 122, 124, 201, 279
ABLER, Ronald F. 2, (2), 14, 24, 85, 211
ACHENBACH, Hermann 104, 175, 316
ACKERMAN (43)
ADAMS, John S. 2, (2), 14, 84
AFFELD, D. 76, 274
ALBAUM, Melvin 3, 21
ALBERS, Gerd 41, 251, 258, 267, 277, 278
ALBERTINI, Rudolf von 224, 304
ALBRECHT, Günter 48
ALBRECHT, Hartmut 87, 170
ALEXANDERSSON, Gunnar 189
ALONSO (24), (46)
ALTERMATT, Kurt 198
AMANN, Gottfried 183
AMBROSE, Peter J. 4
AMEDEO, Douglas 2, 14
AMMANN, Hektor 222, 223, 228, 240, 241
ANDERSECK, Klaus 53, 92, 271
ANDERSON, Arnold 86
ANDREAE, Bernd 165, 173
ANGEL, Shlomo 25, 158
ARETZ, Elmar 81
ARNBERGER, Erik 55
ARNDT, Helmut 258, 271
ASCHENBRENNER, Katrin 32, 97, 104
ASMUS, G. 264
ATTESLANDER, Peter 28, 32, 46, 92, 97, 133, 290
AUBIN, Hermann (221), 222, 228
AUF DER HEIDE, Ulrich 75, 201, 209, 210
AUST, Bruno 124, 139

BAADE, Fritz 150, 312
BACH, Adolf (220), 239, (239)
BACH, H.-J. 259, 324
BACH, Lüder 288
BACH, Wilfrid 301
BACHMAIR, Anton 200
BADER, Frido J. Walter 28
BÄHR, Jürgen 50, 99, 179
BÄUERLE, Lydia 169
BAHLBURG, Manfred 131
BAHR, Gerhard 266
BAHRDT, Hans Paul 133, 133, 290, 290

BAHRENBERG, Gerhard 8, 72, 86, 272
BAKER, Alan R.H. 218, 219
BALDERMANN, Udo 41
BALLESTREM, Ferdinand Graf von 191, 270
BALZER, Klaus 299
BARDACH, John 179
BARKER, S.M. 6
BARNUM, Gardiner H. 141, 147
BARRIER, Michèle 81
BARROWS, Harlan H. 34, (34), (35)
BARTELS, Dietrich 4, 8, 11, 14, 14, 15, 22, 27, 36, 62, 84, 118, 153, 156, 165, 181, (188), 216, 236, 255, 261
BARTHEL, Hellmuth 220
BARTZ, Fritz 179
BAUER, Hermann Josef (294), 299
BAUER, Ludwig 296
BAUMERT, G. 32
BAUMGART, Egon R. 198, (198)
BAUMGARTNER, Hans Michael 221
BEAUJEU-GARNIER, Jacqueline 40, 275
BEAVER 40
BECK, Günther 13, 188
BECK, Hartmut 52, 131
BECKER, Fritz 103, 177, 291
BECKER, Heidede 90
BECKERATH, Erwin von 7, 29
BECKMANN, Jan D. 314
BECKMANN, Martin J. 116, 144
BECKS, Friedrich 103
BEHRENDT, Richard F. (304), 305, 308
BEHRENS, Karl Christian 155, 205, (207)
BENEVOLO, Leonardo 241, 278
BERG, Ernst 172
BERGER, (29)
BERNATZKY, Aloys 300
BERNECKER, P. 73
BERNHARD, H. 166
BERNSDORF, Wilhelm 29
BERRY, Brian J.L. 5, 20, (20), 22, 46, 86, 99, 116, 117, 125, 136, 141, (142), 147, (147), 151, 154, 204, 208, 269, 313
BERTALANFFY, L. v. 29
BESCH, Martin 167
BESELER, Hartwig 286

BESTERS, Hans 304
BEUTIN, Ludwig (227)
BEZZEL, Einhard 298
BIASUTTI (34)
BIEHL, Max 175, 316
BIELENBERG, Walter 282
BIELER, Jochen 302
BIERHALS, Erich 294, (295), 299
BIERMANN, Herbert 266
BIHR, Wilhelm 134, 280
BINDING, Günther 246
BISCHOF, Wolfgang 278
BJORKLUND, Elaine M. 66
BLANCKENBURG, Peter von 104, 166, 168, 316
BLASCHKE, Karlheinz 219, 224
BLENCK, Jürgen 127, 173, 315, 319
BLENK, Jürgen 284
BLOCH, Arthur 266
BLOHM, Georg 167
BLOTEVOGEL, Hans Heinrich 135, 147, 208, 220, 241
BLÜTHGEN, Joachim 181
BLUNDEN, John 4
BOBEK, Hans 5, 10, 11, 17, 113, 137, 141, (142), 155, 204, 227, 243, 311
BÖDEKER, R. 274, 299
BÖHM, Hans 52, 102, 125
BÖKEMANN, Dieter 124, 139, 203, 255
BOESCH, Ernst E. 304
BOESCH, Hans 36, 150, 164, 312
BOESLER, Klaus-Achim 57, 60, 118, 154
BOETTCHER, Erik 305
BÖVENTER, Edwin von 142, 156, 157, 258
BOHNET, Michael 306, 309
BOHTE, Hans-Günther 178
BOLTE, Karl Martin 31, 32
BOMBACH, Gottfried 157
BONNEMANN, Alfred 183
BOOT, John C.G. 161, 257
BOPP, Sigrid 273
BORCHARDT, Knut 229, 258
BORCHERDT, Christoph 46, 84, 131, 136, 140, 170, 171, 230
BORCHERT, Günter 7
BORCHERT, John R. 22
BORN, Martin 100, 233, 233, 236, 236
BORRIES, Hans-Wilkin von 44, 96, 157, 197
BORTZ, J. 90
BOSE, Gerhard 50

333

BOSL, Karl 222
BOSSE, Heinz 259
BOULDING, K. 29
BOUSTEDT, Olaf 5, 6, 39, 41, 95, 97, 131, (132), 135, 138, 213, 255, 259, 261, 280, 324, 324, (324)
BOWMAN, Mary Jean 86
BRACKETT, Carolyn A. 200
BRAHE, Peter 295
BRAMHALL, David F. 189
BRANCH, Melville C. 280
BRAND, Klaus 69
BRANDES, Volkhard (306), 307
BRANDT, Ahasvar von 222
BRAUN, Axel 19, 127
BRAUN, Gerhard 13
BRAUN, Peter 19, 120
BRAUN, Rudolf 245
BREDE, Helmut 191
BREDO, William 198, 318
BREESE, Gerald 47, 130, 319
BRENKEN, Günter 264
BRIGGS, K. 212
BROEK, Jan O.M. 2
BRÖSSE, Ulrich 192, 251, 263, 268
BRONGER, Dirk 17, 84, 104, 104, 146, 175, 311, 316, 316, 320, 321
BRONNY, Horst M. 172
BROOK, Christopher 4
BROOKFIELD, H.C. 88
BROWN, A. W. A. 38
BROWN, Lawrence A. 24, 25, 50, 52, 85, 117, (262)
BRÜGELMANN, H. 264
BRÜNGER, Wilhelm 95, 100, 232
BRUNHES, J. 10
BUCHANAN, Colin D. 120, 216, 289
BUCHHOLZ, Ernst Wolfgang 41, 45, 224
BUCHHOLZ, Hanns Jürgen 17, 46, 62, 126, 126, 135
BUCHWALD, Konrad 34, 292, 296, (296), 299
BUCKHOLTS, Paul 59
BUCKLEY, Walter 29, 30
BUCKLIN, Louis P. 145
BÜCHSEL, Walter 282
BÜHLER, Jürg 36, 312
BÜNSTORF, Jürgen 175
BÜTTNER, Manfred 66
BUNGE, Helmut 207, 287
BUNGE, William 5, 21, (21), 21, 127, 288
BURGESS (20), (122), (126)
BURKHART, A.J. 80, 208
BURTON, Ian 5, 37
BUTLER, R.W. 73

CAROL, Hans 124, 139, 166, 203
CARROTHERS, Gerald A.P. 25, 211
CARSTEN, Jonas 287
CARTER, Harold 107, 117
CHADWICK, George 252
CHISHOLM, Michael 4, 22, 39, 101, 148, 157, 168, 189, 204, 255

CHOLEWA, E.W. 264
CHORLEY, Richard J. 4, 14, 15, 34, 37, 212
CHRISTALLER, Walter 5, 75, 96, (96), 141, (157), 158, (159), 204, (205), 210, (269)
CHRISTINGER, Raymond 66
CIPOLLA, Carlo M. 229
CLARK, A.H. 218
CLARK, Colin (46), (155)
CLARKE, C.G. 43
CLARKE, John I. 39, 43
CLAUSEN, Lars 198, 318
CLAVAL, Paul 14
COHEN, Saul B. 230
COHEN, Yehoshua S. 86, 207
COLENUTT, Robert J. 21
COLLINS, Lyndhurst 196
COLLINS, W.G. 134
CONKLING, Edgar C. 215
COSGROVE, Isobel 75
COULL, James R. 179
COUPER, A.D. 201, 214
COWAN, Peter 130
COX, Kevin R. 2, 60, 85, 212
CRAIK, Kenneth H. 88
CREDNER, Wilhelm 150, 166, 210
CREMER, Hans-Diedrich 166, 316
CURDES, Gerhard 252, 262
CURRY, Leslie 5, 25, 25, 96, 117, 144, 158
CZAJKA, Willi 10, 58
CZELL, Anna 185
CZINKI, L. 82

DACEY (23)
DAHEIM, Hansjürgen 32
DAHLKE, Jürgen 124, 153, 174, 202, 314
DAHMEN, Friedrich Wilhelm 274, 289, 300
DAHRENDORF, R. (284)
DALTON, Roger 212
DAMUS, Renate 30
DANIELS, P.W. 118, 206
DANNEBOM, Werner 284
DARBY, H.C. 5, 218, 226
DAUB, Martin 282
DAVIES, D.H. 123
DAVIES, Ross 204
DAVIES, Wayne K.D. 4, 50, 143, 201
DEAN, Robert D. 193
DE BLIJ, Harm J. 58
DEFFONTAINES (64), 64
DEGE, Eckart 102, 173, 175
DEGEN, Ulrich 29
DEITERS, Gertrud 204
DEITERS, Jürgen 62
DEMANGEON (15)
DEMKO, George J. 41, 46, 50, 64
DENECKE, Dietrich 231
DENGLER, Alfred 183
DENNUKAT, Gerhard 177, 325
DESAI, A.R. 127, 320
DETTMANN, Klaus 115
DE VRIES-REILINGH, Hans-Dirk 13, 220

DHEUS, Egon 56, 255, 280
DICKEL, H.(26), 72
DICKEN, Peter 3, 149
DICKSON, Kwamina B. 218
DIENEL, Peter C. 266, 283
DIETERICH, Hartmut 282
DIETRICHS, Bruno 143
DITT, Hildegard 173, 214, 231
DITTRICH, Gerhard G. 127, 277, 285
DODT, Jürgen 134, 172, 280
DÖHRMANN, Wilhelm 79, 170
DÖPP, Wolfram 72
DÖRRIES (105)
DOGAN, Mattei 6, 20, 61
DOMRÖS, M. 38, 318
DONAGAN, Alan 221
DOUGLAS, A. 58
DOWNS, Roger M. 88, 89
DRAGUHN, Werner 320
DREYHAUPT, Franz Joseph 274, 289, 301
DROEGE, Ernst 222, 227
DRYNDA, H.G. 95
DUCKERT, Winfried 122, 202
DUCKWITZ, Gert 131, 251
DÜRR, Ernst 162, 260
DÜRR, Heiner 18, 19, 250
DÜSTERLOH, Diethelm 230
DUNCAN, Otis Dudley 43
DURKHEIM, Emile(48)
DYONG, Hartmut 109
DYOS, H.J. 240

ECKERT-GREIFENDORF, Max 210
EDGE, Geoffrey 4
EGLI, Ernst 133, 241, 279
EHLERS, Eckart 71, 111
EHLGÖTZ, Rolf 278
EHRLICH, Anne H. 35, 46
EHRLICH, Paul R. 35, 46
EHRLICHER, Werner 154
EICHLER, Horst 315
EICKSTEDT, von (34)
EISENSTADT, Shmuel Noah 67
EL-BEIK, A. H. A. 134
ELIOT HURST, Michael E. 2, 26, 148
ELLENBERG, Heinz 184, 186
ELVERS, Gerd 265
ENGELBRECHT, H. 166
ENGELHARD, Karl 233
ENGELHARDT, Wolfgang 292, 296, (296)
ENGELS, Friedrich (110), 245
ENGELSING, Rolf 222
ENGLÄNDER (207)
ENGLISH, Paul Ward 5
ENNEN, Edith 240, 246
ERBGUTH, Wilfried 263
ERIKSEN, Wolfgang 73, 314
ERMRICH, Roland 327
ERNST, Klaus H. 283
ERNST, Werner 62, 282
ESCHBACH, Heinz 207, 272, 288
ESENWEIN-ROTHE, Ingeborg 154, 280, 324
EVERS, Tilman Tönnies 306
EVERSON, J.A. 95
EWE, Hans-Dieter 282
EYRE, S.R. 35

FAGEN, R.E. 29
FAHRENHOLTZ, Christian 282
FALK, Bernd R. 207, 287
FASSHAUER, Helmut 133
FEHL, Gerhard 29
FEHN, Klaus 102, 219, 238, 242
FEHRE, Horst 97, 98, 135
FEICHTINGER, Gustav 55, 325
FELDHUSEN, Gernot 32, 285
FELS, Edwin 1
FESTER, Florian 262
FESTER, Mark 29
FICHTINGER, Rudolf 76, 88, 93
FICKELER, Paul 65
FINBERG, H.P.R. (218)
FINKE, Lothar 292, 294, (295), 301
FISCH, Heinrich 28
FISCHER, Alois 151
FISCHER, David W. 73
FISCHER, Georges 162, 268
FISCHER, Klaus 103, 176, 266, 267, 291
FISCHER, L. (38)
FISCHLER, Hanns 200
FISHER, Charles A. 58
FITZGERALD, B.P. 95
FLATRES, P. 167
FLIEDNER, Dietrich 233
FLÜCHTER, Winfried 196
FOCHLER-HAUKE, Gustav 59, 209, 313, 323, 329
FÖRSTER, Horst 196
FORRESTER, Jay W. 24, (24), 30, 36, (37), 117, (256)
FORST, Hans Theo 99
FORSTER, C.A. 248
FOUND, William C. 168
FOURASTIE, Jean 155, 227
FRANK, André Gunder 307
FRANKE, J. 90
FRANZ, Günther 168, 225, 228
FREEMAN, Donald B. 154
FREITAG, R.D. 74
FREITAG, Ulrich 217
FRENCH, G.E. (38)
FRENCH, R.A. 218
FREY, Allan E. 255
FRICK, Heinrich 65
FRICKE, Werner 175, 316
FRIEDENSBURG, Ferdinand 189
FRIEDMANN, Helmut 111, 243
FRIEDMANN, J. (130)
FRIEDRICH, Jürgen 29
FRIEDRICHS, Jürgen 28
FRIELING, Hans-Dieter von 284
FRITSCH, Bruno 159, 305
FROMMHOLD, Gerhard 260
FUCHS, Gerhard 34
FÜRST, Dietrich 191, 192, 270
FULLARD, Harold 226

GAD, Günter 122, 202
GAEBE, Wolf 62
GALE, Stephen 26, 157
GALTUNG, Johan 31, 306, 307
GANS, Herbert J. 109
GANSER, Karl 18, 54, 61, 62, 92, 103, 105, 111, 120, (142), 216, 261, 279, 284,
291
GANSSEN, Robert 316
GARLICK, Joan 212
GARRISON, William L. 141, (142), 204
GASSNER, Edmund 109
GATZWEILER, Hans Peter 50
GAUTHIER, Howard L. 210
GAY, John D. 64
GEHMACHER, Ernst 256
GEIGANT, Friedrich (75), 80, 208
GEIPEL, Robert 13, 69, 69, 70, 72, 88, 93, 111, 193, 272, 272
GEISENBERGER, Siegfried 145, 162
GEISSLER, Clemens 69, 71, 273
GEORGE, Pierre 39
GERFIN (198)
GERHARD, Eberhard 167
GERHARDT, J. 259, 324
GERLACH, Ulla 109
GERLING, Walter 11, (13), 188, (188)
GERNACHER, Franz 225
GIESE, Ernst 45, 151, 174
GILDEMEISTER, Reinhard 260
GINSBURG, Norton 313
GLÄSSER, Ewald 100, 233
GLASS, David V. 32
GLATTHAAR, Dieter 172
GLAVAC, Vjekoslav 299
GOBLET (57)
GODDARD, J.B. 121, 122, 192, 206, 216
GODLUND, Sven 273
GÖB, Rüdiger 103, 176, 266, 276, 291
GOLDZAMT, Edmund 133, 278
GOLLEDGE, Reginald G. 2, 14, 24, 50, 89, 117
GOLZ, Elisabeth 39, 47, 130
GOODALL, Brian 118, 160
GORKI, Hans Friedrich 98, 105
GORMSEN, Erdmann 106
GORZEL, Hans-Peter 61
GOULD, Peter R. 2, (2), 5, 14, 15, 36, 84, 94, 172, 216, 317, 319
GRACANIN, Zlatko 185
GRADMANN (232)
GRÄBENER, Jürgen 314
GRAMKE, Jürgen Ulrich 254
GRASSER, Helmut 265
GRAUL, Hans 171, (315)
GREBENIK, E. 43
GREES, Hermann 224, 234
GREGOR, Howard F. 166
GREIPL, Erich 207, 287
GRIGG, David 5, 169
GRIMM, Frankdieter 140
GROCHLA, Erwin 254
GRÖNER, Gerhard 42
GROTZBACH, Erwin 73, 112, 201
GROSSMANN, K. 82
GROTE, Ludwig 247
GROTELÜSCHEN, Wilhelm (169)
GROTZ, Reinhold 46, 131, 153, 193

GUDE, Sigmar 109
GÜSSEFELDT, Jörg 145
GUMPEL, Werner 200
GUPTA 43
GUSTAFSSON, Knut 143, 147, 208
GUTH, Wilfried 176, 198, 305
GUTHSMUTHS, Willi 200
GUYOL, Nathaniel B. 199

HAARNAGEL, Werner 234
HAAS, Hans-Dieter 118, 160, 198, 279, 289, 302
HAASE, Carl 105, 240, 242
HAASE, Günter 172, 295
HABER, Wolfgang 103, 294, 301
HÄGERSTRAND, Torsten 5, 15, (25), 48, 84, 85, 86, (87)
HÄNDLE, Frank 30
HÄPKE, R. 240
HAFEMANN, Dietrich 234
HAGEL, Jürgen 36
HAGGETT, Peter 1, 2, 4, 14, 23, 28, 181, 212, 255, 256
HAHN, Heinz 74
HAHN, Helmut 11, 17, 47, 65, 72, 78, 115, 230
HAHN, Maria Anna 68, 78, 98
HAHN, Roland 102
HALL, A.D. 29
HALSTENBERG, Friedrich 265
HAMBLOCH, Hermann 1, 8, 96
HAMILTON, F.E. Ian 192
HAMM, Bernd 32, 92, 97, 108, 126, 290
HAMPE, K. 184
HAMSHERE, John D. 218
HANNSS, Christian 302
HANSEN, Niles M. 86, 162, 269
HANSEN, Rolf 271
HANSMEYER, Karl-Heinrich 131, 192
HARD, Gerhard 15
HARFST, Wolfgang 299
HARMS, Albert 42
HARRIS, B. (153)
HARRIS, Chauncy D. 113
HARRIS, Cole 219
HARTENSTEIN, W. (129)
HARTKE, Wolfgang 8, 11, (12), (13), 17, 18, 18, 69, 128, 140, (165), 167, (171), 171, 171, 210
HARTMANN, Friedrich-Karl 184
HARTMANN, Heinz 28
HARTMANN, Wolfgang 234
HARTOG, Rudolf 133, 245
HARTSHORNE, Richard 58, 149, 313
HARVEY, David 15, 21, 21, 87, 110
HASSINGER, H. 10
HASSINGER, Herbert 222
HASSKAMP, Heinrich 177, 325
HAUBNER, K. 219
HAUCK 307
HAUFE, Helmut 45, 224, 331
HAUSER, Jürg A. 36, 46, 306, 315
HAUSER, Philip M. 43
HAUSHERR, K. 318
HAUSHOFER, A. (57)

335

HAUSHOFER, Heinz 228
HAVEMANN, Hans A. 310
HAY, Alan 4
HEATHCOTE, R.L. 218
HEBERLE, R. 225
HEBERLING, Gerold 76, 274
HEECKT, Hugo 150, 312
HEERTJE, Arnold 155
HEIDEMANN, Claus 120, 215
HEIGL, Ludwig 265
HEIL, Karolus 93, 109, 129, (142), 288
HEIMPEL, Christian 322
HEINEBERG, Heinz 62, 153, 172, 179, 230
HEINRITZ, Günter 17, 78, 102, 119, 221
HEINTZ, Peter 31, 305
HEINZ, Walter R. 285
HECZMANOVZKI, Heimold 244
HELLBERG, Hans 147, 266
HELLER, Hartmut 221
HELLER, Wilfried 45, 78
HELLWIG, Herbert 137
HELMER, Peter 262
HELMFRID, Staffan 175, 218
HEMPEL (221)
HEMPEL, Ludwig 175
HENN, Rudolf 157
HENNING, Friedrich-Wilhelm 223, 227, 230
HENNINGS, Gerd 162, 260
HERBERGER, Lothar 325
HERBERT, David 107
HERLYN, Ulfert 91, 109, 127, 133, 285, 290
HERMES, Karl 285
HERRMANN, Joachim 235
HERZ, Raimund 90, 108
HESS, Bernhard 280, 324
HETTNER, Alfred 10, 210, (219)
HEUER, Adolf 165, 317
HEUER, Hans 118, 160
HILDEBRANDT, Gerd 187
HILL, A.G. (38)
HILSINGER, Horst-H. 193, 211
HIRSCHMANN, Albert O. 303, (304), (313)
HODDER, B.W. 148
HÖGY, Udo 137
HÖHL, Gudrun 98, 101, 112
HÖHMANN, Peter 285
HÖLLHUBER, Dietrich 91, 94
HOMBERG, Albert K. 239
HÖNSCH, Ingrid 140
HÖTKER, Dieter 276
HOFFMANN, Alfred 248
HOFFMANN, Hubert 74
HOFFMANN, Rudolf 215, 271
HOFFMANN-NOWOTNY, Hans-Joachim 53
HOFMEISTER, Burkhard 105, 111, 113
HOGEFORSTER, Jürgen 169, 170, 262
HOLDREN, John P. 35, 46
HOLDT, Wolfram 162, 198, 198, 270, 270
HOLLMANN, Heinz 121, 259, 324

HOLM, Kurt 28
HOLTMEIER, Friedrich-Karl 182
HOLZNER, Lutz 127
HOMANS, George Caspar 29, (29), 30, (31), (48)
HOMMEL, Manfred 124, 135, 139, 147, 203, 208
HOPPEN, H.D. 198
HORSTMANN, K. 219
HORTON, Frank E. 20, 26, 91, 108
HOSELITZ, Bert F. 30, 303
HOTTES, Karlheinz 103, 103, 118, 151, 152, 170, 177, 192, 194, 263, 291, 291
HOWARD, Ebenezer 133, 241, 279
HOYT (20)
HUDSON, John C. 101
HÜBLER, Karl-Hermann 258
HÜBNER, Peter 28
HÜBSCHMANN, Eberhard W. 124, 243
HÜTTEROTH, Wolf 234
HULTKRANTZ, Ake 66
HUMBOLDT, Wilhelm von (16)
HUMLUM, Johannes 164
HUNKE, Heinrich 254
HUNZIKER, W. 80, 208
HUTER, Franz 224
HUTTENLOCHER, Friedrich 98, 112, 221, 236
HYMAN, Geoffrey H. 25, 158

IBLHER, Gundel 52, 128
IBLHER, Peter 117
IGMIRE, Thomas J. 295
ILESIC, Svetozar 12, 100, 165
ILLERIS, Sven 140
ILLGEN, Konrad 201
ISARD, Walter 6, 22, 23, 27, 157, (157), 158, 159, 161, (190)
ISBARY, G. 267
ISENBERG, Gerhard 109
ISTEL, Wolfgang 265, 266
ITTELSON, William H. 26, 89

JACKSON, Richard 75
JACKSON, W. 58
JACOB, Günter 209
JACOB, Hartmut 93, 186, 299
JACOBS, Jane 126, 290
JÄGER, Helmut 218, 219, (219), 232, 238
JÄTZOLD, Ralph 176, 317
JANELLE, Donald G. 25, 117, 211
JANKUHN, Herbert 222, 228
JANSEN, Heiner 230
JANSEN, Paul Günter 48, 253
JANSSEN, Walter 238
JARECKI, Christel 194
JASCHKE, Dieter 19
JECHT, H. 240
JENSEN, Stefan 30
JERSIC, M. 74
JOCHIMSEN, Reimut 258, 271
JOHN, Günther 213
JOHNS, Rudolf (199)
JOHNSON, E.A.J. 313

JOHNSON, James H. 130
JOHNSTON, R.J. 1, 23, 128
JONAS, Carsten 207
JONES, Emrys 5
JONES, G.R.J. 35
JOLG, Felix 81
JÜNGST, Peter 72, 180, 280
JÜRGENSEN, Harald 154, 260
JÜRGING, Hans-Rudolf 169, 262
JUILLARD, E. 167
JUNNE, Gerd 307
JUSATZ, Helmut J. (33), 34, 37, 38

KADE, Gunnar 119
KAHLE, Günter 314
KAISER, Klaus 46, 131
KAMERON, Joel 89
KANSKY, K.J. 212, (271)
KANT, Edgar 121
KANTER, Helmuth 38
KANZLERSKI, Dieter 271
KAPPE, Dieter 31, 32, 97, 104
KARASKA, Gerald J. 189
KARIEL, Herbert G. 3
KARIEL, Patricia E. 3
KASPERSON, Roger E. 59, 147
KATES, Robert W. 5, 37
KAY 43
KEEBLE, David 276
KEIM, K. Dieter 90
KELNHOFER, Fritz 55
KELLENBENZ, Hermann 223, 227, 228
KELLERER, Hans 325
KEMPER, Franz-Josef 52, 125
KESSLER, Hans-Reiner 261
KESSLER, Margrit 166
KEYSER, Erich 135, 240, 243, 248, 249
KIEFER, Klaus 87
KIEMSTEDT, Hans 77, 267, 294, 295, (295), 299
KILCHENMANN, André 7, 16, 22, 24, 117, 256, 257
KILGERT, Hans 285
KIND, Gerold 146
KING, Leslie J. (25), 149
KIRSTEN, Ernst 45, 224, 246
KIUCHI, S. 116, 147
KLAGES, Helmut 126, 252, 290
KLASEN, Jürgen 47, 130
KLATT, Sigurd 256
KLAUS, Georg 30
KLEIN, Hans-Joachim 90, 108, 199, 270, 279
KLEIN, Jürgen 72
KLEIN, R. 76, 274
KLEINN, Hans 225
KLEMMER, Paul 152, 163, 216, 262, 269
KLIMKEIT, Hans-J. 67
KLINGBEIL, Detlev 54, 216
KLINK, Hans-Jürgen 292
KLOEK, Teun 161, 257
KLÖPPER, Rudolf 76, 77, 105, 109, 122, 137, 138, 151, 152, 202, 208, 288
KLÖTZLI, Frank 184
KLUCZKA, Georg 136, 137, (139), 163, 266

KLUTE, Fritz 7
KNALL, Bruno 253, 308
KNEBEL, Hans-Joachim 80
KNIGGE, R. 292
KNOCH, Karl 296
KOCH, Reinhold 264
KÖCK, Helmut 144
KÖGLER, Alfred 283
KÖHLER, Franz 99
KÖLLMANN, Wolfgang 43, 45, 47, 130, 224, 225, 245
KÖNIG, Karl 41
KÖNIG, René 7, 29, 31, 32
KÖRBER, Jürgen 137
KOHLHEPP, Gerd 197, 314
KOLARS, John F. 3, 15
KOLB, Albert (188), 189, 311
KOLODZIEJCOK, K.G. 301
KOPF, Jürgen 256
KORFMACHER, Jochen 109
KORTE, Hermann 109
KORTE, Josef Wilhelm 217
KOSINSKI, Leszek A. 36, 41, 42, 99, 316
KOSTROWICKI, J. 167
KRAEMER, Dieter 152, 216, 262
KRAL, F. 184
KRAPF, W. 80, 208
KRAUS, Theodor 194, 210, 228
KRAUS, Willy 310
KRAUSE, Ekkehart 299
KREIBICH, Volker 54, 216
KREMER, Arnold 124, 203, (203)
KRENZ, Gerhard 112, 278
KRENZLIN, Anneliese 104, 236
KRETSCHMER, Ingrid 82
KRINGS, Wilfried 230
KRIPPENDORFF, Ekkehart 31, 307
KRONER, Günter 261
KROSS, Eberhard 79
KRÜSSMANN, Gerd 183, 184
KRUSE-RODENACKER, Albrecht 253, 308
KRYSMANSKI, Renate 80, 273, 292, 298
KUCZYNSKI, Jürgen 238
KUDER, Manfred 314
KÜHN, Arthur sen. 250
KÜHNE, Ingo 50
KÜPPER, Utz-Ingo 61, 163, 257, 275, 293
KUGLER, Hans 297
KUHLMANN, Paul 167
KUHN, Th. (20)
KUHNERT, Nikolaus 29
KUKLINSKI, Antoni 163, 270, 308
KULINAT, Klaus 46, 81, 131
KULLA, Bernhard 256
KULS, Wolfgang (38), 52, 61, 102, 114, 125, 167, 174
KUSKE, Bruno 210

LABS, Walter 271
LAMBOOY, Johannes Gerard 132, 146
LANGE, Siegfried 145, 205
LANGER, Hans 295
LANGER, Heinz 263, 265, 282

LANGE-GARRITSEN, Helga 273
LANGKAU-HERRMANN, Monika 133, 281
LANGENHEDER, Werner 48
LANGTON, John 22, 218
LAUSCHMANN, Elisabeth 159, 268
LAUTH, Wolfgang 214
LAUX, Eberhard 207, 272, 288
LAUX, Hans Dieter 103
LAVERY, Patrick 75
LEAHY, William H. 193
LEARMONTH, A.T.A. 38
LECHNER, Karl 224
LEE, E.S. 49
LEE, Roger 148
LEFEBVRE, Henri 110
LEGGEWIE 307
LEHMANN, Alfred 265
LEHMANN, Edgar 164, 220
LEHMANN, Herbert 90
LEIDLMAIR, Adolf 120, 122
LEISTER, Ingeborg 113, 245, 286
LENG, Gunter 13
LENORT, Norbert J. 281
LENZ-ROMEISS, Felizitas 82, 288
LEPSIUS, R. 32
LESER, Hartmut 289, 292, 295, 297, 302
LEUSMANN, Christoph 212
LEWIN, (48)
LEWIS, John E. 73
LEWIS, Peirce F. (21)
LEWIS, W.A. 159, 303
LICHTENBERGER, Elisabeth 10, 28, 105, 113, 123, 124, 125, 202, (203), 243, 244, 244, 286
LIENAU, Cay 97, 100
LILL, Eduard 211
LINDE, Hans 41
LINDE, Horst 72, 273
LINDEMANN, Rolf 182
LIPPE, Peter Michael von der 32
LLOYD, Peter E. 3, 149
LOBODA, Jan 86
LÖFFLER, Ernst 314
LÖSCH, August 141, (157), (158), 159, (188), (205), (207), 210, (269)
LOOS, Karl-Heinz (140)
LORCH, Walter 314
LOWE, John C. 209
LOWRY, Ira S. 23, 280
LÜTGE, Friedrich 223, 227, 228, 229
LÜTGENS, Rudolf 149, 150, 210
LUETKENS, Christian 32, 285
LUNDMAN, Bertil 33
LUTZ, Wilhelm 314
LUTZE, Rainer 262
LYNCH, Kevin 91, 133

MAAS, Hans 297
MABOGUNJE, Akin L. 42, 51
MACKENROTH, Gerhard 43, (305)
MACKENSEN, Rainer 44, 109, 315

MÄCKE, Paul Arthur 109, 212, 216, 258
MALICH, Wolfgang 42, 56, 162
MAERGOIZ, I.M. 189
MAI, Horst 161, 325
MAI, Ulrich 119
MAIER, Jörg 13, 74, 77, 82, 153, 208
MAINZER, Udo 246
MALCHUS, V. von 265, 267
MALTHUS (36)
MALZ, Friedrich 7, 254
MAMMEY, Ulrich 42
MANGOLD, Werner 28
MANNERS, Gerald 276
MANSHARD, Walther 176, 176, 314, 317, 317
MANTEL, Kurt 187
MANTEL, Wilhelm 186, 275
MARBY, H. 318
MARCHAND, Bernard 22
MARIOT, P. 74
MARSCHALCK, Peter 43, 225
MARSHALL, John Urquhart 144
MARTWICH, Barbara 133
MARX, D. 292
MARX, Karl (110)
MARZAHN, Klaus 134, 280
MASCHKE, E. 240
MASSAM, Bryan 207
MASSER, Ian 6, 56, 161, 256
MATRAS, Judah 44
MATZNETTER, Josef 73, 209
MAUERSBERG, Hans 244
MAURER, Jakob 251, 252, 259
MAUSBACH, Hans 277
MAUSHARDT, Volker 194, 211
MAYER, Ferdinand 199
MAYER, Hannes 183, 184
MAYER, Kurt 43
MAYFIELD, Robert C. 5
MAYNTZ, Renate 28, 32, 134
MAYR, Alois 45, 62, 71, 111, 172, 273
McCARTY, H.H. 149
McCASKILL, M. 218
McDANIEL, Robert 148
McGLASHAN, Neil D. 38
McKEE, David L. 193
McKENZIE (126)
McLOUGHLIN, J.B. 256
McNEE, Robert B. 156
McPHERSON, John C. 116, 144
MEADOWS, Dennis 37, (256)
MEADOWS, Donella 37
MECKELEIN, Wolfgang 111, 267
MEDLIK, S. 80, 208
MEFFERT, Ekkehard 87, 170
MEHRENS, Klaus 204
MEIBEYER, Wolfgang 234, 244
MEIENBERG, Paul 177
MEINE, Karl-Heinz 217
MEINIG, D.W. 215, 231
MEITZEN (232)
MENKE, Rudolf 120, 217, 289
MENSCHING, Horst 314
MERTINS, Günter 176, 231, 235, 244, 317
MESCHEDE, Winfried 138
METZNER, Joachim 314
MEUELER, Erhard 315

MEUSBURGER, Peter 70, 273
MEYER, B. 235
MEYER, Konrad 104, 177, 267, 291
MEYER, Nikolaus L. 271
MEYER, Rolf 251
MEYER-DOHM, Peter 316
MEYER-LINDEMANN, Hans Ulrich 190
MEYNEN, Emil 137, 151, 152, 228
MICHELSON, William 91, 134
MIELKE, Friedrich 109, 247, 286
MIKESELL, Marvin W. 5, 33
MILLER, E. Willard 189
MILLING, Peter 37
MINGHI, Julian V. 59
MINSHULL, Roger 212
MITSCHERLICH, Alexander 134, 290
MITTERAUER, Michael 242
MÖLLER, Ilse 247
MOEWES, W. 34, 250
MOHS, Gerhard 16, 149, 196, 275
MOMSEN, Ingwer Ernst 244
MONHEIM, Felix 176, 317
MONHEIM, Heiner 52, 92, 118, 207
MONHEIM, Rolf 25, 73, 98, 98, 101, 113, 120, 120, 123, 163, 215, 287
MONKHOUSE, Francis John 7
MOORE, Eric G. 52, 85
MORRILL, Richard L. 5, 21, 25, 48, 127, 216, 319
MORRIS, E.A.J. 133, 241
MORTENSEN, Hans (101), 228, 237
MORYADAS, S. 209
MOTTEK, Hans 227
MOUNTJOY, Alan B. 313
MÜCKENHAUSEN, Eduard 36, 170, 297
MOLHAUPT, Ludwig (199)
MÜLLER, Ernst-Heinz 297
MÜLLER, Georg 41, 45
MÜLLER, J. Heinz 6, 27, 145, 161, 161, 162, 163, 255, 261, 269
MÜLLER, P. 38
MÜLLER, Siegfried 187
MÜLLER, Ulrich 138
MÜLLER, Wolfgang 133, 278
MÜLLER-HOHENSTEIN, Klaus 182
MÜLLER-WILLE, Michael 237
MÜLLER-WILLE, Wilhelm (98), 101, 166
MULZER, Erich 247, 286
MUMFORD, Lewis 241
MURPHY, Raymond E. 107, 123, 202
MUSALL, Heinz 315
MUSIL, Jiri 109
MUSTO, Stefan A. 322
MYRDAL, Gunnar (230), 303, 313, (313)

NAUMANN, Hans-Joachim 137
NASCHOLD, Frieder 30

NAYLOR, Heinz 207, 272, 288
NEEF, Ernst 16, 34, 136, (220), 292, 296, 302
NEIDHARDT, Friedhelm 31
NEIDHARDT, Jochen 138
NELLNER, Werner 40, (132), 325
NESTMANN, Liesa 34
NEUWINGER, Irmentraud 185
NEUWIRTH, Robert 109
NEWBY, Peter T. 28
NEWIG, Jürgen 73, 79, 112
NEWLING, Bruce E. 46, 125
NICHOLLS, Leland L. 74
NICKEL, Herbert J. 127, 320
NIEDZWETZKI, Klaus 71
NIEMEIER, Georg 19, 95, 100, 105, 121, 123, 237, 238, 239
NIEMEIER, Hans-Gerhart 69, 265
NIESING, Hartmut 199, 258, 270
NIESMANN, Karlheinz 301
NIGGEMANN, Josef 103, 103, 171, 172, 177, 291, 291
NIKOLINAKOS, Rainer 44
NIPPER, Josef 51
NITZ, Hans-Jürgen 169, 232, (236), 237, (284)
NOHL, Werner 93, 290, 301
NOHLEN, Dieter 305
NORTHAM, Ray M. 107
NOUR, Salua 307
NOWAK, Jürgen 117, 280
NUHN, Helmut 195, 322
NURSKE, Ragnar 304, (313)
NUSCHELER, Franz 305
NYSTUEN, John D. 3, 15

OBERBECK, Gerhard 235
OBST, Erich 7, 150, (189), 210
O'DELL, Anfrew C. 215
ODLAND, John 24, 50, 117
OEHME, Ruthardt 225
OELKE, E. 46, 132
OETTLE, Karl 199, 217, 271, 289
OGRISSEK, Rudi 225, 232
OHM, Hans 162
OLSCHOWY, Gerhard 104, 297
OLSSON, Gunnar 25, 26, 142, 157
OPGENOORTH, Ernst 222
OPP, Karl-Dieter 30
ORGEIG, Hans Dieter 125, 202
OSBORN, James 322
OSBORNE, Frederic J. 241
OSCHE, Günter 35
OTREMBA, Erich 3, 12, (75), 106, 148, 149, 150, 151, 151, 152, 166, 166, 169, 173, 188, 189, 201, 201, 209, 210, 210, 311
OTTO, Karl-Heinz 235
OVERBECK, Hermann 10, 137, 220, 220, 239

PAFFEN, Karlheinz 33
PALANDER (158)

PALOTÁS, Zoltán 47, 126
PAPE, Heinz 135, 280
PARK (126)
PARSONS, Talcott (23), (31)
PARTZSCH, Dieter 8
PATMORE, J. Allan 76
PATRI, Tito 295
PEARSON, Lester B. 309
PEDERSEN, Poul O. 140
PEHNT, Wolfgang 109, 278
PEISERT, Hansgert 70
PEITHMANN, O. 76, 274
PEREIRA, Luiz 314
PERROUX, F. (86), (266), (269)
PERRY (126)
PERTSCH, Reimar 235
PESTEL, Eduard 37
PETER, Hans-Balz 306
PETRI, Franz (220)
PETZOLDT, Heinrich 120, 215
PETZOLD, Volker 251, 277
PFEIFER, Gottfried 167, (171)
PFEIL, Elisabeth 134, 279
PFLUG, Wolfram (294), 295, (295), 299
PIETZSCH, Werner 200
PILLAI, S.D. 127, 320
PITSCHMANN, H. 186
PITTS, Forrest R. 25, 48
PLANHOL, Xavier de 218
PLAPPER, Wolfgang 55
PLETSCH, Alfred 72
POCOCK, D.C.D. 88
POESCHEL, Hans-Claus 231
POLENSKY, Thomas 119
POPP, W. 24, 117, 256
POPPER (221), (252)
PORTER 43
POSENER, Julius 241
POSER, Hans 75, (79), (81)
POTHORN, Herbert 247
POUNDS, Norman J.G. 59, 246
PRED, Allan R. 26, 85, 147, (147), 208, 229, 230, 230, 245
PREDÖHL, Andreas (158), (207), 210, 271
PREISWERK 306
PRESCOTT, John R.V. 57, 60
PRESSAT, Roland 43
PREWO, Rainer 30
PRIDDLE, George B. 73
PRINCE, Hugh C. 89, 218
PROSHANSKY, Harold M. 26, 89
PROTHERO, Mansell R. 36, 42, 316
PUTZ, Günter 102
PULS, Willi Walter 53, 292
PYLE, Gerald F. 38, 273

QUASTEN, Heinz (188), 195
QUITT, Evzen 297

RADLOFF, Jürgen 72
RANFTL, Helmut 298
RATZEL, Friedrich (11), 57, (57)
RAUCH, H.G. 70
RAUDA, Wolfgang 247
RAVENSTEIN, E.G. 49
RECKTENWALD, Horst Claus 258

RECUM, H. von 305
REDING, Kurt 53, 92, 271
REES, Philip H. 20, 121
REICHNEBACH, Ernst 24, 117, 281
REIF, Benjamin 24, 117, 257
REINCKE, H. 240
REINER, Thomas A. 22, 157
REINHOLD, Fritz 183
REISIGL, H. 186
REMMERT, H. 35
REUSCH, Ludwig 236
REYNOLDS, David R. 26, 91
RHODE-JÜCHTERN, Tilman 12, 89, 147, 250
RICHARDS, Peter S. 215
RICHARDS, P.W. 184
RICHARDSON, Harry W. 118, 159, 161
RICHTER, Gerold 186
RICHTHOFEN, F. v. 102
RIED, Hans 195
RIEDEL, Johannes (212)
RIEDEL, Uwe 78
RIEGE, Marlo 109
RITSERT, Jürgen 30
RITTENBRUCH, Klaus 161, 261
RITTER, Wigand 73, 78
RIVLIN, Leanne G. 26, 89
ROBINSON 43
ROBINSON, Alan 212
ROBINSON, D.J. 218
ROBSON, Brian T. 20, 47, 87, 117, 121, 245
ROSENWALDT, Ernst (34), 38
RODGERS, Andrei 6
RODGERS, Brian 4, 276
RÖCK, Werner 120, 217, 289
RÖDER, Horst 49
RÖHM, Helmut 165, 267
RÖHRIG, Ernst 183
RÖLL, Werner 45, 314, 316
RÖMHILD, Georg 182, 195
RÖRIG, F. 240
ROESCHMANN, Günter 297
ROGERS, Everett M. 87
ROHR, Hans-Gottfried von 118, 195
ROKKAN, Stein 6, 20, 61
ROSA, Dirk 77, 208
ROSE, Harold M. 21, 41, 110, 127
ROSE, Klaus 154
ROSEMAN, Curtis C. 49
ROST, R. (17)
ROSTOW, Walt Whitman 31, 155, 159, 227, 304, (313)
ROTHER, Klaus 176, 318
RUBNER, Konrad 183
RUDOLPH, Justus 93, 129, 288
RÜCKERT, Gerd-Rüdiger 42
RÜHL, Alfred (65), 150, (154), 166, 210
RÜSEN, Jörn 221
RUHL, Gernot 53, 92
RUPPERT, Helmut 39, 115
RUPPERT, Karl 8, 9, 12, 13, (13), 13, 18, 73, 74, (74), 77, 82, 126, 128, 166, 167, 171, 174, 177, 262, 265
RUPPERT, Klaus 76, 94, 301

RUSHTON, Gerard 27, 146, 146, 158
RUSSELL, Josiah Cox 246
RUTZ, Werner 60, 182, 212, 213, (321)

SAARINEN, Thomas Frederick 37, 88, 89, 90, 172
SAMUELSON, Paul A. 155
SANDNER, Gerhard 43, 114, 150, 314, 320, 322
SANKE, Heinz 16
SANTE, Georg Wilhelm 223
SAUBERER, Michael 118, 281
SAUER, Carl O. 5
SCHAECHTERLE, Karlheinz 213
SCHÄFER, Erich 191
SCHÄFER, Heinz 106
SCHÄFERS, Bernhard 32, 128, 252, 265, 273, 283, 285, 290
SCHÄTZL, Ludwig 156, 197, 318
SCHAFFER, Franz 8, 9, (13), 13, 19, (32), 41, 52, 122, 126, 128
SCHALLER, K.F. (38)
SCHAMP, Eike W. 152
SCHAMP, Heinz 214, 314
SCHARLAU, Kurt 36, 46, 235
SCHARPF, Helmut 294, (295), (299)
SCHAUFELBERGER, Hans-Jürg 91, 133, 285
SCHEFFER, F. 235
SCHELSKY, Helmut 253
SCHEMPP, Hermann 67, 98
SCHEU, Erwin 210, (250)
SCHEUCH, Erwin K. 32
SCHEUERBRANDT, Arnold 112, 243
SCHIECHTL, Hugo Meinhard 186, 298
SCHIELER, Theodor 221
SCHILDMEIER, Angelika 53
SCHLEIFENBAUM, A. 82
SCHLENGER, Herbert 221, 228
SCHLENKER, Gerhard 187
SCHLESINGER, W. 240
SCHLETTE, Friedrich 235
SCHLIEBE, Klaus 46, 132
SCHLIEPHAKE, Konrad 209, 271
SCHLIER, Otto 324
SCHLIETER, Erhard 79
SCHLÜTER, Karl-Peter 208, 287
SCHLÜTER, Otto 232
SCHMIDBAUER, Michael 70
SCHMIDT, Hans Ulrich 104, 297
SCHMIDT, Ursula 99, 240
SCHMIDT-RELENBERG, Norbert 32, 134, 285, 291
SCHMIDT-RENNER, Gerhard 16, 110, 149, 196, 275
SCHMIEDEHAUSEN, Dieter 42
SCHMIEDER, Oskar (203)
SCHMITHÜSEN, Josef 7, 35
SCHMITZ, Gottfried 265
SCHMITZ-SCHERZER, Reinhard 81
SCHNEIDER, H.K. 253
SCHNEIDER, Martina 91, 134
SCHNEIDER, Roland 288
SCHNEIDER, Sibylle 231
SCHNELL, George A. 41

SCHNELL, Peter 74
SCHNEPPE, Friedrich 97, 261
SCHNIOTALLE, Rolf 199
SCHNURR, Hans-Ewald 135, 280, 324
SCHÖBER, Peter 285
SCHÖLLER, Peter 12, 19, 19, 51, 58, 62, 106, 109, 111, 116, 135, 136, 136, 138, 140, 140, 142, 147, 197, 205, 208, 214, 220, 231, 240, 242
SCHOLZ, Dieter 152
SCHOLZ, Fred 314
SCHORB, Alfons Otto 69, 70
SCHOTT, Friedrich 179
SCHRAPS, W.G. 298
SCHREIBER, Folker 109
SCHREIBER, Karl-Friedrich 172, 275, 294, 298, 299
SCHRETTENBRUNNER, Helmut 26, 53, 88
SCHRÖDER, Karl Heinz 71, (100), 102, 233, 239
SCHUBNELL, Hermann 45, 325
SCHUCH, Hermann 170
SCHULLER, Alfred H. 200
SCHULTE, H. 253
SCHULTZ, H.D. 14
SCHULTZE, Arnold (8)
SCHULZ, Arndt 133, 281
SCHULZ-HEISING, Jochen 204
SCHULZE, Willi (314)
SCHULZE, Winfried 222
SCHULZE-GÖBEL, Hansjörg 72, 79, 247, 280
SCHUMACHER, Günther 262
SCHWARZ, Gabriele 7, 95, 100, (100), 102, 108, 233
SCHWARZ, Karl 41, 42, 44, 56, (131), 255
SCHWEINFURTH, Ulrich 37, 318
SCHWENK, Heinz 40
SCHWIDETZKY, Ilse 33
SCHWIND, Martin 7, 57, 59, 64
SCHWINDT, P. 82
SCOTT, Allen J. 23, 257
SCOTT, Peter 123, 201
SEDLACEK, Peter 125, 139, 188, 203
SELLIEN, H. 7, 163
SELLIEN, R. 7, 163
SENGHAAS, Dieter 31, (306), 307
SENS, Eberhard 29
SEYFFERT, R. (204)
SHEVKY (20)
SHOEMAKER, F. Floyd 87
SHOWERS, Victor 329
SIDDALL, William 217
SIEBERT, Horst 159, 160
SIEGENTHALER 306
SIEVERS, Angelika 68, 314
SIEVERTS, Thomas 91, 109, 134
SIMMONS, James W. 46, 125
SIMONIS, Udo E. 258, 271
SINZ, Manfred 288
SIOLI, Harald 35
SKINNER 5
SKINNER, B.F. (30)
SMITH, David M. 20, 190, 193
SMITH, Katherine B. 99, 117

339

SMITH, Robert H.T. 149
SNEAD, Rodman E. 37
SOCAVA, Viktor B. 22, 34
SÖKER, Elfried 5, 95, 135, 147, 208, 259, 261, 280, 324, 324
SOJA, Edward W. 322
SOLDNER, Helmut 123, 204
SOPHER, David E. 64
SORRE, M. 10, (33), (34)
SPIEGEL, Erika 119, 161, 192, 286
SPITZER, Hartwig 173
SPRANDEL, Rolf 222, 229
SPROCKHOFF, Joachim-Friedrich 67
STÄBLEIN, Gerhard 129
STAHL, Konrad 252
STAMP, L. Dudley 7
STAMS, Werner 135
STANG, Friedrich 116, 197, 214, 319
STAFFORD, Howard A. 193
STAVENHAGEN, Gerhard 157, 190
STEA, David 89
STEFFEN, G. 104, 167, 170, 267
STEGER, Hans-Albert 309, 314
STEGMÜLLER, Wolfgang 221
STEIN, Norbert 180
STEINBACH, Franz (19)
STEINBERG, Heinz Günter 10, 19, 63, 219, 231, 246, 265
STEINER, Dieter 177
STERN, R. 186
STEVENS, Benjamin H. 200
STEWARD (66)
STEWIG, Reinhard 107, 203
STIEBITZ, Walter 112, 278
STIER, Hans-Erich 226
STOCKMANN, Hans-Ulrich 293
STOCKMANN, Willehad 163, 199
STODDART, David R. 5, 35
STÖBER, Gerhard 123, 204
STOOB, Heinz 135, 240, 248
STORBECK, Dietrich 163, (207), 252, 261, 268
STORKEBAUM, Werner 5, 315
STRACKE, Elmar 30
STRASSEL, Jürgen 284
STRASSERT, Günter 161, 162
STREIBL, Max 265
STREMPLAT, Axel 263
STREUMANN, Charlotte 135, 147, 163
STUDENSKY, H. 166
SWATEK, Dieter 258, 271
SYM, C.A.M. 43
SZELL, György 49

TAAFFE, Edward J. 1, 149, 210, 216, 319
TAEUBER 42
TAMMS, Friedrich 133, 277
TANK, Hannes 133, 281
TAUBMANN, Wolfgang 112, 123, 139, 285

TEMLITZ, Klaus 105, 277
TENNANT, Robert J. 46, 125, 141
TERMOTE, M. 49
TESDORPF, Jürgen C. 28, 107, 135, 291
TESKE, Hans-Dieter 46, 132
THEIL, Henri 161, 257
THIEDE, Günther 175
THIEME, Günther 103
THIENEL, Ingrid 245
THIMM, Heinz-Ulrich 167
THOMALE, Eckhard 10, 26, 72
THORMÄHLEN, Thies 253, 260
THOMAN, Richard S. 215
THOSS, Rainer 262, 292
TOWNROE, P.M. 200
THÜNEN, Johann Heinrich von (101), 101, (156), (157), 159, 168, (168), (207), (269)
THÜRAUF, Gerhard 119, 195
TIBI, Bassam (306), 307
TIDSWELL, W.V. 6
TIETZ, Bruno 161, 205
TIETZE, Wolf 7
TIMMER, Reinhard 61
TIMMERMANN, Otto Friedrich 237
TINBERGEN, Jan (304), 308
TISCHLER, Wolfgang 172, 294
TISOWSKY, Karl 167, 174
TODT, Horst 152
TOEPFER, Helmuth 125, 203
TÖPFER, Klaus 158, 253
TÖRNQVIST, Gunnar 117, 158, 193, 193, 205, 205
TOWNROE, P.M. 276
TOYNE, Peter 28, 148
TRAUTMANN, Werner 298, 302
TREINEN, Heiner 92
TREUNER, Peter 27, 161, 255, 258
TROELTSCH, E. (66)
TROLL, Carl 311
TUAN, Yi-Fu 67, 89
TÜXEN, Reinhold 298
TUROWSKI, Gerd 76, 77, 94, 274, 274

UHLHORN, Friedrich 226
UHLIG, Harald 9, 9, 17, 97, 100, 103, 175, 235, 237, 314
ULLRICH, Wolfgang 263, 282
UMLAUF, J. 292
URSCHLECHTER, Andreas 265
UTHOFF, Dieter 54, 79, 82, 216

VALENTA, Peter 129
VANBERG, Monika 42, 49
VAN EIMERN, Joseph 172
VANCE, J.E. (123)
VEAL, A.J. 83, 94
VEIL, Joachim 134, 280
VETTER, Friedrich 73, 212, 213, 258, 271, 271
VIDAL (14)
VOIGT, Fritz 209, 210, 231, 272
VOIGT, W. 81
VON DER HEIDE, H.J. 264

VOPPEL, Götz 1, 47, 114, 148, (152), 153, 165, 188
VORLAUFER, Karl 119, 146, 321

WÄCHTER, Klaus 129
WAENTIG, H. 168
WAGENER, Frido 63, 147, 207, 253, 262, 282
WAGENER, Rita 282
WAGNER, Horst-Günter 13, 153, 220
WAGNER, Julius 1
WAGNER, Philip L. 5
WAGNER, Wolfgang 29
WAIBEL, Leo 150, 166, (169)
WALLER, Peter P. 322, 323
WALLNER, Ernst M. 29
WALRAS (157)
WARNTZ, William 22, 154
WARREN, Kenneth 276
WATERHOUSE, Alan 91, 134
WATERKAMP, Rainer 260
WEBB, John W. 2, 43
WEBBER, M.J. 143
WEBER, Alfred (156), (158), 190, (191), (207)
WEBER, Egon 45
WEBER, Hans-Ulrich 196
WEBER, Max (65), (66), 67, 240
WEBER, Peter 67, 72, 94, 130, 176, 176, 235, 318, 318, 320
WECK, Johannes 181, 185
WEEBER, Rotraut 93, 129, 288
WEICHHART, Peter 35
WEIDNER, Claus 112, 278
WEIGMANN (158)
WEIGT, Ernst (60), 250, (321)
WEINITSCHKE, Hugo 296
WEINREUTER, Erich 98
WEISCHET, Wolfgang 314
WEISEL, Hans 182
WEISS, Dieter 322
WEISS, Richard 239
WEITZEL, K. 318
WELCH, Ruth 54
WENDLING, Wilhelm 171
WENZEL, Hans-Joachim 40, 101
WERKMEISTER, Hans Friedrich 104, 297
WERNER, Christian 213, 258
WERNER, Frank 255, 275
WESSELS, Kurt 278
WEWER, Heinz 44, 315
WEYL, Heinz 109
WHEAT, Leonard F. 160, 190
WHITE, Gilbert F. 37, 90
WHITE, Rodney 94
WIARDA, Edzard von 278
WIEBECKE, Claus 185
WIEDENAU, Anita 246
WIEGELMANN, Günter 19
WIELANDT, Friedrich 222
WILHELMY, Herbert 114
WILDEMAN, Diether 248, 286
WILKENS, M. 281
WILLIAMS, Anthony V. 78
WILLIS, Kenneth G. 49
WILSON, Alan G. 23, 24, (24), 118, (209), 257, 281
WINDELBAND, Ursula 16, 97, 110
WINDHORST, Hans-Wilhelm 165,

340

169, 174, 181, 182, 185, 186
WINKLER, Ernst 9, 10
WINKLER, Wilhelm 40
WIRTH, Eugen 9, 18, 66, (115), 115, 116, 150, 154, 167, 176, 221, 314, 315, 318, 321
WIRTH, Louis 109
WIRTHMANN, Alfred 314
WISE, M. 4
WITT, Werner 9, 55, 156, 259
WITTHAUER, Kurt 46, 55, 56, 331
WITZMANN, Karlheinz 200
WÖHE, Günter 156
WÖHLKE, Wilhelm 10
WOGAU, Peter von 306
WOHLENBERG, Ernest H. 21, 127
WOLDENBERG, Michael J. 22
WOLF, Klaus 124, 125, 201

WOLF, Reinhard 257, 293
WOLFE, R.J. 83
WOLFF, Werner 283
WOLFRAM, Ursel 5, 261
WOLPERT, Julian 5, 27, 49, 158, 173
WORTMANN, Wilhelm 133, 277
WOTZKA, Paul 119, 161, 206
WROBEL, Andrzej 151
WURZER, Rudolf 247

YEATES, Maurice 28

ZAHN, Erich 37
ZAHN, Ulf 79
ZANGEMEISTER, Christof 257
ZANNARAS, Georgia 89
ZAPF, Katrin 93, 129, 283, 288
ZAPF, Wolfgang 30, 306
ZEDNIK, Friedrich 185

ZEISS, H. (34)
ZELINSKY, Wilbur 36, 40, 42, 43, 47, 64, 78, 316
ZENNECK, Wolfgang 182
ZETZSCHE, Rolf 214
ZIMMERMANN, Amrei 53, 92, 271
ZIMMERMANN, Gerd 31, 304
ZIMMERMANN, Horst 53, 92, 271
ZIMMERMANN, Klaus 191, 192, 270
ZIMPEL, Heinz-Gerhard 65
ZINKAHN, Willy 282
ZLONICKY, M. 281
ZLONICKY, P. 281
ZORN, Wolfgang 222, 223, 227, 228, 230, 231
ZSCHOCKE, Reinhart 103, 236
ZSILINCSAR, Walter 47, 114, 130, 320
ZUNDEL, Rolf 186

Orts- und Regionalregister beider Bände

Bei der Benutzung des Orts- und Regionalregisters ist zu beachten, daß die Titelauswahl primär nach theoretisch-methodischen und nicht nach länderkundlich-regionalen Gesichtspunkten vorgenommen wurde. Aus dieser Konzeption ergeben sich in regionaler Hinsicht notwendigerweise Lücke und Unausgewogenheiten.

Zum Aufbau des Orts- und Regionalregisters: Verzeichnet sind sämtliche regionalen Bezüge sowoh der Titel wie auch der Kommentare. Um ein systematisches Auffinden zu erleichtern, wurden die Verweise grundsätzlich nach Staaten und innerhalb der Bundesrepublik Deutschland nach Bundesländern geordnet, lediglich räumlich übergreifende Bezüge sind gesondert ausgewiesen. Darüber hinaus sind sämtliche Orte bzw. Städte bei den jeweiligen Staaten nachgewiesen.

I, ... = Seitenzahlen des im Februar 1976 erschienenen ersten Bandes

II, ... = Seitenzahlen des vorliegenden zweiten Bandes

DEUTSCHLAND, DEUTSCHES REICH (vgl. auch Mitteleuropa) insgesamt I, 92, 94, 106, 149, 174, 183, 186, 188, 198, 205, 206, 208, 215; II, 43, 59, 62, 70, 74, 79, 83, 109, 111, 130, 140, 166, 167, 170, 173, 185, 187, 219, 221, 222, 223, 225, 227, 228, 229, 231, 232, 233, 238, 239, 245, 246, 247, 248, 249, 254, 324,

-Bundesrepublik Deutschland insgesamt
I, 43, 92, 100, 101, 103, 143, 144, 174, 189, 190, 194, 197, 201, 212, 213, 218; II, 31, 32, 41, 42, 44, 50, 53, 56, 61, 62, 63, 68, 69, 71, 76, 77, 78, 92, 98, 99, 104, 106, 109, 111, 112, 117, 125, 131, 132, 137, 140, 151, 152, 153, 160, 165, 171, 173, 177, 178, 180, 184, 188, 191, 192, 197, 199, 206, 207, 213, 214, 215, 217, 223, 250, 251, 252, 260, 261, 262, 264, 268, 269, 270, 273, 278, 279, 281, 282, 283, 287, 297, 301, 309, 310, 312, 324, 325, 326, 327, 328

--Norddeutschland, Nordwestdeutschland I, 153, 175; II, 166, 231, 234, 237, 243, 248, 255

--Süddeutschland I, 41, 168, 206; II, 9, 17, 112, 141,

--Rheinlande, Mittelrhein II, 61, 62, 152, 230

--Rheinisches Schiefergebirge I, 174, 190, 221; II, 102

--Rhein-Main-Region I, 52; II, 18, 62, 167, 170, 171, 174

--Rhein-Neckar-Region I, 52; II, 57, 62, 154, 213

--Schleswig-Holstein I, 89, 101, 102, 223; II, 143, 243, 248.
Orte: Husum II, 244; Kiel II, 71, 203; Lübeck II, 243; Reinbek II, 19; Westerland II, 79

--Hamburg I, 101; II, 106, 118, 120, 126, 127, 132, 223, 243, 244, 247, 250, 289

--Niedersachsen, Bremen I, 48, 89, 101, 102, 201; II, 18, 55, 77, 79, 138, 169, 174, 223, 231, 233, 234, 237, 238, 243, 246, 248, 250, 271, 272
Orte: Braunschweig II, 121, 243, 244; Bremen II, 223, 233, 243, 289; Buxtehude II, 248; Gifhorn II, 235; Göttingen II, 134, 219, 284; Hannover II, 192, 244, 289, 300; Hildesheim II, 54; Leer II, 145; Leisenberg II, 238; Lüneburg II, 134; Oldenburg II, 145; Osnabrück II, 219; Stade II, 235; Varel II, 145; Westerstede II, 145; Wolfsburg II, 127

--Nordrhein-Westfalen I, 36, 37, 42, 101, 102, 104, 168, 183, 199, 201, 211, 212, 213, 223; II, 19, 61, 62, 66, 68, 69, 92, 97, 99, 102, 103, 126, 136, 138, 139, 152, 169, 170, 172, 174, 182, 188, 191, 194, 198, 216, 219, 223, 225, 230, 231, 239, 240, 241, 242, 244, 248, 259, 262, 263, 265, 272, 273, 274, 276, 277, 282, 283, 286, 291, 299, 300, 301, 327
Orte: Ahlen i.W. II, 111; Bielefeld II, 119, 138, 219; Bochum II, 69, 71, 139, 153; Bonn II, 52, 135, 202, 203; Bottrop I, 198; Castrop-Rauxel II, 139; Dinslaken II, 244; Dortmund I, 103; II, 126, 139, 248, 283, 284; Drensteinfurt II, 291; Düsseldorf II, 120, 292, 299, 300; Duisburg II, 126, 202; Ennepetal II, 139; Essen II, 126; Euskirchen II, 32; Geseke II, 283; Gevelsberg II, 139; Hagen II, 139; Hattingen II, 62; Herdecke II, 283; Ibbenbüren II, 195; Köln II, 202, 301; Marl II, 126; Mülheim II, 244; Münster II, 51, 128, 138, 237; Oberhausen II, 244; Oer-Erkenschwick II, 126; Porz II, 301; Ratingen II, 299; Siegen II, 131, 139; Troisdorf II, 281; Warburg II, 248; Wuppertal II, 139

--Hessen I, 101, 103, 153, 205; II, 68, 70, 79, 172, 174, 210, 214, 223, 233, 235, 236, 237, 248, 251, 272
Orte: Amöneburg II, 94; Darmstadt II, 122; Frankfurt II, 72, 76, 119, 204, 243, 244; Gelnhausen II, 248; Kassel II, 76; Marburg II, 72; Mardorf II, 94; Schweinsberg II, 94

--Rheinland-Pfalz I, 101, 102, 175, 211; II, 54, 63, 65, 66, 68, 137, 144, 223, 248, 272

Orte: Filsen II, 102; Koblenz II, 61; Mainz II, 122, 300; Neuwied II, 248; Osterspai II, 102
--Saarland I, 101, 103, 143, 175; II, 140, 171, 223, 248
--Baden-Württemberg I, 39, 101, 102, 153, 209, 210, 212; II, 42, 72, 98, 99, 136, 137, 143, 145, 153, 169, 171, 173, 187, 211, 214, 221, 223, 224, 234, 236, 239, 241, 243, 248, 299
Orte: Bad Mergentheim II, 248; Esslingen II, 198, 279, 302; Freiburg i.Br. I, 212; II, 202; Heidelberg II, 134, 169; Isny II, 248; Karlsruhe I, 52; II, 91, 94, 120, 122, 124, 139; Konstanz II, 283; Mannheim II, 243; Öhringen II, 248; Stebbach I, 78; Stuttgart II, 111, 127, 129, 138, 153, 193, 289; Tübingen II, 71; Ulm II, 128, 224; Weinheim II, 169
--Bayern I, 101, 102, 137, 197; II, 9, 18, 70, 77, 93, 98, 138, 174, 182, 200, 214, 221, 223, 236, 242, 246, 248, 262, 265, 266, 298
Orte: Augsburg II, 41; Baiersdorf II, 17; Bamberg II, 98; Bayreuth II, 112; Erlangen II, 134; Fürth II, 131; Hindelang II, 77; Ingolstadt II, 284; München I, 39, 79, 184; II, 54, 56, 61, 72, 74, 92, 119, 127, 129, 142, 195, 244, 289; Nürnberg II, 131, 182, 202, 213, 215, 247, 289; Penzberg II, 122; Pförring II, 291; Regensburg II, 248, 283, 285; Würzburg II, 129
--Berlin I, 101; II, 73, 91, 111, 124, 245, 283

-Deutsche Demokratische Republik
I, 40, 92, 216; II, 16, 42, 45, 50, 99, 104, 112, 118, 132, 136, 140, 152, 167, 196, 201, 219, 223, 224, 232, 237, 246, 247, 248, 255, 272, 275, 328
Orte: Dresden I, 151; Halle II, 132; Leipzig II, 132

EUROPA (ohne Deutschland und ohne Sowjetunion) insgesamt
I, 39, 92, 94, 101, 183, 204, 206; II, 17, 33, 38, 64, 77, 78, 83, 91, 105, 116, 172, 178, 179, 183, 194, 224, 226, 229, 240, 246

-Großregionen
--Nordeuropa I, 37, 44, 210; II, 172, 179
--Westeuropa I, 37; II, 172, 189
--Mitteleuropa (vgl. auch Deutschland) I, 32, 39, 168, 186, 204, 206, 207, 209, 214, 224; II, 95, 100, 183, 184, 227, 228, 230, 232, 233, 236, 237, 239, 240, 246, 271
--EG-Länder I, 47; II, 165, 167, 175, 178, 195, 196, 260, 275, 312, 330
--Alpenländer I, 37, 89, 154, 180, 206, 207, 210; II, 75, 183, 184, 213, 224
--Südeuropa I, 44, 196; II, 78, 179, 226, 316
--Südosteuropa / Balkanländer I, 207; II, 45, 74, 224
--RGW-Länder / COMECON I, 44; II, 99, 189

-Staaten
--Belgien I, 37
--Bulgarien II, 42, 196
--Dänemark I, 36; II, 140, 251
Orte: Arhus II, 123
--Frankreich I, 36, 37, 38, 39, 205; II, 43, 47, 81, 83, 167, 246, 251, 269, 275, 279
Orte: Paris II, 74
--Griechenland II, 45, 246
--Großbritannien I, 13, 32, 37, 41, 42, 54, 161; II, 4, 20, 43, 49, 54, 64, 75, 76, 95, 103, 107, 110, , 113, 130, 172, 179, 180, 202, 207, 215, 226, 234, 240, 245, 246, 251, 270, 273, 275, 279
Orte: Birmingham II, 113; Coventry II, 113; Glasgow II, 113; Leeds II, 113; London I, 38; II, 121; Sheffield II, 113
--Irland II, 75, 172, 275
--Italien I, 37; II, 43, 50, 79, 98, 153, 180, 182, 194, 224, 246
Orte: Viareggio II, 79
--Jugoslawien I, 196, 211; II, 42, 231
--Liechtenstein II, 172
--Niederlande I, 37, 100; II, 130, 274
--Norwegen I, 210; II, 172
--Österreich I, 99, 186, 193, 212; II, 70, 78, 125, 137, 142, 170, 211, 223, 224, 242, 248, 272, 274, 330
Orte: Wien II, 112, 113, 123, 124, 244
--Polen I, 37; II, 42, 75, 86, 110, 167, 196
Orte: Krakau II, 196; Lodz II, 196; Warschau II, 196
--Portugal I, 42; II, 75
--Rumänien II, 42, 45
--Schweden II, 27, 48, 84, 175, 251, 273
--Schweiz I, 80, 99, 147, 161, 186, 211; II, 53, 139, 184, 186, 198, 239, 244, 274, 294, 330
Orte: Bern II, 263; Zürich II, 52, 53
--Spanien I, 37, 42, 205; II, 75, 78, 79
--Tschechoslowakei II, 42, 74, 196, 211, 231, 312
Orte: Prag II, 109
--Ungarn II, 42, 196

SOWJETUNION insgesamt
I, 39, 94; II, 45, 59, 99, 109, 113, 167, 175, 178, 200, 312
--Europäischer Teil II, 102
--Mittelasiatisch-kazachstanischer Raum II, 151, 174
--Orte: Moskau I, 37

ASIEN (siehe auch Sowjetunion) insgesamt
   I, 39, 92, 94; II, 178, 179, 307, 312, 320
-Großräume
--Orient, Naher Osten und Teilräume I, 36, 38, 44; II, 17, 65, 66, 73, 78, 115, 116, 178, 234, 241
--Zentralasien II, 312
--Südasien II, 312, 313
--Ostasien I, 44
--Südostasien I, 37; II, 312, 313
-Staaten
--Afghanistan II, 38, 115
--Ceylon / Sri Lanka II, 314, 318
--China II, 175, 304, 309, 312
--Hongkong II, 46
--Indien II, 43, 68, 104, 115, 175, 189, 246, 304, 308, 312, 315, 316, 319, 320, 321
   Orte: Jaipur II, 319; Jamshedpur II, 319; Kalkutta II, 46; Madras II, 319; Rourkela II, 319
--Indonesien II, 45
--Irak II, 154, 175
--Israel I, 100
--Japan I, 38, 43, 78; II, 51, 109, 110, 116, 130, 189, 196, 197, 312
   Orte: Numata (Hokkaido) II, 51; Tokyo II, 116
--Kambodscha I, 38
--Kuwait II, 38
--Libanon II, 66
   Orte: Beirut II, 115
--Malaysia II, 17, 322
   Orte: Penang II, 322
--Nepal II, 322
--Pakistan II, 43, 115, 314
--Süd-Korea II, 175
--Syrien I, 43; II, 66, 167
   Orte: Aleppo II, 115; Damaskus II, 115
--Türkei I, 44, 65
   Orte: Bursa II, 203; Izmir II, 84
--Zypern II, 78, 102

AFRIKA insgesamt
   I, 39, 78, 92, 94, 179, 186, 201, 208; II, 51, 60, 179, 312
-Großräume
--Nordafrika (siehe auch Asien: Orient) I, 36, 37; II, 78, 179, 226, 316
--Afrika südlich der Sahara / Schwarzafrika I, 36; II, 315, 318
--Ostafrika II, 75, 317, 321, 323

-Staaten
--Ägypten I, 215; II, 67, 241
--Äthiopien II, 38, 114, 322
   Orte: Addis Abeba II, 114
--Algerien I, 37; II, 316
--Angola I, 43; II, 165
--Ghana II, 36, 165, 216, 317
--Kamerun II, 43
--Kenia II, 321, 322, 323
--Liberia I, 43; II, 315
--Libyen II, 38, 308
--Moçambique II, 165, 175, 318
   Orte: Beira II, 130
--Nigeria II, 216, 316, 318
--Südafrika I, 186
   Orte: Kapstadt II, 123
--Südwestafrika II, 179
--Tanzania II, 308, 309, 317, 321
--Tunesien I, 37, 43; II, 185, 316
--Uganda II, 321
--Zambia II, 43, 317, 318, 322

NORDAMERIKA insgesamt
   I, 36, 39, 44, 92, 94, 201, 208; II, 21, 75, 77, 91, 108, 109, 113, 126, 167, 179, 215, 229
--Kanada II, 144, 196
   Orte: London (Ontario) II, 203
--USA I, 13, 43, 100, 132, 138, 160, 208; II, 3, 4, 20, 21, 35, 37, 43, 46, 47, 50, 59, 64, 66, 73, 74, 83, 86, 90, 101, 105, 107, 108, 114, 123, 130, 141, 154, 155, 165, 189, 190, 210, 226, 230, 231, 273, 287, 301, 312, 320, 329
   Orte: Boston II, 91; Cedar Rapids, Iowa II, 26; Chicago II, 20, 25, 38, 108; Detroit II, 21, 25, 288; Jersey City II, 91; Los Angeles II, 91; Milwaukee II, 127; Pittsburgh II, 125

LATEINAMERIKA insgesamt
   I, 36, 92, 94; II, 106, 130, 307, 309, 312, 314, 320
--Mittelamerika I, 39, 44, 201, 208; II, 43, 114, 179, 312
--Südamerika I, 39, 44, 45, 186, 201, 211; II, 114, 130, 312
-Staaten
--Argentinien II, 73, 175
--Bolivien I, 80; II, 322
--Brasilien II, 43, 181, 189, 197, 315
--Chile I, 43, 52; II, 50, 318
--Costa Rica II, 43, 322
--Jamaika; Orte: Kingston II, 125
--Kolumbien I, 186; II, 317

--Mexiko I, 160, 201; II, 169, 220
--Peru II, 317, 322

AUSTRALIEN, OZEANIEN insgesamt
    I, 37
--Australien I, 39, 92, 94, 194; II, 123,
    153, 174, 179, 189, 231
    Orte: Adelaide II, 248

--Neuseeland I, 94; II, 189
--Ozeanien I, 92, 94; II, 43, 178, 179

OZEANE I, 92, 94

POLARGEBIETE insgesamt I, 92, 94
--Antarktis I, 194
--Arktis I, 179, 194

VERZEICHNIS DER MITARBEITER DES VORLIEGENDEN ZWEITEN BANDES

Bey   Dr. Jörg Beyer, Wissenschaftliche Hilfskraft am Geographischen Institut der Universität Bochum

Ble   Dr. Jürgen Blenck, Wissenschaftlicher Assistent am Geographischen Institut der Universität Bochum

Blo   Dr. Hans Heinrich Blotevogel, Wissenschaftlicher Assistent am Geographischen Institut der Universität Bochum

Bra   Dr. Klaus Brand, Studiendirektor am Wissenschaftlichen Prüfungsamt an der Universität Bochum

Bro   Dr. Dirk Bronger, apl. Professor am Geographischen Institut der Universität Bochum, z.Zt. Manila

Bu   Dr. Hanns Jürgen Buchholz, Privatdozent am Geographischen Institut der Universität Bochum

Do   Dr. Jürgen Dodt, Akademischer Oberrat am Geographischen Institut der Universität Bochum

Du   Dr. Gert Duckwitz, Wissenschaftlicher Assistent am Geographischen Institut der Universität Bochum

Fi   Dr. Lothar Finke, Wissenschaftlicher Rat und Professor an der Abteilung Raumplanung der Universität Dortmund

För   Dr. Horst Förster, Dozent am Geographischen Institut der Universität Bochum

Gra   Dr. Zlatko Gračanin, Wissenschaftlicher Rat und Professor am Geographischen Institut der Universität Bochum

Hei   Dr. Heinz Heineberg, Akademischer Oberrat und Privatdozent am Geographischen Institut der Universität Bochum

Hil   Dr. Horst-H. Hilsinger, Wissenschaftlicher Assistent am Geographischen Institut der Universität Bochum

Hom   Dr. Manfred Hommel, Wissenschaftlicher Assistent am Geographischen Institut der Universität Bochum

Ker   Dr. Herbert Kersting, Wissenschaftlicher Assistent am Geographischen Institut der Universität Bochum

Lin   Dr. Wolfgang Linke, Wissenschaftlicher Assistent am Geographischen Institut der Universität Bochum

Ma   Dr. Alois Mayr, Akademischer Oberrat am Geographischen Institut der Universität Bochum

Nig   Dr. Josef Niggemann, Wissenschaftlicher Assistent am Geographischen Institut der Universität Bochum

Notizen

Notizen

Notizen

Notizen

Notizen

Notizen